国家出版基金项目
NATIONAL PUBLICATION FOUNDATION

丛书主编　于康震

动物疫病防控出版工程

沙门菌病
SALMONELLOSIS

U0256376

焦新安 | 主编

中国农业出版社

图书在版编目（CIP）数据

沙门菌病 / 焦新安主编. —北京：中国农业出版社，
2015.9

（动物疫病防控出版工程 / 于康震主编）

ISBN 978-7-109-20820-9

Ⅰ.①沙… Ⅱ.①焦… Ⅲ.①动物疾病-沙门氏杆菌病-
防治 Ⅳ.①S858

中国版本图书馆CIP数据核字（2015）第197756号

中国农业出版社出版

（北京市朝阳区麦子店街18号楼）

（邮政编码100125）

策划编辑 黄向阳 邱利伟

责任编辑 郭永立

———————————

北京通州皇家印刷厂印刷 新华书店北京发行所发行

2015年11月第1版 2015年11月北京第1次印刷

———————————

开本：710mm×1000mm 1/16 印张：29.5

字数：680千字

定价：120.00元

（凡本版图书出现印刷、装订错误，请向出版社发行部调换）

本书编写人员及分工

焦新安　　第一章

李求春　　彭大新　　董洪燕　　焦新安　　第二章

张晓明　　第三章

吴艳涛　　第四章

殷月兰　　第五章

陈　祥　　第六章

高清清　　高　崧　　第七章

成大荣　　第八章

郭爱珍　　陈颖钰　　第九章

潘志明　　胡茂志　　第十章

彭大新　　第十一章

黄金林　　第十二章

耿士忠　　附录一

焦新安　　附录二

近年来，我国动物疫病防控工作取得重要成效，动物源性食品安全水平得到明显提升，公共卫生安全保障水平进一步提高。这得益于国家政策的大力支持，得益于广大动物防疫人员的辛勤工作，更得益于我国兽医科技不断进步所提供的强大支撑。

当前，我国正处于加快建设现代养殖业的历史新阶段，人民生活水平的提高，不仅要求我国保持世界最大规模的养殖总量，以满足动物产品供给；还要求我们不断提高养殖业的整体质量效益，不断提高动物产品的安全水平；更要求我们最大限度地减少养殖业给人类带来的疫病风险和环境压力。要解决这些问题，最根本的出路还是要依靠科技进步。

2012年5月，国务院审议通过了《国家中长期动物疫病防治规划（2012—2020年）》，这是新中国成立以来，国务院发布的第一个指导全国动物疫病防治工作的综合性规划，具有重要的标志性意义。为配合此规划的实施，及时总结、推广我国最新兽医科技创新成果，同时借鉴国外先进的研究成果和防控经验，我们通过顶层设计规划了《动物疫病防控出版工程》，以期通过系列专著出版，及时将研究成果转化和传播到疫病防控一线，全面提高从业人员素质，提高我国动物疫病防控能力和水平。

本出版工程站在我国动物疫病防控全局的高度，力求权威性、科学性、指导性和实用性相兼容,致力于将动物疫病防控成果整体规划实施,重点把国家优先防治和重点防范的动物疫病、人兽共患病和重大外来动物疫病纳入项目中。全套书共31分册,其中原创专著21部,是根据我国当前动物疫病防控工作的实际需要而规划,每本书的主编都是编委会反复酝酿选定的、有一定行业公认度的、长期在单个疫病研究领域有较高造诣的专家;同时引进世界兽医名著10本,以借鉴世界同行的先进技术,弥补我国在某些领域的不足。

　　本套出版工程得到国家出版基金的大力支持。相信这些专著的出版,将会有力地促进我国动物疫病防控水平的提升,推动我国兽医卫生事业的发展,并对兽医人才培养和兽医学科建设起到积极作用。

农业部副部长

沙门菌病（Salmonellosis）是由沙门菌属（*Salmonella*）细菌引起的各种动物和人的疾病的总称，是世界动物卫生组织法定报告的动物疫病，是我国政府规定的二类动物疫病，是《国家中长期动物疫病防治规划（2012—2020年）》确定的优先防治病种。沙门菌于1886年被发现，由Salmon和Smith首先从患病猪分离出猪霍乱沙门菌，之后将该属细菌定名为沙门菌属。其后，畜禽沙门菌病逐渐被发现。沙门菌属是肠杆菌科中的一个重要成员，是一大属血清学相关的革兰阴性杆菌。该菌属包括2个种6个亚种。目前，该菌属包含超过2 500个血清型的沙门菌。它们主要危害包括哺乳类、禽类、爬虫类、鱼类等多种动物，可引发各种各样的疾病。疾病的严重程度可从慢性到最急性，危害程度可从轻度感染到死亡，临诊表现可从局部感染到全身性败血症。

沙门菌病是重要的人兽共患病，不仅可造成畜禽养殖业巨大的经济损失，而且畜禽感染沙门菌后其产品会受到该菌污染，从而威胁人类食品安全，引发公共卫生安全问题，具有重大公共卫生意义。沙门菌是食源性疾病最主要的常见病原菌之一，其危害居食源性疾病第一位或第二位。不仅如此，畜禽中存在沙门菌病还严重影响畜禽及其产品等的国际贸易。因此，该病倍受各个国家和国际组织高度关注和重视。

动物沙门菌病呈全球分布，在许多国家呈地方流行。据初步统计，新中国成立后全国各省、市、自治区不同程度地发生和流行该病。多年来，随着畜禽沙门菌病防控策略和措施的科学实施，该病在许多国家的流行得到较好控制，部分发达国家还在鸡白痢禽沙门菌病的一种净化等方面取得了成功。尽管如此，由于新情况新问题的出现等种种原因，沙门菌病防控仍是全球共同面对的挑战，我国沙门菌病的防控任重而道远，必须加强沙门菌病的研究和防控。为此，我们组织工作在科研和防控一线的专家共同编写了本书，希望它的出版发行有助于进一步提高我国沙门菌病的防控技术水平。本书是国内全面详细介绍动物沙门菌病的专著，可作为科学研究人员、动物疫病防控工作者和大专院校师生的参考书，同时也可作为相关企业技术和管理人员的重要工具书。

　　本书共分12章，内容涉及沙门菌病的科学基础和防控实践，包括概述、病原学、抗沙门菌感染免疫、生态学和流行病学、分子流行病学、沙门菌耐药性、临床症状与病理变化、诊断与治疗、调查与监测、疫苗研究及应用、预防与控制、动物源性食品沙门菌监测与防控等。书后附录中列出了沙门菌抗原结构式Kaufmann-White分类表等，以便读者查阅。

　　本书编写过程中，得到农业部领导的大力支持，也得到了中国农业出版社和扬州大学领导和同志们的大力支持，许多同行专家给予了无私的帮助，对此表示衷心感谢。

　　由于我们水平有限，书中难免存在不足之处，敬请读者不吝指正，以便再版时修订。

编者

2015年3月

目 录

总序

前言

第一章 概述 ·· 1

第一节 沙门菌病的定义和流行史 ································· 2
一、沙门菌病的定义 ··· 2
二、沙门菌病的流行史 ··· 4
三、沙门菌病的流行现状 ····································· 5
第二节 沙门菌病的危害 ·· 8
一、对动物的危害 ·· 8
二、对人的危害 ··· 9
三、对经济和社会的影响 ···································· 10
参考文献 ··· 10

第二章 病原学 ·· 13

第一节 分类和命名 ·· 14
一、沙门菌属 ··· 14
二、沙门菌种和亚种 ··· 14
三、沙门菌血清型 ·· 15

四、沙门菌生物型 ·· 18

五、沙门菌分子生物学分型 ······································ 19

第二节 形态结构和抗原组成 ··· 27

一、形态结构 ··· 27

二、抗原 ··· 31

第三节 培养特性和理化特性 ··· 34

一、培养特性 ··· 34

二、生化特性 ··· 34

三、抵抗力 ··· 38

第四节 生物被膜 ·· 39

一、细菌生物被膜定义 ·· 39

二、细菌生物被膜的结构和特性 ································· 39

三、生物被膜形成 ·· 40

四、细菌生物被膜的形成机制 ····································· 41

五、细菌生物被膜的基因表达 ····································· 42

六、细菌生物被膜检测方法 ······································· 44

七、细菌生物被膜致病机制与耐药 ······························ 46

八、细菌生物被膜的防治 ·· 47

第五节 实验室宿主系统 ·· 48

一、小鼠 ··· 48

二、大鼠 ··· 49

三、兔 ··· 50

四、仔猪 ··· 50

五、鸡 ··· 51

第六节 基因组结构和功能 ··· 52

一、质粒 ··· 52

二、染色体基因组大小与特点 ····································· 53

三、染色体基因组的组成与特点 ································· 55

第七节 蛋白组组成和功能 ··· 58

一、结构蛋白组 ·· 58

二、功能蛋白组 ·· 59

第八节 转录组结构和功能 ··· 60

一、转录组的构成 ·· 60

　　二、转录组的功能 ·· 61
　第九节　沙门菌的遗传演变 ·· 62
　　一、沙门菌的遗传进化关系 ·· 62
　　二、沙门菌的突变 ·· 63
　第十节　致病性及其分子基础 ·· 64
　　一、宿主适应性 ·· 64
　　二、Ⅲ型分泌系统 ·· 65
　　三、毒力因子 ·· 70
　参考文献 ·· 76

第三章　抗沙门菌感染免疫 ·· 79

　第一节　沙门菌感染过程 ·· 80
　　一、感染路径 ·· 81
　　二、沙门菌效应蛋白 ·· 83
　第二节　宿主抗感染免疫 ·· 87
　　一、概述 ·· 87
　　二、沙门菌免疫研究的动物模型 ······································ 87
　　三、天然免疫 ·· 88
　　四、获得性免疫 ·· 94
　　五、沙门菌对宿主抗沙门菌免疫的逃逸 ································ 97
　参考文献 ·· 98

第四章　生态学和流行病学 ·· 101

　第一节　疾病分布 ·· 102
　　一、牛沙门菌病 ·· 102
　　二、羊沙门菌病 ·· 103
　　三、猪沙门菌病 ·· 104
　　四、马沙门菌病 ·· 104
　　五、鸡沙门菌病 ·· 105
　　六、鸭、鹅沙门菌病 ·· 106
　　七、犬、猫沙门菌病 ·· 106

八、人沙门菌病 ……………………………………………………… 106
第二节　疾病的传播 ……………………………………………………… 107
　一、畜群中的传播 ……………………………………………………… 107
　二、禽群中的传播 ……………………………………………………… 108
　三、向人群的传播 ……………………………………………………… 108
第三节　影响疾病发生的因素 …………………………………………… 109
　一、环境因素 …………………………………………………………… 109
　二、饲料、饮水因素 …………………………………………………… 111
　三、野生动物因素 ……………………………………………………… 111
　四、应激因素 …………………………………………………………… 112
参考文献 ………………………………………………………………… 113

第五章　沙门菌分子流行病学 ………………………………………… 117

第一节　分子流行病学概述 ……………………………………………… 118
第二节　分子流行病学常用研究方法 …………………………………… 121
　一、沙门菌表型分型技术 ……………………………………………… 121
　二、沙门菌分子分型技术 ……………………………………………… 122
　三、比较基因组学的方法 ……………………………………………… 126
　四、不同分型方法的联合应用 ………………………………………… 127
第三节　沙门菌的分子流行病学 ………………………………………… 129
　一、国际沙门菌病分子流行病学 ……………………………………… 130
　二、国内沙门菌分子流行病学 ………………………………………… 133
　三、沙门菌药物敏感性分析及分子分型 ……………………………… 140
参考文献 ………………………………………………………………… 144

第六章　沙门菌耐药性 ………………………………………………… 149

第一节　耐药机制概述 …………………………………………………… 150
　一、细菌耐药性分类 …………………………………………………… 151
　二、耐药性的古老起源 ………………………………………………… 152
　三、耐药性的现代进化 ………………………………………………… 153
　四、耐药性发生的机制 ………………………………………………… 155

　　五、沙门菌对七大类抗菌药物的耐药机制 ·························· 157

　　六、耐药性进化的重要遗传学基础

　　　　——基因突变与可移动性 ························· 162

　第二节　耐药性研究方法 ··································· 169

　　一、耐药基因型 ······································ 169

　　二、耐药性表型 ······································ 170

　第三节　耐药性流行病学 ·································· 172

　　一、沙门菌耐药谱的变迁 ······························ 172

　　二、沙门菌的多重耐药性 ······························ 175

　第四节　耐药性分子流行病学 ······························ 178

　第五节　控制耐药性的措施 ································ 181

　　一、减少抗生素使用 ·································· 182

　　二、加强预防与控制感染 ······························ 182

　　三、抗生素药物使用与耐药性的监测 ······················ 182

　　四、研发新抗生素与优化现有抗生素 ······················ 183

　　五、对耐药性的全球努力 ······························ 184

　　六、如何应对耐药性 ·································· 185

　参考文献 ·· 185

第七章　临床症状与病理变化 ··························· 187

　第一节　临床症状 ····································· 188

　　一、猪 ·· 188

　　二、牛 ·· 189

　　三、羊 ·· 190

　　四、马 ·· 191

　　五、骆驼 ··· 192

　　六、兔 ·· 192

　　七、毛皮动物 ······································ 193

　　八、禽 ·· 194

　　九、野生动物 ······································ 196

　　十、人 ·· 197

　第二节　病理变化 ····································· 199

一、猪 ……………………………………………………………… 199

二、牛 ……………………………………………………………… 200

三、羊 ……………………………………………………………… 201

四、马 ……………………………………………………………… 201

五、骆驼 …………………………………………………………… 202

六、兔 ……………………………………………………………… 202

七、毛皮动物 ……………………………………………………… 202

八、禽 ……………………………………………………………… 203

九、野生动物 ……………………………………………………… 205

十、人 ……………………………………………………………… 205

参考文献 …………………………………………………………… 205

第八章　诊断与治疗 ……………………………………………… 207

第一节　临床诊断 ………………………………………………… 208

一、临床症状检查 ………………………………………………… 208

二、流行病学调查 ………………………………………………… 208

三、解剖学检查 …………………………………………………… 209

第二节　鉴别诊断 ………………………………………………… 209

一、猪沙门菌感染的鉴别诊断 …………………………………… 209

二、牛沙门菌感染的鉴别诊断 …………………………………… 211

三、羊沙门菌感染的鉴别诊断 …………………………………… 211

四、马沙门菌感染的鉴别诊断 …………………………………… 213

五、兔沙门菌感染的鉴别诊断 …………………………………… 213

六、禽沙门菌感染的鉴别诊断 …………………………………… 215

七、人沙门菌感染的鉴别诊断 …………………………………… 216

第三节　实验室诊断 ……………………………………………… 218

一、微生物学方法 ………………………………………………… 218

二、血清学方法 …………………………………………………… 230

三、分子生物学鉴定 ……………………………………………… 232

四、噬菌体分型 …………………………………………………… 235

五、菌株保存 ……………………………………………………… 236

第四节　治疗方案 ………………………………………………… 237

一、抗菌药物治疗 ··· 237
二、中草药治疗 ·· 239
三、竞争排斥法预防、治疗 ·· 239
四、碳水化合物和有机酸预防 ·· 240
第五节 沙门菌检测实验室的质量管理 ···································· 240
一、术语和定义 ·· 241
二、管理要求 ·· 242
三、技术要求 ·· 247
四、过程控制要求 ·· 252
第六节 沙门菌检测实验室生物安全管理 ·································· 255
参考文献 ·· 259

第九章 流行病学调查与监测 ·· 261

第一节 基本概念 ·· 262
一、疾病的发生形式 ·· 262
二、动物群体结构 ·· 264
三、疾病的测量指标 ·· 264
四、资料 ··· 267
五、筛检和诊断检测 ·· 269
六、病因推断 ·· 274
七、常见流行病学研究方法 ·· 275
八、监测 ··· 276
第二节 沙门菌病流行病学调查 ·· 277
一、动物沙门菌病的流行病学调查 ······································ 278
二、沙门菌病控制和净化计划 ·· 278
三、食品安全 ·· 279
第三节 沙门菌病流行病学监测 ·· 280
一、定点医院的腹泻病例收集与分析 ···································· 281
二、食物中毒暴发事件的病因调查 ······································ 281
三、食品带菌率现况调查 ··· 282
四、食品产业链关键控制点调查 ·· 283
五、沙门菌耐药性监测 ··· 283

第四节 抽样设计 ………………………………………………………… 284

参考文献 ……………………………………………………………………… 285

第十章 疫苗研究及应用 …………………………………………………… 289

第一节 常规疫苗 ……………………………………………………… 290
一、概述 …………………………………………………………… 290
二、灭活疫苗 ……………………………………………………… 290
三、减毒活疫苗 …………………………………………………… 292
四、亚单位疫苗 …………………………………………………… 299
五、免疫佐剂 ……………………………………………………… 300
第二节 新型基因工程疫苗 …………………………………………… 309
一、概述 …………………………………………………………… 309
二、新型疫苗技术 ………………………………………………… 310
参考文献 ……………………………………………………………… 321

第十一章 预防与控制 ……………………………………………………… 325

第一节 防控策略 ……………………………………………………… 326
第二节 综合防控措施 ………………………………………………… 326
一、管理措施 ……………………………………………………… 327
二、竞争排斥 ……………………………………………………… 332
三、免疫接种 ……………………………………………………… 334
四、有机酸的添加 ………………………………………………… 338
五、治疗 …………………………………………………………… 340
第三节 沙门菌病的净化 ……………………………………………… 341
一、美国国家家禽改良计划 ……………………………………… 341
二、我国有关鸡白痢－鸡伤寒净化标准 ………………………… 349
参考文献 ……………………………………………………………… 350

第十二章 动物源性食品沙门菌监测与防控 …………………………… 353

第一节 基本概念 ……………………………………………………… 354

一、动物性食品卫生与食源性疾病 ……………………………………………… 354

二、沙门菌与食源性疾病 ………………………………………………………… 355

三、动物源性食品生产与 HACCP ……………………………………………… 356

四、动物性食品安全风险评估 …………………………………………………… 357

第二节 动物源性食品沙门菌流行病学调查 ……………………………………… 362

一、动物源性食品沙门菌定性流行病学调查 …………………………………… 362

二、动物源性食品沙门菌定量流行病学调查 …………………………………… 366

第三节 动物源性食品沙门菌监测 ………………………………………………… 367

一、世界卫生组织全球沙门菌监测网 …………………………………………… 367

二、其他国家和国际组织沙门菌监测网 ………………………………………… 368

三、我国动物源性食品沙门菌监测 ……………………………………………… 369

第四节 动物源性食品沙门菌风险评估 …………………………………………… 373

一、微生物风险评估 ……………………………………………………………… 373

二、动物源性食品沙门菌风险评估 ……………………………………………… 374

第五节 动物源性食品沙门菌防控 ………………………………………………… 380

一、农场阶段 ……………………………………………………………………… 381

二、屠体加工阶段 ………………………………………………………………… 382

三、可追溯体系与源头防控 ……………………………………………………… 383

四、监测网络和预警体系 ………………………………………………………… 384

五、防控基础研究 ………………………………………………………………… 385

六、企业的责任与义务 …………………………………………………………… 387

七、科普宣传 ……………………………………………………………………… 387

八、国际交流与合作 ……………………………………………………………… 387

参考文献 …………………………………………………………………………… 388

附录 ………………………………………………………………………………… 391

附录一 沙门菌抗原结构式 Kauffmann-White 分类表 …………………………… 392

附录二 专业词汇英中文对照表 …………………………………………………… 437

第一章

概　　述

　　沙门菌病（Salmonellosis）是由沙门菌属（*Salmonella*）细菌引起的各种动物和人疾病的总称。临诊上多表现为败血症和肠炎，也可使怀孕母畜发生流产。许多血清型沙门菌可使人感染，发生食物中毒和败血症等。世界动物卫生组织将其列为法定报告的动物疫病，我国农业部将其列为二类动物疫病，是《国家中长期动物疫病防治规划（2012—2020年）》确定的优先防治病种。沙门菌病是重要的人兽共患病，它不仅给畜禽养殖业带来重大损失，而且具有重大公共卫生意义。并且，由于畜禽中存在沙门菌病，还严重影响畜禽及其产品等的国际贸易。多年来，针对畜禽不同的沙门菌病，全球大多数国家先后采用了生物安全、检疫淘汰、种群净化、免疫预防、药物防治等防控策略和措施，畜禽沙门菌病的流行得到一定程度的控制，部分发达国家在由鸡白痢沙门菌引起的鸡白痢净化等方面取得了成功。但由于种种原因，动物沙门菌病和人沙门菌食物中毒时有发生，该病依然是全球需共同面对的重要的动物疫病和人兽共患病，直接制约着畜牧业的发展及畜禽产品的出口，对食品安全及人类健康构成严重的威胁。

第一节　沙门菌病的定义和流行史

一、沙门菌病的定义

（一）同义名

　　沙门菌病又称副伤寒（Paratyphoid）、肠道感染（Enteric infection）。Salmon和Smith于1886年最先报道从患病猪分离出猪霍乱沙门菌（*Salmonella choleraesuis*），而后将该属细菌定名为沙门菌属，亦是为了纪念美国农业部已故著名兽医师和细菌学家Daniel E. Salmon（1850—1914）。其后，畜禽沙门菌病逐渐被发现。如鸡白痢曾被称为杆菌性白痢（Bacillary white diarrhea），1929年之后鸡白痢这一名称才被广泛认可。在美国禽伤寒先于鸡白痢于1888年被发现，起初其病原命名为鸡伤寒杆菌（*Bacillus gallinarum*），后易名为血液杆菌（*Bacillus sanguinarium*），至1902年，采用禽伤寒沙门菌（*Salmonella gallinarum*）。

沙门菌病之所以被各个国家和国际组织高度关注和重视，主要原因有二：① 沙门菌直接引发畜禽疾病，造成巨大经济损失；② 畜禽感染沙门菌后其产品会受到该菌污染，从而威胁人类食品安全，引发公共卫生安全问题。沙门菌是食源性疾病的最主要常见病原菌之一，其危害居第一位或第二位。

（二）定义

沙门菌病是各种动物和人由沙门菌属细菌引起的急性和慢性疾病的总称。 沙门菌属是肠杆菌科中的一个重要成员，是一大属血清学相关的革兰阴性杆菌。该菌属包括肠道沙门菌（*Salmonella enterica*，亦称为猪霍乱沙门菌*Salmonella choleraesuis*）和邦戈尔沙门菌（*Salmonella bongeri*）2个种，前者又分为6个亚种。目前，该菌属包含超过2 500个血清型沙门菌，其中只有10个以内的罕见血清型属于邦戈尔沙门菌，其余均属于肠道沙门菌。该菌属中，种和亚种的生化特性鲜明而且稳定，可用于其表型鉴定。随着沙门菌分子生物学研究的深入和发展，多种分子生物学分型技术已应用于该菌的鉴定和流行病学研究，包括质粒图谱分析、核酸杂交法、PCR指纹图谱分析法、16S rRNA序列分析、脉冲场凝胶电泳、多位点序列分型、多位点可变重复序列分析和基于全基因组的或蛋白质组的分型等。

沙门菌均有致病性，该菌感染不同畜禽可导致多种不同疾病，其中每一种疾病的临床诊症状亦可表现出多样性，并且受到许多因素的影响，如菌株毒力，宿主的种或品种、日龄、免疫状态，其他微生物的感染，环境刺激等。除了少数血清型外，沙门菌感染的宿主谱很广，几乎涵盖所有温血动物和部分冷血动物。根据沙门菌对宿主适应性或嗜性的不同，可将沙门菌分成两大类：

第一类为宿主高度适应性或专嗜性沙门菌，它们只对某种动物或人产生特定的疾病。属于这类的沙门菌血清型不多。例如，鸡白痢沙门菌（*Salmonella* Pullorum）和禽伤寒沙门菌仅使鸡和火鸡分别发生鸡白痢、禽伤寒，马流产沙门菌（*Salmonella* Abortusequi）、羊流产沙门菌（*Salmonella* Abortusovis）分别导致马、羊的流产等疾病；猪伤寒沙门菌（*Salmonella* Typhisuis）仅侵害猪；伤寒沙门菌（*Salmonella* Typhi）等血清型是高度适应于人的沙门菌，对动物不引起自然感染。另一方面，仅个别血清型沙门菌对宿主有偏嗜性，如猪霍乱沙门菌和都柏林沙门菌（*Salmonella* Dublin），分别是猪和牛羊的强适应性菌型，多在各自宿主中致病，但也能感染其他动物。

第二类为宿主非适应性或泛嗜性沙门菌，它们具有广泛感染的宿主谱，能引起人和各种动物的沙门菌病，具有重要的公共卫生意义。属于这类的沙门菌血清型占该菌属的大多数，其中，鼠伤寒沙门菌（*Salmonella* Typhimurium）和肠炎沙门菌（*Salmonella* Enteritidis）是突出的代表。

二、沙门菌病的流行史

（一）全球流行历史

自沙门菌被发现以来，其引发的沙门菌病一直是人们防控的重点。沙门菌病呈世界范围分布。

在早年，主要流行特定血清型沙门菌引起的畜禽疾病，如鸡白痢、禽伤寒、猪霍乱、马流产等，这些疾病可导致严重的经济损失。经过长期努力，少数发达国家在这类沙门菌病防控方面取得显著效果。鸡白痢在世界上许多地区曾呈地方流行，而在美国却很少发生以致曾被认为该病在养禽业已经消除，鸡白痢和禽伤寒在美国商业鸡群中得以净化，主要得益于鸡白痢和禽伤寒的控制措施——全国家禽改良计划（National Poultry Improvement Plan，NPIP），但在1990年和1991年美国集约化肉鸡养殖场又暴发鸡白痢，波及 5 个州。在加拿大、美国和不少欧洲国家，很少发生禽伤寒。但据报道，在墨西哥、中美、南美及非洲，禽伤寒发病率增长很快。猪霍乱同样在全球发生，但各地的流行率、发病率、死亡率差异很大。20世纪80年代北美猪霍乱的发生曾大幅度增加。

随着畜牧业的集约化发展和人们对健康要求的不断提高，由宿主泛嗜性沙门菌感染畜禽导致的公共卫生安全问题日益突出，成为世界需要共同面对的挑战。按美国疾病预防控制中心的资料，该国每年约有120万人患沙门菌病，其中23 000多人住院，450人死亡。这些血清型沙门菌普遍存在于家养动物、野生动物、人类以及环境中，其传播途径多而复杂，由它们所引起的动物和人的副伤寒时常发生，全球暴发病例被不断报道。此外，由于广泛使用抗菌药物（包括作为动物饲料添加剂）等因素，该菌耐药性日趋严重。20世纪80年代以来，动物和人非伤寒沙门菌的流行发生了两次重大变化：① 多重耐药鼠伤寒沙门菌的出现及其在食用动物群体中的传播；② 作为主要的蛋传病原菌——肠炎沙门菌新噬菌体型的出现及流行。

（二）我国流行历史

我国畜禽沙门菌病新中国成立前就有，并有资料记载了马、牛、猪、鸡等沙门菌病的发生和流行。当时已部分开展了病原分离鉴定和流行病学调查研究等工作。

新中国成立以来，针对不同畜禽沙门菌病，我国主要采取了加强饲养管理、净化种畜禽场、检疫、预防接种、隔离治疗、消毒等防控措施，较好地控制了畜禽沙门菌病的发生和流行。但是，由于我国地域广阔，饲养方式和条件差异大，生物安全水平参差不齐，再加上各地技术水平和人员素质不尽一致，特别是20世纪70年代后期以来，中国畜牧业飞速发展，畜禽饲养量居世界前列，养殖密度增大，使得沙门菌病的防控成为中国养殖业面临的重要难题。据初步统计，全国各省、自治区、直辖市不同程度地发生和流行该病。

我国在用疫苗作为防控某些沙门菌病的措施方面，进行了有益尝试。20世纪50年代开始使用甲醛氢氧化铝菌苗预防猪副伤寒，60年代后中国兽医药品监察所研发出仔猪副伤寒弱毒冻干苗（如猪霍乱沙门菌弱毒株C500）。氢氧化铝菌苗预防牛副伤寒始于20世纪50年代，80年代都柏林沙门菌氢氧化铝菌苗、牦牛副伤寒弱毒苗等相继用于预防实践。马流产副伤寒弱毒冻干苗C39亦取得良好效果。但安全高效的动物沙门菌病疫苗仍亟须研发。

三、沙门菌病的流行现状

近期包括沙门菌病在内的食源性人兽共患细菌病总的流行趋势是：① 随着家畜（禽）高密度集约化饲养方式的发展和人类活动的加剧，人类和动物生活环境逐渐逼近，人的健康受新的感染性疾病威胁的风险增大，动物源性人兽共患细菌病防控面临着前所未有的严峻挑战。② 动物源性人兽共患细菌病隐患问题将进一步显现。动物源性食品在饲养、运输、屠宰、加工、贮存、流通、消费等各个环节（阶段），即所谓的从农场到餐桌这一全过程中，可能携带的病原微生物或致病因子对人类健康的影响，已成为食品安全的重要问题。③ 随着人类生活方式的改变，如即食性食品比例不断上升、全球贸易、全球人员流动等，传播和罹患食源性人兽共患细菌病的风险增加；同时，新技术的发展和防控人员水平的提升，发现并报告食源性人兽共患细菌病病例数将会增多。④ 发达国家养殖业生产转移至发展中国家，而在发展中国家规模化畜禽养殖场环境污染严重，缺乏科学规划和治理，资源化利用水平低，对食源性人畜共患细菌病防控形成压力。

（一）全球流行现状

沙门菌在人和动物之间的循环感染通常称为"沙门菌循环"（图1-1），不难看出这种循环感染的联系有时十分复杂，全面了解沙门菌病流行现状和当前防治中存在的问题，可促进对该病的防控研究与实践。

动物沙门菌病仍呈全球分布，在许多国家呈地方流行。人群中的沙门菌病时有发

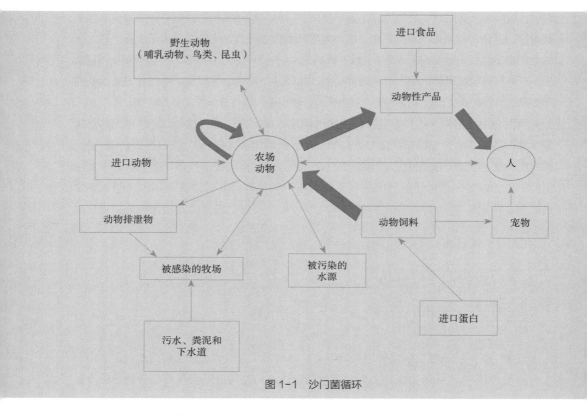

图1-1　沙门菌循环

生，有时呈局部暴发流行。如在欧盟，每100万人有91.03个沙门菌病报告病例。美国2008年在43个州和首都华盛顿哥伦比亚特区暴发圣保罗沙门菌病，报告实验室确诊病例超过1 400例。1991—2012年间，美国有45起人群沙门菌病暴发与活禽相关联，导致1 581人患病，221人住院，5人死亡。丹麦曾暴发15年来最大规模的沙门菌病疫情，全国有3 000~4 000人受到感染。2014年8月欧洲疾病预防控制中心（European Centre for Disease Prevention and Control，ECDC）和欧盟食品安全局（European Food Safety Authority，EFSA）公布，奥地利、法国、德国、英国、卢森堡等多国暴发肠炎沙门菌感染，其来源是污染的德国鸡蛋。在欧洲引发肠炎沙门菌感染暴发的主要食物载体是鸡蛋及其制品，占62.6%；其次是混合食物，占8.4%。

　　近年来，在欧美一些发达国家等经污染的果蔬类食品引发人沙门菌感染呈现快速上升流行态势，究其来源与动物源污染有关。

　　长期的、系统的、科学的沙门菌监测工作意义重大。动物副伤寒可由不同的沙门菌血清型引发，对温血动物致病的沙门菌血清型主要分布在A~E血清群，约占病例的

95%以上。在不同国家（地区）、不同时间、不同畜禽中，其流行的优势血清型不尽相同，表现动态变化。美国在1962年已建立了沙门菌感染国家监测体系，美国疾病预防控制中心（Centers for Disease Control and Prevention，CDC）近期公布了1968—2011年间，人群和动物群体中常见血清型的流行水平和分布规律。如2006年美国的人群主要沙门菌血清型依次是：鼠伤寒沙门菌、肠炎沙门菌、纽波特沙门菌（S. Newport）、海特堡（S. Heidelberg）、爪哇沙门菌（S. Javiana）、1, 4, 5, 12: i: -、蒙得维的亚沙门菌（S. Montevideo）、慕尼黑沙门菌（S. Muenchen）、奥拉宁堡沙门菌（S. Oranienburg）、密西西比沙门菌（S. Mississippi）、圣保罗沙门菌（S. Saintpaul）、布伦登卢普沙门菌（S. Braenderup）、阿贡纳沙门菌（S. Agona）、婴儿沙门菌（S. Infantis）、汤普森沙门菌（S. Thompson）。同期，动物群体中主要沙门菌血清型依次是：鼠伤寒沙门菌、纽波特沙门菌、阿贡纳沙门菌、Orion var. 15+，34+、都柏林沙门菌、蒙得维的亚沙门菌（S. Montevideo）、鸭沙门菌（S. Anatum）、德尔卑沙门菌（S. Derby）、海特堡沙门菌、山夫顿堡沙门菌（S. Senftenberg）、肯塔基沙门菌（S. Kentucky）、明斯特沙门菌（S. Muenster）、姆班达卡沙门菌（S. Mbandaka）、4, 5, 12, i: -、塞罗沙门菌（S. Cerro）。

（二）我国流行现状

动物沙门菌病是长期以来危害我国畜牧业的重要疫病。我国对该病的防控取得了较好效果，发病率总体呈下降趋势，但每年仍有多起疫情，其中不少地方的商业鸡群鸡白痢呈现高水平地方流行。

动物源性食品沙门菌污染问题越来越受到关注，据文献资料分析显示，生畜禽肉中以德尔卑沙门菌、肠炎沙门菌、鼠伤寒沙门菌、印第安纳沙门菌、阿贡纳沙门菌等为常见血清型，其中生鸡肉分离的沙门菌以肠炎沙门菌等为主，占36.9%；而生猪肉、生牛肉和生羊肉以德尔卑沙门菌等为主，分别占37.4%、23.9%和36.1%。中国疾病预防控制中心报告的2007年全国微生物引起食物中毒数据显示，由沙门菌引起的发病人数比例达13.8%，居于首位，其中以鼠伤寒沙门菌、肠炎沙门菌等为最常见血清型。上海市根据腹泻病罹患率调查推算，全市居民罹患率为5.26%。沙门菌病患者临床诊症状，主要表现为发热（45.41%）、呕吐（44.39%）、腹泻（100%）、以黄色水样便为主（70.41%）、腹痛（75.00%）；病例流行病学个案调查结果显示，发病前1周有可疑不洁饮食史占73.47%，食用的可疑食品主要为畜（牛、猪）禽（鸡、鸭）肉类、蛋类与海水产品，占82.63%。

在我国，为了全面掌握和分析疫病病原分布和流行趋势，科学评估免疫效果，有效防范重点外来病和新发病，及时掌握疫情动态，消除疫情隐患，发布预警预报，为防控决策提供科学依据，农业部每年均实施国家动物疫病监测计划，动物沙门菌病已列入该计划。卫生部门建立了全国食品污染物和食源性疾病监测网络，包括沙门菌在内的重要食源性病原菌是其监测任务之一。

第二节　沙门菌病的危害

一、对动物的危害

沙门菌主要危害对象包括哺乳类、禽类、爬虫类、鱼类等多种动物，可引发各种各样的疾病。疾病的严重程度可从最急性到慢性，危害程度可从死亡到轻度感染，乃至健康带菌，临诊表现可从全身性败血症到局部感染。

马流产沙门菌等可致孕马发生流产，幼驹发生败血症、关节炎和腹泻，公马、公驴表现为睾丸炎、鬐甲肿。牛沙门菌病可见于各个年龄的牛，但以犊牛最为多见，成年牛次之。牛感染鼠伤寒沙门菌、都柏林沙门菌或纽波特沙门菌等主要表现为起病急、下痢，甚至死亡。鼠伤寒沙门菌、羊流产沙门菌、都柏林沙门菌或肠炎沙门菌等可导致羊的下痢型和流产型沙门菌病。骆驼沙门菌病由鼠伤寒沙门菌、肠炎沙门菌引起，以腹泻为特征。

猪沙门菌病主要由猪霍乱沙门菌、猪霍乱沙门菌孔成道夫变型、鼠伤寒沙门菌、猪伤寒沙门菌Voldagsen变型、鼠伤寒沙门菌、德尔卑沙门菌或肠炎沙门菌等引起，临诊上分为急性、亚急性和慢性。兔沙门菌病又称副伤寒病，由鼠伤寒沙门菌、肠炎沙门菌引起，以败血症并具有腹泻、流产等症状而迅速死亡为特征。

禽沙门菌病包括鸡白痢、禽伤寒、禽副伤寒。鸡白痢沙门菌可引起雏鸡和雏火鸡的白痢，这是一种急性全身性疾病；鸡伤寒沙门菌引起的禽伤寒，通常是危害成年鸡的一种急性或慢性败血症。副伤寒沙门菌感染引起的禽副伤寒非常普遍，不过在家禽很少引发急性全身性疾病，而且鸡和火鸡的副伤寒感染以在肠道无症状性定植为特征。但是，这群副伤寒沙门菌主要能引起人类食源性疾病。研究表明，禽沙门菌病不仅可水平传播，还能垂直传播，尤其对鸡白痢和禽伤寒不进行严格的检疫淘汰等净化措施时，在养殖场内会形成循环传播。

毛皮动物沙门菌病由肠炎沙门菌、猪霍乱沙门菌和鼠伤寒沙门菌等引起，多侵害仔兽，呈急性，以发热、下痢、黄疸为特征，麝鼠多发生败血症。

啮齿动物在栖息地可被特殊血清型的沙门菌所感染。啮齿动物及其周围被其采食所污染的植物都可能是重要的传染源。此外，冷血动物的沙门菌感染亦应引起注意，如甲鱼、蛇等感染或携带沙门菌。

二、对人的危害

很多血清型沙门菌是人兽共患病的病原菌。它们的宿主范围很广，家畜有猪、牛、马、羊、猫、狗等，家禽有鸡、鸭、鹅等；野生动物如狮、熊、鼠类，以及冷血动物、软体动物、环形动物、节肢动物等均可带菌。人类因食用患病或带菌动物的肉、乳、蛋或被病鼠尿污染的食物等而感染。人沙门菌感染有4种类型：肠热症、胃肠炎（食物中毒）、败血症和无症状带菌者。

当前，动物源性沙门菌对人们的健康与生命安全构成巨大的威胁。近年来在发达国家，沙门菌病事件频发，危害重、损失大。在食源性病原菌引发的感染中沙门菌病约占26%，而95%人沙门菌病病例都与食用被沙门菌污染的食品有关。据不完全统计，我国由食源性病原菌引发的食物中毒病例高达59.1%，其中食源性沙门菌病是最主要的病因之一。

需要强调的是，不仅沙门菌本身直接对公共卫生造成危害，同时，由于防治动物沙门菌病等细菌病时，抗生素被不科学地使用和/或滥用，尤其是抗生素用作饲料添加剂，导致沙门菌等的耐药性不断上升。世界卫生组织已宣告，病原菌抗生素耐药性对人类健康是主要威胁之一。全球在20世纪90年代，由于在动物中使用抗生素，特别是一些抗生素作为生长促进剂使用后，许多国家的细菌耐药水平达到警报级别。其实，这一问题的出现可回溯至20世纪60年代。面对挑战，1995年丹麦启动了丹麦耐药性综合监控和研究计划（DANMAP计划），该计划每年都报告丹麦全国的抗生素消耗量，以及在动物群体、食品和人群中抗生素耐药性流行率；该计划独立提供透明的数据，从而使监管部门能够据此进行科学的决策。例如，2000年丹麦实施禁用抗生素作为动物生长促进剂；其后，在2006年，这一禁令扩展至欧盟各国。同时，一个覆盖全欧盟的监控网络亦已建立，该监控网络负责收集欧盟内的病原菌抗生素耐药性数据资料。丹麦自实施这一禁令以来，该国养猪业生产力显著提高，且比以往任何时候效率更高。丹麦这一成功模式和经验，值得世界各国学习借鉴。

三、对经济和社会的影响

沙门菌病对经济和社会造成的损失是巨大的。

1. 沙门菌病对畜牧业造成的经济损失　动物沙门菌病可引起畜禽生产性能下降或死亡，直接造成巨大经济损失。同时，因沙门菌病发生引起的间接经济损失更大，用于防控沙门菌病的费用也大幅增加。

2. 沙门菌病对公共卫生的影响　人通过摄食受污染的肉、蛋、奶及其制品等，可导致食物中毒和相应的食源性疾病。近年来在发达国家，沙门菌病事件频发，危害重、损失大。在欧盟每年报告有9万多病例，欧盟食品安全局估计欧盟国家人群沙门菌病的总的经济负担每年约30亿欧元。在美国，每年人群沙门菌感染造成的经济负担约在23亿~36亿美元。在我国，对人们健康所产生的经济负担无法精确估测。

3. 沙门菌病对社会的影响　由于人和动物沙门菌病的暴发和流行，会产生极大的社会影响，甚至会引发恐慌，影响社会稳定。动物源性食品如污染沙门菌导致人食物中毒或感染，产品的召回使生产者损失惨重；且由于污染食品被报道后，大大降低消费者对这些食品的需求，同时，对生产者信誉产生负面影响。而且畜禽沙门菌病，严重影响畜禽及其产品的国际贸易，并影响国家的国际声誉。

防控沙门菌病是全球共同面对的挑战，我国沙门菌病的防控任重而道远。

参考文献

安德鲁斯AH，等主编. 2006. 牛病学—疾病与管理[M]. 2版. 韩博，等主译. 北京：中国农业大学出版社，200-214.

顾宝柯，袁政安，金汇明，等. 2008. 上海市沙门菌病流行特征分析[J]. 环境与职业医学，259（3）：245-248.

国家食品质量安全网：http://www.nfqs.com.cn

国家食品质量监督检验中心：http://www.cfda.com.cn

焦新安，刘秀梵. 1999. 沙门菌分类学进展[J]. 国外医学. 微生物学分册，22（1）：28-30.

卡尔尼克BW，主编. 1999. 禽病学[M]. 10版. 高福，苏敬良，主译. 北京：中国农业出版社，92-157.

唐家琪. 2005. 自然疫源性疾病[M]. 北京：科学出版社，805-838.

中国疾病预防控制中心：http://www.chinacdc.net.cn/

中国人民解放军兽医大学. 1993. 人兽共患病学（中册）[M]. 北京：蓝天出版社，175－197.

Barrow PA, Methner U. 2013. *Salmonella* in Domestic Animals [M]. 2nd ed. Oxfordshire: CAB International.

Barrow PA, Neto OC. 2011. Pullorum disease and fowl typhoid-new thoughts on old diseases: a review [J]. Avian Pathol, 40(1): 1－13.

Centers for Disease Control and Prevention (CDC). 2013. An Atlas of *Salmonella* in the United States, 1968－2011: Laboratory-based Enteric Disease Surveillance [M]. Atlanta, Georgia: US Department of Health and Human Services, CDC.

Deng XY, Desai PT, Bakker HC,et al 2014. Genomic epidemiology of *Salmonella enterica* serotype Enteritidis based on population structure of prevalent lineages. Emerging Infectious Diseases [J]. 20(9): 1481－1489.

EFSA (European Food Safety Authority) and ECDC (European Centre for Disease Prevention and Control). 2014. The European Union Summary Report on Trends and Sources of Zoonoses, Zoonotic Agents and Food-borne Outbreak in 2012 [J]. EFSA Journal, 12, 3547, 312.

European Centre for Disease Prevention and Control, European Food Safety Authority. 2014. Multi-country outbreak of *Salmonella* Enteritidis infections associated with consumption of eggs from Germany [M]. 25 August 2014. Stockholm and Parma: ECDC/EFSA.

Scallan E, Hoekstra RM, Angulo FJ, et al 2011. Foodborne illness acquired in the United States-major pathogens [J]. Emerging Infectious Diseases, 17(1): 7－15.

Straw BE, Zimmerman JJ, D'Allaire S, et al. 2006. Diseases of Swine [M]. 9th ed. Ames: Blackwell Publishing, 739－754.

Wielinga PR, Jensen VF, Aarestrup FM, et al. 2014. Evidence-based policy for controlling antimicrobial resistance in the food chain in Denmark [J]. Food Control, 40: 185－192.

第二章

病　原　学

第一节 分类和命名

一、沙门菌属

　　沙门菌属是肠杆菌科的重要成员之一，是一大属涵盖众多血清型的革兰阴性杆菌。沙门菌菌体大小为（0.7 ~ 1.5）μm ×（2.0 ~ 5.0）μm，间有形成短丝状体，不产生芽孢，一般无荚膜。绝大部分的沙门菌（除鸡白痢沙门菌和鸡伤寒沙门菌外）有周身鞭毛、能运动，大多数具有菌毛。沙门菌为需氧及兼性厌氧菌，在普通琼脂培养基上生长良好，适宜的培养温度为37℃，pH为7.4 ~ 7.6。在发酵葡萄糖、麦芽糖、甘露醇和山梨醇中，大多数沙门菌能产气（除鸡伤寒沙门菌和鸡白痢沙门菌外）。沙门菌还可发酵L–阿拉伯糖、D–甘露糖、L–鼠李糖、海藻糖和D–木糖。不分解乳糖、蔗糖和侧金盏花醇，不凝固牛乳，不产生靛基质，不产生乙酰甲基甲醇，不分解尿素（pH 7.2）。除甲型副伤寒沙门菌外，均具有赖氨酸脱羧酶；除伤寒沙门菌和鸡沙门菌外，均具有鸟氨酸脱羧酶；大多数菌株具有精氨酸双水解酶的活性。绝大多数菌株不能在KCN肉汤中生长。多数菌株能产生硫化氢，甲基红试验为阳性，并能在西蒙氏柠檬酸盐琼脂上生长。绝大多数菌株能被Felix O–I噬菌体裂解。沙门菌可存活于人、温血和冷血动物体内，并广泛存在于食品和外界环境中，对人和许多种动物有致病性，可导致伤寒、肠热病、胃肠炎和败血症4种病型。

二、沙门菌种和亚种

　　沙门菌属有肠道沙门菌（*S. enterica*）和邦戈尔沙门菌（*S. bongori*）两个种，肠道沙门菌又可进一步分为6个亚种：肠道亚种（subsp. *enterica*）、萨拉姆亚种（subsp. *salamae*）、亚利桑那亚种（subsp. *arizonae*）、双相亚利桑那亚种（subsp. *diarizonae*）、浩敦亚种（subsp. *houtenae*）以及因迪卡亚种（subsp. *indica*）。根据鞭毛蛋白（H）和脂多糖O抗原结构的差异，沙门菌可分为不同的血清型，现已有2 600个以上血清型，其中只有10个以内的罕见血清型属于邦戈尔沙门菌，其余均属于肠道沙门菌，几乎涵盖了所有对人和动物具有致病性的各种血清型菌株。肠道亚种通常存在于人类和温血动物中，其他亚种主要存在于冷血动物和环境中。

虽然以DNA-杂交研究技术对沙门菌提出了新的命名法，但通常仍惯用简单的通用命名，即以该菌所致疾病、或最初分离地名、或抗原式三种方式来命名。目前，仍然采用生化试验对沙门菌各亚种成员进行鉴定，然后再对菌株进行血清学分型。

随着对沙门菌表面抗原研究的深入，除了揭示出O抗原、H抗原的分子本质外，还发现了一些新的抗原组分，如特定菌型菌毛抗原、外膜蛋白共同抗原、脂多糖核心糖共同抗原、鞭毛蛋白共同抗原等，它们在沙门菌分类学中均有一定作用。焦新安等探讨了沙门菌鞭毛蛋白共同抗原在分类学中的作用，它们广泛存在于各个DNA同源群内，且比脂多糖O-I噬菌体识别的共同抗原表位更加特异和准确，后者在沙门菌同源群III$_b$、IV中的分布很低或检测不出。这些结果为沙门菌属新分类概念提供了新的证据。同时，分子生物学技术的发展为细菌的分类鉴定提供了新方法，如质粒图谱分析、染色体DNA酶切分析、核酸杂交法、PCR指纹图谱分析法、16S rRNA序列分析等，它们可从分子水平、遗传进化角度去认识沙门菌，其中DNA杂交法、染色体DNA片段长度多态性分析等已在沙门菌分类鉴定中发挥了一定作用。随着对沙门菌研究的不断深入，沙门菌属的分类概念必将会更加合理与完善。

三、沙门菌血清型

沙门菌具有O（菌体）、H（鞭毛）、K和菌毛4种抗原。O和H抗原是其主要抗原，构成沙门菌血清型鉴定的物质基础。

O抗原，即菌体抗原，是沙门菌细胞壁表面的耐热多糖抗原，100℃ 2.5h不被破坏，它的特异性依赖于LPS多糖侧链的组成，而其决定簇又由该侧链上末端单糖及多糖链上单糖的排列顺序所决定。O抗原虽然与细菌入侵上皮细胞无相关性，但是O抗原可刺激宿主的免疫系统引发免疫反应。张扬等应用噬菌体展示肽库技术分析了O$_9$抗原模拟表位的分子基础，其中一个模拟表位构成为YQKW YLPKS。一个菌体可有几种O抗原成分，以小写阿拉伯数字表示。将具有共同O抗原（群因子）的各个血清型菌归入一群，以大写英文字母表示。目前已发现51个O血清群，可分为A、B、C$_1$~C$_4$、D$_1$~D$_3$、E$_1$~E$_4$、F、G$_1$~G$_2$、H……Z和O$_{51}$~O$_{63}$以及O$_{65}$~O$_{67}$，包括58种O抗原。

H抗原是沙门菌的鞭毛蛋白抗原，共有63种，60℃30~60min及酒精作用均破坏其抗原性，但甲醛不能将其破坏。H抗原可分为第Ⅰ相和第Ⅱ相两种。第Ⅰ相为特异性抗原，用a、b、c……表示，常为一部分血清型菌株所具有，又称为特异相。第Ⅱ相抗原为共同抗原，用阿拉伯数字表示，但少数用小写英文字母表示，常为许多沙门菌所共有，其特异性低，因此又称为非特异相。多数沙门菌具有第Ⅰ和第Ⅱ双相H抗原，称作双相菌，常发生相位变异。少数沙门菌只有其中一相H抗原，称为单相菌。同一O血清群的沙门菌，再根据其H抗原的差异细分成许多不同的血清型。应用分子技术已定位几个分型H抗原的位点。刘文博等分析了鞭毛蛋白共同抗原模拟表位的构成，如SRRSFTTTE。

K抗原也称为Vi抗原，是伤寒、丙型副伤寒和部分都柏林沙门菌表面包膜抗原，类似于大肠杆菌表面的K抗原，与细菌的毒力有关。Vi抗原是一种N-乙酰-D-半乳糖胺糖醛酸聚合物，经60℃加热1h或经石炭酸处理被破坏。Vi抗原的存在可阻止O抗原与相应抗体发生凝集，将Vi抗原加热破坏后则能发生凝集。在普通培养基上多次传代后易丢失此抗原。

沙门菌的抗原有时可发生变异，包括H-O、S-R、V-W和相位变异，而在菌型鉴定中最常见的是H抗原的位相变异，即两个相的H抗原可以交相产生的现象。因此，双相菌初次分离时，单个菌落的纯培养物往往只有一个H抗原，鉴别时常只能检出一个相，而测不出另一相。此时，可用已知相血清诱导的位相变异试验，来获得未知的另一个相H抗原。

沙门菌血清型（又称血清变异型）依据不同的O、Vi和H抗原区分。在考夫曼-怀特表（Kauffmann-White scheme）中，血清型以数字和字母表示，抗原式（如6，7：c：1，5）依次分别代表O抗原（6，7），第Ⅰ相H抗原（c）和第Ⅱ相H抗原（1，5）。血清变型可进一步利用生化反应进行细分，这有一定的流行病学意义，如木糖阳性和木糖阴性的伤寒沙门菌血清型。

用已知的沙门菌O和H单因子血清做玻板凝集试验，可确定一个沙门菌菌株的血清型或抗原式，对可能有Vi抗原的菌株还须用Vi抗血清进行鉴定。如有Vi抗原可写在O抗原之后，如伤寒沙门菌血清型为9，12，Vi：d：-。对人和温血动物致病的血清型绝大多数分属于A~F血清群，常出现的不足50种。人和畜禽的常见沙门菌血清型见表2-1。

表 2-1　常见沙门菌的抗原组分

血清群	菌　名	O 抗原	H 抗原	
			第Ⅰ相	第Ⅱ相
A	甲型副伤寒沙门菌（*S. Paratyphi A*）	1，2，12	a	—
B	肖氏沙门菌（*S. Schottmuelleri*）	1，4，5，12	b	1，2
	斯坦利沙门菌（*S. Stanley*）	4，5，12	d	1，2

（续）

血清群	菌　名	O 抗原	H 抗原	
			第Ⅰ相	第Ⅱ相
	德尔卑沙门菌（*S.* Derby）	1，4，12	f，g	—
	鼠伤寒沙门菌（*S.* Typhimurium）	1，4，5，12	i	1，2
	海德堡沙门菌（*S.* Heidelberg）	4，5，12	r	1，2
C₁	希氏沙门菌（*S.* Hirschfeldii）	6，7，Vi	c	1，5
	猪霍乱沙门菌（*S.* Choleraesuis）	6，7	c	1，5
	猪霍乱沙门菌孔成道夫生物型 （*S.* Choleraesuis biotype Kunzendorf）	6，7	—	1，5
	汤卜逊沙门菌（*S.* Thompson）	6，7	k	1，5
	波斯坦沙门菌（*S.* Potsdam）	6，7	l，v	e，n，z15
C₂	纽波特沙门菌（*S.* Newport）	6，8	e，h	1，5
	病牛沙门菌（*S.* Bovismorbificans）	6，8	r	1，5
D	仙台沙门菌（*S.* Sendai）	1，9，12	a	1，5
	伤寒沙门菌（*S.* Typhi）	9，12，Vi	d	—
	肠炎沙门菌（*S.* Enteritidis）	1，9，12	g，m	
	都柏林沙门菌（*S.* Dublin）	1，9，12	g，p	
	鸡伤寒沙门菌（*S.* Gallinarum）	1，9，12	—	
	鸡白痢沙门菌（*S.* Pullorum）	9，12	—	
E₁	鸭沙门菌（*S.* Anatum）	3，10	e，h	1，6
	火鸡沙门菌（*S.* Meleagridis）	3，10	e，h	1
E₂	纽因顿沙门菌（*S.* Newington）	3，15	e，h	1，6
E₃	山夫顿堡沙门菌（*S.* Senftenberg）	1，3，19	g，s，t	—
F	阿伯丁沙门菌（*S.* Aberdeen）	11	i	1，2

四、沙门菌生物型

（一）化学型

利用细胞壁多糖组成的化学型进行定型，是根据沙门菌细胞壁多糖成分，提取单糖进行分析而建立的一种分型技术。在本属菌中，已发现至少有14种单糖，不同血清型菌株的单糖组成是不同的，故可将本菌分为17个化学型。同一血清群的菌株O抗原单糖组成是一致的，说明抗原特异性与单糖成分有密切关系（表2-2）。但同一化学型内可包括两个或两个以上的血清群。所以在同一化学型中不同血清群间的抗原性有差异，这是由于抗原特异性取决于末端单糖及多糖体的排列顺序，即同样的单糖成分，其结合方式不同可导致抗原特异性或血清学特异性不同。

表 2-2　沙门菌化学型

化学型	D-氨基半乳糖	D-氨基葡萄糖	KDO	L-甘油D-甘露醇	D-半乳糖	D-葡萄糖	D-甘露糖	L-果糖	L-鼠李糖	核糖	大肠杆菌糖	流产杆菌糖	副伤寒杆菌糖	伤寒杆菌糖	O-血清群
I		●	●	●	●	●	●								J, V, X, Y, 58
II	○	●	●	●	●	●	●								L, P, 51, 55
III		●	●	●	●	●	●	○							C_1, C_4, H, S
IV	○	●	●	●	●	●	●	○							K, R
V		●	●	●	●	●	●		○						W
VI		●	●	●	●	●	●		○						C, N, U
VII		●	●	●	●	●	●			○					T, 59
VIII	○	●	●	●	●	●	●			○					M,（$2B_1$, $2B_3$）53, 57
ⅩⅤ		●	●	●	●	●	●				○				52
IX		●	●	●	●	●	●			○					M,（$2B_1$, $2B_2$）56
X		●	●	●	●	●	●				○				O
XI		●	●	●	●	●	●				○				Z
ⅩⅡ		●	●	●	●	●	●			○	○	○			I, Q
ⅩⅢ		●	●	●	●	●	●			○		○			E, F, 54
ⅩⅣ		●	●	●	●	●	●						○		B, C_2, C_3
ⅩⅤ		●	●	●	●	●	●						○		A
ⅩⅥ		●	●	●	●	●	●			○				○	D_1, D_2

注：●表示存在于核心多糖部分的糖；○表示存在于特异性侧链的糖。

（二）噬菌体型

噬菌体分型系根据培养物对一系列适当稀释的噬菌体的繁感性不同而设计的一种定（分）型技术。目前的噬菌体分型是以分型噬菌体的常规试验稀释度（routine test dilution, RTD）来分型的，RTD是以平板上滴加噬菌体的部位刚刚能出现或不出现完全融合性裂解所需的噬菌体稀释度。一般说，出现20个斑以上的为裂解阳性反应；5～20个斑的经重复试验后仍为相同结果的则为阳性，否则为阴性。同时噬斑为中等大小（1～2mm）的噬菌体，1RTD约有10^5～10^6PFU/mL。而对于噬斑很大的噬菌体，通常1RTD约有10^3PFU/mL。噬菌体分型技术不仅应用于沙门菌的流行病学调查和溯源追踪，如肠炎沙门菌PT40型、鼠伤寒沙门菌DT104型、伤寒沙门菌M1型等，而且也可应用于临床诊断，如应用Felix和Callow的O–I噬菌体可裂解98%以上菌株的能力，建立了食品源沙门菌的快速检测方法。

五、沙门菌分子生物学分型

沙门菌不仅血清型众多，而且型别相对复杂，其分型方法主要包括表型分型和分子分型。表型分型是以细菌表型特征为依据的分型方法，通过观察细菌生长的外部形态特征和生化特性，对沙门菌进行分型鉴定，包括以上所述的血清型分型和噬菌体分型等；而分子分型是以基因或基因组结构特征为依据的核酸指纹分型方法，该分型方法将分子生物学技术与流行病学理论相结合，以对沙门菌进行分型和分子流行病学研究。分子分型方法包括质粒指纹图谱分析（plasmid profile analysis，PPA）、核酸分子杂交法、PCR指纹图谱分析（PCR profile analysis）、核糖体分型方法（ribotyping）、脉冲场凝胶电泳（pulsed field gel electrophoresis，PFGE）、多位点序列分型（multilocus sequence typing，MLST）、多位点可变重复序列分析（multilocus variable numbers tandem repeat analysis，MLVA）、成簇的间隔规律的短回文序列–毒力基因多位点序列分析（clustered regularly interspaced short palindromic repeats & multi–virulence locus sequence typing，CRISPR–MVLST）等分型技术，利用现代分子分型方法能够分析不同时期、地区及不同流行事件中菌株基因组之间的相似程度，结合流行病学分析，进一步解释疾病流行的内在规律，鉴别传染源与追踪传播途径。

（一）质粒指纹图谱分析

质粒指纹图谱分析（plasmid profile analysis，PPA）是一种根据质粒DNA电泳条带所构成的特征性图谱对细菌进行分型的方法。该方法包括了细菌质粒的DNA凝胶电泳结果分析图谱和利用限制性核酸内切酶对质粒DNA酶切的电泳图谱。沙门菌涵盖多种质粒，包括毒力质粒、耐药质粒等。PPA在沙门菌流行病学研究中发挥着极其重要的作用。Holmberg等从20起鼠伤寒沙门菌病暴发事件中选出部分鼠伤寒沙门菌菌株进行PPA分型，结果显示暴发流行菌株的质粒图谱与流行无关的分离株相比具有高度的特异性。Taylor等对85株慕尼黑沙门菌进行PPA分型发现，这些菌株在较广的地理区域及经过多次传代后其质粒图谱仍能保持稳定。同时细菌的耐药性与质粒紧密相关，因此质粒图谱分析也广泛应用于质粒与细菌耐药性关系的研究。但质粒也存在不稳定性，其在细菌生长过程中迅速获得或丢失的缺点，使得PPA在应用上重复性较差，常需要与其他多种分型技术联合应用，而且不同菌种、不同性质的质粒，如耐药质粒、毒力质粒等可能出现类似的电泳图谱，因此会影响菌株同源性的分析判定。Miljkovic-Selimovic等选择同一地区某一时间段暴发和散发的276株肠炎沙门菌进行质粒图谱分析，发现流行株与散发株的质粒型具有极高的相似度，因此认为，质粒图谱分析不能够有效地鉴别肠炎沙门菌的流行株与散发株，不适于肠炎沙门菌感染的溯源追踪。

（二）核酸分子杂交法

核酸分子杂交法是一种分子生物学的标准技术，用于检测DNA或RNA分子的特定序列（靶序列）。基本原理是核酸的变性和复性理论，即在一定条件下可以将双链的核酸分子解开成单链，而条件恢复后又可依碱基互补配对规律形成双链结构。简单地说即是：在一定条件下（如适宜的温度及离子强度等），具有一定同源性的两条核苷酸单链可按碱基互补原则形成双链，并且此杂交过程高度特异。杂交双方是标记的核酸探针和待测核酸。待测核酸为病原体基因组或质粒DNA序列。探针通常以放射性核素或非放射性核素（如生物素）标记，以利于杂交信号的检测。但是核酸杂交法由于操作相对繁琐、周期较长，因此在沙门菌分型中的应用相对较少。同时，鉴于PCR和基因测序技术的迅速发展，该方法在细菌分子分型中的应用已越来越少。

（三）PCR指纹图谱分析

20世纪70年代，Sanger和Gilbert分别建立了"DNA双脱氧链末端终止测序法"和"DNA化学降解测序法"。两种测序方法的问世大大推动了人类在生命体基因水平上的探索步伐，同时，现代基因测序技术已经成为分子生物学实验的常规研究方法和手段。1985年Mullis发明的聚合酶链式反应（PCR）更进一步推动了多种分子分型技术的发展和兴起，产生多种PCR指纹图谱分析法，包括限制性酶切片段长度多态性（restriction fragment length polymorphism，RFLP）、随机扩增的多态性DNA（random-amplified polymorphic DNA，RAPD）、扩 增 片 段 长 度 多 态 性（amplified fragment length polymorphism，AFLP）、低频限制性切割位点PCR（in-frequent restriction site PCR，IRS-PCR）、多位点酶电泳（multilocus enzyme electrophoresis，MLEE）等。

1. 限制性酶切片段长度多态性（RFLP）　作为第一代DNA分子标记技术由Bostein于1980年提出。早期该方法主要应用于基因组遗传图谱的构建和基因定位。随着该方法的推广应用，其在生物进化和分子分型研究中的作用也逐渐体现出来。不同种群的生物个体在长期的进化过程中，DNA序列存在差异，如果这种差异正好发生在内切酶的酶切位点，使内切酶的识别序列变成了不能识别的序列，进而导致DNA序列酶切图谱的变化。将PCR与RFLP结合建立的PCR-RFLP也越来越多地应用于不同血清型沙门菌的鉴别和分型，如徐耀辉等建立了鉴别鸡白痢沙门菌和鸡伤寒沙门菌的基于*fliC*的PCR-RFLP方法。Soler-García也建立了基于*fliC*、*gnd*和*mutS*的PCR-RFLP分型方法，可有效地鉴别41种不同血清型的沙门菌。

2. 随机扩增的多态性DNA（RAPD）　建立在PCR基础之上的一种可对不同菌株的基因组进行多态性分析的分子分型技术。该技术由美国科学家Wiliams和Welsh于1990年分别研究提出，由于PCR扩增过程中使用的引物为随机合成的9～10个核苷酸的序列，因此该技术也称任意引物PCR。RAPD采用的一系列引物DNA序列各不相同，但任一特异引物与基因组DNA序列有其特异的结合位点。如果这些结合位点在基因组一段DNA序列内的分布符合PCR扩增反应的条件，就可扩增出DNA片段。而如果不同菌株基因组在这些区域发生DNA片段插入、缺失或碱基突变，就可能导致这些特定结合位点分布发生相应的改变，从而使PCR产物出现增加、缺少或分子量改变的现象，即表现出PCR产物的多态性。虽然RAPD表现出较强的分辨力，但其重复性差是该方法的缺点。因此常常将RAPD与其他分型方法（如ERIC PCR）联合使用，以提高分型的稳定性。Lim等通过比较分析了ERIC PCR和RAPD及RAPD1和PAPD2联合使用对57株沙门菌的分型能力，结果显示，ERIC PCR和RAPD联合使用的分辨能力更强，并能更有效地对同一地区来源的不同沙门菌菌株进行分型和溯源追踪。

3. 扩增片段长度多态性（AFLP）　1993年由荷兰科学家Zabeau和Vos发明的一种高效检测DNA多态性的方法。其基本原理是对基因组DNA限制性内切酶酶切片段进行选择性扩增，将基因组DNA用可产生黏性末端的限制性内切酶消化，产生大小不同的酶切片段，与含有共同黏性末端的人工接头（artificial adapter）连接，作为扩增反应的模板DNA；然后以人工接头的互补链为引物进行预扩增，最后在引物末端增加1～3个选择性碱基，使得引物能选择性识别具有特异配对顺序的内切酶片段；利用该引物再进行扩增，把扩增的酶切片段在高分辨率的顺序分析凝胶上电泳，根据产生扩增片段长度的不同检测出多态性。通过比较带型的差异可对病原微生物进行分型和鉴定及发现同种间的遗传差异，以了解它们的流行特点。AFLP通过在全基因组水平检测细菌基因的变异，既发现不同菌株短期内的变异，又可应用于研究长期进化过程，具有结果稳定、分辨率高、重复性好等优点。AFLP在研究沙门菌感染的溯源和追踪中发挥着重要的作用，Cristina Romani等对2005—2006年从意大利的佛罗伦萨地区分离到的124株肠炎沙门菌进行AFLP分型，这124株肠炎沙门菌包括2005年一次引起在校儿童肠炎沙门菌感染的暴发分离株，及这次暴发前后一段时间该地区分离到的肠炎沙门菌菌株，AFLP将这些菌株共分为四个型别A、B、C、D，暴发前的菌株主要型别为A（78.4%），型别C仅占8.1%；而暴发分离菌株的型别除了一株不能分型外都是C型别，暴发后的2006年前6个月的分离菌株的主要型别为C（73.3%），后6个月的分离株的主要型别又恢复为A（52%），由此认为2005年的暴发是由于型别C菌株的感染复发和克隆扩增引起。AFLP不仅对不同血清型的沙门菌具有不同的分辨力，对同一血清型或同一噬菌体型的沙门菌也具有很强的分辨力。Ross和Heuzenroeder利用AFLP和PFGE两种分型方法对鼠伤寒沙门菌D126噬菌体型菌株进行分型，该型沙门菌经常分离自澳大利亚食源性沙门菌病例中，结果显示AFLP的分型能力比PFGE更强。Torpdahl等对丹麦1995—2001年间分离自人源和动物源的25种血清型沙门菌进行了MLST、PFGE和AFLP的比较分型分析，结果显示三种方法都得到了相似的进化图谱，其中MLST相对操作简便快捷，PFGE则易于重复、解释和耗时短，而AFLP表现出对局部沙门菌病暴发的监测和溯源追踪能力。

4. **低频限制性切割位点PCR（IRS-PCR）** 1996年由Mazurek等建立的一种根据细菌DNA指纹对细菌进行分型的方法。该方法的原理是采用高频限制性内切酶（*Hha*I）和低频限制型内切酶（*Xba*I）同时切割细菌双链DNA，序列不同的DNA被切成大小不等的片段，然后将酶切后含有*Hha*I和*Xba*I酶切位点的DNA片断与双链连接体连接。连接体一方面可与酶切后的DNA片段连接，同时也作为引入引物的识别位点，连接后的双链复合物在引物（根据连接体的序列设计）的作用下进行扩增，形成DNA双链。不同菌株由于DNA的差异可产生数量和长短不同的双链DNA片段，根据扩增片段长度的多态性可对细菌进行分型。该方法不需复杂仪器、耗时短、结果准确，少量目的DNA即可进行，用相同的酶、连接体、引物和PCR条件即可区分来源不同和种类有别的细菌，适合在临床细菌分型中推广。Su等应用IRS-PCR和PFGE对1997—1999年间临床分离的71株肠炎沙门菌进行分型，都得出了3个型别，而PFGE的亚型比IRS-PCR多。但是由于该方法结合了酶切、片段连接和PCR等分子生物技术，操作流程繁琐且持续时间较长，在一定程度上限制了该方法的推广应用。

（四）核糖体分型方法

核糖体分型方法是对细菌核糖体rRNA基因的限制性片段多态性进行分析。其原理是将细菌DNA用限制性内切酶消化，经凝胶电泳和Southern转印后，用经标记的rRNA基因探针杂交，根据杂交后显色带型的不同对细菌进行分型。核糖体分型具有较高的稳定性，在早期的沙门菌研究中应用较多，但由于其分型结果受基因探针来源与长度、电泳条件及分型标准等诸多因素影响，且分型方法和分型标准尚未规范，因此核糖体分型在沙门菌流行病学研究中应用相对较少。但如果结合其他分型方法，核糖体分型结果对于沙门菌研究仍然有较高的参考价值。田克诚等用该分型方法对贵州省9个地区26个县、市1959—1999年分离的209株伤寒沙门菌菌株进行分型及药物敏感性试验，共得到26个核糖体型，得出贵州省不同地区、不同时间的伤寒沙门菌分离株在核糖体杂交图谱上的多态性及多重耐药是引起贵州伤寒发病率居高不下的原因。

（五）脉冲场凝胶电泳

自20世纪80年代Schwartz和Cantor首次成功应用脉冲场凝胶电泳（pulsed field gel electrophoresis，PFGE）技术分离酵母染色体以来，作为一种分离大分子量线性DNA分子的电泳技术，PFGE被誉为细菌分子生物学分型技术的"金标准"。其原理是在琼脂糖凝胶上外加方向、时间与电流大小交替改变的脉冲电场，电场不断在两种方向中变动，每当电场方向发生改变，DNA便改变原有的行径方向，直至沿新的电场轴重新定向后，才能继续向前移动。相对较小的DNA分子在电场改变后可较快转移改变移动方向，而DNA分子越大这种转变所需时间越长，因此小分子向前移动的速度比大分子快，最后在凝胶上按染色体片段长度的不同而呈现出电泳带型。PFGE通过直接或间接反映病原体变异分化的本质即DNA序列的改变，做到了微观变化的宏观显示，该方法的发展成熟为监测控制细菌的流行提供了有力工具，对于细菌性传染病监测、追踪、溯源等暴发调查有非常重要的意义。目前，PFGE技术常被用于同种属的细菌分型，并且该技术应用越来越广泛，美国疾病预防和控制中心于1996年建立的以PFGE技术为核心的食源性疾病监测网络PulseNet（图2-1），现已发展为覆盖北美、欧洲、亚太等地区的全球化实验室网络，在肠出血性大肠杆菌O157∶H7、沙门菌、李斯特菌和副溶血弧菌等常见致病菌的分型、监测和疾病的预防控制中发挥着重要作用。PFGE在沙门菌病的监测防控中应用广泛，适应于某一国家或各个国家间沙门菌调查的分型研究，对某些地区的沙门菌感染进行溯源，建立人类沙门菌感染与接触动物和进食污染食物之间的联系，为沙门菌感染的疫情控制和政策制定提供可靠的流行病学依据。虽然由于PFGE设备仪器昂贵、操作复杂、所需时间长等原因在一定程度上限制了其推广应用，但由于其分辨率高、重复性好、易于标准化等，PFGE目前仍然是细菌分型的主要方法之一，对细菌性传染病的流行病学研究具有重要意义。

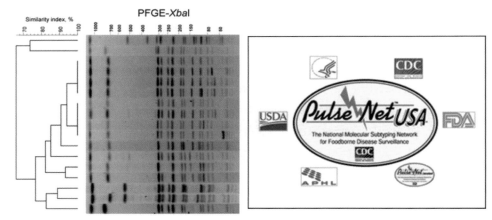

图 2-1　PFGE 图谱分型及 PulseNet

（六）多位点序列分型、多位点可变数目串联重复序列分析和CRISPR-MVLST分型

1. **多位点序列分型**（multilocus sequence typing，MLST）　MLST技术作为一种以核苷酸序列测定分析为基础的细菌分子分型方法，于1998年由Maiden等首先提出。虽然MLST技术仍然建立在PCR基础之上，但与以往的基于PCR产物电泳图谱进行分型的方法不同的是，MLST基于多个管家基因的等位多态性进行分型。MLST最初选择某一菌属的一组管家基因作为分型依据，分别设计引物扩增400～600bp的管家基因内部序列进行测序。根据菌株每个管家基因的序列信息分配等位基因序号（allele number），把该菌株所有管家基因的等位基因序号合并在一起组成一个等位基因谱（allelic profile），并给这个等位基因谱分配一个唯一的编号作为该分离株的MLST型。MLST选用的管家基因的数量一般是6～7个，但也有文献报道基于3～4个管家基因的MLST分型试验，如Alcainen等选择了基于3个基因的MLST，实现了与基于7个管家基因的MLST相同的鉴别能力。MLST在沙门菌分型过程中也实现了与其他分型方法有较高一致性的特点，如Sukhnanand等设计的基于3个基因的MLST方法，实现了对沙门菌血清型的精确预测，通常出现某一MLST型对应着某一沙门菌的血清型。但是由于所选管家基因几乎都存在于沙门菌属的细菌中，因此MLST对于同一血清型中毒力不同菌株的分型能力有限。所以

有的MLST方法也涉及毒力基因或毒力相关基因，如*spaM*、*fimA*，这些毒力基因的加入一定程度上提高了MLST的分型能力。MLST能够提供基因序列的确切信息，通过互联网数据系统可以实现实验室之间的数据共享，已应用于60多种病原细菌、5种病原真菌及噬菌体和质粒的分型鉴定。目前MLST主要用于病原微生物的进化和流行病学分析，鉴定细菌高度克隆谱系，鉴别毒力菌株的大种群或小种群。但是，由于MLST主要是通过管家基因变异进行分型，而管家基因在细菌进化过程中高度保守（突变积累太慢），所以MLST不能区分高度关联的菌株，对遗传关系相近的不同血清型菌株也不能有效鉴别。如基于7个管家基因的MLST方法不能将鼠伤寒沙门菌（*S.* Typhimurium）与其变异株（*S.*Typhimurium var. Copenhagen）进行区分。同时管家基因或毒力基因的多态性大小和基因测序成本较高等原因，在一定程度上影响了MLST的分辨力和普及。但MLST操作简单且在推论菌株间遗传进化关系和种群相关性等方面，有其他分型方法无可比拟的优势。

2. 多位点可变数目串联重复序列分析（multilocus variable numbers tandem repeat analysis，MLVA） MLVA是近年发展起来的以PCR为基础的新技术，是根据被检测菌株散在于基因组中的不同独立位点可变串联重复序列（variable number tandem repeats，VNTRs）重复单元拷贝数的差异来进行基因分型。MLVA具有快速简便、通量高、分辨力强、易于实验室间标准化的优点，在区分不同的散发个体来源菌株上具有比PFGE和噬菌体分型更高的鉴别能力。Boxrud等将113株散发的肠炎沙门菌菌株同时进行基于10个VNTRs的MLVA分型，应用*Xba*I和*Bln*I两种限制性内切酶的PFGE分型和噬菌体分型，结果显示113株细菌共分为57个MLVA型、33个PFGE型、15个噬菌体型，可见MLVA对散发的肠炎沙门菌的分型能力要明显高于PFGE和噬菌体分型。MLVA现被应用于多种致病菌的分型研究，包括鼠伤寒沙门菌、伤寒沙门菌、鼠疫杆菌、结核分支杆菌、肠出血性大肠杆菌O157：H7、脑膜炎奈瑟菌等。其中，在沙门菌的流行病学监测和暴发调查中MLVA发挥了重要作用，可对同一个噬菌体型的沙门菌进行分型。Malorny等对240株来源于人、动物、食物和环境的肠炎沙门菌进行基于9个VNTRs位点的MLVA分型与噬菌体分型，MLVA可将主要的噬菌体型别（PT4、PT8）的菌株分别进行分型，将62株PT4型菌株分为24个MLVA型，81株PT8型菌株分为21个MLVA型。与其他分子分型方法相比，MLVA是一种新兴的分型方法，在理论和技术方面都还处在发展和完善阶段，但由于其具有快速、高分辨力、易标准化、重复性好等优点，其在病原微生物分型中的应用将越来越广泛。

3. CRISPR-MVLST分型 该分型方法是建立在MLST基础上的新的分型方法，将MLST中的管家基因替换为CRISPR和毒力基因以达到分型的目的。CRISPR（clustered

regularly interspaced short palindromic repeats）即成簇的规律间隔的短回文重复序列，是近年来发现的原核生物中的调控RNA，虽然早在1987年已报道了该序列的存在，但是直到最近几年才揭示其功能。CRISPR序列是一段高度多变的DNA序列，由前导序列和重复序列单位组成，该重复序列单位包含规则排列的重复序列和间隔序列，重复序列的长度在24～48bp，重复序列之间被长度为26～72bp的间隔序列隔开。间隔序列通常与噬菌体序列或质粒序列同源，因此当含有该同源序列的噬菌体或质粒感染细菌时，CRISPR间隔序列转录形成的RNA发挥RNA干扰机制，抑制噬菌体基因的转录和表达，从而达到抑制噬菌体或质粒在细菌内的复制。正因为CRISPR是细菌在与噬菌体及质粒斗争过程中形成的产物，因此该系统也被称为细菌的免疫系统。不同菌株在其生长进化过程中会遭遇环境中外源可移动DNA元件的攻击，CRISPR间隔序列反映了菌株间的进化关系，因此也被应用于细菌的分子分型中。Shariat等建立了鼠伤寒沙门菌和肠炎沙门菌的CRISPR-MVLST的分型方法（图2-2），该方法对两种血清型沙门菌的分辨力分别达0.934 5和0.789 6，PFGE对两种血清型沙门菌的分辨力则达到0.945 6和0.710 6，两种分型方法对沙门菌的分辨力相当。但是CRISPR-MVLST在对同一PFGE型不同毒力的沙门菌的分型能力上更胜一筹，因此常常联合使用这两种方法进行沙门菌病的溯源追踪。随着CRISPR在细菌进化分型中的作用逐渐被大家认识，将CRISPR引入细菌分子分型和进化研究已成为未来发展的热点之一，将会进一步推动沙门菌分子分型技术的发展和流行病学的研究。

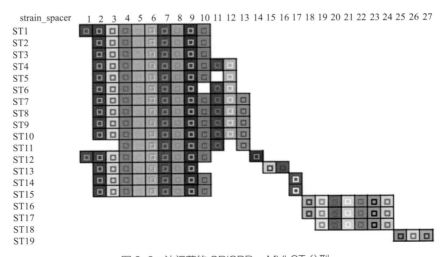

图2-2　沙门菌的 CRISPR - MVLST 分型

（七）基因组序列分析

随着全基因测序技术的发展和第二代、第三代全基因组测序方法的问世，基于全基因组的序列分析，成为近年来新型的分子分型技术。与只针对若干管家基因或毒力基因分型的方法相比，全基因组分型更能真实全面地反映菌株间的亲缘关系。全基因组分型从策略上大致分成两种：一种是针对菌株基因的内容，并假设菌株间共有的基因越多，亲缘关系就越近；共有基因越少，亲缘关系则越远。通过芯片杂交技术或全基因组测序等高通量方法，均可快速获得此数据并分型。另一种方法是在确定菌株间所有共有基因后，通过比较这些基因内单核苷酸多态性（single nucleotide polymorphisms，SNP）的异同，构建反映菌株间亲缘关系的进化树进行分型。两种方法在目前沙门菌的分型中均有应有。Deng等通过对125株肠炎沙门菌进行全基因组测序，并根据核心基因组的SNP差异构建了菌株间的进化树，共获得了5个遗传谱系，其中泰国的临床分离株和美国分离自鸡蛋的疾病暴发株分属谱系Ⅲ和谱系Ⅳ。全基因组分型提供了更全面和准确的数据，因此更有利于对疾病暴发株的溯源追踪和细菌的生物进化研究，随着测序技术的发展和费用的降低，该方法会越来越多地应用于细菌分子分型中。

第二节　形态结构和抗原组成

一、形态结构

（一）菌体形态

沙门菌属（*Salmonella*）最早可追溯自1885年，医学研究者Theobald Smith发现了猪霍乱沙门菌，直到1900年Lignières将包含许多亚种的沙门菌命名为沙门菌（*Salmonella*）。沙门菌呈直杆状，革兰阴性。大小为（0.7~1.5）μm×（2.0~5）μm。无荚膜，无芽孢。

（二）鞭毛

除鸡白痢沙门菌（*S. Pullorum*，又称雏沙门菌）和鸡伤寒沙门菌（*S. Gallinarum*，又称鸡沙门菌）无鞭毛、不运动外，其余各菌均以周生鞭毛运动。鞭毛是沙门菌运动性的基础结构，为由多种蛋白组成的复杂结构，长度约15μm。沙门菌的鞭毛由基体部、钩状部和丝状部组成。鞭毛装置中膜结合部位与Ⅲ型分泌装置相似，鞭毛蛋白是丝状部的结构蛋白，也是血清型分型方法的依据之一，在细菌的毒力和引起哺乳动物宿主炎症反应等方面起着重要的作用。鞭毛蛋白在组建形成鞭毛丝状部的过程中需要50多个蛋白的参与，包括对鞭毛进行修饰和正确组装蛋白。低pH、尿素等变性剂都可导致丝状部的解离。*fliC*基因编码Ⅰ相鞭毛蛋白基因，每根鞭毛的丝状部大约由两万个亚单位的鞭毛蛋白组成。鞭毛蛋白由D0、D1、D2、D3四个功能区构成。D0和D1区由鞭毛蛋白的N端和C端肽链形成的α螺旋结构构成，是鞭毛蛋白的高度保守区域，位于丝状部的内部；D2和D3区则由其中心部分形成的β折叠结构构成，且D2和D3区的编码序列呈现高度变化的特点，因此也被称为高变区，位于丝状部的外部。钩状结构位于鞭毛的基底部，由分子量为42kD的单个多肽亚单位组成，该组分对低pH、尿素和其他变性剂具有更强的抵抗能力。鞭毛的基底部由更复杂的双层膜结构组成，位于最外层的是L-环和P环，位于最内层的是M环和S环。

（三）菌毛

肠杆菌的菌毛可分为甘露糖敏感性菌毛和甘露糖抗性菌毛。

1. Ⅰ型菌毛　绝大多数沙门菌具有Ⅰ型菌毛，Ⅰ型菌毛又称为Fim菌毛，能凝集真核细胞表面含甘露糖的糖蛋白受体。Ⅰ型菌毛在鼠伤寒沙门菌中普遍表达，而且是静止培养时唯一表达的菌毛，其结构与功能是各种菌毛中研究最为清楚的一种。沙门菌Ⅰ型菌毛较坚硬，在液体培养中静止培养时能够很好地表达，而在固体琼脂培养中静止培养时Ⅰ型菌毛的表达受限。Ⅰ型菌毛在沙门菌表面呈周生分布，直径有6nm，最长可达100nm，每个菌体细胞上可分布30根Ⅰ型菌毛，但在体外培养的细菌中只有10%的细胞一次能表达出这么多菌毛。在电镜下观察，沙门菌Ⅰ型菌毛由完全等同的蛋白亚单位通过非共价结合形成中空的螺旋结构，鼠伤寒沙门菌和肠炎沙门菌的Ⅰ型菌毛蛋白亚单位分子量为20~22kD。菌毛在组装过程中，菌毛亚单位分泌到周质空间与分子伴侣结合亚单位过早的组装，菌毛亚单位-分子伴侣复合物通过外膜与驱动蛋白作用形成的转运孔道将菌丝蛋白运送至生长中的菌丝中。Ⅰ型菌毛可介导甘露糖敏感血凝反应（mannose-sensitive hemagglutination, MSHA）。在植物血凝素作用下Ⅰ型菌毛能成功结合至具有甘露糖苷链的糖蛋白受体上，但Kukkolmen等发现，在不同种类的上皮细胞上普遍存在含甘露糖苷链的糖蛋白受体。沙门菌Ⅰ型菌毛在结构和分子水平上，都表现出高度的属内保守性。F1菌毛和SEF21菌毛都属于Ⅰ型菌毛，其中SEF21首先在肠炎沙门菌中报道。应用针对肠炎沙门菌SEF21菌毛的单抗或多抗进行试验，结果证实SEF21抗体具有广泛的交叉反应性。另一方面，肠杆菌科中的其他属细菌，如大肠杆菌菌毛、克雷伯菌菌毛与沙门菌Ⅰ型菌毛具有基因同源性，其编码基因的DNA序列仅有微小的差别。

2. Ⅱ型菌毛　沙门菌Ⅱ型菌毛在形态上与Ⅰ型菌毛相似，被看作为Ⅰ型菌毛的突变体，即缺乏凝集红细胞的能力。Duguid等在1958年首次描述了鸡伤寒沙门菌和鸡白痢沙门菌的Ⅱ型菌毛，其后又在乙型副伤寒沙门菌和都柏林沙门菌的一些菌株发现有此类菌毛。Swenson发现Ⅱ型菌毛和Ⅰ型菌毛分子结构极其相似，在抗原性方面十分接近，因而有人认为前者是后者丧失凝集性的变种，这一论点看似有理，却有待进一步证实。

3. Ⅲ型菌毛　沙门菌Ⅲ型菌毛为周生菌毛，与Ⅰ型菌毛相比更细、数量多且易弯曲，直径3～5nm，具有较强的甘露糖抗性，在D甘露糖存在时仍可凝集鞣酸处理的红细胞（即MRHA），与Ⅰ型菌毛相似，Ⅲ型菌毛亦表现出与属外克雷伯菌、耶尔森菌的交叉反应性。Ⅲ型菌毛包括SEF18和SEF14，与大肠杆菌的P和Cs31菌毛及克雷伯菌的Mrk菌毛相似。SEF14菌毛首先在肠炎沙门菌中发现，其结构特点是纤细，直径小于3nm，由143kD的蛋白质亚单位组成。SEF14是沙门菌D群中部分血清型细菌所特有，仅存在于肠炎沙门菌菌株和部分都柏林沙门菌菌株中。最早Duguid对沙门菌Ⅳ型菌毛特征表述为纤细而弯曲，直径约4nm，对新鲜红细胞呈现出MRHA[+]。其后，再也没有Ⅳ型菌毛的报道。直到1993年，Grund等报道了一株从分离自鸽子体内的鼠伤寒沙门菌，其菌毛直径3nm，且凝集鸽的红细胞（MRHA[+]）。

4. Ⅳ型菌毛　沙门菌Ⅳ型菌毛为极细的周生鞭毛，首个被发现的Ⅳ型菌毛为SEF17。SEF17菌毛也是在一株肠炎沙门菌中被描述，其形态结构与SEF14类似，但是更加高度螺旋，其蛋白亚单位分子量为17kD，并包含一个被称为纤连蛋白受体的组织基质蛋白。Ⅳ型菌毛缺乏凝集红细胞的能力，并且体积与上述菌毛的差异较大。将固体培养的细菌制成悬液，可见某些菌株的SEF17菌毛呈现出自动聚集现象。进一步研究证实，SEF17菌毛与肠聚集性大肠杆菌的卷毛（curli，一种纤细而卷曲的原纤维样结构）高度同源，这种肠聚集性大肠杆菌能够引发婴儿腹泻。Collinson依据其亚单位丝束蛋白即菌毛素的N末端存在相同的氨基酸序列，把这两种菌毛归为一类，称为GVVPQ（甘氨酸–缬氨酸–缬氨酸–脯氨酸–谷氨酰胺）。

除了根据菌毛结构对菌毛进行分类外，也可按照菌毛的组装方式将其分为4类。第一类为具有介导结合转移功能的性菌毛（F菌毛）；第二类为上述所提的Ⅳ型菌毛；第三类为curli菌毛，由胞外成核/沉淀路径组装形成；第四类为分子伴侣/驱动蛋白依赖性菌毛，该类菌毛包括了Ⅰ型菌毛、长极性菌毛、stf菌毛、bcf菌毛、saf菌毛和质粒编码的pef菌毛。Pef菌毛由沙门菌毒力质粒编码，在肠炎沙门菌、鼠伤寒沙门菌和猪霍乱沙门菌中都存在pef操纵子，而在鸡伤寒沙门菌和都柏林沙门菌中pef操纵子被fae菌毛操纵子取代，而fae菌毛与大肠杆菌K88菌毛相似。菌毛在沙门菌与宿主细胞相互作用过程中发挥着重要作用，破坏lpf、fim和agf会降低沙门菌对上皮细胞的黏附能力。同时也发现了层粘连蛋白、血纤维蛋白溶酶原受体和一种大小为60kD的糖蛋白受体为Ⅰ型菌毛的靶标。菌毛在启动早期的黏附过程中可能发挥着重要的作用，并且这种黏附是可逆的，而由T3SS-1介导的黏附是不可逆的。但是fim沙门菌突变体黏附和侵入哺乳动物细胞和禽源细胞的能力都明显减弱，lpfC沙门菌突变株也表现出黏附和侵入Hep2细胞的能力减弱。

（1）长极性菌毛　位于菌体一端，是普通菌毛长度的2～3倍，在感染的早期阶段介导对小肠细胞的黏附。由lpfABCDE编码，lpfA编码主要结构亚单位，其两侧具有反向重复序列，能引起lpfA基因倒置介导菌毛多态性从而逃避宿主的免疫系统监视；lpfC编码一种有利于菌毛聚合的外膜蛋白，lpfC突变可引起沙门菌对小肠派伊尔氏结（PP）黏附能力的下降。在鼠伤寒沙门菌LT2菌株中，lpf操纵子位于染色体80着丝粒处，该操纵子两侧的序列与大肠杆菌K-22菌株具有同源性，但在大肠杆菌和志贺菌等许多其他的肠杆菌中都未发现与lpf同源的序列。另外，在至少两种沙门菌即伤寒沙门菌和猪霍乱沙门菌亚利桑纳亚种中未发现lpf。因此推测lpf是在沙门菌进化过程中水平转移得到的。

（2）细聚集菌毛　简称agf、Tafi或curli，周身分布，直径3～4nm，在没有胞外多糖的情况下，它们的形态是弯曲的；但是当有胞外多糖表达时，它们就变成纤维、无定形的形态。每个菌体500～2 000个拷贝，每根菌毛由几千个主要结构亚单位装配而成。鼠伤寒沙门菌的agf由agfBAC编码，agfA编码主要结构亚单位，AgfC能够促进AgfA在胞外聚合形成agf。产生agf的细菌可以发生凝集，增强沙门菌抵抗胃酸或其他不利因素的能力。大肠杆菌的csg基因与agf同源，二者编码相似的蛋白，具有相似的抗原性，但它们在核酸水平差异较大。由于csg和agf的高度同源性，大肠杆菌的csg缺失突变体，可由鼠伤寒沙门菌的agf相关基因所补充。

（3）质粒编码菌毛（plasimid-encoded fimbriae，pef）　多数血清型沙门菌含有50～90kb的毒力质粒，鼠伤寒沙门菌含有一个90kb的毒力质粒（pSLT），该质粒携带有感染宿主所需的毒力因子，在引发实验动物的综合感染中发挥十分重要的作用。pef是由pefABCDE编码的，其中，pefA编码主要结构亚单位，pefC编码外膜蛋白。pefC的缺失突变并未影响细菌对HeLa或T84细胞的黏附。Darwin等将携带有pef的质粒导入大肠杆菌中，与未携带pef的菌种相比较，前者可出现周身菌毛，且更容易吸附鼠小肠上皮细胞，但并不引起腹泻，说明pef对沙门菌在小肠的黏附和引起腹泻是必要非充分条件。另外受一些因素的调控，pef并不能在实验室标准培养条件下表达，只有在感染之后才表达。Baumler等用pefA探针进行检测，发现只有鼠伤寒沙门菌、肠炎沙门菌、猪霍乱沙门菌和丙型副伤寒沙门菌包含pef序列。

（4）SEF14菌毛 Throms等于1992年成功获得了在肠炎沙门菌中占主导地位的单克隆抗体，并纯化了SEF14抗原。利用相关技术，确定了该单抗为抗SEF14菌毛的抗体。SEF14菌毛是由14kD的重复蛋白亚单位聚合而成。利用SEF14单抗对一系列血清型的沙门菌进行ELISA检测，所有的肠炎沙门菌、部分都柏林沙门菌及少数莫斯科沙门菌中可以检测出有SEF14的表达，未在D组以外的血清型组中检出，显示了SEF14上的抗原表位具有高度的保守性。由于SEF14仅在D组沙门菌中表达，而D组中的肠炎沙门菌又是引起胃肠炎最常见的沙门菌，因此SEF14菌毛可以作为检测肠炎沙门菌和D组沙门菌的靶位点。

二、抗原

（一）菌体O抗原

沙门菌表面至少存在5类抗原：O抗原、K抗原、H抗原、外膜蛋白（OMP）抗原和共同抗原（CA）等。供血清型检索用的考夫曼–怀特沙门菌属抗原表解（2007，2009）中已列出2 610个血清型。O特异性多糖链又称O抗原多糖链，简称O–侧链或O–抗原。O–抗原结合在核心多糖上，位于脂多糖分子的最外层，是细菌主要的表面抗原。O–抗原通过构成重复单位的单糖种类、排列顺序、结合方式及多糖链的空间结构决定抗原的特异性，构成O–抗原的抗原决定簇。一种血清型沙门菌的O–抗原通常具备多个抗原决定簇，如鼠伤寒沙门菌的抗原式为1, 4, 5, 12: i: 1, 2，其中1、4、5和12表示鼠伤寒沙门菌的O–抗原含有4个抗原决定簇，分别是O1、O4、O5和O12。目前已报道在沙门菌中共存在67种O–抗原。O–抗原具有亲水性、带负电荷，可保护细菌抵抗吞噬细胞的吞噬作用，能够结合补体C3从而形成弱的C5b–9复合物，从空间上阻止了补体复合物结合疏水性外膜使细菌免遭破坏。因此，O–抗原成分在介导细菌侵入机体天然防卫系统中起到十分重要的作用。O–抗原的结构和免疫原性也可引起宿主体液免疫系统对细菌感染产生一系列的免疫应答。有资料表明，在实验模型下，沙门菌的免疫保护需要抗体和T细胞的共同作用，二者缺一不可。脂多糖在沙门菌感染宿主引发疾病及沙门菌在宿主体内存活过程中发挥着重要的作用，O抗原的丢失会使沙门菌毒力降低。目前已经证明脂多糖在沙门菌定植于小肠、抗补体、侵入巨噬细胞并在其中存活过程中发挥重要的作用。O抗原的化学结构也直接影响细菌的致病力，Valtonen等将鼠伤寒沙门菌的O4，12抗原替换为肠炎沙门菌的O9，12抗原或者蒙得维的亚沙门菌（*S. montevideo*）的O6，7，结果发现携带O6，7的鼠伤寒沙门菌毒力明显弱于野生型的鼠伤寒沙门菌，而携带O9，12的菌株毒力介于两者之间。同时奇怪的是将肠炎沙门菌的O9，12替换为鼠伤寒沙门菌的O4，12，其毒力明显增强。肠炎沙门菌CVL30株免疫雏鸡后可以极显著地减少野生型肠炎沙门菌在肠道内的定居，但并不能提供对鼠伤寒沙门菌感染的保护；鼠伤寒沙门菌*aroA*缺失株免疫小鼠后，也不能抵抗肠炎沙门菌的感染，因此认为这种保护性可能是O抗原特异性所造成的。Lindberg等人建立了能表达O4、O9的杂合株，免疫小鼠后可以同时保护鼠伤寒沙门菌（O4）和都柏林沙门菌（O9）的攻击，这说明O抗原在沙门菌免疫保护中起极其重要的作用。考夫曼-怀特沙门菌属的命名主要是建立在沙门菌的O抗原和H抗原的差异上。通过对O抗原的测定可以大致将沙门菌归为某一血清群。如鼠伤寒沙门菌的O抗原为1，4，5，12。抗原4和12在所有的B组血清型中，1和5作为辅助因子帮助将该菌株的血清型定为鼠伤寒沙门菌。参与沙门菌O抗原合成的基因有20多个，这些基因所在部位称为*wba*（*rfb*）位点，多数血清型沙门菌利用*wbaP*启动O侧链的合成，再由其他*wba*基因开启O侧链的延伸和修饰。任何*wba*基因的突变都可能导致细菌缺失O抗原或O抗原不完整，从而影响细菌的致病力。

（二）鞭毛H抗原

沙门菌的H抗原为不稳定的蛋白质抗原，有较强的特异性和抗原性，一般不易被破坏，需加热至60℃、30~60min方可将其破坏，乙醇处理或干燥等也可破坏该抗原。H抗原的测定是沙门菌分型的主要依据。沙门菌至少有两种H抗原，即H1和H2，对应的是沙门菌1相鞭毛抗原和2相鞭毛抗原，在宿主适应性沙门菌中鞭毛蛋白的表达量下降。在禽适应性沙门菌中鞭毛表达量的减少与主要表达基因的缺失和重排引起的假基因化紧密相关。同时沙门菌中部分血清型存在1相鞭毛和2相鞭毛的位相变异。含有双相鞭毛的沙门菌可通过调控鞭毛蛋白亚单位*fliC*和*fljB*的表达来展示1相或2相鞭毛。沙门菌的鞭毛抗原的变异即H-O变异一般不易发生，而在某些特殊情况下仍有可能发生，从而给鉴定工作带来困难。推测H-O变异的原因有：培养基中的某些成分抑制了鞭毛生长、培养基含水量太少、培养温度不合适、某些菌株冷冻过久导致性状发生变异等，这些因素可能使沙门菌的鞭毛丢失或产生困难。而在液体培养基中，除培养基的成分及水分含量显著不同以外，也存在其他因素对鞭毛抗原的影响。鞭毛不仅为沙门菌的运动器官，也是重要的菌体抗原。鞭毛蛋白可与TLR5受体结合，引起宿主的免疫应答。在小鼠和禽中，沙门菌的鞭毛蛋白是活化CD4$^+$T细胞的主要抗原。用鼠伤寒沙门菌*aroA*基因缺失株免疫小鼠后，再用纯化的鞭毛蛋白刺激，小鼠体内的CD4$^+$T细胞依赖性IFN-γ的分泌增加，以保护小鼠免遭强毒株的攻击。

（三）K抗原

沙门菌属部分菌株有类似大肠杆菌K抗原的表面抗原，与细菌的毒力有关，故称Vi抗原。Vi抗原最早于1934年报道，是沙门菌中唯一的荚膜多糖抗原，而且仅伤寒沙门菌、副伤寒沙门菌C和都柏林沙门菌产生。由于Vi抗原为O抗原表面的荚膜抗原，可阻止O抗原与抗体结合，因此具有该抗原的细菌不被相应的O血清凝集。通过100℃加热或石炭酸处理，虽然该抗原不被灭活，但可从菌体表面脱落，游离于液体中，从而暴露出O抗原，可被O血清凝集。在体内，Vi多糖可阻止沙门菌表面LPS被TLR4识别，抑制C3b在细菌表面的沉积以降低补体调理作用，并能减弱TLR-依赖性IL-8在肠黏膜的表达。Vi抗原的抗原性弱，当细菌存在于体内时可产生一定量抗体；细菌被清除后，抗体也随之消失。故测定Vi抗体有助于对伤寒带菌者的检出。

（四）菌毛抗原

菌毛是一种刚性丝状结构，由多个重复的主要结构亚单位和少数亚基组成，其主要功能与菌体运动、黏附以及在宿主体内的定植相关。主要类型有Ⅰ型菌毛、长极性菌毛、细聚集菌毛、质粒编码菌毛和SEF14菌毛等。

Ⅰ型菌毛位于菌体外周，直径约7nm、长0.2～2.0μm，能够和多种真核细胞表面的α-D-甘露糖受体结合，是沙门菌中研究最为详尽的一种菌毛，由*fim*基因簇编码，其中*fimA*编码主要结构亚单位，*fimH*编码位于菌毛顶端可介导与受体结合的黏附蛋白。肠杆菌科不同属细菌Ⅰ型菌毛基因的同源性较高，各自有特异位点，更有交叉位点。鼠伤寒沙门菌的Ⅰ型菌毛，由*fimAICDHF*编码，与大肠杆菌的Ⅰ型菌毛结构相似但抗原性不同。

（五）其他抗原

已经证实在沙门菌中也存在其他的表面抗原，如M抗原和5抗原。沙门菌的M抗原构成荚膜，由4种糖组成，其中包括海藻糖。

第三节　培养特性和理化特性

一、培养特性

　　沙门菌的培养特性与埃希菌属细菌相似，对营养要求不高，在普通琼脂培养基平板上就能生长，形成中等大小、无色半透明的S型菌落。只有鸡白痢、鸡伤寒、羊流产和甲型副伤寒等沙门菌在肉汤琼脂上生长贫瘠，形成较小的菌落。在肠道杆菌鉴别培养基或选择性培养基上，大多数菌株因不发酵乳糖而形成无色菌落。该菌属在培养基上有S-R变异。培养基中加入硫代硫酸钠、胱氨酸、血清、葡萄糖、脑心浸液和甘油等有助于该菌生长。

二、生化特性

　　与肠道亚种相比，沙门菌其余各亚种的生化反应虽然不太典型，但同一亚种各菌间的生化特性相当一致。有时极个别分离菌株在某一特性上可能有所不同，如发酵蔗糖或产生吲哚等，只要它们具有该菌属典型的O和H抗原，就不应将其排除在该菌属外。

　　绝大多数沙门菌发酵糖类时均产气，但伤寒和鸡伤寒沙门菌从不产气。正常产气的血清型也可能有不产气的变型，尤其在都柏林和鸡白痢沙门菌中更多见。该菌属通常不发酵阿拉伯糖、卫矛醇、鼠李糖、蕈糖和木糖。不发酵肌醇的有甲型副伤寒、乙型副伤寒、猪霍乱、仙台、伤寒、肠炎、纽波特、山夫顿堡、斯坦利和迈阿密等沙门菌。多数鸡白痢沙门菌菌株不发酵麦芽糖。猪伤寒沙门菌不发酵甘露糖。大部分沙门菌产生硫化氢，但甲型副伤寒、猪伤寒、仙台和巴布亚等菌型不产生，猪霍乱、伤寒和鸡伤寒沙门菌的反应则不定。该属菌通常能在西蒙柠檬酸盐琼脂上生长，但甲型副伤寒、猪伤寒、伤寒、都柏林、仙台、鸡伤寒、鸡白痢以及猪霍乱孔成道夫变型等沙门菌不利用。除甲型副伤寒血清型外，其余各菌均有赖氨酸脱羧酶。大部分沙门菌的鸟氨酸脱羧酶呈阳性，但伤寒血清型为阴性。沙门菌生化特性见表2-3，表中带"*"号的项目为有鉴别意义的试验项目，有助于沙门菌种和亚种的鉴定。沙门菌与柠檬酸杆菌、爱德华菌属细菌的生化特性比较见表2-4，该菌属中5种特殊的生化血清型特性鉴别见表2-5。

表 2-3　沙门菌属种和亚种的生化特性

项　目	肠道沙门菌						邦戈尔沙门菌（Ⅴ）
	肠道亚种（Ⅰ）	萨拉姆亚种（Ⅱ）	亚利桑那亚种（Ⅲa）	双相亚利桑那亚种（Ⅲb）	浩敦亚种（Ⅳ）	因迪卡亚种（Ⅵ）	
革兰染色（24h）	—	—	—	—	—	—	—
氧化酶（24h）	—	—	—	—	—	—	—
吲哚试验	—	—	—	—	—	—	—
甲基红试验	+	+	+	+	+	+	+
V-P 试验	—	—	—	—	—	—	—
西蒙柠檬酸盐 *	+	+	+	+	+	[+]	+
硫化氢	+	+	+	+	+	+	+
尿素酶	—	—	—	—	—	—	—
苯丙氨酸脱氨酶（24h）	—	—	—	—	—	—	—
赖氨酸脱羧酶	+	+	+	+	+	+	+
精氨酸双水解酶	d	+	d	d	d	d	+
鸟氨酸脱羧酶	+	+	+	+	+	+	+
动力	+	+	+	+	+	+	+
明胶液化（22℃）	—	—	—	—	—	—	—
KCN*	—	—	—	—	+	—	+
丙二酸盐 *	—	+	+	+	—	—	—
D- 葡萄糖，产酸	+	+	+	+	+	+	+
D- 葡萄糖，产气 *	+	+	+	+	+	+	[+]
利用下列糖类产酸：							
D- 侧金盏花醇	—	—	—	—	—	—	—
L- 阿拉伯糖	+	+	+	+	+	+	+
纤维二糖					d		
卫矛醇 *	+	+				d	+
甘油	—	[—]			—	d	—
肌醇	d						
乳糖 *	—	—	[—]	[+]	—	[—]	
麦芽糖	+	+	+	+	+	+	+

（续）

项　目	肠道沙门菌						邦戈尔沙门菌（V）
	肠道亚种（Ⅰ）	萨拉姆亚种（Ⅱ）	亚利桑那亚种（Ⅲa）	双相亚利桑那亚种（Ⅲb）	浩敦亚种（Ⅳ）	因迪卡亚种（Ⅵ）	
D- 甘露糖醇	+	+	+	+	+	+	+
D- 甘露糖	+	+	+	+	+	+	+
蜜二糖 *	+	—	+	+	+	[＋]	[＋]
α - 甲基 -D- 葡糖苷	—	—	—	—	—	—	—
棉子糖	—	—	—	—	—	—	—
L- 鼠李糖	+	+	+	+	+	+	+
水杨苷	—	—	—	—	d	—	—
D- 山梨醇 *	+	+	+	+	+	+	+
蔗 糖	—	—	—	—	—	—	—
海藻糖	+	+	+	+	+	+	+
D- 木糖	+	+	+	+	+	+	+
黏液酸 *	+	+	+	d	+	+	+
酒石酸盐 *	+	d	—	[—]	d	+	—
七叶苷	—	[—]	—	—	—	—	—
乙酸盐	+	+	+	[＋]	d	[＋]	+
硝酸盐	+	+	+	+	+	+	+
DNA 酶，25℃	—	—	—	—	—	—	—
脂 酶	—	—	—	—	—	—	—
ONPG*	—	[—]	+	+	—	d	+
色 素	—	—	—	—	—	—	—
鞭 毛	周生	周生	周生	周生	周生	周生	周生
过氧化氢酶（24h）	+	+	+	+	+	+	+
氧化 - 发酵能力	发酵	发酵	发酵	发酵	发酵	发酵	发酵
O-I 噬菌体裂解 *	+	+	+	+	—	d	+

　　说明：—表示 0％ ～ 10％阳性；［—］表示 11％ ～ 25％阳性；d 表示 26％ ～ 75％阳性；［＋］表示 76％ ～ 89％阳性；＋表示 90％ ～ 100％阳性。除个别试验注明外，所有结果均指的是 48h 培养结果。

　　* 表示有鉴定意义的试验项目。

　　以上说明表 2-3、表 2-4、表 2-5 相同。

表 2-4 沙门菌与柠檬酸杆菌、爱德华菌属细菌的生化特性比较

试 验	沙门菌	丙二酸盐阴性柠檬酸杆菌	差 异柠檬酸杆菌	弗劳地柠檬酸杆菌	爱德华菌
吲哚	—	+	+		d
西蒙柠檬酸盐	+	[+]	+	+	—
H_2S	+	—	—	[+]	d
尿素酶	—	[+]	d	d	
赖氨酸脱羧酶	+				+
鸟氨酸脱羧酶	+	+	+	[—]	[+]
D-侧金盏花醇	—	—	+		
L-阿拉伯糖	+	+	+	+	
L-鼠李糖	+	+	+	+	
D-山梨醇	+	+	+	+	
D-木糖	+	+	+	+	
乙酸盐	+	[+]	[+]	[+]	—

表 2-5 5种特殊的生化血清型特性鉴别

项 目	猪霍乱沙门菌血清型	鸡沙门菌血清型	甲型副伤寒沙门菌血清型	鸡白痢沙门菌血清型	伤寒沙门菌血清型
西蒙柠檬酸盐	[—]	—	—	—	—
H_2S	d	+	—	+	+
赖氨酸脱羧酶	+	+	—	+	+
鸟氨酸脱羧酶	+	—	+	+	—
动力	+	—	+	—	+
KCN	—	—	—	—	—
丙二酸盐	—	—	—	—	—

（续）

项 目	猪霍乱沙门菌血清型	鸡沙门菌血清型	甲型副伤寒沙门菌血清型	鸡白痢沙门菌血清型	伤寒沙门菌血清型
D-葡萄糖，产气	+	—	+	+	—
L-阿拉伯糖	—	[+]	+	+	—
卫矛醇	—	+	+	—	—
乳糖	—	—	—	—	—
麦芽糖	+	+	+	+	+
蜜二糖	d	—	+	+	+
L-鼠李糖	+	—	+	+	—
D-山梨醇	[+]	—	+	[—]	+
海藻糖	—	d	+	[+]	+
D-木糖	+	d	—	[+]	[+]
黏液酸	—	d	—	—	—
L（+）酒石酸盐	[+]	+	—	—	+
ONPG	—	—	—	—	—

三、抵抗力

沙门菌对干燥、腐败、日光等因素具有一定的抵抗力，在外界条件下可以生存数周或数月。大多数沙门菌在7～48℃都可以生存，只是在10℃以下生长缓慢，但是沙门菌可以在冷藏和冷冻食品中存活。沙门菌对热敏感，通过巴斯消毒法可将其灭活。60℃作用的D值为1～10min，70℃作用的D值小于1min。但也存在一些独特的血清型沙门菌，如山夫登堡沙门菌的耐热能力是其他血清型沙门菌的10～20倍。高脂或水分较少的环境会降低高热处理的效果。沙门菌可在pH 3.7～9.5的环境中存活，最适宜的pH条件是6.5～7.5。尽管无法在极酸性的条件下生存，但是在酸性环境中可存活一段时间。所有沙门菌都可在有氧或无氧的条件下生长，并可在含80% CO_2的环境中存活。沙门菌对于食品工业中使用的化学消毒剂的抵抗力不强，一般常用消毒剂和消毒方法均能达到消毒目的，但应避免细菌未清除干净后形成生物膜对它们的保护作用。

第四节 生物被膜

多年来，经典细菌学一直忽视对细菌生物被膜（biofilm）的研究，直到1978年才提出生物被膜的相关理论。生物被膜是细菌分泌的黏附于组织或其他物体表面和含有微菌落的基质层，其形成大致分四个阶段：即黏附期、生长期、成熟期和播散期。沙门菌形成生物被膜后，对抗生素及机体免疫力的抵抗能力明显增强，在机体抵抗力下降时生物被膜中存活的细菌又可以释放出来，引起持续性感染或慢性感染。当沙门菌排出体外后，处于生物被膜状态的细菌对不利条件（如干燥、极端温度和消毒剂）的抵抗力增强，这不仅使得沙门菌在畜禽饲养环境中长期存活而不易被消灭，成为畜禽感染的重要来源，而且沙门菌污染食品和蔬菜后将带来严重的食品安全问题。

一、细菌生物被膜定义

细菌生物被膜是指附着于有生命或无生命物体表面被细菌胞外大分子包裹的有组织的细菌群体及其分泌的多糖基质、纤维蛋白、脂蛋白等多糖蛋白复合物。细菌生物被膜是细菌在生长过程中为适应生存环境而吸附于惰性或活性材料表面形成的一种与浮游状态相对应的生长方式，由细菌和自身分泌的胞外基质组成；同时它也是细菌为维持自身生命所发生的形态学变化，增强了细菌对外环境的抵抗力。

二、细菌生物被膜的结构和特性

（一）生物被膜结构

细菌生物被膜的结构非常复杂，它包括胞外多糖、胞外蛋白、DNA以及细胞表面的一些代谢产物（图2-3）。模型化的生物被膜从外到内依次分为：生物被膜主体层（bulk of biofilm）、连接层（linking film）、调节层（conditioning film）、基质层（substratum）。根据细菌处于生物被膜位置的不同可分为游离菌、表层菌和深层菌。

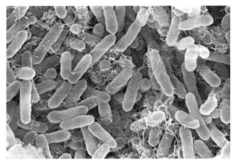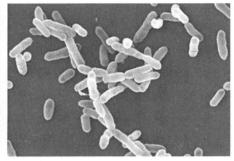

图 2-3 形成（左）和不形成（右）生物被膜的鸡白痢沙门菌的扫描电镜照片

（二）生物被膜的特性

自然条件下微生物以浮游和生物被膜两种状态存在，这两种状态的细菌在形态和生理特性上，均有着显著的区别，主要是因为生物被膜细菌存在不均一性。生物被膜内的表层菌与里层菌不同：表层菌与浮游菌相似，它们容易获得营养和氧气，代谢产物也容易排出，比较活跃，分裂较快，菌体体积亦较大，对抗菌药物敏感。深层菌处于休眠或静止状态，不易获得营养物质，代谢物的排泄也只能通过周围的间质水道进行，代谢率较低，一般不进行频繁分裂，菌体体积较小。由于表层和里层细菌的代谢方式不同，它们对环境反应亦不同，里层细菌对环境变化多不敏感，尤其对抗菌药物的敏感性显著降低。

三、生物被膜形成

生物被膜多细胞结构的形成是一个动态过程，包括细菌起始黏附、生长、成熟、播散4个阶段，而且生物被膜细菌在各阶段具有不同的生理生化特性。

（一）细菌黏附（阶段1~2）

细菌对宿主表面的黏附是细菌在宿主体内形成生物被膜的第一步。这种黏附作用主要是细菌表面特定的黏附素蛋白识别宿主表面受体的结果，因此具有选择性和特异性。宿主组织表面的蛋白质、糖蛋白和糖脂常可作为受体，选择性地吸附特定种类的细菌。细菌黏附于宿主表面可免于被流体带到不利于其生长的环境，例如，生长在尿道中的大肠杆菌具有高度进化的表面结构，牢固地附着在尿道内，免于被尿液冲出体外。细菌可很快发生黏附，如内氏放线菌（*Actinomyces naeslund*ii）对附着在羟基磷灰石小球上的酸性富含脯氨酸的蛋白黏附，约1h吸附即趋于饱和。在细菌黏附阶段，由于缺乏成熟的细菌生物被膜结构保护，细菌的抗性不强，因此，抗菌药物的疗效相对较好。

（二）生物被膜的生长（阶段3）

细菌黏附到表面后，即开始生长繁殖。同时，可分泌大量胞外多糖（exopolysaccharide，EPS）。胞外多糖可黏结单个细菌而形成微菌落，大量微菌落使细菌生物被膜结构加厚。因此，胞外多糖的产生对细菌生物被膜结构的发展十分重要。在此阶段细菌对紫外线、抗生素等的抗性均有所提高，这些变化是细菌为适应外界环境而采取的生存策略，但也正是这些变化导致了严重的临床感染问题。

（三）生物被膜的成熟（阶段4）

多个微菌落互相融合继续发展，形成彼此之间有液体通道相连的成熟的细菌生物被膜。成熟的细菌生物被膜形成有组织的结构，这种结构具有不均质性，它是由类似蘑菇状的微菌落组成的，在这些微菌落之间围绕着可供运送养料、酶、代谢产物和排出废物的通道。因此，有人将成熟的细菌生物被膜内部结构比喻为原始的循环系统。当细菌增殖时，可因菌种、营养、附着的表面和环境条件的不同，形成疏松或致密以及厚薄不等的生物被膜结构。

（四）生物被膜的播散（阶段5）

成熟的生物被膜在内部机制或外部冲刷力等作用下可部分脱落，脱落的细菌又转变成浮游生长状态，可再黏附到合适的表面形成新的生物被膜。在许多病原菌中，细菌生物被膜的播散对于细菌从环境到人类宿主的传播、平行或垂直宿主间的传播以及宿主体内感染的恶化和扩增发挥着重要作用。

通过双向凝胶蛋白电泳图谱的比较分析，与浮游细菌和成熟的细菌生物被膜细菌相比，铜绿假单胞菌（*P.aeruginosa*）的离散细菌更像浮游细胞。这一研究结果表明，离散的细菌生物被膜细菌重新返回了浮游生长模式，完成了细菌生物被膜发展的一个循环。活跃的播散是一种生理调控，但目前只有少数研究论证了这一过程的生物学基础。

四、细菌生物被膜的形成机制

近年来医学领域在细菌生物被膜形成机制等方面取得的巨大进展，使人们认识到生物被膜形成除与营养、水动力等外界环境因素有关外，与细菌本身也有重要关系。目前生物被膜形成机制的研究主要集中在少数细菌，其中革兰阳性菌主要包括表皮葡萄球菌/

金黄色葡萄球菌、枯草芽孢杆菌、单核细胞增生李斯特菌等，而革兰阴性菌则主要是大肠杆菌、沙门菌、铜绿假单胞菌/荧光假单胞菌、霍乱弧菌/副溶血弧菌等。

（一）环境因子

环境因子可以调节细菌生物被膜的形成。如表皮葡萄球菌的形成受环境中高渗（NaCl）或乙醇的影响，NaCl通过RsbU蛋白激活SigB，SigB进而激活icaADBC转录而促进细菌生物被膜形成。乙醇与其不同，乙醇抑制icaR（icaADBC的阻遏蛋白）转录导致icaADBC转录增加促进细菌生物被膜形成。IcaADBC控制多糖胞间黏附素的形成，多糖胞间黏附素是细菌生物被膜形成必需的。

（二）群体感应机制

长期以来，人们一直认为微生物尤其是细菌，只能被动地感受外界环境的变化，而没有群体效应。直到20世纪70年代，研究发现细菌细胞间确实存在信息交流，进一步研究发现细菌细胞间信息传递的载体是可溶性的小分子信号分子。通常，细菌细胞中的信号分子合成酶能够低水平地合成小分子信号分子，细菌通过这些信号分子进行信息的交流。这种依赖细胞密度的细胞信息交流现象被称为细菌群体感应（quorum-sensing）。1998年发现了群体感应信号分子在细菌生物被膜形成中的作用，这是第一项有关群体感应与细菌生物被膜形成有关的研究，研究发现缺失AHL信号分子的突变株形成了扁平、致密、均质的细菌生物被膜，而野生型菌株则形成了有结构的、异质的细菌生物被膜。

（三）胞外聚合物

胞外聚合物由多糖、蛋白质及核酸等物质组成，是细菌生物被膜的主要组成部分。在细菌生物被膜形成中细菌胞外聚合物参与了细菌的黏附，其产生量和性质与细菌生物被膜结构又有重要关系。游离细菌利用产生的黏性长链胞外多糖协助起始吸附，虽然这种黏附作用的特异性较低，但是利用多糖的长度优势，可以克服细菌与疏水表面之间的静电排斥力。细菌分泌的多糖通常具有多种化学官能团，能够与疏水表面之间产生共价键、氢键、疏水作用力和静电引力以促进吸附。最近，体外研究提供的证据表明，胞外多糖PIA/PNAG是表皮葡萄球菌逃避免疫攻击和毒力所必需的。

五、细菌生物被膜的基因表达

细菌生物被膜状态下的细菌基因表达与浮游菌不完全相同。如在铜绿假单胞菌中，细菌生物被膜有1%的基因表达与浮游菌不同，其中0.5%的基因被激活，0.5%的基因被抑制，已经确认有73个基因表达异于一般浮游菌。鼠伤寒沙门菌在HEp-2细胞上形成细菌生物被膜后，约100个基因的转录发生了明显改变。细菌生物被膜形成不同时期的基因表达也不一样，对大肠埃希菌、铜绿假单胞菌和霍乱弧菌的研究发现，细菌生物被膜形成初期，菌毛和鞭毛是细菌黏附于固体表面的重要结构，此时编码菌毛和鞭毛的基因表达活跃；而当细菌生物被膜进入成熟期后，编码胞外多聚物的基因被激活，使胞外多聚物的合成逐渐增加，而菌毛和鞭毛的基因则随之被抑制。另外一种基因rpoS表达被抑制，rpoS缺失株形成的生物被膜比野生株更厚、更坚固，耐药性也更强，因此，rpoS缺失的铜绿假单胞菌毒力比野生株强。在霍乱弧菌生物被膜中，mbaA基因对生物被膜的形成及三维结构的维持起着一定的作用。在大肠杆菌中，影响生物被膜表达的基因主要有以下几种。

（1）影响鞭毛及其运动性的基因 如fliC，主要编码鞭毛蛋白；flhDC，主要编码鞭毛基因表达的调节子；cheA，主要编码趋化性。细菌的鞭毛、趋化性和活力在生物被膜形成的起始阶段至关重要。运动性可提高细胞和表面的接触，克服细胞和表面的张力，使细菌在无活性的表面延伸。

（2）影响菌毛表达的基因 如fim基因簇主要编码菌毛结构成分，以及菌毛生物合成基质和调节元素。菌毛在生物被膜形成中的作用在于最初的细胞吸附表面，主要与外膜蛋白的水平有关。

（3）影响自动转录蛋白的基因 自动转录蛋白是一种分泌蛋白。它可诱导微菌落的形成，从而提高生物被膜形成速度，增强细菌在哺乳动物肠道的定殖。

（4）影响卷毛表达的基因 卷毛是生物被膜的主要成分之一，卷毛缺失后就不能形成生物被膜。卷毛大多由CsgA亚单位及较少由CsgB亚单位构成，表达卷毛基因主要由csgBAC和csgDEFG操纵子调控，但目前只有部分基因被鉴定。CsgA主要产生卷毛蛋白，而CsgB主要催化在细菌表面不溶的卷毛暴露出表面核酸。

（5）影响胞外多糖基质表达的基因 许多肠杆菌科细菌可产生荚膜异多糖酸（colanic acid）和M抗原，它们是一种胞外多糖，由RcsC调控形成cps。RcsC在生物被膜形成中对于细菌应对外界压力重新改变表面结构很重要。荚膜异多糖酸对建立复杂的三维结构和生物被膜厚度有重要的作用。RcsC上调细菌胞外多糖，但是抑制菌毛、鞭毛表达等，胞外多糖引起解聚（合）作用会导致生物被膜的散布。

在沙门菌中，生物被膜主要由卷毛和纤维素组成的基质形成多皱的表型。卷毛基因主要由csg操纵子调控，而纤维素由bcs操纵子调控。卷曲菌毛合成机制主要由两个操纵子csgDEFG和csgBA编码。csgBA操纵子转录需要中心调控基因csgD调控，分别产生最大和最小亚单位的卷曲菌毛；与卷曲菌毛形成有关的两个侣伴蛋白质由*csgE*和*csgF*编码，而*csgG*编码外膜蛋白内叶的脂蛋白形成作为吸附平台。一旦合成和转录到细胞表面，csgA较大亚单位会聚集到csgB较小亚单位，但是卷毛聚集过程有许多细节仍不清楚。另外纤维素形成主要由中心调控基因*csgD*调节*adrA*表达后，*bcs*操纵子编码纤维素形成。后来又发现*yedQ*基因依赖性的调控途径。目前还发现另外一些基因与生物被膜形成也有关，如*waaG*、*ddhC*、*rfbH*、*spiA*等。

六、细菌生物被膜检测方法

目前，普遍使用的检测生物被膜的方法主要包括以下几种。

（一）试管培养法

将细菌稀释至适当浓度装入小试管等容器，于适当的温度下静置培养，则该细菌的细菌生物被膜将会在试管壁上形成。根据菌种厌氧好氧的不同，细菌生物被膜分别倾向形成于试管的底部或者气液交界面，在气液面主要根据细菌在试管内静止培养形成的被膜来判定生物被膜成分的变化，可以形成生物被膜的细菌会形成紧密结实的被膜；生物被膜相关成分缺失后，不能形成生物被膜或只能形成脆弱的被膜。该方法简单方便、灵活快捷，仍在沿用。有学者曾使用该方法对荧光假单胞菌生物被膜的形成进行研究。

（二）结晶紫染色法

生物被膜内某些物质可与结晶紫结合，通过染色后，除去未结合的染料，用乙醇丙酮溶液溶解附着于生物被膜上的染料，再用酶标仪测定吸光值。对于大多细菌生物被膜的染色只能粗略地检测细菌生物被膜的存在，但对其黏附力的大小不能作初步的估计，而细菌黏附是细菌产生细菌生物被膜的起始阶段。结晶紫染色法是将有机溶剂溶解后，附着于细菌生物被膜上的结晶紫染料，能同时测定孔底部和壁上的细菌，与激光扫描共聚焦扫描显微镜观察到的结果基本相同，其客观性和精确性上优于试管法，并且有批量处理的优势。结晶紫性状稳定，试验结果的稳定较好。该方法操作简单，在试验前期粗略批量统计细菌生物被膜黏附能力有一定优势。适用于96孔板法测定细菌生物被膜的形成，敏感率较高，可用于初筛生物被膜。

（三）刚果红-石炭酸品红染色法

将生物被膜型细菌染为深红色，胞外多糖染成粉红色的一种方法。该方法较为简单，可初步观察生物被膜情况。如对脑膜炎双球菌细菌生物被膜进行观察。

（四）荧光法

利用Syto9及碘化丙锭荧光染料，通过显示不同颜色的荧光可以区分细菌生物被膜中的死活菌，其对于生物被膜的清除研究意义重大；另外，用荧光标记的抗体或凝集素，特异性地识别生物被膜中的某些成分而显色，无须固定或染色，就可检测到生物被膜；并且荧光原位杂交的应用，可使我们对细菌生物被膜内的物质分布有所了解。质粒介导的或重组入基因组的绿色或红色荧光蛋白，目前也已成为细菌生物被膜检测领域中广泛运用的分子生物学工具。

（五）扫描电镜法

扫描电镜法（scanning electron microscope，SEM） 是用电子束和电子透镜代替光束和光学透镜，使物质的细微结构在非常高的放大倍数下成像的仪器，其分辨力可以达到纳米级甚至更小，可以观察生物被膜表层结构。扫描式电子显微镜的电子束不穿过样品，仅在样品表面扫描激发出次级电子而成像，图像有很强的立体感，在细菌生物被膜研究初期提供了外观直接形象的资料。但昂贵的设备、相对繁琐的样品制备工作，也使电子显微镜在细菌生物被膜研究领域的应用受到限制。

（六）激光扫描共聚焦扫描显微镜

激光扫描共聚焦扫描显微镜（confocal laser scanning microscope，CLSM） 是在荧光显微镜成像的基础上加装了激光扫描装置，使用紫外线或可见光激发荧光探针，利用计算机进行图像处理，不仅可观察固定的细胞，还可对活细胞的结构以及分子、离子进行实时动态观察和检测，从而使生物被膜的特征量化。通过CLSM观察，在生物被膜中细菌定殖在形态似"塔"或"蘑菇"的基质中，在含有微克隆的黏附细胞之间散在一些水通道。CLSM拥有电镜和普通光镜无法比拟的优势，被认为是目前研究细菌较为理想的方法。该方法可以对细菌及细菌生物被膜中各种成分进行不同颜色的荧光染色，且避免对细菌生物被膜结构的破坏，对细菌及其细菌生物被膜进行无损伤的连续断层扫描，得到细菌生物被膜的各种直观图像并能进行3D图像重建，同时我们可以对细菌生物被膜的各种指标，如细菌生物被膜的厚度、均一性、比表面积、各种荧光的强度等多个参数进行量化，较为方便地得到细菌形成细菌生物被膜的动态过程中各种量化数据。

此外，还有一些其他检测方法，如透射电镜技术、原子力显微镜技术等，都在生物被膜研究中有运用。

七、细菌生物被膜致病机制与耐药

（一）细菌生物被膜的致病机制

由于生物被膜的结构特殊性及生理特点，成熟生物被膜可再次释放出浮游菌，定殖在宿主体内，从而影响宿主的免疫系统，引起感染加重或急性发作。常规抗感染治疗只能杀灭浮游菌和表层细菌，很难清除生物被膜内的细菌，于是被膜成为一感染源，导致感染反复发作。当机体免疫功能低下，不能清除浮游菌时，生物被膜即成为急性感染的发源地。在医学上，外用性的医疗器械也是感染病原菌的发生地及传播途径，相关生物医学材料中生物被膜的存在也是人类发生慢性以及难治性感染的主要原因。目前，已发现多种细菌的生物被膜与致病性有关。用沙门菌的生物被膜状态和浮游状态的细菌腹腔接种小鼠，前者小鼠脾脏分离的细菌数明显要高于后者。从环境、牛奶制品或病人分离到的肠炎沙门菌，只有鸡腹腔感染试验有毒力的菌株，可在玻璃试管壁上形成细菌生物被膜。进一步研究表明，对于形成生物被膜的沙门菌菌株，细胞内的糖原的积聚伴随细菌生物被膜的增加，而生物被膜的增加又伴随着毒力的增加。通过真核细胞的黏附和侵入试验及小鼠和鸡的腹腔攻毒试验观察纤维素的形成与细菌毒力时发现，纤维素的产生不涉及肠炎沙门菌的毒力。与此相反，用bapA基因调控生物被膜缺失突变株经口服接种鸡，与野生株相比，突变株在肠道存活的时间长，但定殖在肠上皮细胞的细菌数量显著减少并导致感染率显著降低。在副溶血弧菌中，生物被膜也被发现与其毒力以及生存能力相关。在肺炎克雷伯菌的研究中可知，生物被膜状态的细菌更容易逃脱机体免疫防御机制，引起慢性感染。

（二）细菌生物被膜的耐药性

生物被膜通过多种机制参与耐药形成，不同机制存在协调作用。目前主要包括以下几种可能的机制。

1. **渗透限制学说**　主要是胞外多糖形成分子屏障和电荷屏障可阻止或延缓某些抗生素的渗入，且固定在基质中的一些抗生素水解酶可促使进入被膜的抗生素被灭活。在白念珠菌生物被膜耐药性研究中发现，大分子在渗透入生物被膜时要通过迂曲的途径，这是药物进入生物被膜受阻的原因。将金黄色葡萄球菌胞外多糖中特定季铵盐的疏水键长度增加，从而增加其疏水性，随即发现该菌的耐药性也增加。

2. **营养限制学说**　细菌在营养物质相对缺乏的状态下生长速度减慢，同时伴有耐药性提高。大肠埃希菌游离菌和生物被膜表层菌对同种药物的敏感性几乎相同，而生物被膜深部细菌的耐药性则较二者显著增强，主要是生物被膜深部细菌营养物质相对缺乏，致使细菌进入一种饥饿状态而对抗生素不敏感。但单用此学说解释生物被膜耐药，说服力不强。

3. 表达耐药表型学说　此学说认为细菌对抗菌药物的耐药性，在一定程度上是因细菌表达了一种特殊的具有保护性的生物表型，其是由独特基因所控制的，即形成了基因–表型构架。比较57种变形链球菌生物被膜状态和浮游状态下蛋白表达的差异时发现，有13种蛋白只出现在生物被膜细菌中，而有7种蛋白只能在浮游菌中找到。不同基因表达引起生物被膜细菌获得耐药性。表型变化也可能调控着细菌在生物被膜和浮游状态之间的转化，它能保证当条件适宜时，细菌能重新启动生物被膜的形成。

4. 环境的不均一性学说　生物被膜在结构上存在不均一性，其环境中营养物质代谢产物、信号分子等物质从表到里形成浓度梯度也呈现不均一性，使细菌生理活性及耐药水平也表现不均一性。处于相同生长速度的生物被膜状态和浮游状态的铜绿假单胞菌对环丙沙星的耐药性均有较大差别。铜绿假单胞菌在厌氧条件下能形成较好的生物被膜，由于膜内细菌生理学和表型变化，从而导致耐药性增加。

5. 其他影响机制　分泌抗生素水解酶、产生信号、激活应激反应、启动抗生素外泵系统等因素都有助于细菌耐药性产生。

八、细菌生物被膜的防治

（一）物理清除

此方法是彻底清除已形成的生物被膜的最有效途径，主要有机械清除、超声波、电击等。例如，刷牙可以摩擦消除牙菌斑；超声波可以通过成腔和起泡作用来清除生物被膜；将生物被膜暴露在仅有6V电压的环路中几分钟，发现阴极和阳极的生物被膜菌体分别降为原来的0.01%和1%。

（二）化学清除

用抗生素或其他化学杀菌剂抑制或清除生物被膜细菌是常用的预防和消除方法。新药的设计目标是破坏细菌生物被膜的形成，凡是与细菌生物被膜结构形成和动态变化有关的分子转化、代谢活性和信号传导过程，均可作为新药研制的目标。低剂量大环内酯类药物能显著抑制铜绿假单胞菌生物被膜的形成，并增强环丙沙星对生物被膜的渗透性，从而显著增强环丙沙星对膜内铜绿假单胞菌的清除作用。溴化呋喃酮基可以抑制鼠伤寒沙门菌生物被膜的形成。但是用抗生素有很多缺陷，它可能会诱导细菌耐药性的产生，广谱抗生素的选用也受到限制。使用氯己定（洗必泰）等化学杀菌剂则难以控制其毒性，可能导致严重的后果。因此，从生物被膜的生物学特性出发，通过对其基因组学及蛋白质组学的研究，积极寻找特异药物靶点，研发新型药物，将是控制生物被膜感染的最有力措施。

（三）生物清除

目前，噬菌体疗法已经用于细菌生物被膜的控制上。利用可降解黏多糖的肠细菌噬菌体能特异性地降解肠细菌产生的胞外多糖，最终达到破坏生物被膜的目的。对天然的噬菌体进行改造，加入1个黏液降解酶基因，结果能够消除99.997%的细菌生物被膜，与单纯天然噬菌体相比，其效果增加了上百倍。这种方法能够建立生物被膜消解噬菌体文库，以适用于不同的生物被膜细菌，扩大了应用的范围。生物清除法特异性强、效率高，因此很可能成为有效的治疗手段。

（四）开发抗细菌黏附的新型生物材料

发展抗细菌黏附的生物材料，预防细菌生物被膜污染临床应用的导管、插管和医用合成材料等，可预防或减少临床细菌生物被膜相关感染。有研究报道，银包被的生物材料可以抑制革兰阳性球菌、革兰阴性杆菌以及白色念珠菌生物被膜的形成。低浓度的银对人体无任何急慢性毒副作用，也无致突变和致癌的作用。其他物理方法如电流、超声震荡、激光等也可预防细菌生物被膜的生成，或提高抗生素对细菌的敏感性。

第五节　**实验室宿主系统**

一、小鼠

小鼠是沙门菌研究过程中应用最广泛的实验室动物模型，对沙门菌致病机制、免疫特性及疫苗研发等的研究成果主要以小鼠为模型获得。伤寒沙门菌只能引起人发病，因此我们需要利用宿主广嗜性的其他血清型沙门菌，且能引发与人发病有相似症状的动物模型用于研究伤寒热。鼠伤寒沙门菌感染小鼠后引发的全身性伤寒症与人的伤寒极其相似，因此成为研究的最佳选择。同时，可以通过改变不同的免疫途径或免疫菌株，来阐明机体不同免疫器官在抗沙门菌感染过程中发挥的作用。目前存在沙门菌敏感和不敏感的不同小鼠品系，可建立沙门菌急性感染和慢性感染模型，以便更详细地研究宿主的免疫反应、参与细胞的种类和发挥功能的主要器官等。目前，用于沙门菌研究常用的小鼠模型有BALB/c、ICR、C57BL/6、CBA、C3Hej等，不同小鼠对沙门菌的敏感性及其自身遗传差异，使其在实验研究的某些方面具有较高的研究价值。其中C57/BL6和BALB/c是最常用的小鼠急性感染模型，主要是因为这两种小鼠均含有Nramp1/Slc11a1，为*Nramp1*基因编码的一种金属离子转运蛋白，在骨髓来源的细胞中特异表达，可通过降低吞噬泡内离子和锰的浓度来抑制胞内病原菌的生长。Nramp$^+$小鼠如129/SvJ适应于慢性感染的研究，沙门菌定居在小鼠的肠系膜淋巴结、脾脏和肝脏。无论是在小鼠模型还是人感染沙门菌过程中，沙门菌与小肠壁的作用会导致炎症反应的发生，伴随前炎性细胞因子的释放，招募中性粒细胞和巨噬细胞至感染部位。但是口服感染沙门菌的小鼠通常不会在小肠显示较强的炎症反应，这点与人感染鼠伤寒沙门菌不同。可通过链霉素预处理感染前的小鼠，因为链霉素可以杀死肠道内降低炎症反应的菌群，使小鼠的炎症反应加剧，从而获得沙门菌感染的小鼠胃肠炎和炎症性肠病（inflammatory bowel disease，IBD）模型。

二、大鼠

对于某些血清型沙门菌，大鼠模型可能优于小鼠模型，如低剂量肠炎沙门菌（10^{6}CFU）可导致BALB/c小鼠全部死亡；但是高剂量（10^{8}CFU）感染大鼠，大鼠表现出沙门菌临床症状，但极少死于感染。大鼠模型是研究肠炎沙门菌感染宿主的良好模型，因为大鼠的沙门菌病与人的感染存在很多相同的特征，如胃肠炎，在大鼠中也能观察到自身限制性的系统性感染。回肠是沙门菌感染人和大鼠的主要部位。口服接种沙门菌后，细菌迅速在大鼠肠道内定植，并可于2h内在小肠和盲肠检测到细菌。肠道内定植主要集中在回肠末端、盲肠，有时在粪便中也可检测出细菌。在8h内，细菌迅速经M细胞侵入派尔氏结，并可在肠系膜淋巴结中检测到。全身性的感染会使细菌侵入脾脏和肝脏，伴随有脏器重量的增加。大鼠在感染沙门菌后会产生很强的细胞免疫应答，招募单核细胞、中性粒细胞等至感染部位，产生迟发型超敏反应（delayed type hypersensitivity，DTH）。目前常用的大鼠品系有新西兰Wistar–Unilever和Sprague–Dawley。

三、兔

由于小鼠模型在研究沙门菌感染引起的人腹泻中不是很成功，因此兔模型最初应用于研究沙门菌感染引发的腹泻模型。兔感染沙门菌后表现出剂量依赖性的腹泻症状，这点与人沙门菌病很相似。接种10^{11}或10^9CFU（菌落形成单位，colony–forming units）鼠伤寒沙门菌DT–9的新西兰白兔仔3d后表现出水样腹泻，5d后腹泻中带血丝，随后全部死亡。有一半接种10^7CFU的新西兰白兔在5d后也出现带血的水样腹泻，25%的动物出现严重的水样腹泻，并且体重下降16%～30%。但存活的白兔仔14d后其体重和进食都相应增加，身体逐渐恢复；在15d肛拭已检测不到沙门菌；到23d，症状消失且体重增加到感染前的90%。接种10^5CFU的白兔没有表现出腹泻症状，但是在7d可检测到粪便中存在沙门菌；而接种10^3CFU的兔仅3d内能从粪便中检测出细菌，说明细菌可能未在肠道定植。非伤寒样沙门菌病如鼠伤寒沙门菌和肠炎沙门菌引发的菌血症和败血症也可导致人的死亡，兔也是研究这两种病症的合适模型。Panda等利用新西兰大白兔建立了沙门菌菌血症模型，通过腹腔免疫接种大剂量（10^{13}CFU/mL）CVD J73菌株，在接种后1～4d所有动物表现出急性菌血症，伴有发热、体重下降、脱水和昏睡现象。同时，从血液、心脏、肺脏、肝脏、脾脏和肾脏样本中都能分离到细菌。所有实验动物的脾脏和70%～80%的动物肝脏中存在沙门菌。宏观病理学和组织病理学显示，多数组织器官反映出菌血症的特征。但是以成年兔作为沙门菌菌血症模型仍存在缺陷，即细菌的接种量过高。如果口服接种低于10^{11}CFU，则不会表现菌血症，而利用较小的兔，就无法获得更多体积的血来研究低水平的菌血症。目前，以兔作为沙门菌研究的模型报道不多，仍处于探索阶段。

四、仔猪

猪肉和猪产品也曾是引起人食源性沙门菌病的主要来源之一，因此仔猪也用于人沙门菌感染研究的动物模型。仔猪感染沙门菌后，在仔猪断奶期或偶尔在新生儿时期表现出临床症状，如轻微的腹泻或呕吐，而猪霍乱沙门菌可引发严重的疾病和经济损失。鼠伤寒沙门菌感染仔猪后表现出肠道定植和系统性感染，猪霍乱沙门菌感染则表现出全身性感染及细菌在外周器官中的扩散。关于沙门菌与宿主间的相互作用，很多知识来源于小鼠模型；而仔猪模型表现出与小鼠模型明显的差异，也加深了我们对沙门菌致病机制的认识。同时，利用仔猪模型具有以下优势：首先它是我们研发疫苗、降低沙门菌感染和在食品链中载量的靶标宿主；其次有利于降低仔猪副伤寒的发病，减少经济损失；再次猪与人亲缘关系较近，利用该模型进行研究更接近于人感染沙门菌的状态。体外试验显示沙门菌依赖于SPI-1侵入上皮细胞，而在小鼠模型中SPI-1的突变并未影响细菌进入小鼠深层组织；同样在仔猪模型中，SPI-1的缺失抑制了细菌在小肠内的定殖，但不影响其在扁桃体中的定殖。小鼠沙门菌病与仔猪沙门菌病表现出明显不同的病症，鼠伤寒沙门菌在小鼠小肠内定殖数量不多，且引发轻微的炎症，无腹泻症状；而该菌可迅速侵入仔猪肠系膜淋巴结，扩散至肝脾，诱发伤寒类的症状而不是肠炎。引起后者病症的主要原因是血清中炎性因子的分泌增加，包括TNF-α和IFN-γ，启动天然免疫细胞的杀菌路径，若不及时控制，将会引发全身性的炎症反应和败血症。

五、鸡

禽类是沙门菌的主要宿主之一，沙门菌可通过污染的禽制品或蛋制品传染给人，引发食源性沙门菌病。因此以禽作为实验动物模型来研究沙门菌的致病特点和防控措施，也是重要的手段之一。多数血清型沙门菌可在禽肠道或生殖道定植，使禽成为沙门菌的携带者。部分血清型沙门菌为禽宿主特异性沙门菌，如鸡白痢和鸡伤寒沙门菌，分别引起鸡伤寒和鸡白痢沙门菌病，在许多国家其仍是危害养禽业的主要病原菌。天然免疫在沙门菌感染鸡的过程中发挥重要的保护作用，与哺乳动物不同的是鸡含有多种TLRs，包括TLR4和TLR2。通常感染沙门菌会引发宿主产生前炎性细胞因子和趋化因子（IL6和IL8），这些细胞因子会促使中性粒细胞和巨噬细胞进入肠道，但是感染鸡白痢和鸡伤寒沙门菌后未活化这些细胞，可能是由于伤寒样沙门菌血清型通过抑制中性粒细胞的介入，使细菌能大量繁殖从而引发系统性沙门菌病。而中性粒细胞在控制肠炎沙门菌感染鸡的过程中发挥重要的作用，去除宿主的中性粒细胞后用肠炎沙门菌感染，同样能引发严重的伤寒样系统性沙门菌病。巨噬细胞作为沙门菌在宿主细胞内的定居场所，是沙门菌感染的关键之一。陈静等通过观察肠炎沙门菌分别感染禽源和鼠源巨噬细胞后基因的表达情况，来揭示沙门菌对不同宿主的感染机制，结果显示在感染不同源巨噬细胞的过程中，出现不同的表达基因或同一表达基因在感染不同阶段表达量存在差异，这为进一步揭示沙门菌对不同宿主的感染机制提供了材料。总体而言，以鸡作为沙门菌的实验室研究模型是除小鼠外应用最多的动物模型。

第六节 基因组结构和功能

一、质粒

    沙门菌内质粒众多，有介导基因水平转移的质粒、沙门菌毒力质粒、携带耐药基因的质粒、尚未解析功能的质粒等。目前在临床和实验研究中最广泛的为耐药质粒和毒力质粒（virulence plasmid）。耐药质粒携带多种抗性基因，包括 $dhfr1b$（抗三甲氧苄二氨嘧啶trimethoprim）、$sulII$（抗磺酸胺sulphonamide）、$catI$（抗氯霉素ehloramphenieol）、bla（抗氨苄青霉素ampicillin）等，是近年来多重耐药菌株流行的关键原因。伤寒沙门菌中的IncHI1型质粒pHCM1大小为220kb，为多重耐药质粒，该质粒编码接合转移和细胞间移动的基因，可自我转移。多数耐药基因存在于质粒上，如沙门菌RSF1010携带链霉素抗性的 $strA-strB-sul$ 基因簇、pFPTB1携带氨苄青霉素和四环素抗性基因、2006年报道的携带喹诺酮类耐药基因 $qnrS1$ 的质粒pINF5等。

    沙门菌毒力质粒携带的毒力基因与致病性直接相关，已证明其在沙门菌全身性感染宿主阶段发挥重要作用。大部分毒力质粒主要由三个操纵子组成：spv 操纵子、pef 操纵子和 tra 操纵子。spv 操纵子携带与致病相关的沙门菌毒力基因，长约8kb，内含一个调控基因 $spvR$ 和四个效应基因 $spvABCD$，其表达随环境和细菌生长情况变化而变化。spv 操纵子的结构非常保守，存在于所有的沙门菌毒力质粒中，同时也存在于肠道沙门菌亚种H、Illa、Ⅳ、VH的染色体上。相比之下，pef 操纵子和 tra 操纵子的结构和大小变化较大。pef 操纵子内含四个效应基因 $pefABCD$，编码沙门菌的pef菌毛；tra 操纵子编码可移动元件，负责质粒的接合转移。所有毒力质粒的 tra 操纵子都不完整，缺失情况各有不同，因此质粒大小也不尽相同。例如，鼠伤寒沙门菌（$S.$ Typhimurium）LT2所含的毒力质粒pSLT为94kb，猪霍乱沙门菌（$S.$ Choleraesuis）SC-B67所含的毒力质粒pSCV50仅50kb。由于 tra 操纵子并不完整，毒力质粒通常无法实现自我转移，所以毒力质粒可能采取一种垂直遗传的方式完成子代传递，这与普通质粒所采用的水平转移方式截然不同。沙门菌各血清型所含的毒力质粒都有各自固定的大小，这种现象支持了毒力质粒垂直遗传的假说。来自血清型肠炎沙门菌（$S.$ Enteritidis）的毒力质粒pSEV、来自血清型鸡伤寒沙门菌（$S.$ Gallinarum）的毒力质粒pSGV和来自血清型鼠伤寒沙门菌的毒力质粒pSTV携带一个接合质粒 $oriT$ 元件，因此可以在接合质粒的帮助下完成水平迁移。目前，只在有限的8种血清型中发现有毒力质粒，即（*S.* Abortusequl）、（*S.* Abortusovis）、猪霍乱沙门菌（*S.* Choleraesuis）、都柏林沙门菌（*S.* Dublin）、肠炎沙门菌（*S.* Enteritidis）、鸡伤寒沙门菌和鸡白痢沙门菌（*S.* Gallinarum–Pullorum）、仙台沙门菌（*S.* Sendai）和鼠伤寒沙门菌（*S.* Typhimurium）。这些血清型或不能感染人或只能引发人胃肠炎；而伤寒血清型*S.* Typhi和*S.* Paratyphi A却不含有毒力质粒，因此毒力质粒在沙门菌致病机制中究竟扮演何种重要的角色还不清楚。但是，毒力质粒的缺失会使沙门菌毒力明显降低，如猪霍乱沙门菌疫苗株Nobl丢失了毒力质粒。

除耐药质粒和毒力质粒外，在沙门菌中也存在部分大小低于10kb的小质粒，有的仅含有质粒复制所需基因的质粒，有的携带与致病相关的基因。如肠炎沙门菌中的pJ（2096bp）和pC（1083bp）质粒，并不含有与细菌生存和感染有关的基因。李求春等在检测分离自20世纪60年代至2006年的鸡白痢沙门菌菌株中发现，都存在大小约为4kb的质粒pSPI12，该质粒携带一个与细菌毒力相关的基因ipaJ，参与了鸡白痢沙门菌的感染过程。

二、染色体基因组大小与特点

第一个完成全基因组测序的沙门菌为鼠伤寒沙门菌LT2菌株（http：//genome.wustl.edu/gsc/Projects/S.typhimurium），其染色体基因组为4 857 432bp，该菌株携带一个93 939bp的毒性质粒（pSLT），LT2基因组的基本特性见表2–6。鼠伤寒沙门菌LT2与其他肠道菌基因组同源性比较见表2–7。伤寒沙门菌CT18株（http：//www.sanger.ac.uk/Projects/S_typhi）染色体基因组为4 809 037bp，该菌株携带一个218 150bp的多重耐药质粒incH$_1$（pHCM1）和一个106 516bp的隐性质粒（pHCM2），CT18基因组的基本特性见表2–8。鼠伤寒沙门菌LT2株染色体基因组没有伤寒沙门菌CT18基因组的601个基因类似物，而前者有479个基因在后者基因组中没有相似基因。

表2-6　鼠伤寒沙门菌基因组基本特性

基因组组成	特　　性	
	染色体	pSLT
大小（bp）	4 857 432	93 939
G＋C 含量	53%	53%
核糖体 RNA	7	0
转移 RNA	85	0

（续）

基因组组成	特　性	
	染色体	pSLT
转移 RNA 假基因	1	0
结构 RNA	11	1
编码序列（包括假基因）	4 489	108
假基因	39	6

表 2-7　鼠伤寒沙门菌 LT2 与其他肠道菌的编码序列同源性分析

菌　株	数据源	鼠伤寒沙门菌编码序列同源物（%）	交互吻合的编码序列同源性平均值（%）	
			DNA	氨基酸
肠道沙门菌				
鼠伤寒沙门菌 LT2	全序列	100	100	100
伤寒沙门菌 CT18	全序列	89	98	99
甲型副伤寒沙门菌	~ 97% 序列，微矩阵分析	87 / 89	98	99
乙型副伤寒沙门菌	微矩阵分析	92	—	—
亚利桑那沙门菌	微矩阵分析	83	—	—
邦戈尔沙门菌	微矩阵分析	85	—	—
大肠杆菌 K12	全序列	71	80	90
大肠杆菌 O157：H7	全序列	73	80	89
肺炎克雷伯菌	~ 97% 序列	73	76	88

表 2-8　伤寒沙门菌基因组基本特性

基因组组成	特　性		
	染色体	pHCM1	pHCM2
大小（bp）	4 809 037	218 150	106 516
G ＋ C 含量	52.09%	47.58%	50.6%

（续）

基因组组成	特 性		
	染色体	pHCM1	pHCM2
编码序列	4 599	249	131
假基因	204	8	0
编码密度	87.6%	83.8%	87.1%
基因平均长度（bp）	958	759	708
核糖体 RNA	6×（16S–23S–5S）		
	1×（16S–23S–5S–5S）		
转移 RNA	78		1
其他稳定的 RNA	8		

　　早期对沙门菌基因组的测序是利用传统的Sanger法，耗时长且价格昂贵。此后第二代测序技术问世和发展，如Roche公司的454测序、Ilumina公司推出的Solexa和ABI公司的SOLID测序等，大大提高了测序通量和降低了测序成本，越来越多的沙门菌菌株测序完成。同一血清型、不同来源的菌株表现出明显的差异，如鸡白痢沙门菌中国株S06004与加拿大分离株RKS5078在耐药基因及基因组组成上都存在一定的差异（图2-4）。沙门菌和大肠杆菌在分类上同属肠杆菌科，在进化关系上极为接近。就目前已获得的沙门菌全基因组序列的菌株来看，沙门菌基因组大小为4.6～4.9Mb。沙门菌基因组学的研究成果，对其病原分子生物学、免疫预防乃至消灭工作有着重大的推动作用。

三、染色体基因组的组成与特点

　　沙门菌与大肠杆菌基因组在组成上有相似点，首先两者都有7个rRNA操纵子；其次沙门菌和大肠杆菌基因组所含基因个数大致在4 000～5 000。以Typhimurium LT2（沙门菌的模式菌株）和K–12 Substr. MG1655（大肠杆菌的模式菌株）两株菌为例，通过序列同源性比较发现，两者共同拥有约3 300个基因（约占整个基因组的75%），且这些基因在基因组中的共线性（synieny，基因间的相互顺序）程度极高；这些共有基因的同源性（homology）中值为80%，同样揭示了两个属之间极短的进化距离。早在20世纪80年

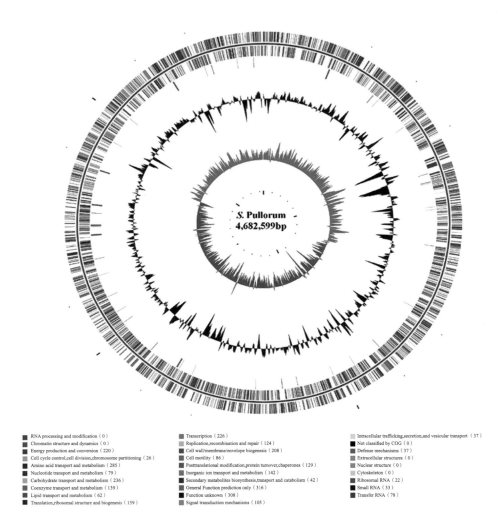

RNA processing and modification（0）
Chromatin structure and dynamics（0）
Energy production and conversion（220）
Cell cycle control,cell division,chromosome partitioning（26）
Amino acid transport and metabolism（285）
Nucleotide transport and metabolism（79）
Carbohydrate transport and metabolism（236）
Coenzyme transport and metabolism（139）
Lipid transport and metabolism（62）
Translation,ribosomal structure and biogenesis（159）

Transcription（226）
Replication,recombination and repair（124）
Cell wall/membrane/envelope biogenesis（208）
Cell motility（86）
Posttranslational modification,protein turnover,chaperones（129）
Inorganic ion transport and metabolism（142）
Secondary metabolites biosynthesis,transport and catabolism（42）
General Function prediction only（316）
Function unknown（308）
Signal transduction mechanisms（105）

Intracellular trafficking,secretion,and vesicular transport（37）
Not classified by COG（0）
Defense mechanisms（37）
Extracellular structures（0）
Nuclear structure（0）
Cytoskeleton（0）
Ribosomal RNA（22）
Small RNA（33）
Transfer RNA（78）

图 2-4　鸡白痢沙门菌 S06004 基因组图谱

（引自 Li Q, Hu Y, Wu Y, et al. Complete genome sequence of Salmonella enterica serovar Pullorum multidrug resistance strain S06004 from China. J Microbiol Biotechnol 2015. 25（5）：606-611）

代，Ochman和Wilson根据rRNA序列和若干管家基因的蛋白序列，推断沙门菌和大肠杆菌在1.2亿～1.6亿年前分化。

通过对细菌基因组序列分析，可以将基因组从功能上分为核心基因组（core genome）和附属基因组（accessory genome）。沙门菌核心基因组是所有沙门菌都共有的基因构成，包括编码细菌基本细胞活动功能所必需的基因，如转译、代谢和结构等，这些基因序列及排序高度保守。附属基因是指某一谱系或多个谱系沙门菌含有的特异基

因，与核心基因组是相对的概念，包括一些水平转移组分。附属基因主要包括基因岛
（包括沙门菌毒力岛）、溶源噬菌体、插入序列等，这些基因编码的功能或许不是细菌
生命活动所必需的，但可赋予细菌适应多变环境的能力；也有一些水平迁移基因是"自
私基因（selfish gene）"，仅仅为复制自己的基因而传播，并不赋予宿主细菌任何益处。
但是核心基因与附属基因的概念不是绝对的，将基因归类于核心基因组或附属基因组取
决于所选择的分析菌株。菌株之间的表型差异主要反映在附属基因的差异上。致病岛
（pathogenicity island）就是典型的附属基因组成分，大小在几千个碱基对（kb）到几百碱
基对之间，其特点是两侧一般具有重复序列和插入元件，通常位于细菌染色体tRNA位点
内或其附近。致病岛的GC（G+C）含量与宿主菌染色体的GC含量常有明显差异，表明
它并不通过垂直遗传完成传递，而是以水平迁移的方式进入基因组。但是，往往由于本
身缺乏某些元件，致病岛不具备单独水平迁移的能力，而需要在辅助噬菌体的帮助下完
成转移。致病岛常编码分泌性蛋白或表面蛋白等毒力因子，因此致病岛的迁入迁出有时
可造成病原菌有毒株和无毒株、强毒株和弱毒株的转变。目前许多已知的病原性细菌，
如幽门螺杆菌（*Helicobacter pylori*）、绿脓杆菌、霍乱弧菌（*Vibrio cholerae*）、单核细胞
增生性李斯特菌、金黄色葡萄球菌等，都存在致病岛，而且一个基因组内可有多个致病
岛存在。

目前，在沙门菌中已报道十几个沙门菌致病岛（*Salmonella* pathogenicity island，
SPI），部分为试验证实，部分仅为预测序列。这些致病岛均不存在于大肠杆菌，且部
分已被证明与致病直接相关。相比大肠杆菌，沙门菌的致病性无疑更强，因此这些沙
门菌所特有的致病岛在毒力研究和进化研究上均有重大意义。通过芯片杂交试验发现，
SPI 1~SPI 5、SPI 9和部分SPI 6基因存在于所有沙门菌肠道亚种Ⅰ中，表明这些SPI在该
亚种形成前就已进入基因组，而其他SPI是在亚种形成后并分化成各个血清型的过程中插
入基因组。SPI 1和SPI 2是沙门菌最重要的两个致病岛，也是目前研究最彻底的两个致病
岛。SPI 1存在于整个沙门菌属，SPI 2只存在于肠道沙门菌（*S. enterica*），在邦戈尔沙门
菌（*S.bongori*）中缺失。Hensel等人提出过一个假说，认为沙门菌从大肠杆菌分化而来，
并将沙门菌的进化分为三个阶段：第一阶段，沙门菌通过质粒或噬菌体介导的水平转移
获得了SPI 1致病岛，并从大肠杆菌中分化出来；第二阶段，沙门菌通过点突变等机制分
化成肠道沙门菌和邦戈尔沙门菌两个谱系，肠道沙门菌通过水平转移获得了SPI 2致病
岛，而邦戈尔沙门菌无此致病岛；进入第三阶段后，肠道沙门菌进一步分化，形成Ⅰ、
Ⅱ、Ⅲa、Ⅲb、Ⅳ、Ⅴ、Ⅵ等多个亚种，*S. enterica*亚种Ⅰ对温血动物的宿主适应性成为
此阶段的显著特征。

第七节　蛋白组组成和功能

一、结构蛋白组

　　因为转录后调控水平的存在，基因转录水平与蛋白表达水平并不一定呈一致对应的关系。因此联合使用转录组和蛋白组研究，将有利于揭示沙门菌与宿主作用过程中细菌的致病力及其致病机制。在蛋白组学技术中，以电泳胶分离蛋白质的技术是蛋白组学中的重要技术，胶分离存在缺点，能够分离的蛋白质有分子量和pH梯度的限制。更为困难的是，一个微生物在一个条件下不会合成所有的蛋白质，比如，某些蛋白质只在应激条件或者有其他物质的诱导下才合成。所以，蛋白组学尽管在样品制备、电泳、质谱分析各个方面的灵敏度在提高，但获得相应蛋白并对其进行分析仍然受到一些技术条件的限制。近年来，新的蛋白组学分析手段应运而生，包括多路复用胶、质谱和蛋白阵列（protein arrays），已广泛应用于病原菌与宿主之间的作用研究。目前，2-DE仍是蛋白组学的有力分析工具，是检测经蛋白水解和转录后修饰如磷酸化或糖基化的主要手段。2-DE技术仍在不断改进，为了尽可能获得更大量的蛋白，采取逐步提取样品的方法，比如将分泌蛋白、膜蛋白和胞质蛋白分别单独制备，增加了某类蛋白的提取量；或者采用窄pH梯度，提高蛋白质的分辨率，使一些低表达量的蛋白得到分离。但我们仍然无法分离获得所有的蛋白质，比如，伤寒沙门菌的基因组包括4 319个开放阅读框架，在二维电泳胶上大约只能看到1/4，而实际鉴定到的蛋白质更少。不过由于目的不同，我们不可能同时对全蛋白谱进行一一研究，只能根据需要对我们感兴趣的蛋白进行分离、比较和分析。虽然有以上局限，2-DE仍然是目前应用很广泛的技术。通过蛋白组学分析，沙门菌的毒力蛋白及参与感染宿主时表达的蛋白都能成为新的治疗靶标、疫苗候选和抗沙门菌策略。以质谱为基础的蛋白组学在鉴定沙门菌处于不同条件下的蛋白已获得了许多成果，有近233个鼠伤寒沙门菌胞质蛋白通过2-DE和质谱鉴定出来，816个鼠伤寒沙门菌蛋白为细菌在LB培养条件下表达的蛋白。同时，新分析方法的建立也加速了沙门菌蛋白组学的发展，一种基于液相层析质谱的"bottom-up"方法鉴定出了2 343个鼠伤寒沙门菌蛋白，接近其基因数的一半。多种方法的联合使用能帮助我们更清楚地掌握细菌全蛋白组学成分，而样品优化也是不可忽视的重要因素之一。随着技术的进步与发展，蛋白组学的研究面也在不断拓展，而精细的设计是利用好该项技术的前提。① 根据研究目的，选取适应的培养条件和环境。例如，通过体外模仿小鼠体内的环境，筛选获得了三种毒力蛋白HimD、PhoP和PduB，并发现三者之间存在动态相互作用。② 采取合适的蛋白组学手段达到获得相应蛋白的目的。例如，SPI-1效应蛋白SopB是利用细胞培养稳定同位素标记（SILAC）技术在体外培养条件下获得的沙门菌毒力因子。③ 对蛋白组学获得的数据进行分析。Snock等利用比较分析的方法比较了实验室培养条件下和模仿体内环境条件下的蛋白表达情况，获得了255个差异表达蛋白；66个鉴定的蛋白中，FrdA和FrdB在体内模仿条件下出现了上调表达。同时，蛋白组学数据也可通过转录水平的表达进行深入验证。

二、功能蛋白组

对沙门菌蛋白组学研究的最终目的，是希望通过该方法了解沙门菌在与宿主作用过程中的作用机制，而存在的问题是如何分离沙门菌和宿主的蛋白，即获得细菌的蛋白质组图谱和宿主的蛋白质组图谱。为了鉴定沙门菌在巨噬细胞内定殖相关的蛋白，Shi等先将鼠伤寒沙门菌14028感染RAW264.7巨噬细胞，然后利用一种"AMT（accurate mass and time）"标签蛋白组方法，检测不同感染时间点时蛋白质的丰度，最后获得了315个鼠伤寒沙门菌和371个巨噬细胞的蛋白。其中感染过程中强烈诱导表达的鼠伤寒沙门菌蛋白有39个，7个是已知的毒力因子，包括IHFα、IHFβ、MgtB、OmpR、SitA、SitB和SodCI。为了研究巨噬细胞如何应对鼠伤寒沙门菌的感染，Shi等利用LC-MS/MS蛋白组学方法分析了受沙门菌感染的RAW264.7细胞裂解物，获得了1 000个巨噬细胞蛋白和115个沙门菌蛋白，其中113个蛋白与前面报道方法筛选的一致，2个新的蛋白为假定ABC转运蛋白和TTSS-1组分SopB。24%巨噬细胞蛋白得到鉴定，涵盖的功能范围较广，包括在抗菌中发挥重要作用的iNOS和COX-2、调控胞内运输的SNX5、SNX6和SNX9，并首次报道了线粒体超氧化物歧化酶SOD2。Molero等也报道了一种基于反相蛋白阵列的技术，用以揭示鼠伤寒沙门菌感染上皮细胞过程中蛋白组学情况，宿主细胞的信号活化路径在野生株和TTSS-1突变株感染的不同阶段表现出差异。在侵入阶段，TTSS-1效应蛋白SigD活化Akt，Akt使FoxO和GSK-3β磷酸化。SopE/E2通过活化Cdc42和Rac1使沙门菌内化入细胞。用反相蛋白阵列的结果也检测出一条SopE/E2依赖性的ERK、JNK和p38丝裂原活化的促分裂原活化蛋白激酶（mitogen-activated protein kinase, MAPK）路径。此外，比较蛋白组学也是目前研究的热点之一，如鼠伤寒沙门菌LT2和伤寒沙门菌Ty2的蛋白组差异分析。Ansong等利用LC-MS/MS技术获得了在对数生长期和稳定期及酸性、低镁培养基（MgM）条件下的2 066个伤寒沙门菌蛋白，其中包括侵袭蛋白、Vi多糖合成蛋白（TviE和TviD）、鞭毛合成蛋白（FlgD、FliZ和FliT）、在MgM培养基中高水平或只在该培养基中表达的生物素操纵子（BioA、BioB、BioD和BioF）、溶血素E（HlyE）、细胞溶胀毒素CdtB、Mg^{2+}转运蛋白和SPI-2毒力因子等。在相同的培养条件下，获得了鼠伤寒沙门LT2的蛋白组表达图谱，包括一些与伤寒沙门菌同样高表达量的蛋白，如Mg^{2+}转运蛋白、SPI-2毒力因子、调控因子PhoR，外膜蛋白酶PgtE等。但与弱毒鼠伤寒沙门菌不同的是，生物素合成蛋白在伤寒沙门菌中高表达；同时，一些仅在伤寒沙门菌中表达的Vi抗原、CdtB、HlyE和假定的溶源噬菌体蛋白，可能也是该菌对人致病的原因所在。虽然目前蛋白组学的研究仍处于发展阶段，我们相信随着技术的改进，该技术会帮助我们深入揭示沙门菌感染宿主的机制。

第八节　转录组结构和功能

一、转录组的构成

转录组也是功能基因组学研究的一个分支，主要从RNA水平研究细胞基因表达的情况，转录组即一个活细胞在一定条件下所能转录出的所有RNA的总和。转录组研究的方法多种多样，除了目前应用较多的高通量转录组分析技术，如Microarray、RNA-Seq等，这些方法常应用于细菌在不同培养条件、宿主体液、组织和细胞中的转录组研究。但是，仍存在一些具有独特优势并可与上述技术联合使用的方法，如体内表达技术（*in vivo* expression technology，IVET）、差异荧光诱导技术（differential fluorescene induction，DFI）、选择性捕获转录技术（selective capture of transcribed sequences，SCOTS）等。Microarray技术在沙门菌转录组研究中应用较多，通过该技术可以检测出沙门菌在感染宿主或细胞过程中表达的基因。但是该技术仍存在一定的缺陷，如有时很难从沙门菌感染的细胞或宿主中提取出足够量的细菌RNA、细菌mRNA半衰期较短及细菌mRNA受到核糖体RNA和宿主RNA的污染等。因此，Faucher在2006年建立了SCOTS方法，将细菌mRNA以cDNA形式富集出来，然后再利用microarray技术去检测cDNA，达到分析细菌转录组的目的。基于报告基因融合技术建立的检测沙门菌在宿主体内环境中启动子的技术，也是用于研究细菌转录组的有效手段，如IVET技术就是利用该策略将无启动子的报告基因插入细菌DNA中，获得随机插入文库，通过体内感染过程中报告基因的表达，检测出发挥表达作用的启动子，从而找出启动子下游的基因。Mahan等人将无启动子的*cat*基因（编码氯霉素乙酰转移酶）与*lacZY*基因连在一起，插入自杀质粒pGP704中构成pIVET8。将鼠伤寒沙门菌的基因组DNA酶切后构建到pIVET8质粒上，形成片段*cat–lacZY*融合体。将构建的质粒文库转化到鼠伤寒沙门菌中后，自杀质粒通过同源重组插入基因组中。将细菌感染小鼠后，再用氯霉素处理动物，从小鼠体内分离出活菌，并在体外麦康凯指示培养基上成白色菌落，从而筛选出沙门菌在宿主体内诱导表达的基因。Camilli等人构建了等位基因交换载体pIVET6，建立了基因重组酶的体内表达技术RIVET，该技术可以筛选出表达量较低和瞬时表达的基因。Altier和Suyemoto将P1噬菌体的重组酶编码基因*cre*，应用于鉴定鼠伤寒沙门菌感染上皮细胞过程中转录组分析，取得了很好的效果。DFI是将绿色荧光蛋白编码基因作为报告基因，再结合流式细胞术来检测启动子的活性，该方法可用于高通量基因表达的筛选。Bumann利用该方法对鼠伤寒沙门菌感染派尔氏结的转录组进行了分析。RNA–Seq是基于第二代测序技术的高通量转录组分析技术，该方法可以直接分析体外不同培养环境下的沙门菌转录组。而对于体内沙门菌转录组的分析，目前主要采用深度测序或与以上方法联合使用的方式。深度测序是对感染组织和细胞的细菌及宿主细胞总RNA提取后进行测序分析，通过加大测序通量获得细菌的转录组数据，而且该方法可同时获得宿主细胞和细菌的转录组。另一方法就是利用SCOTS等技术获得细菌cDNA后，进行高通量测序。随着测序技术和RNA提取、分离和纯化技术的发展，转录组测序已越来越多地应用于宿主与细菌间的互作研究。

二、转录组的功能

Microarray是研究基因组转录物谱的常用手段。Frye等利用Microarray技术筛选获得了与鞭毛蛋白编码基因相关联的新编码基因，即*srfABC*操纵子，为编码2类操纵子。Ledeboer等比较了在HEp–2细胞上形成生物膜的鼠伤寒沙门菌与体外液体培养状态下的沙门菌转录组，基因组中2.2%基因出现了上调表达，例如，四种菌毛基因Lpf、Pef、Tafi和Ⅰ型菌毛，位于毒力质粒上介导质粒接合转移的*tra*基因家族，参与细菌在胞内存活的T3SS效应蛋白等。通过提取被巨噬细胞吞噬的沙门菌的RNA，与沙门菌芯片杂交，可得知沙门菌基因在巨噬细胞内的表达情况，了解哪些基因与沙门菌存活并导致巨噬细胞死亡密切相关。研究发现，当沙门菌在巨噬细胞内时，编码鞭毛、化学向性和铁转运系统的基因都下调，而SPI–1、SPI–2和SPI–3的基因上调。前者下调是因为这些基因都与细菌的移动相关，而细菌在胞内时并不需要运动；SPI-2和SPI-3基因上调是因为这些基因与沙门菌在巨噬细胞内低Mg^{2+}环境中的存活相关；SPI-1通常被认为在沙门菌侵入上皮细胞时发挥作用，其基因为何会在巨噬细胞内上调并不清楚，可能的原因是SPI-1介导了巨噬细胞的快速坏死。转录组研究的另一应用是揭示调控基因参与调控哪些基因的表达。Sittka利用高通量RNA-Seq技术研究了Hfq调控蛋白参与调节的表达基因，Hfq可以至少调控沙门菌基因组中18%的基因，涵盖了沙门菌毒力岛（SPI-1、SPI-2、SPI-3和SPI-5）、鞭毛调节子和2个具有调节蛋白功能的Sigma因子（RpoS和RopE）。此外，转录组的研究也鉴定出许多沙门菌新的毒力因子和sRNAs，如在低氧和低镁条件下表达的sRNA——IsrJ。

转录组学研究提供了细菌在不同环境条件下表达基因的数据。然而，RNA的表达并不一定意味着RNA翻译成蛋白。真正的转录组图谱应该将RNA图谱整合入具有功能调节的单位中，反映细菌基因真实行使功能的信息。

第九节　沙门菌的遗传演变

一、沙门菌的遗传进化关系

细菌的分类以其进化关系为基础，而进化树可以通过比较细菌16S rRNA或其他基因得出。沙门菌属的两个亚群（肠道沙门菌亚种和邦戈尔沙门菌亚种）也是根据16S rRNA差异划分的。16S rRNA和23S rRNA的分析显示沙门菌与大肠杆菌、志贺菌和枸橼酸杆菌亲缘关系较近。但是仅从rRNA比较无法构建沙门菌属中各个不同血清型沙门菌的亲缘关系，因此更多的基因序列分析纳入沙门菌的进化关系研究中。1996年提出了沙门菌进化的假说：沙门菌与大肠杆菌可能在1.2亿~1.6亿年之前具有一个共同的祖先，与哺乳动物起源的时间点差不多。大肠杆菌进化成为哺乳动物和鸟类的共生菌和条件致病菌，而沙门菌仍然存在于爬行动物中（爬行动物为一相鞭毛沙门菌的初始宿主），并通过获取外源基因（inv/spa基因群及其他）逐渐进化为可侵入宿主上皮细胞的胞内寄生菌。鞭毛位相变异的形成使沙门菌的宿主范围扩展到哺乳动物和鸟类，成为它们的病原菌（肠道亚种、萨拉姆亚种、双相亚利桑那亚种、印迪卡亚种）。肠道沙门菌肠道亚种对哺乳动物和鸟类表现高度特异性，部分血清型仅对单一宿主致病。伤寒沙门菌可能在300万年之前产生并主要以人为宿主，有推测认为该菌首先出现在印度尼西亚，因为在该地发现了最古老的、仍具有位相变异的伤寒沙门菌菌株。

White-Kauffmann建立的沙门菌属分类表是经典的一直沿用至今的分类方法，它基于沙门菌细胞表面三种抗原（O抗原、H抗原和Vi抗原）的差异进行分类，即从表面抗原蛋白差异水平反映沙门菌之间的差异。虽然利用该方法可以将沙门菌分成多个群和血清型，一定程度上也反映了细菌间的进化关系，如肠炎沙门菌和鸡沙门菌都含有O9抗原，属于D群，而现代全基因组分析结果也证明了两种血清型细菌之间亲缘关系很近。但是以三种抗原作为进化分类仍无法全面反映沙门菌的进化特点。随着分子生物学的发展和测序技术的进步，对沙门菌进化的研究也越来越全面和深入。

Mcquiston等选取沙门菌的4个管家基因*gapA*、*phoP*、*mdh*和*recA*，初步分析了代表肠道沙门菌7个亚种（肠道亚种、萨拉姆亚种、亚利桑那亚种、双相亚利桑那亚种、浩敦亚种和因迪卡亚种）的61个菌株和邦戈尔沙门菌6个菌株的进化关系。该方法可以将单相鞭毛和双相鞭毛的沙门菌区分出来，证明鞭毛是区分沙门菌进化关系的特点之一，而沙门菌由单相鞭毛进化成双相鞭毛是因为获得了*him*和*fljBA*鞭毛操纵子的缘故。从基因组水平分析沙门菌间的进化关系也是目前研究的热点之一，但是全基因组水平分析的角度众多，选择何种方法进行分析、何种方法能真实准确反映菌株间的进化关系，仍是目前生物信息学家需要解决的难题。

二、沙门菌的突变

细菌的突变率虽不及病毒，但是人们对细菌生长环境实施的各种压力不断加速着其发生突变的频率，最明显的一点就是细菌耐药性的增加。细菌可通过改变基因中核苷酸序列，从而改变蛋白质中个别氨基酸的序列，降低细菌对药物的敏感性或启动外排泵系统将药物排出胞外等。Timme等对代表78个血清型的156株沙门菌（107株为新测序的菌株）全基因组序列分析后，从多个方面探讨了它们间的进化关系，将其分为两个主谱系，获得了3个SNP模型：含有6 827个SNPs的核心型，含有119 750个SNPs的95%主模型和含有653 038个SNPs的总模型。95%的主模型是指在95%的基因组（148/156）中存在的SNPs，利用该模型绘制的进化树支持肠道亚种的单系统特征，整个亚种的菌株分成A和B两个谱系，与之前报道相符，并且分别有24个A谱系特异的SNPs和6个B谱系特异性SNPs。在B谱系中，婴儿沙门菌是最早发散的分支，此后是两个相对独立的分支及B2（*S*. Miami和*S*. Javiana）和B3（*S*. Poona、*S*. Rubislaw和*S*. Abaetetuba），而B4分支涵盖了大多数的血清型。其实在B4中，大部分血清型（18/20）是单源的。*S.* Abaetetuba位于复系*S.* Rubislaw中，而*S.* Give显示出多元特征，两个菌株完全独立，不属于同一谱系。在所有单源血清型中，存在一个共同点即每种血清型都有独特的SNPs，可以进行识别区分。*S.* Montevideo表现出最大的多样性，共有3个分开的谱系。主谱系A可进一步分为谱系A1和A2，A1中含有17个血清型，其中4个为多元特征：*S.* Agona、*S.* Senftenberg、*S.* Kentucky和*S.* Paratyphi B。A2中含有45个血清型，同时也是血清多样性最丰富的谱系，根据亲缘关系的远近可以简单分为：*S.* Typhi部（含*S.* Typhi、*S.* Paratyphi A和*S.* Mississippi）、*S.* Enteritidis部（含*S.* Enteritidis、*S.* Galinarum、*S.* Pullorum、*S.* Dublin和*S.* Berta）、*S.* Typhimurium部（含*S.* Typhimurium、4,［5］, 12: I–复合体、*S.* Saintpaul、*S.* Paratyphi B部分菌株、*S.* Heidelberg和*S.* Virchow）等。A2谱系也是高致病性沙门菌存在区，有6个血清型沙门菌位于美国疾病预防和控制中心的前十大食源性疾病之列；同时在A2中也存在伤寒类沙门菌，如伤寒沙门菌、甲型/乙型/丙型副伤寒沙门菌。基因组水平的分析更能体现菌株之间的进化关系，如肠炎沙门菌和鸡白痢/鸡伤寒沙门菌在基因组组成上非常相似，但是鸡白痢/鸡伤寒沙门菌有许多基因出现了假基因化，这种假基因化可能导致两种细菌丧失了感染哺乳动物的能力，而宿主适应性较广的肠炎沙门菌在出现这些基因的假基因化后也许会丧失感染哺乳动物的能力。虽然这些只是推测，但也为研究沙门菌与宿主之间的关系和提供有效防治手段提供了思路。另一个在沙门菌基因组中变化较多的是可移动元件和CRISPR，可移动元件携带外源基因的插入常赋予沙门菌以新的功能，如耐药基因提供耐药性、毒力基因会增强细菌的毒力等；CRISPR中间隔序列的差异不仅可以用于对单一血清型沙门菌菌株进行分型和溯源追踪，也反映了菌株之间的进化关系。这些元件为同一血清型不同菌株间的亲缘关系研究提供了信息和手段。

第十节　致病性及其分子基础

一、宿主适应性

沙门菌均有致病性，根据对宿主适应性或嗜性不同，可将沙门菌分成两大类。

（一）宿主限制性

该类沙门菌具有高度适应性或专嗜性，它们只对人或某种动物产生特定的疾病。属于这群的不多，例如，鸡白痢沙门菌和鸡伤寒沙门菌仅使鸡和火鸡发病；马流产、牛流产和羊流产等沙门菌分别致马、牛、羊的流产等；猪伤寒沙门菌仅侵害猪；伤寒沙门菌与甲、乙、丙三型副伤寒沙门菌以及仙台沙门菌等血清型是高度适应于人的沙门菌，对动物不引起自然感染。此外，仅个别血清型沙门菌对宿主有偏嗜性，即具有在一定程度适应于特定动物的沙门菌，如猪霍乱沙门菌和都柏林沙门菌，分别是猪和牛羊的强适应性菌型，多在各自宿主中致病，但也能感染其他动物。现在常可从羔羊腹泻中分离到亚利桑那沙门菌，并认为该型菌正在适应于羊。近年亦有报道，鼠伤寒沙门菌出现宿主适应性变异型。

（二）宿主非限制性

该类沙门菌是非适应性或泛嗜性沙门菌，它们具有广泛感染的宿主谱，能引起人和各种动物的沙门菌病，具有重要的公共卫生意义。这群血清型占该菌属的大多数，鼠伤寒沙门菌和肠炎沙门菌是其中的突出代表。当然，沙门菌感染不同宿主的特性和严重性表现出明显的不同，受多种因素的影响，如沙门菌的血清型、菌株毒力、感染剂量、感染的宿主、宿主年龄和宿主状态及地理差异等。所有因素相互关联，同时也造成了沙门菌在不同宿主内的流行病学和致病机制的差异。

二、Ⅲ型分泌系统

沙门菌与宿主细胞之间的作用依赖于细菌表面蛋白及其分泌的毒力蛋白。多数已知的分泌蛋白通过Ⅲ型分泌系统注射至宿主细胞中。这种进化的复杂装置，与细菌鞭毛采用质子驱动力作用相似，将效应蛋白通过一种针状结构注入细胞内。沙门菌含有两种Ⅲ型分泌系统装置，由基因组大小约40kb的区域编码，有推测认为两个区域都是通过DNA水平转移获得。

（一）SPI-1及其T3SS

SPI-1位于沙门菌染色体着丝粒63处，参与细菌侵入宿主细胞、引发肠道炎症和胃肠炎及诱导巨噬细胞凋亡。同时SPI-1的T3SS装置也参与沙门菌杀死M细胞进入肠相关淋巴组织。SPI-1缺失的沙门菌经口服感染宿主后毒力降低，而经腹腔注射仍保持完整的毒力。沙门菌SPI-1编码的蛋白根据它们的功能差异分为4类：① T3SS装置组成蛋白（包括运输装置蛋白、NC结构成分和转位子）；② 调节因子；③ 效应分子；④ 分子伴侣。

T3SS装置负责将沙门菌SPI-1效应蛋白运送至宿主细胞中，效应蛋白通过其在宿主细胞内的活动改变细胞的功能，如信号传导、细胞骨架结构、膜转运、细胞因子的表达等。不仅沙门菌如此，许多革兰阴性菌（耶尔森菌、志贺菌等）都需要T3SS感染宿主，引起宿主发病。尽管转运的效应蛋白因病原体的不同而异，但是研究显示毒力相关的T3SS装置在沙门菌、志贺菌和耶尔森菌中结构相对保守。针状结构（NC结构）是构成T3SS装置的主要成分之一，效应蛋白通过针状结构进入宿主细胞内，可以通过扫描电子显微镜观察到针状结构，并且分离出来。构成NC的蛋白组分经氨基酸序列测定和Western-blot分析，至少包括以下5种蛋白：PrgH、PrgI、PrgJ、PrgK和InvG。另外，在NC的组装过程中还需要蛋白InvH的参与。但是由于NC的分离程序相对粗糙，因此在分离过程中可能存在部分组分的丢失，很可能存在一些尚未发现的蛋白质组分。

1. InvG和InvH　InvG是分泌素蛋白家族的成员之一，构成NC基体中可见的外膜环。但该蛋白并不存在于所有的Ⅲ型分泌系统中。InvG通过正常的分泌途径（即sec依赖性分泌途径）运送并插入外膜中，与PrgH和PrgK一起构成NC的基体结合于膜上。InvG以同源多聚体环形复合物的形式存在于外膜中，可以在大肠杆菌的外膜中形成环状结构，但是InvG的定位依赖于InvH。*invH*编码大小为16.5kD的蛋白。早期的体外试验显示，鼠伤寒沙门菌InvH兼具黏附因子和侵袭因子的特性。此后，Stone等发现肠炎沙门菌*invH*突变体虽然对细胞的侵袭能力有所下降，但黏附能力并未受影响。Daeffer和Russel进一步发现在*invH*突变体中，InvG蛋白积聚在细菌的细胞膜内膜处，故推测InvH为沙门菌外膜蛋白，参与辅助InvG定位于细胞的外膜。交联反应试验深入证明了InvH是唯一能有效结合肽聚糖的蛋白，并且这种结合能力不依赖于PrgH和PrgK，证明了InvH为外膜蛋白。鼠伤寒沙门菌*invH*突变株T3SS装置的NC仍可正常形成，但数量明显下降，所以InvH很可能通过其脂蛋白序列锚定于外膜上，参与了NC其他结构成分的分泌与装配。将InvH的脂蛋白序列去除后，SPI-1 T3SS装置的效应蛋白SipC无法分泌出细胞。

2. PrgH/PrgK　根据PrgH的氨基酸序列推测PrgH是大小为45kD的脂蛋白，是构成NC的主要成分之一。PrgH中间含有一段疏水区域，使其能插入并停留在内膜中，疏水区域的电荷分布说明N末端可能定位于膜的胞质区，C末端可能定位于周质区。InvG的N末端和PrgH的C末端相互作用，帮助基底环内环的组装，PrgH的功能缺失突变会导致细菌无法形成稳定的PrgK复合物，但不会影响PrgK蛋白产生的数量。同样PrgK的功能缺失不影响PrgH蛋白的合成，但是会影响PrgH复合物的形成，因此PrgH和PrgK通过彼此相互作用形成更稳定的复合物。

PrgK蛋白的大小为28kD，与PrgH一样，也是位于内膜的膜相关脂蛋白，是NC内膜环的另一主要成分。PrgK与鞭毛蛋白FliF同源的部分位于基体环的中心孔处，与运输装置蛋白相互作用，介导NC远端蛋白的运送。PrgK含有一个sec依赖性信号和脂酰化位点，C末端跨膜区域作为终止信号使其锚定于内膜，而PrgH环绕着PrgK四周镶嵌在内膜上。PrgH和PrgK是构成沙门菌T3SS装置内膜环的主要成分，而内膜环和InvG构成的外膜环直接相互作用，构成了NC的基体。

3. PrgI/PrgJ　PrgI是构成T3SS NC "针" 的主要成分，该蛋白呈卷曲螺旋状，大小为88kD，与鞭毛丝的结构蛋白特点相似。PrgJ大小为109kD，构成了NC的内杆（inner rod）。PrgJ缺失会使沙门菌形成异常长的 "针"，从而延迟效应蛋白的分泌。PrgI的分泌和聚合成 "针" 依赖于PrgJ，且 "针" 的长度受PrgJ的控制。PrgI和PrgJ的分泌都依赖于III型分泌系统，需要完整功能型分泌装置的存在。PrgI和PrgJ与鞭毛钩的组装蛋白FlgE和FlgD类似，PrgJ的作用可能与FlgD相似，在催化PrgI聚合成针后，被构成NC装置的远端成分取代。

4. InvJ　作为T3SS的调控蛋白，InvJ在介导底物转换中发挥着重要的作用，一旦invJ缺失，就会形成极长、易碎和无功能的 "针"。从沙门菌野生株中分离到的NC针的长度为60~80nm；而在invJ缺失株中，针聚合至1μm长，同时III型装置的分泌底物（SspB、C、D）的运送能力都下降。所以，关于InvJ的调控机制目前有两种观点：一种观点认为，InvJ作为一种分子标尺用于调控分泌装置 "针" 的长度；另一种观点认为，InvJ辅助内杆的组装使分泌装置由主要分泌PrgI的状态转为分泌其他III型装置的底物蛋白，有效阻止了针的不断延长，导致了在invJ缺失的情况下PrgI的过量分泌。

NC膜外结构的组装和效应蛋白的分泌依赖于T3SS运输装置，它位于NC基体的中央小孔处，由8个保守的蛋白组成，分别是SpaO、SpaP、SpaQ、SpaR、SpaS、InvA、InvC和OrgB。经氨基酸序列分析和比较后，预测其中5个蛋白SpaP、SpaQ、SpaR、SpaS和InvA是内膜蛋白，PrgH/K复合物形成的小孔介导它们插入内膜中；SpaO、InvC和OrgB可能为胞质或周质中与膜相连的蛋白。

5. SpaP、SpaQ、SpaR、SpaS和InvA　spaP编码蛋白的大小为24kD，该基因突变后细菌体外感染细胞的能力明显下降，而志贺菌中与SpaP同源的蛋白Spa24可以完全恢复spaP突变株的体外侵袭能力。spaQ编码分子量为9kD的疏水蛋白，与志贺菌SpaQ蛋白同源且功能相似；SpaR与志贺氏菌Spa29同源。虽然仍不清楚SpaP、SpaQ和SpaR在T3SS运输装置中的功能及相互关系，但是它们是侵入细胞及效应蛋白SipB、SipC和InvJ分泌所必需的蛋白，但三者都不会影响效应蛋白的表达。

InvA是高度保守的膜整合蛋白，序列与鞭毛蛋白FlhA相似。InvA的N端300个氨基酸含有7个跨膜螺旋，350~685位氨基酸序列构成胞质区，跨膜区和胞质区对T3SS的活性都至关重要。InvA的N端与耶尔森菌LcrD同源，但C端氨基酸序列相差较大。将LcrD的N端与InvA的C端融合构成的嵌合蛋白，可以弥补*invA*突变体缺失的功能；但是如果将LcrD的C端与InvA的N端融合后则不具备InvA的活性，也无法恢复*invA*突变体缺失的功能。因此Ginocchio等推测，InvA的C端与T3SS运输装置的结构蛋白一起参与识别和分泌特异性底物蛋白。

6. SpaO、InvC和OrgA　SpaO分子量约为35kD，依赖于SPI-1 III型运输装置分泌到周质中。*spaO*的缺失使沙门菌无法组装形成NC结构，以至于无法参与分泌效应蛋白和侵入细胞。SpaO也参与调控自身、InvJ、SipB和SipC的分泌，但具体的调控机制尚不清楚。InvC是胞质ATPase，与细菌F0F1ATPase催化亚基相似，可能为蛋白质经T3SS运输装置的输出提供能量；Eichelbery等推测InvC可能与T3SS运输装置的组成蛋白相互作用，促使效应蛋白分泌入宿主细胞。OrgA分子量为48kD，是细菌侵入上皮细胞和对巨噬细胞产生细胞毒性必需的蛋白；OrgA突变体不能将SPI-1效应蛋白分泌到培养基中，故有推测认为OrgA可能为T3SS运输装置组成蛋白的组分之一。此外，鼠伤寒沙门菌*orgA*突变株在感染小鼠后，其毒力与野生株相比明显减弱。

（二）SPI-2及其T3SS

1. SPI-2　SP2-2长25.3kb，位于鼠伤寒沙门菌染色体着丝粒30处，与tRNA^{val}相邻。SPI-2及其效应蛋白在细菌引发宿主全身性感染和巨噬细胞内的存活与复制有关。SPI-2突变株经口服和腹腔免疫动物后毒力都降低，而SPI-2的缺失并未影响细菌在肠道的定殖和体外细胞的侵袭能力，所以SPI-2在细菌侵入细胞后发挥作用。SPI-2根据其编码的蛋白功能差异分为4类：① III型分泌装置蛋白编码基因（*ssa*）；② 调节因子（*ssr*），③ 效应分子（*sse*）；④ 分子伴侣（*ssc*）。

2. SsaJ-U　在鼠伤寒沙门菌中第2个T3SS装置由位于SPI-2上的13个基因编码组成，分别为*ssaK*、*ssaL*、*ssaM*、*ssaV*、*ssaN*、*ssaO*、*ssaP*、*ssaQ*、*ssaR*、*ssaS*、*ssaT*和*ssaU*，它们构成了大小为10kb的操纵子。*ssaJ*、*ssaK*、*ssaV*、*ssaN*、*ssaO*、*ssaQ*、*ssaR*、*ssaS*、*ssaT*和*ssaU*编码的蛋白序列分别与耶尔森菌*yscJ*、*yscL*、*lcrD*、*yscN*、*yscO*、*yscQ*、*yscR*、*yscT*和*yscU*编码产物序列极其相似。*ssaL*、*ssaM*和*ssaP*编码产物与其他T3SS的组分无相似性，可能赋予了沙门菌SPI-2 T3SS装置的特殊功能。SsaL参与了介导位于SPI-2上效应蛋白的分泌与转移，并不参与调节位于毒力岛之外的SPI-2效应蛋白的分泌。鼠伤寒沙门菌感染巨噬细胞和上皮细胞过程中*ssaR*基因的表达量分别上调了40~100倍和30~800倍，采用插入突变方式破坏*ssaR*基因后降低了细菌的毒力，但没有削弱其侵袭非吞噬细胞的能力，进一步反映SPI-2在细菌侵入细胞过程中不发挥作用。然而，鼠伤寒沙门菌*ssaT*突变会引起细菌侵袭细胞能力的下降，研究发现此突变体表达侵袭相关蛋白

SipC的能力缺失。SipC是鼠伤寒沙门菌SPI-1 T3SS的编码产物，在细菌侵入上皮细胞过程中发挥作用，所以SsaT可能参与调控了SipC的表达，也反映了沙门菌SPI-1与SPI-2编码蛋白之间存在相互作用，共同参与细菌的感染和致病过程。

（三）其他致病岛

除了SPI-1和SPI-2之外，沙门菌仍存在其他的毒力岛。

1. SPI-3　位于tRNA^{selC}附近，全长约为17kb，内含一个*mgtCB*操纵子，其编码的基因产物MgtC和MgtB可介导沙门菌在巨噬细胞和低Mg^{2+}环境中存活。张晓明等利用该特点，构建了含有镁离子运输蛋白基因*mgtCB*启动子序列Pmgt的新型表达载体pYS。MisL自转运蛋白也位于SPI-3上，通过与纤连蛋白结合介导沙门菌在肠道定殖。*misL*缺失的鼠伤寒沙门菌在小肠和盲肠的定殖能力明显低于野生株，且排菌量也少于野生株。

2. SPI-4　位于*ssb*和*soxSR*之间，全长约为25kb，编码一种非菌毛黏附素，参与细菌在肠道的定殖。具体地说是SPI-4编码Ⅰ型分泌系统（T1SS）及其效应蛋白SiiE。SiiE是一种巨大分子量的非菌毛黏附素，达到600kD，含有53个重复的Ig结构域。SPI-4和SPI-1存在紧密的联系，由调控蛋白HilA参与调节SPI-1表达的蛋白SprB直接参与调控SPI-4基因的表达。SprB表达后，一方面结合P$_{hilD}$抑制*hilD*的转录来轻微抑制SPI-1基因的表达；另一方面活化SPI-4编码的黏附素SiiE的表达，帮助细菌在侵袭过程中黏附至肠上皮细胞。Morgan等人发现，SPI-4突变将导致菌株对牛的致病性降低，但对鸡的致病性不变，因此SPI-4很可能参与决定了沙门菌各血清型的宿主范围。

3. SPI-5　位于tRNA^{serT}附近，大小约为7kb，编码SopD和PipB等毒力蛋白。SopD和PipB分别是SPI-1和SPI-2 T3SS的效应蛋白，因此SPI-5可能与SPI-1、SPI-2共同发挥作用。

4. SPI-6　位于着丝粒7附近的tRNA^{AspV}和*sinR*基因之间，在不同血清型沙门菌中基因组成和片段长度都存在差异，在鼠伤寒沙门菌中大小为47kb，而在伤寒沙门菌中则为59kb。SPI-6编码Ⅵ型分泌系统和沙门菌Saf菌毛。

5. SPI-7　位于tRNA^{PhoU}附近，全长约为147kb，编码Vi抗原、SopE原噬菌体和Ⅳ型菌毛操纵子，且SPI-7只存在于伤寒沙门菌、丙型副伤寒沙门菌和都柏林沙门菌这三个血清型中，但是缺失SPI-7的Typhi菌株同样可以引起伤寒症；此外，其他伤寒血清型（如*S.* Paratyphi A和*S.* Paratyphi B）同样没有SPI-7，表明SPI-7并不是引起伤寒症必需的基因。伤寒沙门菌SPI-7编码的Vi抗原是其重要的毒力因子之一，可与上皮细胞表面的抑制素及其相关分子结合，介导细胞内MAP信号路径，导致炎性因子IL-8的分泌量下降。这也是伤寒沙门菌感染早期炎性较弱的原因，而鼠伤寒沙门菌正好相反。同时体外试验显示，Vi抗原的表达可抑制巨噬细胞对沙门菌的吞噬作用及补体介导的杀伤作用，使细菌在胞内能存活。Ⅳ型菌毛在介导伤寒沙门菌入侵肠上皮细胞及诱发伤寒症的过程中发挥作用。SopE是SPI–1 T3SS装置的效应蛋白，也参与沙门菌侵染细胞的过程。

6. SPI–8　发现于伤寒沙门菌CT18菌株中，位于*pheV*–tRNA基因处，大小仅为6.8kb。该区域含有2个细菌素假基因和退化的整合酶编码基因。目前虽然发现两个细菌素假基因在沙门菌感染人巨噬细胞的过程中表达，但关于该毒力岛的功能仍未研究清楚。

7. SPI–9　最早也发现于伤寒沙门菌CT18中，但在鼠伤寒和猪霍乱沙门菌中也存在该毒力岛，编码4个基因，且核苷酸序列与SPI–4有40%的同源性。肠炎沙门菌SPI–9中的四个基因命名为*bapABCD*，已经证实它们参与细菌生物被膜的形成及在小鼠肠道的定殖。

8. SPI–10　最早报道于伤寒沙门菌中，含有噬菌体46、*sef*菌毛操纵子和缩短的*pef*菌毛操纵子，大小为33kb，位于tRNA^leuX附近。由于*sefA*和*sefD*在伤寒沙门菌SPI–10上为假基因，而*sefD*在含有SEF14菌毛的肠炎沙门菌腹腔感染小鼠及内化进入巨噬细胞过程中起重要作用，因此可能SPI–10无法合成有功能的SEF菌毛。

9. SPI–11　位于猪霍乱沙门菌Gifsy–1溶源噬菌体附近，大小为14kb，在鼠伤寒和伤寒沙门菌存在部分SPI–11区域。*pagC*和*pagD*基因受*slyA*和*phoP*/*phoQ*二元调控系统的调节，PagC参与沙门菌系统性感染及巨噬细胞内的存活，并在猪霍乱沙门菌的血清抗性中发挥作用；PagD和MsgA促使鼠伤寒沙门菌在巨噬细胞内的存活。

10. SPI–12　存在于猪霍乱、伤寒和鼠伤寒沙门菌中，位于*proL*–tRNA基因附近，在伤寒和猪霍乱沙门菌中大小为6.3kb，在鼠伤寒沙门菌携带部分噬菌体基因大小为9.5kb。SPI–12中唯一的毒力基因为SspH2，为SPI–2 T3SS的效应蛋白，参与调控细胞肌动蛋白的多聚化。

11. SPI–13　位于猪霍乱和鼠伤寒沙门菌*pheV*–tRNA附近，大小为19.5kb，含有的18个基因中，3个基因与毒力相关，即*gacD*、*gtrA*和*gtrB*。

此外，在不同血清型沙门菌中仍存在其他的毒力岛，如鸡伤寒沙门菌中的SPI–14含有的毒力基因*gpiAB*，鼠伤寒沙门菌DT104和DT102等中含有大小为43kb及携带多种耐药基因的基因岛1（SGI–1），肠道沙门菌亚种Ⅲ和Ⅳ等携带的高致病岛（HPI）。

三、毒力因子

（一）脂多糖

脂多糖可以引发沙门菌败血症，导致动物体温升高、黏膜出血、白细胞先减少后增多、血小板减少、肝糖消耗及最终休克死亡。脂多糖是沙门菌属的一种主要毒力因子，由类脂A、核心寡糖（C–OS）和O抗原多糖（O–PS）组成。在革兰阴性菌中，编码类脂A和核心寡糖的基因相对较保守，O抗原则会发生较大的变异，因此，编码O抗原的基因能够导致抗原变异。类脂A可引发病理生理学的变化，如内毒素休克、产热源性、补体活化、血凝和血液动力学改变。只需给兔服用每千克体重0.1～0.3μg来自于鼠伤寒沙门菌的LPS，就可导致50%的兔发热，产生的免疫反应有B淋巴细胞增殖、巨噬细胞活化和细胞因子（IFN、TNF、CSF和IL–1）分泌。核心多糖与类脂A之间通过一个八碳糖连接，其在沙门菌中相对保守，是一个八糖残基。沙门菌LPS的核心区域的合成主要由rfa基因簇（或称waa基因簇）负责完成，kdsA和kdsB参与八碳糖的合成。O抗原位于表面，可延伸至细菌细胞微环境中，具有亲水性。它是一个重复的四糖或戊糖结构，偶尔包括一些脱氧或双脱氧的残基。O抗原在沙门菌感染宿主过程中也发挥致病作用，特别能激发宿主的天然免疫应答。O抗原的结构和免疫原性可刺激机体产生体液免疫应答和启动专职吞噬细胞的吞噬作用。不同血清型沙门菌携带的O抗原与沙门菌致病特点紧密相连，将肠炎沙门菌的O9，12抗原用鼠伤寒沙门菌的O4，12替换，细菌的毒力明显降低；但是O抗原替换后的细菌被吞噬细胞摄取的能力并未改变。类脂A和核心寡糖（C–OS）部分可激活T淋巴细胞，是非特异性的；而O抗原则可以激活B细胞分泌抗体，是特异性的。因此，脂多糖可以作为抗原来制作疫苗和单克隆抗体。

（二）肠毒素

沙门菌肠毒素与宿主腹泻等症状有关，有研究显示其作用机制与霍乱毒素、大肠杆菌肠毒素相似。早期研究在鼠伤寒沙门菌中发现一种热敏的、细胞结合型的霍乱毒素样肠毒素，可引起CHO细胞伸长；在兔结扎肠中诱导液体分泌，与GM1神经节苷脂结合，可提高兔肠细胞内cAMP和前列腺素E2水平，其生物学活性可被抗霍乱毒素抗体所中和。利用γ射线处理沙门菌肠毒素，获得的类毒素没有毒性但保持原有的免疫原性，从而制备类毒素疫苗，口服和腹腔注射实验小鼠，保护率平均达到95%以上。表明γ射线脱毒方法具有安全便捷的特点，同时可避免动物机体对传统甲醛疫苗产生的应激反应。

早期研究表明，肠毒素编码基因stn是鼠伤寒沙门菌感染机制中重要的毒力因子之一，其编码产物能诱发小鼠肠腔液体分泌反应。但是，也有研究表明stn与沙门菌毒力不存在关系。因此，关于Stn是否为沙门菌的毒力因子一直存在争议。最近的研究显示，stn缺失的鼠伤寒沙门菌和野生菌在侵袭巨噬细胞及在胞内存活的能力不存在明显差异，并且也能诱发小鼠肠腔积液分泌，但是能介导趋化因子（RANTES、MCP–3、CXCL2和

CXCL3）的分泌。深入研究发现Stn可与外膜蛋白OmpA蛋白直接作用，参与OmpA蛋白在细胞膜上的定位及维持细菌细胞膜结构的完整。此外，Akinyemi等为检测水源中沙门菌的多重耐药性和肠毒素基因的情况，从当地随机采集200个样品分离沙门菌并进行药敏试验和stn基因检测，结果37个样品含有沙门菌，这些菌分属于7个血清型；其中60%含有stn基因，而且携带有stn基因的菌群表现出对多种抗生素的抵抗力。因此，肠毒素基因对细菌的耐药性有一定水平的提高。

（三）细胞毒素

细胞膨胀毒素（cytolethal distending toxin，CDT）是一种三组分的AB毒素，由基因cdtABC编码，在部分亚种中CdtA和CdtC会发生缺失，由百日咳类毒素（pertussis-like toxins）PltA和PltB发挥作用。CDT可造成细胞的DNA损伤，干扰细胞周期和引起细胞膨胀。将伤寒沙门菌CdtB通过瞬时表达或显微注射的方式作用于哺乳动物细胞内，可诱发DNA的损伤。PltA和PltB通过与CdtB形成稳定的复合物，经自分泌或旁分泌方式运送CdtB至真核细胞内，发挥细胞致死性肿胀作用。

（四）毒力基因

沙门菌毒力基因存在于其染色体和质粒中。除了上面所提沙门菌的毒力岛编码与细菌侵袭力直接相关的Ⅲ型分泌系统（T3SS），由T3SS介导分泌的效应蛋白大多为沙门菌的毒力因子，参与细菌的致病过程。除染色体中毒力岛编码的毒力基因外，还有小部分毒力基因位于质粒中。

SPI-1的T3SS装置最终介导效应蛋白分泌到宿主细胞中，改变宿主的细胞骨架系统和信号通路，帮助细菌侵入宿主细胞，达到进入细胞的目的。SPI-1参与分泌的效应蛋白很多，这些效应蛋白编码基因有的位于SPI-1毒力岛内，有的位于基因组或质粒上其他区域。

1. sipA　sipA编码分子量大小为87kD的蛋白，与志贺氏菌ipaA同源。体外试验显示SipA和IpaA都不是细菌侵入细胞的必需蛋白，但有研究显示，IpaA与宿主细胞表面的纽带蛋白相互作用后参与侵袭作用。SipA并不进入真核细胞中，而是定位于细胞的表面。SipA可以诱导细胞分泌趋化因子，介导多形核白细胞穿过肠上皮细胞进入肠腔，从而引发炎症反应。sipA的突变导致肠黏膜炎性反应的减弱和腹泻程度的降低。

2. sipB、sipC和sipD　sipB位于分子伴侣基因sicA的下游和其他4个sip基因的上游，编码大小为63kD的蛋白，与志贺氏菌ipaB同源。纯化的志贺菌IpaB蛋白注射入巨噬细胞可诱导细胞的凋亡，同样将纯化的沙门菌SipB蛋白注射入鼠和牛的巨噬细胞后也可以诱导细胞的凋亡。体外结合试验显示，SipB可与caspase1结合，caspase1活化炎性细胞因子IL1β，引起细胞的凋亡和炎性反应。都柏林沙门菌*sipB*基因失活后感染结扎的小牛肠段，12h后肠黏液的分泌减少、炎性反应程度减轻。

*sipC*编码的蛋白大小为42kD，位于*sipB*基因的下游。SipC是沙门菌侵入细胞及效应蛋白SipB和SptP转入真核细胞必需的蛋白。SipC自身也可进入体外培养的上皮细胞中，但具体在真核细胞中的功能仍不清楚。SipC与志贺菌IpaC同源，也是志贺菌侵入细胞必需的蛋白。纯化的IpaC蛋白可以刺激组织培养细胞中磷蛋白含量的变化。IpaB和IpaC依赖于彼此进入细胞和产生细胞毒性，*sipB*突变株无法将SipC分泌入细胞，反之亦然，说明SipB与SipC的分泌也相互依赖。SipB和SipC形成胞外复合物，整合在质膜上构成易位子，介导其他效应蛋白的分泌。此外，SipC可以直接促使肌动蛋白聚合成束，与肌动蛋白结合分子SipA和RhoGTPase的鸟苷酸交换因子一起诱发细胞骨架的重排，以利于细菌侵入宿主细胞。

*sipD*编码分子量为38kD的蛋白，SipD与SipB、SipC不同，不侵入真核细胞，是SipB、SipC和其效应蛋白进入宿主细胞必需的蛋白。*sipD*突变后细菌的侵袭能力明显下降。

3. *sicP*和*sptP*　*sicP*位于基因*sptP*的上游，其编码产物SicP是*sptP*编码蛋白酪氨酸磷酸化酶SptP的分子伴侣。SicP具有分子伴侣的特征，如分子量小（13kD）、酸性等电点（PI为3.9）和α螺旋结构。*sicP*功能缺失的突变体中SptP的表达量虽未受影响，但在培养基和宿主细胞内的含量减少（sptP），所以SicP可能通过转录后调控作用调节SptP的分泌。SptP编码一种多功能蛋白，其主要功能是在其他效应蛋白的刺激下逆转细胞的正常变化，如肌动蛋白解聚。SptP含有两个功能域，其N端编码GTPase活化蛋白，可颉颃Rho家族GTPase（Rac1和cdc42）的活性。SptP的N端序列与对细胞有毒性的耶尔森菌YopE蛋白和铜绿假单胞菌ExoS蛋白同源；C端序列与酪氨酸磷酸化酶YopE催化区域同源，具有磷酸化酶的活性。YopE可以使靶细胞中构成微丝的肌动蛋白解聚，纯化的SptP也可以促使上皮细胞中的肌动蛋白解聚，与YopE不同的是SptP对上皮细胞或巨噬细胞无毒性。SptP分泌入真核细胞依赖于细胞膜上的SipBCD复合物。*sptP*突变株感染小鼠后，*sptP*突变体除侵入脾脏的能力低于野生株外，其他表型特征与野生株无明显差异。

4. SseA　SseA分子量大小为12.5kD。鼠伤寒沙门菌*sseA*突变株的毒力明显低于野生株。在*sseA*突变体中未发现构成SPI-2 T3SS转运子的结构蛋白SseB和SseD，使转运子无法组装形成其他效应蛋白，如SifA和PipB无法分泌，细菌在细胞内复制能力下降，导致*sseA*突变株毒力的降低。SseA通过其C末端卷曲螺旋结构与SseB或SseD结合，与SseB结合后阻止了SseB在细胞内的聚合，同时通过其N末端介导SseB转运至细菌细胞膜，所以有观点认为，SseA是SseB和SseD的分子伴侣，协助两种蛋白运送至质膜组装成T3SS的转运子。

5. SseB、SseC和SseD　SseB、SseC和SseD是构成SPI-2 T3SS转运子的主要结构蛋白，SseC和SseD在吞噬体膜上聚合成多聚体转运小孔，SseB聚合成转运子的鞘。鼠伤寒沙门菌SseB、SseC或SseD缺失都会引起细菌毒力明显降低，胞内增殖的细菌量减少。体外培养条件下，酸性环境（pH5.0）和Mg^{2+}一起可以诱导沙门菌SseB、SseC和SseD的表达，且分泌到培养基中的蛋白量很少。通过机械剪碎可以从细菌表面分离出SseB、SseC和SseD，标志着三种蛋白在细菌细胞表面组装成复合物，可参与介导SPI-2效应蛋白SspH1和SspH2进入宿主细胞。用异硫氰酸荧光素抗体标记SseB抗体检测到SseB位于细菌细胞膜上，并且只分布在细胞的一极，不呈均匀分布。鼠伤寒沙门菌SseB与肠致病性大肠杆菌EspA蛋白序列同源，SseC和SseD分别与肠致病性大肠杆菌的EspD和EspA序列相似。EspA、EspB和EspD是肠致病性大肠杆菌T3SS装置的底物蛋白，介导了效应蛋白Tir的转移。在沙门菌SseB缺失的情况下，细菌仍能正常分泌SseC和SseD，但只存在于培养基中，与细胞膜的结合比较松散，并不结合于细胞膜上，即SseB未参与调控SseC和SseD的分泌，而在SseC和SseD聚合成大分子复合物及定位于细胞膜上起重要作用。此外，沙门菌SseB可阻止NADPH氧化酶转运至巨噬细胞的吞噬体膜上，抑制氧自由基的产生，造成对细菌的损害。都柏林沙门菌*sseD*突变后，其毒力明显降低，感染小牛后，除体温有微弱变化外，无明显的症状。利用信号标签突变筛选到的*sseD*突变体，体外感染Int407细胞的能力未受影响，但增殖能力低于野生株。

6. SseE、SseF和SseG　*sseE*的突变未引起细菌毒力的降低。*sseF/sseG*突变株毒力略微减弱，沙门菌形成细丝状结构（Sifs）的能力下降，而体外试验显示，Sifs由效应蛋白SifA进入Hela细胞后诱导形成。SseF和SseG是SPI-2编码的效应蛋白。沙门菌侵入宿主上皮细胞后，在沙门菌囊泡（*Salmonella* containing vacuoles, SCVs）中不断复制，同时SCVs迁移至核周区与高尔基体靠近，这种特殊的定位需要SifA、SseF和SseG的参与。SseF和SseG在结构与功能上都密切相关，在小鼠全身性感染模型中，SseF和SseG的双突变株与单突变株毒力相近，所以它们在致病过程的功能可能相同。SseF和SseG在细胞中表达后，形成复合物存在于SCVs的膜上，与驱动蛋白和动力蛋白一起介导SCVs迁移至高尔基体处。SseF的突变使动力蛋白的积聚减少，但SseF和SseG与SCV浆质膜和微管的作用机制仍不清楚。

沙门菌在肠道定居、侵入上皮组织以及刺激肠液外渗等都与其所携带的毒力质粒相关。据有关报道，主要有8种沙门菌携带毒力质粒，分别为鼠伤寒沙门菌、猪霍乱沙门菌、肠炎沙门菌、鸡沙门菌、都柏林沙门菌、仙台沙门菌（*S.* Sendai）、丙型副伤寒沙门菌和羊流产沙门菌（*S.* Abortusovis）。在能引起全身感染的非伤寒沙门菌菌株中，普遍存在一段大小为50~90kb的沙门菌毒力质粒（*spv*），在沙门菌全身性感染宿主阶段发挥重要作用。*spv*基因由6个开放阅读框组成：*spvABCD*、*orfE*、*spvR*，其中*spvR*是正向调控基因，编码调控性蛋白，与LysR/metR家族的转录活化因子相关，并调节*spv*基因按*spvABCD*的方向进行转录。*spvB*编码分子量大小为65KD的单链多肽，被一段长为7个（都柏林沙门菌、几内亚沙门菌和森美沙门菌是9个氨基酸残基）的脯氨酸残基截成C末端和N末端两段区域，其中C末端对于细胞的F肌动蛋白是必需的，而N末端则不是。SpvB具有ADP核糖转移酶的活性，可修饰G肌动蛋白，阻止F肌动蛋白的活性，从而破坏肌动蛋白的细胞骨架；SpvC编码一段大小为28kD的蛋白，它具有磷酸化苏氨酸裂解酶活性，能够抑制MAP磷酸激酶；*spvA*和*spvD*分别编码的28.2kD和24.8kD的蛋白质。*spvD*对细菌毒力的影响较其他几个基因弱。

（五）其他

菌毛有助于菌体黏附到动物细胞并促进其定殖，同时带菌毛菌株的致病力和活力均强于先天无菌毛菌株或菌毛缺失菌株。沙门菌菌毛作为抗原被广泛应用于免疫和病原的检测方面。研究表明，肠炎沙门菌Ⅰ型和Ⅲ型菌毛抗原免疫小鼠存活率提高60%，从而预测肠炎沙门菌SEF14、SEF17和SEF21等多种菌毛的联合免疫，可以产生更好的保护效果。根据SEF14柔毛抗原的特性，Rajashekara等建立了一种简便的乳胶凝集试验，成功区别检测肠炎沙门菌的感染。近年来，国内研究者利用鼠伤寒沙门菌SEF14菌毛基因*agfA*作为禽流感疫苗载体，构建能够引起机体细胞免疫的活体重组疫苗，对禽流感的预防具有重要意义。

早期对伤寒沙门菌的研究表明，有荚膜菌株比荚膜缺失菌株引起的发病率高，荚膜是沙门菌重要的毒力因子。荚膜也具有一定的抗原性，又称为Vi抗原。编码荚膜有关的Vi抗原毒性因子，包含的基因有*tviABCDE*和*vexABCDE*，其编码产物可以阻止抗体介导的调理作用，提高对宿主体内超氧化物和补体介导的裂解抗性。荚膜能够阻断O抗原与其相应抗体的反应，对细菌本身具有保护作用。伤寒沙门菌的荚膜对其存活于宿主体内及逃避机体的防御机制具有重要作用。近年来，荚膜多糖免疫法开始用于预防伤寒沙门菌病。荚膜多糖的产生依赖于细菌的生长，通过补料分批培养优化伤寒沙门菌生长过程中产生的荚膜多糖，结果表明荚膜多糖的合成与营养成分及发酵条件密切相关，在细菌生长初期和稳定期，高浓度的葡萄糖会抑制荚膜多糖的合成。根据Vi分子带负电荷、Vi在不同溶剂中的选择性溶解度以及横向气流微滤等条件最大化地除去杂质，使得最终获得高纯度的荚膜多糖。该方法可用于规模化生产，产量高且成本低，为制备荚膜多糖疫苗提供了有效途径。

参考文献

崔言顺, 焦新安. 2008. 人兽共患病[M]. 北京: 中国农业出版社.

焦新安, 刘秀梵. 1999. 沙门菌分类学进展[J]. 国外医学. 微生物学分册, 22 (1): 28−30.

刘雯静, 邱少富, 刘雪林, 等. 2010. 沙门氏菌的分子分型方法[J]. 现代生物医学进展, 10 (20): 3948−3950.

唐家琪. 2005. 自然疫源性疾病[M]. 北京: 科学出版社, 805−838.

徐耀辉, 焦新安, 胡青海, 等. 2005. 鸡白痢和鸡伤寒沙门氏菌的PCR-RFLP分子鉴别[J]. 扬州大学学报, 26 (1): 1−4.

Ansong C, Deatherage BL, Hyduke D, et al. 2013. Studying *Salmonellae* and *Yersiniae* host-pathogen interactions using integrated omics and modeling [J]. Curr Top Microbiol Immunol, 363: 21−41.

Barrow PA, Methner U. 2013. *Salmonella* in Domestic Animals [M]. 2nd ed. Oxfordshire: CAB International.

Bell C, Kyriakides A. 2008. *Salmonella:* A Practical Approach to the Organism and its Control in Foods [M]. 2nd ed. John Wiley & Sons.

Bonafonte MA, Solano C, Sesma B, et al 2000. The relationship betwween glycogen synthesis, biofilm formation and virulence in *Salmonella* enteritidis [J]. FEMS Microbiollett, 191: 31−36.

Branda SS, Vik S, Friedman L,et al. 2005. Biofilms: The matrix revisited [J]. Trends Microbiol, 13(1): 20−26.

Chicurel M. 2000. Bacterial biofilms and infections-slimebusters [J]. Nature, 408(6810): 284−286.

Costerton JW, Stewant PS and Greenberg EP. 1999. Bacterial biofilm: a common cause of persistent affections [J]. Sicence, 284(5418): 1318−1322.

Davey ME and O' Toole GA. 2000. Microbial biofilms: From ecology to molecular genetics [J]. Microbiol Mol Biol Rev, 64(4): 847−867.

Desai PT, Porwollik S, Long F, et al 2013. Evolutionary Genomics of *Salmonella enterica* Subspecies [J]. mBio, 4(2): e00579−12.

Dong HY, Zhang XR, Pan ZM,et al. 2008. Identification of genes for biofilm formation in a *Salmonella enteritidis* strain by transposon mutagenesis et al. Wei sheng wu xue bao, 48(7): 869−873.

Donlan RM and Costerton JW. 2002. Biofilms: Survival mechanisms of clinically relevant microorganisms[J]. Clin Microbiol Rev, 15(2): 167−193.

Donlan RM. 2002. Biofilms: Microbial life on surfaces[J]. Emerg Infect Dis, 8(9): 881−890.

Fratamico PM, Bhunia AK, Smith JL. 2005. Foodborne Pathogens: Microbiology and Molecular Biology [M]. Horizon Scientific Press.

Hanes DE, Robl MG, Schneider CM,et al. 2001. New Zealand white rabbit as a nonsurgical experimental model for *Salmonella enterica* gastroenteritis [J]. Infect Immun, 69(10): 6523 – 6526.

Havelaar AH, Garssen J, Takumi K, et al. 2001. A rat model for dose-response relationships of *Salmonella* Enteritidis infection [J]. Journal of Applied Microbiology, 91(3): 442 – 452.

Jain SD and Chen JR. 2006. Antibiotic resistance profiles and cell surface components of *Salmonella*[J]. J Food Protect, 69(5): 1017 – 1023.

Latasa C, Roux A, Toledo-Arana A,et al. 2005. BapA, a large secreted protein required for biofilm formation and host colonization of *Salmonella enterica* serovar Enteritidis[J]. Mol Microbiol, 58: 1322 – 1339.

Lee SJ, Romana LK, Reeves PR. 1992. Cloning and structure of group C1 O antigen (*rfb* gene cluster) from *Salmonella enterica* serovar *montevideo* [J]. Journal of General Microbiology, 138(2): 305 – 312.

Leekitcharoenphon P, Lukjancenko O, Friis C,et al. 2012. Genomicvariation in *Salmonella enterica* core genes for epidemiological typing [J]. BMC Genomics, 13: 88.

Lefebre MD, Galán JE. 2014. The inner rod protein controls substrate switching and needle length in a *Salmonella* type III secretion system [J]. PNAS, 111(2): 817 – 822.

Li Q, Hu Y, Xu Y,et al. 2014. A gene knock-in method used to purify plasmid pSPI12 from *Salmonella enterica* serovar Pullorum and characterization of IpaJ [J]. Journal of Microbiological Methods, 98: 128 – 1 13.

Lu TK and Collins JJ. 2007. Dispersing biofilms with engineered enzymatic bacteriophage[J]. Proc Natl Acad Sci USA, 104(27): 11197 – 11202.

Mah TF and O' Toole GA. 2001. Mechanisms of biofilm resistance to antimicrobial agents[J]. Trends Microbiol, 9(1): 34 – 39.

Mastroeni P, Maskell D. 2006. *Salmonella* Infections: Clinical, Immunological and Molecular Aspects [M]. Cambridge University Press.

McQuiston JR, Herrera-Leon S, Wertheim BC,et al 2008. Molecular Phylogeny of the *Salmonellae*: Relationships among *Salmonella* Species and Subspecies Determined from Four Housekeeping Genes and Evidence of Lateral Gene Transfer Events [J]. J Bacteriol, 190(21): 7060.

Núñez-Hernández C, Alonso A, Pucciarelli MG,et al. 2014. Dormant intracellular *Salmonella enterica* serovar Typhimurium discriminates among Salmonella pathogenicity island 2 effectors to persist inside fibroblasts [J]. Infection and Immunity, 82(1): 221 – 232.

Panda A, Tatarov I, Masek BJ,et al.2014. A rabbit model of non-typhoidal *Salmonella* bacteremia [J]. Comp Immunol Microbiol Infect Dis, 37(4): 211 – 220.

Parsek MR and Fuqua C. 2004. Biofilms 2003: Emerging themes and challege in studies of surface-associated microbial life[J]. J Bacteriol, 186(14): 4427 – 4440.

Patrick AD, Grimont F-XW. 2007. Antigenic Formulae of the *Salmonella* Serovars [M]. 9th ed. Paris:

WHO Collaborating Center for Reference and Research on *Salmonella*.

Rhen M, Maskell D. Mastroeni P et al,. 2007. *Salmonella*: Molecular Biology and Pathogenesis [M]. Horizon Scientific Press.

Saini S, Rao CV. 2010. SprB Is the Molecular Link between *Salmonella* Pathogenicity Island 1 (SPI1) and SPI4 [J]. J Bacteriol, 192(9): 2459–2462.

Sarah S, Singh P, Pfuetzner RA, et al. 2010. Interactions of the Transmembrane Polymeric Rings of the *Salmonella enterica* Serovar Typhimurium Type III Secretion System [J]. mBio, 1(3): e00158–10.

Shariat N, DiMarzio MJ, Yin S,et al.2013. The combination of CRISPR-MVLST and PFGE provides increased discriminatory power for differentiating human clinical isolates of *Salmonella enterica* subsp. enterica serovar Enteritidis [J]. Food Microbiol, 34(1): 164–173.

Solano C, Garcia B, Valle J,et al. 2002. Genetic analysis of Salmonella enteritidis biofilm formation: critical role of cellulose[J]. Mol Microbiol, 43(3): 793–808.

Solano C, Sesma B, Alvarez M,et al. 1998. Discrimination of strain of *Salmonella enteritidis* with differing levels of virulence by an in vitro glass adherence test[J]. J Clin Microbiol, 36(3): 674–678.

Soutourina OA and Bertin PN. 2003. Regulation cascade of flagellar expression in Gram-negative bacteria[J]. FEMS Microbiol Rev, 27(4): 505–523.

Steffen Porwollik. 2011. *Salmonella* From Genome to Function [M]. Causter Acadenuc Press.

Thurnheer T, Gmur R and Guggenheim B. Multiplex FISH analysis of a six 2 species bacterial biofilm[J]. J Microbiol Meth, 2004, 56(1): 37–47.

Timme RE, Pettengill JB, Allard MW,et al. 2013. Phylogenetic diversity of the enteric pathogen *Salmonella enterica* subsp. *enterica* inferred from genome-wide reference-free SNP characters [J]. Genome Biol Evol, 5(11): 2109–2123.

Turnock LL, Somers EB, Faith NG, et al 2002, The effects of prior growth as a biofilm on the virulence of *Salmonella typhimurium* for mice[J].Comp Immunol Microbiol Infec Dis, 25(1): 43–48.

Vinod N, Oh S, Kim S, et al. 2014. Chemically induced *Salmonella enteritidis* ghosts as a novel vaccine candidate against virulent challenge in a rat model [J]. Vaccine, 32(26): 3249–3255.

Wiedmann M, Zhang W. 2011. Genomics of Foodborne Bacterial Pathogens [M]. Springer Science & Business Media.

ZoBell CE. 1943. The effect of solid surfaces on bacterial activity[J]. J Bacteriol, 46(1): 39–56.

第三章

抗沙门菌感染免疫

第一节　沙门菌感染过程

全世界每年约有2 700万人感染沙门菌，约20万人死亡。沙门菌感染后引起的疾病主要分为三类：第一类为全身感染（伤寒），致病菌主要为伤寒和副伤寒沙门菌。患者临床表现发热和肝、脾肿大，可伴随肠道出血和穿孔，造成严重的后果。第二类为局部胃肠道感染（胃肠炎），致病菌为非伤寒沙门菌，主要包括肠炎沙门菌和鼠伤寒沙门菌。非伤寒沙门菌感染免疫力正常的机体后表现为局部胃肠道感染，感染部位主要是末端回肠和结肠，临床表现为发热、腹泻和肠道痉挛，大部分患者可在4～7d内自行愈合。第三类为易感人群或免疫缺陷人群的全身感染（败血症），致病菌主要为非伤寒沙门菌。免疫力正常的感染者可将感染局限化并能痊愈，但免疫力缺陷的患者感染非伤寒沙门菌后，细菌可突破肠道黏膜和上皮屏障，发生全身性散播感染，甚至危及生命。

沙门菌在自然界有广泛的宿主，除感染人外，还可感染其他动物，形成了潜在的病原菌库。鼠伤寒沙门菌感染小鼠可引起与人感染相似的全身症状。肠炎沙门菌、鼠伤寒沙门菌等可感染禽类，除造成严重的经济损失外，还对人类的食品安全造成了严重威胁。

沙门菌感染涉及细菌和宿主两个方面，细菌在进化的过程中获得了定殖和侵入宿主细胞及在宿主细胞内生存的能力，其毒力主要体现在沙门菌可突破肠道上皮细胞屏障以及在宿主巨噬细胞（macrophage，Mφ）中生存。这两个过程分别依赖于细菌的两个Ⅲ型分泌系统（type Ⅲ secretion system，T3SS）：T3SS-1和T3SS-2。宿主则通过天然免疫应答和获得性免疫应答来抵抗沙门菌的感染。因此，沙门菌感染是一个双方角力的过程，其最终结果取决于细菌的毒力和宿主免疫力的强弱。

一、感染路径

（一）穿透肠道屏障

物理屏障和局部免疫细胞构成了抵抗沙门菌感染的第一道防线。消化道是沙门菌侵入机体的主要感染途径，沙门菌通过被其污染的食物或水进入消化道后，遇到宿主的首个防御屏障是胃酸。为抵抗酸性环境，沙门菌激活酸耐受应答（acid tolerance response，ATR），维持菌体内的pH高于外部环境。进入小肠后，细菌穿过小肠黏膜层（intestinal mucus layer），继而黏附在小肠上皮细胞。沙门菌有多个途径通过小肠上皮细胞屏障。在小鼠中，具有侵袭力的沙门菌主要通过派伊尔结（Peyer's patches，PPs）的M细胞侵入机体；此外，沙门菌也可通过覆盖在孤立小肠淋巴组织（solitary intestinal lymphoid tissues，SILTs）上的M细胞侵入机体；在一定条件下，沙门菌还可黏附和侵袭普通肠上皮细胞。沙门菌黏附后通过沙门菌毒力岛（*Salmonella* pathogenicity island，SPI）–1分泌的效应分子激活宿主细胞，导致细胞骨架发生重排，随后上皮细胞正常的刷状缘（brush border）结构发生变化，继而诱导产生膜皱褶（membrane ruffles），包裹并内吞黏附的沙门菌形成包裹沙门菌的液泡（*Salmonella* containing vacuole，SCV）。

沙门菌被运送至上皮细胞基底部并被释放，且被定位于上皮下穹窿（subepithelial dome，SED）的天然免疫细胞吞噬。上皮下穹窿位于派伊尔结和孤立小肠淋巴组织M细胞的下层，富含树突状细胞（dendritic cell，DC），特别是CD8–树突状细胞，这些树突状细胞可能在启动抗沙门菌感染免疫方面发挥了重要作用。

除上述的以M细胞为代表的上皮细胞途径外，沙门菌还可通过吞噬细胞直接吞噬的非上皮细胞途径侵入机体，这个途径是缺乏侵袭力的沙门菌侵入机体的主要途径。早期研究发现，肠道树突状细胞可打开肠道上皮间的紧密连接直接进入肠腔吞噬沙门菌，同时树突状细胞能分泌紧密连接蛋白，保证了肠上皮细胞屏障的完整性。后期的研究发现，介导这个途径的主要是表达CX3CR1的吞噬细胞（以树突状细胞为主），但CX3CR1$^+$吞噬细胞不能迁移到肠系膜淋巴结，且这类细胞激活T细胞应答的能力很弱。因此，CX3CR1$^+$吞噬细胞的功能之一是直接杀死细菌。另外，这群细胞可将沙门菌或沙门菌抗原传递给树突状细胞，由后者再提呈抗原并激活T细胞。小鼠感染试验发现，缺乏侵袭力的沙门菌在口服后15min就出现在血液中，30min达到高峰，小鼠血清中可产生针对沙门菌的抗体应答，但不能在肠道黏膜诱生抗体，这说明沙门菌侵入的非上皮细胞途径与上皮细胞途径是相互独立的。

沙门菌穿透肠道屏障的途径参见图3–1。

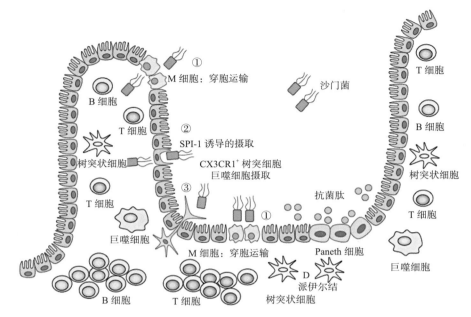

图 3-1　沙门菌穿透肠道屏障示意图

沙门菌进入肠道后，可通过 3 种主要方式侵入机体。第 1 种方式是通过 M 细胞的穿胞运输（①）；第 2 种方式是通过沙门菌 SPI－1 效应分子诱导的肠上皮细胞内吞沙门菌（②）；第 3 种方式是表达 CX3CR1 的吞噬细胞（包括树突状细胞等）打开肠道上皮间的紧密连接直接在肠腔吞噬沙门菌（③）。

（二）扩散和传播

沙门菌突破肠道屏障后，将定位在派伊尔结和孤立小肠淋巴组织等肠道淋巴组织和固有层（lamina propria，LP），细菌还可扩散到肠系膜淋巴结和肠道外的淋巴器官，特别是脾脏和肝脏。目前，我们对于沙门菌突破肠道上皮屏障的过程有了较深的了解，但对于沙门菌如何扩散到肠系膜淋巴结和肠道外的淋巴器官的具体机理还不十分清楚。一些证据显示，具有迁移功能的树突状细胞可携带沙门菌通过淋巴途径至肠系膜淋巴结，而这个过程很大程度依赖于树突状细胞表面的趋化因子受体CCR7。然而研究发现，尽管在CCR7缺失的小鼠中，沙门菌扩散至肠系膜淋巴结的能力大幅度下降，但沙门菌扩散到脾脏和肝脏的能力并没有削弱，说明体内存在其他的细菌播散途径。

在正常的肠道组织中还存在少量的其他天然免疫细胞，包括巨噬细胞（macrophage，Mφ）和粒细胞。沙门菌感染肠道上皮细胞后诱发肠道炎症并募集新的天然免疫细胞至炎症部位，主要是炎性单核细胞和中性粒细胞。这两类细胞可吞噬沙门菌发挥杀伤功能。此外，炎性单核细胞活化后还分泌大量的炎性介质，包括TNF－α、IL-1β和iNOS，参与对沙门菌早期感染的控制。炎性单核细胞提呈抗原的能力很低，但可上调CD11c和MHC Ⅱ，分化成具有较强抗原提呈能力的炎性树突状细胞；炎性单核细胞也可分化成巨噬细胞。目前的一些研究提示，巨噬细胞在沙门菌扩散到全身过程中起重要作用，而沙门菌造成的巨噬细胞的死亡与扩散密切相关。未感染的巨噬细胞通过吞噬已感染的死亡巨噬细胞或已释放的沙门菌而被感染。巨噬细胞的死亡分为早期和晚期：早期依赖于T3SS-1，在巨噬细胞吞噬菌后迅速发生；晚期依赖于毒力质粒等分泌的效应分子，在吞噬细菌几小时后发生。这两种死亡形式均依赖于炎性小体（inflammasome）的活化，通过Caspase-1释放成熟的IL-1β和IL-18。这种新的死亡模式称为Pyroptosis。早期Pyroptosis可由沙门菌T3SS-1分泌的SipB介导，SipB可直接结合并激活Caspase-1，导致巨噬细胞死亡。此外，沙门菌T3SS-1也可介导鞭毛蛋白分泌至胞质，激活IPAF，继而活化炎性小体。晚期Pyroptosis也可由多种效应分子介导。pSLT质粒编码的SpvB蛋白可通过解聚肌动蛋白导致沙门菌感染的巨噬细胞脱落和发生Pyroptosis；染色体上编码的SseL蛋白具有去泛素化的活性，并介导Caspase-1的活化导致巨噬细胞发生Pyroptosis。沙门菌还可分泌AvrA蛋白来抑制Pyroptosis的发生。AvrA是SPI-1编码的蛋白，具有抑制炎性应答和宿主细胞死亡的特性，而缺失AvrA的沙门菌与野生型菌株相比，可诱导更严重的炎症应答和白细胞浸润。

沙门菌还可通过分泌特定的效应分子控制巨噬细胞的迁移。SseI是沙门菌染色体上编码的一个效应蛋白，它可与宿主细胞的TRIP6蛋白结合，而TRIP6蛋白可与Rac信号通路的分子结合，影响细胞的迁移。SseI-TRIP6间的相互作用被认为是沙门菌从肠道扩散到全身这一过程的重要促进因素。

二、沙门菌效应蛋白

（一）进入宿主细胞

当沙门菌进入肠道后，细菌将与上皮细胞接触，这个过程首先是通过细菌的移动和趋化，接着沙门菌的毒力因子，如几种菌毛和黏附素以及T3SS-1的效应蛋白发挥关键作用。沙门菌的侵袭可分为以下几个阶段。

1. 接近（approach） 运动性（motility）是沙门菌感染的一个先决条件，可增加与肠道上皮细胞接触的机会。因此，缺乏功能性鞭毛的沙门菌在感染的早期阶段与肠道上皮细胞接触的机会大为减少。

2. 黏附（attachment） 沙门菌与肠上皮细胞黏附是细菌T3SS-1发挥功能的必备条件，沙门菌表面的菌毛参与该过程。沙门菌菌毛有多种，Ⅰ型菌毛（type I fimbriae）

通过寡甘露糖苷链与胞外基质蛋白层黏连蛋白（laminin）结合；Curli菌毛与胞外基质蛋白纤维黏连蛋白（fibronectin）结合；Pef菌毛与Lewis X糖抗原结合；Std菌毛与末端α（1-2）岩藻糖受体结合。其他具有黏附特性的蛋白，如SiiE和BapA黏附素，以及MisL蛋白也参与细菌与上皮细胞的黏附。SiiE和BapA黏附素通过Ⅰ型分泌系统分泌，介导了接触依赖的黏附过程；MisL是一个外膜蛋白，它能和纤维黏连蛋白结合，介导细菌与上皮细胞的黏附。因此，沙门菌可通过多种形式达到与肠道上皮细胞黏附的目的。

3. 侵袭（invasion）、吞噬（engulfment）和炎症应答 沙门菌黏附上皮细胞后，T3SS-1被激活，而DsbA在T3SS-1的起始活化中起关键作用。DsbA由染色体编码，是一种二硫键氧化还原酶，对于T3SS-1的组装和行使正常的功能非常关键。T3SS-1运送效应分子SopE（染色体编码）、SopE2（染色体编码）和SigD（SPI-5编码）进入宿主细胞。SopE作为胍（guanidine）交换因子刺激GDP与GTP的交换，从而激活Cdc42和Rac-1这两个小Rho鸟苷三磷酸酶（GTPases）。Cdc42和Rac-1是宿主细胞信号转导通路中的组成分子，在肌动蛋白细胞骨架重排和NF-kB通路激活中起重要作用。SopE2与SopE高度同源，其功能与SopE类似。SigD具有磷脂酰肌醇磷酸酶活性，能引起磷脂酰肌醇信号通路的紊乱，间接导致氯离子的分泌增多。SigD还可活化Rho家族的鸟苷三磷酸酶（鼠伤寒沙门菌为RhoG），导致肌动蛋白细胞骨架的重排。肌动蛋白的重排需限制在一定的范围内，以保证宿主细胞能有效地摄入细菌。SPI-1编码的效应蛋白SipA在此过程中起关键作用。在感染早期阶段，SipA可直接与肌动蛋白结合，抑制肌动蛋白细丝的解聚，促进膜皱褶向外延伸和沙门菌的内吞。

除上述效应分子外，T3SS-1还可运送其他一些效应分子，如SopD（染色体编码）、SopA（染色体编码）和IacP（SPI-1编码），它们促进了沙门菌侵入细胞和肠道炎症的发生。SopD的募集依赖于SigD，并与SigD协同发挥调节作用，促进肠道炎症应答。SopA具有泛素连接酶的活性，对细菌/宿主的蛋白进行泛素化修饰，参与肠道炎症应答。IacP是一种胞质酶，对SigD、SopD和SopA进行翻译后修饰，保证这些效应分子正常分泌。

此外，独立于T3SS-1外的细菌毒力因子也参与了肠道炎症的过程。鞭毛蛋白可与上皮细胞基底部的TLR5结合，Curli菌毛可与宿主细胞的TLR2结合，两者均可活化NF-κB通路和导致IL-8的分泌，促进液体分泌和白细胞募集，加重肠道的炎症程度。

4. 沙门菌对肠道炎症的调控 沙门菌的侵入和炎性应答最终导致了上皮层的损伤，一方面沙门菌从此过程中获得了足够的营养物质，但另一方面如果炎性应答过度将不利于沙门菌在宿主体内的生存、繁殖和扩散。为此，沙门菌在进化的过程中获得了一些调控炎性应答的能力。SptP是SPI-1编码的一个效应分子，它可激活Rac-1和Cdc42自身的GTPase活性，颉颃SopE、SopE2和SigD的效应，最终导致肌动蛋白细胞骨架的解聚。SpvC是由pSLT毒力质粒编码的效应分子，可由T3SS-1或T3SS-2运送至宿主细胞胞浆。SpvC是一种磷酸化苏氨酸裂解酶，可灭活宿主细胞的ERK激酶，从而下调IL-8和TNF-α等炎性因子的表达，减弱炎性应答和中性粒细胞的浸润。

（二）胞内生活史

沙门菌进入宿主细胞后，将定位于包裹沙门菌的液泡（Salmonella containing vacuole，SCV）中，随后沙门菌主要通过T3SS-2分泌系列效应分子，影响宿主细胞肌动蛋白骨架的组装，维持SCV的完整性，改变囊泡的运输途径，避免杀菌物质进入SCV，保证沙门菌在胞内的生存和增殖（图3-2）。以上过程主要是通过SPI-2和pSLT质粒分泌的效应分子影响宿主细胞内体运输途径（endocytic trafficking）而实现的。研究发现，无论是在早期感染阶段的上皮细胞内，还是在全身扩散阶段的巨噬细胞内，沙门菌均采用相似的胞内生存策略。

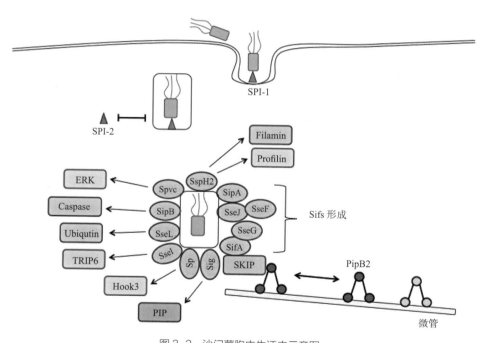

图 3-2　沙门菌胞内生活史示意图

沙门菌黏附上皮细胞后，T3SS-1被激活，运送SPI-1编码的效应蛋白分泌效应分子进入胞内，导致肌动蛋白细胞骨架发生重排，继而宿主细胞摄入细菌。沙门菌进入细胞后，形成包裹沙门菌的液泡（Salmonella containing vacuole，SCV），随后沙门菌主要通过T3SS-2分泌SPI-2编码的系列效应分子，影响宿主细胞肌动蛋白骨架的组装，维持SCV的完整性，避免杀菌物质进入SCV；当SCV迁移至合适的位置后，沙门菌启动复制增殖程序并诱导生成沙门菌诱导细丝（Salmonella-induced filament，SIF）的膜结构。

　　宿主细胞内吞沙门菌后，SCV将逐步成熟和迁移。与T3SS-1的活化类似，DsbA对于T3SS-2的正确组装和活化非常关键。随后，T3SS-2介导SSaB（SpiC）和SigD进入胞质。SSaB既是T3SS-2的一个组分，也是一个效应分子。当进入胞质后，SSaB灭活宿主蛋白Hook3，而Hook3是连接微管和细胞器的一个重要分子。Hook3灭活后导致高尔基体和溶酶体的破坏，抑制了溶酶体与SCV的融合。SigD调控磷脂酰肌醇的代谢，影响囊泡的正常迁移过程，最终的结果是导致SCV增大到一定体积，以利于沙门菌建立适宜的生存和增殖环境。

　　SifA是SPI-2编码的一个重要毒力蛋白，进入胞质后将定位于SCV的膜上。SifA对于维持SCV膜的稳定性非常重要，SifA通过C末端的WxxxE基序与定位于SCV膜上的SKIP蛋白竞争性结合，导致Rab9游离。Rab9是一种小GTPase，调节内体运输途径，SifA的存在改变了原先宿主细胞的囊泡途径，保证了SCV的稳定和成熟。

　　在SCV成熟的过程中，沙门菌在SCV周围诱导生成F-肌动蛋白（F-actin meshwork），其过程称为液泡相关肌动蛋白多聚化（vacuole-associated actin polymerization，VAP）。VAP对于维持SCV膜的完整性很重要，如使用肌动蛋白解聚剂则导致细菌释放到细胞质中并抑制其增殖。VAP在沙门菌侵入细胞后数小时形成，T3SS-2的效应分子（如SspH2、SseI和SpvB）在此过程中发挥了重要作用。SspH2可与宿主细丝蛋白（filamin）和肌动蛋白结合蛋白（profilin）结合，而SseI可与细丝蛋白结合；细丝蛋白的作用是交联肌动蛋白纤维，而肌动蛋白结合蛋白的作用是加强肌动蛋白的聚合。近期的研究发现，SPI-1相关的效应分子（如SipA）也参与VAP的形成和维持。与上述效应分子作用相反，SpvB具有ADP核糖基化毒素活性，以肌动蛋白作为底物，抑制肌动蛋白多聚化，从而调控VAP的形成。

　　SCV成熟后将迁移至核旁，其过程依赖于驱动蛋白（kinesin）和动力蛋白（dynein），两者分别负责正端和负端运动，即驱动蛋白向细胞外周运动，而动力蛋白向核运动。当SCV迁移至合适的位置后，沙门菌启动复制增殖程序并诱导生成另一种长丝状（称为沙门菌诱导细丝，Salmonella-induced filament，SIF）的膜结构。一些效应分子，如SifA、SipA、SseJ、SseF和SseG促进SIF的形成和维持SCV膜的稳定性；另一些分子如PipB2和SpvB则负调控上述步骤。SifA除了定位于SCV外，还定位于SIF。SifA的N端结构域可与宿主蛋白SKIP结合，降低PipB2诱导的驱动蛋白Kinesin在SCV膜上的聚集。缺失SifA的沙门菌形成的SCV的定位发生改变，从核周移至细胞的边缘，并且囊膜的完整性受到破坏；缺失株在细胞内的复制也受到抑制，并且其在小鼠体内的毒力也大为下降。

　　SseJ是一种酰基转移酶/脂肪酶，它可募集活化的RhoA至SCV，两者的相互作用激活SseJ的脂肪酶活性，导致膜表面的胆固醇发生酯化，改变了膜的脂质组成，促进SIF的形成。SseF和SseG在氨基酸组成上有很高的同源性，而且两者有密切的相互作用。这两个蛋白分布在SCV、SIF和高尔基体上，促进了SCV向核周迁移，与高尔基体相邻，并诱导微管聚集形成一个微管骨架，以促进SIF的形成。与对VAP生成的调控相似，SpvB的肌动蛋白解聚活性也负向调控SIF的形成。

第二节 宿主抗感染免疫

一、概述

抗沙门菌免疫是一个复杂的过程，涉及多种天然免疫细胞参与的天然免疫和产生免疫记忆的获得性免疫。在感染的早期，局部和募集的天然免疫细胞协同对抗入侵的沙门菌，随后获得性免疫应答建立，产生针对沙门菌的细胞免疫和体液免疫。宿主抗感染免疫应答的结果取决于多方面的因素，包括宿主的遗传背景、免疫状态、沙门菌的种类和毒力因子等。阐明宿主抗沙门菌免疫的机制，对于预防和治疗沙门菌病具有重要的意义。

二、沙门菌免疫研究的动物模型

鼠伤寒沙门菌感染易感小鼠后可出现沙门菌感染的全身症状。因此，小鼠模型是目前应用最广的研究沙门菌全身感染免疫的动物模型。$Slc11a1$基因（$Nramp1$）在抵抗沙门菌感染中起关键作用，携带野生型基因，即$Nramp1^r$的小鼠对沙门菌不敏感；而携带野生型基因突变，即$Nramp1^s$的小鼠，如C57BL/6小鼠，不能限制沙门菌在感染部位的增殖，在强毒株攻击后很快死亡，但C57BL/6小鼠在沙门菌减毒株感染后可建立免疫应答。由于大部分的基因敲除小鼠都是建立在C57BL/6小鼠的遗传背景上，这给研究抗沙门菌免疫提供了重要的工具和手段。根据沙门菌减毒的程度不同，C57BL/6小鼠可清除原发感染以及获得抵抗野生型强毒株攻击的能力。因此，C57BL/6背景的小鼠常作为研究抗沙门菌感染免疫和评价疫苗效果的模型小鼠。

沙门菌引起的另一类疾病是胃肠炎，但通常情况下，沙门菌感染小鼠后不引发腹泻症状为主的胃肠炎。研究发现，如提前给小鼠灌服链霉素，清除肠道的正常菌群后再感染沙门菌，小鼠将迅速引发肠道炎症。这一模型现在已得到较为广泛的应用。

三、天然免疫

（一）天然免疫细胞与模式识别受体

1. **天然免疫细胞**　机体的免疫系统由免疫器官、免疫细胞和免疫分子组成。根据应答的先后，免疫系统可分为天然免疫系统和获得性免疫系统。天然免疫，又称为固有免疫或非特异性免疫，是生物体在长期种系进化过程中逐步形成的一系列无针对性的防御机制。天然免疫在个体出生时即具备，在机体防御机制中发挥重要作用，是抵抗病原微生物感染的第一道防线。天然免疫系统包括组织屏障（皮肤和黏膜屏障、血脑屏障、胎盘屏障等）、天然免疫细胞（吞噬细胞、杀伤细胞、树突状细胞等）和天然免疫分子（补体、细胞因子、酶类分子等）。天然免疫具有以下几个特点。

（1）作用范围广　机体对入侵抗原物质的清除没有特异的选择性。

（2）应答迅速　外源物质一旦进入机体，立即遭到机体的排斥和清除。

（3）有相对的稳定性　一般认为天然免疫不因入侵抗原物质的强弱或次数而有所增减，无记忆性。但最近发现，一些天然免疫细胞（如NK细胞）对外源抗原可存在一定程度的抗原特异性的记忆应答。

（4）能稳定遗传　生物体出生后即具有并能遗传给后代，同一物种个体间差别不明显。

（5）是获得性免疫应答的基础　当外源抗原物质入侵机体以后，首先发挥作用的是非特异性的天然免疫，其后产生特异性的获得性免疫。获得性免疫的启动依赖于天然免疫，天然免疫决定了获得性免疫应答的类型和强度。

天然免疫细胞是天然免疫系统的关键组成成分，下面介绍几种主要的天然免疫细胞。

2. **吞噬细胞（phagocytes）**　吞噬细胞主要包括单核吞噬细胞（mononuclear phagocytes）和中性粒细胞（neutrophils）两大类。单核细胞是体积最大的白细胞，约占血液中白细胞总数的3%～8%，胞质含大量细小的嗜天青颗粒，颗粒中有过氧化物酶、非特异性酯酶和溶菌酶等多种酶类物质。单核细胞在血液中停留1～3d后迁移进入组织，发育成熟为巨噬细胞。巨噬细胞分为定居巨噬细胞和游走巨噬细胞两大类。定居巨噬细胞广泛分布于宿主全身，由单核细胞或其前体细胞发育而成，因所处组织的不同而有特定的形态和名称，如位于肝窦内的巨噬细胞称为枯否细胞，脑中巨噬细胞称为小胶质细胞。定居巨噬细胞的主要功能是清除体内凋亡的细胞，以及免疫复合物等抗原性异物，并参与组织修复等。游走巨噬细胞由血液中单核细胞直接发育而来，在组织中可存活数月。这种巨噬细胞胞质内富含溶酶体颗粒，具有强大的吞噬杀菌和清除体内凋亡细胞及其他异物的能力。中性粒细胞来源于骨髓，具有分叶形或杆状的核，胞质内含有大量既不嗜碱也不嗜酸的中性细颗粒，分为初级和次级颗粒。初级颗粒较大，内含髓过氧化物酶、酸性磷酸酶和溶菌酶；次级颗粒较小，内含碱性磷酸酶、防御素等杀菌分子。

　　吞噬细胞最主要的生物学功能是识别和清除病原体等抗原性异物。吞噬细胞的受体分为两类：① 非调理性受体，即模式识别受体（pattern recognition receptor，PRR）；② 调理性受体，包括Fc受体和补体受体。吞噬细胞与病原体等抗原性异物结合后，通过吞噬或吞饮途径将其摄入胞内形成吞噬体。在吞噬体内，吞噬细胞可通过氧依赖性或氧非依赖性杀菌途径杀伤病原体。前者包括反应性氧中间物（reactive oxygen intermediate，ROI）和反应性氮中间物（reactive nitrogen intermediate，RNI）系统。ROI系统是指通过呼吸暴发，细胞膜上还原型辅酶Ⅰ和还原型辅酶Ⅱ被激活，继而活化分子氧，生成超氧阴离子（O_2^-）、游离羟基（OH^-）和过氧化氢（H_2O_2）等活性氧中介物。这些物质具有非常强的氧化作用和细胞毒作用，可有效杀伤病原体。在单核细胞和中性粒细胞中，过氧化氢还能与氯化物和髓过氧化物酶（myeloperoxidase，MPO）组成MPO杀菌系统，通过生成活性氯化物，使氨基酸脱氨基、脱羟基，生成毒性醛类物质，产生强大的杀菌作用。RNI系统指吞噬细胞活化后产生的诱导型一氧化氮合成酶（inducible nitric oxide synthetase，iNOS），在还原型辅酶Ⅱ或四氢生物喋呤存在的条件下，催化L-精氨酸与氧分子反应，生成胍氨酸和一氧化氮（nitric oxide，NO）。NO对病原微生物具有很强的杀伤作用。

　　氧非依赖性杀菌途径指的是不需要氧分子参与的途径，主要包括下面几种：① 酸性pH。吞噬体或吞噬溶酶体形成后，糖酵解作用增强，pH可降至3.5～4.0，这种酸性环境具有抑菌和杀菌作用。② 溶菌酶等水解酶类。在吞噬溶酶体内，有多种水解酶类，包括溶菌酶、蛋白酶、核酸酶和脂酶等，可杀灭和降解病原体。③ 防御素。防御素是29～35个氨基酸组成的阳离子肽，使带正电的防御素与带负电的细菌细胞膜相互吸引，二聚或多聚的防御素穿膜形成跨膜的"离子通道"，从而扰乱细胞膜的通透性及细胞能量状态，导致细胞膜去极化、呼吸作用受到抑制以及ATP含量下降，最终使靶细胞死亡。

　　吞噬细胞除杀伤功能外，还具有以下的功能：① 抗原提呈功能。巨噬细胞是专职抗原提呈细胞的一种，可将摄入的外源性抗原和内源性抗原加工处理为具有免疫原性的小分子肽段，并以抗原肽-MHC Ⅱ/Ⅰ类分子复合物的形式表达在细胞表面，供CD4$^+$和CD8$^+$ T细胞识别。② 参与炎症反应和免疫应答的调控。吞噬细胞、特别是巨噬细胞可分泌多种细胞因子，如TNF-α，IL-1β和IL-6等，可促进炎症应答；IL-6可促进B细胞增殖分化，诱导成熟B细胞分泌抗体；IL-12及IL-18可促进T细胞和NK细胞增殖分化及分泌IFN-γ，增强机体细胞免疫功能；IL-10可抑制天然免疫细胞的活化，抑制MHC Ⅱ类分子和B7等协同刺激分子的表达，降低提呈抗原的能力，从而下调免疫应答。

3. 树突状细胞（dendritic cell，DC） DC是机体功能最强大的一种专职的抗原提呈细胞，在免疫应答的启动和调控上发挥着关键作用。DC主要分为两个大的亚群，髓源DC（myeloid DC）和浆细胞样DC（plasmacytoid DC）。DC可因其分布情况或分化程度的不同而有不同的名称。例如，位于表皮和胃肠上皮组织中存在一群称为朗格汉斯细胞（Langerhan's cells，LC）的DC，皮肤和相应的引流淋巴结中存在一群迁移DC（migratory DC），心、肺、肝、肾等器官结缔组织中的DC称为间质DC（interstitial DC）。

DC是专职抗原提呈细胞，其主要功能是摄取、加工处理和提呈抗原，启动特异性免疫应答。未成熟DC摄取、加工处理抗原能力强，而提呈抗原激发免疫应答能力弱。在被激活后，未成熟DC上调MHC Ⅰ/Ⅱ类分子和B7等家族共刺激分子的表达，获得了强大的激活初始T细胞的能力，同时抗原摄取和加工能力显著降低。一般认为，DC除启动免疫应答外，还决定着免疫应答的强度和方向，这主要是通过DC提供的共刺激分子的类型/表达强度（第二信号）和分泌的细胞因子的类型（第三信号）决定的。如DC高表达IL-12可诱导分泌IFN-γ的Th1细胞的分化，增强抗感染免疫应答；浆细胞样DC激活后可分泌大量的Ⅰ型IFN，除直接具有抗病毒效应外，还诱导NK细胞和T细胞的活化；有些DC可分泌TGF-β和IL-10诱导调节性T细胞的产生。

4. 自然杀伤细胞（natural killer cell，NK cell） NK细胞属于非特异性免疫细胞，是一类未经预先抗原致敏就能非特异性杀伤肿瘤和病毒感染靶细胞的淋巴细胞，在机体抗肿瘤和抗病毒及胞内寄生菌感染的免疫过程中起重要作用。NK细胞主要存在于外周血、脾脏、肝脏和骨髓中，而淋巴结和其他组织中含量很少。NK细胞能够杀伤某些病毒感染的细胞和肿瘤细胞，而对宿主正常组织细胞不具细胞毒作用，这是因为NK细胞表面具有两类功能截然不同的受体。其中，一类受体与靶细胞表面相应配体结合后，可抑制NK细胞产生杀伤作用，称为杀伤细胞抑制受体；另一类受体与靶细胞表面相应配体结合后，可激发NK细胞产生杀伤作用，称为杀伤细胞活化受体。NK细胞抑制性信号与活化性信号之间的平衡，决定了NK细胞与靶细胞相互作用的结果。若抑制性信号为主，NK细胞活性被抑制，靶细胞免遭杀伤；相反，若激活信号为主，NK细胞激活杀伤靶细胞。根据NK细胞受体所识别的配体性质不同，可分为识别MHC Ⅰ类分子和非MHC Ⅰ类分子的受体，下面分别予以描述。

（1）NK细胞表面识别MHC Ⅰ类分子的活化或抑制性受体 NK细胞表面识别MHC Ⅰ类分子（包括经典或非经典MHC Ⅰ类分子）的受体由两种结构不同的家族分子构成：① 杀伤细胞免疫球蛋白样受体（killer immunoglobulin-like receptor，KIR）。KIR为跨膜糖蛋白，是免疫球蛋白超家族（IgSF）成员，根据胞外段Ig样结构域的数目，可分为KIR2D和KIR3D。其中，某些受体胞质区氨基酸序列较长，含免疫受体酪氨酸抑制基序，可转导抑制信号，称为KIR2DL或KIR3DL；某些受体胞质区氨基酸序列短，称为KIR2DS和KIR3DS，它们可通过与其相连的、含免疫受体酪氨酸活化基序的DAP12分子转导活化信号。②杀伤细胞凝集素样受体（killer lectin-like receptor，KLR）。属C型凝集素家族成员，为Ⅱ型膜蛋白，由CD94和C型凝集素家族不同成员组成。CD94/NKG2A异二聚体为抑制性受体，NKG2A胞质区含免疫受体酪氨酸抑制基序，可转导抑制信号。CD94/NKG2C异二聚体中NKG2C胞质区氨基酸序列短，无信号转导功能，但NKG2C可通过其相连的、胞质区含免疫受体酪氨酸活化基序的DAP-12结合而转导活化信号。在生理条件下，即自身组织细胞表面MHC Ⅰ类分子正常表达情况下，NK细胞表面的抑制性受体占主导地位，导致抑制信号占优势，表现为NK细胞对自身正常组织细胞不能产生杀伤作用。

（2）NK细胞表面识别非MHC Ⅰ类分子的活化受体　NK细胞表面还表达某些能够识别靶细胞表面非MHC Ⅰ类分子的活化性受体。此类受体的配体主要存在于某些肿瘤细胞和病毒感染细胞表面，而不表达于正常组织细胞表面。主要的活化受体有NKG2D和自然细胞毒性受体（natural cytotoxicity receptor，NCR）。NKG2D为NKG2家族成员，其本身无信号转导功能，可通过与其相连的、胞质区含ITAM基序的DAP10结合而转导活化信号。NKG2D识别的配体是MHC Ⅰ类链相关分子（MHC class Ⅰ chain-related molecules A/B，MIC A/B）。NCR是NK细胞特有的标志，也是NK细胞表面主要的活化性受体，主要有NKp46、NKp30和NKp44，是活化NK细胞的特异性标志，可通过与其相连的、胞质区含ITAM基序的DAP-12结合而转导活化信号。

（3）NK细胞杀伤靶细胞的作用机制　NK细胞与病毒感染和肿瘤靶细胞密切接触后，可通过释放穿孔素、颗粒酶，表达FasL和分泌TNF-α产生细胞杀伤作用。①穿孔素/颗粒酶作用途径。穿孔素储存于胞质颗粒内，在钙离子存在的条件下，可在靶细胞膜上形成多聚穿孔素"孔道"，从而导致靶细胞膜去极化，使细胞外水分进入细胞内，一些电解质和大分子物质流出细胞外，最终引起靶细胞渗透性死亡。颗粒酶即丝氨酸蛋白酶，可循穿孔素在靶细胞膜上形成的"孔道"进入胞内，激活细胞凋亡相关的酶系统，导致靶细胞凋亡。②Fas与FasL作用途径。活化NK细胞可表达FasL，当NK细胞表达的FasL与靶细胞表面的相应Fas受体结合后，在靶细胞表面形成Fas三聚体，继而胞质内的死亡结构域相聚成簇，与Fas相关死亡结构域蛋白（FADD）结合，进而通过募集并激活Caspase-8，通过Caspase级联反应，最终导致靶细胞发生凋亡。③TNF-α作用途径。TNF-α与FasL的作用相似，它们与靶细胞表面Ⅰ型TNF受体（TNFR-Ⅰ）结合后形成TNF-R三聚体，导致胞质内的死亡结构域相聚成簇，募集FADD结合，进而通过募集并激活Caspase-8，最终使靶细胞发生凋亡。④抗体依赖性的细胞介导的细胞毒作用（antibody-dependent cell-mediated cytotoxicity，ADCC）。NK细胞表达IgG Fc受体，通过与已结合在病毒感染细胞和肿瘤细胞等靶细胞表面的IgG抗体的Fc段结合而杀伤这些靶细胞。

5. **模式识别受体**　天然免疫细胞对病原体的识别是启动天然免疫应答的首要条件，其过程是天然免疫细胞上的PRR识别病原体上的病原相关分子模式（pathogen associated molecular pattern，PAMP）而实现的。随后模式识别受体启动系列胞内信号转导途径，天然免疫细胞被激活而发挥效应功能，杀伤和清除病原体。此外，树突状细胞在接受天然刺激后成熟，获得了激活初始T细胞的能力。因此，树突状细胞连接着天然免疫和获得性免疫，在免疫应答过程中占据重要的地位。

目前已知的模式识别受体主要分为四类：Toll样受体（Toll like receptor，TLR）、C型凝集素受体（C type lectin receptor，CLR）、Nod样受体（Nod like receptor，NLR）和RIG-I样受体（RIG-I like receptor，RLR）。

TLR是最先发现的一类天然受体，目前的研究也最为透彻。TLR是一种Ⅰ型跨膜蛋白，由富含亮氨酸重复的胞外区、跨膜区和含Toll-IL-1受体（TIR）结构域的胞内区组成。目前在哺乳动物中发现的TLR共有13种，TLR1/2/6识别脂蛋白、磷壁酸和肽聚糖，TLR3识别dsRNA，TLR4识别脂多糖，TLR5识别鞭毛蛋白，TLR7和TLR8识别ssRNA，TLR9识别DNA中非甲基CpG序列，TLR11和TLR12识别弓形虫的肌动蛋白结合蛋白（profilin），TLR13识别细菌rRNA。TLR1、2、4、5、6定位于细胞表面，而TLR3、7、8、9、11、13定位于细胞内细胞器膜（如细胞内体、溶酶体或内质网膜）上。当识别配体后，TLRs募集下游的信号接头分子MyD88或TRIF，最终导致炎性细胞因子、趋化因子和抗微生物肽等效应分子的分泌，发挥天然免疫效应。根据信号转导途径的不同，TLR的信号转导可分为MyD88依赖性和MyD88非依赖性。除TLR3外，其他TLR均可激活MyD88依赖的信号转导途径，而TLR3严格使用MyD88非依赖性的信号转导途径。TLR4两种途径均可激活。TLR能识别多种细菌成分，因而在抗细菌免疫中发挥着重要的作用。

CLR是一类具有C型凝集素样结构域的膜蛋白受体家族，其识别的配体是多糖，特别是来自于真菌的糖类，被认为在抗真菌免疫中发挥作用。NLR是一类分布在细胞浆中的受体，可分为3个亚类：NOD、NLRP和IPAF。NOD的代表受体是NOD1和NOD2，分别识别细菌细胞壁的成分内消旋二氨基庚二酸（meso-DAP）和胞壁酰二肽（MDP）；NLRP包括NLRP1-14，其特征是含有PYD结构域，而IPAF可分为具有CARD结构域的NLRC4和BIR结构域的NAIP。NLRP和IPAF亚类是构成炎症小体的重要组成部分，与源自病原体的PAMP结合后组装具有活性的炎症小体，随后活化Caspase-1，释放成熟的IL-1β和IL-18。RLR也是一类定位于胞质的模式识别受体，包括RIG-I和MDA，其本质是一类RNA螺旋酶（helicases），可识别病毒复制过程产生的dsRNA成分，诱导Ⅰ型IFN的产生，发挥抗病毒效应。

（二）天然免疫对沙门菌早期生长的控制

沙门菌激活的多个天然模式受体信号通路在抵抗沙门菌感染中发挥了重要作用，在此过程中TLR和炎症小体的作用最为关键。缺失TLR2、TLR4或MyD88的小鼠抵抗沙门菌感染的能力显著下降。沙门菌Curli菌毛的蛋白组分CsgA及胞壁的肽聚糖（peptidoglycan，PGN）可激活宿主细胞的TLR2；脂多糖可激活TLR4；鞭毛蛋白可激活TLR5；鞭毛蛋白还可通过T3SS-2进入宿主细胞胞浆，激活NLRC4炎性小体；沙门菌T3SS-1的效应蛋白SopE也可激活炎性小体。沙门菌激活宿主的TLR途径主要分泌TNF-α、IL-6、IL-12、IL-23以及一些趋化因子如CXCL2和CCL2，这些因子可进一步募集和激活免疫细胞分泌IFN-γ、IL-17和IL-22；沙门菌激活宿主的炎症小体途径后主要分泌IL-1β和IL-18（图3-3）。

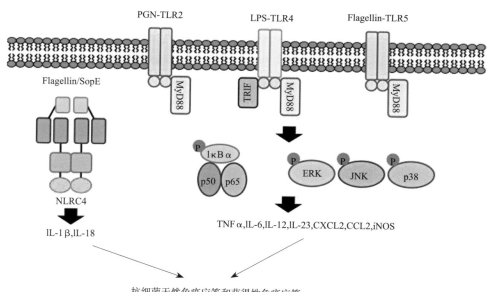

图 3-3　沙门菌激活天然免疫受体示意图

沙门菌含多种 TLR 配体，包括肽聚糖、脂多糖和鞭毛蛋白，可分别激活 TLR2、TLR4 和 TLR5，继而激活下游的 MyD88 和 TRIF 通路，导致炎性因子的表达。此外，沙门菌鞭毛蛋白和效应蛋白 SopE 还可进入胞质，激活炎性小体，诱导 IL-1β 和 IL-18 的表达。

沙门菌侵入肠道后诱发显著的炎性反应，募集大量的天然免疫细胞，包括中性粒细胞、炎性单核细胞、巨噬细胞和树突状细胞至感染部位，在感染的早期对细菌发挥杀伤和抑制作用。循环中性粒细胞和单核细胞分别高表达趋化因子受体CXCR2和CCR2，这两类免疫细胞受相应配体CXCL2和CCL2而趋化至炎症部位。在沙门菌肠道感染48h内，派伊尔结和肠系膜淋巴结的CXCL2和CCL2表达达到高峰。研究发现，滤泡相关上皮细胞和位于上皮下穹窿区的细胞是表达CXCL2的主要细胞，而IL-17被认为是刺激肠道上皮细胞分泌CXCL2的一个主要途径；此外，IL-1β也参与刺激上皮细胞分泌CXCL家族的趋化因子，诱导中性粒细胞的募集。在沙门菌感染后，中性粒细胞在脾脏和肝脏中聚集，发挥杀伤细菌（裂解感染细胞）和防止细菌扩散的作用。若清除粒细胞则造成沙门菌大量繁殖并扩散至其他组织器官，包括大脑、肺脏和肾脏。与CXCL2的来源不同，CCL2的分泌主要来自于TLR途径激活的髓源免疫细胞。

吞噬细胞（巨噬细胞、炎性单核细胞和中性粒细胞等）吞噬细菌后，将产生一系列杀菌物质，包括活性氧中间物、活性氮中间物、抗微生物肽以及溶酶体释放的酶类等杀死沙门菌或限制其增殖。活性氧中间物可迅速介导对沙门菌的直接杀伤作用，此外还可诱导产生具有杀伤作用的抗菌肽，如CRAMP。活性氮中间物也在抗沙门菌感染中发挥重要作用，使用诱导型iNOS抑制剂或诱导型iNOS基因缺失的小鼠，对沙门菌感染的抵抗力显著降低。

树突状细胞在抗沙门菌免疫中发挥着关键的作用，树突状细胞连接着天然免疫与获得性免疫，在感染部位树突状细胞可直接识别并吞噬沙门菌，随后迁移到引流淋巴结提呈相关细菌抗原并激活特异性T细胞。树突状细胞广泛分布在机体的各个组织，通常表现为未成熟状态，具有较强的内吞能力，表达低水平的CD40、CD80和CD86等共刺激分子。沙门菌激活树突状细胞后，树突状细胞下调吞噬能力，上调共刺激分子，协同激活初始T细胞。同时活化的树突状细胞还可分泌重要的细胞因子，如IL-12，指导效应T细胞的分化类型。在感染的早期，沙门菌鞭毛蛋白在派伊尔结诱生趋化因子CCL20，随后迅速募集CCR6⁺DC至感染部位。这群树突状细胞被发现在激活沙门菌特异性T细胞方面发挥关键作用，因为肠道本身的树突状细胞受微环境影响常处于免疫耐受状态，而新募集的树突状细胞将有效克服原先的免疫耐受，有效启动T细胞应答。另一个与感染巨噬细胞不同的现象是，尽管沙门菌感染树突状细胞后也形成包裹沙门菌的液泡，但沙门菌在树突状细胞内并不能增殖，其生物学意义还有待于进一步研究。

四、获得性免疫

（一）T细胞免疫应答

T细胞在接受树突状细胞为代表的抗原提呈细胞提呈的多肽抗原后活化，增殖并分化成分泌不同效应因子和功能的效应T细胞。CD4⁺T细胞可分化成分泌IFN-γ的Th1细胞、分泌IL-4的Th2细胞和分泌IL-17的Th17等；CD8$^+$T细胞可分化为具有杀伤功能的CTL杀伤细胞。研究发现，在沙门菌消化道感染小鼠后3~6h，派伊尔结中沙门菌特异的CD4$^+$T细胞被激活，该过程依赖于迅速募集的CCR6$^+$DC。随之被激活的是位于肠系膜淋巴结的CD4$^+$T细胞，同样依赖于CCR6$^+$DC。一般认为，鞭毛蛋白特异的T细胞最易被迅速激活，而TLR5信号起到促进作用。

在易感小鼠感染鼠伤寒沙门菌减毒株的试验中，缺失与细胞免疫相关的TCRαβ、MHCⅡ和IFN-γ的小鼠将不能清除沙门菌减毒株，而缺失TCRγδ或β2-微球蛋白的小鼠依然可清除细菌。易感小鼠先经减毒株免疫后再进行强毒株攻击试验中，在攻击前体内清除CD4$^+$T细胞小鼠的抵抗能力大为降低。与此类似，如果再攻击前注射中和Th1细胞相关细胞因子，包括IFN-γ、TNF-α或IL-12，则不能有效抵抗强毒株的攻击。以上结果说明，分泌IFN-γ的CD4$^+$Th1细胞在小鼠体内抵抗减毒株感染或抵抗强毒株再感染中均起到关键作用。

Th1细胞在抗沙门菌应答中的一个特别的现象来自于IL-18，其可通过抗原非依赖的形式直接作用于Th1细胞，促使后者分泌IFN-γ，显著扩大Th1细胞在体内的效应功能。IL-18主要来源于沙门菌激活的天然免疫细胞，其分泌依赖于炎症小体和Caspase-1的激活。此外，沙门菌还可通过TLR途径激活天然免疫细胞分泌IL-23，促进分泌IL-17和IL-22的效应T细胞的产生。因此，天然免疫细胞与获得性免疫细胞相互协作放大了已建立的免疫效应，协同参与抗沙门菌感染的保护性免疫应答。

调节性T细胞（Treg）是一类重要的免疫负调节细胞，它可从胸腺发育而来，也可在TGF-β作用下从初始T细胞分化而来，该类细胞特征性表达转录因子Foxp3。沙门菌感染小鼠生物试验中发现，Foxp3$^+$Treg细胞可显著抑制Th1细胞的功能；当体内清除Treg细胞后，Th1细胞抗沙门菌感染免疫的效应得以恢复，提示调控Treg细胞可成为干预沙门菌病的新途径。

（二）B细胞免疫应答

B细胞是机体关键免疫细胞之一，是抗体应答的效应细胞。在小鼠，B细胞主要分为3个亚群，常规B2细胞参与对胸腺依赖抗原的应答，而B1细胞和边缘区B细胞参与对胸腺非依赖抗原的应答。除分泌抗体外，B细胞还可主动调节机体的免疫应答，包括充当抗原提呈细胞和分泌细胞因子。沙门菌感染小鼠模型的研究发现，缺失B细胞的C57BL/6小鼠对强毒株沙门菌的抵抗力仅为原来的1/10；在感染减毒沙门菌后，缺失B细胞的C57BL/6小鼠可较好控制感染并能清除细菌，但与野生型小鼠相比，这些小鼠抵抗强毒株攻击的能力降为原来的0.1%。上述结果说明，B细胞是介导抗沙门菌感染免疫的关键免疫细胞之一。

1. **抗体应答**　目前人体使用的绝大多数疫苗的免疫目标是产生保护性的抗体，纯化伤寒沙门菌Vi荚膜多糖疫苗可诱导产生具有保护性的抗体，抵抗伤寒沙门菌的感染。Vi荚膜多糖属于Ⅱ型TI抗原，其抗体应答不需T细胞的参与，边缘区B细胞被认为是人体的TI抗原主要应答细胞，脾脏切除患者或小于2岁的儿童因缺乏功能性的边缘区B细胞，而不能有效产生针对多糖抗原的抗体。在小鼠中，除边缘区B细胞，B1细胞（包括B1a和B1b）也参与对TI抗原的应答。当用Vi荚膜多糖免疫小鼠后，B1b细胞特异性地激活、增殖和分泌抗体，说明在小鼠中B1b细胞是识别Vi抗原的主要B细胞亚群。

沙门菌外膜蛋白（outer-membrane protein，OMP）是另一类受到关注的沙门菌保护性抗原。伤寒恢复期患者血清中含有针对OMP的IgG和IgM，而健康者在OMP免疫后可产生相应的抗体。在艾滋病患者中，针对OMP的抗体可保护患者抵抗非伤寒沙门菌的感染。沙门菌免疫小鼠可迅速产生针对OMP的抗体，包括胸腺非依赖和胸腺依赖的抗原应答。外膜蛋白OMPD可特异性激活小鼠B1b细胞，迅速产生具有保护作用的IgM抗体；而其他外膜蛋白则可作为TD抗原，在感染早期即可通过滤泡外（extrafollicular）的应答，产生IgM抗体和T细胞依赖性的IgG2c抗体。在这个感染模型中，生发中心和高亲和力的抗体需推迟到感染后1个月才形成。

在小鼠沙门菌感染模型中，抗体的保护效力与小鼠的遗传背景密切相关，沙门菌高免血清可保护抵抗型（resistant）小鼠，但不能保护易感型（susceptible）小鼠。只有同时输注减毒株免疫后得到的高免血清和免疫细胞后，或减毒株免疫的B细胞缺失小鼠同时接受高免血清，才能有效保护易感型小鼠抵抗强毒株的攻击。

沙门菌被树突状细胞吞噬后，可阻止溶酶体途径与吞噬体的融合，避免被杀伤和抑制抗原的提呈。但抗体可通过结合细菌，利用树突状细胞的Fc受体途径促进细菌的吞噬，加强沙门菌抗原的提呈和增强T细胞的应答，说明Fc受体途径是打破沙门菌免疫逃避的一个有效手段。此外，抗沙门菌抗体可通过促进补体介导的裂解而发挥保护作用。

2. **非抗体效应**　与野生型小鼠相比，B细胞缺失的小鼠可有效控制减毒沙门菌的初次感染和清除细菌，但是在减毒株免疫后不能抵抗强毒株的攻击。被动输注高免血清也不能增强B细胞缺失的小鼠抵抗强毒株的能力，提示B细胞可通过非抗体依赖的形式参与抗沙门菌免疫。通过比较野生型和抗体分泌缺陷但有正常B细胞的小鼠发现，在接受减毒株免疫后，强毒株攻击时，B细胞分泌抗体的作用在此模型中可以忽略。研究发现，B细胞缺失的小鼠用减毒株免疫后，针对沙门菌的早期和记忆阶段的Th1应答均显著降低，并且在感染早期出现Th2应答的一过性增强，说明B细胞的非抗体效应在抗沙门菌感染免疫中也发挥了重要的作用。

B细胞自身的MyD88信号促进了抗沙门菌感染早期Th1的应答，但对于记忆阶段的Th1应答没有影响。与此相反，B细胞缺失MHC Ⅱ分子对于抗沙门菌感染早期的Th1应答没有影响，但显著降低Th1型记忆应答。B细胞来源的细胞因子对于T细胞的应答也有影响，B细胞分泌的IL-6和IFN-γ分别促进记忆应答阶段的Th17和Th1应答。以上结果提示，B细胞的抗原提呈功能在T细胞记忆应答阶段非常关键。与上述研究相反，有报道指出，B细胞自身的MyD88的活化可分泌具有免疫抑制功能的IL-10，从而抑制宿主粒细胞、NK细胞和Th1细胞的功能，导致对沙门菌感染抵抗力的下降。以上结果说明，B细胞的不同激活状态对宿主抗沙门菌感染免疫的影响不同，其机制还需进一步探索。

五、沙门菌对宿主抗沙门菌免疫的逃逸

在进化的过程中，沙门菌获得了抵抗宿主免疫，甚至利用宿主免疫系统促进其扩散和致病的能力。为了从感染部位扩散，沙门菌利用吞噬细胞作为扩散的载体，并且运用多种毒力因子避免激活机体的抗沙门菌免疫应答。

沙门菌在巨噬细胞沙门菌液泡（SCV）中的生存主要依赖于SPI-2编码的T3SS，通过其分泌至宿主细胞质中的效应分子阻止宿主细胞的活性氧中间物和活性氮中间物向SCV移动。携带野生型$Slc11a1$基因的巨噬细胞可运送二价金属离子进入SCV发挥杀菌作用。因此，具有野生型$Slc11a1$基因的小鼠对沙门菌的感染有很强的抵抗力；与此相反，携带突变型$Slc11a1$基因的小鼠对沙门菌高度易感。能否在巨噬细胞内生存是决定沙门菌毒力的一个关键因素，不能在巨噬细胞内生存或繁殖的沙门菌的毒力大为降低。值得注意的是，经过IFN-γ活化的巨噬细胞的杀菌功能大幅度增强，上调活性氧中间物等杀菌物质的表达并有效抵制SPI-2和PhoP/PhoQ双组分调节子的调节功能。

此外，沙门菌可阻止杀伤性溶酶体和内体与SCV融合。在吞噬细胞中，内体运输途径一般遵循下列模式：首先Rab5蛋白募集至新生的吞噬体，其后识别Rab5蛋白的其他分子如EEA1和转铁蛋白受体TfR也被招募，至此吞噬体完成早期成熟。随后早期吞噬体与内体融合，上述蛋白从早期吞噬体移除，被Rab7、Rab9和M6PR等蛋白分子代替，吞噬体进入晚期吞噬体阶段，并预备与溶酶体融合。吞噬体与溶酶体融合形成吞噬溶酶体，同时获得了蛋白酶Cathepsin D和H^+-V-ATPase，使得吞噬溶酶体的内腔酸化。因此，吞噬体与溶酶体融合导致吞噬溶酶体内部的酸化和内容物的降解，而吞噬溶酶体如与含MHC Ⅱ分子的囊泡融合则可提呈具有抗原性的多肽，激活相应的T细胞。

沙门菌逃避溶酶体降解的现象首先在巨噬细胞中发现，巨噬细胞中SCV膜表面保留Rab5、EEA1和TfR，降低与$Rab7^+Rab9^+$和$M6PR^+$内体和溶酶体融合的机会。上述过程依

赖于活沙门菌的存在，并与沙门菌SPI-1和SPI-2的效应分子密切相关。有报道指出，沙门菌SPI-2效应分子SifA的表达对于沙门菌在巨噬细胞内的生存和复制很重要，其作用机制之一是SifA募集溶酶体相关膜蛋白（LaMP）至SCV。这些LaMP$^+$的SCV缺少H$^+$-V-ATPase，而Cathepsin D的活性依赖低pH，因而在LaMP$^+$的SCV内Cathepsin D不能发挥其生物学效应。

树突状细胞是机体最重要的抗原提呈细胞，在抗沙门菌免疫应答中发挥了关键作用。沙门菌可通过多种形式抑制树突状细胞的功能：① 沙门菌可通过下调PI3K激酶的活性来抑制树突状细胞的吞噬，这与沙门菌主动诱导侵入非吞噬细胞的过程相反。树突状细胞吞噬沙门菌数量的降低是导致树突状细胞激活T细胞能力减弱的一个原因。② 与在巨噬细胞中相反，沙门菌被树突状细胞吞噬后增殖速率很低，同时能避免自身被降解，从而减少抗原的提呈。有报道指出，沙门菌感染的树突状细胞不能有效提呈MHC Ⅱ 和MHC Ⅰ限制的沙门菌抗原和激活初始T细胞。在树突状细胞内沙门菌主要有两种方式抑制抗原提呈，一是通过保留SCV表面的Rab5分子，抑制SCV成熟，同时形成SIF结构；二是即使有部分SCV成熟，沙门菌也可抑制含沙门菌抗原的囊泡与含MHC Ⅱ的内体融合，避免抗原提呈的发生。沙门菌的这些抑制作用主要依赖于SPI-2编码的效应分子，与此相对应，吞噬缺失毒力岛的沙门菌的树突状细胞可有效提呈抗原。

总之，沙门菌与宿主免疫系统之间的关系错综复杂，一方面机体通过天然免疫系统和获得性免疫系统来抵抗和清除沙门菌，另一方面沙门菌在进化过程中获得了对抗宿主免疫应答的特性。因此，深入理解沙门菌与宿主免疫系统的相互作用，对于沙门菌病疫苗的研制、疾病的预防和治疗均具有重要的意义。

参考文献

Barr TA, Brown S, Mastroeni P, et al. 2010. TLR and B cell receptor signals to B cells differentially program primary and memory Th1 responses to *Salmonella* enterica [J]. J Immunol, 185(5): 2783–2789.

Buckle GC, Walker CL, Black RE. 2012. Typhoid fever and paratyphoid fever: Systematic review to estimate global morbidity and mortality for 2010 [J]. J Glob Health, 2(1): 010401.

Cunningham AF, Gaspal F, Serre K, et al. 2007. *Salmonella* induces a switched antibody response without germinal centers that impedes the extracellular spread of infection [J]. J Immunol, 178(10): 6200–6207.

Eisenstein TK, Killar LM, Sultzer BM. 1984. Immunity to infection with *Salmonella typhimurium*: mouse-strain differences in vaccine– and serum-mediated protection [J]. J Infect Dis, 150(3): 425– 435.

Fabrega A, Vila J. 2013. *Salmonella enterica* serovar Typhimurium skills to succeed in the host: virulence and regulation [J]. Clin Microbiol Rev, 26(2): 308–341.

Gil-Cruz C, Bobat S, Marshall JL, et al. 2009. The porin OmpD from nontyphoidal *Salmonella* is a key target for a protective B1b cell antibody response [J]. PNAS, 106(24): 9803–9808.

Griffin AJ, McSorley, SJ. 2011. Development of protective immunity to *Salmonella*, a mucosal pathogen with a systemic agenda [J]. Mucosal immunol, 4(4): 371–382.

Jantsch J, Chikkaballi D, Hensel M. 2011. Cellular aspects of immunity to intracellular *Salmonella enterica* [J]. Immunol Rev, 240(1): 185–195.

Kawai T, Akira S. 2011. Toll-like receptors and their crosstalk with other innate receptors in infection and immunity [J]. Immunity, 34(5): 637–650.

Klugman KP, Koornhof HJ, Robbins JB,et al. 1996. Immunogenicity, efficacy and serological correlate of protection of *Salmonella typhi* Vi capsular polysaccharide vaccine three years after immunization [J]. Vaccine, 14(5): 435–438.

MacLennan CA, Gondwe EN, Msefula CL,et al. 2008. The neglected role of antibody in protection against bacteremia caused by nontyphoidal strains of *Salmonella* in African children [J]. J clin invest, 118(4): 1553–1562.

Marshall JL, Flores-Langarica A, Kingsley RA, et al. 2012. The capsular polysaccharide Vi from *Salmonella typhi* is a B1b antigen [J]. J Immunol, 189(12): 5527–5532.

Mastroeni P, Simmons C, Fowler R, et al. 2000. Igh–6(–/–) (B-cell-deficient) mice fail to mount solid acquired resistance to oral challenge with virulent *Salmonella enterica* serovar typhimurium and show impaired Th1 T-cell responses to *Salmonella* antigens [J]. Infect Immun, 68(1): 46–53.

Mastroeni P, Villarreal-Ramos B, Hormaeche CE. 1993. Adoptive transfer of immunity to oral challenge with virulent salmonellae in innately susceptible BALB/c mice requires both immune serum and T cells [J]. Infect Immun, 61(9): 3981–3984.

McSorley SJ, Jenkins MK. 2000. Antibody is required for protection against virulent but not attenuated *Salmonella enterica* serovar typhimurium [J]. Infect Immun, 68(6): 3344–3348.

Mittrucker HW, Raupach B, Kohler A,et al. 2000. Cutting edge: role of B lymphocytes in protective immunity against *Salmonella typhimurium* infection [J]. J Immunol, 164(4): 1648–1652.

Nanton MR, Way SS, Shlomchik MJ, et al. 2012. Cutting edge: B cells are essential for protective immunity against *Salmonella* independent of antibody secretion [J]. J Immunol, 189(12): 5503–5507.

Neves P, Lampropoulou V, Calderon-Gomez E,et al. 2010. Signaling via the MyD88 adaptor protein in B cells suppresses protective immunity during *Salmonella typhimurium* infection [J]. Immunity,

33(5): 777–790.

Riquelme SA, Wozniak A, Kalergis AM, et al. 2011. Evasion of host immunity by virulent *Salmonella*: implications for vaccine design [J]. Curr Med Chem, 18(36): 5666–5675.

Tobar JA, Gonzalez PA, Kalergis AM. 2004. *Salmonella* escape from antigen presentation can be overcome by targeting bacteria to Fc gamma receptors on dendritic cells [J]. J Immunol, 173(6): 4058–4065.

Ugrinovic S, Menager N, Goh N, et al. 2003. Characterization and development of T-Cell immune responses in B-cell-deficient [Igh–6(–/–)] mice with *Salmonella enterica* serovar Typhimurium infection [J]. Infect Immun, 71(12): 6808–6819.

第四章

生态学和
流行病学

沙门菌具有广泛的宿主，其主要生态位是人和动物的肠道。沙门菌最常侵害幼龄和青年动物，使之发生败血症、胃肠炎及局部组织的炎症；怀孕母畜感染后可出现流产，在一定条件下呈暴发性流行。除发病动物外，隐性感染者、康复带菌者均可以持续性或间歇性排菌；一些带菌的野鸟、啮齿动物以及昆虫也是畜禽沙门菌病的感染来源。沙门菌容易在动物之间、动物与人之间、人与人之间传播，主要传播途径是消化道。卫生不良、过度拥挤、长途运输以及发生其他病原感染等应激因素，均可增加易感动物发生沙门菌病的概率。

第一节　疾病分布

根据对宿主的感染范围不同，沙门菌有专嗜性、偏嗜性和泛嗜性三种类型的血清型。① 专嗜性血清型。只引起一种宿主的疾病，例如，人的甲型副伤寒沙门菌、禽伤寒沙门菌和鸡白痢沙门菌。② 偏嗜性血清型。主要感染某种宿主，但也能使其他宿主发病。例如，都柏林沙门菌主要为适应牛的血清型，但也可感染小反刍动物、猪和人；猪霍乱沙门菌主要为适应猪的血清型，但从其他动物中也能分离到。③ 泛嗜性血清型。例如，鼠伤寒沙门菌，可引起多种宿主发病。不同宿主嗜性沙门菌对人和动物的致病力明显不同，泛嗜性血清型感染往往以胃肠道症状为主，发病率高、死亡率低；专嗜性和偏嗜性血清型的感染特点为发病率低、死亡率高，并且常表现为全身性疾病。不同沙门菌血清型在人和动物间的分布差别很大。例如，大约40%已知的沙门菌血清型主要与两栖爬行类动物有关，但低于1%的人沙门菌病例由这些血清型引起。到目前为止，沙门菌宿主嗜性差异的分子机制仍然无法确定。

一、牛沙门菌病

牛沙门菌病临床上通常表现为水样或血性腹泻，常伴有发热、精神沉郁、食欲不振、脱水和内毒素血症；少见的临床表现包括流产和呼吸系统疾病。沙门菌病可造成犊牛的高死亡率、体重减轻和饲料转化率降低。牛沙门菌病的损失还包括治疗和控制感染所需的直接和间接费用。

牛沙门菌病可由多种血清型引起。都柏林沙门菌是最主要的血清型，其次是鼠伤寒沙门菌；还有其他一些血清型，如姆班达卡沙门菌、蒙得维的亚沙门菌、鸭沙门菌等。在丹麦、瑞典等国家，都柏林沙门菌较流行；而在法国和德国，鼠伤寒沙门菌较流行。在荷兰，都柏林沙门菌的分离率呈上升趋势；而在新西兰等国家，虽然有人感染都柏林沙门菌的报道，但在家畜却未分离到该菌。在澳大利亚，都柏林沙门菌比鼠伤寒沙门菌更流行，但1990年以后鼠伤寒沙门菌的流行较普遍。美国在1980年以后出现都柏林沙门菌大范围流行，由加利福尼亚州向东传播到其他州，并向北传播到加拿大。1995—1996年，美国有26个州检测到都柏林沙门菌，但目前该菌的流行呈下降趋势。

我国从犊牛腹泻病例中分离到的沙门菌多为鼠伤寒沙门菌、肠炎沙门菌和都柏林沙门菌。喻华英等对某奶牛场的犊牛腹泻病例进行细菌分离，沙门菌分离率为41.7%。李慧明等对四川省27个以高热和下痢为发病特征的牦牛群进行调查，发病率为2.76%~34.82%，死亡率为4.61%~47.32%，从58个病例中分离到38株沙门菌；对28株沙门菌进行鉴定，其中21株（78.13%）为圣保罗沙门菌、7株（21.87%）为都柏林沙门菌。

二、羊沙门菌病

羊沙门菌病可分为下痢型和流产型两种。下痢型的病程为1~5d，病死率约25%；流产型的流产率可达60%，母羊在流产后或在无流产的情况下死亡，所产羔羊往往于数天内死亡。流产、母羊死亡和羔羊高死亡率可导致养羊业遭受巨大的经济损失。

绵羊沙门菌病主要由鼠伤寒沙门菌和羊流产沙门菌引起，山羊沙门菌病则多由都柏林沙门菌引起。鼠伤寒沙门菌或都柏林沙门菌均有引起流产的报道，但流产最常由羊流产沙门菌引起。羊流产沙门菌具有宿主专嗜性，感染该血清型的羊群往往持续性出现流产。30%~50%的流产母羊属于第一次怀孕，且流产多数发生在怀孕的中后期。意大利、西班牙、法国、希腊、瑞士、俄罗斯、中东和北非是羊流产沙门菌病的高发地区。双相亚利桑那沙门菌代表了另一种常见的羊专嗜性血清型，该菌是冬季羊痢疾的病原体，也与羊的流产和死胎相关。据报道，挪威羊群的双相亚利桑那血清型流行率估计约为12%。在有些国家和地区，其他一些血清型在山羊和绵羊中的流行率高，如鼠伤寒沙门菌、鸭沙门菌和圣保罗沙门菌。

健康羊群的沙门菌流行率一般相当低，估计在0%~4%范围内。但农场环境被沙门菌污染的可能性却很高。例如，从美国收集的羊毛样品中的50%可以分离到沙门菌，但只有7%的粪便样品分离到沙门菌，这表明环境因素可作为一个潜在而重要的感染来源。

三、猪沙门菌病

猪感染沙门菌后，从无症状到急性发病等各种情况都可能出现。猪沙门菌病的临床表现包括肠炎、败血症、肺炎、脑膜炎和关节炎。专嗜性血清型，如猪霍乱沙门菌，通常导致各种年龄段的猪发生严重的全身性疾病，并伴有高死亡率；泛嗜性血清型，如鼠伤寒沙门菌，引起的症状轻微或不致病，但被感染动物可在相当长时间内带菌、排菌。哺乳仔猪由于母源抗体的保护很少发生沙门菌病，而6~12周龄的断奶仔猪则很容易发病。6月龄以上猪的免疫系统已逐步完善，感染沙门菌后很少发病。

除了猪霍乱沙门菌，从病猪和健康猪身上也常分离到鼠伤寒沙门菌、德尔卑沙门菌、阿贡纳沙门菌、鸭沙门菌，这表明猪沙门菌感染对人类健康有着潜在威胁。在英国，猪霍乱沙门菌曾经是主要的血清型，1958年和1968年的猪场感染率分别达到90%和74.2%。后来猪霍乱沙门菌的感染率明显降低，这样的情况同样发生在欧洲其他国家。在过去的10年，北美猪霍乱沙门菌的分离率和发病率都明显降低，这很可能是由于饲养管理的改善和有效的弱毒疫苗问世所致。目前，鼠伤寒沙门菌成为最流行的血清型。通过2006—2007年在英国屠宰场的调查发现，猪回盲淋巴结的鼠伤寒沙门菌分离率为21.2%。在美国，2006年猪群的鼠伤寒沙门菌流行率估计为53%，而猪群内个体的流行率为3.5%~28%。加春生等对我国10个猪场的调查表明，沙门菌检出率为5.83%（35/600），个别猪场可达16.7%（10/60）；流行的血清型主要为猪霍乱沙门菌和鼠伤寒沙门菌等。

四、马沙门菌病

沙门菌病是马的一种重要疾病。在大多数病例中，常见发热、脱水、精神沉郁和水样腹泻，伴有腹痛及内毒素血症。马沙门菌病的死亡率取决于宿主的年龄、发病诱因和感染的血清型，一般情况下相当低。但是，鼠伤寒沙门菌和肠炎沙门菌引起的急性胃肠炎若治疗不及时，病死率可高达40%~60%。由沙门菌引起的流产常给马场造成严重的经济损失。马沙门菌病的主要病原菌是马流产沙门菌，其次为鼠伤寒沙门菌、肠炎沙门菌、纽波特沙门菌、都柏林沙门菌和海德堡沙门菌等。兽医院的病马中沙门菌分离率为1.8%～18%。但是，健康马匹的沙门菌分离率似乎相当低，在1%～2%。

五、鸡沙门菌病

鸡沙门菌病的临床差异较大，这取决于感染鸡的日龄和细菌的血清型。由鸡白痢沙门菌引起的疾病称为鸡白痢，由禽伤寒沙门菌引起的疾病称为禽伤寒，由其他沙门菌引起的疾病称为禽副伤寒。鸡白痢沙门菌和禽伤寒沙门菌是沙门菌属中少数几个不能运动的成员，属于同一种血清型，即鸡沙门菌血清型。鸡白痢沙门菌和禽伤寒沙门菌有高度宿主专嗜性，主要引发鸡的败血症和肠炎。鸡白痢造成的死亡病例通常限于1～3周龄的雏鸡；成年鸡一般症状较轻或无症状，但造成产蛋率、孵化率降低及死亡率增加。禽伤寒通常被认为是成年禽类的疾病，但也可造成雏鸡大量死亡。

除鸡白痢沙门菌和禽伤寒沙门菌外，鸡群感染其他沙门菌血清型很少表现临床疾病，大多为隐性感染。2010年，美国鸡群中流行的沙门菌血清型依次为肠炎沙门菌、肯塔基沙门菌、海德堡沙门菌、山夫登堡沙门菌、鼠伤寒沙门菌和姆班达卡沙门菌。在过去20～25年间，肠炎沙门菌已经取代鼠伤寒沙门菌成为全世界禽类中最流行的血清型，这也与人类肠炎沙门菌感染大流行有关。在英格兰和威尔士，家禽中肠炎沙门菌占所有检出血清型的比例从1985年的3.3%，上升到1986年的6.9%、1987年的22.3%、1988年的47.8%，再到1989年的48.3%。报道最多的肠炎沙门菌噬菌体型（phage type，PT）为PT4型。

美国从1935年起实施"全国家禽改良计划（NPIP）"，其中就包括了鸡白痢的净化。1954年，禽伤寒的净化也列入该计划。在进行种鸡群净化时，通常检测血清中鸡白痢沙门菌/禽伤寒沙门菌的抗体，淘汰检测结果为阳性的鸡。目前，美国种鸡群中已检测不到鸡白痢沙门菌感染，商品鸡群也很少有鸡白痢发生。20世纪70年代，欧洲部分国家也开始进行鸡沙门菌的净化，并有效杜绝了鸡白痢、禽伤寒的发生。通过净化措施解决鸡白痢、禽伤寒在鸡群中的流行，对养禽业无疑是成功的案例。但是，肠炎沙门菌为何能在鸡群中迅速而广泛地流行，很可能是由于清除鸡白痢沙门菌后留下的生态位被抗原性相似的肠炎沙门菌所占据。

在我国，家禽养殖方式多种多样，集约化养殖和庭院式养殖并存。有些鸡群已经进行了沙门菌病的净化，沙门菌感染率较低。而我国大部分鸡群，鸡沙门菌血清型（鸡白痢沙门菌和禽伤寒沙门菌）仍很流行，沙门菌的分离率最高达98.7%，其中又以鸡白痢沙门菌为主。但在北京地区进行的调查显示，肠炎沙门菌已成为该地区的主要血清型，分离率高达76.58%，这应该引起人们的重视。

六、鸭、鹅沙门菌病

大多数情况下，鸭、鹅感染沙门菌属于隐性感染，但有时也会出现严重的临床疾病并伴有高死亡率。2003—2004年，欧盟国家鸭群的沙门菌感染率为4.8%~57.2%。最近在比利时的100个鸭群中进行的调查显示，95个沙门菌分离株属于11种血清型，其中，印第安纳沙门菌（42.1%）和雷根特沙门菌（36.8%）是最主要的两种血清型，而鼠伤寒沙门菌和肠炎沙门菌仅仅各发现了1株。在泰国进行的研究中，分离出133株沙门菌，并鉴定了其中23个菌株的血清型；最常见的4种血清型分别是鼠伤寒沙门菌（5.5%）、塞罗沙门菌（4.1%）、田纳西沙门菌（2.8%）和阿姆斯特丹沙门菌（2.1%）。在对我国台湾省100个鸭场的2 000只鸭的调查显示，沙门菌的流行率为4.6%；所鉴定的12株沙门菌中，波茨坦沙门菌是最常分离的菌株。在一项针对我国鸭和鹅孵化场的调查中共鉴定了110株沙门菌，其中97.3%的菌株是波茨坦沙门菌。这说明波茨坦沙门菌是中国大陆及台湾地区鸭群中的主要流行菌株。近年来，国内时常有鸭、鹅感染鼠伤寒沙门菌和肠炎沙门菌的报道。

七、犬、猫沙门菌病

在家养犬、猫中可以分离到相当多血清型的沙门菌，大多是无症状感染。然而，表现为小肠结肠炎和内毒素血症的胃肠道疾病时有发生，并伴有发热、呕吐、厌食、脱水和精神沉郁。沙门菌病同样可能引起流产、死胎、脑膜脑炎、呼吸窘迫和结膜炎。犬、猫的沙门菌感染率由多种因素决定，摄入被污染的食物是感染沙门菌的主要原因。某些血清型，例如，鼠伤寒沙门菌、海德堡沙门菌和肯塔基沙门菌，似乎主要从以生食为主的犬、猫中分离到。

八、人沙门菌病

沙门菌病是一种具有重要公共卫生意义的人类常见传染病。全球每年有超过13亿人发生沙门菌病，并导致300万人死亡。人沙门菌病的常见临床症状包括腹泻（87%）、腹痛（84%）、发热（75%）、恶心和肌肉疼痛（65%），大约1/4的病例会经历呕吐和头痛。宿主专嗜性血清型，例如，甲型副伤寒沙门菌，主要通过污染的食物在人群中传播；由这些菌株引起的动物感染是罕见的。大部分沙门菌血清型不能在非应激状态、健康、成年的动物产生全身性疾病，但能高效地定殖在动物的消化道。这些沙门菌血清型经常进入人的食物链，从而引起人的散发病例或疫情。目前，在人沙门菌病流行病学上占主导地位的只是少数的血清型，主要是肠炎沙门菌和鼠伤寒沙门菌。人群的感染高峰与特定的食物或动物媒介相关，如与禽肉和蛋相关的肠炎沙门菌。

第二节　疾病的传播

一、畜群中的传播

沙门菌常存在于动物肠道中，甚至某些冷血动物及昆虫也能带菌。发病动物可由粪便、尿、乳汁及流产胎儿、胎衣、羊水排出大量的沙门菌，病愈和隐性感染动物在没有任何病理表现的情况下可以连续或间歇地排菌。沙门菌主要通过粪–口途径传播，气溶胶、眼结膜感染也能使易感动物发病。有研究证明，都柏林沙门菌和鼠伤寒沙门菌致使牛发病分别需要$10^6 \sim 10^{11}$CFU和$10^4 \sim 10^{11}$CFU的细菌量。事实上，自然环境中的沙门菌数远低于试验中的细菌量，动物发病多由于环境压力及其他疾病导致的免疫抑制所诱发。健康动物的带菌现象相当普遍，病菌潜藏于消化道、淋巴组织和胆囊内，当外界不良因素使得动物抵抗力降低时，可发生内源性感染。

沙门菌病牛、尤其是都柏林沙门菌病牛在病愈后会常年排菌。牛群中具有一定比例的隐性感染者，间歇地、不定期地排出沙门菌。一些偏嗜性血清型，如都柏林沙门菌，比泛嗜性血清型更容易引起隐性感染牛的排菌。奶牛排菌的持续时间平均约为50d，最长期限为391d。对鼠伤寒沙门菌DT104株的研究发现，此菌株导致的暴发持续时间较短，但亚临床感染会持续18个月，2~3年后则可能出现新一轮暴发。

沙门菌通过粪便大量散播，粪–口途径是猪沙门菌病传播的主要途径。对猪沙门菌病的急性病例进行检测发现，每克粪便中猪霍乱沙门菌的数量达到10^6CFU，而鼠伤寒沙门菌的数量达到10^7CFU。食管切除的实验猪暴露在猪霍乱沙门菌污染的猪群中仍会发生感染，表明气溶胶也是猪沙门菌病的重要传播方式，扁桃体和肺也可能是沙门菌入侵的重要位点。

羊流产沙门菌对羊有宿主专嗜性，感染羊的粪便中存在大量病原体，并可通过粪–口途径传播。有报道称，从流产后3个月羊的粪便中能够分离并培养出具有感染性的菌体，流产后12个月羊的粪便中仍然能够检测到羊流产沙门菌的DNA，这些都表明沙门菌可在羊体内长期存在。因此，从有疫病流行史的地区引进动物时需要格外谨慎。羊流产沙门菌、都柏林沙门菌以及其他诱发幼龄羊群发生肺炎的沙门菌，还能够通过呼吸道途径感染。流产的胎羊以及胎盘中含有大量病原体，在产羔期间流产母羊阴道分泌物以及淘汰羔羊是主要的传染源。

二、禽群中的传播

沙门菌在禽类中的传播机制比较复杂，不仅可以通过消化道、眼结膜及交配等途径水平传播，还可以通过带菌种蛋垂直传播。带菌种蛋有的是带菌母禽所产，有的则是蛋壳受污染所致。感染鸡白痢沙门菌或禽伤寒沙门菌的母鸡所产种蛋的带菌率高达33%，若以带菌种蛋孵化则会形成死胚或病雏。刚孵出的禽由于缺少保护性的肠道菌群，对肠道定植性的沙门菌高度易感。与感染雏鸡的直接或间接接触是鸡白痢沙门菌和禽伤寒沙门菌传播的重要途径。病雏的粪便及绒毛中含有大量的病菌，并可污染饲料、饮水、孵化器和育雏器等，与病雏同群的健康禽很快受到感染。康复禽和隐性感染禽长期带菌，成年后又可产出带菌种蛋，如此周而复始，可造成严重的危害。

感染禽的粪便及污染的饲料、饮水及笼具是沙门菌的重要传播媒介；而人员、野鸟、啮齿动物和昆虫也可机械携带和传播沙门菌；另外，卡车、蛋箱和饲料包装袋也可能被沙门菌污染。有报道称，肠炎沙门菌在空置禽舍（甚至清洁消毒后）的尘埃中至少存活1年。从70%禽舍的尘埃和垫料样品中检测到肠炎沙门菌。当饲养员、饲料商、购鸡者及参观者穿梭于禽舍之间时，除非他们能够认真地将鞋、手和衣服进行消毒，否则很容易传播沙门菌。沙门菌病也可通过禽之间的互啄、啄食带菌蛋及皮肤伤口而传播。

专嗜性血清型的鸡白痢沙门菌和禽伤寒沙门菌主要通过卵巢和输卵管途径垂直传播。其他血清型沙门菌同样可以引起卵巢的感染，其中包括鼠伤寒沙门菌、肠炎沙门菌、海德堡沙门菌和甘斯顿沙门菌。若卵巢被沙门菌感染，则必定会引发禽类的全身性感染。当成年蛋鸡口服10^8CFU的肠炎沙门菌2d后，病菌可从脾、肝、心、胆囊、肠组织以及卵巢和输卵管等部位分离到。利用免疫组织化学标记法进行检测发现，大多数组织中沙门菌的含量很低，但在输卵管组织中检测到较多的沙门菌，这表明病菌在鸡蛋形成的过程中可以大量增殖。在产蛋时，蛋壳经常被含有沙门菌的粪便污染。沙门菌能穿透蛋壳和壳膜感染正在孵化的鸡胚，或在孵化期间蛋壳破裂时导致雏鸡的感染。从种禽中分离到的沙门菌一般与引起雏禽自然感染死亡的沙门菌为同一血清型。

三、向人群的传播

沙门菌是人类的一种食源性病原菌，在食品生产环节中普遍存在。牛、羊感染沙门菌会造成奶及奶制品的污染，未经巴氏消毒的奶及奶制品的风险更大。在美国，曾经发生过一起因为食用冰淇淋而导致的沙门菌病大暴发，多个州、数万人被感染。该事件的起因是运输冰淇淋原料的货车之前曾经运送过液体生鸡蛋，而货车没有经适当的清洗消毒，导致冰淇淋原料被沙门菌污染。一些沙门菌能够在奶酪中存活，甚至是pH相对低的情况下。

污染的肉类及其制品是人沙门菌病的另一重要感染来源和传播媒介。在屠宰场，动物沙门菌的感染率会由于运输和不同来源动物的混合等应激因素而上升。这可能与动物受到应激所释放的儿茶酚胺相关，其反过来又可以刺激沙门菌的繁殖。在屠宰的任何阶段，肉类都有可能被动物粪便所污染。在给鸡褪毛时，鸡羽毛上的粪便掉落水中，且鸡可能不自主排便；而50~52℃的水温不足以有效杀灭沙门菌，尤其是水中有高浓度的有机物时。因此，即使屠宰前没有被沙门菌感染的鸡，在褪毛时也有可能受到沙门菌污染，在随后的加工过程中更难去除污染。

从20世纪80年代中期开始，人肠炎沙门菌病的病例数明显上升。在美国和英国进行的病例–对照研究表明，未煮熟的鸡蛋是感染的主要来源。虽然被肠炎沙门菌污染的禽肉也很重要，但被污染的鸡蛋对公共卫生的威胁更大。由于家禽感染肠炎沙门菌后不表现明显的疾病，这使得对肠炎沙门菌感染的检测更困难。肠炎沙门菌在产蛋鸡的卵巢和输卵管存在，鸡蛋的内容物可能带菌；还可以穿过蛋壳和壳膜而污染蛋内容物。当蛋壳破损时，这种污染会以更高的频率发生。新鲜鸡蛋中肠炎沙门菌的数量很低，但在储藏后的数量可能增多，尤其是储藏温度高于20℃时。一项调查显示，鸡蛋在20~21℃储存大约5周，50%的鸡蛋内容物为沙门菌阳性，每克内容物的细菌数超过10^4个。

第三节　影响疾病发生的因素

一、环境因素

沙门菌的传播媒介多种多样，包括饲养动物的房舍和用具、产生的粪便和废弃物，以及生产的肉、蛋、奶及副产品。鸟类、猫、犬、昆虫和啮齿类动物，均可以通过接触或摄入沙门菌污染物而引起感染。这些污染源不仅引起易感动物的沙门菌感染，同样导致地表水、河流、湖泊、土壤和动物饲料的污染。

沙门菌可以在感染动物的粪便中长期存活。粪便中的都柏林沙门菌在冬天可以存活72d，而在夏天可以存活119d。有报道称，尽管在潮湿、堆积的粪便中沙门菌的死亡速度会随着升温而加快，但仍可存活3～4个月。现代集约化养牛会产生大量粪水，这给牧场造成沙门菌污染的风险。牛粪水样本中沙门菌检出率为35%，而固态粪便样本检出率为6%。沙门菌在粪水贮存过程中会迅速死亡，但还是建议使用各种化学药物进行消毒，如石灰、福尔马林和含氯制剂等。粪水曝气是消灭沙门菌的有效方法，曝气2d可杀灭90%的沙门菌。

沙门菌在污染的土壤中可存活30d至1年左右。将含鼠伤寒沙门菌的小牛尸体置于发酵池内15周后，仍可分离到沙门菌；而在27周后，发酵池周围的土壤也可分离到沙门菌。Findlay发现，都柏林沙门菌在牧场的泥土中可存活13～24周，但是若要使牛致病，则泥土中的沙门菌含量需达到每克10^6CFU。牛沙门菌病的暴发常因为其摄入了被沙门菌污染的牧草；而这一般是由于未及时处理污染的泥土或粪便，导致附近的水源受到了污染。

牛沙门菌病流行的一个重要因素是病菌在牛舍中持续存在。有人对消毒前的牛舍墙体及灰尘进行检测发现，沙门菌检出率分别为6.8%和7.6%，即使在消毒后检出率仍分别为7.6%和5.3%。质粒图谱分析发现，DT204c型鼠伤寒沙门菌可持续存在于牛舍4个月至2年（平均14个月），都柏林沙门菌在粪便和各类建材中可持续存在长达6年之久。胡婧等对大庆某牛场的牛舍环境样品进行分析表明，从248份样品中分离到16株沙门菌，总检出率为6.4%；其中水样中检出率为21.4%，垫土检出率为5.9%，但在空气和粪便中未分离到沙门菌。

沙门菌可长期存在于猪场环境中，这是猪感染沙门菌的重要风险因素之一。有人从猪圈、粪便、灰尘、器械、通风设备和泥浆中均分离到沙门菌，即使是消毒过的猪圈仍会存留大量沙门菌。猪霍乱沙门菌在干燥粪便中至少存活13个月，这足以说明清理环境中有机物的重要性。

家禽的饲养方式影响其沙门菌的感染率。一项针对PT4型肠炎沙门菌的调查研究表明，笼养鸡的沙门菌感染率要低于放养鸡（1.6%对50%）。沙门菌在雏鸡中传播迅速，同舍鸡若和感染鸡接触后，感染率会在7d内达到100%。含有沙门菌的雏鸡粪便可引起垫料的污染，被污染的垫料是沙门菌传播的重要媒介。有研究表明，鸡白痢沙门菌、禽伤寒沙门菌、婴儿沙门菌和鼠伤寒沙门菌在垫料上可存活11周以上。

二、饲料、饮水因素

饲料及其原料中沙门菌的分离率近年来呈上升趋势。动物源蛋白质受到沙门菌污染的情况较普遍，美国的几项研究证明了动物源蛋白质的高污染率。例如，在来自22个州的980份样品的175份（18%）中，分离出43种血清型沙门菌；在5 712份骨粉、羽毛粉和鱼粉样品中，13%的样品被共计59种血清型沙门菌污染。对美国东南部某大型饲料厂的调查发现，在311份猪饲料样品中，68%含有1种或多种沙门菌；86%的肉粉和18%的鱼粉样品被污染。虽然都柏林沙门菌和鼠伤寒沙门菌为最常见的牛沙门菌血清型，但英国牛群中其他沙门菌血清型的流行率增加，这与英国进口欧盟国家的动物蛋白、肉制品、骨粉和鱼粉有关。吴宗芬等对我国不同品种饲料及原料的调查表明，肉粉沙门菌阳性率高达35.71%，羽毛粉33.33%，骨粉20%，肉骨粉17.4%，国产鱼粉8.33%，进口鱼粉6.25%。

大豆、菜籽饼、棕榈仁和玉米是饲料中植物蛋白的来源，被沙门菌污染的情况也常有报道。另一些主要的饲料原料，如谷物和草料，在储存期间容易受到感染沙门菌的野生动物的污染。若谷物储存于开放的仓库时，鸟类、啮齿动物和猫均可能成为饲料原料污染的源头。肠炎沙门菌可在农场的老鼠体内被检测到，而且肠炎沙门菌在老鼠群中持续存在至少10个月。另外有研究表明，鸟类可以通过粪便污染饲料，并进而感染动物。

若污染的原材料进入饲料加工环节可导致其冷却系统、储料仓和其他设备的污染，进而污染产品。虽然很多蛋白原料会经过高温处理，然而不完善的加工体系可能会导致饲料在加工过程中或加工结束后再次出现污染。目前，一些方法已被用于控制动物饲料的沙门菌污染，例如，直喷蒸汽灭菌、饲料的颗粒化和有机酸的使用。在丹麦，天然发酵饲料因为能减少沙门菌污染而被推荐饲喂。

污染的饮水可促进沙门菌病的传播。一项关于畜禽污染物的研究发现，875份水样品中，有108份检出沙门菌，阳性率为12.3%。有报道称，在饮用水中添加含氯消毒剂，可以降低断奶仔猪和育成猪的沙门菌感染率。在养鸡业，水槽和塑料瓢式饮水器更容易被鸡粪污染，比乳头式饮水器增加了鸡群感染沙门菌的风险。需要注意的是，使用酸化水或饲料可能会导致耐酸的沙门菌产生，这些耐酸菌能更好地适应并穿过胃的酸性屏障，从而引发动物感染。

三、野生动物因素

目前，野生动物中沙门菌感染的监测体系还不完善，其发生的疫情一般不会被报道，除非该疫情具有人兽共患的潜在威胁。但是，沙门菌病确实可由野生动物传播到家畜、家禽。Davies等通过对23个污染沙门菌的猪场进行调查发现，饲料的沙门菌污染大多与野生动物有关联，这些野生动物包括老鼠、鸟和野猫等。野鸟和猫可能是DT104型鼠伤寒沙门菌的传播媒介，尤其当它们进入饲料仓库时，很可能散播病菌。在獾分布的地区，如威尔士、英格兰西南部和中部，当地牛群中有阿戈纳沙门菌病暴发的报道。

　　啮齿动物在畜禽沙门菌病的流行病学中扮演着尤其重要的角色，它们是养殖场和食品生产环境中沙门菌的重要储存宿主。鼠类感染沙门菌可引起败血症和死亡，但一般情况下不表现症状。当然，老鼠也可能通过污染沙门菌的饲料而获得感染，并将感染放大，从而进一步增加养殖场动物的沙门菌感染风险。在对老鼠泛滥的10个家禽养殖场的调查表明，5个养殖场未分离到肠炎沙门菌，但是29.5%的环境样品及6%的老鼠存在其他沙门菌血清型的污染；另外5个养殖场分离到肠炎沙门菌，其中41.4%的环境样品和31.8%的老鼠分离到肠炎沙门菌。通过对老鼠粪便进行细菌计数发现，一颗老鼠粪粒中的肠炎沙门菌含菌量超过10^5CFU。鸡舍中若有啮齿动物存在时，肠炎沙门菌在产蛋鸡中持续感染的时间会更长。鸡场老鼠泛滥的程度和沙门菌感染水平高低有直接关联，鸡场的沙门菌净化必然要求控制和消灭啮齿动物。

　　沙门菌可以从大量的昆虫和蠕虫中分离到。这些无脊椎动物也被认为是沙门菌的传播媒介，包括蚂蚁、苍蝇、蟑螂、粉虫和蚊子等，与沙门菌在动物和饲料间的传播紧密关联。苍蝇和灰尘可以作为载体，在环境和设施上散播沙门菌。螨虫叮咬也已被证明能高效地向鸡群传播沙门菌。此外，昆虫可作为沙门菌的储存宿主，并因此在养殖场动物的沙门菌持续感染中扮演关键角色。

四、应激因素

　　饲养管理不当、气候突变或长途运输等导致动物抵抗力下降，病菌几经通过动物体后毒力增强，也可造成沙门菌病的暴发。牛消化道的正常菌群对沙门菌的定植有抑制作用，这种抑制可能是由瘤胃液中挥发性脂肪酸和pH决定的，而饲料的变化或饲喂水平不足都可导致肠道菌群失衡，并有利于沙门菌增殖。加春生等的调查表明，猪保育阶段的沙门菌阳性率（9.44%）远高于哺乳阶段（1.5%）和育肥阶段（2%），这是由于保育阶段的猪受到更多应激因素的作用。雏鸡在运输过程中处于聚集状态，育雏环境过冷过热，均可加重鸡白痢疫情。短期内施加的环境压力，如转群、断水、断料和强制换羽等，会导致鸡肠炎沙门菌的排菌增加。通过试验接种的途径感染肠炎沙门菌7d和14d后，强制换羽母鸡的肠炎沙门菌感染水平比未换羽母鸡高100～1 000倍。

混合感染或继发感染其他病原，可增加动物沙门菌病发生的概率。例如，在发生猪瘟时，往往并发和继发猪沙门菌病。沙门菌普遍存在于肝片吸虫流行的牛场，持续携带都柏林沙门菌的成年牛容易并发感染肝片吸虫。类似的例子是，牛混合感染沙门菌和病毒性腹泻病毒的临床表现，要比单独感染沙门菌严重得多。

屠宰场的环境使得各种沙门菌很容易富集并造成交叉感染。洪伟彬等对猪屠宰场环境样品的检测表明，空气、污水、器具均有沙门菌检出，其中污水阳性率达到23.9%，而且以肠炎沙门菌和甲型副伤寒沙门菌为主。对屠宰场进行的调查表明，沙门菌流行率一般远高于养殖场的流行率。例如，对猪屠宰后腹股沟淋巴结的检测表明，沙门菌阳性率高达78.82%。屠宰场流行的猪沙门菌血清型也与饲养场有区别，一般优势血清型为鼠伤寒沙门菌，其次为德尔卑沙门菌、肠炎沙门菌等，个别调查中以鸭沙门菌为主。陈武森等对屠宰场的牛携带沙门菌的情况进行了调查，其中从146头牛的粪便中检出7头（4.79%）阳性、40头牛胴体中查到8头（20%）阳性、淋巴结检出3头（7.89%）阳性、瘤胃内容物中检出2头（5.26%）阳性。董鹏程对4个肉牛屠宰场进行为期1年的调查表明，沙门菌综合检出率为7.1%，其中粪便检出率高达20.0%。上述两项调查中沙门菌的阳性率均远高于对健康牛群的调查结果（2.59%），表明屠宰环节的应激因素对牛沙门菌流行率有重要影响。

参考文献

陈武森, 陈瑞热, 陈碧玲. 1983. 屠宰健康牛羊检出沙门菌情况[J]. 中国兽医杂志 (6)：48－49.

崔言顺, 焦新安. 2008. 人畜共患病学[M]. 北京: 中国农业出版社: 102－109.

董鹏程. 2012. 沙门氏菌和大肠杆菌O157: H7在肉牛屠宰过程中的流行特点及其生物学特性的研究[D].
   泰安: 山东农业大学.

洪伟彬, 黄炳炽, 徐振娜, 等. 2014. 广东东莞市屠宰场及猪体内沙门氏菌的分离与鉴定[J]. 中国动物检疫,
   31 (9)：45－47.

胡婧, 朱战波, 申欣, 等. 2013. 大庆某牛场牛舍环境中沙门氏菌的调查与分析[J]. 畜牧生态, 49 (8): 20－23.

加春生, 毛泽明, 王晓楠, 等. 2014. 猪沙门氏菌的分离鉴定及其耐药性分析[J]. 东北农业大学学报, 45 (8):
   49－54.

金宁一, 胡仲明, 冯书章. 2007. 人兽共患病学[M]. 北京: 科学出版社: 728－739.

李慧明, 李国绪, 罗来春, 等. 1989. 牦牛沙门氏菌的分离与鉴定[J]. 中国兽医杂志 (8): 16 – 19.

吴宗芬, 余萍. 2014. 贵州省饲料中沙门氏菌污染现状调查及控制[J]. 贵州畜牧兽医 (4): 32 – 34.

喻华英, 胡文兵, 贾桂珍, 等. 2006. 犊牛腹泻病中沙门氏菌的分离与鉴定[J]. 畜牧与兽医 (2): 41 – 42.

Chen Z and Jiang X. 2014. Microbiological safety of chicken litter or chicken litter-based organic fertilizers: a review [J]. Agriculture, 4: 1 – 29.

Davies PR1, Bovee FG, Funk JA, et al. 1998. Isolation of *salmonella* serotypes from feces of pigs raised in a multiple-site production system [J]. J Am Vet Med Assoc, 212(12): 1925 – 1929.

Davies RH and Wray C. 1996. Seasonal variations in the isolation of *Salmonella* Typhimurium, *Salmonella* Enteritidis, *Bacillus cereus* and *Clostridium perfingens* from environmental samples [J]. Zentralbl Veterinarmed B, 43(2): 119 – 127.

Davies RH. 1997. A two year study of *Salmonella* Typhimurium DT104 infection and contamination on cattle farms [J]. Cattle Practice, 5: 189 – 194.

de Louvois, J.1993. *Salmonella* contamination of eggs [J]. Lancet, 342, 366 – 367.

Ekiri AB, Morton AJ, Long MT,et al. 2010. Review of the epidemiology and infection control aspects of nosocomial *Salmonella* infections in hospitalized horses [J]. Equine Veterinary Education, 22(12): 631 – 641.

Evans SJ and Davies RH. 1996. Case control of multiple-resistant *salmonella* Typhimurium DT104 infection in cattle in Great Britain [J]. Veterinary Record, 139: 557 – 558.

Findlay CR. 1972. The persistence of *Salmonella* Dublin in slurry in tanks and on pasture [J]. Vet Rec, 91(10): 233 – 235.

Foley SL, Nayak R, Hanning IB,et al. 2011. Population dynamics of *Salmonella* Enterica serotypes in commercial egg and poultry production [J]. Appl Environ Microbiol, 77: 4273 – 4279.

Fossler CP, Wells SJ, Kaneene JB, et al. 2005. Cattle and environmental sample-level factors associated with the presence of *salmonella* in a multi-state study of conventional and organic dairy farms [J]. Prev Vet Med, 67(1): 39 – 53.

Gantois I, Ducatelle R, Pasmans F. 2009. Mechanisms of egg contamination by *salmonella* Enteritidis [J]. FEMS Microbiol Rev, 33(4): 718 – 738.

Giles N, Hopper SA, Wray C. 1989. Persistence of *S.* Typhimurium in a large dairy herd [J]. Epidemiol Infect, 103(2): 235 – 241.

Olsen JE, Skov M. 1994. Genomic lineage of *salmonella* enterica serovar Dublin [J]. Vet Microbiol, 40(3 – 4): 271 – 282.

Steinmuller N, Demma L, Bender JB,et al. 2006. Outbreaks of enteric disease associated with animal contact: not just a foodborne problem anymore [J]. Clin Infect Dis, 43(12): 1596 – 1602.

Su YC, Yu CY, Lin JL, et al. 2011. Emergence of *Salmonella enterica* serovar Potsdam as a major serovar in waterfowl hatcheries and chicken eggs [J]. Avian Dis, 55(2): 217 – 222.

Walsh MC, Rostagno MH, Gardiner GE,et al. 2012. Controlling *Salmonella* infection in weanling pigs through water delivery of direct-fed microbials or organic acids. Part I: effects on growth performance, microbial populations, and immune status [J]. J Anim Sci, 90(8): 2599－2608.

Wirz-Dittus S, Belloy L, Hüssy D, et al. 2010. Seroprevalence survey for *Salmonella* Abortusovis infection in Swiss sheep flocks [J]. Prev Vet Med, 97(2): 126－130.

Wray C, Wadsworth QC, Richards DW, et al. 1989, A three-year study of *salmonella* Dublin infection in a closed dairy herd [J]. Vet Rec, 124(20): 532－537.

第五章

沙门菌分子
流行病学

第一节 分子流行病学概述

　　分子流行病学作为流行病学的一个分支，是传统流行病学与新兴的生物学技术、特别是分子生物学技术之间的一门交叉学科，其主要研究对象是各种生物学标志。因此，分子流行病学是应用先进的实验技术测量生物学标志，结合流行病学的现场研究方法，从分子水平阐述基本的病因及其相关的致病过程，并提出与评价相应防控措施的科学。分子流行病学是研究传染病流行规律的重要工具，在传播范围的确定、传播途径的判断以及传染源的追溯方面发挥着至关重要的作用。① 在传播范围的确定方面：分子流行病学研究缩小了常规流行病学调查所推测的受染范围，从基因水平上证实暴发的受染人数与传染来源。② 传播途径的判断和传染源的追溯方面：近年来，分子流行病学引入一些新的技术，如脉冲场凝胶电泳、多位点序列分型、噬菌体分型、CRISPR分型、单核苷酸多态性分析、扩增片段长度多态性、可变串联重复序列分析、低频限制性切割位点PCR、核糖体分型、比较基因组学的方法、基因芯片技术等，可以快速有效地对传染病的传染源及传播途径或传播媒介作出判断。

　　由沙门菌引起的沙门菌病（Salmonellosis）在全球范围内是最常见的食源性致病菌之一，可广泛感染哺乳类、鸟类、爬行类、两栖类、鱼类、昆虫等动物，食物传播是人感染沙门菌的主要途径，还可通过直接接触、经水传染、医院内的用药等途径感染，临床上可引起食物中毒，导致胃肠炎、败血症、伤寒和副伤寒等多种疾病，是公共卫生学上具有重要意义的人兽共患病之一。在由食源性病原菌感染住院治疗的病人中，53.9%的病例是由沙门菌引起的；且在食源性病原菌导致死亡的病例中，42.6%的病例是由该菌所致；此外，在5岁以下儿童中的发生率相对较高。由沙门菌引起的食物中毒在世界各国的细菌性食物中毒中常常位居前列，是对人类和动物健康具有极大危害的一类致病菌，其中，伤寒沙门菌在发展中国家每年引起2 000万人罹患伤寒热，其中有20万死亡病例；而非伤寒沙门菌中肠炎沙门菌和鼠伤寒沙门菌的感染，成为全球最常见的食源性病原菌。沙门菌型别复杂，绝大多数都对人和动物具有致病性，在严重危害公共卫生安全的同时，也给畜牧业及食品加工业带来巨大的经济损失。对沙门菌的分子流行病学进行深入研究，可为传染病的检测、暴发识别和追踪传染源提供基本信息，有利于沙门菌病的预防和控制。

沙门菌由肠道沙门菌和邦戈尔沙门菌两个种构成，肠道沙门菌又分为6个亚种、46个O群、2 600多个血清型。感染人和动物的沙门菌中，99.5%的分离株（1 547个血清型）属于肠道沙门菌亚种Ⅰ。该亚种中与人关系密切的沙门菌血清型有伤寒沙门菌（S. Typhi），甲、乙、丙型副伤寒沙门菌（S. Paratyphi A、B、C），鼠伤寒沙门菌（S. Typhimurium），猪霍乱沙门菌（S. Choleraesuis），肠炎沙门菌（S. Enteritidis）等十余种。由伤寒沙门菌（S. Typhi）感染引起的伤寒以及甲型副伤寒沙门菌（S. Paratyphi A）、肖氏沙门菌（S. Schottmulleri）和希氏沙门菌（S. Hirschfeldii）感染引起的副伤寒是常见消化道传染病。近些年来，甲型副伤寒在一些国家，如中国、印度、尼泊尔、巴基斯坦等地区发病率逐年上升，北美、欧洲、东南亚地区甲型副伤寒出现暴发流行，故甲型副伤寒被列为近年来重要的再发传染病。另外，肠炎沙门菌（S. Enteritidis）、鼠伤寒沙门菌（S. Typhimurium）等是最常见的食源性病原菌，在全球分别引起24.1%和6.6%的食源性疾病的暴发。自1990年以来，随着广泛抗药性沙门菌菌株的出现，所造成的感染无论对于发展中国家还是发达国家都是一个严峻的问题，每年全球有9.38亿的非伤寒沙门菌感染病例，死亡人数为155 000。其中8.03亿人（85.6%）为食源性沙门菌感染，主要由非伤寒沙门菌所致。从全球来看，肠炎沙门菌是沙门菌病的主要致病菌（65%），噬菌体型PT4、PT8、PT14b是世界范围内引起暴发或散发的主要肠炎沙门菌型；其次是鼠伤寒沙门菌（12%），DT104、ST19，ST34，ST99是广泛流行的型别。不同地区引起感染的优势血清型有所差异，在澳大利亚、新西兰，鼠伤寒沙门菌为主要血清型；而在加拿大（优势噬菌体型为PT13、PT13a、PT 8、PT4）、欧洲（优势噬菌体型为PT4、PT8、PT14b）和美国（优势噬菌体型为PT14b、JEGX0.10004）则以肠炎沙门菌感染为主，其中，欧洲国家主要源于鸡蛋的消费而引起的肠炎沙门菌的感染率（87%）明显高于美国。在非洲，肠炎沙门菌和鼠伤寒沙门菌占的比例分别为26%和25%。亚洲和拉丁美洲地区，肠炎沙门菌占的比例为38%和31%，呈多重耐药性的肠炎沙门菌变种ST313是该地区广泛流行的菌株。在发展中国家，鼠伤寒沙门菌的感染率呈逐年下降的趋势，如从2001年的26.4%下降到2007年的18.8%；而肠炎沙门菌的感染也从73.9%降低到55%。近10年来，一种与鼠伤寒沙门菌具有相似抗原的非典型沙门菌血清型4，[5]，12: i: –在全球多个国家检出率大幅度增加，目前已被列为引起人沙门菌病的主要血清型之一。

人源沙门菌病的暴发与消费动物产品有着紧密联系。欧洲食品安全局的调查报告显示，蛋鸡携带的病原菌是导致沙门菌病的主要病因（43.8%）。在世界范围内，从猪和猪肉中分离率最高的是肠炎沙门菌，其次是德尔卑沙门菌。生猪中的沙门菌被认为是欧洲人源沙门菌的第二大来源（26.9%），在欧洲南部地区高达43.6%，沙门菌在猪圈中广泛流行，总分离率为31.8%，其中以德尔卑沙门菌为主要血清型，与人沙门菌病关系密切的鼠伤寒沙门菌紧随其后，分离率分别为25.4%和20.1%。种猪的沙门菌污染对于饲养和育肥过程中沙门菌的传播和扩散有着重要的作用，同时猪场中多重耐药的鼠伤寒沙门菌可以通过生产加工过程中的污水和粪肥进行扩散。在英国，沙门菌病暴发与禽肉（54.2%）、鸡蛋（98.3%）沙门菌的污染有着重要联系。我国人和家禽沙门菌感染中肠炎沙门菌（36.9%）均位居前列。

沙门菌不仅感染人，许多脊椎动物也深受其害，我国常见的有鸡白痢、鸡伤寒、犊牛副伤寒、仔猪副伤寒、羊流产、马流产和牛肠炎等疾病，禽沙门菌病是最重要的蛋传细菌病。其中鸡白痢和鸡伤寒是由宿主适应性的无鞭毛的鸡白痢沙门菌和禽伤寒沙门菌引起，在发达国家已较少发生或几乎消灭。自1980年以来，在美国商品鸡没有禽伤寒的报道，主要以肠炎沙门菌、肯塔基沙门菌（*S.* Kentucky）、海德堡沙门菌（*S.* Heidelberg）、山夫顿堡沙门菌（*S.* Senftenberg）及鼠伤寒沙门菌为主。在加拿大和不少欧洲国家，很少发生或没有禽伤寒。但在墨西哥、中美、南美、非洲和印度次大陆的养殖场，仍有鸡白痢和禽伤寒的报道。在我国鸡白痢和禽伤寒颇为严重，呈现高水平的地方流行（平均阳性率11.7%，最高达54.5%），从曾祖代（0.42%）→祖代（7.58%）→父母代（11.75%）→商品代（16.21%）呈逐级放大。猪霍乱沙门菌是引起2~4月龄仔猪副伤寒的主要病原。仔猪副伤寒可一年四季发生，多与猪瘟混合感染，具有较高的发病率与死亡率，可造成重大损失。猪霍乱沙门菌同样对人具有较高的致病性，常导致人发热及败血病等全身性感染。此外，当前流行的猪霍乱沙门菌的多重耐药性严重，对人类健康的潜在威胁很大，因此猪霍乱沙门菌的防控备受关注。

据世界卫生组织统计，每年全世界约有1 600万例沙门菌感染病例，死亡人数达60万；急性胃肠炎病例9.38亿例，死亡人数达15.5万。人沙门菌病主要与进食污染的食物或者与感染动物直接接触有关，蛋、家禽、肉类、牛奶、海产品和生鲜果蔬是沙门菌病的主要传播媒介。随着广谱高效抗菌药物的广泛使用或滥用，引起感染的菌群变迁，β-内酰胺介导的耐药菌株非常普遍，出现大量的新型耐药菌株，致使细菌耐药性变异而形成多重耐药，如噬菌体型为DT104、U302、DT120、DT193以及多重耐药特性的鼠伤寒沙门菌4,[5]、12: i: -菌株，都是世界范围内广泛流行的多重耐药菌株，导致沙门菌的耐药性问题日益严重。沙门菌耐药性的不断增强，已经成为世界范围的公共健康和卫生问题。

目前，发达国家已逐步建立了食源性致病菌监测网和同源性分析网，来应对食源性疾病暴发和新病原菌不断出现的挑战。由于沙门菌感染在食源性疾病中占有重要比重，因此，美国卫生与公众服务部制定了"健康人类2020计划"，力图在2020年前使得美国沙门菌病降低25%。在我国，90%以上沙门菌感染引起的食物中毒来源于动物性食品，作为动物食品生产和消费的第一大国，中国的动物性食品生产链中沙门菌污染状况更应当受到关注，这对于食源性沙门菌病的控制有着重要的意义。

第二节　分子流行病学常用研究方法

　　沙门菌呈全球性分布，不仅感染人畜，还间接污染食品，是引起人食物中毒的常见致病菌，也是引起腹泻的重要病原菌之一。国内外研究表明，全球沙门菌感染呈上升趋势。沙门菌感染在我国细菌性食物中毒中也最常见，占感染总数的70%～80%。沙门菌污染食品致腹泻暴发，由以前的点源性集中暴发，越来越多地转变为跨地区、跨州（省）的"散在暴发"形式出现，使污染源及传播途径的发现越来越依赖于分子分型手段的辅助及确认。传统的沙门菌分型方法存在一定的缺陷，分子分型方法以其特异性强、可重复性强、敏感性高和分辨率佳的优点，逐渐取代传统的表型分型技术，在微生物分型与诊断中发挥巨大的作用。分子水平上的分型方法一般包括三种：基于DNA序列多态性分析的分型方法，基于扩增特定基因产物的PCR分型方法以及基于细菌DNA的限制性内切酶分析的分型方法。

一、沙门菌表型分型技术

（一）沙门菌血清学分型

　　血清学分型是沙门菌最常见的表型分型方法之一，根据Kauffman–White标准，可以将沙门菌属分为2 500多个血清型。它们中的大多数都具有较高的遗传相似性。由于较高的遗传相似性，因此，WHO国际沙门菌协作和研究中心将沙门菌属分为肠道沙门菌和邦戈尔沙门菌2个种，并将肠道沙门菌分为Ⅰ、Ⅱ、Ⅲa、Ⅲb、Ⅳ和Ⅵ 6个亚种，超过99%的血清型都属于肠道沙门菌。尽管血清学分型方法目前已经很成熟，但是存在以下不足：血清价格昂贵，试验较为烦琐，一株沙门菌血清型的确定往往需要3d或者更长的时间；试验结果容易受实验人员主观因素影响，在揭示病原菌之间联系方面存在较大缺陷。另外，免疫鉴定主要是依靠血清与沙门菌抗原决定簇的特异性反应，但沙门菌有多达2 500多种血清型，如果反应特异性不强，如同时识别多个抗原或识别相应的抗原失败，就会造成血清型分型结果的错误。因此，越来越多的研究人员尝试应用新型技术进行沙门菌的血清分型，从而使鉴定方法更加快捷而有效。例如，刘斌等发掘了沙门菌血清组A-D和伤寒沙门菌、乙型副伤寒沙门菌等8种常见血清型沙门菌的特异PCR检测靶点，并以此分别建立了血清组和血清型多重PCR检测体系。

（二）噬菌体分型方法

噬菌体分型方法通常用来分析近源沙门菌（如同一血清型），是利用选择性噬菌体感染沙门菌特定菌株的分型技术，这项技术已使用了几十年。噬菌体感染和裂解细菌的能力与噬菌体的分子特征和在细菌表面的噬菌体受体有关。噬菌体分型在沙门菌大流行克隆的研究中显示出明显的作用，如鼠伤寒沙门菌噬菌体型别104（DT104）可导致严重的胃肠道疾病，并且通常耐多重抗生素。Boxrud等使用一个由10种噬菌体组成的分型系统对美国人源、动物和食物等来源的573株肠炎沙门菌进行分型，最常见的噬菌体型为8（48.2%）、13a（20.1%）、13（7.8%）和14b（7.8%），并且大部分菌株噬菌体型都与美国北部蛋来源的沙门菌病暴发相关。这说明污染蛋类中的沙门菌可能是上述样品中沙门菌大量分布的来源。目前，国际上已经利用37种噬菌体将鼠伤寒沙门菌分成210个噬菌体型，利用16种噬菌体将肠炎沙门菌分成65个噬菌体型。噬菌体分型的主要缺陷是受可得到的噬菌体种类的限制，造成许多菌株不可分型，限制了该方法用于菌株分型的能力。另外，噬菌体分型需要充足的具有生物学活性的噬菌体库。因此，要得到准确、重复性好的分型结果，噬菌体分型需要在噬菌体储备维护良好、且有特别训练过的实验人员的实验室开展。

二、沙门菌分子分型技术

（一）基于DNA序列多态性分析的分型方法

1. 脉冲场凝胶电泳　脉冲场凝胶电泳（pulsed field gel electrophoresis，PFGE）具有重复性好、特异性高、分辨力强、易于标准化等优势，可用于分析菌株之间的相关性，在溯源及疫情控制中发挥着重要的作用，被认为是目前分辨率最高的一种分型方法，被誉为细菌分子分型研究的"金标准"。1996年由美国疾病控制和预防中心首先发起、建立的实验室分子分型监测网络PulseNet，就是通过分析分离株DNA的指纹图谱（PFGE技术）以及网络信息共享发展起来的，现已实现对北美、欧洲、亚太、中东等地区的全球化实验室网络覆盖。其在大肠杆菌O157：H7、沙门菌和李斯特菌等常见致病菌的监测、预报及暴发后来源的确定中发挥着重要作用。例如，美国疾病控制和预防中心通过PulseNet食源性监测网对地理上分散、年龄和性别分布具有典型性的同一PFGE带型蒙得维的亚血清型沙门菌感染进行调查，通过病例对照研究，证实病例感染与食用污染的腊肠有关。Marcus等对2005—2011年中国香港239株医院来源及546株中国疾病预防控制中心传染病研究所来源的人源鼠伤寒沙门菌分离株进行分子分型研究，发现CN006型的ST34型及其相关的克隆与ACSSuT–Cip–oqxAB–aac（6'）Ib–cr型鼠伤寒沙门菌在中国临床上的大量出现有着重要的关系。德国的Miller对分离自人、多种动物和食品中的1008株S.进行PFGE分型，发现这些菌株中存在一个以PT29/XB27为特征高度稳定性的流行克隆群。李昱辰对屠宰场和猪肉来源的沙门菌通过PFGE技术分型，将56株德尔卑沙门菌和16株鼠伤寒沙门菌分别分成了35个和11个PFGE型。从2个屠宰场的胴体环节都能找到与扬州猪肉来源沙门菌相同的PFGE型，表明沙门菌可在屠宰场和农贸市场猪肉之间传播。通过PFGE型比对，发现扬州猪肉中的沙门菌大部分与C屠宰场的沙门菌存在相关性。陈玉娟等对云南省2005—2012年91株甲型副伤寒沙门菌进行PFGE分型，结果，显示91株甲型副伤寒沙门菌*XBa*Ⅰ和*Spe*Ⅰ双酶切结果可分为两个大的聚类群，证实云南省不同地区、年份分离的菌株具有较高的同源性关系。

2. 多位点序列分型　多位点序列分型（multilocus sequence typing，MLST）技术于1998年由Maiden首先提出，是一种以核苷酸序列分析为基础的病原菌分型方法。MLST近年来发展较快，在沙门菌溯源中具有重要的作用。其结果的可重复性很好，且很容易在实验室之间共享。目前，MLST主要用于病原微生物的进化和流行病学分析，鉴定细菌高度克隆谱系、鉴别毒力菌株的大的或小的种群。MLST在区分近缘菌株时存在一定的缺陷，对遗传关系相近的不同血清型菌株不能有效地鉴别，如基于7个管家基因的MLST方法不能区分*S.*Typhimurium和*S.*Typhimurium var.Copenhagen。虽然管家基因或毒力基因的多态性大小和基因测序成本较高等原因，在一定程度上影响了MLST的分辨力和普及，但MLST在推论菌株间遗传进化关系和种群相关性等方面有其他分型方法无可比拟的优势。

张代涛等应用MLST方法对不同来源沙门菌的研究结果表明，动物来源和人来源沙门菌的MLST型具有既相互重叠又有明显界限的特点。李昱辰应用多位点序列分型

（MLST）技术对2011—2013年扬州市区屠宰场来源和农贸市场猪肉来源的沙门菌进行了分型，共分为14个和16个ST型，且ST40为主要ST型。屠宰场和猪肉来源的沙门菌中都有ST34和ST19存在，这2个型都属于克隆复合体CC-19，这个群中大部分沙门菌都与人临床沙门菌病有关。MLST分型能力要略高于血清学分型方法，ST型和血清型两者结合分析，可以为不同地区和来源的沙门菌株遗传相关性和稳定性提供一定启示。如鼠伤寒沙门菌ST型包括ST19、ST34、ST99、ST725和New4，其中ST19、ST34在人源鼠伤寒沙门菌株中广泛存在。另外，在利用分子分型方法对动物源沙门菌进行研究时发现，ST型与血清型结果表现出很好的对应关系，如德尔卑沙门菌对应的ST型均为ST40，伦敦沙门菌对应的ST型均为ST155等，说明MLST与血清学分型有密切关联。

3. CRISPR分型　CRISPR（clustered regularly interspaced short palindromic repeats）是细菌基因组中进化最快的一种遗传元件，CRISPR中的间隔区与血清型密切相关，可在沙门菌暴发流行时快速地对它们进行分型和溯源。

2012年Fabre等通过对783株130种血清型的沙门菌进行CRISPR分析，发现CRISPR存在高分辨率、高实用性等优点，与PFGE相比，它能够有效区分暴发流行中相同血清型的菌株，耗时更短、自动化程度更高，还能用于研究沙门菌的多态性；同时发现CRISPR的多元性与血清型以及ST型（sequence type）密切相关。赵飞对肠炎沙门菌和鼠伤寒沙门菌分离株进行CRISPRS分子亚分型分析表明，CRISPRS基因在同一血清型间具有高度的多态性，对于相同血清型分离株的菌株特性以及进化关系分析具有重要作用。CRISPRS方法成功地对肠炎沙门菌和鼠伤寒沙门菌进行了分型，表明该方法对同源性较高的同种血清型具有较高的分型能力和较好的区分效果。基于CRISPRS基因的高度多态性，其在沙门菌分离株的比较、相同血清型菌株间的亚分型、菌株特异性检测方面具有广阔的应用前景。

CRISPR除了单独应用于沙门菌的分型之外，还能与其他分型方法联用。最近，基于沙门菌的两个毒力基因（fimH、sseL）的MLST和CRISPR分型方法的结合，建立了一种新的沙门菌分型方法，命名为CRISPR-MVLST，并成功应用于多项沙门菌的研究中。2011年Liu等将该方法应用于171株9种血清型的临床沙门菌分离株的分型研究，发现该方法较PFGE具有更高的分辨率，能将暴发菌株以及高度克隆的菌株区分开，可作为沙门菌病暴发流行时一种重要的分型方法。2013年Shariat等将该方法应用于175株海德堡沙门菌和鼠伤寒沙门菌的分型研究中，表明该方法具有实用性强、分辨率高、流行病学一致性好等优点，同时认为可以将该方法作为PFGE分型方法的一种补充，用于沙门菌的分型研究。

4. 单核苷酸多态性分析　单核苷酸多态性分析（single nucleotide polymorphisms，SNP）是另一种使用检测DNA序列多态性的细菌分型方法。随着被测序的原核基因组数量的增加，SNP分析被广泛用于细菌菌株的表征和分型，也可以用来追踪特定微生物进化的起源，并且鉴别高关联性的分离株。SNP基因分型方案中选择性位点可以从那些具有高度多态性的文献中筛选，比如喹喏酮抗性基因。SNP分析中，对确认为假定靶位的位点进行测序，检测确切的多态性核苷酸位置，并且与其他分型方法比较，如PFGE和MLVA，从而确定SNP位点是否具有基因型效用。

目前，应用SNP技术对沙门菌分离株做基因分型的研究还不多见。使用过的SNP分析最初只是集中于喹喏酮耐性和鞭毛抗原的相关基因。随着沙门菌越来越多的SNP位点被确定，SNP分析在进行遗传关系较远的沙门菌分型时可发挥重要作用。陈建才利用26个基因位点的SNPs，将1959—2007年中国各地散发的90株鼠伤寒沙门菌分离株分为25个型别，与国外沙门菌的SNPs分型方法比较，显示所选取的SNPs基因位点适合我国伤寒沙门菌株的分型，我国的伤寒沙门菌具有遗传多态性。SNPs是很好的分型方法，能够把流行病学无关和相关的菌株区分开，用于分析菌株的长期流行病学特点研究，同时能够推断亚群来源的大致情况。如果扩大SNPs位点数目、增大菌株量，可能能呈现更为清晰的伤寒沙门菌进化演变史。

（二）基于PCR扩增的分型方法

1. 扩增片段长度多态性　扩增片段长度多态性（amplified fragment length polymorphism，AFLP）是一种使用复合限制性消化分析和PCR扩增的方法来鉴定细菌菌株之间的关联的方法。在大多数情况下，这项技术有相当好的重复性和鉴别不同细菌克隆的能力。AFLP对不同血清型的沙门菌具有不同的分辨力，对伤寒沙门菌的亚型分型能力被认为比基因探针技术和PFGE更高，而对鼠伤寒沙门菌的分型能力较PFGE低。Tamada等通过对120株鼠伤寒沙门菌进行基于内切酶*MseI*和*EcoRI*的荧光标记AFLP分型和利用*XbaI*作内切酶的PFGE分型，得到17个AFLP型和25个PFGE带型。

2. 多位点可变数目串联重复序列分析　多位点可变数目串联重复序列分析（multiple-locus variable number tandem repeat analysis，MLVA）是通过基因组中可变数目串联重复序列（variable number tandem repeat，VNTR）的特征来实现分型的分子分型技术，其特征是简单、快速、通量高、分辨力强，已广泛用于多种细菌分子分型。目前，MLVA方法在沙门菌的流行病学调查和溯源的追踪方面已经显示巨大的前景。Malorny等对240株来源于人、动物、食物、环境的肠炎沙门菌进行基于9个VNTRs位点的MLVA分型与噬菌体分型，MLVA将主要的噬菌体型别（PT4、PT8）的菌株分别进行分型，将62株PT4型菌株分为24个MLVA型，81株PT8型菌株分为21个MLVA型。MLVA在理论和技术方面都正处在发展和完善阶段，但由于其具有快速、高分辨力、易标准化、重复性好等优点，在病原微生物分型中的应用将越来越广泛。Torpdahl等用MLVA方法鉴定了一起由鼠伤寒沙门菌引起的区域暴发并且追踪了其传染源，所有的暴发菌株都有相同的噬菌体型、MLVA型和PFGE型，但是仅仅MLVA方法能将对照菌株和暴发菌株分开；进一步的研究发现一株来自猪群的菌株及其位于暴发相同地理区域的相应的屠宰场与人源菌株有相同的PFGE和MLVA型别，结合流行病学资料证实了这次区域暴发是由猪群引起的鼠伤寒沙门菌噬菌体DT12型的区域感染。其他的研究也证实了MLVA在沙门菌尤其是相同沙门菌血清型的不同噬菌体型的菌株引起的多地暴发调查和溯源追踪方面，是一种非常可靠的工具。

3. 低频限制性切割位点PCR　低频限制性切割位点PCR（infrequent restriction site PCR，IRS-PCR）是1996年由Mazurek等建立的一种根据细菌DNA指纹对细菌进行分型的方法。该方法不需复杂仪器、耗时短、结果准确、少量目的DNA即可进行，区分来源不同和种类有别的细菌，适合在临床细菌分型中推广。So LH等应用IRS-PCR和PFGE对71株肠炎沙门菌进行分型，分出3个型别，PFGE电泳结果也分出3个型别，但亚型比IRS-PCR多，两种分型方法结果相似。目前应用该方法对沙门菌分型研究还主要限于肠炎沙门菌，但基于IRS-PCR的优点，相信该技术在不久的将来会得到广泛的开展与应用。

（三）基于限制性内切酶的分型方法

核糖体分型是一种基于限制性酶切片段长度多态性（RFLP）的方法，依赖于核糖体RNA基因序列的数量和位置来区分分离株。核糖体分型的主要优点在于其较高的可重复性。核糖体分型产生相对较少的条带，比其他分析方法更容易分析。虽然核糖体分型在区分不同血清型沙门菌时比较有效，但是在对同一血清型内不关联菌株的分型时，往往达不到较好的效果。近年来核糖体分型在沙门菌属流行病学研究中应用较少，但如果结合其他分型方法，核糖体分型结果对于沙门菌研究仍然有较高的参考价值。田克诚等用16S核糖体分型对贵州省9个地区26个县、市1959—1999年209株伤寒沙门菌分离株进行分型及药物敏感性试验，共分为26个核糖体型，得出贵州省不同地区、不同时间的伤寒沙门菌分离菌株在核糖体杂交图谱上的多态性和多重耐药，是引起贵州伤寒发病率居高不下的原因。

三、比较基因组学的方法

在后基因组时代，比较基因组学已经成为诠释遗传信息生物学意义的重要方法。运用生物信息学方法比较分析不同细菌的基因组，有助于逐步揭示细菌染色体物理结构的保守性和基因内容的多样性及其发生机制，从基因水平分析不同菌株表型和致病性等方面的相似性和差异性。

Zhou等对149株跨度450年的甲型副伤寒沙门菌进行比较基因组学分析，发现菌株所存在的环境不是造成副伤寒发生的主要原因。英国Mather等对噬菌体型为DT104的分离自人及其他动物的142株鼠伤寒沙门菌进行全基因组测序，通过比较基因组学的方法，发现人源沙门菌菌株和动物源菌株的系统发生存在相当大的差异，提示人源DT104型鼠伤寒沙门菌和动物源DT104型鼠伤寒沙门菌的传染来源不同，人源沙门菌病不是由当地的动物传播为主的，人沙门菌的感染来自出口的食品、国外旅游者、环境等多条途径。Thomson等对肠炎沙门菌PT4和鸡伤寒沙门菌287/91进行比较基因组学研究，结果提示，鸡伤寒沙门菌287/91是肠炎沙门菌进化后的派生物，鸡伤寒沙门菌通过缺失及假基因的形式促使基因组中的部分基因失活。基于与其他宿主高度适应性的沙门菌基因组的比较，为揭示沙门菌宿主及组织适应性的机制提供了参考。Deng等对伤寒沙门菌Ty2和具有耐药性的CT18进行的比较基因组学研究结果发现，两株细菌分别有29个和84个特异的基因，且在前噬菌体、插入序列等结构特征方面存在较大差别，CT18中还带有两个质粒，其中一个参与该菌株的耐药性。Luo等对具有高致病力的鼠伤寒沙门菌UK-1及LT2、14028s、D23580、SL1344鼠伤寒沙门菌进行了比较基因组的研究，分析结果表明，该菌株在基因组结构上与LT2及14028s等鼠伤寒沙门菌具有高度相似性，有4个非特有的前噬菌体，其中噬菌体Gifsy-3中有两个独特的基因参与三型分泌系统，假基因的数量极少，该菌株所具有的与毒力相关的大质粒在序列上与LT2的质粒pSLT同源性极高。CRISPR序列的结构和长度上不同于其他4种沙门菌。通过比较基因组学的方法解析高致病性鼠伤寒沙门菌UK-1的遗传信息，可以揭示其致病机理及其遗传进化规律，并为疫苗的研制奠定基础。

四、不同分型方法的联合应用

不同的分型方法都有其优点和缺点，这会影响到它们在确定沙门菌分离株来源和亲缘关系时的准确性。为有效地确定沙门菌的克隆性和遗传相关性，通常结合使用多种分型方法，研究表明这在鉴别近源株时非常有价值。例如，Dudley等发现将PFGE与CRISPR-MVLST相结合，对暴发株与克隆株的鉴别和区分能力要高于PFGE。能大大提高人源肠炎沙门菌的区分能力。但是对于肠炎沙门菌而言，比较基因组学分析表明，单独选取毒力基因并不能有效地区分不同的暴发流行株。因此，需要选取区分能力更高的分型方法。该方法分型能力要高于PFGE法和传统的MLST法，对不同血清型菌株具有较好的分型能力，但是不适用于高度同源的相同血清型菌株间的鉴定。

Atsushi等发现，MLVA与PFGE联合使用能提高牛源鼠伤寒沙门菌和4，5，12：i：–沙门菌的分子分型能力，并且能在这些血清型的同一克隆中较为清楚地确定不同的克隆亚型。日常监测中，可先应用血清分型对沙门菌分离株进行分类，之后应用抗生素敏感试验和噬菌体分型等表型分型方法来进一步确定病原体，再使用PFGE、MLVA、MLST等分子分型技术进一步鉴别引起食源性沙门菌病菌株的亲缘相关性。因此，选择合适的分型方法以及合理安排所选方法的顺序，能够帮助实现沙门菌分型能力的最大化。

因为各种方法依靠不同的原理来区分分离株，通过一种方法检测出来的菌株差异可能在使用另一种技术时得不到体现。分子分型的主要用途在于可以鉴别特定细菌菌株之间的遗传关联性，进而明确特定病原体的起源。采用方法的顺序可以帮助改进溯源方案的效用。大多数情况下，在调查食源性疾病时，最初使用血清分型来分类沙门菌分离株。因为初步分类的重要性，因此有了发展用作沙门菌血清型快速诊断分子方法的推动力，比如PCR或者DNA测序。通常使用噬菌体分型等其他表型分型方法来进一步表征病原体。如AFLP、PFGE、MLVA、MLST或者PCR方法的分子分型技术的使用，可以进一步鉴别引起食源性疾病的亲缘关系较近的沙门菌菌株。选择哪种分子方法取决于下面探讨的诸多因素。

虽然不同分型方法彼此有区别，但它们在沙门菌分子分型中都非常重要。这些特征包括，鉴别不关联菌株的能力，确定每个分离株的分型结果的能力，结果的可重复性。分型方法的第一个要点是鉴别亲缘关系较近的分离株的能力，这在分子分型技术使用中至关重要。当使用分型能力较差的技术来分型时，需要联合使用其他方法来有效地区分菌株，从而导致花费额外的时间和金钱。在表征沙门菌分离株时，血清学分型是重要的首要步骤，可以一定程度地区分菌株，但特定血清型内的菌株需要用如PFGE、MLVA、AFLP或者MLST进一步鉴别。每个分子分型技术的重要特征在于，它们的鉴别能力因某些特定的情况而有所不同。例如，最近的研究指出，当对照不同酶参与下的多个反应时，PFGE在分离亲缘关系较近的分离株时的能力显著增强。通常，在单一酶参与下似乎不可鉴别的分离株，在使用另外的酶时可以很容易地鉴别。MLST方法中引进毒力基因，用MLVA来筛选和比较更多的位点、减少AFLP引物中未知核苷酸的数量可以增强这些方法的鉴别能力。

第二个要点是这些方法得出分型结果的可用性能力。某些分型方法在特定的环境下不起作用，例如，有些沙门菌缺少质粒、重复序列或有效的噬菌体受体，或者得到模糊的条带以至于不能分型。因此，需要其他可供选择的方法来区分这些不可分型的分离株。分型方法的第三个要点是可重复性。很多PCR分型技术在重复性上有问题。扩增条件的微小变化能够导致图谱的改变，以至于同样的菌株可能被认为是不同的菌株。那些主要依靠视觉来判断的技术也存在潜在的重复性困难。因此，依靠明确稳定的标记来分型的技术，如MLST中用到的管家基因，能够产生高度可重复的分型结果。另外，为了提高可重复性和分型结果的使用性，应能控制分离株在培养基中的传代次数。沙门菌在人工培养基中的重复传代可能导致基因组变异，如果某个分型方法中涉及的基因组发生变化，如PFGE的限制性位点，将导致食源性疾病的病原体可能被错误分类。同样，在培养过程中质粒的丢失，对一个分离株的质粒图谱也有一定的影响。

另外，得到结果所需的时间、材料的花费、仪器的耗费等因素在选择分子溯源方法时非常重要。某些技术，尽管具有较好的鉴别能力，但是需要昂贵的特殊仪器，因此不是对所有研究者都可行。例如，使用MLST、MLVA或者AFLP作为高通量的分型方法，研究者需要使用自动化的DNA序列分析仪。购买和保养这些仪器以及相关分析软件相当昂贵。另一方面，如RAPD-PCR和Rep-PCR技术需要标准热循环仪和凝胶电泳设备，几乎每个分子微生物学实验室都有这些设备。因此，表征食物链中沙门菌的最合适分子分型方法的选择，取决于需要鉴别的程度和开展分型所需的资源。巧妙地选择分型方法以及合理安排所选方法的顺序，有助于实现食源性沙门菌分型能力的最大化。

第三节　**沙门菌的分子流行病学**

目前，沙门菌在全球范围内是最常见的食源性致病菌之一，沙门菌感染是全球重大的公共卫生问题。食物传播是人感染沙门菌的主要途径，而动物性食品中沙门菌的污染是人沙门菌感染的主要来源。随着分子生物学技术的不断发展，从DNA水平对致病菌进行分型及鉴定的技术也日趋成熟。当前在传染病控制中，对病原体不仅仅局限于检测，而是监测的重要内容，形成网络化，并联系流行病学信息。国际上比较重要的传染病监测网络包括世界卫生组织于2000

年建立的全球沙门菌监测网（Global Salmonella Surveillance，GSS）和美国疾病预防和控制中心于1996年建立的肠道病原菌分子分型监测网络（PulseNet）。近年来美国又陆续建立了食源性疾病主动监测网（FoodNet）、细菌分子分型国家电子网络（PulSeNet）和国家肠道细菌耐药性监测系统（NARMS），核心技术包括PFGE、MLST和MLVA等分子分型技术。中国已经加入GSS，并于2004年建立了PulseNet，加入亚太地区PulseNet，并将菌株的DNA指纹图谱上传，不同实验室和地区间可以进行交流和共享数据，以提高对传染病的追踪和预警能力。

一、国际沙门菌病分子流行病学

据世界卫生组织估计，全球每年感染伤寒的临床病例数达到2 100万，造成了20万人的死亡，主要由伤寒沙门菌和副伤寒沙门菌引起。目前，在印度、巴基斯坦、尼泊尔、印度尼西亚和中国，有14%～64%的伤寒病例是由甲型副伤寒沙门菌引起的，该菌的致死率为1%～4%。北美、欧洲、尤其是东南亚地区近年甲型副伤寒病例也显著增加，少数国家甚至出现甲型副伤寒暴发流行，故甲型副伤寒被列为近年重要的再发传染病（re-emerging disease）之一。甲型副伤寒沙门菌由A、B、C、D、E、F、G、H和I共9个谱系构成，不同谱系的菌株在历史上流行的时间和地域不同，如在北美和欧洲流行的时间为1847—1930年，为谱系D的菌株；而在亚洲地区，1980—1995年间流行的菌株为谱系C的菌株。

在非伤寒沙门菌中，肠炎沙门菌、鼠伤寒沙门菌、猪霍乱沙门菌、德尔卑沙门菌、纽波特沙门菌等是污染动物性产品，进而引起人沙门菌食物中毒的主要致病菌，其中最重要的是肠炎沙门菌和鼠伤寒沙门菌。从全球来看，肠炎沙门菌是沙门菌病的主要病原菌（表5-1）。在临床病例中，肠炎沙门菌的分离率亚洲地区为38%、欧洲地区为87%、拉丁美洲地区为31%、非洲地区为26%。近10年来，美国肠炎沙门菌的感染率呈上升趋势，而鼠伤寒沙门菌和德尔卑沙门菌呈逐年缓慢下降的趋势，肠炎沙门菌流行的优势菌型为JEGX01.0004、PT14b、PT8、X3S3N3和JEGX0.10004。欧盟国家肠炎沙门菌的感染也排在首位，有85%的病例是由该菌引起的，但引起的感染呈逐年下降的趋势，引起沙门菌病暴发流行的优势菌型为PT4、PT14b、PT8，其次为鼠伤寒沙门菌。加拿大也以肠炎沙门菌感染为主，呈现逐年缓慢上升的趋势，优势噬菌体型为PT13、PT13a、PT 8和PT4。

表 5-1　美国 2003—2011 年沙门菌感染病例数及血清型

位　次		沙门菌血清型	病例数	沙门菌病比例（％）	10 万人的发病率
2003—2010	2011				
1	1	肠炎（S. Enteritidis）	1 424	18.2	3.0
2	2	鼠伤寒（S. Typhimurium**）	981	12.6	2.1
3	3	纽波特（S. Newport）	959	12.3	2.0
4	4	爪哇（S. Javiana）	753	9.6	1.6
5	5	S. I 4，[5]，12：i：-***	314	4.0	0.7
9	6	慕尼黑（S. Muenchen）	201	2.6	0.4
6	7	海特堡（S. Heidelberg）	169	2.2	0.4
7	8	蒙得维的亚（S. Montevideo）	150	1.9	0.3
11	9	婴儿（S. Infantis）	130	1.7	0.3
14	10	S. I 13，23：b：-	119	1.5	0.3
12	11	奥拉宁堡（S. Oranienburg）	114	1.5	0.2
6	12	圣保罗（S. Saintpaul）	113	1.4	0.2
10	13	布伦登卢普（S. Braenderup）	110	1.4	0.2
16	14	巴罗利（S. Bareilly）	108	1.4	0.2
13	15	阿贡纳（S. Agona）	73	0.9	0.1
15	16	密西西比（S. Mississippi）	69	0.9	0.1
17	17	汤普森（S. Thompson）	67	0.9	0.1
18	18	伤寒（S. Typhi）	63	0.9	0.1
25	19	伯塔（S. Berta）	52	0.8	0.1
22	20	鸭（S. Anatum）	50	0.7	0.1
		小计	6 019	77.0	12.7
		其他血清型沙门菌总计	1 182	15.1	2.5

（续）

位　次	沙门菌血清型	病例数	沙门菌病比例（%）	10万人的发病率
	血清型未鉴定沙门菌	332	4.2	0.7
	血清型部分鉴定沙门菌	208	2.7	0.4
	粗糙型沙门菌	72	0.9	0.2
	总计	7 813	100	16.4

*Rate per 100,000 persons，**Includes I 4,［5］,12：i：- and I 4, 5, 12：i：-；
*** Typhimurium includes var.5- (Formerly var. Copenhagen) 。
（引自US Department of Health & Human Services Centers for Disease Control and Prevention. www.cdc. gov/foodnet/pdfs/2011_annual_report_508c.）

　　肠炎沙门菌和鼠伤寒沙门菌等引起人沙门菌食物中毒往往与家禽、家畜产品有着密切的联系。在美国1968—2011年临床病例统计中，50.28%的病人是鸡肉污染肠炎沙门菌感染引起的；而在非临床病例中，82.57%的病人是由鸡肉污染肠炎沙门菌感染引起的。由此看出，肠炎沙门菌是导致美国人沙门菌病的主要病原，而其污染的鸡肉则是罪魁祸首。Doyle等报道，整鸡沙门菌检出率在0%～100%，中间值为30%，美国整鸡胴体沙门菌检出率为41.7%。除美国之外，其他国家鸡肉中沙门菌的污染状况也不容乐观。加拿大整鸡胴体沙门菌检出率为21.2%，在多次鸡肉污染肠炎沙门菌引起的沙门菌病暴发中，噬菌体型均为PT13。澳大利亚两个州的整鸡胴体表面沙门菌检出率为47.5%。瑞士整鸡胴体未检出沙门菌，荷兰鸡胸肉沙门菌检出率为8.6%。西班牙零售整鸡及其副产品沙门菌平均检出率为49%，其中超市整鸡沙门菌检出率为75%，且肠炎沙门菌分离率为34.3%。除上述两种沙门菌外，最近在美国出现了受海德堡沙门菌污染的火鸡肉。总之，从全球来看，禽肉是沙门菌污染率比较高的食品，是引起动物源性食品沙门菌病暴发的重要因素之一。

　　除禽肉沙门菌污染造成的食物中毒之外，蛋和蛋制品是引发人沙门菌病流行的重要因素。肠炎沙门菌可通过水平传播和垂直传播两种方式污染禽蛋，即蛋壳渗透造成鸡蛋的间接污染，以及细菌随着带菌生殖器官分泌物造成蛋产出前内容物的直接污染。在欧盟国家，蛋和蛋制品成为沙门菌食物中毒的主要的食物媒介。据欧洲疾病预防和控制中心统计，2012年肠炎沙门菌所引起的感染中，鸡蛋所引起的感染率为62.6%，成为主要污染源。2014年8月，欧洲疾病预防和控制中心报告了一起由消费污染肠炎沙门菌的鸡蛋引起奥地利、法国、德国和英国多起沙门菌病的暴发，通过溯源研究发现，与德国南部的鸡蛋集运中心的鸡蛋有关。分子分型研究结果证实，造成多起沙门菌病暴发的菌株噬菌体型为PT14b，MVLA的分型结果为2-12-7-3-2。值得一提的是，德国近年来引起沙门菌病暴发的优势肠炎沙门菌型为PT4、PT8和PT21，而PT14b型菌株引起暴发的报道极少，是德国引起食物中毒病例中极罕见的噬菌体型。2010年在美国出现大规模鸡蛋召回事件，主要是由于这些鸡蛋受到肠炎沙门菌的污染。在加拿大，多次暴发了由噬菌体型为PT8（2000、2008、2010）和PT13（2006）肠炎沙门菌污染鸡蛋而引起的食物中毒。总体来看，欧盟国家等蛋和蛋制品所引发的人沙门菌病成为该地区沙门菌病暴发的主要来源。

自20世纪90年代起，猪肉也被认为是人感染沙门菌的一个重要来源。在欧洲，猪肉是人感染沙门菌的第二大来源，其造成沙门菌病的比例分别为5.4%（2007）和6.1%（2008）。尤其在北欧和西欧地区，猪肉引发的人沙门菌病暴发比例达到6.92%和9.54%。这也说明猪肉是人感染沙门菌的重要来源。其次是生猪携带的沙门菌（26.9%），在欧洲南部地区高达43.6%。调查发现欧洲26个国家猪肉来源沙门菌的主要血清型分别是鼠伤寒沙门菌、德尔卑沙门菌和肠炎沙门菌。值得一提的是，2011年法国猪肉香肠污染肠道沙门菌血清型4,[5],12: i: −引起了全国大暴发。在美国，有9%的人沙门菌病是由于食用了污染沙门菌的猪肉引起的，而猪肉中引起沙门菌病暴发的主要血清型为乌干达沙门菌和婴儿沙门菌。Miranda等对墨西哥肉铺和超市猪肉样品中沙门菌的污染状况进行了调查，发现肉铺和超市猪肉样品的细菌分离率为17.3%，且肉铺中的猪肉沙门菌污染远高于超市样品。Teck等报道新西兰110份进口的猪肉样品中，沙门菌的污染率为3.6%。由此可见，沙门菌污染猪肉对全球的公共卫生安全有着十分重要的影响。

除动物产品之外，也存在其他食品造成人食物中毒的案例。如2006年8月美国首次报道受污染的花生酱导致田纳西沙门菌病暴发，波及美国的47个州，报告了628例实验室确诊病例。2008—2009年美国44个州报告了642名实验室确诊病例，9例患者死亡，致病源为污染了鼠伤寒沙门菌的花生酱。以上沙门菌分子流行病学的资料表明，为了向消费者提供更安全的食品，在家禽、家畜饲养加工过程中加强对沙门菌的控制是非常重要的。

二、国内沙门菌分子流行病学

（一）人源沙门菌的分子流行病学

沙门菌引起食物中毒是全球性的，通常占细菌性食物中毒的前一、二位，我国沙门菌感染的情况也很严重，多年来一直居细菌性食物中毒的首位（占64%），有70%～80%的食源性疾病的暴发流行是由沙门菌引起的。我国近20年来引起食物中毒的沙门菌至少有34个型，引起食物中毒的主要型别和发生频率已发生变化。以前我国的伤寒和副伤寒发病率较高，由于疫苗预防接种和人民生活条件的改善，我国伤寒和副伤寒的发病率已控制在10/10万以下。但是近年出现新的流行趋势，甲型副伤寒多发地区在我国呈较明显的集中趋势，甲型副伤寒在一些省份出现并迅速流行，2004—2007年46起甲型副伤寒暴发疫情中，浙江、广西、云南、贵州暴发疫情数占全国的91.30%。2009年副伤寒报告居前5位的仍然是云南、贵州、广西、广东和浙江，占全国病例总数的76.88%。目前，甲型副伤寒在我国和东南亚国家发病较多，依然是一个严重的公共卫生问题。在非伤寒沙门菌感染中最常见的是食物中毒胃肠炎型，约占沙门菌感染的70%，我国检出此类血清型有40多个，分属于11个O群，包括鼠伤寒沙门菌、猪霍乱沙门菌、阿伯丁沙门菌等。其中肠炎沙门菌已升居首位（34.5%），鼠伤寒沙门菌降至第2位（17.8%），德尔卑沙门菌升居第3位（9.9%），其次为都柏林沙门菌（5.1%）、明斯特沙门菌（3.1%）、里森沙门菌（2.5%）、斯坦利沙门菌（2.0%），猪霍乱沙门菌、阿贡那沙门菌和哈达尔沙门菌3个型各为1.0%。

国内不同地区的流行血清型呈现明显的规律性，上海市非伤寒沙门菌感染中肠炎沙门菌在病例中列首位，与食用污染的鸡肉等禽类制品有密切关系，PFGE 3型肠炎沙门菌是目前上海市肠炎沙门菌流行株的优势菌型。北京市近十年优势血清群为D1群，优势血清型为肠炎沙门菌，占54.8%，对氨苄西林、哌拉西林和复方新诺明有较高耐药性。宁夏回族自治区肠炎沙门菌为优势血清型，SALX01004为优势型。福建省鼠伤寒沙门菌仍是最常见血清型，PFGE分型中P1是优势型。浙江省是全国伤寒（副伤寒）高发省份之一。但不同地区的序列型和优势型不完全相同，浙江、南京、北京、广州、新疆和沈阳流行的优势序列型均为ST11，而济南地区以ST32占主导。2009年1月至2011年3月我国流行的沙门菌是多克隆的，但某些基因型与聚类占主导。各地区沙门菌的PFGE图谱型和优势型不完全相同，济南地区以PT09为主导，北京地区以PT78为主导。相同血清型菌株一般具有相同图谱型或聚集在一起，但某些血清型存在变异较大的菌株，如猪霍乱沙门菌、山夫登堡沙门菌、肠炎沙门菌等，应该加强对此类菌株的监测和研究。此外，人也是沙门菌的携带者，我国学者报道从健康体检者检出110多个血清型，分属于12个O菌群。利用MLST、PFGE和MLVA技术进行的遗传进化分析显示，相同血清型菌株一般处在相同遗传分支上，但某些血清型菌株变异较大，如猪霍乱、姆斑达卡、利奇菲尔德、纽波特和婴儿沙门菌等沙门菌，这提示我们应加强对优势型、优势聚类和变异较大菌株的监测和研究。

（二）动物源沙门菌的分子流行病学

动物带菌更为普遍，除猪外，从鱼、虾、鳖、蛇、螺、石蛙、蝇、鼠、鸡、牛、羊、马、犬、豹、猫、狮、猴、熊、螨、鳝、泥鳅、雁等检出100多个血清型，分属于28个O抗原群。国内外许多资料证实，爬行类和两栖类往往携带有沙门菌。最近，我国台湾省中兴大学兽医研究所对476只宠物爬行动物（蛇、蜥蜴、龟、鳖）携带沙门菌的研究显示，其带菌率为31%，尤其蛇类带菌高达70%，这与国内外文献报道相似。目前国内家养宠物有上升趋势，应加强预防感染措施。

猪沙门菌病又称猪副伤寒（Paratyphoid of pigs），是由沙门菌属细菌感染引起仔猪的一种传染病。急性经过为败血症，慢性者为坏死性肠炎，有时可发生卡他性或干酪性肺炎。在猪副伤寒病例中，各国分离的沙门菌的血清型也十分复杂，其中主要致病菌为猪霍乱沙门菌、猪伤寒沙门菌。另外，鼠伤寒沙门菌、都柏林沙门菌和肠炎沙门菌等也常引起本病。在美国艾奥瓦沙门菌病所造成的损失仅次于猪痢疾。发病猪和带菌猪是本病的传染源，特别是猪霍乱沙门菌主要依靠猪传播。1987—2000年我国台湾北部平均每年有35例患者感染猪霍乱沙门菌，研究发现，大部分从人和猪中分离到的猪霍乱沙门菌具有相同和相似的DNA指纹图谱，从而证明人感染的猪霍乱沙门菌主要是从猪源获得的。在泰国，1988—1993年导致人沙门菌病的10种血清型中，猪霍乱沙门菌位居其列。研究发现，以猪为特异性宿主的猪霍乱沙门菌中普遍存在一个50kb的毒力质粒pSCV，该毒力质粒与其对宿主的致病机制有关。而鼠伤寒沙门菌的传染来源很多，一般认为猪场中的啮齿动物鼠可传播本病。

禽沙门菌病依据病原体的抗原结构不同分为三种：鸡白痢、禽伤寒和禽副伤寒。由鸡白痢沙门菌引起的称为鸡白痢，由鸡伤寒沙门菌引起的称为禽伤寒，由其他有鞭毛、能运动的非宿主适应性沙门菌引起的禽类疾病统称为禽副伤寒。王晓泉等对我国1962—2006年发生的鸡白痢进行了流行病学调查，从我国江苏、上海、山东、陕西、河南、浙江、新疆、安徽、山西、广西10个省、自治区、直辖市的病死鸡分离和收集到237株鸡白痢沙门菌分离株，时间跨度为40余年，流行病学调查结果提示，鸡白痢在国内养鸡场广泛分布，感染率较高，鸡白痢的防治和净化是一项长期而系统的工作。

禽伤寒通常是成年禽类的疾病，但仍以幼雏鸡死亡率高。鸡白痢、禽伤寒造成的损失始于孵化期，而对于禽伤寒，损失可持续到产蛋期，在全球范围内影响着养鸡业的发展。禽副伤寒的病原体包括很多种类的沙门菌，其中以鼠伤寒沙门菌和肠炎沙门菌最为常见，其次为德尔卑沙门菌、海德堡沙门菌、纽波特沙门菌、鸭沙门菌等。诱发禽副伤寒的沙门菌能广泛地感染各种动物和人。人的沙门菌感染和食物中毒常常来源于家禽和禽产品，因此禽副伤寒在公共卫生上有重要意义。我国禽沙门病非常复杂，鸡白痢、禽伤寒和禽副伤寒三种疾病并存，其不仅是养禽业各个时期的经济问题，而且也是家禽及其产品进出口贸易的障碍，对人民健康有一定影响，必须要花大力气加以控制。

（三）动物源性食品中沙门菌污染现状

沙门菌感染在我国细菌性食物中毒中也最常见，占感染总数的70%～80%。其中90%的食物中毒是由畜禽肉、水产品及相关制品引起的。我国人（31.7%）和家禽沙门菌感染中肠炎沙门菌（36.9%）均位居前列。家畜和动物源性食品构成了食源性沙门菌的主要来源，禽类食品和蛋类是沙门菌研究的重点之一。

在鸡肉样品分离株中，肠炎沙门菌和鼠伤寒沙门菌为优势血清型，比例分别为17.9%（10/56）和14.3%（8/56）。而饲料样品分离株中，山夫登堡沙门菌和阿贡那沙门菌占主要部分，分别为24%（6/25）和20%（5/20）。在我国由沙门菌引起的食物中毒中，最常见的血清型是鼠伤寒沙门菌、都柏林沙门菌、德尔卑沙门菌、纽波特沙门菌、肠炎沙门菌、鸭沙门菌、都柏林沙门菌、猪霍乱沙门菌、病牛沙门菌和斯坦利沙门菌等。

我国关于鸡肉沙门菌的定性研究近年来也逐渐增多，各地报道的禽肉沙门菌污染率不同。刘杰等报道，屠宰场褪毛整鸡沙门菌检出率为83.3%，冷藏整鸡沙门菌检出率为41.7%，分割后冷冻鸡肉沙门菌检出率为36.1%，超市冷冻鸡肉沙门菌检出率为52.8%，冷藏鸡肉沙门菌检出率为61.1%。整鸡胴体（屠宰场、冷库、超市）沙门菌检出率为56.7%。王燕梅等报道，江苏省活鸡肛拭样品沙门菌检出率为10.95%，整鸡胴体沙门菌检出率为34.80%。黄瑞伦等报道，佛山市生禽肉沙门菌检出率为18.85%。王路梅等报道，徐州市生肉沙门菌检出率10.75%。巢国祥等报道，扬州市样品沙门菌检出率为2.2%。赵飞等在2011—2012年共定性检测240份整鸡，阳性率为33.75%。其中，现宰杀活鸡检出阳性率为30%；冷冻鸡检出阳性率为35%；冷藏鸡检出阳性率最高，为40.0%（表5-2）。这些沙门菌分离株包含25种血清型，优势血清型为鼠伤寒沙门菌和肠炎沙门菌（表5-3）。不同研究者对鸡肉中沙门菌的检出率不同，可能由于检测方法和所用培养基不同，以及沙门菌的地理分布不均造成沙门菌检出率结果有一定的不同，但也能够表明国内鸡肉沙门菌污染水平比较高，鸡肉已成为沙门菌的一个主要贮库。

表 5-2　不同贮藏方式整鸡沙门菌阳性率

样品类型	样品数量	阳性样品数量	阳性率（%）
现宰杀活鸡	120	36	30
冷冻鸡	60	21	35
冷藏鸡	60	24	40
总计	240	81	

（引自赵飞. 鸡肉中沙门菌的定量检测及分离株 CRISPRS 分子亚分型分析［D］. 扬州：扬州大学，2013）

表 5-3　2011—2012 年整鸡和鸡蛋来源的 92 株沙门菌分离株血清型分布情况

血清群	沙门菌血清型	样品类型	
		整鸡	鸡蛋
B 群	基桑加尼（S.Kisangani）		1
	利密特（S.Limete）	1	
	彻斯特（S.Chester）	2	
	德尔卑（S.Derby）	1	
	阿贡纳（S.Agona）	1	
	加利福尼亚（S.California）	1	
	鼠伤寒（S.Typhimurium）	27（34.6%）	1
	拉古什（S.Lagos）	4	1
	阿格玛（S.Agama）		
	法斯塔（S.Farsta）	2	
	图莫迪（S.Tumodi）	1	1
	布雷登尼（S.Bredeney）	2	
	海德尔堡（S.Heidelberg）	1	
	印第安纳（S.Indiana）	6（7.7%）	
	未定型（4：i：-）	1	
C1 群	罗米他（S.Lomita）		1
	婴儿（S.Infantis）	2	

（续）

血清群	沙门菌血清型	样品类型	
		整鸡	鸡蛋
	未定型（7：-：-）		1
C2 群	加瓦尼（*S.*Gatuni）	2	
	雷希伏特（*S.*Rechovot）	1	
	利齐菲尔德（*S.*Litchfield）	1	
D 群	病牛（*S.*Bovismorbificans）	1	1
	伤寒（*S.*Typhi）	1	
	塔西（*S.*Tarshyne）	1	
	肠炎（*S.*Enteritidis）	13（16.7%）	1
	都柏林（*S.*Dublin）	1	
	芙蓉（*S.*Seremban）	2	
	鸡雏（*S.*Gallinarum-Pullorum）	2	
E1 群	恩昌加（*S.*Nchanga）	1	
	亚利桑那（*S.*Arizonae）		
总计		78	8

（引自赵飞. 鸡肉中沙门菌的定量检测及分离株 CRISPRS 分子亚分型分析［D］. 扬州：扬州大学，2013）

　　鸡蛋也是沙门菌的重要传播源，尹晓楠等采用菌落PCR法和细菌培养法对北京郊区三个散养鸡场的鸡蛋和带菌情况调查结果显示，蛋内沙门菌平均阳性率40%，蛋沙门菌平均阳性率33.3%。王晶钰对陕西省55家超市1 100枚鲜蛋中沙门菌调查结果显示携带率为2.73%，分离菌株对动物具有一定的致病力，毒力岛基因SPI-1+SPI-2的携带与沙门菌的致病性呈正相关。

　　自20世纪90年代开始，猪肉也被认为是人感染沙门菌的一个重要来源。李昱辰等在2011—2013年从江苏的4个城市南京、扬州、泰州和淮安的农贸市场共采集猪肉样品1 376份，从扬州市区的A、B和C屠宰场共采集屠宰猪和环境样品684份。其中猪肉样品中沙门菌分离率为14.4%，屠宰猪和环境的分离率分别为46.6%和48.8%。通过统计学分析发现，屠宰场沙门菌分离率受季节因素影响明显，且在夏季分离率最高。血清型鉴定结果表明，猪肉和屠宰场来源沙门菌中最常见的血清型都为德尔卑沙门菌，其他如鼠伤寒沙门菌、鸭沙门菌和火鸡沙门菌也都较为常见，其次是鼠伤寒沙门菌、鸭沙门菌和火鸡沙门菌（表5-4）。这一结果与国内其他区域以及国外同类试验的报道基本一致，例如，欧洲食品安全局报道在欧洲的猪圈中德尔卑沙门菌分离率已超越鼠伤寒沙门菌升至第一位。侯小刚等随机抽取四川省猪肉生产链中屠宰场胴体肉样进行沙门菌污染状况调查，发现屠宰场胴体污染率为10.71%，检出的沙门菌共分为4种血清型，其中德尔卑沙门菌占61.90%（13/21），鼠伤寒沙门菌和吉韦沙门菌各占9.52%（2/21）。李郁对安徽省合肥市五个定点生猪屠宰场500份生猪体表样品及200份胴体肉样进行沙门菌的检测，检出率分别为24.2%和17%，均以B群和E1群为主要菌群，里定沙门菌为优势血清型。

表 5-4　猪肉来源的 198 株沙门菌血清型分布情况（2011—2013）

沙门菌血清型	分离株数量				总计（%）
	南京	扬州	淮安	泰州	
德尔卑（S.Derby）	20	53	15	11	99（50.0）
鼠伤寒（S.Typhimurium）	11	9	2	2	24（12.1）
火鸡（S.Meleagridis）	3	7	8		18（9.0）
鸭（S.Anatum）		12		6	18（9.0）
伦敦（S.London）	3	1		7	11（6.7）
阿贡拉（S.Agona）			6		6（3.7）
婴儿（S.Infantis）		4	1	1	6（3.7）
纽波特（S.Newport）	5				5（3.1）
彻斯特（S.Chester）	3				3（1.8）
明斯特（S.Muenster）		2		1	3（1.8）
吉韦（S.Give）			1	1	2（1.2）
利密特（S.Limete）				1	1（0.6）
维尔肖（S.Virchow）		1			1（0.6）
胥伐成隆格（S.Schwarzengrund）		1			1（0.6）
总计	45	90	33	30	198

（引自李昱辰. 猪肉生产链中沙门菌的分离鉴定、耐药性分析及分子分型. 扬州: 扬州大学, 2014）

值得注意的是，在国内引起人食物中毒的主要病原菌株中德尔卑沙门菌处于第三位。由此提示，加强猪养殖过程和屠宰及销售流通过程的控制，对于人沙门菌病的预防具有重要公共卫生意义。

三、沙门菌药物敏感性分析及分子分型

在过去的30年里，对于在全球范围内出现的具有多重耐药表型的沙门菌血清型已经受到越来越多的关注，如鼠伤寒沙门菌、肠炎沙门菌和纽波特沙门菌等。特别值得关注的是，随着喹诺酮类药物及广谱头孢菌素如头孢噻呋、头孢曲松的使用，最近已出现耐药性增强的菌株。近年在英国、美国暴发流行的鼠伤寒沙门菌DT104，携带对氨苄西林、氯霉素、链霉素、磺胺和四环素耐药的染色体基因，而且DT104的耐药谱还在扩大，对甲氧苄啶和氟喹诺酮耐药的菌株也已有报道。另外，在美国发现了首例耐三代头孢菌素（头孢曲松）的沙门菌感染病例，分离到耐13种药物的沙门菌菌株。氟喹诺酮及三代头孢菌素是治疗沙门菌感染的重要药物，因此沙门菌对该两类药物产生多重耐药应给予特别的注意。沙门菌多重耐药菌株的出现、耐药谱的扩大，给治疗沙门菌感染带来了很大困难，同时使治疗成本大大增加，已引起各国政府的高度关注。

自20世纪90年代以来，在人和动物中出现了一个多重耐药的全球流行耐药型（DT104），现已发现鼠伤寒沙门菌DT104中的多重耐药（multidrug resistance，MDR）区域位于沙门菌基因组岛（SGI1）1的染色体上，SGI1已被证实与MDR型鼠伤寒沙门菌DT104的性质相关。抗生素抗性基因定位于SGI1中被称为MDR区的一个13kb的片段上。目前并不清楚其是以怎样的方法、从哪种鼠伤寒沙门菌DT104中第一次获得SGI1的。大部分耐青霉素和头孢菌素的沙门菌菌株是由于后天获得产生β-内酰胺酶能力，并以此来降解β抗菌剂的化学结构。最近，在科威特和阿拉伯联合酋长国的MDR沙门菌研究报告称，第三代头孢菌素类抗生素如头孢曲松和头孢噻肟的耐药性上升了5倍。

国内对沙门菌的耐药性调查结果显示，不同来源沙门菌的耐药率有所不同，活禽来源沙门菌耐药率最高（100%）；鸡肉源和猪肉源沙门菌次之，分别为75%和67.8%；人源沙门菌耐药率为60.3%。鸡肉源沙门菌多重耐药情况最为严重，耐5种及以上抗菌药物的比例达44.7%，其中有2株鸡肉源沙门菌分离株对所用的21种抗生素全部耐药。不同血清型的沙门菌耐药情况也有一定的差异，试验发现，肠炎沙门菌耐药率最高，鼠伤寒沙门菌、火鸡沙门菌、明斯特沙门菌和德尔卑沙门菌次之，阿贡那沙门菌耐药率最低。

潘志明等对1962—2007年我国的450株鸡白痢沙门菌耐药性分析表明，56.2%的菌株对4种以上的抗生素具有多重耐药性（表5-5）。王晓泉对分离和收集自国内10个省、自

治区、直辖市的覆盖18个血清型的人源和食源性沙门菌耐药性测定结果显示，在1962—2006年的40多年内沙门菌耐药性逐渐上升，1998年沙门菌分离株多重耐药性达到高峰（耐药率在50%以上）。耐药表型主要为ACSSuTKNTm、ACSSuTK、CSSuTKNTm等。鸡白痢沙门菌主要携带 $blatem-1$、$tetA$、$sul2$、$strA-B$ 和 $dfrA12$ 基因，同一耐药表型通常由一个耐药基因控制，1997年以前的分离株都不含有 I 类整合子。食物源和人源MDR沙门菌主要有 $blatem-1$、$aadA1$、$blapse1$、$sul1$、$sul2$、$tetA$、$tetB$、$tetG$、$strA-B$、$floR$、$cmlA$ 和 $dfrA12$ 基因， I 类整合子阳性率为31/39，同一种耐药表型由一种以上耐药基因控制。潘渭娟对1993—2008年从我国14个省、自治区、直辖市临床门诊病、死家禽中分离的224株沙门菌进行耐药性研究，结果表明，2000年以后的分离株对萘啶酸保持较高的耐药率（83.74%）。李静对广东和广西鸡白痢沙门菌的耐药性测定显示，菌株对青霉素G、利福平、红霉素等常用药物高度耐药。查华对华东地区健康禽源分离株耐药性的研究表明，对萘啶酸、羧苄青霉素、链霉素、磺胺异噁唑和氨苄西林等抗菌药物具有较高的耐药性，其中，78个鸡白痢沙门菌分离株中62株为多重耐药菌。

表 5-5　中国 1962—2007 年 450 株鸡白痢沙门菌的多重耐药特性

时间	耐药菌株数量	多重耐药菌株	分离菌株数量	抗药率（%）
1962—1968	4	None	0	0
1970—1979	4	TMP-SUL-STR-AMP	5	11.8
		TMP-SUL-TET-AMP	4	
	5	TMP-SUL-STR-AMP-TET	1	1.3
	6	TMP-SUL-STR-AMP-TET-SXT	3	3.9
1980—1988	4	TMP-SUL-TET-CAR	6	14.1
		TMP-SUL-STR-AMP	2	
		TMP-SUL-TET-SXT	2	
	5	TMP-SUL-STR-TET-AMP	4	22.5
		TMP-SUL-STR-TET-SPT	12	
	6	TMP-SUL-STR-TET-AMP-SXT	7	9.9
	7	TMP-SUL-STR-TET-AMP-SXT-CAR	2	2.8

（续）

时间	耐药菌株数量	多重耐药菌株	分离菌株数量	抗药率（%）
1993—1999	4	TMP-STR-TET-AMP	1	0.6
	5	TMP-SUL-STR-TET-SPT	8	36.0
		TMP-STR-TET-AMP-CAR	54	
	6	TMP-SUL-STR-TET-AMP-CHL	4	25.6
		TMP-SUL-STR-TET-AMP-SXT	10	
		TMP-STR-TET-AMP-CAR-SXT	13	
		TMP-STR-TET-AMP-CAR-SPT	2	
		TMP-SUL-STR-TET-AMP-CAR	15	
	7	TMP-STR-TET-AMP-CAR-SPT-ENR	7	4.1
	8	TMP-STR-TET-AMP-CAR-SPT-ENR-NOR	1	0.6
	9	TMP-STR-TET-AMP-CAR-SPT-KAN-ENR-NOR	1	0.6
	10	TMP-STR-TET-AMP-CAR-SPT-KAN-GEN-ENR-NOR	5	3.0
2000—2007	4	TMP-SUL-TET-CAR	15	15.5
		TMP-SXT-NAL-CAR	1	
	5	TMP-SXT-NAL-CAR-SPT	9	8.7
	6	TMP-SXT-NAL-CAR-SPT-NOR	2	17.5
		TMP-SXT-SUL-TET-NAL-CAR	8	
		TMP-STR-TET-NAL-CAR-AMP	8	
	7	TMP-SXT-SUL-STR-TET-NAL-AMP	6	28.2
		TMP-SXT-SUL-STR-TET-NAL-SPT	8	
		TMP-SUL-STR-TET-AMP-CHL-NAL	4	
		TMP-SXT-SUL-STR-TET-NAL-CAR	5	
		TMP-SXT-SUL-TET-NAL-CAR-SPT	2	
		TMP-SXT-NAL-CAR-SPT-NOR-ENR	4	

（续）

时间	耐药菌株数量	多重耐药菌株	分离菌株数量	抗药率（%）
	8	TMP-STR-TET-AMP-CAR-NAL-NOR-ENR	4	3.9
	9	TMP-SXT-NAL-SUL-CAR-SPT-NOR-ENR-CIP	2	2.9
		TMP-SXT-NAL-CAR-SPT-NOR-ENR-CRO-CTX	1	
	10	TMP-SXT-NAL-CAR-SUL-SPT-NOR-ENR-KAN-GEN	2	1.9
	11	TMP-SXT-NAL-CAR-SPT-NOR-ENR-KAN-GEN-CRO-CTX	1	1.0
	12	TMP-SXT-NAL-CAR-SUL-SPT-NOR-ENR-KAN-GEN-CRO-CTX	2	1.9
合计			253	56.2

注：AMP 代表氨苄西林，CAR 代表羧苄西林（羧苄青霉素），CRO 代表头孢曲松（头孢三嗪），CTX 代表头孢噻肟（凯福隆），GEN 代表庆大霉素，KAN 代表卡那霉素，STR 代表链霉素，SPT 代表大观霉素（壮观霉素），CHL 代表氯霉素，TET 代表四环素，TMP 代表甲氧苄氨嘧啶，SXT 代表复方新诺明，SUL 代表磺胺异恶唑，NOR 代表诺氟沙星（氟哌酸），ENR 代表恩诺沙星，CIP 代表环丙沙星（悉复欢），NAL 代表萘啶酸。

（引自 Pan Z, et al. Vet Microbiol. 2009,136（3-4）: 387-392. Changes in antimicrobial resistance among *Salmonella enterica* subspecies enterica serovar Pullorum isolates in China from 1962 to 2007）

　　猪肉源沙门菌的耐药性增强，李昱辰对从江苏4个城市分离到的520株沙门菌进行抗生素敏感性测定，其中，猪肉和屠宰场来源的沙门菌均对四环素耐药率最高，分别为62.6%和58.3%；对氨苄青霉素、链霉素和复方新诺明也有较高的耐药率。不同来源的沙门菌中，血清型为德尔卑沙门菌、鼠伤寒沙门菌、火鸡沙门菌和鸭沙门菌都表现出了较高的多重耐药性，在猪肉中鼠伤寒沙门菌对4~6种抗生素的耐药率达到58.3%，屠宰场中鼠伤寒沙门菌对7~9种抗生素的耐药率达到16.7%，均高于其他血清型（$p<0.05$）。猪肉来源的82.6%沙门菌菌株至少对1种抗生素耐药，而64.6%环境样品和74.5%屠宰场猪肉样品来源的沙门菌菌株至少对1种抗菌药物耐药。猪肉和屠宰场来源的耐药沙门菌菌株中，最常见的耐药型都为四环素，且最常见的多重耐药型也都有链霉素、四环素，说明了耐药沙门菌在屠宰场和农贸市场零售猪肉之间的传播。

　　刘仲义对255株不同来源的沙门菌进行了21种抗菌药物的敏感性试验，结果显示，不同来源沙门菌耐药率有所不同。活禽来源沙门菌耐药率最高（100%）；鸡肉源和猪肉源沙门菌次之，分别为75%和67.8%；人源沙门菌耐药率为60.3%。鸡肉源沙门菌多重耐药情况最为严重，耐5种及以上抗菌药物的比例达44.7%；其中有2株鸡肉源沙门菌分离株对所用的21种抗生素全部耐药。不同血清型的沙门菌耐药情况也有一定的差异，试验发现，肠炎沙门菌耐药率最高，鼠伤寒沙门菌、火鸡沙门菌、明斯特沙门菌和德尔卑沙门菌次之，阿贡那沙门菌耐药率最低。菌株中对萘啶酸和四环素耐药率最高，分别为41.6%和41.2%；对头孢菌素类抗生素及除萘啶酸以外的喹诺酮类抗生素耐药率较低，耐药率均小于5%；对其余抗生素均有不同程度的耐药。共有165株（64.7%）细菌至少对2种抗菌药物耐药（表5-6）。以上研究表明，随着高效广谱抗菌药物在饲料和临床的广泛应用和滥用，沙门菌出现了大量的新型耐药菌株，交叉耐药和多重耐药菌株日益增多。沙门菌的耐药性给临床治疗带来了很大困难，使得治疗效果减弱，治疗成本大大增加。因此，今后除在人和动物疾病预防和治疗上对抗生素的使用作一定的限制外，还需要国内外学者做更深入的研究，以解决沙门菌的耐药问题，使沙门菌引起人和动物耐药和死亡的经济损失降至最低。

表5-6　不同来源沙门菌多重耐药特性

菌株来源	耐药种数（%）				耐药菌株总数（≥2）
	0～1	2～4	5～8	≥9	
活禽（14）	0	10（71.4）	4（28.6）	0	14（100）
饲料（25）	19（76）	5（20）	0	1（4）	6（24）
猪肉（87）	28（32.2）	44（50.6）	10（11.5）	5（5.7）	59（67.8）
鸡肉（56）	14（25）	17（30.3）	16（28.6）	9（16.1）	42（75）
人（73）	29（39.7）	29（39.7）	8（11）	7（9.6）	44（60.3）
总计（255）	90（35.3）	105（41.2）	38（14.9）	22（8.6）	165（64.7）

（引自刘仲义. 不同来源沙门菌多位点序列分型及药物敏感性分析. 扬州：扬州大学，2012）

参考文献

李昱辰. 2014. 猪肉生产链中沙门菌的分离鉴定、耐药性分析及分子分型[D]. 扬州：扬州大学.

刘仲义. 2012. 不同来源沙门菌多位点序列分型及药物敏感性分析[D]. 扬州：扬州大学.

田克诚, 阚飙, 胡伟, 等. 2002. 贵州省伤寒沙门菌分离株16s核糖体基因型的多态性及其流行病学意义[J]. 中华流行病学杂志, 23(1): 50–53.

王晓泉. 2007. 不同来源多重耐药性沙门氏菌分离株耐药机制和脉冲场凝胶电泳分析[D]. 扬州: 扬州大学.

吴承龙. 1998. 细菌R质粒在菌群中的转移及细菌耐药性扩散[J]. 中国人兽共患病杂志, 14(6): 49–50.

叶杰华. 2008. 猪霍乱沙门氏菌SC-B67全基因组测序和比较基因组学研究[D]. 杭州: 浙江大学.

张代涛, 阚飙. 2009. 沙门菌属分子分型技术研究进展[J]. 中国人兽共患病学报, 25(5): 465–468.

朱超, 许学斌. 2009. 沙门菌属血清型诊断[M]. 上海: 同济大学出版社, 132–141.

An Atlas of Salmonella in the United States, 1968–2011. http://www.cdc.gov/salmonella/ .

Boyen F, Haesebrouck F, Maes D, et al. 2008. Non-typhoidal *Salmonella* infections in pigs: a closer look at epidemiology, pathogenesis and control [J]. Vet Microbiol, 130(1–2): 1–19.

Burkhard M, Ernst J, Reiner H. 2008. Multilocus variable number tandem repeat analysis for outbreak studies of *Salmonella enterica* serotype enteritidis [J]. BMC Microbiol, 8: 84.

Chiu CH, Su LH, Chu C. 2004. *Salmonella enterica* serotype Choleraesuis: Epidemiology, pathogenesis, clinical disease, and treatment [J]. Clin Microbiol Rev, 17(2): 311–322

Deng W, Liou SR, Plunkett G 3rd, et al. 2003. Comparative genomics of *Salmonella enterica* serovar Typhi strains Ty2 and CT18 [J]. J Bacteriol, 185(7): 2330–2337.

Denoeud F and Vergnaud G. 2004. Identification of polymorphic tandemrepeats by direct comparison of genome sequence from different bacterial strains: a web-based resource [J]. BMC Bioinformatics, 5: 4.

Esaki H, Noda K, Otsuki N, et al. 2004. Rapid detection of quinolone-resistant *Salmonella* by real time SNP genotyping [J]. J Microbiol Methods, 58(1): 131–134.

European food safety authority. Multi-country outbreak of *Salmonella* Enteritidis infections associated with consumption of eggs from Germany. http://www.efsa.europa.eu/fr/supporting/ doc646e.pdf .

Fakhr MK, Nolan LK, Logue CM. 2005. Multilocus sequence typin glacks the discriminatory ability of pulsed-field gel electrophoresis for typing *Salmonella enterica* serovar Typhimurium [J]. J Clin Microbiol, 43: 2215–2219.

Foley SL, White DG, McDermott PF, et al. 2006. Comparison of subtyping methods for differentiating *Salmonella enterica* serovar Typhimurium isolates obtained from food animal sources [J]. J Clin Microbiol, 44: 3569–3577.

Gossner CM, van Cauteren D, Le Hello S, et al. 2012. Nationwide outbreak of *Salmonella enterica* serotype 4,[5],12: i: – infection associated with consumption of dried pork sausage, France, November to December 2011 [J]. Euro Surveill, 17(5). pii: 20071.

Hugas M, Beloeil PA. 2014. Controlling *Salmonella* along the food chain in the European Union-progress over the last ten years [J]. Eurosurveillance, 19(19): pii=20804.

Humphrey T. 2000. *Salmonella* Typhimurium definitive type 104. A multi-resistant *Salmonella* [J]. Int J Food Microbiol, 67: 173–186.

Laura JVP, David GW, Karl G, et al. 2000. Evidence for an efflux pump mediating multiple antibiotic resistance in *Salmonella enterica* serovar typhimuriun [J]. Agents and Chem, 44(11): 3118－3121.

Levy D, Sharma B, Cebula TA. 2004. Single-nucleotide polymorphism mutation spectra and resistance to quinolones in *Salmonella enterica* serovar Enteritidis with a mutator phenotype [J]. Antimicrob Agents Chemother, 48: 2355－2363.

Lindstedt BA, Heir E, Gjernes E, et al. 2003. DNA fingerprinting of *Salmonella enterica* subsp. enterica serovar Typhimurium with emphasis on phage type DT104 based on variable number of tandem repeat loci [J]. J Clin Microbiol, 41(4): 1469－1479.

Lindstedt BA. 2005. Multiple-locus variable-number tandem repeats analysis for genetic fingerprinting of pathogenic bacteria [J]. Electrophoresis, 26(13): 2567－2582.

Luo Y, Kong Q, Yang J, et al. 2012. Comparative genome analysis of the high pathogenicity *Salmonella* Typhimurium strain UK－1 [J]. PLoS One, 7(7): e40645.

Mather AE, Reid SW, Maskell DJ, et al. 2013. Distinguishable epidemics of multidrug-resistant *Salmonella* Typhimurium DT104 in different hosts [J]. Science, 341(6153): 1514－1517.

Mead PS, Slutsker L, Dietz V, et al. 1999. Food related illness and death in the United States [J]. Emerg Infect Dis, 5(5): 607－625.

Mortimer CK, Peters TM , Gharbia SE, et al. 2004. Towards the development of a DNA-sequence based approach to serotyping of *Salmonella enterica* [J]. BMC Microbiol, 4: 31.

Nilsson AI, Zorzet A, Kanth A,et al. 2006. Reducing the fitness cost of antibiotic resistance by amplification of initiator tRNA genes [J]. Proc Natl Acad Sci, 103: 6976－6981.

Olsen SJ, MacKinnon LC, Goulding JS,et al. 2000. Surveillance for foodborne disease outbreaks United States , 1993－1997[R] .Morb Mortal Wkly Rep CDC Surveill. Summ, 49(01): 1－51.

Omwandho COA, Kubota T. 2010. *Salmonella* enterica serovar Enteritidis: a mini-review of contamination routes and limitations to effective control [J]. Asia science and technology portal, 44(1): 7－16.

Overview of Salmonella Enteritidis in Canada. www.bccdc.ca/NR/rdonlyres/D465DF44.../0/ Landy_ Dutil.pdf

Pan Z, Wang X, Zhang X, et al. 2009. Changes in antimicrobial resistance among *Salmonella enterica* subspecies enterica serovar Pullorum isolates in China from 1962 to 2007 [J]. Vet Microbiol, 136(3－4): 387－392.

Park SH, Aydin M, Khatiwara A,et al. 2014. Current and emerging technologies for rapid detection and characterization of *Salmonella* in poultry and poultry products [J]. Food Microbiol, 38: 250－262.

Rabsch W, Andrews HL, Kingsley RA, et al. 2002. *Salmonella enterica* serotype Typhimurium and its host－ adapted variants [J]. Infect Immun, 70(5): 2249－2255.

Sánchez-Vargas FM, Abu-E-Haija MA, Gómez-Duarte OG. 2011. *Salmonella* infections: an update on epidemiology, management, and prevention [J]. Travel Med Infect Dis, 9(6): 263－277.

Sharinne S, Sam A, Warnick LD,et al. 2005. DNA Sequence-based subtyping and evolutionary analysis of selected *Salmonella* enterica serotypes [J]. J Clin Microbiol, 43: 3688－3698.

Shivaprasad HL. 2012. *Salmonella* in domestic animals[M]. 2ND Edition. printed and bound in the UK by CPi Group Ltd, croydon, CR04YY.

Steven LF, Aaron ML, Rajesh N. 2009. Molecular typing methodologies for microbial source tracking and epidemiological investigations of Gram-negative bacterial foodborne pathogens [J]. Infection Genet Evol, 9(4): 430－440.

Su LH, Chiu CH, Wu TL, et al. 2002. Molecular epidemiology of *Salmonella enterica* serovar enteiritdis isolated in Taiwan [J]. Microbiol Immunol, 46(12): 833－840.

Tang HJ, Chen CC, Ko WC. 2012. Tigecycline therapy for bacteremia and aortitis caused by *Salmonella enterica* serotype Choleraesuis: A case report [J]. J Microbiol Immunol Infect, 1－3.

US Department of Health & Human Services Centers for Disease Control and Prevention. 2011. www.cdc.gov/foodnet/pdfs/2011_annual_report_508c. Foodborne Diseases Active Surveillance Network FoodNet Surveillance Report, 19.

Weiner MP, Hudson TJ. 2002. Introduction to SNPs: discovery of markers for disease [J]. Biotechniques Suppl, 32: 4－13.

Wolf TM, Wünschmann A, Morningstar-Shaw B,et al.2011. An outbreak of *Salmonella enterica* serotype Choleraesuis in goitered gazelle (Gazella subgutrosa subgutrosa) and a Malayan tapir (Tapirus indicus) [J]. J Zoo Wildl Med, 694－699.

World organization for animal health. Manual of diagnostic tests and vaccines for terrestrial animals (mammals, birds and bees) [M]. Sixth Edition. Volume 2. 12671270.

www.chp.gov.hk/.../review_of_nontyphoidal_salmonella_food_poisoning_in_hong_kong_r.pdf. Review of nontyphoidal salmonella food poisoning in Hong kong. 1－19.

Zhou Z, McCann A, Weill FX, et al. 2014. Transient Darwinian selection in *Salmonella enterica* serovar Paratyphi A during 450 years of global spread of enteric fever [J]. Proc Natl Acad Sci, 111(33): 12199－12204.

第六章

沙门菌耐药性

　　20世纪40年代青霉素的临床应用开启了人类的抗生素时代，但几乎在同一时期也发现了青霉素酶，即已认识到细菌对抗生素的耐药性问题。至今仅几十年时间，细菌耐药性已严重地威胁着感染性疾病的治疗，并成为全球医学、公共卫生、食品安全及环境领域等共同关注的重要问题。

　　新近对古老细菌与现代病原菌DNA的研究揭示了抗生素耐药基因的古老起源、多样性及快速进化，并促使了耐药基因组（resistome）的问世。耐药基因决定簇及与进化有关的可移动元件如质粒、插入序列、转座子和整合子等远存在于抗生素时代之前。在过去短短的70多年抗生素时代期间，大量应用各类抗生素等行为明显造成了对细菌的选择性压力，加之细菌基因本身的自突变性和水平基因转移能力等多种因素，促使细菌耐药基因的进化及新型耐药特征的出现。

　　沙门菌是主要的肠道传染病病原菌之一，由于抗菌药物的广泛和盲目使用，沙门菌耐药性变得越来越严重，耐药菌株不断出现，而且其耐药谱也不断发生变化。近年来，耐药沙门菌成为主要的致病菌，其产生的耐药性也带来了新的问题。许多学者对沙门菌的耐药机制做了大量的研究，表明其耐药的原因是多方面的。如何合理使用抗生素，掌握沙门菌耐药性的产生机制，控制多重耐药菌的产生和扩散，已经成为我们面临的重要工作任务之一。

第一节　耐药机制概述

　　随着抗菌药物在临床上的广泛应用，细菌对抗菌药物的耐药问题也日趋严重，其耐药水平越来越高，出现了多重耐药菌株，给人类和动植物的健康造成极大的危害，细菌耐药性问题已经成为全球关注的一个热点。多重耐药（multidrug resistance，MDR）可由染色体上多重耐药决定簇或基因突变介导，也可由识别耐药基因或水平转移的一组耐药基因发展形成。这种耐药基因的扩散已引起临床抗生素耐药菌株的快速出现。传统认为耐药基因可通过质粒、转座子传递；近年来证实有关抗生素耐药机制还涉及整合子（integron）基因结构的存在。耐药基因能通过位点特异性重组插入质粒和转座子，即传递的另一种机制为基因盒-整合子系统。目前，对细菌产生耐药性的分子机制有了较深入的研究。

一、细菌耐药性分类

（一）先天耐药

为细菌本身固有的特性，即耐药性由细菌自身染色体上的基因控制。这种先天耐药与微生物的生理结构有关，细菌先天已经存在这种机制或特性，其具有典型的种属特异性，即在相同的环境条件和数量时，在不同种、属和血清型甚至菌株之间存在差异。先天耐药可能是由于细胞壁的复杂结构、外排机制或是产生了酶灭活抗生素。例如，多数革兰阴性杆菌由于复杂的细胞壁结构，通常对用于革兰阳性菌的抗生素有抵抗性。另外，细菌DNA都有一个极低的突变率，当细菌细胞分裂$10^5 \sim 10^9$代后就有一次突变出现，可能会对某一抗生素产生耐药现象，这种突变造成的耐药菌在自然界耐药菌中居次要地位。

（二）获得性耐药

由后天获得，来源于抗生素作用位点发生基因突变，或者获得编码耐药基因的质粒、转座子（transposon，Tn）或整合子之类的可移动性遗传元件。通过融合、转导（transduction）和转化（transformation）在不同种属的遗传物质之间转移或集聚重排，造成多重耐药菌发生率大幅上升。

为防御抗生素的破坏，细菌常常从附近其他细菌或环境中摄取耐药基因，这是最普遍的耐药类型。耐药基因可存在于细菌染色体，也可由质粒携带，还可嵌入转座子中。最常见的质粒是对抗生素耐药性编码的耐药质粒（R质粒），耐药质粒可通过接合在细菌间穿梭而传播耐药性。接合的传递方式主要出现在革兰阴性菌中，特别是肠道菌。通过接合方式一次可完成对多种抗生素的耐药性转移。接合转移不仅可在同种、亦可在不同属细菌间进行。转座子是一种比质粒更小的DNA片段，它能够随意地插入或跃出别的DNA分子中，将耐药性的遗传信息在细菌的质粒、噬菌体或染色体间传递，造成耐药性的多样化。转座传递方式可在不同属、种的细菌中进行，甚至在革兰阳性菌、阴性菌间传递耐药性，从而扩大了耐药性传播的宿主范围，这是造成多重耐药性的重要原因之一。此外，耐药基因也可通过噬菌体传递，因噬菌体可从一个细菌摄取基因并将这个基因注入另一个细菌。

二、耐药性的古老起源

　　新近对古老细菌与无人类活动环境所分离细菌的DNA进行研究，并对耐药基因系统进化分析，显示耐药基因的古老起源及在现代条件下人类活动加速耐药性的进化与传播。这些研究对人类迫切需要同时采取多种有效措施控制耐药性有极大的警示作用，包括合理负责任地使用抗生素、控制耐药菌的传播、处理不同环境如医院废弃物、养殖动物排泄物和污水中的抗生素残留及病原菌/耐药菌等，其关键是停止抗生素的滥用、保护抗生素这一人类的珍贵健康资源。对人体和现代环境细菌菌群的基因组学〔尤其是宏基因组学（metagenomics）〕的研究，揭示了各种环境下大量存在的多样化耐药基因，如这些耐药基因不仅见于产抗生素微生物、人体正常菌群和病原菌，而且普遍地存在于土壤微生物中。加拿大McMaster大学分析了480株土壤细菌，发现所有细菌均呈现多重耐药性，其中60%以上的细菌耐6～9种抗生素，有的甚至对15种抗生素耐药，而测试的药物包括替加环素和达观霉素等新型抗生素。某些耐药基因为隐匿性耐药基因或耐药前体基因，通常由于表达水平较低不足以导致耐药性或需要编码蛋白与抗生素作用导致耐药性。多样化耐药基因的发现已促使耐药基因组这一新概念的问世，这也充分反映耐药基因的复杂性，同时促使人们思考耐药基因的起源。土壤中存在的大量不同类型的抗菌活性物质足以解释上述土壤细菌具有普遍多重耐药性，因为这些不同细菌需要感应及防御抗菌物质的作用，土壤细菌因而是耐药基因的重要贮存库。新近的一些研究从与人类活动高度隔离的环境中采取细菌DNA，其结果揭示了抗生素耐药性的古老起源。例如，从加拿大Yukon地区永冻土中分离的3万年前的土壤细菌DNA中，发现了多种抗生素耐药基因，如β–内酰胺酶（TEM酶）、氨基糖苷修饰酶（AAC酶）、四环素靶位核糖体保护蛋白TetM、大环内酯类靶位核糖体甲基化酶Erm及耐糖肽类抗生素编码基因。其中，由 *vanHAX* 操纵子所介导的耐万古霉素基因编码的蛋白质功能与现代临床病原菌和土壤环境菌耐万古霉素蛋白功能相同，结构也非常相似，均是影响肽聚糖生物合成的过程、降低糖肽类对作用靶位的亲和力。另还从美国新墨西哥州Carlsbad洞穴国家公园Lechuguilla洞穴采取分离了93株细菌，这些细菌分离于400万～700万年的断层表面，虽从未与人类或其疾病及抗生素接触，但多数呈现了多重耐药性，某些细菌耐多达14种抗生素，表明耐药性可普遍存在于非人类活动的自然环境中。这些研究还发现了两种未知的抗生素耐药机制，即由酶介导的对天然和半合成大环内酯类抗生素糖基化和激酶磷酸化两种新型耐药机制。抗生素源于真菌及细菌等微生物，这就要求相应的产抗生素微生物具有相关耐药机制以保护自身免受抗生素的作用。新耐药机制的发现提示自然环境中存在其他尚未发现的抗生素，对新型抗生素的研发有启迪作用。这些对古老细菌DNA的研究直接证实了广泛的耐药性存在于抗生素应用之前，并作为自然生态学的一部分。古老细菌的耐药机制也存在于现代病原菌中，从而显示了耐药基因的古老起源。β-内酰胺酶是革兰阴性细菌耐β-内酰胺类抗生素的主要耐药机制之一，对这些酶基因的系统进化分析发现，传统上种类众多的属于A类的TEM及SHV酶与属于B类的金属酶均源于数亿或数十亿年前。

三、耐药性的现代进化

（一）抗生素应用促进了细菌耐药性的选择与传播

人类进入抗生素时代的70多年以来，细菌耐药性已成为全球问题，这明显地提示人类与抗生素的相关活动行为促使了耐药性的发生。大量医源性细菌已有较高水平的耐药性，如被称为"ESKAPE"的病原菌，即肠球菌（E）、金黄色葡萄球菌（S）、肺炎克雷伯菌（K）、鲍曼不动杆菌（A）、铜绿假单胞菌（P）和肠道杆菌属（E），它们所致的感染可占医源性细菌感染的2/3，同时本身也可自然存在于土壤或水中。"ESKAPE"借用了英文单词"escape"的"逃生"之意，表明这些病原菌具有多重耐药基因，使其能逃离抗生素的灭活作用。目前，通过各种分子生物学和流行病学等研究手段，从耐药细菌在不同环境分布和耐药基因的变迁等多个层面，以便更好地认识人类在这一活动期间的细菌耐药性进化及发现耐药基因的贮存库。耐药性的获得有多种途径，细菌的任何基因包括抗生素敏感性基因可发生自然突变，耐药性也可通过细菌的水平基因转移［horizontal gene transfer，又称侧向基因转移（lateral gene transfer）］获得新的DNA而产生。但抗生素的选择作用与暴露时间是加速耐药性进化的重要因素。敏感细菌被抗生素抑制或杀灭，携带突变的耐药细菌得以生存及继续繁殖。否则，若敏感细菌占支配地位，耐药细菌的生存与传播势必受到限制。因而，临床使用抗生素的患者较易分离到高耐药水平的菌株。抗生素时代之前所分离的细菌常常对抗生素敏感，如对1950—2002年由人及食用动物所分离大肠杆菌的耐药性分析，充分显示了抗生素进入市场与耐药性进化的直接关系。利用厄瓜多尔—偏僻群岛的野生动物的肠道菌群进行分析追踪，显示获得性耐药的发生与人类活动及抗生素暴露的重要相关性，以至于得出了"无人、无耐药性"的结论。细菌耐药性的快速进化导致人体大量正常的细菌菌群普遍存在耐药基因，如对至少1年以上未使用抗生素的健康志愿者体内的细菌进行宏基因组学分析，发现存在大量与人体病原菌高度相似的多种耐药基因，并可能有助于新耐药基因的出现。

抗生素不仅在人类医学广泛应用，在农牧业生产中的应用也占较大的总消费量，并引起人们对食源性微生物耐药性及人类极为重要的抗菌药物如第3～4代头孢菌素和氟喹诺酮在食用动物中应用的关注。新近的研究显示饲料中添加氯四环素、磺胺甲嘧啶及青霉素对猪的肠道微生物群有明显作用，使猪粪样本中的变形菌门细菌量10倍于未食用抗生素的猪，大肠杆菌菌群明显增加，且耐药基因的丰富程度和多样性也有增加。至少部分原因是诱导肠道菌群的前噬菌体，使肠道细菌和噬菌体群体均有改变所至。

长期以来，人们主要认为抗生素在高于最低抑菌浓度（minimal inhibition concentration，MIC）下抑制敏感细菌，从而选择耐药菌株。值得关注的是，新近的研究显示即使在明显低于MIC的抗生素［如纳克每毫升（ng/mL）数量范围］存在下，也可影响细菌的分布或促使耐药菌的出现。亚MIC水平抗生素可通过细胞氧化应激反应的自由基增加、应激反应诱导容易出错的DNA聚合酶及核苷代谢平衡失调等多种机制，导致DNA变异及促进耐药性基因的发生。对各环境中如医院废物及污水、动物养殖场废弃物及土壤中残留的抗生素均已有大量报道，这些低浓度水平的抗生素可促使耐药菌的进化和传播。对土壤细菌耐药基因的调查显示了大量存在的*erm*、*aac/str*及*tet*等耐红霉素、链霉素及土霉素的耐药基因，施用了使用过这些抗生素的牛粪肥的土壤中存在着对它们高度耐药的菌株及多重耐药性。非施用粪便土壤虽然也含有大量的耐药菌，但耐药水平较低和缺乏多重耐药性。这些土壤细菌也同时存在多种转座子，提示其介导的耐药基因转移及扩散。

（二）耐药基因进化变迁

大量、长期的细菌耐药性研究为耐药基因的进化变迁提供了众多的实例。至2014年10月16日，已报道了1 000种以上的β-内酰胺酶，其包括传统的TEM（218种）、SHV（190种）、OXA（434种）及相对较新的CTX-M（160种）、CMY（129种）、IMP（48种）、CARB（23种）、IMI（8种）、IND（15种）、VIM（42种）、KPC（22种）、GES（25种）、NDM（12种）、PER（8种）、VEB（10种）、SME（5种）、BEL（3种）及其他AmpC（108种）等类型（http：//www.lahey.org/Studies/和http：//www.laced.uni-stuttgart.de/）。属于同类β-内酰胺酶的不同酶，可能仅仅是个别氨基酸的区别而导致底物水解范围的差异。β-内酰胺酶的进化与临床开始使用的相应的β-内酰胺类抗生素种类密切相关。大量超广谱β-内酰胺酶（ESBLs）的出现与20世纪80年代后广谱头孢菌素的广泛应用有关，如许多属于TEM和SHV类的ESBLs。近10年来CTX-M酶已成为最主要的ESBLs之一，其最初发现于1988年用于研究犬的新型头孢菌素。CTX-M为质粒介导编码，病原菌大量地暴露于超广谱β-内酰胺类抗生素如头孢噻肟，促使了具有高水解活性酶的进化及传播，如在欧洲、亚洲、南美洲的流行。但其进化可能源于肠道杆菌科的抗坏血酸克吕沃尔菌（*Kluyvera ascorbata*）染色体编码基因。

碳青霉烯酶几乎能水解灭活所有β-内酰胺类抗生素，其临床分离发现也与碳青霉烯抗生素使用密切关联，因而尤其要加强对人类医学极为重要抗生素如碳青霉烯抗生素应用的监控，使其限用于严重耐药细菌感染的治疗。目前，令人担忧的碳青霉烯酶（如KPC酶）、金属β-内酰胺酶（如IMP、VIM及NDM等）及苯唑西林β-内酰胺酶（如OXA-23、-24、-51及-62）在全球各地的大量分离报道，均与碳青霉烯类药物的使用相关。产NDM-1酶的"超级细菌"曾为全球新闻媒体广泛报道，其最初从印度、巴基斯坦和英国分离。产NDM-1的肠道杆菌的质粒携带编码NDM-1酶的基因及多种其他耐药基因，加之这些菌本身也有染色体突变耐药基因，故它们对本应对肠道杆菌有明显抗菌活性的几乎所有抗生素耐药，如亚胺培南、美罗培南、哌拉西林/三唑巴坦、头孢噻肟、头孢他啶、头孢匹罗、氨曲南、环丙沙星、庆大霉素、阿米卡星及米诺环素等，这些细菌仅对多黏菌素和替加环素敏感。细菌分子流行病学的研究显示，NDM-1菌已见于全球众多国家包括加拿大和中国，而人口的流动及环境因素等直接导致了耐药菌在全球的快速扩散和流行，这为人类活动导致抗生素耐药性的传播提供了重要实例。令人担忧的是，产NDM-1的菌已从印度的饮用水和中国的食用动物中分离出来。

氟喹诺酮类是全合成抗菌药物，其作用的靶位DNA螺旋酶或拓扑异构酶Ⅳ的编码基因突变，导致蛋白结构改变，致使药物与DNA-酶复合体的亲和力下降从而发生耐药性。肠道杆菌属细菌qnr质粒介导的喹诺酮类药物耐药性，充分展现了现代药物应用下耐药性的出现和扩散。qnr基因编码五肽重复家族的蛋白，能保护DNA螺旋酶免受喹诺酮药物的作用。自1998年发现到目前已报道至少6类（QnrA、B、C、D、S和VC）约105种以上的qnr基因（http：//www.lahey.org/qnrStudies/）。然而qnr本身可能起源于细菌染色体，如弧菌科（Vibrionaceae）等。传统上，不同类别的氨基糖苷修饰酶特异性地修饰氨基糖苷抗生素使其乙酰化、磷酸化或核苷酰化，而乙酰转移酶的亚酶AAC（6'）-Ib两个氨基酸残基改变所形成的变异酶AAC（6'）-Ib-cr，能修饰灭活氨基糖苷类和喹诺酮类两类化学母体结构各异的药物，从而导致对喹诺酮类药物的敏感性下降，为现代耐药性进化提供了另一重要例证。

四、耐药性发生的机制

细菌耐药性的发生机制与抗生素的作用模式一样十分多样化，包括抑制DNA复制、转录和翻译的多个步骤，或是作用在细胞壁或细胞膜。现已系统认识到细菌通过产生抗生素灭活酶、改变或保护抗生素作用靶位、降低抗生素进入细菌胞内和增强抗生素主动外排泵系统活性将药物排至胞外等多种生物化学机制，从而有效抵御抗生素的抑制或杀灭作用。

（一）编码钝化酶或灭活酶

沙门菌可通过耐药基因编码破坏抗菌药物或使之失去抗菌作用的酶，导致细菌耐药。对氨基糖苷类抗生素的耐药就是因为产生钝化酶。相关的钝化酶有3类，分别为磷酸转移酶（APH）、乙酰转移酶（AAC）和腺苷酸转移酶（AAD）。其中，APH和AAD分别将羟基磷酸化和乙酰化，AAC可以将氨基酸乙酰化，从而改变氨基糖苷类药物的结构，使其失活而产生抗性。aphA编码的磷酸转移酶使氨基糖苷类的游离羟基磷酸化，引起细菌对卡那霉素耐药。aacC编码的乙酰转移酶使氨基糖苷类的游离氨基乙酰化，从而导致抗生素失活，引起细菌对庆大霉素耐药。而aadA和aadB分别编码3-羟基和2-羟基腺苷酸转移酶，对链霉素和壮观霉素的3-OH进行修饰，使链霉素和壮观霉素失去与靶位结合的能力，从而产生耐药。

沙门菌对β-内酰胺类抗生素产生耐药性主要是由于产生β-内酰胺酶，β-内酰胺酶可以水解或结合β-内酰胺类抗生素而将其灭活。β-内酰胺酶按照各自的底物和抑制轮廓分为4组，根据各自的氨基酸序列分属于A、B、C、D共4种分子类别。第1组是不被克拉维酸抑制的头孢菌素酶，分子量大于30kD，pI＞7.0，分子类别属C类。大部分由染色体介导，但近年来发现也可由质粒介导。第1组酶中的AmpC酶是目前研究较热的β-内酰胺酶。AmpC酶是由bla_{cmy}基因编码的，介导包括氨苄西林、头孢噻呋和头孢曲松在内的许多β-内酰胺类抗生素的耐药。第2组为可被克拉维酸抑制的β-内酰胺酶，为数量最多的一组，一半以上由质粒介导。根据对青霉素、头孢菌素、肟类β-内酰胺、氯唑西林、羧苄西林和碳青霉烯类抗生素的水解活性分为2a、2b、2be、2c、2d、2e等亚组；除2d的分子类别为D类外，其余各亚组分子类别均为A类。第3组酶的作用需要金属离子如Zn^{2+}的参与，故称为金属β-内酰胺酶。其分子类别属B类，不被克拉维酸抑制，但可被乙二胺四乙酸（EDTA）抑制。本类酶对青霉素类、头孢菌素类、碳青霉烯类和β-内酰胺酶抑制剂存在广泛耐药性。第4组包括少量青霉素酶，不被克拉维酸抑制。

（二）靶位结构改变

沙门菌可以通过改变抗生素作用的靶位，使抗生素不能被识别，从而产生耐药。沙门菌对喹诺酮类和氟喹诺酮类抗生素的耐药与靶位的改变有关。由于这两类抗生素的靶位均位于DNA拓扑异构酶上，当编码DNA拓扑异构酶的基因发生突变时，它们就会因为不能与相应位点结合而失活。DNA拓扑异构酶由gyrA和gyrB两个亚基组成。鸡白痢沙门菌对氟喹诺酮类抗生素敏感性降低与Ser-83及Asp-87位置的突变有关。近年来研究还发现，沙门菌*gyrB*突变以及DNA拓扑异构酶Ⅳ编码基因*parC*和*parE*的点突变，也可以引起其对喹诺酮类和氟喹诺酮类抗菌药物产生耐药性。

（三）外排泵

外排泵系统的外输作用是沙门菌产生耐药性的一个重要机制，它们主要依赖于细胞膜上一类有泵功能的蛋白，在能量的支持下，外排泵系统能够将细胞膜上的抗生素从胞内排出到胞外环境，通过降低抗生素在胞内的聚集而产生耐药性。由于沙门菌耐药问题越来越严重，外排泵系统的耐药机制也越来越受到国内外学者的关注，其中AcrAB-TolC系统是研究的焦点之一。在该系统中，AcrB是细胞质膜泵蛋白，AcrA是一个辅助蛋白，外膜蛋白TolC通过AcrA与AcrB相互连接，TolC对于包括AcrAB、AcrD、AcrEF、MdsAB、MdtABC、EmrAB及MacAB在内的7个外排泵发挥外输作用都是必需的。在沙门菌中，有研究认为AcrAB-TolC系统较*gyrA*突变对喹诺酮类和氟喹诺酮类耐药的作用要大。AcrAB-TolC外排泵系统可介导沙门菌对四环素、氨苄青霉素、氯霉素、头孢菌素类、红霉素、甲氧苄胺嘧啶等多种抗生素的耐药。对外排泵系统的深入理解有助于有效控制日趋严重的沙门菌耐药问题。

（四）细胞膜通透性改变

最常见的内在耐药形式是膜的结构和组成形成了通透屏障。例如，细菌可对β-内酰胺类药物产生耐药，就是外膜蛋白OmpF被狭窄的OmpC孔蛋白代替。

五、沙门菌对七大类抗菌药物的耐药机制

随着抗生素研究的进展，对其作用原理及细菌耐药机制的研究亦已深入到分子生物学水平。

（一）β-内酰胺类抗生素耐药机制

针对β-内酰胺类抗生素的耐药机制主要有：产生β-内酰胺酶；青霉素结合蛋白（PBP）的作用位点改变或产生新的对β-内酰胺类抗生素不敏感的PBP；革兰阴性细菌外膜通透性降低和主动外排系统将抗生素泵出胞外。PBPs改变是革兰阳性菌耐β-内酰胺类抗生素的最主要机制，β-内酰胺酶是革兰阴性杆菌耐β-内酰胺类抗生素的最普遍的机制。

革兰阴性菌产生不同的β-内酰胺酶，这些酶的活性不同或/和重叠。β-内酰胺酶

分为4组。通常临床分离株产生多种染色体β-内酰胺酶，属于不同类和不同分子类，或由特定菌种的染色体编码的1种β-内酰胺酶和2~3个质粒编码的β-内酰胺酶。

所有的革兰阴性菌具有染色体介导的AmpC头孢菌素酶，在大肠杆菌中为组成型表达。AmpC头孢菌素酶的过量产生导致大量β-内酰胺类抗生素临床治疗肠杆菌科细菌感染失败。具有质粒介导的AmpC酶的菌株对β-内酰胺酶抑制剂/β-内酰胺类（包括头霉素、头孢菌素类、单环内酰胺类）的合剂耐药。细菌对β-内酰胺类抗生素耐药性的决定因子可为染色体基因、质粒和转座子所携带。

（二）氨基糖苷类抗生素耐药机制

氨基糖苷类抗生素的耐药机制主要是染色体基因突变而致药物与作用靶点结合力下降、外膜通透性下降而致摄入减少以及由质粒介导的移位酶修饰而致药物灭活，而主动外排机制较为少见，只在最近几年才见报道。在其耐药机制中也存在药物摄取的减少、核糖体结合位点的改变和主动外排，但主要机制是酶的修饰钝化作用。氨基糖苷类药物修饰酶通常由质粒和染色体所编码，同时与可移动遗传因子（整合子、转座子）也有关，质粒的交换和转座子的转座作用都有利于耐药基因掺入到敏感菌的遗传物质中去。根据反应类型，氨基糖苷类药物修饰酶有N-乙酰转移酶（AAC）、O-核苷转移酶（ANT）和O-磷酸转移酶（APH）。这些酶的基因决定簇即使在没有明显遗传关系的细菌种群间也能传播。

在AAC家族中，对AAC（6'）的研究较多，至今已克隆出了20多种编码AAC（6'）-Ⅰ的基因，根据序列推断其系统发育可将它们分为三组。多重耐药接合质粒pBWH301包含一个$sul1$相关整合子，这个整合子有5个基因插入$aacA7$-$catB3$-$aadB$-oxa-$orfD$，其中$aacA7$编码的蛋白质也属于AAC（6'）-Ⅰ族，根据其氨基酸序列应将其归第二组。在APH中APH（3^1）型研究的较多，此酶可以灭活卡那霉素以及3-OH的氨基糖苷类抗生素如阿米卡星、依帕米星。酶对药物的修饰具有复杂性。近来研究发现AAC（3）-X不仅可以修饰地贝卡星和卡那霉素的3位氨基，还可以修饰1位具有（S）-4-氨基-2-羟丁酰侧链的阿贝卡星和阿米卡星的3^{11}氨基。3^{11}位乙酰化在酶修饰氨基糖苷类抗生素方面属首次发现。

（三）喹诺酮类抗菌药物耐药机制

非伤寒沙门菌对喹诺酮类药物产生耐药性的主要作用机制是喹诺酮耐药决定区（quinolone-resistant determining region，QRDR）的基因突变。编码组成DNA促旋酶的A亚单位和B亚单位及$parC$和$parE$亚单位组成拓扑异构酶Ⅳ，其中任一亚基的基因发生突变均可引起喹诺酮类药物的耐药性。在所有的突变型中，以*gyrA*的突变为主。*gyrA*双点突变仅发生在喹诺酮类高耐药的菌株中，这是因为*gyrA*上的83和87位的氨基酸在提供喹诺酮类的结合位点时具有重要的作用。

*gyrB*的突变株则较*gyrA*的突变少见。有研究显示，在13株分离的耐药菌株中，仅1株有*gyrB*的突变；在150例耐药菌中，仅发现27株细菌在*gyrB*上存在突变，分别为Glu-468→Tyr（1）、Ser-468→Phe（3）、Glu-469→Val（1）、Glu-470→Asp（13）、Thr-437→Met（1）、Ala-477→Val（7）和Glu-459→Ang（1）。

*parC*的突变主要为Ser287→Leu，Trp。但值得注意的是所有存在*parC*改变的菌株上都已存在*gyrA*的改变。一般认为，*parC*突变是在*gyrA*突变之后才发生的，在同时具有*gyrA*和*parC*突变的菌株中，以*gyrA*上的Thr-83→Ile和*parC*上的Ser-87→Leu类型为最多见。*parE*的突变型为Asp-419→Asn、Ala-425→Val。但在*parE*出现突变极其罕见（3/150）。除此之外，*gyrA*、*gyrB*、*parC*、*parE*基因上还出现一些不引起氨基酸改变的静止突变，它们的意义尚不清楚。

在所有这些突变类型中，若2类DNA促旋酶和拓扑异构酶上存在2个突变点（如*gyrA*和*parC*上），它们引起对氟喹诺酮类的耐药远远大于只有一个突变点（如*gyrA*或*gyrB*上），前者是后者的3~4倍。同时没有发现突变仅出现在*parC*基因这一现象。这些结果显示，*gyrA*上的突变是引起细菌对喹诺酮类药物发生耐药的主要机制，而*parC*突变只是进一步引起沙门菌对喹诺酮类药物的高度耐药。

目前，所发现的与氟喹诺酮类药物耐药性有关的主动外排系统均为多重抗生素耐药泵。细菌外膜蛋白通透性的改变和细菌主动外排系统亢进，可非特异性地将药物主动地由细胞内排至细胞外。

（四）四环素类抗生素耐药机制

四环素的广泛使用导致来自不同生态系统的共生菌和致病菌都暴露于药物的选择性压力下，使该药物的耐药菌株逐渐增加。四环素的耐药性主要由外排泵介导或核糖体保护，也有一例是由一个基因编码了四环素的灭活物。

编码四环素外排泵蛋白的基因很多：有*tetA*、*tetB*、*tetC*、*tetD*、*tetE*、*tetG*、*tetH*、*tetJ*、*tetY*、*tetZ*、*tet30*、*tetK*和*tetL*等。这些外排泵基因在肠杆菌科中广泛分布，*tetA*、*tetB*、*tetC*和*tetG*在沙门菌中发生率较高，通常与接合性大质粒有关。这些质粒也可携带其他抗性基因（如抗金属基因）和毒力基因（如*spvA*、*spvB*、*spvC*、*spvD*），因此可以传递多重抗性。

不同的*tet*基因在世界各地迅速传播，不同沙门菌血清型中*tet*基因分布也不同，且存在地域差异。有人在研究大肠杆菌临床分离株中 *tet* 基因的流行情况时发现，最流行的是 *tetA*、*tetB* 和 *tetG* 基因。而在沙门菌中四环素耐药主要由 *tetA* 介导，部分菌株含有 *tetB* 或 *tetG*，少数分离株含有 *tetC* 基因。*tetA* 基因通常位于转座子如 Tn1721，并且可在革兰阴性菌中广泛传播。

（五）磺胺和磺胺增效剂耐药机制

细菌通常可以获得 *sul1* 和 *sul2* 基因，编码二氢叶酸合成酶来抑制药物发挥作用。*sul1* 基因通常与Ⅰ类整合子上其他耐药基因相连（*qac△E1*），位于3'保守区。*sul2* 基因通常位于小的非接合性质粒或大的可以转移的多重耐药质粒。后来，一个新的质粒源磺胺耐药基因 *sul3* 也被发现。在葡萄牙，通过分析1 183株流行病学上不相关的沙门菌分离株，其中，有200株沙门菌为磺胺耐药菌株，152株（76%）拥有 *sul1*，74株（37%）拥有 *sul2*，14株（7%）拥有 *sul3*；在其中34株存在一种以上磺胺耐药基因：24株为 *sul1* 和 *sul2*；4株为 *sul1* 和 *sul3*；6株同时携带 *sul1*、*sul2* 和 *sul3* 基因。在154株Ⅰ类整合子阳性的菌株，149株存在 *sul1* 基因，其中只有 *sul1* 基因的为116株，有 *sul1* 和 *sul2* 基因的为23株，有 *sul1* 和 *sul3* 基因的为4株，有 *sul1*、*sul2* 和 *sul3* 基因的为6株。77%的磺胺耐药分离株含有Ⅰ类整合子；几乎98%的 *sul1* 基因与Ⅰ类整合子同时存在。*sul3* 基因在瑞士的猪源大肠杆菌可以检测到，在德国从各种动物和食物分离的大肠杆菌和沙门菌中也可检测到。*sul3* 基因出现在携带Ⅰ类整合子的沙门菌中，通常也含有 *aadA* 和 *dfrA* 基因盒，这就使细菌在磺胺甲基异噁唑和甲氧苄胺嘧啶的选择性压力下能够存活。

磺胺耐药性的广泛传播是耐药基因在多种细菌中水平转移从而获得耐药性的一个很好的例子。即使磺胺类药物在人类医学上已很少使用，但是在一些国家的兽医、农业和水产养殖上仍然存在这种选择性压力。所以磺胺耐药基因在革兰阴性杆菌质粒中很普遍。这些基因似乎已经整合入有效的传播工具，以便于它们的扩散。*sul1* 基因存在Ⅰ类整合子，*sul2* 存在于小的多拷贝质粒或可转移多重耐药大质粒。

甲氧苄胺嘧啶是广谱抗菌药物，通常与磺胺药合用可使细菌的叶酸合成代谢遭到双重阻断，有协同作用，使磺胺药抗菌活性增强。其抗菌作用原理为干扰细菌的叶酸代谢，主要为选择性抑制细菌的二氢叶酸还原酶的活性，使二氢叶酸不能还原为四氢叶酸，而合成叶酸是核酸生物合成的主要组成部分，因此本品阻止了细菌核酸和蛋白质的合成。该药主要用于治疗肠杆菌科细菌包括沙门菌引起的疾病，但耐药菌株很快出现并广泛流行，其耐药机制非常复杂。可移动的遗传成分包括质粒、转座子和整合子，可以携带变异的 *dfr*（dihydrofolate reductase gene）基因，并在同种细菌和异种细菌之间转移。

dfr 基因家族根据氨基酸序列不同可以分为A、B两类。大多数已知的 *dfr* 基因属于A

类*dfr*基因家族成员，这些基因在氨基酸序列上有64%~88%的同源性，并介导高水平的耐药性。*dfrA1*、*dfrA5*、*dfrA7*、*dfrA14*和*dfrA17*等基因通常与Ⅰ类整合子有关。*dfrA12*和*dfrA13*基因通常也由Ⅰ类整合子携带，两者密切相关，但是与该家族其他成员不相关。

不同的*dfr*基因在世界各地迅速传播，有上升趋势，且存在地域差异。有人在研究大肠杆菌临床分离株中*dfr*基因的流行情况时发现，最流行的是*dfrA1*基因。近几年*dfrA17*基因在大肠杆菌和沙门菌中盛行，并引起对三甲氧苄胺嘧啶的高水平耐药。

（六）氯霉素类抗生素耐药机制

氯霉素乙酰转移酶（*cat*）的钝化作用及特定外排泵的外输作用是沙门菌产生氯霉素类抗生素耐药性的主要机制。*cat*分为*catA*和*catB*两个独立家族。其中，*catA*分为*catA1*和*catA2*，*catB*有*catB2*、*catB3*和*catB8*三种类型。*cmlA*基因编码的蛋白能够主动泵出氯霉素类抗生素，从而导致细菌耐药。近年来，在一株阿贡纳沙门菌Ⅰ类整合子的基因盒中发现了*cmlA4*变异体。除了*cmlA*外，*floR*也能外输氟苯尼考，有研究表明，当*floR*作为SGI1多重耐药基因簇的一部分时，在介导沙门菌的多重耐药中具有重要的作用。

（七）大环内酯、林可霉素耐药机制

在革兰阴性杆菌中，细胞壁外膜对疏水性药物的渗透性低是导致细菌对大环内酯类和林可霉素等抗生素固有耐药的原因，而获得性耐药多见于核糖体靶位的改变及抗生素的灭活。

1. **靶位修饰** 大环内酯类抗生素与林可霉素的化学结构不同，但作用机制相似，它们能结合到50S核蛋白体亚基上，抑制肽链延长。对这些抗生素耐药常常因为获得*erm*基因（红霉素耐药的甲基化酶），*erm*基因编码产生的酶能将23S rRNA上一个特异性腺嘌呤残基6位双甲基化。对大量菌株甲基化酶的分析可以看出，这些酶修饰位于rRNA保留区中类似的腺嘌呤残基，而核蛋白体的甲基化导致对大环内酯类和林可霉素交叉耐药。也可能是甲基化改变了核糖体的构象，通过使抗生素结合位点发生重叠而降低对抗生素的亲和力。

2. **抗生素灭活** 靶位修饰是对结构不同的抗生素产生耐药，抗生素的酶灭活仅导致对结构相同药物的耐药。从口服红霉素的胃肠炎患者身上可分离到对红霉素高度耐药的肠杆菌，这些耐药菌株通过产生红霉素酯酶或通过2-磷酸转移酶催化的磷酸化反应破坏大环内酯类药物的酯环。现已发现由*ereA*和*ereB*基因编码的酯酶Ⅰ和Ⅱ，在对红霉素高度耐药的肠杆菌中经常发现*ereA*和*ereB*的复合物（编码rRNA甲基化酶），这也证实了两种基因产物之间的协同作用。临床上对林可霉素高度耐药多由产生核苷酸转移酶引起。

六、耐药性进化的重要遗传学基础——基因突变与可移动性

抗生素耐药基因可由细菌染色体编码或质粒携带。细菌染色体突变可导致耐药性，进而通过垂直基因转移将亲代的耐药基因传递给子代，故一个特有的耐药菌株的出现可在较短时间内在有利因素（如抗生素暴露）下持续存在及繁衍扩增，甚至导致流行。链霉素、利福霉素及喹诺酮等抗菌药物靶位蛋白的编码基因突变是染色体突变介导耐药性的典型例证。细菌的水平基因转移在细菌耐药性快速进化中起到重要作用。水平基因转移可发生于菌种（属）间或外，可通过接合、转化及转导方式实现。抗生素时代之前的水平基因转移可以看作是任何种属细菌间的双向转移。抗生素的应用所形成的选择压力则可能打破了双向基因转移的平衡，增加了水平基因转移及耐药菌的进化和传播。

在耐药性进化过程中，可移动基因元件如质粒、溶原性噬菌体、转座子（包括作为简单转座子的插入序列）与整合子发挥了重要作用，促使了耐药基因的流动。

质粒是细菌染色体外可自我复制的DNA遗传物质，在20世纪50年代中期已发现了介导氨苄西林、四环素、氯霉素、链霉素及磺胺耐药性的耐药质粒（即转移性R因子），大多数耐药基因可由质粒携带。质粒的种类众多，但能传播的细菌宿主范围可能有限。目前，对插入序列/转座子与整合子的研究已分别超过40年和20年时间，它们存在于染色体和质粒，并为后者的持续进化起到重要作用。特别引人关注的是，染色体和质粒所携带的耐药基因与转座子和整合子等可移动基因元件相关联，从而形成可移动基因组（mobilome）。事实上，如同耐药基因远存在于抗生素时代之前，可移动基因元件也先于抗生素时代，但是抗生素时代之前分离株的可移动元件罕有与耐药基因相联系，现在所分离的耐药菌的可移动基因元件（如整合子和转座子等）则常与耐药基因决定簇一起集中于较邻近的区域，如构成耐药基因盒或耐药岛。

（一）可移动元件分类

1. **质粒**　质粒是一种染色体外的DNA，耐药质粒广泛存在于革兰阳性和革兰阴性细菌中，通过耐药质粒传递的耐药现象最为重要、也最多见。细菌质粒可独立存在，也可部分或全部整合进细菌的染色体中。细菌质粒可通过接合、转化、转导等方式在细菌间传递。耐药质粒可分为两种主要类型，即接合型质粒和非接合型质粒。接合型质粒带有与质粒转移有关的*tra*操纵子，*tra*操纵子由23个紧密相连的基因构成，分别称为A～N和S～Z基因，*tra*操纵子受*traJ*基因正调控，受*finO*和*finP*基因负调控。非接合型质粒自身不含能实现接合传递的基因，但含有诱动系统，能够接受接合性质粒，受*tra*基因产

物的作用而被带动转移；有的还可以噬菌体为载体进行转移。如在意大利分离到的产SHV－12 ESBLs的肺炎克雷伯菌就有大小为6kb和14kb的两种小型质粒，它们能够借助宿主菌的*tra*操纵系统迁移至受体菌——大肠杆菌K12中，并使后者获得对头孢噻肟、头孢他啶和氨曲南的抗药性。犊牛体内的鼠伤寒沙门菌从大肠杆菌中获得了阿布拉霉素（Apramycin）耐药质粒，可能是一次沙门菌病暴发的原因。在用抗生素治疗阿布拉霉素耐药性大肠杆菌之前，所有鼠伤寒沙门菌都是敏感的。但是用抗生素治疗后，从犊牛体内分离到耐药菌株。随后的体外接合试验证实，耐药质粒传递了阿布拉霉素耐药性。鼠伤寒沙门菌的质粒pFPTB1已经全基因测序，该质粒携带一个转座子样结构，由Tn3和Tn1721组成，Tn3含有$bla_{TEM-135}$基因，Tn1721含有*tetR－tet*（A）基因。

　　伤寒沙门菌和副伤寒沙门菌可引起人的全身感染，对从巴基斯坦分离的MDR伤寒沙门菌和副伤寒沙门菌的研究表明，伤寒沙门菌的多重耐药性几乎不变地与IncHI1质粒有关，而在副伤寒沙门菌中主要的遗传基础还未确定。在副伤寒沙门菌中发现一个编码MDR的IncHI1质粒pAKU－1，它与鼠伤寒沙门菌pHCM1和pR27质粒有相同IncHI1质粒的DNA结构。pAKU－1和pHCM1携带14种耐药基因，这些耐药基因存在于一个24kb的转座子。这些质粒可独立地通过可移动的遗传成分进行水平转移，获得相似的耐药基因。

　　为了进一步揭示质粒耐药基因的产生机制，国外学者对抗生素产生前后75年来多种致病菌胞质中的质粒种类及基因结构进行了详细的比较研究，结果发现，这些细菌所携带的质粒谱并无明显变化，但大量耐药质粒的基因结构中出现了许多插入序列，研究显示一部分插入序列含有耐药基因，现被称为转座子和整合子。

　　2. 转座子　转座子是可从细菌基因组上一个位点移至另一个位点的DNA序列，比质粒更小，是细菌染色体、质粒和噬菌体的组成部分。转座子主要分为两大类：简单转座子和复合转座子。① 简单转座子，是可自主复制和移动的基本单位。最简单的转座子不含任何宿主基因，被称为插入序列（insetion sequence, IS），它们是细菌染色体或质粒DNA正常的组成部分。插入序列是可以独立存在的单元，带有介导自身移动的蛋白。② 复合转座子（composite transposon），是一类带有某些耐药基因或其他宿主基因的转座子，其两翼往往是两个相同或同源的插入序列，转座酶能特异性地识别两翼的插入序列，介导转座子与插入位点特异性重组。一旦形成复合转座子，插入序列就不能单独移动。因为它们的功能被修饰了，只能作为复合体移动。转座时发生的插入作用有一个普遍特征，那就是受体分子中有一段很短（3～12bp）的被称为靶序列的DNA重复序列，使插入的转座子位于两个重复的靶序列之间。含有四环素抗性基因（*tetA*）的转座子Tn1721和含有β－内酰胺类抗生素抗性基因（bla_{TEM-1}）的转座子Tn3都是复合型转座子。

它们两端有35～38bp的反向重复序列，在染色体的插入位点上可以产生5bp的正向重复序列。*tetA*和*bla_{TEM-1}*基因在沙门菌许多血清型中均能检测到，在鼠伤寒沙门菌pFPTB1质粒中发现了Tn3-Tnl721转座子复合体，可同时传递四环素类和青霉素类抗生素的耐药性。沙门菌和克吕沃尔菌的CTX-M基因序列具有高度同源性，研究显示，大多数细菌中的CTX-M均来自抗坏血酸克吕沃尔菌的CTX-M-2及佐治亚克吕沃尔菌的CTX-M-8。由于转座子在细菌染色体、质粒及噬菌体之间的转座作用，造成了细菌耐药的多重性。

3. **整合子** 整合子是介导细菌耐药基因转移的又一转座元件，可以决定多重耐药性并引起耐药细菌感染的暴发流行。已知整合子基因盒是由一段高度保守的核心区序列和一段高度可变的结构区组成的，核心区包括一个可以编码整合酶的开放阅读框，结构区含有数量不等的耐药基因。基因盒通过整合子的整合酶催化，特异地结合于整合子上，并通过整合子上的启动子作用得以表达，故又称基因盒-整合子系统。由于其结构、功能与转座子、整合型噬菌体及接合型质粒相似，可在染色体质粒及转座子之间移动，故归为可移动基因元件。基因盒的基因多为耐药基因，它与细菌耐药性的表达及传播有密切关系。由于大多数基因盒为耐药基因，且一个整合子可捕获多个基因盒，因此可表达出对不同抗菌药物的多重耐药性；而且由于基因盒-整合子属于可移动基因元件，可位于细菌的质粒或染色体上，对耐药性在细菌间传播产生影响。

（二）整合子的结构与分类

1. **结构** 整合子的基本结构由三部分组成，两端是一段高度保守序列（conserved segment，CS），分别称作5' CS和3' CS，5' CS和3' CS之间的区域称作可变区（viriable region）。可变区由一个或多个外来插入的基因盒（gene cassette）组成。基因盒含有一个结构基因，其3'端为59碱基单元（base element，59 be），即基因-59be结构。结构基因一般编码对抗生素的抗性，59be参与基因盒的移动。整合酶可结合到*att* I位点和59 be重组位点上，且其对前者的亲和力要高于对后者。另外，5' CS还有负责基因转录的启动子P1（Pant）和P2，但P2仅见于少数整合子。3'-保守末端（3' CS）结构则因整合子类型不同而异。*att I1*是Ⅰ类整合子的结合位点，大部分位于5' CS，如果整合子中不存在基因盒，则由3' CS构成其余部分。

2. **分类** 根据整合酶基因的结构与功能，可分为四类整合子。

（1）Ⅰ类整合子 最常见，结构类似于缺陷型转座子，5' CS有编码整合酶的基因*intI*及一个增强启动子Pant或插入基因盒表达的启动子P2；3' CS有3个ORF：磺胺类耐药基因*sul1*，对消毒剂和防腐剂的耐受基因*qacE△1*及功能不明的ORF5。据报道，欧洲医院内肠杆菌科分离株中，Ⅰ类整合子中最常见三种DNA插入片段（800bp、1000bp和1 500bp）。对于大多数Ⅰ类整合子而言，5' CS均相似，而3' CS存在不同差异，这些差异均来源于某些基因的插入或删除。Brown等对Ⅰ类整合子的进化进行详尽研究，发现不同来源的Ⅰ类整合子In0、In2和In5都有极相关的结构，这3个整合子都包含一个插入序列IS1326。IS1326的插入导致了3'保守末端邻近片段和转录调节基因的丢失。

（2）Ⅱ类整合子　以Tn7及其家族为代表，其整合酶基因intI2是缺陷的intI基因，它的产物（整合酶）与intI的产物有40个氨基酸相同，且3'–保守末端包括5个tns基因，协助转座子移动。目前仅见几种基因，如核苷转移酶基因aadA1a、甲氧苄胺嘧啶耐药基因dfr及链丝霉素耐药基因sat整合于该类整合子上。

（3）Ⅲ类整合子　携带有编码β–内酰胺酶的基因盒balCIMP，整合酶基因位于5'端，与intI1有61%相同。

（4）Ⅳ类整合子　又称为超级整合子，远大于传统整合子。整合酶也有位点特异性重组活性及类似59碱基单元结构，含100多种基因盒，是一种新型霍乱弧菌基因组中的整合子，与抗生素耐药无关，编码生化功能或毒力。

（三）基因盒的种类与结构

基因盒是小的可移动DNA分子，含基因编码区和3'端59碱基单元的重组位点。59be由整合酶识别，在attI位点插入基因盒，attI是邻近整合酶基因的独立整合酶识别位点。已确定至少有60多个基因盒编码对氨基糖苷类、青霉素类、头孢菌素类、碳青霉烯类、磺胺及其增效剂、氯霉素、利福平、红霉素和四价铵化合物等的耐药性。1个整合子可捕获1个或多个基因盒，被捕获的基因盒5'端与attI结合，3'端的59be结构与aatC发生位点特异性重组。常包括：编码氨基糖苷类的耐药基因（aad基因）、编码甲氧苄胺嘧啶类的耐药基因（dfr基因）、编码β–内酰胺酶和超广谱β–内酰胺酶ESBL的基因、编码对氯霉素的耐药基因（cat基因）、编码对氨基糖苷类的耐药基因（aac基因）、编码对苯唑西林的耐药基因（oxa基因）等（表6–1）。

（四）整合子与多重耐药传递的相关性

大多数基因盒为耐药基因，且1个整合子可捕获多个基因盒，因此可表现出对不同抗菌药物的多重耐药性；由于基因盒、整合子属于可移动基因元件，可位于细菌的质粒或染色体上，对耐药性在细菌间传播产生影响。通过分析163株革兰阴性杆菌，发现有43%（70/163）的细菌含有Ⅰ类整合子，与无整合子细菌相比，这些细菌易表现出对氨基糖苷类、喹诺酮类及第三代头孢菌素类药物的耐药性，也易介导多重耐药性。

表6-1 　沙门菌内携带的基因盒类型及所对应的耐药情况

基因盒类型	产　　物	种　　类	对应的耐受药物
aad（aminoglycoside adenylyltransferases）	氨基酸糖苷腺苷转移酶	*aadA*（1-7），*aadB*	链霉素、壮观霉素等庆大霉素、卡那霉素等
aac（aminoglycoside acetyltransferase）	氨基糖苷乙酰基转移酶	*aac*	氨基糖苷类抗生素
aph（aminoglycoside phosphotransferases）	氨基磷酸转移酶	*aph*	卡那霉素、新霉素及庆大霉素
dfr（dihydrofolate reductases）	二氢叶酸还原酶	*dfrA*（1-23），*dfrB*（1-12）	甲氧苄胺嘧啶类抗菌药物
cat（chloramphenicol acetyltransferases）	氯霉素乙酰基转移酶	*catA*，*catB*（1-5）	氯霉素
oxa（oxacillinase）	苯唑西林酶	*oxa*（1-20）	苯唑西林
bla（beta-lactamase）	β-内酰胺酶	*bla*（VEB21）	β-内酰胺类抗生素

　　从水生植物生长环境中筛出的85株带整合子的革兰阴性杆菌，发现很少有耐药基因盒存在于整合子中；相比而言，临床分离的革兰阴性杆菌整合子常带有不同耐药基因盒，从而推测整合子捕获基因盒与抗菌药物选择压力有关。通过分析37株鼠伤寒沙门菌，发现拥有3种整合子，分别携带了不同的耐药基因盒，包括*aadB*、*catB3*、*oxa21*、*aadA1a*、*aacA4*、*aac1*和*aadA1a*等，从而介导了对氨基糖苷类、青霉素、氯霉素、四环素及萘啶酸等不同水平的多重耐药性。并且，同一血清型细菌中可同时存在多个整合子。这些结果显示，基因盒对细菌耐药性传播有重要意义，且在抗菌药物选择压力下，整合子不断进化，产生新的耐药形式。

　　通过分析巴西135株多重耐药性沙门菌的整合子携带情况，其中，51株细菌的Ⅰ类整合子插入的基因盒被确定，1种基因盒的有*dfrA22*、*aadA1*或*orf3*，2种基因盒的有*aadA1-dfrA1*、*aac*（6'）*-Ib-orf1*或*aacA4-aadA1*，3种基因盒的有*dfrA15b-cmlA4-aadA2*、*orf2-dfrA5-orfD*，4种基因盒的有*orf4-aacA4-bla*$_{OXA-30}$*-aadA1*。仅有一株沙门菌为Ⅱ类整合子，可变区插入的基因盒为*dfrA1-sat-aadA1*。由此可见整合子介导了沙门菌的多重耐药性，但是也有很多耐药基因独立于整合子之外，可能是位于接合性质粒上。在从美国和中国的零售生肉中分离到133株沙门菌，其中，82%的分离株对至少一种抗菌药物产生耐药性；54%的分离株携带750~2 700bp大小的整合子，头孢菌素的耐药性是由整合子携带的基因如*blaveb-1*或*bla*$_{VIM-2}$编码的。

从挪威医院分离的90株肠炎沙门菌中，有20株（22.2%）含有整合子。整合子插入了*aadA1*、*aadA2*、*aadA5*、*aadB*、*pse-1*、*catB3*、*oxa1*、*dfrA1*、*dfrA12*和*dfrA17*等。 研究显示，含有甲氧苄胺嘧啶和链霉素抗性基因的整合子通常与多重耐药性肠炎沙门菌相关，而且整合子阳性菌株在1年内有上升趋势。

（五）多重耐药基因岛1介导的耐药性

近年来，随着对多重耐药机制研究的不断深入，耐药基因岛引起了研究者的关注。鼠伤寒沙门菌DT104 R型为ACSSuT，这种耐药表型是由染色体上一个基因簇传递的，这个基因簇称为沙门菌基因组岛1（*Salmonella* genomic island 1，SGI1），SGI1耐药基因岛是一段染色体编码耐药基因簇的相对分子量较大的DNA片段，它的两侧带有重复序列和插入元件，中间区域含有整合子等潜在的可移动元件，其在携带和传播耐药性方面具有重要的作用。目前，在鼠伤寒沙门菌、阿贡纳沙门菌、乙型副伤寒沙门菌及阿邦尼沙门菌等多种血清型中均发现SGI1。在沙门菌中，SGI1位于鼠伤寒沙门菌DT104染色体*thdF*基因和*int2*基因之间，长度大约为43kb，有44个开放阅读框，许多阅读框与已知基因具有同源性。*int2*基因是鼠伤寒沙门菌才有的反转子（retron）序列的一部分。其他肠道沙门菌SGI1通常位于*thdF*和*yidY*基因之间。所有耐药基因都位于SGI1的3'末端，由一个复杂的属于In4群的Ⅰ类整合子携带，包含的基因主要有*aadA2*、*sul1*、*floR*、*tetR*及*tetG*等。含有SGI1的菌株一般具有氨苄西林、阿莫西林、链霉素、壮观霉素、氯霉素、氟苯尼考、磺胺类药及四环素抗性。目前，在沙门菌的多种血清型中均发现了多重耐药的SGI1变异体，SGI1的这些变异体使得沙门菌多重耐药机制更加复杂。

（六）多重耐药调控机制——AcrAB-TolC外排泵系统

外排泵系统与细菌耐药的关系已从许多细菌得到证实，其中研究最清楚的是大肠杆菌的AcrAB-TolC外排泵系统。在大肠杆菌中有60个染色体基因组成多重耐药调节子（*mar*），大肠杆菌多重耐药表型的出现，与孔蛋白OmpF表达的减少、外排泵*acrAB*基因的过度表达有关。而鼠伤寒沙门菌具有同大肠杆菌相似的AcrAB系统，研究发现两组相关调节子*marRAB*和*soxRS*与大肠杆菌和鼠伤寒沙门菌的多重耐药有关。鼠伤寒沙门菌和大肠杆菌的*marRAB*基因结构和功能相似，与*soxRS*基因具有很近的同源性。

在大肠杆菌和鼠伤寒沙门菌*mar*基因中，操纵基因*marO*两侧有两个不同的操纵子，一侧为*marC*操纵子，编码一种无明显功能的膜内在蛋白MarC，但可能与其他一些菌株的多重耐药表型有关；另一侧是由多个操纵子组成的调节子*marRAB*，编码多种调节蛋白。MarR是抑制子，当面临抗生素等压力应激时，它介导的抑制减弱，并刺激激活子

MarA的合成。MarA与多重耐药框中的其他激活子（如SoxS和Rob）一起调控*marRAB*基因的表达。*acrAB*基因由*marRAB*控制，编码多种药物外排泵AcrAB。外膜蛋白TolC是AcrAB的外排通道，是保持对抗生素耐受所必需的。SoxRS调节子负责应对氧化和亚硝基化压力应激，SoxS是激活子，控制着鼠伤寒沙门菌中15个基因和大肠杆菌中的39个基因。MarA和SoxS都是AraC转录激活子家族成员，MarA也能激活许多SoxS负责的压力应激基因。同时，MarA和SoxS的过度表达激活了*micF*基因，它编码的一段反义RNA会抑制外膜孔蛋白OmpF的合成。可见，在大肠杆菌和鼠伤寒沙门菌中*marRAB*、*soxRS*、*acrAB*、*tolC*基因的表达都是由MarA和SoxS激活子调控的。

革兰阴性细菌的外膜是营养素、代谢产物及抗生素等化合物进出菌体的穿透性屏障。多数亲水性物质需通过外膜通道蛋白穿过外膜。大肠杆菌主要的外膜蛋白是OmpF和OmpC。Mar突变株的OmpF严重减少，OmpC部分丢失，使细菌对抗生素的通透性下降，细菌对抗生素耐药性增强。*micF*属*mar*调节子的一种基因，受MarA的正调控，因此Mar株中MarA通过激活*micF*，引起OmpF表达减少。AcrAB是由*acrAB*编码的质子动力依赖性外排泵，与多种脂溶性物质的外排有关。AcrAB缺失时，*marR*突变不能提高细菌的耐药水平。AcrAB缺失的大肠杆菌对氟喹诺酮的敏感性增高。*acrAB*受MarA、SoxS和Rob的正调节，Mar株的*acrAB*的转录活跃，对四环素、氯霉素、氨苄西林、萘啶酮酸、利福平、氟喹诺酮、松油和含松油的日用产品、环己烷、己烷等的外排增加，致细菌对多种抗菌药物及有机溶剂的抗性增加。这说明AcrAB对维持Mar表型具有重要作用。

在含有不同浓度抗生素的MH琼脂平板上培养鼠伤寒沙门菌，获得突变株AcrA的表达水平随之增加，同时对氟喹诺酮类药物、四环素、氯霉素和β-内酰胺类MIC也逐渐提高，说明AcrAB的过度表达与鼠伤寒沙门菌的多重耐药有关。Nikaido等也发现AcrAB过度表达的鼠伤寒沙门菌突变株同亲代相比，可增强对氟喹诺酮类药物、四环素、氯霉素、β-内酰胺类的耐药性，同时发现，对具有亲脂链的β-内酰胺类抗生素（如氯唑西林、萘夫西林）的耐药性增加的同时，却对具有亲水链的β-内酰胺类抗生素（如盘尼西林N、头孢唑啉）几乎没有影响，表明AcrAB对排出的抗生素分子结构具有选择性。

目前，对其他的沙门菌外排泵系统还不是很清楚。在大肠杆菌中*acrD*和*acrEF*也同样编码外排泵，已知AcrD是氨基糖苷抗生素的外排泵。基因分析表明，鼠伤寒沙门菌LT2的AcrB和AcrF与大肠杆菌的同源性分别达到96%和88%，而且AcrB和AcrF的一致性达到80%。鼠伤寒沙门菌LT2中AcrD与AcrB和AcrF的同源性分别达到64%和65%。在大肠杆菌中AcrA与AcrF或AcrD互相作用，形成功能更大的外排泵系统。

此外，基因突变、膜通透性下降也可引起沙门菌的耐药性，耐药基因也可通过噬菌体从一个细菌传递到另一个细菌。总之，沙门菌耐药的机制极为复杂，一个耐药菌株对同一种药物耐药可具有多种机制；一个耐药菌株也可同时具有多种耐药基因，从而引起多重耐药。

第二节　耐药性研究方法

目前，关于耐药性的研究方法较多，主要是从基因型和表型两方面进行。常见的基因型检测方法，如PCR、PFGE等，快速、敏感的分子分型方法对提高疫病暴发的早期发现具有重大公共卫生意义。在表型研究中，细菌对某种抗菌药物的MIC值（最小抑菌浓度）作为评价敏感性的定量方法。

一、耐药基因型

（一）耐药基因

目前耐药基因型的研究方法很简单也很传统，即采用传统的PCR方法检测耐药基因是否存在。

（二）基因分型

脉冲场凝胶电泳（pulsed field gel electrophoresis，PFGE）是一种分辨力极高的分型方法，对同一噬菌体型的菌株的分辨力也很高，而且这种方法比传统噬菌体分型更适于调查国际暴发。但是，PFGE未必适用于所有的沙门菌血清型和噬菌体型，在用于暴发调查之前，应该使用流行病学相关联菌株对该方法的结果进行仔细评估。虽然PFGE是分子分型的"金标准"，但是这种以DNA条带为基础的分型方法不提供有意义的进化分析，目前还没有制定严格的统一的国际命名标准，不利于交流共享数据。耐药菌产生机制有多种，最重要的是基因突变。PFGE通过低频率限制酶切染色体DNA分子，若耐药突变导致酶切位点丢失或增加，使酶切片段长度发生改变，则DNA片段在凝胶中的迁移率就会发生相应变化，从而在电泳后呈现出基因型的多态性；若突变发生在酶切位点之外，突变不足以改变相应DNA的分子大小，则PFGE的电泳图谱不会发生改变，其耐药表型与PFGE基因分型结果可以表现一致，也可以表现为不同。

多位点序列分型（multilocus sequence typing，MLST）有着优于血清分型和PFGE的分辨力，可以了解流行病学上不相关菌株的进化关系，这一点是PFGE无法达到的。近几年来，MLST技术除了看家基因的PCR扩增，还以毒力基因等的PCR扩增来进行MLST。MLST使用不同的序列测定技术，较其他方法更明确，使不同实验室间的结果具有高度的可重复性及可比性，实现了真正交换及共享，这种优势是其他方法无法比拟的。

CRISPR基因序列分析已经被应用到沙门菌、大肠杆菌、A类链球菌和弯曲菌等菌株的亚型分析。沙门菌有两个非编码基因簇，是由29个核苷酸正向重复和32个核苷酸的间隔组成。通常来讲，沙门菌菌株的CRISPR多态性是由沙门菌间的一个或多个间隔序列的缺失或重复决定的。对几种代表性血清型的738株菌株进行了一个广泛性分析，结果表明，CRISPR基因簇多态性与血清型高度相关，不同血清型呈现不同的CRISPR型。除了CRISPR测序外，对沙门菌的*fimH1*和*sseL*两个毒力基因又形成了一种以测序为基础试验（多毒力位点测序分析，MVLST）。初步研究表明，CRISPR-MVLST比两者单独具有更高的分辨力。重要的是，对9种最常见致病沙门菌血清型中的8种有很强的流行病学整合能力。随后，在对大量的肠炎沙门菌菌株分型中，CRISPR-MVLST和PFGE的联用提供了足够的分辨能力。在纽波特沙门菌临床分离株研究中，CRISPR-MVLST提供了与PFGE相似的分辨力。

二、耐药性表型

目前研究耐药表型的常用方法有药敏纸片扩散法、肉汤稀释法、琼脂稀释法和E-test。高标准化的方法对于所有类型的药物敏感性试验是必要的。这些方法对变量十分敏感，接种密度、基质配方、介质pH、培养条件等都会对试验结果有影响。为了确保结果的精确性，试验必须严格参照美国临床实验室标准化协会的操作方法和判定标准进行，并用质控菌株检验试验试剂、材料和操作方法的可靠性。

（一）药敏纸片扩散法

纸片扩散法是最早的定量方法，被用于判断细菌是否耐药，其原理是将含有定量抗菌药物的纸片贴在已接种待检菌的琼脂平板上，纸片中所含的药物吸取琼脂中的水分并溶解后会不断地向纸片周围区域扩散，形成递减的浓度梯度，在纸片周围抑菌浓度范围内待检菌的生长被抑制，从而产生透明的抑菌圈。抑菌圈的大小说明了耐药的程度，并对可能的耐药机制和耐药基因提供了重要的参考信息。根据CLSI规定的试验条件，首先将菌液浓度调至0.5麦氏标准浊度（含菌量约1×10^8 CFU/mL），用无菌棉拭子浸入调好的菌悬液中，将多余菌液从管壁挤出，在MH琼脂平皿（pH 7.2～7.4，厚度3～4mm）上划线，划满整个琼脂表面，旋转平皿60°重复划线共三次，最后一次用拭子涂抹琼脂边缘，置室温3～5min。用纸片分配器或无菌镊子取药敏纸片，贴于平板表面，并用镊尖轻压一下纸片，使其贴平。每张纸片的间距不小于24mm，纸片的中心距平板的边缘不小于15mm，90mm直径的平板适宜贴6张药敏纸片。将贴好纸片的平板置（35±2）℃孵育16～18h后，用游标卡尺量取抑菌圈直径。根据抑菌圈的大小，以CLSI标准为依据判断为敏感（S）、耐药（R）或中度敏感（I）。某些细菌可蔓延生长至某种抗生素的抑菌圈内，如磺胺药抑菌圈内可能有微量的细菌生长，可忽略不计，应以外圈为准。

（二）肉汤稀释法

肉汤稀释法是细菌药物敏感性测定方法之一，即利用一定浓度的抗菌药物与含有待试菌的培养液进行系列稀释，经适温培养后，肉眼观察培养液的浊度，以无菌生长的试管中所含有的最低药物浓度为最小抑菌浓度（MIC）。挑取单菌落至MH肉汤，培养一定时间后将菌液调整到0.5麦氏标准浊度，1∶100稀释，在接种后但尚未进行孵育前，做生长对照孔的菌落计数（大肠杆菌ATCC 25922菌液浓度基本上为5×10^5 CFU/mL）。在96孔板中，将抗生素从第一孔依次向后稀释到倒数第二孔，最后一孔为对照，每孔抗生素体积为100μL，再将100μL菌液从最低浓度孔依次加入各孔中。37℃培养16～20h，观察结果。在读取和报告所测试菌株的MIC前，应检查对照孔细菌的生长情况。以肉眼观察，药物最低浓度孔无细菌生长者，即为受试菌的MIC。甲氧苄胺嘧啶或磺胺药物的肉汤稀释法终点判断，与阳性生长对照管比较抑制80%细菌生长管药物浓度为受试菌MIC。以CLSI标准为依据判断为敏感（S）、耐药（R）或中度敏感（I）。

如果将所有完全清晰无菌生长的培养液，分别移种于含不同浓度抗菌药物的适于测试菌生长的琼脂板上，过夜培养后，无菌落生长的琼脂平板中的最低药物浓度即为最低杀菌浓度（minimal bactericidal concentration，MBC）。有些药物的MBC与其MIC非常接近，如氨基糖苷类；有些药物的MBC比MIC大，如β-内酰胺类。如果受试药物对供试微生物的MBC≥32倍的MIC，可判定该微生物对受试药物产生了耐药性。

（三）琼脂稀释法

琼脂稀释法是将不同剂量的抗菌药物，加入MH琼脂中，制成含不同递减浓度抗菌药物的平板，接种受试菌，孵育后观察细菌生长情况，以抑制细菌生长的琼脂平板所含最低药物浓度为MIC。本法的优点是可在一个平板上同时做多株菌MIC测定，结果可靠，被认为是药物敏感性测定试验的"金标准"。方法为将已倍比稀释的不同浓度的抗菌药物分别加入已加热溶解、并在45~50℃水浴中平衡的MH琼脂中，充分混匀倾倒灭菌平皿，琼脂厚度3~4mm。制备浓度相当于0.5麦氏标准浊度的菌悬液，再1:10稀释，以多点接种器吸取制备好的菌液（约1~2μL）接种于琼脂平板表面，每点菌数约为10^4 CFU，形成直径为5~8mm的菌斑。接种好后置35℃孵育16~20h，观察结果。将平板置于暗色、无反光物体表面上判断试验终点，以抑制细菌生长的最低药物浓度为MIC。在含甲氧苄胺嘧啶或磺胺琼脂平板上可见轻微细菌生长，与生长对照比较抑制80%以上细菌生长的最低药物浓度作为终点浓度，再判定敏感、中介或耐药。

（四）E-test

1988年瑞典AB Biodisk公司推出了E-test药敏方法，已被世界同行公认为第二金标准药敏方法。其特点是结合琼脂扩散法和稀释法的优点，用扩散法的原理、塑料条的形式定量读出MIC值。这比传统的纸片扩散法测抑菌圈的大小精确可靠。E-test现已被美国食品及药物管理局及世界卫生组织细菌耐药监测网所承认。E-test试验的关键是E-test试纸条的质量。E-test试纸条是一条5mm×50mm、内含有一系列预先制备的、浓度呈连续指数增长的抗生素纸条。将E-test试纸条贴在接种细菌的平板上培养过夜，平板上将会出现椭圆形抑菌圈，抑菌圈的边缘与试纸条交点的刻度浓度即为最低抑菌浓度。

第三节 耐药性流行病学

一、沙门菌耐药谱的变迁

1970年以前世界上耐药性伤寒沙门菌尚属罕见，随着抗生素的普遍应用，20世纪70年代后开始出现伤寒耐药菌株。1972—1973年，越南发生了伤寒流行，分离出163株伤沙门菌寒耐药菌株，其中46%的菌株耐氯霉素。同年，墨西哥发生了一次严重的伤寒暴发流行，也为氯霉素耐药菌株所致。其后，这种耐药菌株逐渐传入英国、美国并蔓延至亚洲，在泰国、日本、朝鲜、马来西亚等地均有发现。近年来的研究显示，在亚洲和一些非洲国家伤寒和甲型副伤寒沙门菌对氯霉素、氨苄西林和复方新诺明普遍耐药。在印度，从1996年以来，伤寒和甲型副伤寒发病率明显增高，1998年以后在印度一些地区由耐链霉素甲型副伤寒沙门菌引起的发热病例明显比往年增高，而且耐药情况也发生了变化，有32%的菌株对氯霉素和复方新诺明，13%的菌株对2种以上抗菌药物耐药。在日本，对收集的92株伤寒沙门菌进行耐药性监测发现，有52.2%的菌株呈耐药性，其中70.2%的菌株对单一抗生素耐药，29.2%的菌株呈多重耐药性，主要耐磺胺类和四环素。从现有的数据看来，自1970年到现在，沙门菌一直维持高水平耐药。从1979—2008年的氨苄西林耐药率很高，如表6-2；1990—1999年，从腹泻儿童中分离到的沙门菌和志贺菌超过40%对氨苄西林和复方新诺明耐药。在利比亚的班加西也有同样的报道。

表6-2　1979—2008年利比亚不同城市腹泻粪便样本沙门菌耐药性

年代/城市	测试数	耐药百分率（%）							
		Amp	AMC	CEF	C	Gen	NA	Cip/Nor	TMX
1979/Tripoli	244	89	NT	NT	79	17	12	NT	NT
1979/Tripoli	238	29	NT	NT	89	14	17	NT	NT
1979/Tripoli	21	52	NT	43	52	43	0.0	0.0	48
1992—1993/Tripoli	157	70	58.5	NT	66.2	64.3	NT	NT	67.5
2000—2001/Zliten	23	100	96	NT	96	78	4	0.0	4
2008/Tripoli	19	47	5	57.8	5	NT	84	63	21

注：Amp代表氨苄西林，AMC代表阿莫西林／克拉维酸，CEF代表头孢菌素，C代表氯霉素，Gen代表庆大霉素，NA代表萘啶酸，Cip/Nor代表环丙沙星／诺氟沙星，TMX代表复方新诺明。

在西班牙，测定了2001—2003年5 777株人源沙门菌的药物敏感性，24%的鼠伤寒沙门菌对4种或4种以上抗生素耐药，最常见的耐药表型为ACSSuT，这种耐药表型常与鼠伤寒沙门菌DT104有关。50%肠炎沙门菌分离株对萘啶酸耐药，在该血清型中萘啶酸的耐药率最高，且常与肠炎沙门菌最常见的噬菌体型PT1有关。

在欧洲，肠炎沙门菌是最流行的沙门菌。2011年分离到34 385株。肠炎沙门菌呈高水平耐药，其对萘啶酸的耐药率为23.2%，对环丙沙星耐药率为12.7%。环丙沙星是第二代氟喹诺酮类抗菌药物，目前对于人的一些严重的或者毒性沙门菌感染仍作为治疗药物。2009年和2010年，环丙沙星的耐药率在英国高达33.7%，在丹麦也达到23.6%；意大利菌株的耐药率（15.5%）第三，比2010年大幅度增长。

对墨西哥3年内沙门菌进行耐药性监测，人源沙门菌中最常见的血清型为鼠伤寒沙门菌（21.8%），其次为阿贡纳沙门菌（21%），肠炎沙门菌分离株最低，为4.2%。而无症状儿童携带有阿贡纳沙门菌（12.1%）、火鸡沙门菌（11.6%）、鸭沙门菌（8%）和肠炎沙门菌（5.8%）。零售的猪肉、牛肉和禽肉中沙门菌分离率最高，猪肉中携带率为58.1%，其次为牛肉（54%）和禽肉（39.7%）。这些分离株的耐药率如下：氨苄青霉素14.6%、氯霉素14.0%、复方新诺明19.7%，头孢曲松耐药菌株在2002年出现，且仅限于鼠伤寒沙门菌。27%的沙门菌分离株对萘啶酮酸耐药，没有1株沙门菌对环丙沙星耐药。多重耐药菌株最常见于鼠伤寒沙门菌和鸭沙门菌。

近年来，随着抗菌药物在临床治疗、农业和畜牧业中的大量使用及滥用，沙门菌耐药现象越来越严重。美国抗菌药物监测表明，动物源沙门菌头孢噻呋的耐药率从1999年的4.0%上升到2003年的18.8%。

1998年美国从零售地摊肉中分离到的45株沙门菌中，36株（80%）、33株（73%）和12株（27%）分别对四环素、链霉素和氨苄西林具有耐药性。在加拿大，从动物、动物性食品和动物生产的环境中分离到的1 336株菌株中，341株（25.5%）、354株（26.5%）和212（15.9%）分别对四环素、链霉素和氨苄西林具有耐药性。在日本，1996—1999年从鸡体分离到287株沙门菌，184株（64.8%）和20株（7.0%）分别对链霉素、氨苄西林具有耐药性。在越南胡志明市，从零售生肉中分离到的91株沙门菌中，22%、22%、2.2%、2.2%、14.3%、16.5%、8.8%、2.2%和3.3%分别对氨苄西林、阿莫西林、卡那霉素、庆大霉素、链霉素、磺胺异噁唑、尼克酰胺、噻孢霉素和甲氧苄胺嘧啶表现耐药。

2006年美国农业部农业调查服务中心（USDA/ARS，2006）公布其在1997—2003年对沙门菌耐药性的调查结果，1997年有66%非伤寒沙门菌分离株（来自动物临床样品、屠宰后胴体或健康动物）对受试的抗生素都敏感，2003年有49%全部敏感；1997年有25%对2种以上的抗生素耐药，2003年上升为43%；1997年有11%对5种以上的抗生素耐药，2003年上升为25%；1997年有2%对8种以上的抗生素耐药，2003年上升为14%。单个抗生素耐药率以头孢噻呋上升最明显（1%～19%），而对环丙沙星的耐药率几乎为0，几年内基本没有发生变化。

根据美国食品药品管理局统计报道，1997—2007年，耐药表型为ACSSuT的猪源沙门菌分离率分别为20%、54.3%、46.5%、39.5%、45.5%、47.9%、44.4%、60.4%、

50%、44%和47.4%，表明鼠伤寒沙门菌多重耐药现象比较普遍，并且逐渐出现了高水平耐氟喹诺酮类和头孢菌素的鼠伤寒沙门菌。

在中国，猪源沙门菌在各个省份耐药现象十分普遍，且耐药率普遍高于50%；其中，四川省猪源沙门菌四环素耐药率最高可达98.36%，其他省份耐药率也在90%左右；猪源沙门菌链霉素耐药率在各省份之间存在差异，广西和贵州耐药率较低，四川和湖北耐药率均高于80%，这与区域用药有一定关系。

我国部分地区1962—1999年346株鸡白痢沙门菌药物敏感性测定的结果表明，在近40年时间里，鸡白痢沙门菌对氨苄青霉素、壮观霉素、复方磺胺、磺胺异噁唑、甲氧苄胺嘧啶、羧苄青霉素、四环素、链霉素、青霉素的耐药率显著增强（$p<0.01$）。菌株的多重耐药率明显增加。潘志明等测定了1962—2007年从我国收集到的450株鸡白痢沙门菌对17种抗生素的耐药性，39%～95%的菌株对各种抗生素表现为高度耐药，特别是对氨苄西林、羧苄西林、链霉素、四环素、甲氧苄胺嘧啶和菌得清。其中，鸡白痢沙门菌的多重耐药表型TMP–SUL–STR–AMP、TMP–SUL–STR–TET–SPT、TMP–STR–TET–AMP–CAR在1970—1979年、1980—1988年和1993—1999年这三个阶段经常出现，分别达到6.6%、16.9%和31.4%。徐君等从江苏地区分离的鸡白痢沙门菌对甲氧苄胺嘧啶、磺胺甲基异噁唑、复方新诺明、四环素及羧苄青霉素的耐药率分别高达70.0%、69.5%、63.3%、63.3%和56.7%。这充分说明细菌耐药性的形成和发展与抗菌药物长期反复使用有着极为密切的关系。

二、沙门菌的多重耐药性

沙门菌病呈全球性分布，全年均可发病，多发生于夏秋季，目前特别在发达的工业化国家其感染率呈上升趋势，食源性沙门菌感染已成为工业化国家的主要问题。在美国每年非伤寒沙门菌感染约有140万例；在加拿大，沙门菌也是比较严重的公众关注焦点，估计每年有将近627 200例感染，花费84 620万加元；在我国北京地区肠道致病菌中沙门菌的检出率约5%。临床上喹诺酮类药物作为肠道致病菌感染的首选药物。

但近年来，由于抗菌药物在临床抗感染治疗上的大量使用及在畜牧业（特别是在食品动物中）作为促生长剂的广泛使用，使非伤寒沙门菌耐药性问题日益严重。2000年欧洲监测网研究表明，从10个欧洲国家中分离出非伤寒沙门菌27 000株，其中，低耐环丙沙星的鼠伤寒沙门菌占13%，肠炎伤寒沙门菌占8%。1996—2001年中国台湾非伤寒沙门菌对环丙沙星的耐药率达2.7%，鼠伤寒沙门菌对环丙沙星耐药率达1.4%。1995年日本出现喹诺酮类耐药的鼠伤寒沙门菌，起源于牛。我国全国细菌耐药性监测网所属的57家三级甲等医院2002年1月1日至2002年12月31日收集的临床分离菌株，非伤寒沙门菌对环丙沙星耐药率高达12.5%。目前，多重耐药株DT104成为威胁公共卫生安全的主要菌株之一。它于1984年首先在英国发现，随后在其他地方也被发现。这个噬菌体型主要对五种抗菌药物耐药：氨苄西林、氯霉素、链霉素、复方新诺明和四环素（耐药表型ACSSuT）。Baggesen等人的研究证明，来自欧洲不同国家和美国的鼠伤寒沙门菌多重耐药株DT104有相同的分子指纹图谱和耐药谱，因而认为该菌的起源相同。由此推断鼠伤寒沙门菌多重耐药株DT104将有可能成为引起全球非伤寒沙门菌感染的主要流行株。截至1997年，多重耐药株DT104至少引起1%的人类沙门菌感染，因此遏制沙门菌耐药性的传播和蔓延，防控沙门菌耐药株的感染已成为全球对食源性感染关注的热点。

沙门菌作为一个公共卫生问题不仅是由于每年的庞大案例，也是由于很多菌株对几种抗菌药物耐药。2003年美国抗生素耐药性监测系统（NARMS）报道，从人源分离到的非鼠伤寒沙门菌菌株中，22.5%至少对一种抗生素耐药。相对于1996年的33.8%降低了。在多重耐药表型中，最常见的是氨苄西林、氯霉素、链霉素、磺胺类药物和四环素（ACSSuT），在检测菌株中达到9.3%。从屠宰和兽医诊断来源的沙门菌样品中，44%的菌株至少对一种抗菌药物耐药。ACSSuT耐药型也是最常见的多重耐药种类。2004年4.8%的菌株是这种耐药型，大多数来自兽医诊断。兽医来源的沙门菌对氨苄西林、链霉素、磺胺类药物和四环素的耐药率最高，从1997—2004年，对这些药物的耐药率有所升高。与1996年报道相似，2007年鸡源、牛源和猪源的非鼠伤寒沙门菌对至少一种抗菌剂的耐药率分别为53.9%、72%和43.1%。多重耐药表型ACSSuT在鸡、火鸡、牛和猪的检出率分别为1.5%、4.8%、16.2%和10.9%。此外，鸡、火鸡、牛和猪源的菌株对ACSSuTAuCf（ACSSuT加阿莫西林/克拉维酸和头孢噻呋）耐药表型的检出率分别是1.4%、4.1%、13.7%和0.5%。在美国，头孢噻呋是唯一一种在兽医上准许使用的超广谱头孢菌素。头孢噻呋耐药菌对头孢曲松是可以交叉耐药的，在食品动物生产中使用这种药物，增加了头孢曲松对沙门菌和其他肠杆菌耐药性的出现和传播的筛选的潜在安全性问题。

2004年，英国从健康人、牛、猪和家禽泄殖腔棉拭子和环境中分离到397株肠道沙门菌，涉及35个血清型，这些分离株分别对测试的14种抗生素中9种产生耐药性。对10个欧洲国家1999—2001年分离到的169株伤寒沙门菌、甲型副伤寒沙门菌进行研究发现，29%的菌株呈多重耐药性，耐药达4种以上，对环丙沙星的敏感性下降（MIC 0.25～1.0mg/L）。而甲型副伤寒沙门菌菌株的多重耐药率由1999年的9%增加到2001年的25%。我国20世纪80年代以后开始报道伤寒沙门菌、副伤寒沙门菌的多重耐药性发生，相关的暴发疫情时有发生。

通过比较从1979—1980年和1989—1990年在美国分离的沙门菌耐药率，测定了其对12种抗生素的敏感性。数据显示美国沙门菌耐药高峰在1996年，随后又回落到1983—1985年的水平。同样，在英格兰和威尔士地区多重耐药性鼠伤寒沙门菌DT104感染高峰也是1996年。最近有报道，在韩国从鸡蛋、鸡肉、粪便及蛋壳中分离的肠炎沙门菌菌株中，65.2%的菌株对3种或3种以上抗菌药物耐药，有一株对15种抗菌药物耐药。

在人和动物感染的沙门菌中分离率最高的血清型之一是鼠伤寒沙门菌。对其特别关注主要是因为多重耐药性鼠伤寒沙门菌（包括DT104）的感染率在不断上升，该血清型细菌常表现为ACSSuT型。这种耐药表型最早出现于20世纪70年代末，到1995年发现有超过50%的鼠伤寒沙门菌带有该耐药表型。这种耐药表型通常还与噬菌体型DT104有关，但是偶尔还会出现其他耐药表型。部分此类菌株获得了对甲氧苄胺嘧啶、氨基糖苷类和喹诺酮类抗菌药物的耐药性。

鼠伤寒沙门菌的多重耐药被定义为对三种首要治疗药物（氯霉素、氨苄西林和复方新诺明）耐药。由于抗菌药物使用的变化，多重耐药表型在鼠伤寒沙门菌中逐渐形成，且每种耐药类型是单独获得的。氯霉素和氨苄西林已被使用几十年了，复方新诺明用于治疗鼠伤寒是在1981年。最早有资料记载的鼠伤寒沙门菌多重耐药表型的出现是1984年在马来西亚和1988年在克什米尔和印度。到1990年，鼠伤寒沙门菌多重耐药表型已经传播到全球。在越南，到1996年从国家南部获得的鼠伤寒沙门菌的86%都是多重耐药。

另外一种多重耐药沙门菌——AmpC–纽波特沙门菌在动物和人中流行。除了通常见于鼠伤寒沙门菌DT104的耐药表型，AmpC–纽波特沙门菌还对阿莫西林/克拉维酸、先锋霉素、头孢西丁、头孢噻呋产生耐药性，且对头孢曲松的敏感性下降（MIC＞16μg/mL）。部分多重耐药性AmpC–纽波特沙门菌也对庆大霉素、卡那霉素和复方新诺明产生抗性。2003（NARMS）年非伤寒沙门菌中2%是AmpC–纽波特沙门菌，1996年还未出现一例。对1988—2001年人、动物和环境中多重耐药性纽波特沙门菌进行研究，结果表明1998年收集到的几株细菌似乎来自同一起源，而这几株细菌地域分布很广，来源也不同（人、环境和牛）。在87株来自人和肉用动物的纽波特沙门菌中，60%确定为多重耐药性AmpC–纽波特沙门菌；其中，人源纽波特沙门菌有53%为多重耐药性AmpC–纽波特沙门菌，牛源的有93%，猪源的有70%，鸡源的有30%。

氟喹诺酮和头孢曲松耐药沙门菌的出现引起了人们对公共卫生的关注，因为氟喹诺酮（环丙沙星）和第三代头孢菌素如头孢曲松普遍用于治疗成人和儿童的侵入性沙门菌感染。

第四节 耐药性分子流行病学

在美国，沙门菌感染是重要的食源性疾病，通常是通过消费污染食物引起的，如禽肉、牛肉、猪肉、蛋类、牛奶、海产品以及生鲜农产品等。该病是典型的自限性疾病。但对于许多严重的临床病状如菌血症，通常使用抗生素治疗。目前，沙门菌已经有超过2 600种血清型。其中一些血清型与人和动物疾病有关。渐渐地，这些血清型的菌株被检测出对多种抗生素耐药。

沙门菌逐渐升高的耐药水平已经成为一个公共卫生安全问题。在中东地区的科威特和阿拉伯联合酋长国，含产超广谱β-内酰胺酶的沙门菌达到17%，这比许多其他地区报道的要高，如美国是1.9%、拉丁美洲是2.4%、欧洲是0.8%、西太平洋区域是3.4%、中国台湾是1.5%。在医院收集的2003—2006年的407株沙门菌中，116（59.5%）株的耐药表型与ESBLs产物有关。其中，总共14株（12.1%）和29株（24.6%）携带$bla_{CTX-M-15}$和bla_{TEM}基因，但未检测到bla_{SHV}基因。另外，在含$bla_{CTX-M-15}$基因的菌株中，2（14.3%）株鼠伤寒沙门菌和10（71.4%）株沙门菌携带插入序列IS$EcpI$。这也证明了插入序列IS$EcpI$存在于可移动元件 bla_{CTX-M}上。

（一）细菌对四环素的耐药性

细菌对四环素耐药的产生常常是由于获得了有关接合质粒或转座子中新的四环素耐药基因tet（又称四环素抗性决定子）。tet种类很多，目前已鉴定出30多种，其中，革兰阴性菌32种、革兰阳性菌22种。不同的tet基因在世界各地迅速传播，不同血清型中tet基因分布也不同，且存在地域差异。对55株Ⅰ类整合子阳性的沙门菌分离株进行分析表明，四环素耐药性主要由$tetB$和$tetA$基因编码。在世界范围内收集了107株四环素耐药的革兰阴性菌分离株，用多重PCR检测四环素耐药基因，其中49.5%为$tetA$基因、35.5%为$tetB$基因、7.5%为$tetJ$基因、5.6%为$tetC$基因和1.9%为$tetD$基因。这些数据说明，$tetA$基因和$tetB$基因在革兰阴性菌中分布非常广泛。在动物流行的沙门菌分离株中，四环素耐药性菌株中68%携带$tetA$基因，分布很广，39个$tetA$基因位于Tn1721转座子上。同样，在英国收集的1994—2000年的397株沙门菌菌株中，$tetA$的携带率为16.9%，其中$tetA$（G）比例为82.8%，并且这些基因主要存在于鼠伤寒沙门菌DT104和U302中。这进一步说明了$tetA$是介导四环素耐药的主要基因。

（二）细菌对氯霉素及其衍生物氟苯尼考的耐药性

细菌对氯霉素和它的衍生物氟苯尼考耐药性的分子学基础最近已被评估。在沙门菌中，通过A或B类氯霉素转移酶（Cat）的酶钝化作用和通过特异性外排蛋白排出氯霉素和氯霉素/氟苯尼考是主要的耐药机制。CatA蛋白又分为两种，分别由*catA1*和*catA2*基因编码，均在沙门菌中被发现。Tn9携带的耐药基因*catA1*在几种沙门菌血清型中被发现过，包括鼠伤寒沙门菌、鼠伤寒沙门菌DT104、伤寒沙门菌和德尔卑沙门菌等。*catA2*基因则在猪霍乱沙门菌、肠炎沙门菌、鼠伤寒沙门菌和德尔卑沙门菌来源的一个多重耐药质粒上被检测到。*catB*基因包括*catB2*、*catB3*和*catB8*。这些基因均位于基因盒中，并且在鼠伤寒、肠炎和伤寒沙门菌中被归为Ⅰ类整合子。在比较美国的1998—2000年和中国1999—2000年的菌株中，沙门菌对氯霉素的耐药率分别为11%和20%。在30株多重耐药菌株（对两种或两种以上的抗生素耐药）中，*cat1*的检出率为13%，*cat2*的检出率为27%。在英国收集的1994—2000年的397株人源和动物源沙门菌菌株中，*cat1*和*cat2*基因的阳性率仅为0.8%和0.3%，但这些菌株对氯霉素的耐药率为21.4%，说明*cat1*和*cat2*基因与氯霉素耐药性有关，但不是唯一的因素，还存在其他的耐药机制。此外，*calmA*在鼠伤寒沙门菌中位于Ⅰ类整合子的基因盒中。最近，一个新的变异体*calmA4*在阿贡纳沙门菌中的Ⅰ类整合子上被发现。此外，*floR*也在纽波特沙门菌中位于可接合R55相关质粒上，但在鼠伤寒沙门菌中是与β-内酰胺基因bla_{CTY-2}共存于多重耐药质粒上。在上述的397株菌株中，*floR*基因的携带率为14.1%，可见*floR*基因对氯霉素耐药性的产生也存在很大影响。

（三）沙门菌对氨基糖苷类的耐药性

沙门菌对氨基糖苷类药物的耐药作用和其他细菌一样，是由修饰酶调节的。其把某些群体依附在氨基糖苷类分子上从而破坏抗菌活性。我们已知的氨基糖苷修饰酶有三类：O-乙酰转移酶、N-乙酰转移酶和O-磷酸转移酶。到目前为止，在已知的20多种氨基糖苷类-O-乙酰转移酶基因（*aad*）中，只有产物在3'（*aadA*）和2'（*aadB*）位置发挥作用的两类基因在沙门菌中被发现。这两类基因在基质光谱上有所差别，*aadA*基因介导对链霉素和氨基环醇类抗生素大观霉素的耐药性，而*aadB*基因则介导对庆大霉素、卡那霉素和妥布霉素的耐药性。*aadA*基因至少有六类亚型存在：*aadA1*、*aadA2*、*aadA5*、*aadA7*、*aadA21*、*aadA22*和*aadA23*。*aadB*基因相关基因盒则在鼠伤寒、鸡白痢和奥拉宁堡沙门菌中发现。在英国收集的1994—2000年的397株人源和动物源沙门菌菌株中，*aadA1*、*aadA2*基因的携带率为3.8%、17.1%，且耐药表型都与链霉素和大观霉素有关。

而*aadB*基因的携带率很低，仅为0.5%。磷酸转移酶相关基因*aphAI－IAB*和*strA*也被检测出，携带率分别为3.3%和14.9%。

（四）沙门菌对磺胺类的耐药性

对于磺胺类药物，沙门菌中有三种特殊的耐药基因已被确定——*sul1*，*sul2*和*sul3*。这三种基因都是编码磺胺类药物耐药有关的二氢叶酸合成酶。在英国收集的1994—2000年的397株人源和动物源菌株中，*sul1*和*sul2*基因的携带率分别为20.2%和13.4%。在多株沙门菌中，*sul1*基因和*aadA2*、*bla*（*Carb2*）基因位于共同整合子上。但只有一株纽波特沙门菌的*sul2*和*strA*基因位于同一个整合子上。在对2001年的512株磺胺类药物耐药的沙门菌中，22株（4.3%）沙门菌携带*sul3*基因，并且这些基因都存在于大的质粒上。这是第一次报道在沙门菌中检测到*sul3*基因。

（五）细菌对喹诺酮类和氟喹诺酮类的耐药性

细菌对喹诺酮类和氟喹诺酮类的耐药作用通常是细菌DNA旋转酶（*gyrA*和*gyrB*）、拓扑异构酶Ⅳ（*parC*和*pare*）以及主动外排发生突变来干扰细菌DNA代谢。在萘啶酸耐药菌株中最常发生的氨基酸突变类型为Ser－83（突变为Phe、Tyr或Ala）或Asp－87（突变为Gly，Asn或Tyr）。1991—1995年从欧洲收集到的动物源和人源菌株，在83位和87位两个残基均发生突变的鼠伤寒沙门菌（DT204）对氟喹诺酮类药物表现高水平耐药。利用萘啶酸和培氟沙星诱导鼠伤寒沙门菌产生耐药株，对耐药株的*gyrA*基因进行PCR扩增及序列分析，得到的氨基酸取代有Ser83→Phe、Ser83→Tyr、Asp87→Tyr、Asp87→Asn、Ala67→Pro和Gly81→Ser。Griggs等对人源和动物源氟喹诺酮类耐药沙门菌*gyrA*基因进行序列分析，除了得到相当于大肠杆菌的Ser83→Phe、Asp87→Gly/Tyr取代外，还发现一个新的变异位点Ala119→Glu。Ruiz等从临床分离得到42株耐萘啶酸的鼠伤寒沙门菌（MIC为1024mg/L），对环丙沙星则全部表现为敏感（MIC值为0.25mg/L）。对QRDR进行序列分析，发现所有耐药菌株都出现*gyrA*基因Ser83→Phe取代，而*parC*基因则没有任何突变，这表明*gyrA*基因突变对耐萘啶酸的鼠伤寒沙门菌的产生中起到重要作用，同时也提示沙门菌对喹诺酮类和氟喹诺酮类耐药性产生的机制可能有所不同。Cebrian等对3株沙门菌氟喹诺酮类敏感株，持续不断地接触不同种类的低浓度的氟喹诺酮类药物诱导耐药后，发现所有菌株的*gyrA*基因均未发生突变，表明*gyrA*基因并非沙门菌对氟喹诺酮类产生耐药性的主要机制。

鼠伤寒沙门菌的检测一般采用MLVA（多位点串联重复序列分析）技术，可以检测和回溯鼠伤寒的暴发。Wuyts等采用噬菌体分型、药敏试验和MLVA检测了比利时2010—

2012年的1 420株鼠伤寒沙门菌，用来评价MLVA对公共卫生健康监测的附加价值。噬菌体型DT193、DT195、DT120、DT104、DT12和U302是鼠伤寒沙门菌的主要型，对氨苄西林、链霉素、磺胺类和四环素的多重耐药达到42.5%。

到目前为止，人、动物及环境来源的沙门菌都存在大量携带耐药基因的菌株。总的来看，其中很多是位于多重耐药质粒和其他转座单位上，即使在没有直接的选择压力的环境下，它们也可以共转移或被共选择出。这对于质粒相关的多重耐药整合子和SGI1相关的多重耐药基因群是极其重要的。在对沙门菌中耐药基因的测序和比较中发现，许多耐药基因与在其他细菌中发现的是有密切联系的，甚至有些无法区分开来。这可能是由于这些基因是位于可移动元件上，沙门菌中的这些基因是从其他细菌中获得的。沙门菌本身在耐药基因的传播中可能也发挥着作用。抗生素的大量使用及不合理使用，导致沙门菌耐药性的不断增强，而沙门菌又是重要的人兽共患食源性病原菌，这就要求我们合理科学使用抗生素。

第五节 控制耐药性的措施

抗生素耐药性问题自抗生素应用之初就已经受到关注。20世纪60年代初对有关细菌耐药性的发生、传播与控制策略的认识至今仍然适用，如当时就指出不合理使用抗生素有助于选择耐药细菌和耐药菌在医院的传播扩散，减少医院抗生素使用是控制耐药性发生的重要手段。尽管如此，当今世界所面临的抗生素耐药性危机并没有为人们在抗生素时代之初所预料。细菌抗生素耐药性可增加发病率、住院时间及费用和病死率等。多种因素造成不必要的抗生素使用，而当务之急是必须采取控制策略以减少抗生素耐药性的危害和最大限度地延长已有抗生素的有效使用期限。这要求国际、国家及地区建立有效的政策和承诺，并提高控制耐药性的全民意识。WHO近10年来致力于控制抗生素的耐药性。许多医学机构也不断呼吁控制抗生素耐药性，美国感染病学会新近发表了题为"控制抗生素耐药性：政策建议以拯救生命"的详细报告。下面简要地讨论一些基本控制策略。

一、减少抗生素使用

抗生素的使用与细菌耐药性产生直接相关，即使是合理地使用抗生素也可导致细菌耐药性的产生与传播。更令人担忧的是大量的统计资料显示滥用抗生素极为普遍，不适当的抗生素使用是当前抗生素耐药性危机形成的直接首要原因。WHO认为，仅有50%~70%的肺炎病患接受了适当的抗生素治疗，而高达60%的病毒性上呼吸道感染患者接受了不适当的抗生素治疗。抗生素的合理使用势必从医务人员和病人做起，医师和药剂师在合理使用抗生素方面起到关键作用。医药学院及继续教育在课程方面应该加强合理用药教育。医药组织及专家应该及时地依据细菌耐药性等资料制定用药指南。国家及医院行政部门也应制定严格的法规及监督抗生素的使用，不合理的药物促销行为必须受到禁止，同时要加强全民的医学知识教育。中国卫生部已在2004年颁布了《抗菌药物临床应用指导原则》，并在2008年和2011年分别发布了《关于加强多重耐药菌医院感染控制工作的通知》和《多重耐药菌医院感染预防与控制技术指南（试行）》，显示了政府对控制抗生素耐药性危害的重视，但是抗生素不合理应用的形势仍然十分严峻。合理使用抗生素同样适用于非人类医学领域如农牧用抗生素，动物源或食源性细菌耐药性（主要是沙门菌、大肠杆菌、弯曲菌及肠球菌等）可通过人类食物链危及人群健康，加拿大和中国均已经将食源性细菌耐药性列为重要的食品安全与公共健康问题。

二、加强预防与控制感染

耐药细菌的产生和扩散与医院感染密切相关。控制与预防医院感染需要从法规制度入手，并要求有必要的配套设施，涉及医院的消毒措施、医务与病患卫生（如手部卫生）、病人安置与隔离及环境卫生与废物管理等。加强疫苗接种预防感染性疾病，有助于降低疾病的发生与传播，而社区感染性疾病的预防和控制需要公共卫生人员的主动参与。

三、抗生素药物使用与耐药性的监测

建立抗生素药物使用和耐药细菌的主动监测系统，有助于为相关的政策决定提供科学依据。世界多个国家与地区已建立全国监测网，如加拿大的CIPARS、欧洲的EARSS、丹麦的DNAMAP及美国的NARMS等。这些监测系统在细菌采样方法设计、细菌分离、药物敏感试验、药物种类与标准及结果报道等方面都相同或近似，有利于各国与地区间的比较。中国也建立了MOHNARIN和农业部养殖动物细菌耐药性监控中心。除国家与地区监测网外，医院应考虑如何及时地提供当地耐药性的流行病学资料，以指导本医院或地区谨慎合理地选用抗生素。

四、研发新抗生素与优化现有抗生素

如今，一方面几乎所有重要病原菌都出现了多重耐药性，如ESKAPE病原菌；另一方面新研发的抗生素药物十分有限，大部分临床应用的抗生素是在1941—1968年发现的，而过去近40年间仅发现了3种具有新型抗菌作用机制的药物，即噁唑烷酮类的利奈唑胺、脂糖肽类的达托霉素及2006年报道的由普拉特链霉菌产生的普拉特霉素（platensimycin），这些药物主要是抗革兰阳性细菌。美国食品药品管理局（FDA）自1983年到目前的每5年新批准的新分子实体全身性抗生素（new molecular entity systemic antibiotics）的数量也明确地反映了新抗生素逐年递减，如1983—1987年有16种，1988—1992年有14种，1993—1997年有10种，1998—2002年有7种，2003—2007年有4种及2008—2011年的2种。实际上目前大部分新进入临床或临床前试验的抗生素，主要集中于抗革兰阳性细菌（如MRSA或耐万古霉素肠球菌），这包括万古霉素衍生物特拉万星（telavancin，2009年美国上市）和新型脂糖肽类达巴万星（dalbavancin）等。新药开发研究继续对已知各类抗生素进行结构修饰，一些较新的抗生素药物包括甘氨酰四环素类的替加环素（于2005年在美国上市）、碳青霉烯类的多尼培南（2007年在美国上市）及新型第5代头孢菌素类头孢他诺林（ceftaroline，2010年在美国上市）和头孢比普（ceftobiprole），这些药物具有较广的抗菌谱，如抗MRSA与革兰阴性细菌。

碳青霉烯β-内酰胺酶等耐药机制的普遍出现，使多重耐药革兰阴性细菌如肠杆菌属细菌、铜绿假单胞菌与鲍曼不动杆菌成为最难治的致病菌，这促使学者们重新评估及优化现有抗生素，如多黏菌素和米诺环素等。不同类别抗生素的联合使用是治疗多重耐药菌感染的重要选择（如治疗ESKAPE病原菌及结核分枝杆菌感染），但是联合用药更应注意药物的不良反应。无论如何，细菌耐药性进化传播的历史已清楚地显示，唯有谨慎合理地选用抗生素方可延缓耐药性的发生与危害。同时应该强调的是，研发新抗生素需要极大的科学和财力投入，全球主要的抗生素医药工业界已放弃或减少了对新抗生素的研发，这要求政府机构从策略上包括在药品监管方面等支持抗生素的研发。

2014年4月30日，WHO首份"全球抗生素耐药报告"显示，全世界面临严重的公共卫生威胁。来自114个国家的数据显示，所有地区都发现存在抗生素耐药。该报告首次审视了全球的抗生素耐药情况，包括抗生素耐药性，表明这种严重威胁不再是未来的一种预测，目前正在世界所有地区发生，有潜力影响每个人，无论其年龄或国籍。当细菌发生变异，使抗生素对需要用这种药物治疗感染的人们不再有效，就称之为抗生素耐药，现在已对公共卫生构成重大威胁。"如果没有众多利益攸关方的紧急协调行动，世界就会迈向后抗生素时代，多年来可治疗的常见感染和轻微伤痛可再一次置人于死地"，世界卫生组织安全事务助理总干事Keiji Fukuda博士说。"有效的抗生素一直是使我们能够延长寿命、更健康地生活和受益于现代医学的支柱之一。除非我们采取显著行动加强努力预防感染并改变我们生产、发放和使用抗生素的方法，否则世界将失去越来越多的全球公共卫生产品，其影响将是灾难性的"。报告的主要调查结果包括：

（1）对常见的肠道细菌肺炎克雷伯菌引起的威胁生命的感染，碳青霉烯类抗生素是最后的治疗手段。对这种抗生素的耐药性已传播到全世界所有地区。肺炎克雷伯菌是医院内发生感染的一个重大病因，感染包括肺炎、血液感染、新生儿和重症监护室患者感染等。在有些国家，鉴于耐药性，碳青霉烯类抗生素对半数以上接受治疗的肺炎克雷伯菌感染患者无效。

（2）氟喹诺酮类药物是最广泛用于治疗大肠杆菌引起的尿道感染的抗菌药物之一，但对这种药物的耐药性非常广泛。这种药物最初在20世纪80年代开始采用时，耐药性几乎为零。今天，在世界许多国家，这种治疗对半数以上的患者无效。

（3）作为淋病最后治疗手段的第三代头孢菌素，在奥地利、澳大利亚、加拿大、法国、日本、挪威、南非、斯洛文尼亚、瑞典和英国已确认治疗失败。

（4）抗生素耐药延长了患病期并加大了死亡的危险。例如，耐甲氧西林金黄色葡萄球菌感染患者与非耐药性感染患者相比，死亡的可能性估计要高64%。耐药性还加大了卫生保健的成本，因为住院时间较长并需要更多的重症监护。

五、对耐药性的全球努力

"全球抗生素耐药报告"显示，在应对抗生素耐药的重要工具方面，如跟踪和监测的基本系统，许多国家存在差距或者不具备这些工具。有些国家已采取重要步骤处理问题，但每个国家和个人均需要做出更多的努力。

其他重要行动包括首先预防发生感染，即通过改善卫生，获取干净的水，采取卫生保健措施控制感染，以及接种疫苗，减少对抗生素的需要。世界卫生组织还呼吁重视研制新诊断试剂、抗生素及其他工具的必要性，使卫生保健专业人员领先于正在出现的耐药性。

由世界卫生组织领导的应对耐药性的全球努力，将涉及制定工具和标准以及改进全世界的协作，跟踪耐药性，衡量其对公共健康和经济影响，并制定有针对性的解决办法。

六、如何应对耐药性

1. 人们可帮助应对耐药性　只有当医生开出处方时才使用抗生素；即使感觉有所好转，也要服完处方的所有药物；决不与其他人分享抗生素或使用以前剩下的处方药。

2. 卫生工作者和药剂师可帮助应对耐药性　加强预防和控制感染；只有当确实需要时才开出处方和发放抗生素；处方和分发的抗生素必须适用于治疗的疾病。

3. 决策者可帮助应对耐药性　加强对耐药性的跟踪和实验室能力；管制和促进药物的适当使用。

4. 决策者和制药业可帮助应对耐药性　推动创新以及新工具的研究和开发；促进所有利益攸关方之间的合作和信息共享。

实施抗生素管理（antibiotic stewardship）已经成为普遍接受的控制耐药性的重要手段，涉及人类医学的临床医药和兽医药师、政府药物审批监管机构、公共卫生部门、医药工业、病患者及动物饲养者等共同的协调参与，且必须制度化和规范化，尤其要加强对人类医学极为重要抗生素的监控。抗生素管理本身也是预防及减少医院及动物条件致病菌感染及耐药性形成传播的重要风险管理对策。不同国家及地区在实施抗生素管理方面已有许多经验可以借鉴，如澳大利亚通过政府控制氟喹诺酮类药物在人类医学中的使用及禁止其在食用动物的应用，使相应的耐药性至今保持较低水平。抗生素管理也需要用于非人类医学领域如农牧用抗生素的使用，动物源或食源性细菌耐药性可通过人类食物链危及人群健康。WHO在2001年就已提出了对应抗生素耐药性的全球性策略，这些策略至今仍然适用，更待各国及地区进一步实施。WHO和世界动物卫生组织（OIE）还分别将控制抗生素耐药性问题确立为2011年世界卫生日和2012年世界兽医日的主题。每年的"抗生素宣传日"已在欧洲等地区实施数年。这些努力旨在采取综合措施，加强对生产、销售、使用的监管，推进合理与负责任地管理和使用抗生素，以及促进全民的抗生素教育。

参考文献

黄瑞，穆荣谱. 1990. 多重耐药伤寒沙门菌耐药质粒的研究[J]. 中华传染病杂志, 8 (3): 139-140.

李显志. 2011. 细菌抗生素耐药性：耐药机制与控制策略[J]. 泸州医学院学报, 34 (5): 2-6.

李显志. 2013. 抗生素耐药基因古老起源与现代进化及其警示[J]. 中国抗生素杂志, 38 (2): 81-89.

潘志明, 焦新安, 刘文博, 等. 2002. 鸡白痢沙门菌耐药性的监测研究[J]. 畜牧兽医学报, 33 (4): 377-383

Aarestrup FM, Wegener HC, Collignon P. 2008. Resistance in bacteria of the food chain: epidemiology and control strategies [J]. Expert Rev Anti Infect Ther, 6(5): 733-750.

Alekshun MN, Levy ST. 1997. Regulation of chromosomally mediated multiple antibiotic resistance: the mar regulon [J]. Antimicrob Agents Chemother, 41(10): 2067-2075.

Carattoli A. 2001. Importance of integrons in the diffusion of resistance [J]. Vet Res, 32(3-4): 243-259.

Clinical and Laboratory Standards Institute (CLSI). Performance standards for antimicrobial disk and dilution susceptibility tests for bacteria isolated from animals; approved standard. In: CLSI Document M31-A3. 3rd ed. Clinical and Laboratory Standards Institute, Wayne, PA, 2008.

Clinical and Laboratory Standards Institute (CLSI). Performance standards for antimicrobial susceptibility testing; 23rd informational supplement. In: CLSI Document M100-S23. Clinical and Laboratory Standards Institute, Wayne, PA, 2013.

Huovinen P. 2001. Resistance to trimethoprim-sulfamethoxazole [J]. Clin Infect Dis, 32(11): 1608-1614.

Levy SB. 1998. The challenge of antibiotic resistance [J]. Sci Am, 278(3): 46-53.

McEwen SA, Fedorka-Cray PJ. 2002. Antimicrobial use and resistance in animals [J]. Clin Infect Dis, 34: S93-S106.

Nordmann P. 1998. Trends in β-lactam resistance among Enterobacteriaceae [J]. Clin Infect Dis, 27: S100-S106.

Rodríguez-Martínez JM, Cano ME, Velasco C, et al. 2011. Plasmid-mediated quinolone resistance: an update [J]. J Infect Chemother, 17(2): 149-182.

Roe MT, Pillai SD. 2003. Monitoring and identifying antibiotic resistance mechanisms in bacteria [J]. Poult Sci, 82(4): 622-626.

Russell AD. 1997. Plasmids and bacterial resistance to biocides [J]. J Appl Microbiol, 83(2): 155-165.

Russell AD. 2001. Mechanisms of bacterial insusceptibility to biocides [J]. Am J Infect Control, 29(4): 259-261.

Shariat N, Sandt CH, DiMarzio MJ, et al. 2013. CRISPR-MVLST subtyping of Salmonella enterica subsp. enterica serovars Typhimurium and Heidelberg and application in identifying outbreak isolates [J]. BMC Microbiol, 13(254): 2-3.

Skold O. 2000. Sulfonamide resistance: mechanisms and trends [J]. Drug Resist Updates, 3(3): 155-160.

Strahilevitz J, Jacoby GA, Hooper DC, et al. 2009. Plasmid-mediated quinolone resistance: a multifaceted threat [J]. Clin Microbiol Rev, 22: 664-689.

Tenover FC. 2006. Mechanisms of antimicrobial resistance in bacteria [J]. Am J Med, 119: S3-S10.

第七章

临床症状与病理变化

第一节 **临床症状**

一、猪

又称猪副伤寒（Paratyphus suum）。各国所分离的沙门菌的血清型相当复杂，其中主要有猪霍乱沙门菌、猪霍乱沙门菌孔成道夫变型、猪伤寒沙门菌、猪伤寒沙门菌沃尔达格森变型、鼠伤寒沙门菌、德尔卑沙门菌、海德堡沙门菌、都柏林沙门菌、肠炎沙门菌等。其中，宿主适应性猪霍乱沙门菌几乎只能从病猪中分离出，它是猪沙门菌病的主要病原，常导致5月龄以内断奶仔猪的败血症；非宿主适应性鼠伤寒沙门菌导致大多数的猪沙门菌病例（刚断奶至4月龄猪），常表现为小肠结肠炎。

潜伏期一般由2d到数周不等。临床上分为猪霍乱沙门菌病、鼠伤寒沙门菌病和其他血清型沙门菌病。

（一）猪霍乱沙门菌病

败血症型沙门菌病通常由猪霍乱沙门菌引起，常发生于5月龄以内的断奶仔猪，也见于哺乳仔猪、育肥猪和出栏猪。临床症状最初为全身性败血症，后期则局限于一个或多个器官或系统。

1. **急性（败血型）** 病猪体温突然升高（41～42℃），精神不振，不食。后期间有下痢，呼吸困难，耳根、胸前和腹下皮肤有紫红色斑点（图7-1）。有时出现临床症状后24h内死亡，但多数病程为2～4d。病死率很高。

2. **亚急性和慢性** 最多见，与肠型猪瘟的临床表现很相似。病猪体温升高（40.5～41.5℃），精神不振，

图7-1　10^{10}菌落形成单位猪霍乱沙门菌攻毒后猪耳部呈紫红色

寒战，喜钻垫草，堆叠一起。眼有黏性或脓性分泌物，上下眼睑常被黏着，少数发生角膜混浊，严重者发展为溃疡，甚至眼球被腐蚀。食欲不振，初便秘后下痢，粪便淡黄色或灰绿色，恶臭，很快消瘦。部分病猪后期皮肤出现弥漫性湿疹，特别在腹部皮肤，有时可见绿豆大、干涸的浆性覆盖物，揭开见浅表溃疡。病程2～3周或更长，最后极度消瘦，衰竭而死。有时病猪临床症状逐渐减轻，状似恢复，但以后生长发育不良或短期又复发。

（二）鼠伤寒沙门菌病

鼠伤寒沙门菌导致猪的小肠结肠炎，开始时的症状为水样黄色腹泻，初期无血液和黏液，数天内可波及全栏仔猪。第一次腹泻持续3～7d，但腹泻常复发2～3次，病程长达几周，粪便中可见散在的少量出血。

有的猪群发生所谓潜伏性"副伤寒"，小猪生长发育不良、被毛粗乱、污秽、体质较弱、偶尔下痢。体温和食欲变化不大，一部分患猪发展到一定时期突然临床症状恶化而引起死亡。

（三）其他血清型沙门菌病

猪霍乱沙门菌并非慢性腹泻和具有典型干酪样坏死病变的慢性消耗性疾病的常见病因。海德堡沙门菌也与断奶仔猪的急性水样腹泻没有必然联系。都柏林沙门菌和肠炎沙门菌几乎不引起化脓性脑炎导致的神经症状。

二、牛

主要由鼠伤寒沙门菌、都柏林沙门菌或纽波特沙门菌所致。本病的潜伏期平均为1～2周。临床表现与牛的年龄、体质、病原菌侵入的数量和毒力、侵入途径以及各种因素的影响等而有明显的不同。一般而言，犊牛发生本病时临床症状加剧，而成年牛发病时临床表现较温和。

（一）犊牛的症状

根据病程长短可分急性和慢性两种。

1. 急性型　本型以急性胃肠炎为特点，多见于出生后1月龄以内的犊牛。牛病初体温升高达40～41℃，脉搏数增加，呼吸加速、呈腹式呼吸，并发生结膜炎和鼻炎。常在发病后2～3d出现下痢，粪便呈灰黄色或黄白色，混有黏液和血丝，并有恶臭气味，从中可分离出病原菌。病情严重时出现肾盂肾炎的症状，排尿频繁，表现疼痛，尿呈酸性，并含有蛋白质。病犊牛迅速脱水，体质衰弱，倒卧不起，四肢末梢及耳尖、鼻端发凉，多于发病后1周左右死亡。病死率有时可达50%。

2. 慢性型 本型以肺炎和关节炎为主症，多由急性型转变而来。病犊牛下痢逐渐减轻以至停止，排粪逐渐趋于正常。但病犊牛呼吸异常，咳嗽不断加重，初为干咳，后变为湿性痛咳，先从鼻孔流出浆液性鼻液，后变为黏液性或脓性鼻液。呼吸道的炎症不断加重，开始为喉气管炎、支气管炎，以后发展为肺炎。此时，病犊牛体温显著升高，精神极度沉郁。与此同时，病犊牛四肢关节发炎，特别是腕关节和跗关节肿大明显，关节囊突出，内含多量滑液，触之较软，有热痛感，运动时出现跛行。有的病牛可因血管炎而发生末梢血液循环障碍，引起耳朵坏死，并继发干性坏疽而脱落。本型的病程较长，一般可拖延1～2个月。

（二）成年牛的症状

成年牛以1～3岁者多发，一般为散发。病牛常从发热（40～41℃），昏迷，精神沉郁，食欲废绝，呼吸困难，脉搏增数开始。多数病牛于发病12～14h后开始腹泻，即粪便稀软，其中带有血块、纤维蛋白性凝块，间杂有黏膜，并有恶臭的气味。病情严重时，病牛排出暗红色血样稀便。少数病牛可于发病24h内体温下降或略高于正常而死亡，多数于1～5d内死亡。病程延长者则见病牛迅速脱水和消瘦，眼窝下陷，可视黏膜充血、黄染。有的病牛腹痛较重，常用后肢踢腹，借以缓解疼痛。

（三）怀孕母牛症状

怀孕母牛多数发生流产，特别是5～9个月的胎儿，从流产的胎儿中可检出大量沙门菌。成年牛感染有时可呈顿挫型经过，即病牛发热、食欲废绝、精神不振、产奶量大减，但经过24h，这些症状即明显减退并逐渐恢复。还有少数成年牛取急性感染经过，仅从粪便中排菌，但数天后即可康复，排菌也随之停止。有些隐性带菌者或慢性感染的奶牛发生沙门菌病性乳腺炎。

三、羊

主要由鼠伤寒沙门菌、羊流产沙门菌、都柏林沙门菌等引起。潜伏期长短不一，因羊的年龄、应激因子和病菌侵入途径而有所不同。根据临床病变可分为以下两种类型：

1. **下痢型（羔羊副伤寒）**　多见于15～30日龄的羔羊，羊病初精神沉郁，体温升高至40～41℃，食欲减退或厌食。身体虚弱，低头，拱背，继而卧地不起，一般经1～5d死亡。大多数病羔羊表现腹痛、腹泻症状，排出黏液性带血稀粪或灰黄色糊状粪便，有恶臭。病羊迅速出现脱水，眼球下陷，少数病羔表现呼吸急迫，流出黏液性鼻液、咳嗽等临床症状。发病率一般30%，病死率约25%。

2. **流产型**　沙门菌自肠道黏膜进入血流，被带至全身各个脏器，包括胎盘。细菌在脐带区离开母血经绒毛上皮细胞进入胎儿血液循环中。主要见于绵羊，多于妊娠的后两个月发生流产或死产，流产前体温可达40～41℃，部分羊出现腹泻症状。流产前后，有分泌物从阴道内流出。病羊产下的活羔羊表现衰弱、委顿、卧地、不吮奶，并可有腹泻，一般于1～7d内死亡。病羊伴发肠炎、胃肠炎和败血症，有的可在流产后或无流产的情况下死亡。羊群中若暴发一次，一般可持续10～15d，流产率和死亡率均很高，可达60%。其他羔羊的病死率达10%，流产母羊一般有5%～7%死亡。

四、马

马沙门菌病又称马副伤寒或马副伤寒性流产。临床特征是孕马发生流产；幼驹发生败血症、关节炎和腹泻，有时出现支气管肺炎；公马、公驴表现为睾丸炎、鬐甲肿。在成年马中偶尔发生急性败血性胃肠炎。

马沙门菌病的主要病原菌是马流产沙门菌。鼠伤寒沙门菌、肠炎沙门菌、纽波特沙门菌、都柏林沙门菌和海德堡沙门菌等也能使马致病。经验表明，有部分病例，由于马流产病毒的存在，可促进马流产沙门菌的繁殖。该病潜伏期长短不一，短的10～15d，长的可达4～8周。由于感染动物的性别、年龄不同，其临床表现有明显区别。

1. **母马**　最明显的特征是孕马发生流产。在自然情况下，孕马经4～6周潜伏期后流产。流产多发生于怀孕的第4～8个月。有时不表现先驱症状，突然发生流产。但一般会先出现乳房肿大、阴道中流出白色无臭的黏性液体、疝痛等症状，继而发生流产。流产时很少有胎衣停滞现象。流产的胎儿一般为死胎，有时胎儿虽存活但体弱，多于数天内死亡。少数存活者也常发生幼驹副伤寒。流产后，阴道流出红色乃至灰白色黏液，2～3d恢复。有些母马在流产前表现体温中度升高、食欲减退、精神不振，在流产后可能继发子宫炎、关节炎（特别是飞节）及肺炎等，如不及时治疗，可导致败血症死亡。如对子宫炎不做适当治疗，可导致不孕症。

2. **幼驹**　子宫内感染的幼驹副伤寒呈急性经过，于生后1昼夜内即死亡。此种幼驹往往在出生时已有病，无力站起及吸吮母乳，呈现下痢、关节炎及肺炎。如幼驹是在子宫外感染，则多发生于生后的第1周内，于生后3个月内发病者较少，病程为10～14d。有的伴发多发性关节炎，多见于腕、跗关节和系关节，局部肿胀，有热、痛，触摸有波动，跛行，严重者卧地不起。有的出现肠炎症状，有的发生支气管肺炎。幼驹很少痊愈，痊愈者发育停滞，且在长时间内为危险的带菌者和排菌者。

3. 壮马　病初为不明原因的发热，以热型极不稳定和温差大为特征。其次在四肢关节、鬐甲、腋间等处，发生伴有热、痛的局限性炎性肿胀。此种肿胀，能自然消散或者转移，也有化脓者。

4. 公马（驴）　除有在壮马所见发热、肿胀等症状之外，尤其以睾丸的肿胀即发生睾丸炎较为多见。这种病马治愈困难，并能随精液排菌，因此在预防上应特别注意。

此外，鼠伤寒沙门菌和肠炎沙门菌可引起马急性胃肠炎。若治疗不及时，病死率也很高。

五、骆驼

由鼠伤寒沙门菌和肠炎沙门菌等引起，以腹泻为特征。急性者首先发生呈绿色的恶臭水泻，1周后出现全身症状，体温升高至40℃以上，有时表现疝痛，病情趋向恶化，于12～15d死亡。亚急性和慢性者，病情发展较慢，食欲不振，经常腹泻，病驼消瘦，经30d或更长时间之后死亡，偶尔也有自愈者。

六、兔

兔沙门菌病又称副伤寒病，由鼠伤寒沙门菌、肠炎沙门菌等引起，以败血症与具有腹泻、流产等症状而迅速死亡为特征。感染病原菌后，开始呈原发性败血症，发热、厌食。中兔和幼兔发病较多，孕兔和营养不良的家兔发病也较多，并出现腹泻，从阴道内流出混有黏液的脓性分泌物，阴道周围潮红、充血。怀孕兔一般流产。

受感染兔主要分为两种类型：腹泻型和流产型。

1. 腹泻型　多见于断奶幼兔，依病程长短又可分为三种类型。

（1）急性型　兔突然发病，迅速死亡。白天未见异常，一到晚上，多突然死亡；病程稍长者，表现体温升高，食欲废绝，呼吸困难，便秘兼有下痢，有的突然拉稀，排绿色稀粪或水样粪，一般24h内死亡。

（2）亚急性型　兔病初精神萎靡，体温升高至40～41℃，呼吸困难，拱背，行动缓慢。初期便秘，后转为腹泻，粪便呈暗绿色或灰黄色；少数排水样粪便，肛门周围被粪便污染。

（3）慢性型 病兔精神较差，食欲减少或无食欲，伴随咳嗽，鼻孔流出稀薄或浓稠鼻液，有的表现为呼吸加快；部分病兔排粪减少或排出稀粪，粪球似鼠粪粒。

2. 流产型 孕兔流产多发生于妊娠1个月前后。孕兔多无明显异常，少数于流产前体温升高，可达41℃，精神沉郁，阴道流出暗红色或脓样分泌物。孕兔流产后多数死亡，未死而康复的母兔多不易受孕。

七、毛皮动物

毛皮动物沙门菌病主要由肠炎沙门菌、猪霍乱沙门菌和鼠伤寒沙门菌等引起。易感的毛皮兽十分广泛，如貂、狐、豹、狼、紫貂、水獭、麝、麝鼠、河狸鼠等都易感，在毛皮动物场已成为常见多发病，在野生毛皮兽中发病率高，多为急性经过。本病一年四季均可发生，但在饲养场一般6～8月份多发，且呈地方流行性。毛皮兽中的银黑狐和北极狐常出现黏膜和皮肤黄染，特别是猪霍乱沙门菌引起的副伤寒病尤为明显。其他狐狸很少发生黄疸或不显著。

本病一般发生在6～8月份，病程多为急性，多侵害仔兽，哺乳期母兽少见。以发热、下痢、黄疸为特征，麝鼠多发生败血症，病兽多归于死亡。妊娠母兽往往在产前3～14d发生流产。仔兽在哺乳期染病时，表现虚弱，有的发生昏迷及抽搐，经2～3d死亡。自然感染潜伏期为3～20d、平均为14d，人工感染潜伏期为2～5d。根据机体抵抗力、病原毒力及数量的不同，本病可出现多种类型的临床症状，大致可分为急性、亚急性和慢性三种。

1. 急性型 病兽拒食，先兴奋后抑郁，体温升高至41～42℃，轻微波动于整个病期，死前不久体温下降。多数病兽躺卧于小室内，走动时弯弓，两眼流泪，行动缓慢。发生呕吐和腹泻，并在昏迷状态下死亡。病程短者5～10h死亡，长者2～3d死亡。急性病例多以死亡告终，偶有幸存者则转为慢性。

2. 亚急性 病兽主要表现为胃肠机能高度紊乱，体温升高至40～41℃，精神沉郁，呼吸浅表、频数、食欲废绝。病兽被毛蓬乱，眼睛下陷、无神，有时出现化脓性结膜炎。少数病例出现黏液性化脓性鼻漏和咳嗽。病兽下痢，很快消瘦，个别出现呕吐，粪便为液状或水样流出，混有大量卡他性黏液，个别混有血液。四肢软弱无力，特别是后肢没有支撑能力，常呈海豹式拖地，时停时蹲，似睡状。发病后期出现后肢不全麻痹，在高度衰竭的情况下7～14d死亡。

3. 慢性型 可由急性或亚急性病例转变而来，也有的一开始就呈慢性经过。病兽食欲减退，胃肠机能紊乱，腹泻，粪便常混有卡他性黏液，进行性消瘦、贫血、眼球塌陷，有时出现化脓性结膜炎。被毛松乱，失去光泽及集结成团。病兽大多躺于小室内，很少走动，行走时步态不稳，缓慢前进，在高度衰竭的情况下死亡。病程多为3～4周，有的可达数月之久。临床康复后可成为带菌者。

在配种期和妊娠期发生本病时，母兽出现大批空怀和流产，空怀率为14%～20%，在产前5～15d流产率达10%～16%，流产母兽出现轻微不适症状或根本观察不到异常表现而发生流产；即使不流产，仔兽出生后发育不良，多数在生后10d内死亡，死亡数占出生数的20%～22%。

哺乳期仔兽患病时，变得虚弱、不活动、吸吮无力，常发现同窝仔兽沿整个窝分散开。有时发生昏迷或抽搐，侧卧，游泳样运动。个别仔兽肌肉发生抽搐性收缩，发出微弱呻吟或鸣叫，常打哈欠，无临床症状而突然死亡者很少。胎盘感染时仔兽生后发育不良。病程为2～3d，罕有达7d者，大多数（90%）死亡。

八、禽

禽沙门菌病依病原体的不同可分为鸡白痢、禽伤寒和禽副伤寒三种。

（一）鸡白痢

由鸡白痢沙门菌引起，各种品种的鸡均有易感性，以2～3周龄以内雏鸡的发病率与病死率最高，呈流行性。成年鸡感染呈慢性或隐性经过。近年来，育成阶段的鸡发病也日趋普遍。火鸡、鸭、雏鹅、鹌鹑、麻雀、欧洲莺和鸽也有自然发病的报告。一向存在本病的鸡场，雏鸡的发病率在20%～40%；但新传入发病的鸡场，其发病率显著增高，有时可高达100%，病死率也比老疫场高。

临床症状：雏鸡和成年鸡感染发病后的临床表现有差异。

1. 幼雏　如经蛋内感染，在孵化过程中可出现死胚，不能出壳的弱雏或在出壳后短时间内在出雏器中看到弱雏或死雏。孵出的幼雏及病雏常常在1～2d内死亡。出壳后感染的雏鸡，常在5～7d发病并呈急性败血症死亡，7～10d发病逐渐增多，通常在2～3周龄时达到死亡高峰。发病幼雏呈最急性者，无症状迅速死亡，肺有较重病变时表现呼吸困难及气喘症状。经口感染和气溶胶感染均可产生肺部病变。稍缓者病初怕冷寒战，常成堆拥挤在一起，翅下垂，精神不振，不食，闭目嗜睡状（图7-2）。典型的症状是下痢，排白色、糊状稀粪，肛门周围的绒毛常被粪便所污染，干后结成石灰样硬块，封住肛门（图7-3），造成排便困难，排便时发出痛苦的尖叫声，最后因呼吸困难及心力衰竭而死亡。幸存的大多生长很慢、发育不良、羽毛不丰，与同群健康雏体重相差悬殊。病愈雏长大后，大多数成为带菌者。有些鸡白痢沙门菌菌株感染时，引起全眼球炎，角膜混浊呈云雾状，病雏双目失明（图7-4）；或出现胫跗关节和其他关节及附近滑膜鞘的肿胀，表现跛行，严重时蹲伏地上，不久即死亡。病程短的1d，一般为4～7d。3周龄以上发病者较少死亡，耐过鸡大多生长发育不良，成为慢性患者或带菌者。火鸡临床症状与鸡相似。

2. 中雏　与幼雏症状相似，腹泻明显，排颜色不一样的粪便，病程比雏鸡白痢长一些。本病在鸡群中可持续20～30d，不断地有鸡只零星死亡。

3. 成年鸡和火鸡　正在成熟或已成年的鸡群和火鸡群，鸡白痢一般不表现急性感染的特征。感染可在群内长时间传播而不产生明显症状。母鸡产蛋量、受精率和孵化率下降，其下降程度取决于群内的感染率。在半成熟或成熟鸡群偶尔可看到急性感染，有一定数量的鸡死亡。国内不少鸡场的中雏或育成鸡也可看到较高的发病率和死亡率，可能与应激因素有关。有的病鸡精神不振，冠和眼结膜苍白，食欲减少；部分病鸡腹泻，排出白色稀便；有的因卵黄囊炎引起腹膜炎，腹膜增生而呈"垂腹"现象。

（二）禽伤寒

由鸡伤寒沙门菌引起。本病主要发生于鸡，6月龄以下的中鸡和成年鸡更为易感，但雏鸡也可感染。火鸡、珠鸡、孔雀、鹌鹑及鸭也可自然感染，但鹅、鸽有抵抗力。一般呈散发。多见于夏、秋季节。

潜伏期3～5d。病程3～10d，多数在5d左右。雏鸡和雏鸭发病时，其临床症状与

图7-2　鸡白痢临床病鸡精神沉郁、闭眼、羽毛粗乱

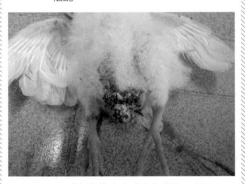

图7-3　鸡白痢临床病鸡白色粪便、封肛

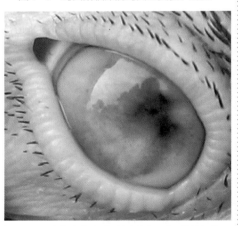

图7-4　鸡白痢临床病鸡眼球炎，角膜混浊呈云雾状、失明

鸡白痢相似。在育雏期感染的，病雏精神委顿，怕冷聚堆，呆立，行动迟缓，离群，眼半闭，羽毛松乱，头下垂藏于翅膀下。病鸡表现急性型者，冠和肉髯呈暗红色；病程较长时鸡冠贫血、苍白而缩小。病禽食欲消失，口渴，体温43～44℃，当肺受侵害时，出现呼吸困难。青年鸡或成年鸡发病后停食，腹泻、排黄绿色稀粪，冠与肉髯苍白或皱缩，体温升高1～3℃，多在感染后5～10d死亡，病死率10%～50%或更高。慢性经过者症状不典型，病鸡表现为长期腹泻、食欲不振、消瘦、贫血，死于昏迷状态。有些病禽愈后成为带菌者。病程较长的病鸡见红细胞数减少、白细胞数增多。经卵垂直传播，常造成死胚或弱雏。

（三）禽副伤寒

由鼠伤寒沙门菌、肠炎沙门菌、德尔卑沙门菌、海德堡沙门菌、纽波特沙门菌或鸭沙门菌等引起，各种家禽及野禽均易感。常在孵化后2周之内感染发病，6～10d达最高峰。呈地方流行性。鸡副伤寒的症状类似于鸡白痢、鸡伤寒和其他一些疾病。幼龄鸡全身感染，症状和病变与由大肠杆菌等多种细菌引起的败血症相同。人的沙门菌感染和食物中毒常常来源于患副伤寒的禽类、蛋品或其他产品。一般潜伏期为12～18h或稍长一些。出壳后2周内的雏禽呈急性经过，年龄较大的禽呈亚急性经过。

1. **幼禽**　环境条件、暴露程度和是否存在并发感染对其严重程度有很大影响。若在卵内感染或在孵化器内感染，常呈败血症经过，往往不显任何症状而迅速死亡或出壳后最初几天发生死亡。各种幼禽副伤寒的症状非常相近，主要表现为精神委顿，食欲渐退或消失，口渴，饮水增加，呼吸加快，嗜眠呆立，垂头闭眼，翅膀下垂，胎毛蓬乱，怕冷聚团，拉稀、粪便如水。流眼泪，有时呈脓性结膜炎而引起眼睑粘连，头部肿胀。病程为1～4d。雏鸭还可出现痉挛，称为"猝倒病"。病鸭倒地，头向后仰，角弓反张或间歇性痉挛，多在3～5d内死亡。雏鹅一般不出现神经症状，常出现关节炎，关节肿胀、疼痛、跛行。

2. **成年鸡**　一般为慢性带菌者，常不显外部症状。成年鸡或半成年鸡的急性暴发在自然条件下很少见。注射或口服人工感染时，成年鸡和火鸡出现短期的急性疾病，症状为食欲不振、饮水增加、有时出现水泻样下痢、脱水和精神倦怠。大多数病例恢复迅速，死亡率不超过10%。偶尔也可见到自然感染的急性暴发。

九、野生动物

啮齿动物在栖息地可被特殊血清型的沙门菌所感染。野生动物中，带菌者的比例并不很高。啮齿动物及其周围被其采食所污染的植物，都可能是重要的传染源或传播媒介。

在捕获的野生动物、动物园及饲养场新生的毛皮野生动物中，经常暴发沙门菌病。

另外，对冷血动物的沙门菌感染亦引起了人们的格外注意。在美国，家养甲鱼的高度感染率已导致禁止从国外进口甲鱼，并且在州与州之间的贸易交往中也需要甲鱼没有被感染的检查证明。

（一）灵长类动物沙门菌病

灵长类动物沙门菌病的病原是甲型副伤寒沙门菌、乙型副伤寒沙门菌、斯坦利沙门菌、鼠伤寒沙门菌、都柏林沙门菌、肠炎沙门菌和鸭沙门菌等。病的特征是发热、腹泻，偶有呕吐。猴、狒狒、猿等易感染发病，在我国猴场、实验动物场和动物园的猴群中有发生。幼龄猴易感性高，发病率与病死率比成年猴高，且具有流行性。

病猴体温升高，食欲减退乃至厌食，精神沉郁，水样腹泻，粪便内仅含有脱落的肠黏膜。随后精神萎靡，被毛松乱，迅速脱水，消瘦，不活动，蜷缩不动。偶尔出现腹泻。

（二）野生反刍兽沙门菌病

引起野生反刍兽沙门菌病的病原为鼠伤寒沙门菌和肠炎沙门菌等。临床上以腹泻为特征，幼龄兽发病多。本病在饲养场的发病率远比野生的高。梅花鹿、马鹿、驯鹿、麋鹿和骆驼均易感，本病在我国驯鹿场普遍存在。

仔兽常呈急性败血症经过。表现为体温升高，精神萎靡，食欲废绝，被毛粗乱、无光泽。腹泻，排出淡黄色恶臭稀便，有的便中带血，排便有痛苦感。不久严重脱水，无力呻吟，倒地死亡。成年兽发病以腹泻为特征。首先出现灰绿色、恶臭的水泻，继而体温升高到40℃以上。有腹痛感，病情迅速恶化。有的病例病情发展比较缓慢，先表现食欲不振，时常腹泻，逐渐消瘦，病程3～4周，最后多数衰竭死亡。

（三）小灵猫沙门菌病

本病病原为鼠伤寒沙门菌。在我国饲养场和野生灵猫中有发生。

病初表现精神沉郁，食欲减退乃至废绝，眼结膜先充血后黄染，口鼻干燥、有臭味，呕吐，有腹痛感，体温升高到39～40℃。继而出现腹泻，粪便稀薄水样，严重的排便失禁、脱水，很快死亡。

十、人

对人致病的仅有引起伤寒和副伤寒的沙门菌。很多血清型沙门菌是人兽共患病的病原菌，不仅感染人，而且感染动物，宿主范围很广。家畜有猪、牛、马、羊、猫、犬等，家禽有鸡、鸭、鹅等；野生动物如狮、熊、鼠类，以及冷血动物、软体动物、环形动物、节肢动物等均可带菌。人因食用患病或带菌动物的肉、乳、蛋或被病鼠尿污染的食物等而感染。

人的沙门菌感染有4种类型：

（一）肠热症

包括伤寒沙门菌引起的伤寒，以及甲型副伤寒沙门菌、肖氏沙门菌（原称乙型副伤寒沙门菌）、希氏沙门菌引起的副伤寒。伤寒和副伤寒的致病机制和临床症状基本相似，只是副伤寒的病情较轻、病程较短。沙门菌是兼性胞内寄生菌。被巨噬细胞吞噬后，由耐酸应答基因（acid tolerance response gene，*atr*）介导使该菌能在吞噬体的酸性环境中生存和繁殖，同时该菌产生过氧化氢酶和超氧化物歧化酶等，使其免受胞内杀菌机制的杀伤。部分菌通过淋巴液到达肠系膜淋巴结大量繁殖后，经胸导管进入血流引起第一次菌血症。病人出现发热、不适、全身疼痛等前驱症状。当该菌随血流进入肝、脾、肾、胆囊等器官并在其中繁殖后，再次入血造成第二次菌血症。此时症状明显，持续高热，出现相对缓脉，肝脾肿大，全身中毒症状显著，皮肤出现玫瑰疹，外周血白细胞明显下降。胆囊中细菌通过胆汁进入肠道，一部分随粪便排出体外，另一部分再次侵入肠壁淋巴组织，使已致敏的组织发生超敏反应，导致局部坏死和溃疡，严重的有出血或肠穿孔并发症。肾脏中的病菌可随尿排出。以上病变在疾病的第2～3周出现。若无并发症，自第2～3周后病情开始好转。

（二）胃肠炎（食物中毒）

这是最常见的沙门菌感染，约占70%。由摄入大量（$>10^8$）鼠伤寒沙门菌、猪霍乱沙门菌、肠炎沙门菌等污染的食物引起。潜伏期6～24h。起病急骤，主要症状为畏寒、发热，体温一般38～39℃，恶心、呕吐、腹痛、水样泻，偶有黏液或脓性腹泻，有恶臭，每天排便多次，从3～4次至数十次不等。严重者伴迅速脱水，可导致休克、肾功能衰竭而死亡，这大多发生于婴儿、老人和身体衰弱者。一般沙门菌胃肠炎多在2～4d自愈。

（三）败血症

潜伏期1～2周。多见于儿童和免疫力低下的成人。病菌以猪霍乱沙门菌、希氏沙门菌、鼠伤寒沙门菌、肠炎沙门菌等常见。症状严重，有高热、寒战、厌食和贫血等。热型不规则或呈间歇性，持续1～3周。败血症因病菌侵入血循环引起，因而该菌可随血流导致脑膜炎、骨髓炎、胆囊炎、心内膜炎等发生。血中可查到病原菌但大便培养常为阴性。此型如医治不及时，可发生死亡。

（四）无症状带菌者

有1%～5%伤寒或副伤寒患者，在症状消失后1年仍可在其粪便中检出相应的沙门菌。这些菌留在胆囊中，成为人伤寒和副伤寒病原菌的储存场所。其他沙门菌的带菌者很少，不到1%，故在人的感染中不是主要的传染源。但在饮食服务行业从业者中，无症状带菌监测是必要的。

第二节　病理变化

一、猪

（一）猪霍乱沙门菌病

1. **急性**　主要为败血症变化。脾常肿大（图7-5），色暗带蓝，坚实似橡皮，切面蓝红色，脾髓质不软化。肠系膜淋巴结索状肿大。其他淋巴结也有不同程度的增大，软而红，呈大理石状。肝、肾也有不同程度的肿大、充血和出血（图7-6），有时肝实质可见黄灰色坏死点。全身各黏膜、浆膜均有不同程度的出血斑点（图7-7），肠胃黏膜可见急性卡他性炎症。

2. **亚急性和慢性**　特征性病理变化为坏死性肠炎。盲肠、结肠肠壁增厚，黏膜覆盖一层弥漫性坏死性、呈糠麸状，剥开见底部红色、边缘不规则的溃疡面，此种病理变化有时波及至回肠后段。少数病例滤泡周围黏膜坏死，稍突出于表面，有纤维蛋白渗出物积聚，形成隐约可见的轮环状。肠系膜淋巴结索状肿胀，部分呈

图7-5　10^{10}菌落形成单位猪霍乱沙门菌攻毒后死亡猪脾脏肿大

图7-6　10^{10}菌落形成单位猪霍乱沙门菌攻毒后死亡猪肾脏肿大、出血和充血

干酪样变。脾稍肿大，呈网状组织增生。肝有时可见黄灰色坏死点。

（二）鼠伤寒沙门菌病

鼠伤寒沙门菌导致的小肠结肠炎：死于腹泻的猪，主要病变是局灶性或弥漫性坏死性小肠炎、结肠炎或盲肠炎。肿胀的螺旋状结肠、盲肠或回肠的红色粗糙黏膜表面黏附有灰黄色的细胞残骸，结肠和盲肠内容物被少量胆汁所染色，混有黑色或沙子样坚硬物质。回盲肠系

图 7-7　10^{10} 菌落形成单位猪霍乱沙门菌攻毒后死亡猪盲肠黏膜出血

膜淋巴结严重肿大、湿润。肉眼还可见结肠和肛门下垂，坏死灶为局灶性的纽扣状病灶。

（三）其他血清型沙门菌病

感染海德堡沙门菌的腹泻病猪病变轻微或不出现病变，小肠和大肠充满稀薄液体，黏膜附着少到中等数量黏液。据报道，感染都柏林沙门菌和肠炎沙门菌后，少数出现神经症状的仔猪软脑膜扩张，内含纤维蛋白，并可见中性粒细胞及少量巨噬细胞聚集。

二、牛

（一）犊牛的病变

1. 急性型　多为败血型，特征病变在肠道、肠系膜淋巴结、脾和肝。

胃肠道的急性炎症通常始于回肠，随后炎症扩展到空肠和结肠。胃肠炎呈卡他性，有时为出血性，表现皱胃黏膜潮红、肿胀，有时出血，被覆多量黏液；小肠壁充血、瘀血、呈暗红色，浆膜下见有点状出血。肠系膜淋巴结肿大，呈现浆液性炎症反应。肠腔内充满有气泡的淡黄色水样内容物，有时因出血而呈咖啡色，肠黏膜红肿，散布许多出血点或呈弥漫性出血；肠壁淋巴小结肿大，呈半球状或堤状隆起，还可能发展为黏膜坏死和脱落。当病程较久时，小肠黏膜可发展为纤维素性、坏死性炎症，此时肠黏膜表面有灰黄色坏死物覆盖，剥离后出现浅表性溃疡。镜检，黏膜呈卡他性出血性炎症反应，免疫组化染色，在肠上皮间呈强阳性反应。

肠系膜淋巴结普遍肿大，呈灰红色或灰白色，切面湿润，有时散布出血点。脾脏呈现急性炎性脾肿变化。眼观，脾脏明显肿大，可达正常体积的几倍，透过被膜可见出血斑

点、粟粒大的坏死灶和结节，质地柔软，切面的固有结构不清，有大量粥样物。镜检，可在脾组织中发现大小不等的坏死灶和副伤寒结节。肝脏肿大、瘀血和变性，肝实质内可见有数量不等的细小灰白色或灰黄色病灶。镜检，可发生较多的坏死性和增生性副伤寒结节。

临床有排尿障碍的病例，剖检常见肾变性，被膜下有点状出血或化脓灶，并见程度不等的肾盂肾炎变化。

2. 慢性型　主要病变为肺炎、肝炎和关节炎。肺病变主要是在尖叶、心叶和膈叶前下部散在卡他性支气管肺炎的实变区，有时散布粟粒大至豌豆大的化脓灶；少数病例还伴发浆液纤维素性胸膜炎和心包炎，在胸腔和心包内积留混有纤维素膜的浑浊渗出液。肝脏有许多粟粒性坏死灶和副伤寒结节。腕关节和跗关节肿大，关节腔内积聚大量浆液纤维素性渗出物。有时可见后肢下端的皮肤发生坏死，并继发坏疽。

（二）成年牛的病变

成年牛病型较复杂，主要呈急性出血性肠炎，肠黏膜潮红，常杂有出血，大肠黏膜脱落，有局限性坏死灶，特别是小肠远端和结肠的黏膜坏死区附着有弥漫性或多灶性纤维素性坏死膜。腺胃黏膜呈炎性潮红，肠系膜淋巴结水肿、出血，肝脏呈脂肪变性或灶性坏死，胆囊壁增厚、胆汁浑浊。但在最急性病例，除受侵害肠段出血、水肿和肠系膜淋巴结肿大外，很少有肉眼病变。死亡越急，肉眼病变越不明显。慢性病例肺发生肺炎，脾脏充血肿大。

三、羊

1. 下痢型　病羊消瘦，真胃和肠道空虚，内容物稀薄如水，且黏膜充血，有的肠黏膜带有黏液和小血块，少数病羊胃肠道黏膜出血、浆膜斑点状出血。肠系膜淋巴结肿大、充血，脾脏充血，肠道和胆囊黏膜水肿，肾脏皮质部和心外膜有出血点。病程较长者，常伴发肝坏死、纤维素性胸膜肺炎、心包炎。

2. 流产型　怀孕母羊出现死产或出生后1周内死亡的羔羊，都表现为败血症病变，组织水肿、充血，肝脾肿大，可见灰色病灶，胎盘水肿、出血，死亡的母羊有急性子宫炎，流产或死产者其子宫肿胀，子宫内常含有坏死组织、渗出物和滞留的胎盘。

四、马

1. 成年马　自然情况下很少因本病而死亡。但只要感染致死，其病理变化主要呈败血症的变化，肝、脾、肺、肾等主要脏器充血、出血。人工经口感染致死的成年马有严重的肠炎病变，从黏液性肠炎到弥漫性出血性肠炎。

2. 幼驹　除有肠炎和肺炎病变外，较小幼驹可见脾肿大、肝充血、肾皮质内有点状或纹状出血；心外膜有出血点，心肌发白。年龄较大的幼驹还常见关节炎变化，有的在不同部位出现脓肿。

3. 流产胎儿　实质器官不同程度坏死，肝、脾、肾肿大，质脆，呈泥土色，切面呈烂肉样，严重的接近半液态状。淋巴结肿胀。肺有不同程度的充血、出血。心包及胸膜上有出血点，胸腔、腹腔含有多量的混浊液体或血红蛋白样液体。有的胎儿皮肤、皮下组织、黏膜和浆膜黄染。有些胎龄大的胎儿实质脏器变化不明显。

胎衣一般随同流出，有的呈浆液性胶样浸润，绒毛膜常见弥散性出血、水肿，有的有溃疡、坏死，羊水浑浊、呈黄色，脐带水肿、变粗。

五、骆驼

肺、心外膜、结肠黏膜有明显瘀血和溢血，十二指肠和盲肠黏膜有出血斑，腹膜发炎。肠系膜淋巴结水肿、出血。肝脂肪变性，脾常出血、肿大，肾充血、出血。

六、兔

1. 腹泻型　急性型死亡呈败血症变化，多种脏器充血、出血，胸腔及腹腔脏器表面及其浆膜面有出血斑或出血点，胸腹腔内可见大量浆液性或纤维素性渗出物。有的肌肉及皮下有脓肿，脓液呈灰白色或白色。亚急性型和慢性型的气管黏膜呈现弥漫性针尖样的出血点，气管中有红色泡沫，肺实变，胆囊肿大、肝脏肿大，有的可见弥漫性坏死灶，脾肿大1～3倍、呈暗红色或蓝紫色，肾脏有散在针尖大出血点。肠道充满黏液，肠黏膜充血、出血、水肿，盲肠和结肠出现灰白色粟粒大坏死灶或溃疡，肠淋巴结肿大。

2. 流产型　死于流产的母兔有化脓性子宫内膜炎，子宫壁增厚，有的出现化脓、出血，局部附有一层淡黄色纤维素膜或有溃疡灶。未流产的患兔子宫内有木乃伊或液化的胎儿。

七、毛皮动物

病兽可视黏膜、皮下组织、肌肉、脏器都有不同程度的黄染，尤以银黑狐、北极狐及貉表现最为突出。胃空虚或有少量食物和黏液，胃黏膜增厚、有皱褶，有时充血，少数病例胃黏膜有少量的出血点。急性型肝脏出血、呈黑红色；亚急性和慢性型肝脏呈不均匀的土黄色，切面黏稠外翻，小叶纹理展平。胆囊肿大、充盈，内有浓稠的胆汁。脾脏在多数病例中表现为高度肿胀，增大6～8倍，呈暗褐色或暗红色，切面多汁。大肠无明显变化，黏膜稍肿胀，覆盖以少量黏液性渗出物及不均匀的充血。肠系膜淋巴结肿大，呈灰色或灰红色。心肌变性，呈煮肉状。纵隔、肝门及肠系膜淋巴结显著肿大2～3倍和水肿，质地柔软，呈灰色或灰红色，切面多汁。肾脏稍肿大，呈暗红色或灰红色，带有淡黄色阴影，在包膜下有无数点状出血。膀胱常空虚，黏膜上有点状出血。肺脏多数病例无明显变化，有时在肋膜面可见无数弥漫性点状出血。慢性病例心肌变性、呈煮肉样，心包下有点状出血。膀胱黏膜有散在点状出血。脑实质水肿，侧室内积液。

八、禽

（一）鸡白痢

急性死亡雏鸡没有明显的病理变化。病程长的可见心肌、肺、肝、盲肠、肌胃等有大小不等的灰白色坏死灶或结节，胆囊肿大，输尿管充满尿酸盐，盲肠有干酪样物或混有血液堵塞肠腔，腹膜炎。出血性肺炎，稍大的病雏，肺有灰黄色结节和灰色肝变。育成阶段的鸡，肝肿大、呈暗红色至深紫色或略带土黄色、质脆易破，表面散在或密布灰白、灰黄色坏死点，有时为红色出血点（图7-8、图7-9）。有的肝被膜破裂，破裂处有血凝块，腹腔内有血凝块或血水。成年母鸡卵泡变形、变色（图7-10）、呈囊状，有腹膜炎或造成卵黄性腹膜炎，并可引起肠管与其他器官粘连，常有心包炎。成年公鸡的睾丸极度萎缩，有小脓肿，输精管管腔增大，充满稠密的渗出物。急性死亡的成年鸡的病变与鸡伤寒相似，肝脏明显肿大、呈绿色，胆囊充盈；心包积液，心肌偶见灰白色的坏死结节（图7-11）；肺瘀血、水肿；脾脏、肾脏肿大及点状坏死；胰腺有时出现细小坏死灶。

（二）禽伤寒

死于禽伤寒的雏鸡（鸭）病理变化与鸡白痢相似，肺脏和心肌有灰白色结节病灶。成年鸡急性者常见肝、脾、肾充血、肿大；亚急性和慢性病例，肝脏肿大、呈青铜色（图7-12），肝、心肌有灰白色粟粒大坏死灶，卵泡破裂引起腹膜炎，卵泡出血、变形和变色。

（三）禽副伤寒

死于副伤寒的雏鸡，最急性者多无可见病理变化，病程稍长的，可见肝、脾充血，有条纹状或针尖状出血或坏死灶，肺、肾出血，常有心包炎、出血性肠炎，盲肠内有干酪样渗出物（图7-13）。成年鸡，肝、脾、肾充血、肿胀，有出血性或坏死性肠炎、心包炎及腹膜炎。产蛋鸡的输卵管坏死、增生，卵巢坏死、化脓。雏鸭感染莫斯科沙门菌时，肝脏呈青铜色，并有灰色坏死灶。北京鸭感染鼠伤寒沙门菌和肠炎沙门菌时，肝脏显著肿大，有时有坏死灶，盲肠内形成干酪样物。

图 7-8　鸡白痢临床病死鸡肝脏土黄色、出血

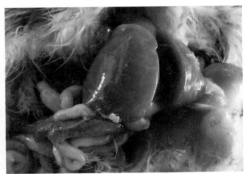

图 7-9　鸡白痢临床病死鸡肝脏肿大、表面有白色坏死灶

图 7-10　鸡白痢临床病死鸡卵子变形、变色

图 7-11　鸡白痢临床病死鸡心肌灰白色坏死结节

图 7-12　禽伤寒临床病死鸡肝肿大、呈青铜色

图 7-13　禽副伤寒临床病死鸡盲肠内有干酪样渗出物

九、野生动物

野生动物感染本病多为急性经过，表现发热、下痢、体重迅速减轻。尸体剖检可见出血性肠炎变化，肠黏膜和内脏器官有出血点，肠系膜淋巴结肿大、出血。可见心脏、肺脏瘀血，十二指肠、盲肠出血，结肠黏膜瘀血。肝脏脂肪变性，呈不均匀的土黄色，切面黏稠外翻，小叶纹理展平。胆囊肿大、充盈，内有浓稠的胆汁。脾脏有出血点、肿大，肾充血、出血。

十、人

人沙门菌感染的病理变化因菌种和临床类型而异。胃肠炎型患者胃黏膜充血、水肿、可有出血点，肠道的集合淋巴结更为明显。痢疾型的结肠黏膜及黏膜下层可见广泛炎性改变和溃疡，类似菌痢病变。败血症型的病理变化和其他细菌所引起的相似，各脏器组织可产生化脓病灶。

参考文献

安德鲁斯AH, 等主编, 2006. 牛病学——疾病与管理[M]. 2版. 韩博, 等主译. 北京: 中国农业大学出版社, 200-214.

卡尔尼克BW, 主编. 1999. 禽病学[M]. 10版. 高福, 苏敬良, 主译. 北京: 中国农业出版社, 92-157.

钱爱东, 李影. 2009. 兽医全攻略: 毛皮动物疾病[M]. 北京: 中国农业出版社, 225-231.

唐家琪. 2005. 自然疫源性疾病[M]. 北京: 科学出版社, 805-838.

卫广森. 2009. 兽医全攻略: 羊病[M]. 北京: 中国农业出版社, 74-79.

谢三星. 2009. 兽医全攻略: 兔病[M]. 北京: 中国农业出版社, 95-100.

张振兴, 沈永林. 2009. 兽医全攻略: 动物园动物疾病[M]. 北京: 中国农业出版社, 278-281.

中国人民解放军兽医大学. 1993. 人兽共患病学（中册）[M]. 北京: 蓝天出版社, 175-197.

Barrow PA, Methner U. 2013. *Salmonella* in Domestic Animals[M]. 2nd ed. Oxfordshire: CAB International.

Jeffrey J. Zimmerman, Locke A. et al. 2012. Diseases of Swine [M]. 10th ed. Ames: Blackwell Publishing, 3025-3039.

第八章
诊断与治疗

第一节　临床诊断

一、临床症状检查

　　临床症状检查是利用感官或借助简单的器械直接对病畜禽进行检查，有时需进行血、粪、尿的常规检验。检查内容主要包括患病动物的精神、食欲、体温、体表状况、被毛变化、分泌物和排泄物特性，呼吸系统、消化系统、泌尿生殖系统、神经系统、运动系统及五官变化等。动物沙门菌病通常都具有一定的临床症状，经过临床检查可做出初步诊断。但在很多情况下，临床症状检查只能提出可疑疾病的大致范围，必须结合其他诊断方法才能确诊。

二、流行病学调查

　　动物流行病学调查是指用流行病学方法进行的调查研究。主要用于动物疾病诊断、研究动物疾病分布及其决定因素，并提出合理的预防对策和控制措施，以及评估这些对策和措施的效果。动物流行病学调查分为临诊流行病学调查、血清流行病学调查和病原流行病学调查。某些家畜或家禽的沙门菌病与其他疾病在临床症状方面相似，但其流行特点和发病规律差别却较大，因此流行病学在沙门菌病的诊断中具有重要的价值。

　　临诊流行病学调查是疾病诊断的重要环节，可采取多种方式，如与畜主或其他知情人通过座谈了解病情，或进行现场调查，做出初步的诊断。调查内容包括疫情流行情况及疾病来源情况。疫情流行情况主要包括：初发时间、地点、蔓延情况、疫情分布；疫区内各种动物的数量和分布情况，发病动物的种类、数量、年龄、性别，疾病传播速度和持续时间等；是否进行过诊断，采取过哪些措施，效果如何；动物是否接种过疫苗，发病后是否做过免疫监测；有无饲养管理、饲料、用药、气候等变化或其他应激因素存在。疾病来源情况包括：调查本地过去是否发生过类似的疫情，流行情况如何，是否确诊，何时采取过何种措施，效果如何；若本地未发生过疫情，附近地区是否曾发生过疫情；近期是否引进畜禽及其产品，是否有外来人员进入本场或本地区参观等，是否做好防鼠、野鸟或野禽的工作等。

三、解剖学检查

解剖学检查是诊断沙门菌病的重要方法之一，既可验证临床诊断正确与否，又可为实验室诊断提供参考依据。解剖学检查时应注意操作顺序，应先观察尸体外观变化，包括有无尸僵出现、被毛及皮肤变化，天然孔有无分泌物、排泄物、出血及其性质，体表有无肿胀或异常，四肢、头部及五官有无异常变化等；然后检查内脏，先查胸腔再查腹腔；先看脏器外表，再切开实质脏器和浆膜进行检查；先检查消化道以外的器官组织，最后检查消化道，以防消化道内容物溢出而影响观察和造成污染。检查时，注意实质脏器有无炎症、水肿、出血、变性、坏死等异常变化。对家禽还应注意观察气囊和法氏囊。沙门菌病的所有病理变化不可能在一个病例上充分表现出来，故应尽可能多地选择症状较典型、病程长、未经治疗的自然死亡病例进行剖检。此外，病理剖检应由兽医人员或具有相应资格的研究人员在规定的地点和场所完成，不可随地剖检，以免造成污染，散播病原。

第二节　**鉴别诊断**

一、猪沙门菌感染的鉴别诊断

1. 沙门菌病　主要发生于 1～2 月龄仔猪，常呈散发，有时呈地方性流行。一年四季都可发生，但以天气寒冷、多变及阴雨连绵的冬春季节发生最多。临床症状为败血症及小肠结肠炎，急性败血症后存活的猪根据其败血症的部位，可发展为肺炎、肝炎、小肠结肠炎以及偶见脑膜脑炎。患小肠结肠炎的猪，后期可发展成慢性消耗性疾病，偶尔发展为直肠狭窄。

2. 大肠杆菌病　猪大肠杆菌病是由病原性大肠杆菌引起仔猪的一组肠道传染性疾病。常见的有仔猪黄痢、仔猪白痢和仔猪水肿病三种，以发生肠炎、肠毒血症为特征。

（1）仔猪黄痢　以新生24h内仔猪最易感染发病，一般在生后3d左右发病。随着日龄的增长，发病率和致死率逐渐降低。最初为突然腹泻，排出稀薄如水样粪便，黄至灰黄色，混有小气泡并带腥臭，随后腹泻愈加严重，最后昏迷死亡。病理变化主要为尸体脱水，皮肤干皱；最显著的病变为肠道急性卡他性炎症，其中以十二指肠最为严重。

（2）仔猪白痢　主要发生于10～30日龄仔猪，在冬、春两季气温剧变、阴雨连绵或保暖不良及母猪乳汁缺乏时发病较多。临床上以排灰白色粥样稀便为主要特征，发病率高而致死率低。体温一般无明显变化。病猪畏寒、脱水，吃奶减少或不吃，有时可见吐奶。

（3）仔猪水肿病　多发于仔猪断奶后1～2周，发病率5%～30%，病死率达90%以上。以4～5月份和9～10月份较为多见，特别是气候突变和阴雨后多发。病猪有神经症状，共济失调，叫声嘶哑。体温在病初可能升高，很快降至常温或偏低。眼睑或结膜及其他部位水肿。病程数小时至1～2d。病理变化主要为全身多处组织水肿，特别是胃壁黏膜。

3.　仔猪红痢　3日龄以内仔猪多见，由母猪乳头感染，经消化道传播；血痢，带有米黄色或灰白色坏死组织碎片，小肠严重出血坏死，内容物红色、有气泡。病仔猪消瘦、脱水，药物治疗无效，约1周死亡，病死率高。

4.　猪肺疫　架子猪多见，与季节、气候、饲养条件、卫生环境等有关；发病急，病程短，死亡率高。病猪体温升高，剧咳，流鼻涕，触诊有痛感；呼吸困难，张口吐舌，犬坐，黏膜发绀，先便秘后腹泻；皮肤瘀血、出血；心衰，常窒息而死；咽、喉颈部皮下水肿，纤维素性胸膜肺炎；肺水肿、气肿、肝变，切面呈大理石状条纹，胸腔、心包积液。

5.　猪丹毒　2～4月龄猪多见，散发或地方流行，夏季多发，经皮肤、黏膜、消化道感染，病程短，发病急，病死率高。病猪体温42℃以上，体表有规则或不规则疹块，并可结痂、坏死脱落；慢性型多为关节炎和心内膜炎。急性者脾樱桃红色、肿大柔嫩，皮肤有疹块；慢性病理变化为增生性、非化脓性关节炎，菜花心。

6.　猪瘟　猪发病不分品种、性别，无季节性，感染、发病、死亡率均高，流行广、流行期长，易继发或混合感染，多途径、多方式传播。病猪体温40～41℃，先便秘，粪便呈算盘珠样，带血和黏液，后腹泻；后腿交叉步，后躯摇摆；颈部、腹下、四肢内侧发绀，皮肤出血；公猪包皮积尿，眼部有黏脓性分泌物，个别有神经症状。皮肤、黏膜、浆膜广泛出血；雀斑肾，脾梗死，回、盲肠扣状肿；淋巴结周边出血、黑紫，切面大理石样；孕猪流产，产出死胎、木乃伊胎。

7.　猪痢疾　2～4月龄猪多发，传播慢，流行期长，发病率高，病死率低。病猪体温正常，病初可略高；腹泻，粪便混有多量黏液及血液，常呈胶冻状大肠出血性、纤维素性、坏死性肠炎。

8. **猪传染性胃肠炎**　各种年龄的猪均可发病，10日龄仔猪发病死亡率最高，大猪很少死亡；常见于寒冷季节；传播迅速，发病率高。主要临床症状为猪突然发病，先吐后泻，稀粪黄浊、污绿或灰白色，带有凝乳块，腥臭难闻，后躯污染严重；脱水、消瘦，体重锐减，日龄越小病程越短，病死率越高，大猪多很快康复。特征性病理变化为尸体消瘦，明显脱水；胃肠卡他性炎症；肠壁菲薄，肠腔扩张、积液，肠绒毛萎缩。

9. **猪流行性腹泻**　与传染性胃肠炎相似，但病死率低，传播速度较慢。主要临床症状与传染性胃肠炎相似，亦有呕吐、腹泻、脱水症状，主要是水泻。特征性病理变化与传染性胃肠炎相似。

二、牛沙门菌感染的鉴别诊断

1. **沙门菌感染**　犊牛多在生后2～4周发病，主要表现为体温升高，不食，呼吸加快；腹泻，粪便中混有黏液和血丝；常于5～7d死亡，病死率一般为30%～50%。如病程延长，腕关节和跗关节可能肿大，个别有支气管炎症状。成年牛表现为高热，昏迷，不食，呼吸困难，心跳加快；多数于发病后12～24h粪便中带有血块，随之下痢，粪便恶臭；下痢开始后体温下降，病牛可于1～5d死亡。孕牛多发生流产。有些病例可能恢复。成年牛也可取顿挫型经过或隐性经过。

2. **犊牛大肠杆菌病**

（1）败血型　主要发生于产后3d内的犊牛；潜伏期很短，发病急，病程短。表现体温升高，精神不振，不吃奶，多数有腹泻，粪便呈淡灰白色。四肢无力，卧地不起。

（2）肠毒血型　比较少见。急性者未出现症状犊牛突然死亡。病程稍长的，可见典型的中毒性神经症状，先兴奋，后沉郁，直至昏迷，进而死亡。

（3）肠炎型　病犊牛体温稍有升高，主要表现腹泻，严重者出现脱水现象，全身衰弱。常因虚脱或继发肺炎而死亡。剖检主要呈现胃肠炎变化。

三、羊沙门菌感染的鉴别诊断

1. **沙门菌感染**　各种年龄的羊均可发生，其中以断乳或断乳不久的羊最易感。羔羊以腹泻为主，体温升高，精神沉郁，1～5d死亡。孕羊则主要在晚冬、早春季节发病，多在怀孕后期发生流产或死产，体温升高，精神沉郁，部分羊有腹泻症状；1～7d死亡。

2. **产气荚膜梭菌感染** 主要发生于绵羊，山羊较少。有明显的季节性，牧区多发生于春末夏初青草萌芽和秋季牧草结实时期；农区发生于收菜或秋收季节，因羊采食了多量菜根、菜叶或谷物而发生。以散发为主，潜伏期较短，常突然发病并死亡，很少见到症状。病畜常无症状而突然发病和死亡。病程稍长的可见到神经症状，全身肌肉痉挛，角弓反张，倒地，四肢抽搐呈划水样。呼吸迫促，口鼻流出白沫。病理变化以肾肿胀、柔软、呈泥状病变最具特征。死羊腹部膨大，胃内充满食物及气体。大小肠黏膜充血、出血，充满气体，重症者整个肠壁呈红色。胆囊肿大，胸腔、腹腔及心包积液。

3. **副结核病** 又称副结核性肠炎、稀屎痨，是牛、绵羊、山羊的一种慢性接触性传染病，分布广泛，呈散发或地方性流行。在青黄不接、羊只体质不良时发病率上升，转入青草期，病情可好转。幼龄羊易感性较大，多在幼龄时感染，到成年时才出现临床症状。发病羊开始为间歇性腹泻，逐渐变为经常性而又顽固的腹泻，后期呈喷射状排出。便稀并带有气泡，呈卵黄色、黑褐色，有腥臭味。病程长短不一，一般15～20d，长的可达70d以上。

4. **布鲁菌病** 布鲁菌病是一种人兽共患的慢性传染病。母羊较公羊易感性高，性成熟后极为易感，消化道是主要感染途径，也可经配种感染。多数病例为隐性感染，而最易被注意到的症状是流产。母羊流产前食欲减退、口渴、委顿、阴道流出黄色黏液。流产多发生于怀孕后的3～4个月。流产母羊多数胎衣不下，继发子宫内膜炎。公羊表现睾丸炎，行走困难，拱背，食欲不振，逐渐消瘦。少数病羊可发生角膜炎和支气管炎，有时患病羊发生关节炎和滑液囊炎而致跛行。

5. **弯曲菌病** 又名羊弧菌病，主要引起羊暂时性不育和流产。患病羊和带菌动物是传染源，主要经消化道感染。绵羊流产常呈地方性流行；在某地区或某一羊场流行一段时间后，可停息1～2年，然后又重新发生流行。母羊多于怀孕后4～5个月发生流产，产出死胎、死羔或弱羔；流产的胎儿皮下水肿，肝脏有坏死灶。流产母羊一般只有轻度先兆，有少量阴道分泌物，易被忽视。流产后阴道排出黏脓性分泌物。大多数流产母羊很快痊愈，少数母羊由于死胎滞留而发生子宫炎、腹膜炎或子宫脓毒症，最后死亡。病死率约5%，病死羊可见子宫炎、腹膜炎和子宫积脓。

6. **李斯特病** 由李斯特菌引起的牛羊散发性传染病。以脑膜脑炎、败血症和孕畜流产为特征。脑炎型最为多见，且多发生于较大的动物，主要症状为头颈一侧性麻痹，转圈运动，有的角弓反张、卧地、昏迷等；病程短，死亡快；脾脏肿大，有肝粟粒状坏死灶，心外膜出血、脑膜充血、出血性结膜炎和黏脓性的鼻炎。子宫炎型多发生于怀孕最后两个月的头胎绵羊，常伴有流产和胎盘滞留，胎盘病变显著，绒毛上皮坏死。败血型间或发生于10日龄以下的羔羊。

四、马沙门菌感染的鉴别诊断

1. **沙门菌病**　母马最明显的临诊特征就是流产，以初产母马为多；通常没有任何先兆，突然发生流产。流产的胎儿一般为死胎，有时虽然活着但很弱，多于数日内死亡。初生幼驹感染后，表现为体温升高至40℃以上，呈稽留热或弛张热，精神沉郁，食欲减退或废绝，呼吸、脉搏增数，腹痛下痢，粪稀如水并带黏液或血液，恶臭，随后卧地不起，迅速死亡。较大的幼驹或病势较慢的，表现体温升高，发生多发性关节炎、腱鞘炎，多见于腕跗关节和膝关节；病驹跛行，有的关节发生脓肿，其他部位也可发生脓肿。公马及去势马感染后多无明显症状。青壮年马感染本病后，还会发生最急性或急性胃肠炎，表现急性腹痛。

2. **大肠杆菌病**　由某些致病性大肠杆菌引起的传染病。出生后几天的幼驹多表现下痢和败血症症状。本病多发生于生后2～3d的幼驹。病初体温升高40℃以上，发生剧烈下痢；病程较长的，下痢与便秘交替发生，有时关节肿大，出现跛行。死亡率为10%～20%。

3. **产气荚膜梭菌感染**　类似于其他动物（如羊）的产气荚膜梭菌感染。

4. **布鲁菌病**　类似于其他动物（如牛羊）的布鲁菌感染。

五、兔沙门菌感染的鉴别诊断

1. **沙门菌病**　主要侵害怀孕母兔，以发生败血症、急性死亡、腹泻和流产为特征，主要侵害怀孕25d以上的母兔。潜伏期1～3d，急性病例不显任何症状而突然死亡，多数病兔腹泻，体温升高，精神沉郁，食欲废绝，渴欲增加，消瘦，母兔阴道内排出黏性、脓性分泌物。肝脏有弥漫性或散在性黄色针尖大小的坏死灶，胆囊胀大、充满胆汁，脾脏肿大、大肠内充满黏性粪便，肠壁变薄。

2. **大肠杆菌病**　断奶后仔兔、青年兔腹泻以及成年兔便秘，各种年龄的兔均可发生急性败血症，哺乳仔兔有时会发生肺炎、胸腔积液而死亡。① 腹泻病兔，食欲减退，精神沉郁，拉稀便，尾及肛周有粪便污染，不时从肛门中流出稀便。剖检可见胃膨大，充满多量液体和气体，胃黏膜上有针尖状出血点，十二指肠充满气体并被胆汁黄染；空肠、回肠肠壁薄而透明，内有半透明胶冻样物和气体；结肠和盲肠黏膜充血，浆膜上有时有出血斑点，有的盲肠壁呈半透明，内有多量气体；胆囊亦可见胀大；膀胱常胀大，内充满尿液。② 便秘病兔，常精神沉郁、被毛粗乱、废食，有的磨牙，粪细小、呈老鼠屎状。剖检可见盲肠、结肠内容物较硬且成型，上有胶冻，肠壁有时有出血斑点。③ 败血型，可见肺部充血、瘀血，局部肺实变。仔兔胸腔内有多量灰白色液体，肺实变、纤维素渗出，胸膜与肺粘连。

3. **产气荚膜梭菌感染**　又称兔魏氏梭菌病，是由A型魏氏梭菌及其毒素所致家兔的一种以剧烈腹泻为特征的急性、致死性肠毒血症。多呈地方性流行或散发。各品种、年龄的兔皆可感染。一年四季均可发生，尤以冬、春季为发病高峰期。临床症状以急性病例突然发作、急剧腹泻、很快死亡为特征。发病兔精神沉郁、不食；水样下痢，稀便沾污肛周；死亡兔胃多胀满，可见大小不一的溃疡斑，胃黏膜脱落、溃疡；小肠充气，肠管薄而透明；大肠特别是盲肠浆膜黏膜上有鲜红色的出血斑，肠内充满褐色或黑绿色的粪水或带血色粪及气体；肝质脆；膀胱多充满深茶色尿液；心脏表面血管怒张、呈树枝状充血。

4. **李斯特菌病**　呈散发性。主要临床表现为幼兔突然发病，精神沉郁，采食量下降，体温升高，鼻黏膜发炎，有浆液性或黏液性分泌物流出，有的出现全身震颤、共济失调、转圈运动、头颈偏向一侧等神经症状，逐渐消瘦、死亡，病程为1~7d不等。怀孕母兔精神沉郁，不食，阴道流出暗红色或褐色分泌物，随后出现流产，有的流产后即死亡。发病兔的肝脏、肾脏、脾脏都有散在或弥漫性、针尖大的灰白色坏死点，淋巴结出现不同程度的水肿，胸腔、腹腔积有清亮的液体，有的出现皮下水肿。怀孕母兔子宫内可见化脓性渗出物或暗红色的液体，子宫壁增厚、有坏死灶。出现共济失调的病兔，脑膜和脑组织充血、水肿。

5. **兔泰泽病**　发病通常很急，以严重的水泻和后肢沾有粪便为特征。病兔精神沉郁，食欲废绝，迅速脱水。死亡通常发生在出现临床症状后12~48h。少数耐过急性期的病兔表现食欲不振，生长停滞。尸体广泛脱水并沾污有粪便。盲肠、回肠后段和结肠前端的浆膜面充血，黏膜下层和浆膜常出现水肿、出血及纤维素渗出。盲肠壁水肿、增厚。盲肠和结肠腔内含有褐色水样内容物，盲肠黏膜充血、粗糙并呈细颗粒样外观。黏膜面的某些部分牢牢地沾附着粪便。在回肠和结肠与盲肠联合处也有类似变化，但通常较轻。肝脏实质常有很多直径2mm左右灰白色至灰红色坏死灶。在心肌间有灰白色至淡黄色条纹病灶，特别是心尖附近。

6. **球虫病**　发病兔表现精神沉郁，食欲减退，伏卧不动，眼鼻分泌物增多，眼结膜苍白或黄染。① 肠型，以顽固性下痢、腹泻带血为特征，常急性死亡。② 肝型，以腹围增大下垂，肝肿大、触诊有痛感，结膜轻度黄染为特征。③ 混合型，兼具二者特点，可见腹泻或腹泻与便秘交替，粪便带血及黏液或肠黏膜。病变可见肠球虫病小肠及盲肠血管充血，黏膜充血、出血，病程长者黏膜上有许多白色结节，内含卵囊。肝球虫病可见肝表面及实质内有多量白色或淡黄色粟粒大至豌豆大病灶，内含各发育阶段的球虫。

六、禽沙门菌感染的鉴别诊断

1. **沙门菌病**　禽沙门菌病是由多种血清型沙门菌引起禽类的多种疾病的统称，主要是鸡白痢、禽伤寒和禽副伤寒。

（1）鸡白痢　以白色下痢为特征，排稀薄如黏米汤样粪便，出现"糊肛"现象，同时肛门周围发生炎症，引起疼痛，而且病禽常由于"糊肛"不能排出粪便。剖检变化主要是肝脏肿大、质脆，呈土黄或砖红色，并有黄白色小坏死点，或在某些脏器上形成坏死白痢结节，如心肌、肺、肝、盲肠、大肠及肌胃肌肉中有坏死灶或结节，以及其他脏器充血。

（2）禽伤寒　主要危害3月龄以上的成年鸡，也可发生于鸭、鹌鹑、野鸡等，以肝、脾肿大，肝呈黄绿色或古铜色为特征。雏鸡感染时症状与鸡白痢相似。

（3）禽副伤寒　是多种血清型的沙门菌引起的疾病，主要是鼠伤寒沙门菌等，主要特征是下痢和内脏组织器官坏死。病禽表现为精神沉郁，食欲不振，饮欲增加，下痢，肛门周围污染有粪便；年龄较大的幼禽呈亚急性经过，主要表现为水样下痢，病程1~4d，1月龄以上幼禽死亡率低。

2. **大肠杆菌病**　是由禽致病性大肠杆菌引起的多种病征的总称，临床上有败血症、肝周炎、气囊炎、心包炎、肉芽肿、关节炎、眼炎、胚胎与幼雏早期死亡、脑炎、卵黄性腹膜炎、肠炎等类型。共同症状表现为精神沉郁，食欲下降，羽毛粗乱，消瘦。侵害呼吸道后会出现呼吸困难，黏膜发绀；侵害消化道后会出现腹泻，排绿色或黄绿色稀便；侵害关节后表现为跗关节或趾关节肿大，病禽跛行；侵害眼时，眼前房积脓，有黄白色的渗出物；侵害大脑时，表现为神经症状。剖检病理变化主要为肝脏肿大，表面有白色坏死点；肠黏膜充血、出血；心包内有大量淡黄色液体；肾脏肿大；肺脏出血、水肿；气囊混浊，气囊壁增厚，气囊内有黏稠的黄色干酪样分泌物；小肠黏膜变厚，可形成慢性肠炎或慢性腹膜炎。

3. **曲霉菌病**　由曲霉菌引起的多种禽类的真菌性疾病，主要侵害呼吸器官。各种禽类均易感，但以幼禽多发，常见急性、群发性暴发，发病率和死亡率较高，成年禽多为散发。本病的特征是在肺及气囊发生炎症和形成肉芽肿结节为主，偶见于眼、肝、脑等组织。肺脏的霉菌结节从粟粒到小米粒或绿豆大，大小不一，结节呈黄白色、淡黄色、灰白色，散在分布于肺，稍柔软、有弹性，切开呈干酪样，少数融合成团块。气管、支气管黏膜充血，有淡灰色渗出物。病初见气囊壁点状或局限性混浊，以后气囊混浊、增厚，有大小不等的霉菌结节；或见肥厚隆起的圆形霉菌斑、隆起中心凹下，呈深褐色或烟绿色。

4. **禽出血性败血症**   由多杀性巴斯特菌引起家禽和野禽的急性败血性接触性传染病。各种家禽都易感。① 最急性型：常见于流行初期，在禽群中突然发现死禽，无特征性病理变化，有时仅见心外膜有小出血点，肝脏有少量针尖大灰黄色坏死点。② 急性型：主要表现为剧烈下痢和败血症，发病率和死亡率都很高；肝脏有许多小出血点；肺脏心外膜、腹膜、肠系膜、皮下等处也会有出血斑点，心包积液；出血性肠炎变化以十二指肠最为严重。③ 慢性型：主要表现为呼吸道炎、肉髯水肿和关节炎，发病率和致死率较低。除见到急性病例的病变外，鼻腔、上呼吸道内积有黏稠分泌物，关节、腱鞘、肉髯、卵巢等发生肿胀部切开有黄灰色或黄红色浓稠的渗出物或干酪样坏死。

5. **慢性呼吸道病**   是由鸡败血支原体引起鸡的一种慢性呼吸道传染病，各种日龄的鸡均可发病，无明显日龄限制。幼龄鸡发病后具有典型症状，表现为咳嗽、喷嚏、气管啰音、呼吸困难、摇头，当炎症进一步发展时，气喘和咳嗽更为明显，并伴有呼吸啰音。产蛋鸡产蛋下降，孵化率降低。多数鸡只精神、食欲正常或变化不明显，病程较长者采食量下降，发病鸡只有眼睛流泪、甩鼻、颜面肿胀等。病鸡剖检可见呼吸道黏膜水肿、充血，气管、支气管和气囊内可见干酪样分泌物；鼻腔、气管、气囊卡他性炎症并伴有黏性渗出物，气囊壁增厚、浑浊、出现干酪样物；肺出现坏死区；嗉囊空虚；严重的出现心包炎、气囊炎、肝纤维素性被膜炎，十二指肠、小肠、直肠充血。

6. **坏死性肠炎**   该病的病原为产气荚膜梭菌，自然条件下仅见鸡发生，多发生于肉鸡，也可发生于商品蛋鸡、火鸡、肉鸭。表现为严重的羽毛蓬乱、精神委顿、食欲减退、懒动及腹泻，粪便呈红褐色乃至黑色煤焦油样，有时可见脱落的肠黏膜组织，其情形与轻度的球虫病暴发相似。病变主要在小肠后段，尤其是回肠和空肠部分，盲肠也有病变。肠道表面呈污灰黑色或污黑绿色，肠腔扩张、充气；肠腔内容物呈液状、有泡沫，为血样或黑绿色；肠壁充血，有时见有出血点，黏膜坏死，呈大小不等、形状不一的麸皮样坏死灶，有的形成疏松或致密的黄色或绿色的假膜。肝脏充血、肿大，有时有不规则的坏死灶。其他脏器多为瘀血，无特异变化。

七、人沙门菌感染的鉴别诊断

（一）胃肠炎型沙门菌感染的鉴别诊断

1. **金黄色葡萄球菌性食物中毒**   潜伏期较短，于进食后1～5h，多为2～3h后即出现恶心、头痛，继而出现剧烈腹痛和呕吐，体温多半正常或仅有低热。每天腹泻数次，呈黄色水样、恶臭，通常每次量较少，可有里急后重感。严重病例也可因大量频繁腹泻而致脱水。

2. **副溶血弧菌性食物中毒** 潜伏期为6～12h，先有腹痛、畏寒、发热，继而出现剧烈腹泻、呕吐。大便为黄色水样或血水样，可带有较多黏液与脓血、腥臭味浓，每天排便数次，每次量较多，较易导致脱水，亦可有里急后重感。多见于沿海地区的居民或旅游者。

3. **大肠杆菌性食物中毒** 潜伏期为2～20h，通常4～6h，先出现食欲下降、腹痛、恶心，继而出现腹泻，但较少发生呕吐。大便多呈黄色水样，可带黏液脓血、有恶臭味，每天数次，每次量多，多无里急后重感。严重病例可致脱水。

4. **肉毒毒素中毒** 潜伏期为2～72h，多为12～36h。常突然起病，先出现全身乏力、软弱、头痛、头昏，继而出现视力模糊、复视、眼肌瘫痪，严重病例继而出现发音、吞咽及呼吸困难。体温多正常或仅有低热，神志始终清晰。可有较轻的胃肠道症状，如恶心、便秘、腹胀等，腹泻少见。

5. **变形杆菌感染** 潜伏期一般为4～12h。先出现腹痛、恶心、发热，继而呕吐、腹泻，大便呈黄色水样，每天数次，每次量较多，可致脱水，常无里急后重感。

6. **志贺菌性痢疾** 潜伏期较长，一般为1～2d，常有全身中毒症状，如发热、头痛、腹痛、腹泻和全身不适等。呕吐较少，大便次数多，常达10次以上，但每次排便量较少，呈黏液脓血样，里急后重明显。

7. **霍乱** 潜伏期一般为1～3d，常有流行病学线索可寻，典型者先泻后吐，吐泻物为米泔样，脱水明显。由OI群霍乱弧菌所致者，一般无发热、腹痛；由非OI群霍乱弧菌所致者，则常有发热、腹痛，而且可发生菌血症，造成胃肠外损害。

（二）伤寒型与败血症型沙门菌感染的鉴别诊断

伤寒、副伤寒与其他沙门菌感染比较，伤寒、副伤寒的发热时间较长，病情较重。伤寒、副伤寒有相对缓脉、玫瑰疹，可发生肠出血、肠穿孔等并发症，而其他沙门菌感染则罕见。伤寒、副伤寒血清肥达反应（Widal reaction）阳性，血液、骨髓、大便培养可有伤寒或副伤寒沙门菌生长。败血症常可找到原发感染病灶，血液白细胞总数及中性粒细胞数大多增高，血液培养可分离出致病菌。

（三）局部化脓感染型的沙门菌感染鉴别诊断

由沙门菌引起的局部化脓性感染与其他细菌引起的局部化脓性感染在临诊上很难相互区别，必须通过局部病灶的脓液培养，分离出致病菌才可做出鉴别。

第三节　实验室诊断

一、微生物学方法

（一）常用培养基

1. 营养肉汤

成分：牛肉浸膏3～5g，蛋白胨10g，氯化钠5g，磷酸氢二钾0.5g，蒸馏水1 000mL。

制法：将各成分充分溶解于蒸馏水中，调节pH至7.2～7.4后，分装于相应容器中，121℃高压蒸汽灭菌15～20min。

2. 营养琼脂

成分：牛肉浸膏3～5g，蛋白胨10g，氯化钠5g，磷酸氢二钾0.5g，琼脂20g，蒸馏水1 000mL。

制法：先将除琼脂外的各成分充分溶解于蒸馏水中，调节pH至7.2～7.4后，加入琼脂，分装于相应容器中，121℃高压蒸汽灭菌15～20min。

3. 半固体营养琼脂

成分：牛肉浸膏3～5g，蛋白胨10g，氯化钠5g，磷酸氢二钾0.5g，琼脂5g，蒸馏水1 000mL。

制法：先将除琼脂外的各成分充分溶解于蒸馏水中，调节pH至7.2～7.4后，加入琼脂，分装于相应容器中，121℃高压蒸汽灭菌15～20min。

4. 胰酪胨大豆肉汤（TSB）

成分：胰酪蛋白胨17g，大豆蛋白胨3g，氯化钠5g，磷酸氢二钾2.5g，葡萄糖2.5g，蒸馏水1 000mL。

制法：将各成分充分溶解于蒸馏水中，调节pH至7.2～7.4后，分装于相应容器中，121℃高压蒸汽灭菌15～20min。

5. 麦康凯琼脂培养基（MAC）

成分：蛋白胨20g，牛胆盐5g，氯化钠5g，琼脂14g，乳糖10g，中性红0.03g，蒸馏水1 000mL。

制法：将各成分充分溶解于蒸馏水中，调节pH至7.2～7.4后，分装于相应容器中，

121℃高压蒸汽灭菌15min。

6. 三糖铁琼脂培养基（TSI）

成分：蛋白胨15g，牛肉粉3g，酵母粉3g，氯化钠5g，月示胨5g，乳糖10g，葡萄糖1g，蔗糖10g，酚红0.025g，硫酸亚铁0.2g，硫代硫酸钠0.3g，琼脂12g。

制法：将各成分充分溶解于蒸馏水中，调节pH至7.3～7.5后，分装于16mm×150mm试管，121℃高压蒸汽灭菌15min制成斜面（斜面长4～5cm，底部长2～3cm）。

7. 亚硫酸铋（BS）琼脂

成分：蛋白胨10g，牛肉膏5g，葡萄糖5g，硫酸亚铁0.3g，磷酸氢二钠4g，煌绿0.025g或其5.0g/L水溶液5mL，柠檬酸铋铵2.0g，亚硫酸钠6g，琼脂18g，蒸馏水1 000mL。

制法：将前3种成分加入300mL蒸馏水（制作基础液），硫酸亚铁和磷酸氢二钠分别加入20mL和30mL蒸馏水中，柠檬酸铋铵和亚硫酸钠分别加入另一20mL和30mL蒸馏水中，琼脂加入600mL蒸馏水中。然后分别搅拌均匀，静置约30min，加热煮沸至完全溶解。冷至80℃左右时，先将硫酸亚铁和磷酸氢二钠混匀，倒入基础液中再混匀。将柠檬酸铋铵和亚硫酸钠混匀，倒入基础液中再混匀。调节pH至7.4～7.6，随即倒入琼脂液中混合均匀，冷至50～55℃。加入煌绿溶液，充分混匀后立即倾注平皿，每皿约20mL。

8. SS（Salmonella–Shigella）琼脂

成分：蛋白胨5g，牛肉浸出粉5g，乳糖10g，牛胆盐8.5g，柠檬酸钠8.5g，柠檬酸铁铵1g，硫代硫酸钠8.5g，1%中性红溶液2.5mL，0.1%亮绿溶液0.33mL，琼脂20g，蒸馏水1 000mL。

制法：先将蛋白胨、牛肉浸出粉、琼脂、蒸馏水制成普通琼脂培养基，调节pH至7.2～7.4，121℃高压蒸汽灭菌15～20min；冷至60℃左右加入剩余的其他成分，充分摇匀使溶解，制得平板后备用。

9. 木糖赖氨酸去氧胆酸盐琼脂（XLD）

成分：酵母浸粉3g，L-赖氨酸5g，乳糖7.5g，蔗糖7.5g，木糖3.75g，氯化钠5g，硫代硫酸钠6.8g，柠檬酸铁铵0.8g，去氧胆酸钠2.5g，苯酚红0.08g，琼脂18～20g，蒸馏水1 000mL。

制法：称取各种成分混匀后，溶于1 000mL蒸馏水中，调节pH至7.2～7.6；加热搅拌，不要过分加热，冷至60℃左右时，倾入无菌平皿。无需高压灭菌，在24h内使用。

10. 胆盐硫乳琼脂培养基（DHL）

成分：蛋白胨20g，牛肉浸出粉3g，乳糖10g，蔗糖10g，去氧胆酸钠1g，硫代硫酸钠2.3g，柠檬酸钠1g，柠檬酸铁铵1g，1%中性红溶液3mL，琼脂18～20g，水1 000mL。

制法：除糖、1%中性红溶液及琼脂外，取上述成分混合，微温使溶解，调节pH使灭菌后为7.2～7.4，加入琼脂，加热融化后，再加入其余成分，摇匀，冷至约60℃，倾注平皿。

11. HE（hektoen enteric）琼脂（HEA）

成分：胨胨12g，牛肉膏3g，乳糖12g，蔗糖12g，水杨素2g，胆盐20g，氯化钠5g，琼脂18～20g，蒸馏水1 000mL，0.4%溴麝香草酚蓝溶液16mL，Andrade指示剂20mL，甲液20mL，乙液20mL，pH7.5。

制法：将前面7种成分溶解于400mL蒸馏水内作为基础液；将琼脂加入600mL蒸馏水内，加热溶解。于基础液内加入甲液和乙液，校正pH。再加入指示剂，并与琼脂液合并，待冷至50～55℃，倾注平板。

注：① 此培养基不可高压灭菌。② 甲液的配制：硫代硫酸钠34g，柠檬酸铁铵4g，蒸馏水100mL。③ 乙液的配制：去氧胆酸钠10g，蒸馏水100mL。④ Andrade指示剂：酸性复红0.5g，1mol/L氢氧化钠溶液16mL，蒸馏水100mL。将复红溶解于蒸馏水中，加入氢氧化钠溶液。数小时后如复红褪色不全，再加氢氧化钠溶液1～2mL。

12. 伊红美蓝琼脂培养基（EMB）

成分：蛋白胨10g，乳糖10g，磷酸氢二钾2g，琼脂17g，2%伊红Y溶液20mL，0.65%美蓝溶液10mL，蒸馏水1 000mL。

制法：将蛋白胨、磷酸盐和琼脂溶解于蒸馏水中，校正pH至7.2，分装于烧瓶内，121℃高压蒸汽灭菌15min备用。临用时加入乳糖并加热溶化琼脂，冷至50～55℃，加入伊红和美蓝溶液，摇匀，倾注平板。

13. 葡萄糖蛋白胨水

成分：磷酸氢二钾5g，蛋白胨7g，葡萄糖5g，蒸馏水1 000mL。

制法：溶化后校正pH至7.0，分装试管，每管1mL，121℃高压蒸汽灭菌15min。

14. 邓亨氏蛋白胨水

成分：胰蛋白胨20g，氯化钠5g，蒸馏水1 000mL。

制法：取上述成分混合，加热溶化，调节pH至7.2～7.4，分装于小试管中，121℃高压蒸汽灭菌20min。

15. 尿素琼脂培养基

成分：蛋白胨1g，氯化钠5g，磷酸二氢钾（KH_2PO_4）2g，葡萄糖1g，琼脂20g，20%尿素溶液1 000mL，0.2%酚红溶液6mL，蒸馏水1 000mL。

制法：除尿素和琼脂外，取上述成分，混合，调节pH使灭菌后为7.2～7.4，加入琼脂，加热溶化并分装于锥形瓶，121℃高压蒸汽灭菌20min。冷至50～55℃加入经薄膜过滤除菌的尿素溶液，混匀。尿素的最终浓度为2%，分装于灭菌试管中，置成斜面。

16. 氰化钾培养基

成分：蛋白胨10g，氯化钠5g，磷酸二氢钾（KH_2PO_4）0.225g，磷酸氢二钠（Na_2HPO_4）5.64g，0.5%氰化钾溶液20mL，蒸馏水1 000mL。

制法：除氰化钾液外，取上述成分，混合。调节pH使灭菌后为7.4～7.6，121℃高压蒸汽灭菌20min，冷却后，每100mL培养基中加入氰化钾液1.5mL，分装于12mm×100mm灭菌试管内，每管4mL，立即用灭菌橡皮塞塞紧，置4℃保存。同时，以不加氰化钾液的培养基作为对照培养基，分装于灭菌试管中。

17. 赖氨酸脱羧酶培养基

成分：蛋白胨5.0g，酵母浸膏3.0g，葡萄糖1.0g，蒸馏水1 000mL，1.6%溴甲酚紫−乙醇溶液1.0mL，L−赖氨酸或DL−赖氨酸0.5g/100mL或1.0g/100mL，pH（6.8±0.2）。

制法：除赖氨酸以外的成分加热溶解后，分装每瓶100mL，分别加入赖氨酸。L−赖氨酸按0.5%加入，DL−赖氨酸按1%加入。调节pH。对照培养基不加赖氨酸。分装于无菌的小试管内，每管0.5mL，

上面滴加一层液体石蜡，115℃高压蒸汽灭菌10min。

18. 四硫磺酸钠亮绿增菌液（TTB）

成分：蛋白胨5g，牛胆盐1g，碳酸钙10g，硫代硫酸钠30g，蒸馏水1 000mL。

制法：取上述成分，混合，微温使溶解，121℃高压蒸汽灭菌20min。临用前，取上述培养基，每10mL中加入碘溶液（取碘6g与碘化钾5g，溶于20mL蒸馏水中）0.2mL和0.1%亮绿溶液0.1mL，混匀。

19. 亚硒酸盐胱氨酸增菌液（SC）

成分：蛋白胨5g，乳糖4g，亚硒酸氢钠4g，磷酸氢二钠5.5g，磷酸二氢钾4.5g，L−胱氨酸0.01g，蒸馏水1 000mL，1% L−胱氨酸−氢氧化钠溶液（称取L−胱氨酸0.1g或DL−胱氨酸0.2g），加1mol/L氢氧化钠1.5mL，使溶解，再加入蒸馏水8.5mL即成）。

制法：将除亚硒酸氢钠和L−胱氨酸以外的各成分溶解于900mL蒸馏水中，加热煮沸，候冷备用。另将亚硒酸氢钠溶解于100mL蒸馏水中，加热煮沸，候冷，以无菌操作与上液混合。再加入1% L−胱氨酸−氢氧化钠溶液1mL。分装于灭菌瓶中，每瓶100mL，pH应为7.0～7.2。

20. 氯化镁孔雀绿增菌液（MM）

成分：1%胰胨水（高压灭菌）156mL，1/15mol/L磷酸氢二钠（Na_2HPO_4）溶液（高压灭菌）40mL，40%（m/V）氯化镁（$MgCl_2 \cdot 6H_2O$）水溶液（100℃煮沸数分钟）

53mL，0.2%孔雀绿溶液1.6mL。

制法：将上述几种溶液按列出的容量混合，即成氯化镁孔雀绿肉汤。分装试管，每管10mL，于4℃可保存10个月。如若配氯化镁孔雀绿羧苄青霉素肉汤，除上述几种溶液外，再配制羧苄青霉素溶液（溶解1mg于1mL水中），将此溶液与其他溶液混合，即成。该液又名罗伯特增菌液（RVS）。

21. 亚硒酸煌绿增菌液（SBG）

成分：蛋白胨5g，酵母浸膏5g，甘露醇5g，牛磺胆酸钠1g，20%亚硒酸氢钠溶液20mL，0.25mol/L磷酸盐缓冲液（pH7.0）100mL，2%煌绿溶液0.25mL，蒸馏水900mL。

制法：将前面4种成分溶解于蒸馏水中。当用于干鸡蛋白样品时，pH（8.2±0.1）；用于其他干蛋品时，pH（7.2±0.1）；用于冰蛋品时pH（7.0±0.1）；121℃高压蒸汽灭菌15min，放冷备用。临用前加入灭菌的20%亚硒酸氢钠溶液及磷酸盐缓冲液，复查混合液的pH，必要时进行校正。加入煌绿溶液定量分装于灭菌的烧瓶内，每瓶150mL，于1~5d内使用。注：① 20%亚硒酸氢钠溶液121℃高压蒸汽灭菌15min。② 0.25mol/L磷酸盐缓冲液（pH7.0）配法：磷酸氢二钾（无水）21.8g，磷酸二氢钾（无水）17.1g，蒸馏水1 000mL，121℃高压蒸汽灭菌15min后备用。

22. 西蒙氏柠檬酸盐培养基

成分：氯化钠5g，硫酸镁（MgSO₄·6H₂O）0.2g，磷酸二氢铵1g，磷酸氢二钾1g，柠檬酸钠5g，琼脂20g，蒸馏水1 000mL，0.3%溴麝香草酚蓝指示液40mL。

制法：先将盐类溶解于水，校正pH至6.8，再加琼脂，加热溶化。然后加入指示剂，混匀后分装试管，121℃高压蒸汽灭菌15min后制成斜面。

23. 糖、醇生化试验培养基

成分：胨10g，糖或醇0.5%，氯化钠5g，0.5%酸性复红指示剂10mL（或溴麝香草酚蓝指示液6mL），蒸馏水1 000mL

制法：取胨和氯化钠加入蒸馏水中，微温使溶解，调节pH使灭菌后为7.4，加入指示剂混匀，分装每瓶100mL，121℃高压蒸汽灭菌15min。

（二）样品采集与处理

1. 样品的采集

（1）血样　采血部位根据动物种类确定，常以无菌注射器等采血，采血量须满足试验需要。如需血清，则待血液凝固后离心分离血清；如需抗凝血，则需要加入抗凝剂。

（2）粪样　将灭菌棉拭子插入动物肛门或泄殖腔中，蘸取直肠内容物并放入装有营养肉汤或缓冲液的试管中。

（3）奶样　清洗乳头后采样。弃去头把奶液后，采集奶液装于无菌试管。

（4）皮肤样品　产生皮肤病变的疾病，应直接从病变部位采样。

（5）组织样品　按无菌操作解剖动物机体，采集病变的脏器组织，放入无菌容器内。

（6）胚胎样品　选取完整未腐败的胚胎置于冰桶中尽快送抵实验室。

（7）子宫阴道分泌物　将消毒的特制吸管插入子宫颈口或阴道内，向内注射少量营养液或生理盐水并收集冲洗液。

所有采集的样品均应注明日期、组织和动物名称，并注意防止相互污染。供组织病理学检查的组织应置于至少10倍体积的福尔马林（10%）溶液中。作常规组织学检查的样品不能冷冻（冰冻切片除外）。

2. 样品的处理　无菌采集的样品，接种前无须做特别处理。组织样品可将组织剪碎、研磨，加入5～10倍的营养肉汤或生理盐水制成悬液，离心取沉淀接种。可能有杂菌污染的样品，可接种选择性培养基抑制杂菌的生长。含菌量少的奶、尿等样品，可用离心法做集菌处理。采集或处理的样品均可选择沙门菌增菌液进行前增菌。血清样品通常用于血清学诊断，不需做特殊处理。

（三）分离培养

1. 前增菌　这是传统培养方法的第一步，作用是修复样品处理中可能受到伤害的细菌细胞，使它们恢复到稳定的生理状态，并供给充分的营养供细菌大量增殖。通常是将样品接种预增菌培养液，37℃培养（24±2）h。用于预增菌的培养液很多，常用的有营养肉汤胰酪胨大豆肉汤等。

2. 选择性增菌　这是传统培养方法的第二步，作用是抑制杂菌生长，同时使沙门菌大量增殖。通常是将前增菌液接种选择性增菌液，37℃培养（24±2）h。用于选择性增菌的培养液很多，常用的有四硫磺酸钠亮绿培养基、亚硒酸盐胱氨酸增菌液、氯化镁孔雀绿增菌液、亚硒酸煌绿增菌液等。

3. 平板划线分离　在培养基平板上划线分离，是最常用的方法。取营养琼脂或选择性培养基（如麦康凯琼脂培养基、亚硫酸铋琼脂、SS琼脂、胆盐硫乳琼脂培养基、HE琼脂、伊红美蓝琼脂培养基等），加热融化并让其冷却至60℃左右，倾入灭菌平皿中，每个平皿15～18mL，使其分布均匀，冷却凝固后即为固体平板培养基。接种前准备好酒精灯、接种环、火柴、酒精棉球、试管架等。不论在桌面上还是在超净工作台上操作，都要事先做好准备工作，把所用的物品器械摆好。

取出待检病料，置于工作台上。以左手持平板，中指、无名指和小指托着平板底，拇指和食指打开上盖，使盖与底成30º～45º夹角，以便进行划线接种。右手握接种环，先灭菌铂丝部分，待铂丝烧红后，再于火焰上灭菌金属棒部分。把接种环上的病料涂在培养基一侧，一般做10次左右的划线。将环上的多余细菌材料烧掉后，从第1次划线引出第2次划线。依次再从第2次划线引出第3次划线，如此反复3~4次划线后，即可把整个平板表面划满，注意每一次划线只能与上一次划线重

图8-1 平板划线接种示意图

叠，这样就可在最后的一次划线上出现多量的单个菌落，以便挑取可疑菌落进行鉴定和纯培养（图8-1）。

4. **纯培养** 分离培养的目的就是要获得纯培养。纯培养的目的是获取只含一种细菌的培养物，最理想的纯培养是一个细菌的后代。纯的培养物是为下一步进行细菌鉴定的重要环节，是疾病诊断的基础。理论上单个细菌在培养基表面生长、繁殖到一定程度时形成的肉眼可见的子细胞群落，称为菌落。但临床样品初次在平板划线培养后获得的单个菌落不一定是由单个细菌生长形成，可能是2个或更多个细菌重复在一起的增殖物。因此要获得纯的培养物，就必须进行细菌的纯化。实验室里最常用的纯化方法是挑取可疑细菌菌落，继续在相应的培养基平板上划线接种，连续重复3次，一般可获得细菌的纯培养物。

5. **沙门菌在常用选择性培养基上的生长表现**

（1）麦康凯琼脂培养基 无色至浅橙色，透明或半透明，菌落中心有时为暗色。

（2）亚硫酸铋琼脂培养基 呈褐色、灰色或黑色，有时带有金属光泽。菌落周围的培养基通常开始呈褐色，但伴随培养时间的延长而变为黑色，并有晕环效应。

（3）SS琼脂培养基 无色透明菌落，有黑色中心。

（4）胆盐硫乳琼脂培养基 无色半透明菌落，有黑色中心或几乎全为黑色，有些菌株无色半透明。

（5）HE琼脂培养基 菌落呈蓝绿至蓝色，许多沙门菌培养物可呈现大的光泽黑色中心或几乎全部黑色的菌落。非典型的沙门菌呈黄色菌落，带或不带黑色中心。

（6）木糖赖氨酸去氧胆酸盐琼脂 无色半透明菌落，有大的光泽黑色中心或呈几乎全部黑。非典型的沙门菌呈黄色菌落，带或不带黑色中心。

（7）伊红美蓝琼脂培养基 无色至浅橙色菌落，透明或半透明，光滑湿润。

（四）染色与镜检

1. **载玻片的准备**　取清洁载玻片，用纱布或卫生纸擦干净，如有油迹或污垢，用少量酒精擦拭。通过火焰2～3次，以便除去残余油迹；然后根据所检样品多少，可在玻片背面划出方格或圆圈作为记号。

2. **涂片或抹片的制备**

（1）固体斜面、平板培养物或脓汁、粪便等，用接种环或滴管取一环或一小滴普通肉汤（或生理盐水、或蒸馏水）于玻片上，用灭菌接种环钩取少量细菌培养物与玻片上液滴混匀，涂布直径1～1.5cm大小的薄层（涂片应薄而匀）。然后将接种环火焰灭菌后放在台面上。

（2）液体培养物或血液、渗出液、尿液、乳汁等，直接用灭菌接种环取一环或数环待检材料置于玻片上制成涂片。

（3）组织脏器材料，取一小块脏器，以其新鲜切面在玻片上制成压印片、抹片或用接种环从组织深层取材制成涂片。每个材料可在一张玻片上，有序编排。

3. **干燥固定**　抹片室温自然干燥后，将涂抹面朝上，以其背面在酒精灯火焰上通过数次，略作加热（但不能太热，以不烫手背为度）进行固定。血液、组织脏器等抹片（尤其用作姬姆萨染色）常用甲醇固定，可将已干燥的抹片浸入含有甲醇的染色缸内，取出晾干，或在抹片上滴加数滴甲醇作用3～5min后，自然干燥。

固定目的：① 杀死细菌；② 使菌体蛋白凝固附着在玻片上，以防被水冲洗掉；③ 改变细菌对染料的通透性，因活细菌一般不允许染料进入细菌体内。

4. **染色**　固定好的涂片或抹片即可进行染色。染色片应贴标签，注明菌名、材料、染色法和日期，封存。

（1）美蓝染色法　A液：美蓝（methylene blue，又名甲烯蓝）0.3g，95%乙醇30mL。B液：0.01% KOH 100mL。混合A液和B液即成，用于细菌简单染色，可长期保存。根据需要可配制成稀释美蓝液，按1：10或1：100稀释均可。

将碱性美蓝染液滴加于已干燥固定好的涂片、抹片上，使其覆满整个涂抹面，经2～3min，用自来水缓缓冲洗，至冲下的水无色为止。甩去水分，用吸水纸吸干或自然干燥。

（2）革兰染色法

① 结晶紫（crystal violet）液：结晶紫乙醇饱和液（结晶紫2g溶于20mL 95%乙醇中）20mL，1%草酸铵水溶液80mL；将两液混匀置24h后过滤即成。此液不易保存，如有沉淀出现，需重新配制。

② 卢戈（Lugol）碘液：碘1g，碘化钾2g，蒸馏水300mL。先将碘化钾溶于少量蒸

馏水中，然后加入碘使之完全溶解，再加蒸馏水至300mL即成。配成后贮于棕色瓶内备用，如变为浅黄色即不能使用。

③ 95%乙醇：用于脱色，脱色后可选用复红或番红溶液复染即可。

④ 复红溶液：碱性复红乙醇饱和液（碱性复红1g、95%乙醇10mL、5%石炭酸90mL混合溶解即成），取石炭酸复红饱和液10mL加蒸馏水90mL即成。

⑤ 番红溶液：番红O（safranine，又称沙黄O）2.5g，95%乙醇100mL，溶解后可贮存于密闭的棕色瓶中，用时取20mL与80mL蒸馏水混匀即可。

在已干燥固定好的涂片、抹片上滴加草酸铵结晶紫溶液于涂、抹面上，染色2～3min，水洗。滴加碘液作用2～3min，水洗。滴加95%酒精于抹片上，脱色时间根据涂抹面的厚度灵活掌握，多在20～60s，水洗。加复红或番红水溶液数滴，染色2～3min，水洗。吸干或自然干燥。

（3）莱氏（Leifson）鞭毛荚膜染色法　鞭毛一般宽0.01～0.05μm，在普通光学显微镜下看不见，用特殊染色法在染料中加入明矾与鞣酸作媒染剂，让染料沉着于鞭毛上，使鞭毛增粗容易观察，染色时间越长、鞭毛越粗。

① 染色液：钾明矾或明矾的饱和水溶液20mL、20%鞣酸水溶液10mL、蒸馏水10mL、95%酒精15mL、碱性复红饱和酒精溶液3mL，依上列次序将各液混合，置于紧塞玻瓶中，其保存期为1周。

② 染色剂：含染料90%的美蓝0.1g，硼砂（borax）1g，蒸馏水100mL。

③ 染色法：滴染色液于自然干燥的涂片上，在温暖处染色10min，若不作荚膜染色，即可水洗，自然干燥后镜检，鞭毛呈红色；若作荚膜染色，可再滴加复染剂于抹片上，再染色5～10min，水洗，任其干燥后镜检，荚膜呈红色、菌体呈蓝色。

（4）刘荣标氏鞭毛染色法

① 溶液一：5%石炭酸溶液10mL，鞣酸粉末2g，饱和钾明矾水溶液10mL。

② 溶液二：饱和结晶紫或龙胆紫酒精溶液。

用时取溶液一10份和溶液二1份，此混合液能在冰箱中保存7个月以上。

③ 染色法：取幼龄培养物制成涂片，干燥及固定后以溶液一和溶液二的混合液在室温中染色2～3min，水洗，干燥后镜检。菌体和鞭毛均呈紫色。

（5）卡-吉二氏（Casares-Cill）鞭毛染色法

① 媒染剂：鞣酸10g，氯化铅（$PbCl_3 \cdot 6H_2O$）18g，氯化锌（$ZnCl_2$）10g，盐酸玫瑰色素（rosanilline hydrochloride）或碱性复红1.5g，60%酒精40mL。先盛60%酒精10mL于研钵中，再以上列次序将各物置研钵中研磨以加速其溶解，然后徐徐加入剩余的酒精。此溶液可在室温中保存数年。此法染假单胞菌更好。

② 染色法：制片自然干燥后，将上述媒染剂做1∶4稀释，滤纸过滤后滴于片上染2min。水洗后加石炭酸复红染5min，水洗，自然干燥，镜检。菌体与鞭毛均呈红色。

5. 光学显微镜检查　检查细菌标本多用油镜。油镜是一种高倍放大（95～100倍）的物镜，一般标有放大倍数（如95×、100×等）和特别标记，以便识别。国产镜多用"油"字表示，国外产品常用"Oil"（oil-immersion）或"HI"（homogeneous immersion）做记号。油镜上还常漆有黑环或红环，且油镜镜身比高倍镜和低倍镜长、镜片最小，这也是识别的另一个标志。油镜头的晶片细小，进入镜中的光量也较少，其视野比用高倍镜时为暗。当油镜头和载玻片之间为空气层所隔时，因为空气的折光指数与玻璃不同，故有一部分光线被折射而不能进入镜头之内，使视野更暗；若在镜头与载玻片之间放上与玻璃的折光指数相似的油类，如香柏油等，使光线不至于因折射而大为损失，则可使视野充分照明，并能使操作者清楚地进行观察和检查。

进行油镜检查时，应先调好光线，但不可直对阳光，采取最强亮度（升高集光器，开大光圈，调好反光镜等）。然后在标本上加香柏油一滴（切勿过多），将标本放置或移置于载物台的正中。转换油镜头浸入油滴中，使其几乎与标本面相接触（但不应接触）。用左眼由接目镜注视镜内，同时慢慢转动粗螺旋，提起镜筒（此时严禁用粗螺旋降下镜筒），若能模糊看到物像时，再转动微螺旋，直至物像清晰为止，随即进行检查观察。油镜用过后，应立即用擦镜纸将镜头擦净。如油渍已干，则须用擦镜纸蘸少许二甲苯溶解并擦去油渍，然后用干净镜纸擦净镜头。

沙门菌为革兰染色阴性、两端钝圆的短杆菌，大小为（0.6～0.9）μm×（1～3）μm，散在，无荚膜和芽孢（除鸡白痢沙门菌、鸡伤寒沙门菌外），都具有周身鞭毛（图8-2）。

（五）生化试验鉴定

1. TSI琼脂接种　以接种针挑取待试菌可疑菌落或纯培养物，先在斜面上划线，再于底层穿刺。置37℃培养18～24h，观察结果。典型的沙门菌培养物使斜面呈碱性（红色）、底层呈酸性（黄色），产生或不产生H_2S（琼脂变黑色）。

2. IMViC试验　IMViC试验是靛基质（吲哚，I）试验、甲基红（MR、M）试验、乙二酰（V-P、V）试验、柠檬

图8-2　鸡白痢沙门菌的革兰染色（放大1000倍）

酸盐利用试验（C）的合称缩写，常用于鉴定肠道杆菌。

（1）吲哚试验　某些细菌能分解蛋白质中的色氨酸生成吲哚，后者可与对位二甲基氨基苯甲醛作用，形成玫瑰吲哚而呈红色。鉴定细菌时，将待检菌接种于5mL邓亨氏蛋白胨水中，置37℃培养48h（可延长4~5d）。于培养液中加入戊醇或二甲苯2~3mL，摇匀，静置片刻后，沿试管壁加入欧立希氏或Kovac's试剂2mL。在戊醇或二甲苯下面的液体变为红色者为阳性反应。沙门菌吲哚试验为阴性。

欧立希氏（Ehrlich's）试剂：对位二氨基苯甲醛1g，无水乙醇95mL，浓盐酸20mL。Kovac's试剂：对位二氨基苯甲醛5g，戊醇（或异戊醇）75mL，浓盐酸25mL。先用乙醇或戊醇溶解试剂后再加盐酸，避光保存。

（2）MR试验　甲基红是一种pH指示剂，pH的变色范围为pH4.4（红色）→pH6.2（黄色）；当细菌分解培养基中葡萄糖产酸，且产酸量大时，可致使培养基在加入甲基红指示剂后显红色、为阳性。鉴定细菌时，接种待检菌于5mL葡萄糖蛋白胨水中，在37℃培养48h（可延长4~5d）。于培养物中加入几滴试剂，变红色者为阳性反应，橘红到黄色则为阴性。沙门菌MR试验为阳性。

试剂：甲基红0.02g，95%酒精60mL，蒸馏水40mL.

（3）V-P试验　某些细菌能使葡萄糖发酵而产生丙酮酸，丙酮酸再变为乙酰甲基甲醇，乙酰甲基甲醇又变成2，3-丁二烯醇；丁二烯醇在有碱存在时氧化成二乙酰，后者和胨中的胍基化合物起作用产生粉红色化合物。鉴定细菌时，接种待检菌于1mL葡萄糖蛋白胨水中，在37℃培养24h；将6% α-萘酚酒精溶液0.5mL加入，随后加16% KOH 0.5mL，轻摇，然后静置10~15min。在15min内出现红色者为阳性，1h后可出现假阳性。沙门菌V-P试验为阴性。

α萘酚酒精溶液：α萘酚5g，无水乙醇100mL。KOH溶液：KOH 40g，水100mL。分装棕色瓶中，于4~10℃保存。

（4）柠檬酸盐利用试验　在柠檬酸钠琼脂斜面培养基中柠檬酸钠是唯一的碳源，磷酸铵是唯一的氮源，若细菌利用这些盐作为碳素和氮素来源而生长，利用柠檬酸钠则生成碳酸盐以及铵盐被利用所产生的NH^{3+}转变为NH_4OH，使培养基变碱、pH升高，指示剂溴麝香草酚蓝就显出深蓝色。操作时，将待检菌划线于柠檬酸钠琼脂斜面，并在37℃培养24~48h。定时观察结果，阳性者在斜面上有细菌生长，培养基由绿色转为深蓝色。沙门菌能在该培养基上生长，但甲型副伤寒、猪伤寒、伤寒、都柏林、仙台、鸡伤寒、鸡白痢以及猪霍乱孔成道夫变型等沙门菌不利用柠檬酸盐。

3.　赖氨酸脱羧酶试验　赖氨酸脱羧酶培养基中含有赖氨酸和葡萄糖，酸碱指示剂为溴甲酚紫（中性和碱性时呈紫色，酸性时呈黄色），未用时为紫色。如果待测细菌将赖氨酸脱羧，则产胺使培养基变碱，溴甲酚紫保持紫色；如不脱羧，又能分解葡萄糖产酸，溴甲酚紫变为黄色。鉴定待检菌时，挑取培养物少许，接种于试验用培养基内，上面加一层灭菌液体石蜡，37℃培养4d，每天观察结果。阳性者培养液先变黄后变为蓝色，阴性者为黄色。沙门菌为赖氨酸脱羧酶阳性。

4. **尿素酶试验**　某些细菌可分解尿素产生分子氨，使培养基pH升高。尿素琼脂培养基内含尿素、蛋白胨和酚红指示剂，指示剂变红即证明细菌有尿素酶。用接种环将待检菌培养物接种于尿素琼脂斜面，不要穿刺到底，下部留作对照。置37℃培养，于1～6h检查（有些菌分解尿素很快），有时需培养24h至6d（有些菌则缓慢作用于尿素）。琼脂斜面由粉红到紫红色为阳性反应。沙门菌为尿素酶阴性。

5. **KCN试验**　氰化钾是细菌呼吸酶系统的抑制剂，可与呼吸酶作用使酶失去活性，从而抑制细菌的生长；但有的细菌在一定浓度的氰化钾存在时仍能生长，可依此鉴别细菌。取待检菌培养20～24h的营养肉汤培养物或菌落，接种至KCN培养基内；并另挑取1环接种于对照培养基。立即以橡胶塞塞紧，37℃培养24～48h，观察结果。对照管有菌生长，试验管有菌生长为阳性；对照管有菌生长，试验管无菌生长为阴性。肠道沙门菌豪顿亚种以及邦戈尔沙门菌为KCN试验阳性。

6. **糖分解试验**　由于各种细菌所含酶类不同，故对糖（醇）的分解能力不同，其代谢产物也不一样。有的细菌能分解某些糖而产有机酸和产气，有些细菌能分解某些糖但只能产有机酸，还有一些细菌因缺乏某些糖分分解酶则不能分解相应糖类。细菌对糖的不同分解能力可作为鉴别细菌的依据。

糖分解试验是将葡萄糖、乳糖或麦芽糖等分别加入蛋白胨水培养基内，使其最终浓度为0.75%～1%；并加入一定量的指示剂（溴甲酚紫），然后制成单糖生化培养管。接种待检菌后经37℃培养18～24h，观察培养基颜色的变化以及是否有气体产生。若细菌分解糖既产酸又产气，则除培养基中的指示剂由紫色变为黄色改变外，还可在倒置的生化培养小管中出现气泡，记录时以"⊕"表示；如分解糖只产酸不产气，则培养基由紫色变为黄色，液体培养基的倒置管中无气泡出现，记录时以"+"表示；如不分解糖，则培养基颜色与接种前相比无变化，记录时以"−"表示。

绝大多数沙门菌有规律地分解葡萄糖、麦芽糖、甘露糖，产酸产气，但伤寒和鸡伤寒沙门菌从不产气；正常产气的菌株也可能有不产气的变型，尤其在雏沙门菌和都柏林沙门菌中更多见。多数沙门菌不分解乳糖，但亚利桑那沙门菌可分解。通常不分解蔗糖、阿拉伯糖、卫矛醇、鼠李糖、蕈糖和木糖。不发酵肌醇的有甲型副伤寒、乙型副伤寒、猪霍乱、仙台、伤寒、肠炎、纽波特、山夫顿堡、斯坦利和迈阿密等沙门菌。多数鸡白痢沙门菌菌株不发酵麦芽糖。猪伤寒沙门菌不发酵甘露糖。大部分沙门菌产生硫化氢，但甲型副伤寒、猪伤寒、仙台和巴布亚等沙门菌不产生，猪霍乱、伤寒和鸡伤寒等沙门菌的反应则不定。

二、血清学方法

血清学鉴定是沙门菌检验中的重要鉴定方法，主要包括菌体抗原（O）鉴定、鞭毛抗原（H）鉴定和Vi抗原鉴定。在沙门菌的鉴定工作中，首先以生化试验结果为主，并在生化试验的基础上进行血清学鉴定。直接用多价血清进行试验而不进行生化试验，是不可取的。血清学试验涉及的内容很多，还包括血清流行病学等。

（一）待检菌抗原的准备

一般采用1.2%～1.5%琼脂培养物作为玻片凝集试验用的抗原。O血清不凝集时，将菌株接种在琼脂量较高的（如2%～3%）培养基上再检查；如果是由于Vi抗原的存在而阻止了O凝集反应时，可挑取菌苔于1mL生理盐水中做成浓菌液，煮沸15～60min后再检查。H抗原发育不良时，将菌株接种在0.55%～0.65%半固体琼脂平板的中央，待菌落蔓延生长时，在其边缘部分取菌检查；或将菌株通过装有0.3%～0.4%半固体琼脂的U形小玻管1～2次，自另一端取菌培养后再检查。

（二）菌体抗原（O）鉴定

1. 沙门菌的O抗原分群　取一张洁净玻片，取一滴沙门菌多价O血清（95%以上的沙门菌分离株属于A～F群）至玻片上，用接种环挑取疑为沙门菌的纯培养物少许，与玻片上的多价O血清混匀，再稍动玻片，若在2min内出现凝集现象，即可初步确定该菌为沙门菌。同样用生理盐水代替多价血清作一对照，以免由于细菌的自凝而判断错误。然后用分群抗O血清作同样的玻片凝集反应，观察其被哪一群O因子血清所凝集，则确定被检沙门菌为该群。检测过程中，如果没有凝集并不能直接判定为阴性，还要考虑Vi抗原的影响。破坏Vi抗原后再挑取菌液做O多价血清；如果还是不凝集，才能判定为阴性。

2. 沙门菌的O抗原定型　沙门菌的O抗原群确定后，用该群所含的各种O因子血清和被检菌做玻片凝集反应，以确定其含哪些O抗原。一般情况下，如不要求定型，只做到定群这一步即可。

（三）鞭毛抗原（H）鉴定

在待检沙门菌确定O抗原群或型之后，则可用该群H因子血清与被检菌做玻片凝集反应，以确定其H抗原。根据检出的O抗原和H抗原列出被检菌的抗原式，查对沙门菌的抗原表即可知被检菌为哪种沙门菌。例如，某一菌的O抗原为O1、4、5、12，而H抗原为i：1，2，其抗原结构式为1，4，5，12：i：1，2，查知这个菌为鼠伤寒沙门菌。

（四）Vi抗原鉴定

Vi抗原是沙门菌表面的一种不耐热的酸性多糖聚合物，加热60℃ 30min或经石炭酸处理可被破坏；经人工培养传代后也容易丢失。新分离的伤寒及副伤寒沙门菌常带有此抗原。Vi抗原位于菌体的最表层，有抵抗吞噬及保护细菌免受相应抗体和补体溶菌的作用。鉴定沙门菌时，取待检菌未经加热处理的抗原液，以Vi抗血清做玻片凝集反应，出现凝集，则为相应Vi抗原阳性。

（五）沙门菌的免疫学检测方法

免疫学技术有较高的灵敏度，样品经增菌后可在较短时间内检出。因此免疫学方法在沙门菌检测中被广泛应用。目前已建立的沙门菌免疫学检测方法主要有酶联免疫吸附试验（ELISA）、斑点酶联免疫吸附试验、免疫荧光试验以及斑点免疫金渗滤试验等；其中ELISA应用最为广泛。ELISA的原理是包被已知的抗体或抗原，通过抗原–抗体反应以及通过酶标记技术将不可见的反应转换为可测定的数据，可用于目的抗原或抗体的直接检测。Kryinski等（1977）首次将ELISA用于食品中沙门菌的检测。20世纪80年代，许多学者研制了抗沙门菌各种O抗原、H抗原的单抗技术，取代常规因子血清进行血清学鉴定。王志亮等（1993）以及焦新安等（1995）获得了4株具有沙门菌广谱结合特性的单克隆抗体，其中2株的反应互补，对已检菌株覆盖率达99%，而对其他受试肠杆菌均无交叉反应。文其乙等（1995）在前人基础上应用沙门菌属特异性单克隆抗体建立了检测沙门菌的直接ELISA方法，并形成了快速检测试剂盒。此外，还应用直接ELISA方法对500份蛋品进行检测，结果表明该方法可靠，且阳性率比国家标准的方法高。田银芳等（1998）应用直接ELISA法对350份奶样进行沙门菌的检测，与常规方法相比，该法的灵敏度和特异性分别为100%和99.7%；杨爱萍等（2003）也成功地用单抗酶联试剂盒检测鲜牛奶、熟食制品等样品中的沙门菌。大量的试验结果表明，单抗直接法灵敏度高、特异性强，可避免人为因素造成的假阴性，且能在短时间内快速筛除大量的阴性样品，检测周期短，且不需昂贵仪器，易于操作，适于临床使用。

（六）血清流行病学

血清流行病学（serological epidemiology）是流行病学的一个重要分支，它是用血清学方法和技术，分析研究人群或动物群血清中特异性抗原或抗体的分布规律及其影响因素，以阐明传染性疾病发生与流行的规律等。

沙门菌O抗原的抗体出现较早，通常为IgM，持续时间约为半年。H抗原的抗体出现较晚，通常为IgG，持续时间可达数年。在动物未进行沙门菌预防接种的情况下，O、H抗原的抗体的存在通常预示着动物至少曾经发生过沙门菌感染。Vi抗原的免疫原性弱，可刺激机体产生短暂低效价抗体，伴随活菌一起存在，因此测定Vi抗体有助于检出带菌者。临床上可用已知沙门菌的O、H、Vi抗原，通过试管凝集试验或玻板凝集试验检测动物血清中是否存在相应的抗体。通常是将待检血清用灭菌生理盐水进行倍比稀释，分别加入等体积的已知O抗原型或H抗原型的沙门菌悬浮液，混匀置37℃数小时后观察并记录结果。以产生50%凝集的最高稀释度作为血清中的抗体效价，即凝集价。Vi抗体的检测通常是以玻板凝集试验检测其是否存在。焦新安等（1990）应用O9抗原单抗建立了抗体竞争ELISA，可用于鸡群乃至人群中相应沙门菌感染的血清流行病学检测。

三、分子生物学鉴定

1. PCR技术

（1）PCR及其原理 聚合酶链式反应简称PCR，由美国珀金–埃尔默（Perkin Elmer，PE）公司遗传部的Dr. Mullis发明，是一种体外快速扩增DNA的方法，用于放大特定的DNA片段，数小时内可使目的基因片段扩增到数百万个拷贝的分子生物学技术。

PCR技术的基本原理类似于DNA的天然复制过程，其特异性依赖于与靶序列两端互补的寡核苷酸引物。PCR由"变性–退火–延伸"三个基本步骤构成：① 模板DNA的变性：将模板DNA加热至93℃左右，使模板DNA双链解离为单链；② 模板DNA与引物的退火：温度降至55℃左右，引物与变性成单链的模板DNA的互补序列配对结合；③ 引物的延伸："DNA模板–引物结合物"在Taq DNA聚合酶的作用下，以靶序列为模板、dNTP为原料，按碱基互补配对与半保留复制原理，合成一条新的与模板DNA链互补的新链，而且新链又可成为下一次循环的模板。每完成一个循环需2～4min，2～3h就能将待扩目的基因扩增放大几百万倍。

（2）PCR在沙门菌检测中的应用 PCR技术已经广泛地用于沙门菌的检测，其检测沙门菌的特异性取决于所选择的靶基因是否为沙门菌的高度保守区域，引物的设计也是检测成功与否的关键。目前报道的沙门菌PCR检测很多，例如，*rfbS*基因用于D群和A群沙门菌O抗原的检测，*rfbJ*基因用于B群和C2群沙门菌O抗原的检测，*rfbE*基因用于伤寒沙门菌O抗原的检测，*ViaB*基因用于沙门菌Vi抗原的检测，*fliC–a*基因用于沙门菌H：a抗原的检测，*fliC−d*基因用于沙门菌H：d抗原的检测，另外其他毒力基因，如*invA*、*invE*、*spvC*等也已用于沙门菌检测。

（3）PCR用于病原检测的特点

① 特异性高：不仅可以检出正在繁殖生长的病原体，也可以检出潜伏的病原体；既能确定既往感染，也能确定正在发生的感染。PCR技术是检测病原体的核酸，与生物化学和免疫学检测相比较，PCR检测结果与病原体培养结果更为一致。

② 灵敏度高：在PCR检测过程中，靶序列的数目以指数级增长，样品中微量级的靶序列在数小时内即可增至几十万、甚至几百万倍，因此该方法的检测灵敏度极高。理论上推算可以检出一个细菌或一个真核细胞的单拷贝基因的存在。

③ 简便快速：商品化试剂盒的发展和自动热循环仪的发展，使得检测可在2～4h内获得结果。

④ 对检测样品的要求低：对病原微生物的检测，只要求标本中有完整的靶序列核酸。因此，无论是经过远途运输或低温保存多年的陈旧标本，还是慢性或隐性感染的病料，都可以使用PCR进行扩增检测。

⑤ 检测安全：由于PCR操作的每一步都不需要活的病原体，可有效防止传染病的扩散，这在人兽共患病原微生物的检测中具有广泛应用前景。

⑥ PCR污染：主要包括模板间交叉污染、PCR试剂的污染，这是出现假阳性的最常见原因。

（4）PCR常见问题

① 不出现扩增条带：主要原因为：a. 模板中含有Taq酶抑制剂，或在提取制备模板时DNA丢失过多或吸入酚。b. 引物设计不合理，如引物长度不够或引物之间形成二聚体等；多次冻融或长期放冰箱冷藏导致引物降解。c. PCR扩增缓冲液对样品不合适。d. 退火温度太高，延伸时间太短也是PCR失败的原因之一。

② 出现非特异性扩增带：是指PCR扩增条带与预计的大小不一致，或同时出现特异性条带与非特异性条带的现象。引物特异性差、模板或引物浓度过高、*Taq* DNA酶量过多、Mg^{2+}浓度偏高、退火温度偏低、循环次数过多，是导致这一现象的最常见原因。

③ 假阳性：出现的PCR扩增条带与目的靶序列条带一致，有时其条带更整齐、亮度更高。常见的原因：有引物设计不合适，选择的扩增序列与非目的扩增序列有同源性，因而扩增出的PCR产物为非目的性的序列；靶序列太短或引物太短，也容易出现假阳性；靶序列或扩增产物的交叉污染。

④ 拖带或涂抹带：其原因多是由于酶量过多、dNTP浓度过高、Mg^{2+}浓度过高、退火温度过低、循环次数过多引起。

2. 核酸探针

（1）核酸探针及其类型　核酸探针也称为基因探针（gene probe），是指带有标记物的已知序列的核酸片段，它能和与其互补的核酸序列杂交，形成双链，所以可用于待测核酸样品中特定基因序列的检测。每一种病原体都具有独特的核酸片段，通过分离和标记这些片段就可制备出探针，用于病原的检测和疾病的诊断。对于不易分离培养的或大量培养后有"危险性"的微生物，更适合用核酸探针直接检测。

按来源及性质，可将核酸探针分为基因组DNA探针、cDNA探针、RNA探针和人工合成的寡核苷酸探针等几类。作为诊断试剂，较常使用的是基因组DNA探针和cDNA探针。① 基因组DNA探针：应用最为广泛，它的制备可通过酶切或聚合酶链反应（PCR）从基因组中获得特异的DNA后，将其克隆到质粒或噬菌体载体中，随着质粒的复制或噬菌体的增殖而获得大量高纯度的DNA探针。② cDNA探针：将RNA进行反转录，所获得的产物即为cDNA，也可克隆到质粒或噬菌体中，以便大量制备；cDNA探针适用于RNA病毒的检测。③ RNA探针：将mRNA标记也可作为核酸分子杂交的探针，但RNA容易被环境中的核酸酶所降解，操作不便，故应用较少。④ 人工合成的寡核苷酸探针：用人工合成的寡聚核苷酸片段作为核酸杂交探针应用十分广泛，可根据需要随心所欲合成相应的序列，可合成仅有几十个bp的探针序列，对于检测点突变和小段碱基的缺失或插入尤为适用。

按标记物，可将核酸探针分为放射性标记探针和非放射性标记探针。放射性同位素是最早使用的探针标记物，常用的有^{32}P、^{3}H、^{35}S。其中，以^{32}P应用最普遍。其优点是灵敏度高，可以检测到皮克（pg）级；缺点是易造成放射性污染，同位素半衰期短、不稳定、成本高等。因此，放射性标记的探针不能实现商品化。目前，应用较多的非放射性标记物是生物素（biotin）和地高辛（digoxigenin），二者都是半抗原。生物素是一种小分子水溶性维生素，对亲和素有独特的亲和力，两者能形成稳定的复合物，通过连接在亲和素或抗生物素蛋白上的显色物质（如酶、荧光素等）进行检测。地高辛是一种类固醇半抗原分子，可利用其抗体进行免疫检测，原理类似于生物素的检测。地高辛标记核酸探针的检测灵敏度可与放射性同位素标记的相当，而特异性优于生物素标记，其应用日趋广泛。

（2）核酸探针标记

① 放射性同位素标记法：常将放射性同位素连接到某种脱氧核糖核苷三磷酸（dNTP）上作为标记物，然后通过切口平移法标记探针。切口平移法（nick translation）是利用大肠杆菌DNA聚合酶Ⅰ（E.coli DNA polymerase Ⅰ）的多种酶促活性将标记的dNTP掺入到新形成的DNA链中去，形成均匀标记的高比活DNA探针。

②非放射性标记法：将生物素、地高辛连接在dNTP上，然后像放射性标记一样用酶促聚合法掺入到核酸链中制备标记探针。也可让生物素、地高辛等直接与核酸进行化学反应而连接上核酸链。其中，生物素的光化学标记法较为常用，其原理是利用能被可见光激活的生物素衍生物–光敏生物素（photobiotin），光敏生物素与核酸探针混合后，在强的可见光照射下，可与核酸共价相连，形成生物素标记的核酸探针。可适用于单、双链DNA及RNA的标记，探针可在–20℃下保存8～10个月或以上。

（3）核酸杂交　杂交技术分为固相杂交和液相杂交两类。目前，较为常用的是固相杂交技术，是先将待测核酸结合到一定的固相支持物上，再与液相中的标记探针进行杂交。固相支持物常用硝酸纤维素膜（nitrocellulose filter membrane，简称NC膜）或尼龙膜（nylon membrane）。

①固相杂交技术：又包括膜上印迹杂交和原位杂交两种。膜上印迹杂交包括三个基本过程：a. 通过印迹技术将核酸片段转移到固相支持物上；b. 用标记探针与支持物上的核酸片段进行杂交；c. 杂交信号的检测。原位杂交：是指用探针对细胞或组织切片中的核酸杂交并进行检测的方法，其特点是靶分子固定在细胞中，细胞固定在载玻片上，以固定的细胞代替纯化的核酸，然后将载玻片浸入含有探针的溶液里，探针进入组织细胞与靶分子杂交，而靶分子仍固定在细胞内。原位杂交不需从组织中提取核酸，对于组织中含量极低的靶序列有极高的敏感性，在临床应用上有独特的意义。

②液相杂交技术：近年来有所发展，其与固相杂交的主要区别是不用纯化或固定的靶分子，探针与靶序列直接在溶液里作用。液相杂交步骤有所简化，杂交速度有所提高，增加了特异性和敏感性，但与临床诊断所要求的特异性和敏感性还有一定的距离。

（4）核酸探针技术在病原检测中的应用　核酸探针技术是目前分子生物学中应用最广泛的技术之一。只要明确病原微生物的特定核酸序列，就可以设计核酸探针，可用于检测任何特定病原微生物。特点是可以对基因中的保守区做通用检测，也可以选定差异较大的基因部位做分型检测，且检测的灵敏度和特异性都远高于当前的免疫学方法。但该技术的操作比常规方法复杂、费用相对较高，多用于实验室内对病原的深入研究。

四、噬菌体分型

噬菌体（bacteriophage，phage）是感染细菌、真菌、放线菌或螺旋体等微生物的病毒，其个体微小，可以通过细菌滤器；没有完整的细胞结构，主要由蛋白质构成的衣壳和包含于其中的核酸组成；只能在活的微生物细胞内复制增殖，是一种专性细胞内寄生的微生物。噬菌体分布极广，凡是有细菌的场所，就可能有相应噬菌体的存在。在人和动物的排泄物、污染的井水以及河水中，常含有肠道菌的噬菌体。在土壤中，可找到土壤细菌的噬菌体。噬菌体有严格的宿主特异性，只寄居在易感宿主体内，故可利用噬菌体进行细菌的流行病学鉴定与分型。噬菌体分型常在一些特殊的参考实验室内进行，一般的微生物实验室不列为常规检测项目。目前使用的沙门菌噬菌体包括属特异性的广谱噬菌体和针对某一特定血清型的分型噬菌体（如肠炎沙门菌和鼠伤寒沙门菌等）。

1. 培养基的准备　1%～1.5%营养琼脂平板，每个直径9cm平皿中约25mL，放在水平台面上；待使其凝固后翻转平板，在37℃半开皿倒置约1h，以挥发培养基表面水分，并使琼脂具有显著的吸水性。

2. 试验菌液的准备　检验沙门菌时，不但应挑取乳糖阴性产H_2S和不产H_2S的菌落，还应挑取乳糖阳性产H_2S的菌落。下述两种方法可供选用：

（1）将待检菌落接种于营养肉汤管内，于37℃培养过夜。挑取一环肉汤培养物，稀释于一管盛有1～2mL蛋白胨水的试管内，使成为1：（200～400）稀释菌液，含菌量约为$1×10^6$/mL。

（2）用接种针轻轻蘸取待检菌落，挑取菌量不宜过多，稀释于一管盛有1～2mL蛋白胨水的试管内，使其含菌量约与（1）法相似。

3. 涂抹试验菌液

（1）斑点涂抹法　将营养琼脂平板表面自圆心起分为三等份，每等份可供涂抹一株细菌培养物。每挑取一环待检菌液，涂抹直径约1cm的菌斑一个。每株培养物涂抹7个菌斑（外圈4个、内圈3个）。

（2）棉签涂抹法　用灭菌棉签蘸取适量待检菌液，在琼脂平板表面1/3的区域内涂抹。三个涂抹区之间保持适当距离。

4. 滴加噬菌体　待琼脂平板上的菌液被琼脂吸收后，用装有4号注射针头的定量乳头滴管在一个菌斑上滴加噬菌体一滴（10μL/滴），依次为O-1、C、Sh、E、CE、E-4和Ent。每支滴管只用于滴加一种噬菌体，针尖不能接触平板表面，以防止交叉污染。滴加噬菌体时必须将琼脂平板放在水平台面上。待7种噬菌体均滴加完毕后，略等数分钟。待噬菌体液干燥，翻转平板，放37℃培养，5～6h和过夜各观察一次，并判定结果。

五、菌株保存

对于每个阳性样品，应保存检出的沙门菌分离株，以便用于进一步的研究。分离菌株的编号应具有唯一性，标识清楚；标签应防水、字迹耐冻。

推荐甘油冷冻保藏法。在充分加热混匀的TSB中加入甘油，使甘油达总体积的10%~15%，充分混合，分装至菌种保存管（1~2mL），121℃高压蒸汽灭菌20min，备用；使用无菌棉签从非选择性平板上取新鲜纯培养菌落，加入装有TSB和甘油的无菌冻存管中，混匀后–80℃保存（如果无–80℃冰箱，可选择–40℃保存，但后者保存效果较差）。每株菌至少保存2管，分别放置在2个不同冻存盒中，一盒日常使用，另外一盒长期保存。使用时，取出相应的冻存盒，快速接种，避免反复冻融；使用时，无菌操作，避免污染。本方法适合于菌种的长期保藏，保藏时间可达10年以上。

有条件的实验室还可采用真空冷冻干燥法保存沙门菌分离株。

第四节 治疗方案

一、抗菌药物治疗

（一）抗菌药物的概念

1. **抗生素** 在高稀释度下对病原微生物如细菌、真菌、立克次体、支原体、衣原体和病毒等有杀灭或抑制作用的微生物产物，以及用化学方法合成的仿制品、抗生素的半合成衍生物。

2. **抗菌药物** 具有杀菌或抑菌活性、主要供全身应用（含口服、肌内注射、静脉注射、静脉滴注等），部分也可应用于局部的各种抗生素和完全由人工合成的化学药物。

3. **抗菌药物后效应** 抗菌药物与细菌短暂接触，当药物清除后，细菌生长仍然持续受到抑制的效应，大小以时间来衡量，即抗菌药物全部清除后细菌恢复生长的延迟时间，即为抗菌药物后效应（PAE）。

4. **抗菌药物的浓度及时间依赖性** 抗菌药物的疗效决定于它对病原菌的最低抑菌浓度（minimal inhibition concentration, MIC）、药代动力学特点及抗菌药物后效应。按照抗菌药物的杀菌作用是否有浓度依赖及有无抗菌药物后效应，将抗菌药物分为浓度依赖性和时间依赖两大类。

（1）浓度依赖性抗菌药物　如氨基糖苷类、氟喹诺酮类及甲硝唑等。其特点为：① 抑菌活性与抗菌药物的浓度呈一定的正相关，当血药峰浓度大于致病菌MIC的8～10倍时，抑菌活性最强；② 有较显著的抗菌药物后效应；③ 血药浓度低于MIC时对致病菌仍有一定的抑菌作用。

（2）时间依赖性抗菌药物　如β内酰胺类（青霉素类、头孢菌素类）、大环内酯类、林可霉素类、万古霉素等。其特点为：① 当血药浓度超过对致病菌的MIC后，抑菌作用并不随抗菌药物浓度的升高而有显著的增强，而与抗菌药物的血药浓度超过MIC的时间呈正相关，一般要求24h内药物的血药浓度超过MIC的时间比应达50%～60%或以上；② 仅有一定的抗菌药物后效应或无抗菌药物后效应；③ 血药浓度低于MIC时一般无显著的抑菌作用。

（二）沙门菌的耐药性

临床使用抗菌药物是治疗沙门菌感染的常用方法，但随着抗菌药物的广泛使用，细菌的耐药性也在不断产生。耐药性是细菌产生对抗生素不敏感的现象，产生原因是细菌在自身生存过程中的一种特殊表现形式。天然抗生素是细菌产生的次级代谢产物，用于抵御其他微生物、保护自身安全的化学物质。人类将细菌产生的这种物质制成抗菌药物用于杀灭感染的微生物，微生物接触到抗菌药，也会通过改变代谢途径或制造出相应的灭活物质抵抗抗菌药物。

耐药性可分为固有耐药和获得性耐药。固有耐药又称天然耐药，是由细菌染色体基因决定的，具有可遗传性。获得性耐药是由于细菌与抗生素接触后，通过改变自身的代谢途径，使其不被抗生素杀灭。细菌的获得性耐药可因不再接触抗生素而消失，也可由质粒将耐药基因转移。

国内外研究表明，沙门菌的耐药性问题变得越来越严重。国外很多调查资料显示沙门菌的耐药率逐渐增加，耐多种抗菌药的菌株也呈上升趋势，且以多重耐药为主。潘志明等用K-B法对我国部分地区1962—1999年346株鸡白痢沙门菌进行药物敏感性测定，发现菌株的多重耐药率明显增加。20世纪60年代以二重耐药菌株为主，70年代以四重耐药、五重耐药菌株居多，80年代五重耐药、六重耐药、七重耐药菌株占大多数，90年代仅七重耐药以上菌株就达83.7%。沙门菌耐药性的快速增长严重影响传统抗菌药物的治疗效果，对新型抗菌药物耐药性的日益增加使沙门菌病的临床治疗形势更为不利。

（三）抗菌药物的合理使用

当前，在养殖业生产中和兽医临床上滥用抗菌药物的现象非常普遍。这不但浪费药物资源，增加经济支出，而且可造成因用药不对症而贻误治疗以及导致动物体内菌群失调或发生二重感染；更为重要的是造成动物体内的药物残留，危害食品安全和人类健康，同时加重了耐药细菌的增长。因此，必须充分认识滥用抗菌药物的危害，把科学、合理使用抗菌药物作为一种责任。

合理使用抗菌药物的临床药理概念为安全有效使用抗菌药物，即在安全的前提下确保有效。要合理使用抗菌药物，应根据细菌的药物敏感性分析以及药物的药代动力学和药效动力学指导用药。抗生素的药代动力学（pharmaco kinetics，PK），指药物在体内的吸收、分布、排泄等代谢过程；抗生素药效动力学（pharmaco dynamics，PD），指药物在体内如何发挥杀菌作用。

二、中草药治疗

中药作为传统医药在预防和治疗沙门菌引起的鸡白痢过程中已有大量实践，并取得了一定的成果。王晶钰等通过体外抑菌试验，证明由各单味药组成的方剂"白痢康"对鸡白痢沙门菌具有显著的抑菌效果。这可能与各单味药在方剂中的协同作用以及彼此间的溶出度、生物碱的相互影响等因素有关。资料表明，许多中草药除含有杀灭、抑制病原微生物的有效物质外，还能激发机体抗感染的免疫力，增强白细胞和肝脏网状内皮系统的吞噬作用，且能抑制对机体产生破坏性的免疫反应。中药的治疗机理，一方面是药物直接抑制或杀灭病原体，另一方面是某些中药可起到免疫调节作用。

三、竞争排斥法预防、治疗

竞争排斥原理（competitive exclusion principle）又称高斯原理（Gause's principle），是指不同物种在对同一种短缺资源的竞争中，使一个物种在竞争中被排斥的现象。同种或不同种的个体间为争夺相同而短缺的资源出现的生存斗争现象称为竞争。如果资源并不短缺，而在寻找资源过程中出现一个种损害另一个种的现象称为干扰。

芬兰科学家Numri和Ranatla首先提出了利用竞争排斥方法控制鸡白痢沙门菌感染的理论及方法。在环境控制、卫生状况良好的情况下，给1日龄的雏鸡喂服或喷雾成年健康鸡肠道内容物悬浮液或厌氧培养物，可有效地提高雏鸡对鸡白痢沙门菌的抵抗力。依据此理论，近几年为防控鸡白痢，推出了调菌生、促菌生、乳康生等各种微生态制剂，通过雏鸡口腔滴服后具有显著的促生长和预防效果。微生态制剂具有无药物残留、不污染环境、符合生态规律的优点，应用前景较为广阔。

四、碳水化合物和有机酸预防

碳水化合物（如乳糖、甘露糖）可减少鸡白痢沙门菌在肠道内的定居，促进其他肠道菌丛的生长，创造对鸡白痢沙门菌不利的生长环境。有学者用25%的5种糖给出壳雏鸡饮水，3d后攻击鸡白痢沙门菌，10d时扑杀检测鸡白痢沙门菌的定居数量，结果预防组鸡白痢沙门菌的定居数量明显减少。

有机酸以天然的形式广泛存在于动物和植物的组分中，它作为一种饲料添加剂可以分为两大类：第一类有机酸通过降低环境的pH，来达到间接降低细菌数量的作用。例如，延胡索酸、柠檬酸、苹果酸、乳酸等，这些有机酸添加到饲料中主要在胃中起作用。其中，柠檬酸在饲料中的添加一方面可调节pH，起防腐与增产作用；另一方面它还是抗氧化剂的增效剂。延胡索酸是一种酸性防腐剂，具有提高酸性、抗菌谱广的特点，可改善口味，提高饲料利用率。延胡索酸在动物机体内参与以下代谢：① 参与三羧酸循环；② 作为中间代谢产物，能调节线粒体腺苷酸环化酶的活性；③ 参与氨基酸转换和体内能量代谢，反应途径比葡萄糖短，在紧急状态下有利于机体ATP合成，产生抗应激作用；④ 有抑菌活性。第二类有机酸在降低环境pH的同时，还可以通过破坏细菌细胞膜、干扰细菌酶的合成、影响细菌DNA的复制产生直接的抗革兰阴性菌作用。属于这一类的有机酸包括甲酸、乙酸、丙酸和山梨酸等。家禽面对着约20个不同途径的沙门菌的侵袭，完全排除其侵袭是不可能的，一旦发生感染便会很快蔓延。有机酸与饲料低含水量协同作用，可抑制菌体活动。可以预见，在未来的环保型养殖业中，有机酸将具有广阔的应用前景。

第五节　**沙门菌检测实验室的质量管理**

本节主要介绍沙门菌检测实验室的管理要求、技术要求、过程控制要求、结果的质量保证/操作的质量保证以及检测报告。适用于患沙门菌病动物样品以及食品中沙门菌检测实验室的质量管理。

一、术语和定义

1. 沙门菌检测实验室（*Salmonella* testing laboratory） 以动物疾病预防、人类食品安全质量管理评价为目的，进行检测、鉴定或描述患病动物、食品中沙门菌存在与否的实验室。实验室可以提供其检查范围内的咨询性和技术性服务，包括结果解释和为进一步检查提供建议以及相应的措施。

2. 校准（calibration） 在特定条件下，采取一系列步骤建立测量仪器、测量系统及标准物质或参考菌株表现值与标准规定的对应数值之间的关系。

3. 标准参考菌株（certified reference material） 具有认证的标准物质，其中一个或更多特征值有一个被认证的程序，这个程序建立了准确表达物质特性的可追溯性，同时每个被鉴定值都有一个一定置信区间的不确定度。

4. 测定限度（limit of determination） 用于定量的微生物检测——在所用方法的试验条件下所测定的在一个限定变化范围内估算的微生物最低数量。

5. 检测限度（limit of detection）用于定性的微生物检测——在数量上无法准确统计的可检测的最低微生物数量。

6. 阴性偏差（negative deviation） 在参考方法得出一个阳性结果时，而另一个方法却得出阴性结果。当真实结果被证明是阳性时，这种偏离便是一个假阴性。

7. 阳性偏差（positive deviation） 在参考方法得出一个阴性结果时，而另一个方法却得出阳性结果。当真实结果被证明是阴性时，这种偏差便是一个假阳性。

8. 参考培养物（reference culture） 参考菌株、参考原株和工作菌株的统称。

9. 参考菌株（reference strain） 至少按其特征进行分类和描述，最好按来源进行描述定义到属或种水平的菌株。

10. 参考方法（reference method） 为了测定与预期在准确度和精确性上同量的一个或多个特征值的方法，即清晰确切地描述必要条件和程序的精确的调查方法。因此，通常用于验证同一测定的其他方法的准确度，尤其是描述标准物质。一般是国家标准或国际标准规定的方法。

11. 参考原株（reference stock） 由实验室获得或由供应商提供的参考原株在实验室经过一代转接后的同种菌株。

12. 相对真实度（relative trueness） 使用被认可的参考方法得到的数据与用估计方法的结果的等同程度。

13. 重复性（repeatability） 在同一实验室内相同的测定条件下相同方法的连续测定结果的接近程度。

14. **再现性（reproducibility）** 在不同实验室的变化的测定条件下进行的相同方法的测定结果的接近程度。

15. **敏感性（sensitivity）** 在假定检查中正确分配的阳性培养物或菌落总数的份数。

16. **特异性（specificity）** 在假定检查中正确分配的阴性培养物或菌落总数的份数。

17. **工作菌株（working culture）** 由参考原株转接后获得的同种菌株。

18. **测量准确度（accuracy of measurement）** 测量结果与被测量值之间的一致性程度。

19. **检验（examination）** 确定某一属性的值或特性的一组操作。注：在微生物学中，一项检验是多个试验、观察或测量的总体活动。

20. **实验室能力（laboratory capability）** 进行相应检验所需的物质、环境和信息资源，以及人员、技术和专业知识。

21. **实验室负责人（laboratory director）** 有能力对实验室负责并经授权的一个或多个人。有关的资格和培训应遵循国家、地区和当地的规定。

22. **实验室管理层（laboratory management）** 在实验室负责人领导下管理实验室活动的人员。

23. **原始样品（primary sample）** 从一个系统中最初取出的一个或多个部分，准备送检或实验室收到并准备进行检验的样品。

24. **委托实验室（referral laboratory）** 接受样品、进行补充或确认检验程序和报告的外部实验室。

25. **溯源性（traceability）** 通过一条具有规定不确定度的不间断的比较链，使测量结果或测量标准的值能够与规定的参考标准、通常是与国家标准或国际标准联系起来的特性。

二、管理要求

（一）组织和管理

沙门菌检测实验室或其组织的一部分（以下简称实验室）应具有明确的法律地位。实验室有责任使其检测活动既符合标准的要求，又满足客户、官方管理机构或提供承认的组织的需要。实验室的管理体系应覆盖实验室在其固定场所、远离固定场所的其他地点和有关的临时或可移动的场所进行的所有工作。若实验室是不从事检测活动组织的一部分，应明确实验室中参与或影响原始样品检验人员的责任，不应因经济或其他的因素而影响检验。实验室管理层负责质量管理体系的设计、实施、维持及改进，包括：

① 有管理和技术人员，他们拥有所需的权力和资源，以便能够履行其职责，确定是否出现偏离质量体系或偏离检测工作程序的情况，并采取措施预防或尽可能减少这类偏离；② 有措施确保其管理部门和工作人员免受任何可能影响其工作质量的来自内部或外部的商业、财政和其他方面的不正当的压力及影响；③ 有政策和程序确保客户的机密信息和所有权得到保护，包括电子储存和传输结果的保护程序；④ 有政策和程序以避免涉及任何可能降低其在能力、公正性、判断力或工作诚实性方面的可信度的活动；⑤ 确定实验室的组织和管理结构、其在母体组织中的位置，以及质量管理、技术工作和支持服务之间的关系；⑥ 规定所有从事影响检测质量的管理、执行或验证工作的人员的责任、权力和相互关系；⑦ 由熟悉方法、程序、检测目的、检测结果评价的人员对检测人员（包括被培训人员）实施充分的监督；⑧ 有对技术工作和所需资源供应全面负责的技术管理者，以保证所要求的实验室工作质量；⑨ 指定一名工作人员担任质量负责人，有明确的责任和权力确保质量体系在任何时候均能得以贯彻和执行；⑩ 指定关键管理人员的代理人，但需认识到在一些小型实验室里可能会有某一个人同时承担多项职责的情况，对每一项职责指定一个代理人不太现实。

（二）质量管理体系

实验室应建立、实施并保持与其工作范围相适应的质量体系，并将其政策、方针、过程、计划、程序和指导书等制定成文件，以确保检测质量。应把体系文件传达至所有相关人员，让他们理解并执行。质量管理体系应包括内部质量控制以及参加有组织的实验室间的比对活动。质量管理体系的方针和目标，在质量手册中予以规定，应简洁易懂，并便于有关人员及时获得。至少包括以下内容：① 实验室拟提供的服务范围；② 实验室管理层对实验室服务标准的声明；③ 质量管理体系的目标；④ 要求所有与检验活动有关的人员熟悉相关的质量文件，并始终贯彻执行这些政策和程序；⑤ 实验室对良好职业行为、检验工作质量以及遵守质量管理体系的承诺；⑥ 实验室管理层对遵守准则的承诺。

质量手册应对质量管理体系及其所用文件的架构进行描述，应该包括或指明含技术程序在内的支持性程序，应概述质量管理体系文件的架构。质量手册中还应规定技术管理层及质量主管的权力和职责。应指导所有人员使用和应用质量手册和所有参考文件，并实施这些要求。应由实验室管理层指定专门负责质量管理的人员，在权力和职责下保持质量手册的现行有效。实验室质量手册的目录可包括以下内容：① 引言；② 实验室概述，其法律地位、资源以及主要职责；③ 质量方针和质量目标；④ 人员的教育与培训；⑤ 质量体系；⑥ 文件控制；⑦ 合同评审；⑧ 设施和环境条件；⑨ 仪器、试剂和/或相关消耗品的管理；⑩ 检验程序的验证；⑪ 安全规范（见 GB 19489—2008）；⑫ 环境方面（如运输、消耗品、废弃物，它们是 8 和 9 项的补充，但不尽相同）；⑬ 研究和开发（如适用）；⑭ 检验程序列表；⑮ 申请程序，原始样品、实验室样品的采集和处理；⑯ 内部审核；⑰ 质量控制（包括实验室间比对）；⑱ 实验室信息系统；⑲ 对投诉的补救措施和处理；⑳ 与委托实验室和供应商的交流及相关活动；㉑ 结果的质量保证；㉒ 结果的报告。

实验室管理层应建立并施行一个计划，用于定期监控和证实仪器、试剂及分析系统经过适当校准并处于正常功能状态；还应有一套记录在案的预防性维护及校准文件，其内容至少应遵循制造商的建议。

（三）文件控制

实验室应建立并保持有关程序，对构成质量文件的所有文件和信息（包括政策声明、教科书、程序、说明、校准表及其来源、图表、海报、公告、备忘录、软件、图片、计划书和外源性文件如法规、标准或检验程序等）进行控制。应遵循国家、地区和当地有关文件保留的规定，将每一份受控的文件制作一份以适当的纸张或非纸张媒介备份存档以备日后参考，并由实验室负责人规定其保存期限。

所有发给实验室人员的质量体系文件，在发布之前均需由授权人员审核并批准使用。需建立总目录或相应的文件控制程序，以标明现行修改状态和质量体系内的文件发布情况，并应随时可得，以避免使用失效和/或作废文件。采用的程序须确保：① 向实验室人员发布的作为质量管理体系组成部分的所有文件，在发布前得到授权人员的审核和批准；② 维持一个对现行版本的有效性及其发布情况进行确认的清单，也称作文件控制记录；③ 在相应场所，只使用现行的、经过授权的文件版本；④ 必要时，定期对文件进行评审、修订、并经授权人员批准；⑤ 无效或已废止文件应及时从所有使用地点撤掉，或确保不被误用；⑥ 存留或归档的已废止文件，应进行适当标注，以防止误用；⑦ 如果实验室的文件控制制度允许在文件再版之前对文件进行手写修改，则应确定修改的程序和权限。修改之处应有清晰的标注、草签并注明日期。修订的文件应尽快正式重新发布；⑧ 应制定程序，描述如何更改和控制保存在计算机系统中的文件。

所有与质量管理体系有关的文件均应能唯一识别，包括：① 标题；② 版本或当前版本的修订日期或修订号；③ 页码和总页面；④ 发行机构；⑤ 来源的标识。

（四）质量和技术记录

实验室应建立并实施一套对质量及技术记录进行识别、采集、索引、查取、存放、维护以及安全处理的程序。质量记录须包括内部审核和管理评审、纠正和预防措施记录。所有记录均应清晰明确，便于检索。应符合国家、地区或当地法规的要求，提供一个适宜的环境，以适当的形式进行存放，保证安全和保密，避免损毁、破坏、丢失、被人盗用或未授权的接触，实验室应有程序保护和备份以电子形式储存的记录，以防止未经授权的侵入和修改。实验室应制定相关的政策，明确规定与质量管理体系相关的各种记录及其保存期限，且应该保存检验结果。保存期限应根据检验的性质或每个记录的特殊情况而定。

这些记录应包括：① 检测、检验申请表；② 检验结果和报告；③ 仪器打印出的结果；④ 检测、检验程序；⑤ 实验室工作记录簿/记录单；⑥ 查阅记录；⑦ 校准函数和换算因子；⑧ 质量控制记录；⑨ 投诉及所采取的措施；⑩ 内部及外部审核记录；⑪ 外部质量评审记录/实验室间的比对；⑫ 质量改进记录；⑬ 仪器维护记录，包括内部及外部的校准记录；⑭ 批次记录文档，供应品的证书，包装插页；⑮ 差错/事故记录及应对措施；⑯ 人员培训及能力记录；⑰ 检测人员和审核人员的标示或签名。

（五）客户服务

实验室应积极主动与服务对象或其代表协作和沟通，就选择何种检验及服务提供建议，包括检验重复的次数、所需的样品类型、检测手段、检测项目等；在确保其他客户机密的前提下，实验室允许客户到实验室观察与其工作有关的操作。实验室有义务完成职责范围内的沙门菌检测工作，将客户要求以外所检出的沙门菌结果报告相关上级部门，必要时通知客户。

（六）投诉处理

实验室应有相应的政策和程序，解决来自客户的投诉或其他反馈意见；记录并保存所有投诉、调查以及实验室采取的纠正措施。鼓励实验室从其服务对象那里获取正面和负面的反馈信息，推荐以系统化的方式进行（如调查）。

（七）不合格检测工作的控制

当发现检验过程的任何方面有不符合所制定的程序，或不符合质量管理体系的要求或不符合申请检验的服务对象的要求时，实验室管理层应有相应的政策和程序可以实施，以确保：① 指定专人负责解决问题；② 明确规定应采取的措施；③ 如有必要可终止检验，停发报告；④ 立即采取纠正措施；⑤ 若已报出了不符合的检验结果，必要情况下应收回或予以适当标识；⑥ 明确规定授权恢复检验操作者的责任；⑦ 记录每一个不符合项并保存证明文件。实验室管理层应定期评审这些记录，以发现趋势并采取预防措施。

不符合规定的检验或操作活动可以出现在不同的方面，同时有不同的识别方法，包括客户的投诉、质量控制提示、设备校准、消耗品检查、工作人员的意见、报告和证书的检查、实验室管理层的评审以及内部和外部审核等。如果确定不符合的检验会再次出现，或对实验室自身制定的质量手册中的政策程序有疑问时，应立即采取相关程序来识别、记录和消除出现问题的根本原因。实验室应制定并实施有关程序，规定存在不符合项时如何发出结果，包括对这些结果的审核。这些事件应予以记录。

（八）纠正措施

纠正措施程序应包括一个抽查过程，以确定问题产生的根本原因或潜在原因。某些情况下会发展为预防措施。纠正措施应与问题的严重性及其带来的风险的大小相适应。调查问题后采取相应纠正措施，如需对操作程序进行改动时，实验室管理层应将这些改动形成文件并执行。实验室管理层应负责监控每一纠正措施所产生的结果，以确定这些措施是否有效地解决所识别出的问题。如果识别出的不符合项或偏离对实验室与其本身的相关政策、程序或质量管理体系的符合性产生怀疑时，则实验室管理人员应保证依据内部审核的规定对相应方面的活动进行审核。纠正措施的结果应提交实验室管理层进行评审。实验室应对纠正措施进行监控，以确保所采取的纠正措施是有效的。

（九）预防措施

应确定不符合项的潜在来源和所需的改进，无论是技术方面的还是相关的质量体系方面。如需采取预防措施，应制定、执行和监控这些措施计划，以减少类似不符合项发生的可能性并借机改进。预防措施程序应包括启动措施和应用控制，以确保其有效性。除对操作程序进行评审之外，预防措施还可能涉及数据分析，包括趋势和风险分析以及外部质量保证。预防措施是事先主动识别改进可能性的过程，而不是对已发现的问题或投诉的反应。

（十）内部审核

应根据质量管理体系的规定对体系的所有管理及技术要素进行定期的内部审核，以证实体系运作持续符合质量管理体系的要求。内部审核应包含体系的所有要素，尤其是对沙门菌检测有重要影响的方面。应由质量主管或所指定的有资格的人员负责对审核进行正式的策划、组织并实施。员工不得审核自身的工作。应明确内部审核的程序并形成文件，其中包括审核类型、频次、方法学以及所需相关文件。如果发现有不足或有待改进之处，实验室应采取适当的纠正或预防措施，并将这些措施形成文件，经讨论后在约定的时间内实施。正常情况下，应每12个月对质量体系的主要要素进行一次内部审核。内部审核的结果应提交实验室管理层进行评审。

（十一）管理评审

实验室管理层应对实验室质量管理体系及实验室全部的食品微生物检测活动进行评审，包括检测及咨询工作，以确保在食品微生物检测工作中保持稳定的服务质量，并及时进行必要的变动或改进。评审的结果应列入一个含有目标、目的和措施的计划中。管理评审的典型周期为每项12个月一次。管理评审应考虑但不局限于以下几方面：① 上次管理评审的执行情况；② 所采取的纠正措施的状况和所需预防措施；③ 管理或监督人员的报告；④ 近期内部审核的结果；⑤ 外部机构的评审；⑥ 外部质量评估和其他形式的实验室间比对试验的结果；⑦ 承担的工作量及类型的变化；⑧ 反馈信息，包括来自客户的投诉和其他相关信息；⑨ 用于监测实验室检测质量的指示系统；⑩ 不符合项；⑪ 周转时间监控；⑫ 持续改进过程的结果；⑬ 对供应商的评价。

在建立质量体系期间，建议评审间隔应尽量短些，以保证在发现该质量管理体系或其他活动有需要改进之处时，及早采取应对措施，至少每年进行一次内审。应尽可能地监控并客观评价实验室在进行食品微生物检测工作时所提供的服务质量和适宜性。管理评审结果以及应采取的措施均应记录归档，同时应将评审结果及评审决定向实验室人员通报。实验室管理层应确保将这些措施在适当的约定时间内公布。

三、技术要求

（一）试剂和培养基

1. 试剂　实验室有对试剂进行检查、接受、拒收和贮存的程序和标准，保证涉及的试剂质量适用于检验。实验室人员应该在起初和保存期限内，使用可以溯源至认可的国家或国际的阴性和阳性标准菌株，检查对食品微生物检验起决定性作用的每一批试剂的适用性，在确定这些物品达到标准规格或已达到相应的规程中所规定的标准之前，不得使用，并记录归档。

应建立一套供货清单控制系统，该系统中应该包括全部相关试剂、质控材料以及校准品的批号、实验室接收日期以及这些材料投入使用的日期。所有这些质量记录应在实验室管理评审中提供。实验室应对影响检验质量的重要试剂供应方、供应品以及服务情况进行评价，并且保存这些评价记录和经核准的清单。

2. **培养基** 检查实验室内制备的培养基、稀释剂和其他悬浮液的性质是否合适，可参照以下几项进行：① 沙门菌的复苏或活力的维持；② 其他微生物的抑制；③ 生化（区别的和诊断的）特性；④ 理化性质（如pH、渗透压）。培养基原料应储存在合适的条件下，如低温、干燥和避光。结块或颜色发生改变的脱水培养基不能使用。除非试验方法有特殊要求，试验用水需经蒸馏、去离子的或反转渗透处理。要确定和验证合适的储存条件下预制培养基的保存时间。

3. **即用型培养基** 在使用前需验证所有准备使用的或部分完成的培养基（包括稀释剂和其他悬浮液）的有效性，应估算目标微生物的复苏或存活能力，或全面定量评估对非目标微生物的抑制程度；使用客观的标准对其品质（如物理和生化性质）进行评审。

作为培养基确认的一部分，要求实验室使用人员充分了解制造商所提供的产品质量说明书，其中至少应包括以下几方面：① 培养基的名称和组成成分，包括一些添加剂；② 保存期限和可接受的使用标准；③ 储存条件；④ 样品等级/层次；⑤ 无菌检查；⑥ 检查正在使用的目标和非目标控制微生物的生长状态；⑦ 物理检查和可接受的实用标准；⑧ 说明书的出版日期。

应鉴定每一批培养基，需证明所接收的每批培养基满足质量要求，制造商应确保实验室人员能及时接到其关于质量规格的任何改变的通知。如果培养基制造商被权威质量系统认可，则实验室应根据详细说明书对其产品有效性的符合度进行检查。在其他情况下，必须对接收的培养基进行足够的检查。

4. **贴标签** 实验室要确保所有的试剂（包括储存溶液）、培养基、稀释剂和其他的悬浮液都贴上标签，标明其适用性、特性、浓度、储存条件、准备日期、有效期和/或推荐的储存时间。负责微生物检验准备的试验人员可以从记录中确认这些试验用品。

（二）人员

必须由具有微生物专业或相近专业学历的且丰富经验的人员来操作或指导微生物检验。实验员应具有实验室认可的相关工作经历，这样才能在无人指导或被确认在有工作经验人员的指导下履行沙门菌检验工作。如果实验室检验结果报告中包含评价和说明，那么报告签发人必须具有相当的工作经验和专业知识，如法规的和技术的要求以及其他可接受标准。实验室的管理程序应保证所有人员接受适当的操作设备和检验技术方面的培训，其中包括符合微生物检验标准要求的基本技能培训，如倒平板、菌落计数、无菌操作等。只有具备独立完成的能力或在适当的指导下，才允许实验室人员对样品进行检验。应随时评估实验人员在检验中所表现的能力，必要时对其进行再培训。当一种方法并不属于常规方法时，在检验开始前确认微生物检验人员的技能是十分必要的。应建立标准的检验能力评估时间间隔，并形成文件。检验结果中对鉴定和确认微生物的解释，应与检验人员的检验分析过程相关联。在某些情况下，能力的确认应与一种特定技术和设备相关而不是方法。

（三）设施和环境条件

1. 设施 典型的实验室应有检验设施（专用于微生物检验和相关活动）及辅助设施（大门、走廊、管理区、样品室、洗手间、储存室、文档室等）。检验设备需要特殊的环境条件。依据所开展检验的不同微生物等级，实验室应对授权进入的人员采取严格限制措施。在措施得到有效执行的地方，工作人员应被告知以下内容：① 特定区域的特定用途；② 特定工作区域的限制措施；③ 采取这些限制措施的原因；④ 合理的控制水平。

根据检验的类型，实验室的规划布局应将交叉污染的风险降低到最小。主要措施包括：① 实验室的建设应以"无回路"为宗旨；② 操作时应按照固有的程序并采取预处理措施，以保证检验样品的完整性（比如使用密封容器）；③ 在时间和空间上有效隔离各种检验活动。

应规划设置功能区域：① 样品接收和储存区；② 样品前处理区；③ 样品的微生物检验区（包含无菌室和培养区）；④ 参考菌株的保藏区；⑤ 培养基和器材准备区，包括灭菌；⑥ 无菌条件评估区；⑦ 净化区。

洗涤区可以与经过预处理可防止气溶胶转移而影响微生物生长的其他实验室区域共用。分隔实验室的要求应建立在具体检验活动（如检验种类和数目等）的基础上。为避免偶然发生的交叉污染，实验室的仪器不应频繁移动。在分子生物学实验室，专用吸管、吸管头、离心管、试管等应限定在某个工作区域。应保证工作区的洁净和整齐；所需空间应与分析处理所需空间及实验室内部整体布局相称；实验室空间应符合GB 19489—2008的规定。通过自然条件或换气装置或使用空调，使工作室保持良好的通风和适当的温度。使用空调时，应根据不同的工作种类检查、维修和更换合适的过滤设备。

减少污染可通过但不仅限于以下途径：① 表面光滑的墙、天花板、地面和桌椅，不推荐使用瓷砖覆盖座椅表面；② 地面、墙壁、天花板连接处应有弧度；③ 当进行检验时，窗和门的张开程度应降低到最小；④ 遮阳板应安装到室外，如果无法在室外安装，应保证能够方便地清洗遮阳板；⑤ 除非密闭包装，液体运输管不应在工作区上方穿过；⑥ 换气系统中应有空气过滤装置；⑦ 独立的洗手池，机械化控制效果更好；⑧ 器具橱吊与天花板间无缝隙；⑨ 无粗糙而裸露的木块；⑩ 固定设备和室内装置的木质表面应密闭包裹；⑪ 储存设施和设备的安放应易于清洗；⑫ 除非检验需要，严禁将家具、文件及其他物品放在实验室中。

理想的天花板应具有光滑的表面并附带充足的照明。如果无法实现（悬垂的天花板和吊灯），实验室应有书面材料证明已控制了任何导致卫生的风险，同时具备有效的防治污染的措施，如清洗表面和检查程序。实验员应该清楚潜在的发生污染的检测区域，并证明他们已经采取措施预防污染的发生。

2. **环境监测**　实验室环境监测系统的设计应科学合理，比如，空气沉降板的使用和表面擦洗。设计可接受的背景菌落计数，并且有文件化的程序来处理背景菌落总数超标情况。随时分析数据，以控制污染发生在一定水平内。

3. **卫生**　制定文件化的清洗实验室固定设备、装置及表面等的程序或指导书，所制定的程序应考虑到环境监测的影响和污染发生的概率。应有发生泄漏时的处理方案。根据所检验的沙门菌危害等级，在实验室内应穿着配套的工作服或隔离服（如果需要，应保护头发、胡须、手和鞋等），离开工作区域时脱下防护服。这在分子生物学实验室和危害等级Ⅱ级以上实验室尤其重要，例如，从高浓度DNA工作区转移到低浓度DNA工作区时，也许会造成交叉污染。在多数实验室一件实验服足够使用。应准备足够数量的洗手设施。

（四）设备

作为质量体系的一部分，实验室应依据相应的程序文件对实验室仪器设备进行维护、校准、性能测试。

实验室基本设备的维护应根据使用频率定期进行，并保存具体记录。以下仪器设备需要清洁、维修、损坏检查、常规检查甚至灭菌加以维护：① 常规保养的设备，如滤器、玻璃和塑料容器（瓶子、试管）、玻璃或塑料制成的带盖培养皿、采样工具、镍/铬/铂及可处理塑料制成的接种针或接种环；② 水浴锅、培养箱、生物安全柜、高压灭菌锅、均质器、电冰箱等；③ 测定体积的设备，吸液管、自动分液器、微量移液器；④ 测量设备，温度计、计时器、天平、酸度计、菌落计数器。

应避免起因于仪器的交叉污染，注意事项如下：① 适当的时候对所使用的仪器设备进行清洗和消毒；② 适当的时候对重复使用的玻璃器具进行清洁和灭菌；③ 理想的情况是，实验室应有处理污染物的专用高压灭菌锅。然而，使用灭菌锅的前提是分别对消毒物品和灭菌物品等进行预处理，同时按文件化的方案记录高压灭菌锅的性能状况。

实验室必须制订直接影响检验结果的仪器设备的校准和性能测试方案。根据经验和实际需要，确定仪器校准和性能测试的频率，其间隔时间应比设备规定的最短检查时间要短。需要强制性定期检定的仪器和设备，经符合资质的计量部门校准后方可使用。对于常用的贵重仪器和设备，在使用前应加以检查，使用后要记录，应定期维护以保证仪器和设备处于良好的工作状态。

　　温度直接影响分析结果或对设备的正确性能来说是至关重要的，如安装在培养箱和高压灭菌锅上的液体玻璃温度计、热电偶适应器和铂电阻温度计。如需校准设备，应遵循国家或国际有关的温度标准，精确度在允许范围内，被证明符合国家或国际生产规定者才可以工作，如储藏用电冰箱、制冰机、培养箱及水浴锅这类精确性可以在允许的温度范围内变动的设备。必须对此类设备进行性能测试。

　　应确定并记录培养箱、水浴锅、干热灭菌箱及保温室的温度的稳定性、温度分布的均匀性和达到平衡状态时所需时间，尤其要注意其是否在正常使用（如多个带盖培养皿之间的位置、空间、高度）。每次经过修理和校正后，都应检查和记录最初验证设备时所记录的各参数的稳定性。实验室应监控这类设备的运行温度，并保存记录。

　　高压灭菌锅必须具备指定的时间和温度允许范围。压力仪不能只适于一个压力量程。应对控制和监督工作循环的感应器进行校准并对其计时器进行性能测试。最初的测定包括实际应用中每个工作循环和每一种装载状态时的性能研究（空间热分布测试）。在经过大型维修或校正（如更换温度调节的探测仪或程序器，调整安装位置及工作循环）后，或对培养基的质量控制检验结果表明需要时，应当重复前述性能测试过程。必须安装足够的温度感应器（如在充满水或培养基的容器中）以指示不同位置的不同温度。一般认为培养基制备仪安装使用两个感应器（一个靠近控制探测仪，另一个位于远离控制探测仪处）是适当的，此外，没有更加合适的方法。应确认和考虑温度上升和下降的适宜性及灭菌时间。在确认和重新确认的过程中，应提供基于加热分布图的清晰明了的操作说明。制定接受/拒绝的标准和高压灭菌锅的使用记录，包括每个循环的温度和时间。通过下列措施之一进行监控：① 应用热电偶和记录仪打印输出图表；② 直接观察最高的温度值和当时的时间。除直接监控高压灭菌锅的温度外，还应使用化学或生物指示剂检查每个灭菌和消毒循环的效力。高压灭菌锅的记录带和指示条带只能说明一项工作已经进行，而不能证明完成了一个可以接受的循环。

　　测重仪和天平应按国家规定及其使用目的在一定时间内进行校准。测定体积的设备，如自动分液器、分液器/稀释器、机械性的手动移液管和多功能移液管等，实验室应该对其进行最初的确证，之后定期检查以保证仪器按要求正常使用。对于具有一定性能范围的玻璃器皿，确证工作不是必需的。应检查仪器设备的指定体积的准确度而不是固定体积（如在体积可变设备的不同设置），也应测定重复使用的精确度。对于单独使用的多功能体积测定仪器，实验室应要求供应商提供一份相应的质量认可系统。经过初步的实用性确认后，建议随时对其进行准确度检查。如果公司无法提供质量认可系统，实验室应对设备的适用性进行检验。

定期检验传导计、氧气表、pH计和其他类似仪器的性能，或在使用前对其进行性能检验。在合适的条件下储存检验用缓冲液，并标记有效期。如果湿度对于检验结果很重要，则要根据国内或国际标准对湿度计进行校准。定时器，包括高压消毒锅的定时器，须使用一个已经过校准的定时器或国内时间信号来进行确证。若检验步骤中使用离心机，应该评估离心力是否对检验有决定性作用，如果答案是肯定的，则需要校准离心机。

（五）参考菌株和参考培养物

参考菌株和认可的参考菌株提供了基本的微生物检验溯源，例如：① 证明结果的准确性；② 校准仪器设备；③ 监测实验室运转；④ 证实方法的有效性；⑤ 能够对方法进行比较。如果可能，在合适的培养基中应使用标准物质。

需要通过参考培养物来确定培养基（包括检验试剂盒）的可接收的性能、验证检验方法和评估实验操作过程。例如，确认检验试剂盒性能和方法有效性时，可溯源性是必要的。为了证明可追溯性，实验室必须使用直接从那些现存的被认可的国内或国外保存机构那里获得的参考菌株。

将参考菌株传代培养，以提供参考原株，对其纯度和生化检查应同时进行。建议使用深度冰冻或冻干法储存分装的参考原株。参考原株继代培养便是日常微生物检验所需工作菌株。一旦参考原株被解冻，不可重新冷冻和再次使用。

工作菌株不应传代，否则需要有一个标准方法或实验室提供档案证明其在任何相关性质上没有改变。工作菌株不能继代培养以代替参考菌株。参考菌株的商业衍生物仅可以用作工作菌株。

四、过程控制要求

（一）合同评审

如果实验室签订了提供实验室服务的合同，应建立和维持合同评审程序。如果这些评审的政策和程序导致检验或合同的安排发生改变，则必须确保：① 应充分明确包括所用方法在内的要求条款，形成文件，并易于理解；② 实验室有满足这些要求的能力和资源；③ 选择可满足合同要求和临床需要的适当的检验程序。针对②条，应制定能力评审的方案，以证实实验室具备必要的物力、人力和信息资源，且实验室人员具有相应的专业技能，以满足所从事检验项目的性能要求。该评审也可包括以前参加的用定值样品检验确定测量不确定度、检出限、置信区间等的外部质量保证项目的结果。

应保存评审记录，包括任何重大的改动和相关讨论。评审也应该包括实验室所有委托出去的工作。对合同的任何偏离均应通知用户（如食品卫生质量监管人员、外部委托客户、试剂和培养基供应商等）。如果在工作已经开始后需要修改合同，应重新进行合同评审过程，并将所有修改内容通知所有相关客户。

（二）委托实验室的检验

实验室应具有有效的程序文件，用于评估和选择委托实验室，以对微生物学及相关学科提供二次意见。根据实验室服务的用户的意见，实验室管理层应选择、监控委托实验室的质量，并确保委托实验室有能力进行所要求的检验。

应定期评审与委托实验室的协议，以确保：① 充分明确包括检验前以及检验后程序在内的各项要求，形成文件并易于理解；② 委托实验室有能力满足这些要求且没有利益冲突；③ 对检验程序的选择适合其预期用途；④ 明确确定对检验结果的解释责任。

实验室应对其所有委托实验室进行登记。应对所有已委托给另一实验室的样品进行登记。应将对检验结果负责的实验室的名称及地址提供给实验室服务的用户。在实验室永久性文档中，均应保留一份试验报告的副本。

应由本实验室而非委托实验室，负责确保将委托实验室的检验结果提供给提出要求的人员。如果由本实验室出具报告，则报告中应包括由委托实验室报告结果的所有必须要素，不得做任何可能影响依法施检的改动。然而，并不要求实验室按委托实验室的报告原字原样地出具检验报告，除非国家/地方法律法规有此规定。实验室负责人可根据客户的具体情况对检验结果做出附加的解释性评语。应在报告中明确标识添加评语的负责人。

（三）检验方法的验证

检验方法的验证应反映出实际的检验状态，这可以通过使用自然污染产品或人工污染预定微生物的样品来实现。分析者应该知道模拟自然污染状态下污染微生物的状态，并且这是目前唯一的最佳方法。必需验证的范围依赖于方法及其应用。实验室应验证未列入标准程序的标准方法的特性。

对于定性微生物检验方法，其结果以检出/未检出表达，应考虑特异性、相对真实度、阳性偏差、阴性偏差、检验的局限性、重复性和再现性来验证微生物确认和鉴定程序。

对于定量微生物检验方法，应考虑方法的特异性、灵敏度、相对真实度、阳性偏差、阴性偏差、重复性、再现性以及可变范围内的检验局限性。在检验不同种类的样品时，应考虑不同位点的差异。应采用适当的数据分析方法评价检验结果。

实验室应保留实验室所用商业检验系统的验证数据。这些验证数据可通过协作检验获得、或由制造者提供，或由第三方机构评估。如果没有验证数据或不完全适用，实验室有责任完成方法的验证。

如果需要一种改进过的方法符合原始方法的特异性，应该进行平行比较来证实事实如此。试验设计和结果分析在数理统计上应是有效的。

（四）测量不确定度

某些情况下，在微生物检验中无法严格地从度量衡学和统计学上正确估算测量的不确定度，因此在重复性和再现性数据的基础上估算不确定度是合适的，但应包括操作者的偏爱。应识别和证实不确定度各分量处于控制之中，并评估出它们对结果变动的影响程度。一些分量（如分液、称重、溶解的影响）可以比较容易被测定和评估，表明其对于试验的整体不确定度可以忽略不计，其他分量（标本的稳定性和样品准备等）既不能直接测量出来也不能以数据的方式计算出其对于整体不确定度的影响，但是应考虑它们对于可变检验结果的重要性。

合格的沙门菌检验实验室应该基本了解待检沙门菌的分布状况，第二次采样时应予以考虑。但是，建议不把这种不确定度包括在内，除非委托人有这方面的要求。主要原因是微生物在样品中的分布状况所造成的不确定度不属于实验室工作范畴之内，而对于个别被测样品可能是特有的，因为考虑到均质不佳，一般的检验方法都规定了样品的大小。

不确定度概念不能直接用于定性检验结果，比如那些来自于检验试验或鉴定试验的结果。然而，应确保个别的可变源（包括试剂的一致性和分析人的表达等）处于控制之中。另外，检验的极限可以反映其适用性，应慎重评估与用于确定检验极限的被接种微生物相关联的不确定度。实验室也应该清楚他们进行的定性试验中的假阳性和假阴性结果发生的概率。

（五）取样

一般情况下，检验实验室不负责抽取试验所需的原始样品。如果需要负责取样，强烈推荐取样应在保证质量和被认可的情况下进行。

样品运输和储存应在一定的条件下，以保持样品的完整（如合适的冷藏或冰冻）。应监控样品运输和储存的条件，并保存记录。如果条件合适，应有从取样到送达检验实验室的运输和储存责任档案。样品的检验要尽可能在取样之后立即进行，并且要符合相关标准和（或）国内/国际的规范。

取样应只能由经过培训合格的人员进行。使用无菌工具无菌操作取样。记录并监测取样地点的环境状况如空气污染度和温度等。取样的时间也应记录下来。

（六）样品处置和确认

微生物菌落也许对储存和运输中诸如温度或持续时间等因素敏感，所以实验室检查并记录所接收样品的状况是十分重要的。实验室应有样品传递和确认程序。如果样品数量不足或样品变质、温度不适、包装破损或标识缺失，实验室应在决定检验或拒绝接受样品前与客户协商，在任何情况下，样品的状况应在检验报告中体现。实验室要记录所有相关的信息，尤其是以下的信息：① 日期，及相应接收的时间；② 所接收样品的状况与温度（如果需要）；③ 取样信息（取样日期和取样条件等）。

根据不同样品种类确定样品的合适的储存条件，如此可以减少现有微生物种群的改变。储存条件要详细说明，并做记录。样品的包装和标签可能被严重污染，应仔细操作和储藏以避免污染的扩散。实验室在开始检测前采取试验所需样品是检验方法的一部分，要根据现有的国内或国际标准实施，或者使用已被验证的内部方法。设计采取试验所需样品的方案中要考虑微生物的不均匀分布。要写明样品的保留和处理程序。样品要求储存至发出检验结果，必要时应保留更长时间。部分实验室样品是严重污染的，因此应在弃置之前，对其进行去污染处理（参见GB 19489—2008）。

（七）污染废物的处理

虽然正确处置污染材料也许不会直接影响样品分析的质量，但应制定方案来减小其对检验环境或物质的污染的可能性。这是一个良好的实验室管理措施，应按照国内/国际环境或健康安全规则解决（参见GB 19489—2008）。

第六节　**沙门菌检测实验室生物安全管理**

由于沙门菌是重要的人兽共患病原微生物，实验室的工作人员存在着暴露于沙门菌的危险。采用适当的生物安全防护可以将感染的危险性降到最低。生

　　物安全防护包括安全设备、个人防护装备和措施，实验室的特殊设计和建筑要求，严格的管理制度和标准化的操作规程。

（一）安全管理的指导原则

　　实验室负责人负责制订和采用生物安全管理计划以及实验室安全或/和操作手册。实验室应能提供常规的实验室安全培训，并建立制度。实验室负责人（或生物安全负责人）要将生物安全实验室的特殊危害告知实验室人员，同时，要求他们阅读生物安全或/和操作手册，并遵循标准的操作程序。实验室内应备有可供取阅的安全或/或操作手册。所有实验室人员必须经过培训，了解所从事工作的危险、掌握有关的管理规定和操作程序，通过考核后方可从事相关实验室工作。应当制订节肢动物和啮齿动物的控制方案。应为所有实验室人员提供适宜的医学评估、监测和治疗，并建立健康档案。实验室人员应接受与所操作生物因子或实验室内潜在的因子相关的免疫接种或检测。

（二）沙门菌生物危害评估

　　为保证微生物实验室工作人员在工作中不被危害性生物及物品所侵害，保证危害性物品不外泄，对微生物实验室工作环境进行评估，以鉴定生物安全防护等级，保证生物安全。根据《实验室生物安全通用要求》（GB19489—2008），沙门菌为三类危险性微生物，仅具有一般危险性，能引起实验室感染的机会较少，传播风险有限，对人、动物或者环境不构成严重危害，并且具备有效的治疗和预防措施。

（三）实验室人员准入制度

　　所有实验室工作人员必须在接受相关生物安全知识、法规制度培训并考试合格。从事实验室工作的人员必须进行上岗前体检，由单位生物安全领导小组组织实施。体检指标除常规项目外，还应包括与准备从事工作有关的特异性抗原、抗体检测。从事实验室工作的技术人员必须具备相关专业教育经历，相应的专业技术知识及工作经验，熟练掌握自己工作范围的技术标准、方法和设备技术性能。从事实验室工作的技术人员应熟练掌握与岗位工作有关的检验方法和标准操作规程，能独立进行检验和进行结果处理，分析和解决检验工作中的一般技术问题，有效保证所承担环节的工作质量。从事实验室工作的技术人员应熟练掌握常规消毒原则和技术，掌握意外事件和生物安全事故的应急处理原则和上报程序。

　　实验室人员在下列情况进入实验室特殊工作区需经实验室负责人同意：① 身体出现开放性损伤；② 患发热性疾病；③ 呼吸道感染或其他导致抵抗力下降的情况；④ 正在

使用免疫抑制剂或免疫耐受；⑤ 妊娠。

实验活动辅助人员、废弃物管理人员、洗刷人员等，应掌握责任区内生物安全基本情况，了解所从事工作的生物安全风险，接受与所承担职责有关的生物安全知识和技术、个体防护方法等内容的培训，熟悉岗位所需消毒知识和技术，了解意外事件和生物安全事故的应急处理原则和上报程序。外单位来参观、学习、工作的人员进入实验室控制区域应有相关领导批准并遵守实验室生物安全的相关规章制度。进入实验室的一般申请由实验室负责人批准，1个月及以上的准入需进行备案。

（四）进入实验室的限制措施

一般情况下，易感人员或感染后会出现严重后果的人员，不允许进入实验室。例如，患有免疫缺陷或免疫抑制的人，其被感染的危险性增加。实验室主任对每种情况进行估计并决定谁能进入实验室工作，负有最终责任。进行试验后，实验人员要洗手；离开实验室前脱手套、帽子、隔离服等。不许在工作区域饮食、吸烟、清洗隐形眼镜和化妆。食物应存放在工作区域以外的专用橱柜或冰箱中。遵守锐器安全使用规范。试验完毕、下班前、活体溅出或溢出时，都应使用对病原有效的消毒剂进行台面消毒。只有告知潜在风险并符合进入实验室要求的人，才能进入实验室。实验室入口处应贴有生物危险标志，并显示以下信息：病原、生物安全级别、生物安全管理人员姓名和电话号码、在实验室中必须佩带的个人防护设施、出实验室所要求的程序。标准操作程序或生物安全手册中，应包括生物安全程序。对于有特殊风险的人员，要求阅读并在工作及程序上遵照执行。实验室主任保证实验及其辅助人员接受适当的培训，包括和工作有关的可能存在的风险、防止暴露的必要措施和暴露评估程序。当程序必须改变时，有关人员必须每年更新知识，接受附加培训。培养物、组织、体液标本或具有潜在传染性的废物要放入带盖的容器中，以防在收集、处理、储存、运输或装卸过程中泄露。溅出或偶然事件中，明显暴露于传染源时，要立即向实验室主任报告，并进行适当的医学评估、观察、治疗，保留书面记录。和实验无关的动物不允许进入实验室。

（五）职业暴露应急预案、处理措施

遇有突发事件，由应急突发事件领导小组统一指挥，必要时及时与上级卫生部门沟通、协调。各部门负责人负责应急事件具体工作人员的召集，无特殊原因，都必须积极配合。要做到忙而不乱、有条不紊地应对突发事件，就要保持仪器良好的工作状态，在日常工作中要严格按照质量手册的要求保养、维护、清洁仪器，部门负责人要掌握试剂、消耗物资的使用情况，及时筹备。储备必要的生物安全防护物品，如隔离服、防护口罩、眼罩等，必要时应用。

实验室人员应严格按国家卫生计生委规定的有关标准、技术规范和操作规程要求进行微生物菌种的运送，并采取有效的防护措施。一旦发生病原微生物安全事故，参照《突发公共卫生事件相关信息报告工作规范》中"传染病菌、毒种丢失"事件曝光要求进行报告。

发生安全事故后，应立即组织人员对事故进行确认，并对事故的性质及扩散范围进行充分评估。立即封闭病原微生物的实验室及封存标本，防止微生物扩散。对相关人员进行医学检查，对密切接触者进行医学观察并留取本低血清或者相关标本。对造成污染的工作环境及污染物进行消毒。有关部门应配合疾病预防控制等部门开展调查。

（六）菌种安全保管制度

为确保微生物实验室菌种保管安全，避免微生物实验室菌种生物安全事故的发生，实验室应指定专人负责菌种的保藏，双人双锁，并建立保藏菌种的名录清单，确保菌种安全。保管人员变动时，必须严格交接手续。菌种应有严格的登记，包括购进日期、使用、销毁情况、销毁人、方法、数量等。各菌种应按规定时间接种，一般接种不超过五代，同时注意菌种有无污染及变异，如发现污染时，应及时更换。菌种保存范围及向外单位转移，应按国家卫生计生委规定执行。所有存在的菌种应具备清单。使用菌种工作时，如发生严重污染环境或实验室人员感染事故，应及时处理，并向当地卫生部门报告。

（七）资料档案管理制度

微生物实验室的记录、资料保存不得少于5年。微生物实验室记录、资料应至少包括：生物安全手册，生物安全管理制度，人员培训考核记录，生物安全检查记录，健康监护档案，事故报告、分析处理记录，废物处置记录，试验记录，菌种运输、保存、领用、销毁等记录，生物危害评估记录，生物安全柜现场检测记录，消毒、灭菌效果监测记录等。微生物实验室资料档案原则上不外借，因工作需要复制档案资料者需经批准。超过保存期限的档案资料、记录，应通过生物安全领导小组的讨论、鉴定，批准是否实施销毁，销毁应至少两人实施，做好销毁记录。

（八）实验室废弃物管理制度

应将操作、收集、运输、处理废弃物的危险降至最小，将其对环境的有害作用降至最小。微生物试验垃圾与生活垃圾应严格分开，黑色垃圾袋装生活垃圾，白色垃圾袋装微生物试验垃圾；装盛微生物试验的垃圾桶应用脚踏式或加盖。微生物试验垃圾应预先灭菌、然后装袋，定时清理，运送到指定地点集中焚烧。重复使用的器材，清洗后灭菌、烘干、备用；若染菌的则先灭菌、再清洗、再灭菌、烘干、备用。

（九）实验室消毒隔离制度

为确保微生物实验室操作人员的安全，避免发生微生物实验室人员安全事故，工作人员进入微生物实验室操作须穿洁净工作服，戴口罩、手套。使用合格的一次性检验用品，用后进行无害化处理。各种器具应及时清洗、消毒，各种废弃样品应分类处理。检验人员结束操作后应及时洗手。对各种设备表面及地面进行常规消毒；紫外线消毒每日至少1次；在进行各种检验时，应避免污染；若场地、工作服或体表污染时，应立即处理，防止扩散，并视污染情况向上级报告。

参考文献

陈溥言. 2010. 兽医传染病学[M]. 北京：中国农业出版社.

李青艳. 2012. 动物传染病学[M]. 北京：中国农业科学技术出版社.

陆承平. 2013. 兽医微生物学[M]. 北京：中国农业出版社.

吴清民. 2002. 兽医传染病学[M]. 北京：中国农业大学出版社.

中国农业科学院哈尔滨兽医研究所. 2008. 动物传染病学[M]. 北京：中国农业出版社.

中华人民共和国国家质量监督检验检疫总局, 中国国家标准化管理委员会. 2005. GB19781—2005医学实验室安全要求[S]. 北京：中国标准出版社.

中华人民共和国国家质量监督检验检疫总局, 中国国家标准化管理委员会. 2009. GB19489—2008实验室生物安全通用要求[S]. 北京：中国标准出版社.

中华人民共和国国务院. 2004. 病原微生物实验室生物安全管理条例[S].

中华人民共和国建设部. 2004. GB50346—2004生物安全实验室建筑技术规范[S]. 北京：中国建筑工业出版社.

中华人民共和国农业部. 2003. 兽医实验室生物安全管理规范[S]. 北京：中华人民共和国农业部.

中华人民共和国卫生部. 2010. GB4789. 4—2010食品安全国家标准：食品卫生微生物学检验沙门氏菌检验[S].

第九章

流行病学调查
与监测

兽医流行病学（veterinary epidemiology）也叫动物流行病学（epizootiology），是研究动物群体中疾病发生及其决定因素的科学。这里所说的疾病包括传染病和非传染病。除疾病外，现代兽医流行病学还研究动物群体的生产力和动物福利等健康相关内容，研究对象除家畜家禽等生产动物外，还包括伴侣动物和野生动物。

随着经济的发展以及人民生活水平的提高，动物性产品的需求日益加大。为了满足人们日益增长的消费需求，畜禽养殖规模不断扩大，集约化程度越来越高。如我国饲养了世界1/2的猪和近1/3的禽。在巨大的养殖量背景下，为了保证畜牧业健康和可持续发展，以个体为对象的传统疾病防治方法虽然仍很重要，但已不能适应现代畜牧养殖业的发展要求。

具体说来，兽医流行病学的基本用途包括：① 确定病因已知疾病的来源；② 调查和控制病因未知或知之甚少的疾病；③ 获得疾病生态学和自然史的相关信息；④ 计划、监控和评价疾病控制规划；⑤ 评价疾病的经济学影响，分析疾病控制替代规划的成本和经济学利益。

因此，利用兽医流行病学理论和方法，立足于动物群体，研究疾病和健康问题，做到"群防群控"，是现代畜牧业大势所趋。

第一节 基本概念

一、疾病的发生形式

疾病的发生形式（patterns）也称流行强度，是指某个时期内疾病在特定地区、特定群体中发生的数量变化及各病例间的关联程度。常说的疾病发生形式是一种时间形式（temporal patterns）。广义地说，疾病发生形式通常分为三类，即流行、地方流行和散发。流行又包括大流行和暴发。

1. **散发流行（sporadic occurrence）** 无规律或偶然出现少量零星病例的疾病发生形式。如牛拴系饲养时，偶尔发生牛前腿跨过挡胸栏杆、导致被颈链勒死的现象

（图9–1）；长途运输时，偶尔发生牛被踩踏致伤致死现象；李斯特菌病由单核细胞增生性李斯特菌引起，在禽类发病很少见，呈散发流行；人生吃猪肉食品可导致食源性沙门菌病的散发流行。

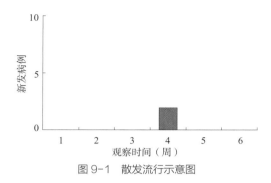

图 9–1　散发流行示意图

2. 地方流行（endemic occurrence）地方流行指某疾病在某地区动物群体中以相对稳定的频率发生或呈现一种常在状态（图9–2）。这里所指的疾病可以是临床症状明显的疾病，也可以是临床症状不明显的疾病，其特点是其流行水平是可以预测的。

许多传染病在暴发流行时未能彻底清除或疫情通过疫苗从临床发病上得到控制，但蔓延或残余的病原体在局部地区的动物群体内增殖导致慢性地方性流

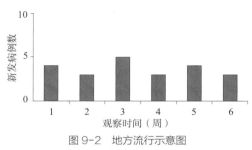

图 9–2　地方流行示意图

行，如猪气喘病、经典型猪伪狂犬病、圆环病毒病等。转为慢性地方性流行的传染病很难在短期内根除。一些特定地区由于水、土中高氟或缺碘、缺硒导致饮用水和饲料植物高氟或缺碘、缺硒，动物因此发生地方性氟中毒、缺碘症、缺硒症等常在性疾病。

3. 流行（epidemic occurrence）　流行指疾病发生数突然升高至超过预料水平（如超过散发水平或地方流行水平）的流行形式。其病例增加数是一种相对量，而不是绝对数。如在无沙门菌感染鸡群中，鸡白痢的预期发病数为0，因此，即使检出几只鸡白痢阳性鸡，也可以说发生了鸡白痢的流行。

流行常表现为短时间内局部范围内某病的病例数出乎预料地突然升高，称为暴发流行（outbreak）。例如，美国2011年因食用某公司生产的被海德堡沙门菌（*Salmonella Heidelberg*）污染的鸡肝导致人沙门菌感染，结果6个州204人发病，其发病数大大超过预期的发病基数，因此，可称为暴发流行。

如果疾病流行范围广，甚至波及多个国家或几个大洲，群体中受害动物比例大，这种流行形式称为大流行（pandemic occurrence）。例如，H5N1禽流感病毒导致高致病性禽流感，2003年仅在东亚和东南亚地区就发生了7起H5N1禽流感疫情，波及包括中国在内的3个国家；2004年疫情在亚洲扩大，波及9个国家；2005年疫情进一步从亚洲扩散到欧洲，有12个国家相继报告H5N1禽流感疫情。

二、动物群体结构

当观察某时期内动物群体疾病发生情况时，遇到的最常见问题是动物群体成员的移动和交流，这将影响动物群体的大小、受威胁的动物数量以及疾病的传播方式等。

通常将动物群体分为邻接群体（contiguous population）和分离群体（separated population）。邻接群体是指群体内的成员间以及与外群体的成员间具有较多的接触和交流，如伴侣动物群体和野生动物群体。该群体发生的传染病可出现大面积的扩散。分离群体是指动物分散在各个饲养单位，不同群体间一般不发生接触。现代养殖模式下的集约化养殖场，尤其是猪场和鸡场，各个场的畜（禽）群通常是不发生交流的。分离群体又可分为封闭群体（closed population）和开放群体（open population）。封闭群体是指观察期内不增加新成员，但可允许死亡导致成员的减少。广义的封闭群体允许因出生而增加新成员，但禁止转入或转出导致群体成员的变动。相反，开放群体允许观察时期内群体成员发生变动，包括转入或新出生而增加新成员，转出或死亡而减少成员。由于不断地有成员进入或转出，当计算群体中各成员对群体疾病发生的贡献时，不能从同一时间开始，也不能到同一时间结束。

三、疾病的测量指标

正确利用疾病的测量指标是进行准确的流行病学分析和推断的基础。疾病测量指标实际上就是描述疾病发生的频率，而疾病发生频率与特定的时间、地点和动物群体相关。疾病发生频率可用比（ratio）、比例（proportion）和率（rate）表示，以率最为常用，可用百分率（%）、千分率和十万分率等表示。比和比例是一种静态指标（static measures）；而率是一种动态指标（dynamic measures），它随着另一变量（时间）的变化而发生改变，当用于描述疾病发生时，考虑新发病例数，而新发病数随着观察时间不同而不同，因此是一种动态指标。

1. 动态率

（1）发病率（incidence rate，I）　发病率是指一定时间内某病在特定群体中新发病例的频率，其计算公式如下：

$$I = \frac{一定时间内某病在某群体中的新发病例数}{同期内该群体动物平均数} \times 100\%$$

$$同期内该群体动物平均数=\frac{观察开始时动物数量+观察结束时动物数量}{2}$$

动物群体一般是个开放群体，在观察期内动物可能因发病死亡或转出而减少，也可能因为引入或出生增加。严格意义上说，应将观察期内每个成员的观察时数加起来作为分母。但实际操作时，很难掌握各动物的实际观察时间数，因此，用观察期内该群动物的平均数进行粗略计算。

（2）累计发病率（cumulative incidence，CI）　累计发病率是指观察期开始时无病个体在观察期内变为有病个体的比例，也可用百分率表示。其计算公式如下：

$$CI=\frac{观察期内变为有病动物的总数}{观察期开始时群体中健康动物数}\times100\%$$

累计发病率是假设观察群体为封闭群体，观察开始时的所有成员在观察期内都存在于群体中，没有死亡或转出，适应于发病率低、病程稍慢的疾病和研究基本稳定的群体。

（3）死亡率（mortality rate，death rate）　死亡率是指观察期内死亡动物的频率，其表述与发病率类似，只是分子为观察期内新死亡动物数，死亡原因包括所有疾病。计算公式如下：

$$死亡率（M）=\frac{一定时间内某群体死亡动物总数}{同期内该群体动物平均数}\times100\%$$

（4）某病死亡率　如果死亡率按疾病种类计算，则称为某病死亡率，即该病的死亡专率。

$$某病死亡率=\frac{一定时间内某群体内因某病死亡的动物数}{同期内该群体动物平均数}\times100\%$$

（5）病死率（case fatality rate，CF）　病死率是指一定时间内某群体中患某病的动物中因该病死亡的频率。其计算公式如下：

$$CF=\frac{一定时间内因某病死亡的动物数}{同期内患该病的动物数}\times100\%$$

病死率也可用该病的发病专率和死亡专率进行推算，计算公式如下：

$$某病死亡率=\frac{该病死亡专率}{该病发病专率}\times100\%$$

（6）存活率（survival，S）　存活率是指特定时间内患特定疾病的个体存活的概率。其计算公式如下：

$$S = \frac{N-D}{N} \times 100\%$$

式中：D——特定时间内观察到的患病动物死亡数；

　　　　N——同期内新诊断的病例数。

2. 静态率

（1）流行率（prevalence，P）　流行率指一定时间内某病的病例数（包括观察期内的新、老病例）与同期该群体暴露动物数（population at risk）之比，也常用百分数表示，又称患病率或现患率。其计算公式如下：

$$P = \frac{\text{在一定时间内某群体患该病的病例数}}{\text{同时间该群体暴露动物数}} \times 100\%$$

例如，某200头奶牛群利用结核菌素皮内变态反应（简称皮试反应）检测，检出20头阳性牛，那么该牛群牛结核的流行率为10%（20/200），即该牛群中的每头牛在该时间点有10%可能患牛结核。

对于传染病而言，感染并不一定发病，尤其是一些慢性传染病，如结核病和布鲁菌病；一些寄生虫病通常状态下处于带虫状态，并不表现临床症状，如泰勒虫病、弓形虫病等。对于发病动物，有的疾病有典型症状，有的无典型症状。这种情况下，往往依赖检测方法判断感染或发病。因此，在进行流行病学调研前，应对病例进行界定（case definition），确定界定病例的具体指标。例如，确定牛结核病用结核菌素比较皮试反应或牛结核菌素单皮试反应；确定布鲁菌病运用血清抗体检测方法（虎红平板试验或全乳环状试验初筛，试管凝集反应或补体结合试验确诊），同时结合临床症状（母畜流产等）进行综合判断。

由于检测方法不可能完全准确，依据真实患病和检测阳性判断的流行率可能存在差异。依据真实发病计算的流行率称为真流行率（real prevalence或true prevalence），而依据检测阳性计算的流行率称为检测流行率（apparent prevalence或test prevalence）。

真实患病和检测阳性的对应关系见表9-1。

真流行率=（a+c）÷n

检测流行率=（a+b）÷n

如果是指某一时刻的流行率称为点流行率（point prevalence）；而一段时间内的流行率称为期间流行率（period prevalence），如年流行率（annual prevalence）、终生流行率（lifetime prevalence）。流行率计算对病程长的疾病价值较大，这些病例易在现况调查时查出来。

表 9-1　检测阳性和实际患病状况对流行率计算的影响

项目	真实患病	真实无病	合计
检测阳性	a	b	a+b
检测阴性	c	d	c+d
合计	a+c	b+d	n

（2）感染率（infection rate）　感染率是指一定时间内受检动物中检出的阳性动物数的比率，其计算公式如下：

$$感染率= \frac{同期检出的阳性动物数}{一定时间内受检动物总数} \times 100\%$$

感染率尤其适应于那些感染后不常发病（如牛结核病和布鲁菌病）或尚未发病（感染早期或潜伏期）因而无临床症状的状态，需要通过实验室手段进行检测，包括微生物学、免疫学方法和分子生物学技术等。由于一般情况下，检测方法的灵敏度和特异性不能达到100%，因此可能出现假阳性结果和假阴性结果，因此在分析和判断检测结果的意义时应特别注意。

3. 粗率和专率

（1）粗率（crude measures）　粗率是群体中疾病总量的表达方法，不考虑暴露群体的性别、年龄、品种等特征，因此，粗率描述疾病时可能掩盖某些疾病发生的规律。

（2）专率（specific measures）　专率是指按暴露群体的性别、年龄、品种等特征，将群体分成不同类别，然后分别计算针对特定类别的疾病频率，如年龄发病专率、品种发病专率、性别发病专率等。专率能揭示疾病发生的更多信息，有利于发现疾病的内在规律。

4. 疾病的三间分布　疾病分布（distribution）是疾病频率分布的简称，是指疾病在畜群间、时间和空间的分布状况，所以又称为三间分布，是疾病的一种立体构象，通过描述什么动物发病多、什么时间发病多、什么地方发病多，全面了解特定疾病的流行特征，是分析流行病学的基础，对研究疾病决定因素及制定有效防控措施具有重要意义。

四、资料

（一）概念

资料是兽医流行病学研究中用于参考的事实（尤其是数字性事实）或信息。兽医流行病学就是收集资料、整理分析资料、描述疾病三间分布、确定疾病发生的病因因素、制定和评估疾病防控策略和措施的过程。因此，全面、系统、完整、准确、及时、真实和可靠地收集原始资料，是流行病学研究的第一步和关键步骤。

资料可能来源于临诊症状、治疗记录和尸体剖检变化、实验室检测等，可分为定性和定量两大类。定性资料用于描述动物的特征，如性别、品种、是否腹泻等属于定性资料；定量资料涉及量，如疫苗保护率、流行率、发病率、体重、产奶量和血清抗体滴度等属于定量资料。

收集哪类资料要根据疾病种类和流行病学调查的目的而确定。调查者必须具有扎实的业务基础，能够准确识别关键资料，如收集疾病的典型症状；并通过精心设计流行病学研究方案，防止漏掉重要信息。同时，应该选择灵敏度和特异性均高的检测方法，尽可能地降低假阳性率和假阴性率。

（二）资料分类

根据资料来源，可将资料分成两类，即经常性资料和短时性资料。

1. **经常性资料**　经常性资料是各有关单位或部门按规定收集的记录和报表，通过逐日逐月长期积累和保存下来，因此，不需要进行专门调查即可获得。如兽医防疫部门的疾病报表、免疫接种和免疫监测记录，兽医门诊的病历记录，政府和社会各相关部门负责登记、整理并报告的统计资料，如统计部门和畜牧兽医部门的生产数据、市场数据、水文和气候资料等，中国奶业协会的奶牛生产性能测定（dairy herd improvement，DHI）资料（每月测定牛奶的乳脂、蛋白质、乳糖和体细胞数等）等。直接收集这类资料可节省大量人力、物力和财力，其缺点是资料可能不完整，可能缺少所必需的资料成分，甚至存在资料可靠性问题。

2. **短时性资料**　有些资料不能从日常收集的资料中获取，必须通过专门组织的调查或试验采集，称为短时性资料。如现况调查、免疫和治疗等干预措施的效果评价、药品市场和生产行情的调查等。

（三）依赖资料的兽医保健

将流行病学资料用于临床疾病的防控，是资料的用途之一。以资料为根据的动物个体或群体疾病控制活动，称依赖资料的兽医保健（evidence–based veterinary medicine，EBVM）或依赖资料的保健（evidence–based care，EBC），包括如下五个基本步骤：

（1）将对资料的需求转化为可以回答的临床问题　找问题时越具体越好，如："用ELISA试剂盒进行疾病诊断时，对处于临界状态的值该怎么判断？""接种疫苗时是否应准备抗过敏治疗措施？""免疫接种后发病与死亡是否由疫苗引起？"等。

（2）针对临床问题，收集所能得到的最佳资料　如前所述，资料可来自于各种渠道，应选择权威性强、可靠性高的渠道收集资料。

（3）对资料的可信度及适应性进行批判性评价　资料的来源与类型不同，可信度不同，其利用价值也不同。选择资料时，应考虑信息渠道的可靠性、杂志的权威性、相关研究机构的研究条件、实验设计的严密性、实验手段的先进性及实验结果的科学性等。不同机构的研究结果可能因为具体研究条件不同而相互矛盾，应该谨慎取舍。

（4）将对资料的批判性评价进一步与疾病控制的临床实际联系起来　评价资料的适应性是一个决策过程。如分析资料是否在一些重要方面与患病动物的具体情况不同？资料对了解患病动物有多大的帮助？资料是否具有良好的兽医—客户关系？包括资料是否考虑了顾客的偏爱、经济支付能力、提供家庭服务的能力，及其他非医学上的考虑等；在此基础上，将资料进一步与本企业/地区/产业的实践情况结合起来，回答最初提出的临床问题；最终制定出符合本企业/地区/产业的具体疾病防控方案。

（5）评价所用措施的效果与效益，并寻求进一步的改进方式　将有关决定付诸实施后，要进一步评价有关措施的效果。应该指出的是，专业上认为最佳的措施（如某个疾病控制计划）在经济上并不一定最具活力，如猪瘟超前免疫。而企业应该采取"双赢"政策，既有效控制疾病又最大限度地增加企业效益。

五、筛检和诊断检测

疾病诊断是兽医流行病学资料收集的基本内容。界定是否发生疾病一般依据如下四类指标中的一类或几类指标：① 临床症状和表现的鉴定；② 特异性病原物质的检测；③ 对诊断性测试的反应；④ 典型病变的鉴定。

筛检和诊断是疾病诊断的两个重要步骤。筛检是通过询问、检查、快速测试和其他方法在健康畜群中早期发现可能有病动物的一种手段，是疾病诊断的第一步；而诊断则是进一步把筛检获得的患病和可疑动物确定为实际有病和实际无病的动物。筛检和诊断试验不可能完全准确，因此，需要使用一些参数对其进行评价，并对不同试验方法进行比较。

（一）筛检和诊断试验的评价

评价筛检和诊断试验时，常用试验的真实性、精确度、金标准、敏感性、特异性、假阳性率、假阴性率、预测值和置信区间等。

1. 试验的真实性（validity或accuracy）　试验的真实性是指筛检或诊断试验给出真实值的能力，即测量值与实际情况相符合的程度。

2. **精确度（precision）** 试验的精确度是指重复检测时能得到一致性结果的能力，是一种可重复性（repeatability）或可靠性（reliability）。

3. **金标准（gold standard）** 进行疾病筛检或诊断时，必须确定一个诊断标准，又称诊断界限（cut-off），是用来区分患病动物和健康动物的诊断指标值，一般为健康动物测量值平均值的2倍

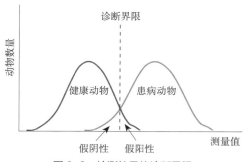

图9-3　检测结果的诊断界限

或3倍标准差。病、健值间的重叠部分，分别为假阴性和假阳性（图9-3）。流行病学调查应严格按规定的标准进行诊断，不能随意更改。

4. **受试者工作曲线（receiver operator characteristic curve，ROC）** 常用直观确定诊断试验最佳临界点的方法。以诊断试验灵敏度为纵坐标，以假阳性率为横坐标，绘ROC曲线。应选择曲线上方尽可能靠近左上角的临界点作为诊断标准，也可计算曲线下面积大小。面积越大，诊断价值越大。

但在实际情况下，任何诊断方法都不可能完全真实。当前情况下临床应用的最真实的方法，称为金标准（gold standard），按金标准方法获得的测量值最接近真实情况。其他方法与金标准的测量值进行比较，可出现真阳性、假阳性、真阴性、假阴性四种情况（表9-2）。

表9-2　筛检和诊断试验的评价

筛检和诊断 试验结果	按金标准诊断结果		
	患病	无病	合计
阳性	a（真阳性）	b（假阳性）	a+b（检测阳性数）
阴性	c（假阴性）	d（真阴性）	c+d（检测阴性数）
合计	a+c （实际有病数）	b+d （实际无病数）	a+b+c+d=N （检测动物总数）

5. **敏感性（sensitivity，Se）** 灵敏度是指实际有病而按诊断标准被判为有病的比例（表9-2），是真阳性。计算公式如下：

$$敏感性 = \frac{a}{a+c} \times 100\%$$

6. 特异性（specificity，Sp）　特异性为实际无病而按诊断标准被判为无病的比例（表9-2）。计算公式如下：

$$特异性= \frac{d}{b+d} \times 100\%$$

7. 假阳性率（false positive rate，Fp）　假阳性率又叫误诊率，指实际无病但被判断为有病者的百分率（图9-4，表9-2）。计算公式如下：

$$假阳性率= \frac{b}{b+d} \times 100\%$$

8. 假阴性率（false negative rate，Fn）　假阴性率又叫漏诊率，指实际有病但被判断为无病者的百分率（图9-4）。计算公式如下：

$$假阴性率= \frac{c}{a+c} \times 100\%$$

9. 预测值（predictive value）　预测值是指检测为阳性或阴性的动物实际为阳性或阴性的概率。

（1）阳性预测值（positive predictive value，PPV）　阳性预测值指检测为阳性的动物实际为阳性的比例（表9-2）。计算公式如下：

$$阳性预测值= \frac{a}{a+b} \times 100\%$$

（2）阴性预测值（negative prediction value，NPV）　阴性预测值指检测为阴性的动物实际为阴性的比例（表9-2）。计算公式如下：

$$阴性预测值= \frac{d}{c+d} \times 100\%$$

10. 置信区间（confidence intervals）　指由样本统计量所构造的总体参数的估计区间。在统计学中，一个概率样本的置信区间是对这个样本的某个总体参数的区间估计。置信区间展现的是这个参数的真实值有一定概率落在测量结果的周围的程度。置信区间给出的是被测量参数的测量值的可信程度。这个概率被称为置信水平。目前在统计学上最常用的是取95%的置信区间。举例来说，如果某猪场猪对鼠伤寒沙门菌的感染率为55%，而置信水平95%上的置信区间是（50%，60%），那么猪对鼠伤寒沙门菌的真实感染率有95%的概率落在50%和60%之间。置信区间的两端被称为置信极限。对一个给定情形的估计来说，置信水平越高，所对应的置信区间就会越大。样本量越多，置信区间越窄。以上筛检和诊断试验的各种评价比或率都会用到95%的置信区间，计算置信极限。

（二）多重试验或联合试验

在临床诊断和检测过程中，为了提高检测和诊断的灵敏度和特异性，常将几种方法联合使用，包括平行使用几种方法（平行试验）和连续使用几种方法（系列试验），有的情况下，还需评价不同试验间的一致性。

1. **平行试验（parallel test）** 平行试验指同时采用两种以上的试验对动物进行检测，如果其中任何一种试验是阳性，则判断为阳性。与单个试验相比，其优点是增加了灵敏度和阴性预测值，不易漏掉患病动物；其缺点是降低了特异性和阳性预测值，可能产生较多的假阳性。实际操作时，往往在一种方法检测的基础上，用另一种方法复检前种方法的阴性动物，将任一种方法检测为阳性的动物全部判断为阳性动物，而只有共同为阴性的动物判断为阴性。

平行试验的灵敏度计算公式如下：$S_{eAB}=1-[(1-S_{eA})\times(1-S_{eB})]$，其中，$S_{eA}$、$S_{eB}$和$S_{eAB}$分别为A检测方法、B检测方法、A和B联合检测方法的灵敏度。

平行试验的特异性计算公式如下：$S_{pA}\times S_{pB}$，其中，S_{pA}和S_{pB}分别为A检测方法和B检测方法的特异性。

2. **系列试验（serial test）** 系列试验是指在前一个试验结果的基础上，进行下一个试验。实际操作时，只对前一个试验检测为阳性的动物进行复检，共同阳性的动物才被判断为阳性动物。这种方法降低了灵敏度和阴性预测值，但增加了特异性和阳性预测值。虽然阳性结果的真实性高了，但漏检率也增加了。

系列试验的灵敏度计算公式如下：$S_{eA}\times S_{eB}$，其中，S_{eA}和S_{eB}分别为A检测方法和B检测方法的灵敏度。

系列试验的特异性计算公式如下：$S_{pAB}=1-[(1-S_{pA})\times(1-S_{pB})]$，其中，$S_{pA}$、$S_{pB}$和$S_{pAB}$分别为A检测方法、B检测方法、A和B联合检测方法的特异性。

3. **试验间的一致性评价** 诊断试验间常需进行一致性评价，包括如下情况：评价诊断试验方法与金标准的一致性；在缺少金标准的情况下，评价两种诊断方法对同一个样本的检测结果的一致性；评价两个兽医工作者对同一群动物的诊断结论的一致性；评价同一兽医工作者对同一群动物前后进行两次观察作出的诊断的一致性。

4. **符合率（agreement rate）** 符合率是指一个试验判断的结果与规范的标准诊断相比，或不同试验方法间相比，两者相同的百分率（表9-2）。符合率可分为阳性符合率和阴性符合率，计算公式分别为：

$$符合率=\frac{a+d}{a+b+c+d}\times 100\%$$

$$阳性符合率\%= \frac{a}{a+b+c} \times 100\%$$

$$阴性符合率\%= \frac{d}{b+c+d} \times 100\%$$

5. Kappa值　诊断一致性评价常用kappa值计算法。Kappa值（κ）或叫Kappa系数是一种内部一致性系数（coefficient of internal consistency），取值在0～1之间。一般说来，Kappa ≥0.75，表明两者一致性较好；0.75＞Kappa≥0.4，表明两者一致性一般；Kappa ＜0.4，表明两者一致性较差。

以表9-2数据为例，κ值计算方法如下：

（1）计算两种试验间的观察符合率（observed proportion agreement，OP）计算公式为：

$$OP= \frac{a+d}{N}$$

（2）计算期望阳性值随机一致性的比例（expected proportion of positive agreement by chance，EP_+）计算公式为：

$$EP_+= \frac{a+b}{N} \times \frac{a+c}{N}$$

（3）计算期望阴性值随机一致性的比例（expected proportion of negative agreement by chance，EP_-）计算公式为：

$$EP_-= \frac{c+d}{N} \times \frac{b+d}{N}$$

（4）计算期望的随机一致性的比例（expected proportion of agreement by chance，EP）　期望的随机一致性比例是期望的阳性值随机一致性比例和阴性值随机一致性比例之和，即：

$$EP=EP_++EP_-。$$

（5）计算非随机的观察一致性（observed agreement beyond chance，OA）计算公式为：

$$OA=OP-EP$$

（6）计算可能最大的非随机一致性（maximum possible agreement beyond chance，MA）计算公式为：

$$MP=1-EP$$

（7）κ值计算　κ是非随机的观察一致性与可能最大的非随机一致性之比，即：

$$\kappa= \frac{OA}{MA}$$

六、病因推断

确定未知疾病的发生原因是兽医流行病学研究的重要内容和重要目标。然而，临床实际中，各种因素混杂，因果难分，真假莫辨。科学推断病因主要依靠两个理论，即Koch假设和Evans假设。前者是一种单病因假说，后者是一种多病因假说。

确定疾病发生和假设病因间的因果联系时使用的是一种统计学检验，即寻找到动物组群间的统计学联系，而不是个体间的关联。

（一）病因推断方法

在对疾病的时间、空间及畜群进行描述及确定主要的事实后，可用下列4种方法形成病因假设。

1. 求同法（method of agreement） 如果某因素对存在某疾病的很多不同情况是公共的，该因素可能是该病的病因。如美国2011年某公司生产的鸡肝污染沙门菌，导致全国多个州消费者因食用该品牌鸡肝发生沙门菌病。

2. 求异法（method of difference） 如果在两种不同情况下疾病的频率不同，在一种情况下存在某因素，而在另一种情况下缺乏该因素，则该因素可以被怀疑为因果性的。肝癌病人大部分具有乙肝病毒感染，而非肝癌病例中发现均无或相当部分无乙肝病毒感染标记，乙肝病毒是肝癌的病因。

3. 伴随变异法（method of concomitant variation） 当某因素的频率或强度发生连续变化时，不同情况下的疾病频率也伴随发生变化，则该因素是疾病的假设病因。如人肺癌与抽烟之间存在伴随变异的关系，因此，抽烟是人肺癌的病因。

4. 类推法（method of analogy） 当一种疾病的分布与另一种病因已研究清楚的疾病相似时，则这两种疾病可能有类似的病因。但这种方法存在错误推导的风险。

（二）病因推断的原则

病因推断的形成与验证应符合以下七条原则：

（1）时间顺序 先因后果，病因暴露在前，疾病发生在后。

（2）联系强度 疾病与假设病因之间的统计学联系越强，存在因果联系的可能性越大。

（3）联系的一致性 多种情况下都存在联系，这是求同法推断的基础。

（4）联系的特异性 一个病因因素只和一种疾病或病变有联系；或一个病因因素出现后，一定有该病出现。

（5）联系的普遍性 不同时间、地点、不同动物均得到相同意义的结果。

（6）剂量应答关系　随着某因素的暴露水平增高及时间延长，该因素与疾病之间的联系强度相应增加。

（7）联系与现有知识相符　所发现的因果联系应该与该疾病的生物学及疾病的自然史等方面的已知事实相符，至少不相违背。

（三）显著性检验和联系强度

根据Evens假说，要证明假设的风险因子与疾病发生间具有因果联系，首先需确定二者间存在统计学联系，这就需要进行显著性检验。当然，具有显著性联系的假设风险因子与疾病发生间，也不一定存在因果联系。如前所述，对假设的风险因子暴露与疾病发生频率间的相关性总是可以列成2×2列联表（表9-2），因此，显著性检验一般用卡方（χ^2）检验，也可能用t检验。具体选取哪种统计学检验方法，取决于概率分布类型和样本大小等多种因素。

显著性检验能表明假设风险因子与疾病发生间的联系是否显著。要评价联系强度，则需要用危险性估计（estimation of risk），又称风险评估。危险性估计通常用相对危险性、特异性危险性、病因分值来表示。

七、常见流行病学研究方法

常见的流行病学研究方法包括观察性研究和实验性研究。观察性研究是指通过比较不同群组间暴露于假设病因与疾病发生间的关系，分析自然疾病发生的研究方法。在该方法中，研究者不能给群组成员随意分配各类因素，如发病或暴露于假设风险因子等。实验性研究是指在人为控制条件下，通过将实验动物分成不同处理组群，随机地将研究因素分配到所研究的动物个体，观察和确定假设病因和疾病间关系的一种研究方法。

观察性研究主要包括队列研究（cohort study）、病例-对照研究（case-control study）和现况研究（cross-sectional study）三种，其共同特点是将动物分成有病和无病、暴露和未暴露于假设风险因子四类。

因此，可用2×2二联表格来表示疾病发生和各因子间的关系（表9-3）。

沙门菌食物（饲料）中毒等常采用暴发调查（outbreak investigation）。疾病暴发往往是急性的，如烈性传染病流行、中毒事件等。对于已知疾病，需要确定疾病来源和诱发因素；对于未知疾病，需要确定病因。其最终目的是迅速采取对策，控制当前疾病，防止类似事件再次发生。其基本原则是：早、快、准、好。发现要早，处理要快，诊断要准，控制效果要好。

暴发调查通常有8个基本步骤，需综合运用流行病学的多种方法：① 速赴现场，运

表 9-3　观察性研究中使用的 2×2 二联表格

类别	发病动物	未发病动物	合计
暴露于假设风险因子	a	b	a+b
未暴露于假设风险因子	c	d	c+d
合计	a+c	b+d	a+b+c+d=n

注：在队列研究中，（a+b）和（c+d）是预先确定的；在病例－对照研究中，（a+c）和（c+d）是预先确定的；在现况研究中，只有 n 是预先确定的。

用现况流行病学方法描述动物发病的时间、地点和症状；② 确定发病动物的早期诊断标准；③ 确定该病发生的正常水平，比较目前发病水平，进一步确定已发生或正在发生的疾病暴发流行；④ 鉴定发病动物，进行适当的应急处置，包括隔离、治疗或淘汰；⑤ 建立关于疾病特征、来源和发病因素的假设，利用流行病学研究检验这些假设，研究方法包括比较发病和不发病动物的暴露情况（病例–对照研究）或比较暴露与未暴露动物的发病情况（队列研究）等；⑥ 建立治疗和预防计划；⑦ 监控和评价疾病控制和预防效果；⑧ 以书面和口头形式报告相关结果。

八、监测

疾病监测（disease surveillance）是对某种或某些具体疾病长期的定期、系统、完整、连续的观察，收集、核对、分析疾病动态分布及其影响因素资料，跟踪疾病的发生和变化趋势，并将信息及时上报和反馈给相关各方，以便对疾病进行预警预报，提出有效防控对策和措施并评估其效果，从而达到防控疾病的目的。

（一）监测的目的

广义的疾病监测目的是控制动物疾病，保证食品安全和人畜健康。狭义的监测目标具体如下：① 快速发现疾病暴发；② 早期识别疾病问题（地方流行性或非地方流行性疾病）；③ 评价特定动物群体的健康状况；④ 确定疾病预防控制的优先秩序；⑤ 鉴定新发传染病；⑥ 评价疾病控制计划；⑦ 为研究计划的制定和实施提供信息；⑧ 确定无特定疾病。

（二）监测类型

根据疾病监测的功能和方法，可将监测分为多种类型。

1. 主动监测和被动监测

（1）主动监测（active surveillance）　指根据特殊需要设计调查方案，调查单位或上级单位亲自调查收集资料（也可要求下级单位按要求收集资料）的一类监测。如兽医防疫部门为调查特定疾病而专门进行的信息收集，属于主动监测。

（2）被动监测（passive surveillance）　下级单位按照既定的规范和程序向上级机构报告监测数据和资料、上级单位被动接受的监测。各国常见法定传染病的报告属于被动监测范畴。

2. 靶向监测和扫描监测

（1）靶向监测（target surveillance）　就某群体特定疾病收集相关信息，以便测量其在特定群体中的发生水平并监控其无病状态，如收集某牛群沙门菌腹泻的资料。

（2）扫描监测（scanning surveillance）　指对所有群体就地方流行性疾病进行的连续监测，也叫全局监测（global surveillance）。如调查某地区犊牛的腹泻病资料。

3. 血清学监测　血清学监测（serological surveillance，serosurveillance）是指用血清学手段检测特异性抗体以确定当前或过去的感染状态的一种方法。血清抗体阳性结果的意义可能是：① 发生了自然感染；② 免疫后产生了疫苗抗体；③ 存在母源抗体；④ 相关病原导致的交叉反应。

4. 哨兵监测　哨兵监测（sentinel surveillance）指通过观察充当哨兵的单位或动物的感染情况来研究主要群体的动物感染情况的一种监测。哨兵单位（sentinel unit）是指少数用来观察某一疾病发生的单位，可以是少数牧场、屠宰场、兽医院或实验室；哨兵动物（sentinel animal）是对拟观察的传染因子敏感的未感染（血清学阴性）动物，如用放牧羊（绵羊或山羊）做哨兵动物监测裂谷热病毒感染；用鸡作哨兵动物监测西尼河脑炎病毒的感染等。通过哨兵动物血清学检测阳性，表示已被拟观察的传染因子感染。

第二节　沙门菌病流行病学调查

沙门菌是危害畜禽养殖业最为严重的细菌性病原之一，导致鸡白痢、禽伤寒、仔猪副伤寒、犊牛副伤寒等多种动物的沙门菌病。随着我国畜禽养殖模式向着规模化、集约化和标准化的转变，养殖条件、畜（禽）舍环境、卫生和生物安全水平等都有很大的改进和提高，使得沙门菌病的流行有所减少；国内已有猪、牛和马的副伤寒疫苗，在动物沙门菌病的控制中发挥了重要作用。同时，近年来人们更多关注一些新发和重大传染病的流行，导致对动物沙门菌病的关注低于应有的重视程度。

近20年来，在国内进行的沙门菌病流行病学调查主要涉及如下方面：流行疾病（鸡白痢、犊牛副伤寒等）的病因确定，疾病净化计划（如鸡白痢），食物中毒，耐药性检测。

一、动物沙门菌病的流行病学调查

尽管当今动物沙门菌病的流行已较昔日降低，但仍有流行。如有鸡场暴发鸡白痢沙门菌与组织滴虫混合感染。但大部分流行病学调查是进行病原学调查，从养殖各个环节包括环境（种畜场、育肥场等的水、尘土）、饲料、动物粪便、肛拭子/泄殖腔拭子、种蛋壳等采样，进行沙门菌的分离鉴定和血清型定型甚至基因型定型，其目的在于确定控制动物沙门菌病流行和保障动物食品安全的风险关键控制点，以最终保证消费者健康和养殖业可持续发展。

研究发现，养殖场畜禽沙门菌携带率较高，不同种类畜禽沙门菌携带率差异很大，且可能与其他病原混合感染。对广西地区的一项猪沙门菌携带率调查发现，位于南宁、贵港和柳州的三个规模化养殖场猪粪沙门菌检出率分别为2.3%（1/44）、3.3%（1/30）和6.6%（2/30）。调查对26头临床健康牦牛粪进行沙门菌分离，结果分离率达50%（13/26）。都柏林沙门菌、肠炎沙门菌和鼠伤寒沙门菌是牦牛分离株中最常见的三个血清型。鸡白痢与鸡白血病病毒（avian leukemia virus，ALV）混合感染现象非常普遍，如山东潍坊市某鸡场ALV-P27与鸡白痢沙门菌共感染率为10%；莱芜市JNS麻种鸡群中，ALV-P27与鸡白痢沙门菌、ALV-A/B与鸡白痢沙门菌、ALV-J与鸡白痢沙门菌的共感染率分别为10%（3/30）、3.3%（1/30）和20%（6/30）。

屠宰场待宰动物的沙门菌携带率明显高于养殖场，这可能与运输应激有关，也是控制动物产品带菌率的重要环节。如在以上调查，同期南宁地区某屠宰场猪粪沙门菌检出率高达26.7%（35/131）。

二、沙门菌病控制和净化计划

基于沙门菌病对养禽业和公共卫生的危害及其可垂直传播的特性，沙门菌病控制和净化计划在养禽业尤其是种禽业最受重视，但各国进展水平不一。美国自1935年开始执行的国家家禽改良计划（National Poultry Improvement Plan，简称NPIP）就是以根除鸡白痢开始的，结果1961年宣布火鸡已基本消灭了白痢—伤寒，1967年宣布鸡已基本消灭了白痢—伤寒。后来根据疾病对产业的影响，陆续将肠炎沙门菌、支原体（鸡毒/败血支原体、滑液支原体）、禽流感、外来新城疫、衣原体和鸡病毒性关节炎七种重要禽病和人兽共患病纳入NPIP中。

在丹麦的疾病控制和根除计划中，猪和鸡是重点。对猪沙门菌病实施的是控制计划，目的是维持猪群的低感染率和猪肉的低污染率。对商品化蛋鸡与肉鸡群，实施肠炎沙门菌和鼠伤寒沙门菌根除计划；对种鸡群，实施所有血清型沙门菌根除计划。

我国政府在2012年发布的《国家中长期动物疫病防治规划（2012—2020年）》中，指定了16种优先防治的国内动物疫病（16种），其中包括沙门菌病；并且将在种鸡场净化沙门菌病列入"种畜禽重点疫病净化考核标准"。一些先行企业已开始进行种禽的鸡白痢–伤寒的净化计划，其基本措施是定期检测、淘汰带菌鸡、同时结合生物安全措施。

某种鸡场的净化方案举例如下。

1. 严格检测　鸡16～21周龄时，采用全血平板凝结试验普检。将阳性鸡血清灭活后8倍稀释再检，淘汰阳性鸡。鸡群阳性率在5%～10%，间隔1个月后再检一次，阳性鸡处理方法同前。

2. 加强普检第二次普检没有达到规定标准0.1%～0.3%时，还需按以上程序进行普检。① 若阳性鸡比例在0.1%～0.3%内，产蛋高峰后再普检一次。② 若阳性鸡比例为0，则不必进行第二次普检，可以在产蛋后期再抽检。

3. 加强生物安全措施　实行全进全出的饲养方式。严格控制人员、车辆和工具的流动；杀虫灭鼠；控制其他动物出入；严格执行卫生防疫制度；保持合格的鸡舍环境；妥善处理鸡粪。

4. 严格饲养管理措施　① 严格执行人工授精一鸡一（针）头，防止交叉感染。② 保证水质。③ 控制饲料原料质量，饲料85℃热处理30min，合理按规使用添加剂。④ 做好孵化场的卫生、消毒和监测，安排合理孵化流程。

5. 免疫接种　必要时进行肠炎沙门菌疫苗的免疫接种。在8日龄、6～8周龄和16～18周龄饮水免疫3次。

三、食品安全

沙门菌常存在于禽畜肉、蛋、奶等食品中，随食物感染人而导致人食物中毒，表现为腹泻和败血症。据WHO报道，全球每年发生40亿～60亿例食源性腹泻，在美国，每年因动物源性（肉、蛋、奶）沙门菌导致的人非伤寒沙门菌感染病人有100万之多。在食物中毒的各原因中，细菌性原因占第一位，约50%；而在世界各国的各种细菌性食物中毒中，沙门菌引起的食物中毒常列榜首，其中鼠伤寒沙门菌通常位于前位，其次是肠炎沙门菌，还包括其他血清型沙门菌。因此，食物中毒原因调查是沙门菌流行病学调查的重要内容之一。

动物源性食品是沙门菌的主要来源，如在我国，肉食品是沙门菌的主要来源，其中，鸡肉和猪肉污染率最高，羊肉、牛肉、鸡蛋等也有较高比例的带菌率；零售污染率高于超市；夏季食物中毒多发。如2012年6月在甘肃省皋兰县发生的一起人食物中毒，经流行病学调查确定是由沙门菌污染的猪头肉、猪肝和酿皮引起的。

如前所述，养殖场动物带菌是动物源沙门菌食物中毒的源头，但带菌率通常在10%以下；屠宰场对动物携带的沙门菌进行了放大反应，粪便检出率常在10%以上。有研究报道，对4个肉牛屠宰厂7个取样点（粪便、皮毛、去皮后、去脏后、喷淋后、排酸后、分割后）510个样品进行检测，结果从36份样品中分离到沙门菌（7.1%），其中7个取样点的阳性检出率分别为20.0%、17.1%、1.4%、2.9%、2.9%、2.5%和3.8%。屠宰过程的不同工序中，去皮以后工序样品的沙门菌检出率显著降低，且检出率没有显著差异。由此可见，坚持规范的屠宰加工可显著降低肉品沙门菌污染率，但沙门菌污染率仍保持一定水平。此后，如果生肉产品加工和贮存不当、烹饪时加热不彻底、食物贮存时生熟不分引起交叉污染等，都是人沙门菌食物中毒的重要原因。

第三节　沙门菌病流行病学监测

我国兽医部门也定期进行动物疾病的流行病学监测，但主要集中在重大疫病，如口蹄疫、猪瘟、禽流感、猪繁殖与呼吸综合征、牛结核、布鲁菌病等。目前，国内外均已开展了大量的沙门菌流行病学监测，但绝大部分是卫生部门所做的工作，其主要目的是掌握食源性疾病的发病和流行趋势，及时发现食源性疾病暴发线索，提高食源性疾病暴发的早期识别、预警和防控能力。

美国在1963年就建立了国家的沙门菌监测系统，1995年建立以沙门菌为首位的食源性疾病监测网络（FoodNet）。世界卫生组织（World Health Organization，WHO）于2000年组建了世界卫生组织全球沙门菌监测网络（Global Salmonella Surveillance，GSS），澳大利亚2000年建立食源性疾病监测网络（ozFoodNet），其他发达国家也相继建立了各自的食源性疾病监测网络。2005年中国疾病控制与预防中心（Centre for Disease Control and Prevention，CDC）与美国CDC以及WHO的GSS合作，在中国建立了沙门菌腹泻监测系统，并纳入国家肠道传染病监测体系。2010年我国进一步实施《中华人民共和国食品安全法》和《中华人民共和国食品安全法实施条例》，制定了《食品安全风险监测管理规定（试行）》，并开展食源性疾病主动监测试点，试点地区包括全国8个省份，覆盖人口占总人口的35%。根据2012年发布的《国家食品安全监管体系"十二五"规划》和《卫生事业发展"十二五"规划》，我国将逐步建立覆盖全国省、市、县并延伸到农村的食品安全风险监测网络，整合监测资源，建立统一的国家食品安全风险监测体系。

我国沙门菌流行病学监测主要有以下几个方面。

一、定点医院的腹泻病例收集与分析

在每个地区所属监测点医院收集感染性腹泻患者病科，确定沙门菌感染情况、血清分型以及各型对抗菌药物的敏感情况，为制定预防措施和临床治疗提供参考依据。浙江省余姚市感染性腹泻患者2007—2009年沙门菌感染监测情况如下：719份腹泻患者粪便中检出沙门菌18株，检出率为2.5%。鼠伤寒沙门菌检出率最高，占50.0%；其次是肠炎沙门菌，占22.22%。18株沙门菌对头孢西丁、头孢他啶、菌必治、氧氟沙星和亚胺培南敏感率均为100%；检出1株鸭沙门菌，耐9种抗生素。

二、食物中毒暴发事件的病因调查

国家卫生计生委办公厅关于全国食物中毒事件情况的通报，2010—2013年我国平均每年食物中毒报告数184起，平均中毒人数近6 988人，平均死亡人数144人，因微生物导致的食物中毒数占总报告数的比例平均为35.6%、中毒人数占60.1%（表9-4）。而微生物性食物中毒主要为沙门菌、副溶血性弧菌、金黄色葡萄球菌及其肠毒素、大肠埃希菌、蜡样芽孢杆菌、志贺菌及变形杆菌等引起的细菌性食物中毒，主要原因是由于食品加工、贮藏不当导致食品交叉污染或变质。全国每年的食物中毒案件多发生在用餐聚集地，包括家庭、集体食堂、饮食服务单位等，第三季度为发病高峰期。

表9-4　2010—2013年我国食物中毒发生情况

年份	报告数（起）	中毒人数（人）	死亡人数（人）	微生物性中毒数占比（%）	微生物性中毒人数占比（%）
2010	220	7383	184	36.8	62.1
2011	189	8324	137	41.3	61.7
2012	174	6685	146	32.2	56.1
2013	152	5559	109	32.2	60.4
合计	735	27951	576	—	—
平均	184	6988	144	35.6	60.1

数据来源：国家卫生计生委办公厅文件（国卫办应急发［2014］15号）、（卫办应急发［2012］18号）、（卫办应急发［2011］26号）。

三、食品带菌率现况调查

卫生防疫部门从餐饮企业、集贸市场、卖场超市和街头摊贩采集各类食品样品，按照国家标准方法进行沙门菌检验，确定沙门菌感染情况、血清和/或基因分型以及药物敏感性。抽检样品包括生畜肉、生禽肉、熟肉制品、水产品、生食蔬菜、蔬菜沙拉等各类食品。各地沙门菌检出率有差异，但均以生禽肉和生畜肉检出率最高。如武汉市2006年食品沙门菌污染调查中，采取生畜肉、生禽肉、熟肉制品、水产品、生食蔬菜、蔬菜沙拉样品共172份，结果从31份样品中分离出沙门菌，检出率18.02%；其中，以生畜肉最高（37.14%），熟肉制品次之（21.21%），生禽肉再次之（15.62%，5/32）；2006—2007年河南省生肉食品沙门菌的主动监测结果表明，沙门菌总检出率为29.57%（118/399），其中，生鸡肉检出率为37.55%（92/245），生猪肉检出率为24.53%（26/154）。吉林省2002—2009年，检测生畜肉、生禽肉、熟肉制品、动物性水产品、生食蔬菜、乳及乳制品、速冻面米食品、非发酵豆制品、沙拉等9类样品共3 398件，检出沙门菌300株，检出率8.83%。其中，生禽肉检出率最高，为28.33%（117/413）；生畜肉检出率第二，为17.25%（113/655）。

四、食品产业链关键控制点调查

利用危害分析与关键控制点（hazard analysis and critical control point，HACCP）原理，在食品产业链各环节采样检测，确定预防沙门菌性食物中毒的关键控制点。如济南市为了及时发现鸡肉食品产业链存在的沙门菌性食品安全隐患，对肉鸡孵化、养殖、屠宰和配送分销全过程采样，进行了沙门菌专项监测，结果发现：17种样品共1 204份，13种样品检出沙门菌202株，总检出率为16.78%。除1种不可分型外，其他分属4群28种血清型，以印第安纳血清型沙门菌最多（37.13%）。4个环节中，以屠宰加工环节沙门菌检出率最高（23.14%）；四个季度中，以第二季度沙门菌检出率最高（21.74%）。17种样品中，以屠宰环节的褪毛后整禽样本沙门菌检出率最高（42.19%）；屠宰场预冷池水、养殖场外环境土壤、养殖场环境粪便的检出率也很高，分别为39.53%、34.09%和23.40%。

五、沙门菌耐药性监测

耐药性监测的目的是确定沙门菌耐药性现状，跟踪流行趋势，进一步采取干预措施，最大限度地阻止耐药基因从动物源性耐药菌株随食物传给人源菌。卫生部门开展的以上沙门菌流行病学监测都包括了耐药性监测。

兽医部门开展动物源细菌耐药性流行病学研究起步较晚。20世纪90年代，一些研究单位在国家项目资金资助下，在一些重点养殖区开展了动物源大肠杆菌、沙门菌、金黄色葡萄球菌、链球菌的耐药现状研究。2000年农业部下达了"兽医临床常用抗菌药物耐药背景调查计划"课题，2001年国家"十五"科技攻关计划设置了"大肠杆菌、沙门菌耐药性测定和耐药谱系调查研究"，国家"十一五"科技支撑计划也设置了"抗生素残留引起细菌耐药性安全评价技术研究"课题。在这些项目经费支持下，一些大学和研究所开展了我国局部地区养殖场和养殖动物的细菌（包括沙门菌）耐药性研究，获得一些基础数据。

2008年我国农业部开始建立动物源细菌耐药性监测系统，启动了动物源细菌耐药性年度监测计划，年度监测计划主要由中国兽医药品监察所、辽宁省兽药饲料畜产品质量安全检测中心、上海市兽药饲料检测所、四川省兽药监察所、广东省兽药与饲料监察总所和中国动物卫生与流行病学中心6家检测机构承担。2008年只监测大肠杆菌和沙门菌的敏感性，后来增加了金黄色葡萄球菌、空肠弯曲菌、肠球菌、多杀性巴氏杆菌、副猪嗜血杆菌，样品主要来自鸡场、猪场、奶牛场和屠宰场。整体说来，与卫生系统比，兽医动物源细菌耐药性监测体系还很不完善，尚未形成全国性监测网络。

第四节　抽样设计

　　在流行病学调查中，如果对群体中所有成员进行全面调查，称为普查（census）。普查无疑可以准确测量群体中的变量分布，但如果群体很大，普查费用将很高，甚至无法实施。

　　通过调查群体中部分动物疾病分布情况了解全部畜群（总体）的疾病情况的方法，称为抽样调查，简称抽查。与普查比，抽样调查所需样本少，能节省大量的人力、物力、财力和时间，但需要严密的抽样设计。

　　抽样设计基本原则是随机抽样和适当样本量，其目的是保证样本的代表性。抽样调查中涉及的全部畜群（总体）称为目标群体，而将从中抽取样本的群体称为研究群体。理想情况下，目标群体就是危险群体，研究群体与危险群体属于同一群体，这样，样本对研究群体有代表性，而研究群体对目标群体有代表性，样本的结果才可以适用于目标群体。因此，只有合理科学的抽样设计，才可以使样本的结果适用于研究群体以外的动物。

（一）抽样调查的类型

抽样可分为概率抽样（probability sampling）和非概率抽样（non-probability sampling）。非概率抽样是由研究者决定样本选择标准，抽样时选择性状与目标群体相平衡的样本，因为不是随机抽取样本，所以可能导致偏差。

　　概率抽样又叫随机抽样，指随机选择样本，是一种经过周密设计的无偏差过程，群体中每个样本单元被抽取的机会均等，因此，样本对总体而言具有充分的代表性。

　　常见的随机抽样方法包括简单随机抽样、系统抽样、分层抽样、整群抽样和多级抽样等。

（二）抽样调查的样本量估计

抽样调查所需样本量大小与调查目的、抽样方法、疾病流行率、可利用的人力和抽样框架、允许的估计值误差限和置信区间等有关。在确定以上要求后，可按计算公式计算（具体计算方法可参照专业书籍）（Thrusfield，2005；刘秀梵，2012），也可利用流行病学软件，输入适当参数后，直接进行样本量的计算。目前有各种免费下载的流行病学软件，常用的有Survey Toolbox、Win Episcop、Herdacc、Epicalc、EpiInfo、SampleXS和CSURVEY等。

（三）抽样调查的程序

抽样调查一般包括如下程序：

1. **确定调查目的和内容**　一般说来，抽样调查大多是专项调查，如调查沙门菌性犊牛腹泻的发病和死亡情况，评估损失。

2. **确定调查方法**　如通过日常登记和报告调查、专题问询调查和信函调查、现场调查和抽样检测等。

3. **培训调查人员**　人员培训主要是让参与调查的人员了解调查目的和内容，统一调查方法，保证收集资料和标准的一致性，减少误差。

（四）资料整理与分析

指对资料进行检查与核对，以及对资料质量进行评估等。

（五）结果解释

指对抽样调查的资料进行整理分析后，根据最初确定的调查目的对结果作出解释，并得出结论，例如，阐述疾病的三间分布，确定病因因素与疾病的联系，评价防控效果，及早发现病例和进行预警预报等。

参考文献

董鹏程. 2012. 沙门氏菌和大肠杆菌O157：H7在肉牛屠宰过程中的流行特点及其生物学特性的研究[D].
　济南：山东农业大学硕士学位论文，9-52.

黄福标. 2012. 广西猪源沙门氏菌的分离鉴定及其生物学特性的研究[D]. 南宁: 广西大学硕士学位论文, 8－20.

黄建强. 2013. 鸡白血病病毒与白痢沙门氏菌的混合感染[D]. 济南: 山东农业大学硕士学位论文, 25－27.

刘秀梵. 2012. 兽医流行病学[M]. 第3版. 北京: 中国农业出版社, 18－72.

吕敏, 贺雄, 王全意, 等. 2006. H5N1型高致病性禽流感研究进展及其对人类的威胁[J]. 中南大学学报(医学版), 32 (01): 15－19.

邵红, 王春明, 张国峰, 等. 2005. 鸡沙门氏菌和组织滴虫混合感染的分离鉴定[J]. 黑龙江八一农垦大学学报, 17 (1): 56－58.

石颖, 杨保伟, 师俊玲, 等. 2011. 陕西关中畜禽肉及凉拌菜中沙门氏菌污染分析[J]. 西北农业学报, 20 (7): 22－27.

宋立, 宁宜宝, 张广川, 等. 2004. 我国华东地区大肠杆菌, 沙门氏菌分离和血清学鉴定[J]. 中国预防兽医学报, 26 (2): 142－145.

孙延斌, 孙婷, 李士凯, 等. 2013. 济南市肉鸡生产链沙门菌污染监测及分析[J]. 中国食品卫生杂志, 25 (5): 452－455.

王琴. 2013. 一起由沙门氏菌引起的食源性疾病的流行病学调查[J]. 疾病预防控制通报, 3: 033.

杨修军, 刘桂华, 黄鑫, 等. 2011. 吉林省食源性沙门菌污染监测分析[J]. 中国卫生工程学, 10 (1): 58－59.

于丽萍, 王永玲, 陈向前, 等. 2014. 家禽和生猪健康促进策略研究[J]. 中国动物检疫, 31 (2): 10－13.

臧大鹏, 陶家树. 2013. 三黄鸡白痢杆菌病净化方案[J]. 养禽与禽病防治, (1): 15.

张斌, 朱晓霞, 岳华, 等. 2013. 青藏高原部分地区牦牛源沙门菌血清型及毒力基因的调查[J]. 畜牧兽医学报, 44 (7): 1167－1172.

张秀丽, 廖兴广, 郝宗宇, 等. 2009. 2006—2007年河南省生肉食品中沙门菌的主动监测及其DNA指纹图谱库的建立[J]. 中国卫生检验杂志, (7): 1545－1548.

张怡明, 张建群, 罗学辉. 2010. 2007—2009年浙江省余姚市感染性腹泻沙门菌监测结果分析[J]. 疾病监测, (11): 894－896.

郑华英, 吕均, 周军波, 等. 2008. 武汉市2006年食品中沙门菌污染状况监测[J]. 中国卫生检验杂志, 17 (12): 2266－2267.

Buckley A, Dawson A, Gould EA. 2006. Detection of seroconversion to West Nile virus, Usutu virus and Sindbis virus in UK sentinel chickens [J]. Virol J, 3: 71.

Flensburg J.1998. Programmes to control or eradicate *Salmonella* in animal production in Denmark [J]. Acta Veterinaria Scandinavica. Supplementum, 91: 51－58.

Forshell L P, Wierup M. 2006. *Salmonella* contamination: a significant challenge to the global

Loharikar A, Briere E, Schwensohn C, Weninger S, Wagendorf J, Scheftel J, Garvey A, Warren

K, Villamil E, Rudroff JA, et al.2012.Four multistate outbreaks of human *Salmonella* infections associated with live poultry contact, United States, 2009[J]. Zoonoses Public Health, 59(5): 347－354.

Wales A, Weaver J, McLaren IM,et al. 2013. Investigation of the distribution of *Salmonella* within an integrated pig breeding and production organisation in the United Kingdom[J]. ISRN Vet Sci, ID 943126.

Wendy Wilkins, Andrijana Raji , Cheryl Waldner, et al. 2010. Distribution of *Salmonella* serovars in breeding, nursery, and grow-to-finish pigs, and risk factors for shedding in ten farrow-to-finish swine farms in Alberta and Saskatchewan [J]. Can J Vet Res, 74(2): 81－90.

Ziehm D, Rettenbacher-Riefler S, Kreienbrock L, et al. 2015. Risk factors associated with sporadic salmonellosis in children: a case-control study in Lower Saxony, Germany, 2008—2011 [J]. Epidemiol Infect, 143(4): 687－694

第十章

疫苗研究及应用

第一节 常规疫苗

一、概述

预防和控制沙门菌感染有多种措施，其中接种疫苗是一种有效的方法。通过接种疫苗可以减少沙门菌在机体的定殖和入侵，并减少粪便排菌和环境污染来降低公共卫生风险。沙门菌免疫接种的目的是通过不致病但仍具有病原体免疫活性的成分激发机体天然免疫和获得性免疫的产生，减少或消除动物或人感染的风险。在生产实际中，灭活和减毒活疫苗已经被用来控制沙门菌感染，并取得明显效果。

二、灭活疫苗

病原微生物经过理化方法灭活后，仍然能保持其免疫原性，接种后可以使机体产生特异性抵抗力，这种疫苗称为灭活疫苗，简称死苗。在小鼠模型上，灭活疫苗可以抵抗细菌的口服感染，但这仅限于某些宿主寄生菌。这可能是因为灭活疫苗能引起强烈的体液免疫应答而不能有效诱导产生Th1型细胞免疫应答。灭活疫苗免疫后，能够抑制细菌在肠道内的定殖、排泄和全身性传播。灭活疫苗的免疫效力会因佐剂的加入而大大提高（如油乳佐剂）。

灭活疫苗是使用福尔马林、丙酮、戊二醛或通过加热处理来灭活细菌而制成的死苗。油乳佐剂、氢氧化铝和其他免疫刺激复合物被用于辅助增强机体免疫应答。灭活疫苗能够通过诱导体液免疫应答来发挥其免疫保护效力，但其产生的保护效应较弱。

将加热灭活沙门菌和超声波破碎的沙门菌裂解物分别口服免疫鸡，几周后人工感染野生菌，采集泄殖腔棉拭样品做细菌分离，评价疫苗对机体的免疫保护程度。结果显示，加热灭活并保持细胞完整的细菌免疫效力良好，野生菌感染后泄殖腔排菌量极低。将在铁离子限制条件下培养的肠炎沙门菌制成灭活疫苗，用于预防蛋鸡的肠炎沙门菌感染，在实验室和田间试验研究中都显示出良好的保护效力，这种疫苗已经在欧洲的一些国家得到应用。用鼠伤寒沙门菌、肠炎沙门菌和婴儿沙门菌组成的三联灭活疫苗免疫鸡后，以海德堡沙门菌感染，免疫组排泄物中带菌量显著减少，表明该疫苗对不同血清型沙门菌的感染具有较好的免疫保护效力。Poulvac SE®（美国辉瑞动物保健公司生产）是一种沙门菌灭活疫苗，由3种肠炎沙门菌噬菌体型组成，可用于肉种鸡免疫接种。该疫苗两次皮下注射接种肉种鸡，其子代在1日龄时以肠炎沙门菌进行攻击，感染3d后，疫苗免疫组的子代中有28%的鸡实质器官分离出细菌，对照组则全部分离出肠炎沙门菌。Corymune® 4K和Corymune® 7K（法国诗华动物保健公司产品）是市场销售的多价疫苗。Corymune® 4K由3种鸡副嗜血杆菌和1株肠炎沙门菌组成，而Corymune® 7K还含有新城疫病毒、传染性支气管炎病毒和减蛋综合征病毒等3种病毒。给鸡肌内注射Corymune® 4K或Corymune® 7K疫苗，显著降低了沙门菌强毒株在肝脏、脾脏和盲肠中的水平。

在牛上，将热灭活的都柏林沙门菌皮内接种牛后，以静脉注射方式攻击野生菌，结果显示灭活疫苗具有良好的免疫效力。用一种含有转铁蛋白和穿孔蛋白的纽波特沙门菌灭活疫苗免疫接种奶牛后，发现即使在纽波特沙门菌存在或表现出沙门菌病临床症状的情况下，牛的产量仍不会减少，但其中的机制不是很清楚。由于犊牛在刚出生的几天内容易感染沙门菌，通常在3~4周龄出现死亡高峰，可以通过对怀孕母牛接种疫苗对犊牛进行被动免疫保护。使用经福尔马林灭活的鼠伤寒沙门菌对母牛进行免疫接种，可以有效预防犊牛沙门菌病。国内应用最广的牛副伤寒灭活疫苗，是将免疫原性良好的肠炎沙门菌都柏林变种和病牛沙门菌2~3个菌株，接种于适宜培养基培养，将培养物经甲醛溶液灭活脱毒后加氢氧化铝胶制成，用于预防牛副伤寒及牛沙门菌病。该疫苗免疫程序如下：① 肌内注射。1岁以下犊牛1mL，1岁以上牛2mL。为增强免疫力，对1岁以上的牛，在第一次注射后10d，可用相同剂量再注射一次。② 在已发生牛副伤寒的畜群中，对2~10日龄的犊牛可肌内注射疫苗1mL。③ 孕牛应在产前45~60日注射疫苗，所产犊牛应在30~45日龄时再注射疫苗一次。

用鼠伤寒沙门菌灭活疫苗注射免疫怀孕母猪后，测定母源抗体水平对未断奶仔猪的保护效力，发现用鼠伤寒沙门菌灭活疫苗免疫过的母猪所产仔猪均没有检测到沙门菌，而47%未经免疫的亲代母猪所产仔猪可排泄分泌病原菌。母羊经皮下注射免疫羊流产沙门菌灭活疫苗后能诱导产生体液免疫和细胞免疫应答，可以抵抗强毒株的感染。针对马流产沙门菌感染，国外大多采用灭活疫苗预防，而有报道表明，灭活疫苗免疫过的马仍能发生沙门菌流产，免疫效果并不理想，而用减毒活疫苗免疫效果要优于灭活疫苗。

沙门菌灭活疫苗主要存在三个方面的问题：① 免疫后只能产生针对体外培养时细菌

表面抗原的抗体，而不能产生针对细菌在体内增殖过程中所产生抗原的抗体。② 通常认为灭活疫苗不能诱导产生细胞免疫应答，而细胞免疫应答是被认为能发挥长期免疫保护作用的免疫应答类型。使用免疫佐剂可以辅助灭活疫苗诱导产生细胞免疫应答，以增强免疫效果。③ 灭活疫苗一般不能激发黏膜抗体sIgA的分泌，该抗体在限制病原体在黏膜表层定居方面起关键作用。

三、减毒活疫苗

（一）减毒菌株构建策略

由于沙门菌对人或动物都具有致病性，因此减毒沙门菌作为活疫苗或者疫苗载体备受研究者关注。但沙门菌的有效减毒是将其作为活疫苗或载体的首要条件，减毒沙门菌必须具备良好的生物安全性，因此研制和选育减毒沙门菌至关重要。沙门菌减毒的研究方法主要有三种：① 化学诱变减毒；② 抗生素诱导减毒；③ 基因工程减毒。

1. **化学诱变减毒**　20世纪60年代，中国兽医药品监察所的房晓文等将抗原性良好的猪霍乱沙门菌接种至含有醋酸铊的普通肉汤培养基中传代培养，经数百代传代后，选育出一株毒力弱、遗传稳定、免疫原性好的弱毒株，并命名为C500。在70年代，化学诱变剂亚硝基胍被用于诱导伤寒沙门菌非定点突变而获得弱毒株Ty21a，Ty21a被制备为口服伤寒活菌疫苗后发挥了良好的免疫保护作用。但是Ty21a是由化学方法致弱的，其遗传背景不清楚且存在毒力返强的风险，不利于广泛推广。化学诱变法产生突变株具有随机性，可能存在其他未知碱基点突变，且这种单碱基突变存在高回复性，若用于疫苗制备，其质量难以保证，所以此方法在沙门菌的减毒中并未引起人们的广泛重视。

2. **抗生素诱导减毒**　将致病的鼠伤寒沙门菌反复培养在含有链霉素的培养基中，经长期选育得到了鼠伤寒沙门菌突变株，但此突变株一旦进入无链霉素的机体中，就难以生长繁殖，故接种时需给予一定量的链霉素，因而此方法也未受到重视。此后，研究者用含有链霉素的培养基筛选得到了不依赖链霉素的羊流产沙门菌弱毒株，通过小鼠皮内、腹腔或静脉接种突变株的试验，筛选获得保护性最好的突变株Rv6株。Rv6株接种小鼠后3d即可产生抗体，可持续11个月，能够抵抗不同途径和剂量的野生菌攻击，与热灭活沙门菌或商品灭活疫苗相比，Rv6能诱导更强的免疫保护。但是，抗生素诱导的减毒方法同样存在遗传背景不清楚且毒力不稳定的缺陷，随着基因工程技术减毒方法的不断发展，研究者对此种方法也逐渐失去了兴趣。

3.　**基因工程减毒**　随着分子生物学和DNA重组技术的发展，以及对沙门菌毒力遗传学研究的不断深入，利用基因工程手段，在沙门菌基因组上随机插入一个转座子（基因灭活）或删除一段甚至几段基因片段（基因敲除或基因替代）的减毒方法，日益受到了人们的青睐（表10–1）。沙门菌$aroA$基因编码5–烯醇丙酮莽草酸–3–磷酸合成酶（5–enolpyruvylshikimate–3–phosphate synthetase），该酶催化2，4–二羟基苯甲酸盐的分支酸途径的中间反应，产生特定的芳香族氨基酸，而该芳香族氨基酸不能被哺乳动物细胞所合成，则细菌不能从宿主体内获得这些化合物。沙门菌$aroA$突变株在体外培养时必须依赖那些芳香族氨基酸化合物生长，作为活疫苗在进入宿主体内后，因宿主不能提供这些芳香族氨基酸，该$aroA$突变株不能正常繁殖从而得到减毒。应用Tnl0转座子随机插入的方法构建了$aroA$基因失活的鼠伤寒沙门菌，该菌株无毒力但有免疫原性，单剂量注射$aroA$突变株4周后可抵抗大于10^4 LD_{50}野生菌的攻击。沙门菌cya和crp基因也是被深入研究的两个重要的毒力调节基因。cya基因编码环化腺苷酸合成酶，crp基因编码cAMP受体蛋白，cya和crp基因的突变株影响参与碳水化合物和氨基酸代谢的基因表达，影响菌毛与鞭毛的表达。cya突变株能在普通培养基上生长，但由于crp基因缺失，细菌因缺乏受体不能在哺乳动物机体中摄取cAMP蛋白，因此在宿主体内不能正常繁殖而减毒。通过自杀性质粒介导的等位交换技术构建了猪霍乱沙门菌C78–1株的crp基因缺失株，动物试验表明，与亲本菌C78–1株相比，该缺失株毒力降为原来的1/750，是潜在的弱毒疫苗候选菌株。随后，研究者运用基因工程方法对沙门菌的$guaBA$、$ompR$、$poxA$、$surA$、$waaP$等毒力基因进行了的减毒尝试，取得了一定的成果。近年来，人们尝试着对一些新的毒力基因进行了缺失，缺失了鼠伤寒沙门菌SL1344的$trxA$基因，与疫苗株SL3261相比，该缺失株在免疫原性和免疫保护力等方面显示出了明显的优越性。耿士忠等运用转座突变的方法发掘了鸡白痢沙门菌$spiC$基因并构建基因缺失株，动物试验结果表明，该基因缺失株的致病性显著降低，能够诱导产生体液免疫和黏膜免疫应答，并提供良好的免疫保护。

　　但是上述传统的基因工程减毒方法，基本上都是通过降低沙门菌承受胃肠道胁迫的能力，或者削弱沙门菌在胃肠道相关组织和深层淋巴组织黏附、侵袭及存活的能力，这些传统方法都有减毒效果，但同时也降低了免疫原性，与此相比，美国亚利桑那州立大学Roy Curtiss Ⅲ课题组建立了多种方法以达到体内调节性延迟减毒的目的（表10–1）。这些新方法的基本思路是，在疫苗免疫时，疫苗展现了与野生型菌株几乎相同的能力，以抵御其在胃肠道所受到的胁迫压力，并在效应淋巴组织成功定殖后再进行减毒，以防止任何疾病症状的出现。这一减毒策略包括3个主要方面：① 可逆合成LPS O抗原和LPS核心中pmi或$galE$基因突变的部分；② 通过阿拉伯糖调节fur、crp、$rpoS$和$phoPQ$的表达以达到体内调节性延迟减毒的目的；③ 在体内，通过调节$murA$和asd基因以调控延迟溶菌，这也是抗原运送的一种方式。近年来，该课题组进一步拓展了调节性延迟减毒的方法，就是通过对阿拉伯糖依赖性*rfc*或*rfaH*基因的调控表达以修饰O-抗原的合成，也可修饰类脂A的结构以降低其反应原性而保留其免疫原性。

因此，基因工程减毒的途径以其清楚的遗传背景，以及菌株减毒后遗传的稳定性等优点，越来越引起学界的关注。

表 10-1　利用突变和相关表型修饰沙门菌疫苗菌株

基因型	表　型
A.　用于达到减毒的缺失突变	
△ *aroA*，△ *aroC*，△ *aroD*	需要营养物质芳香族氨基酸以及一些必需维生素，如对氨基苯甲酸
△ *cya*，△ *crp*	消除环磷酸腺苷的合成以及与毒力相关的分解代谢调节蛋白的合成
△ *phoP*，△ *phoQ*	毒力所需的一个双组分调节系统
△ *fur*	铁吸收调节蛋白调节维持适量铁浓度所需的基因
△ *rpoS*	σ 因子调节稳定期生长所需的基因以对各类型压力作出应答
△ *ssaV*	用于 SPI-2 效应蛋白分泌的分泌装置的组成，突变导致其在宿主中的复制和存活减少，传播也减少
△ *htrA*	编码一种热休克蛋白；突变导致其对氧化压力的敏感性，且其在宿主组织中存活和复制的能力受损
B.　缺失和缺失插入突变以获得调节性延迟减毒表型	
△ *galE*	编码合成 LPS 外层核心和 O- 抗原所需的 UDP- 半乳糖差向异构酶，因此也是毒力所需的酶
△ *pmi*	编码合成 LPS O- 抗原的 GDP- 甘露糖所需的磷酸半乳糖异构酶，因此也是毒力所需的酶
△ Pcrp :: TT *araC* P_{BAD} *crp*	Crp 在有阿拉伯糖的生长培养基中合成而体内没有阿拉伯糖则不能合成。Crp 随着体内细胞分裂而减少从而导致减毒，由于 P_{BAD} 的高水平转录需要 Crp，因此 Crp 的减少和阿拉伯糖缺失作为双重控制阻断 *araC* P_{BAD} 调节的所有基因的合成
△ P_{phoPQ} :: TT *araC* P_{BAD} *phoPQ*	PhoP 和 PhoQ 在有阿拉伯糖的生长培养基中合成而体内没有阿拉伯糖则不能合成。PhoP 和 PhoQ 在体内由于细胞分裂而减少从而导致减毒
△ P_{fur} :: TT *araC* P_{BAD} *fur*	Fur 在有阿拉伯糖的生长培养基中合成而体内没有阿拉伯糖则不能合成。Fur 在体内由于细胞分裂而减少从而导致减毒，这可能是因为铁过量

（续）

基因型	表　型
△ P$_{rpoS}$∷ TT $araC$ P$_{BAD}$ $rpoS$	RpoS 在有阿拉伯糖的生长培养基中合成而体内没有阿拉伯糖则不能合成。RpoS 在体内快速减少从而导致减毒
△ P$_{rfaH}$∷ TT $araC$ P$_{BAD}$ $rfaH$	RfaH 在有阿拉伯糖的生长培养基中合成而体内没有阿拉伯糖则不能合成。RfaH 在体内快速减少从而导致不完全 O- 抗原的合成和减毒
△ P$_{rfc}$∷ TT $araC$ P$_{BAD}$ rfc	Rfc 在有阿拉伯糖的生长培养基中合成而体内没有阿拉伯糖则不能合成。Rfc 在体内快速减少从而导致半粗糙型 O- 抗原的合成和减毒
C. 用于平衡致死载体宿主系统的缺失突变	
△ $asdA$	肽聚糖合成需要二氨基庚二酸，而 $asdA$ 基因是二氨基庚二酸合成所必需的。△ $asdA$ 突变可以通过 Asd$^+$ 质粒载体进行回复
△ alr △ $dadB$	丙氨酸消旋酶可以生成肽聚糖合成所需的 D- 丙氨酸，△ alr △ $dadB$ 突变可以通过 DadB$^+$ 质粒载体进行回复
△ $purA$ △ $purB$ △ $thyA$	需要营养物质嘌呤或胸腺嘧啶，△ $PurA$、△ $purB$ 或 △ $thyA$ 突变可以通过 PurA$^+$、PurB$^+$ 和 ThyA$^+$ 质粒载体进行回复
△ $glnA$	需要营养物质谷氨酰胺，△ $glnA$ 突变可以通过 GlnA$^+$ 质粒载体进行回复
D. 适宜于体内调节性延迟溶菌的缺失和缺失插入突变	
△ P$_{murA}$∷ TT $araC$ P$_{BAD}$ $murA$	MurA 是参与合成胞壁酸的第一个酶，它在有阿拉伯糖的生长培养基中合成，但在体内没有阿拉伯糖则不能合成。MurA 在体内由于细胞分裂而减少并最终导致细胞溶解和死亡。突变可以通过 MurA$^+$AsdA$^+$ 溶菌载体进行回复
△ $asdA$∷ TT $araC$ PBAD $c2$	肽聚糖合成需要二氨基庚二酸，Asd 酶是二氨基庚二酸合成所需的。有阿拉伯糖时，C2 抑制剂合成以使 DNA 序列在 C2 抑制的启动子的控制下进行调节性延迟表达。△ $asdA$ 突变可以通过 Asd$^+$ 质粒载体或 MurA$^+$AsdA$^+$ 溶菌载体进行回复
△（gmd-fcl）	GDP- 岩藻糖是荚膜异多糖酸合成所需的，除去合成 GDP- 岩藻糖所需的两种酶能保护细胞不受裂解
△（wza-$wcaM$）	除去荚膜异多糖酸合成所需的操纵子能保护细胞不受裂解
E. 缺失和缺失插入突变以体内修饰类脂 A	
△ $pagP$ △ $pagL$ △ $lpxR$	PagP 催化棕榈酸盐（+C16）添加到类脂 A 的 R-3- 羟基十四酰链的 2 位置。LpxR 和 PagL 分别催化类脂 A 的 3'- 酰基羧酸和 3- 羟基十四酰链的去除。这种突变会在体内和体外产生六酰基化类脂 A
△ $pagP$∷ P$_{lpp}$ $lpxE$	弗朗西斯菌属的 LpxE 修饰了沙门菌类脂 A，形成低毒性的 1- 脱磷酸类脂 A

（续）

基因型	表　　型
△ *msbB*（△ *waaN*, △ *lpxM*）	MsbB 将十四酸盐链（C14：0）添加到酰基羧酸的 3' 位置，如果与 △ *pagP*、△ *pagL*、△ *lpxR* 结合会形成五酰基化类脂 A
F.　启动子和缺失插入突变可以使体内抗原调节性延迟合成	
PnirB	在绝氧条件下高水平表达的启动子
△ *relA*：：*araC* P_{BAD} *lacI* TT	*relA* 突变能解除生长调节对蛋白合成的依赖，这是菌株调节性延迟溶菌的重要特征。依赖阿拉伯糖合成的 LacI 抑制剂在 Ptrc 的控制下能保证 DNA 序列的调节性延迟表达
Phage P22 P_L 和 P_R	这些启动子被阿拉伯糖依赖的 C2 抑制剂的合成所抑制
P_{pagC}	PhoP 活化后体内表达的启动子
P_{dmsA}	在绝氧条件下高水平表达的启动子
P_{ssaG}	体内沙门菌毒力岛 -2 *ssrB* 基因活化的启动子
P_{sspA}	饥饿状态下活化的启动子
G.　其他起作用的突变	
△ *araBAD*	菌株在有阿拉伯糖的培养基中生长时排除了使用阿拉伯糖来防止酸生成的情况。阿拉伯糖依赖性基因表达的阻断也多延迟了一个细胞分裂周期
△ *araE*	提高阿拉伯糖摄取后的保留率
△ *sopB*	减少液体分泌以减轻轻度腹泻并提高免疫原性
△ *sifA*	含沙门菌囊泡（SCV）的缺损以提高运送抗原到胞质的能力

注：△代表缺失，TT 代表转录终止子，P 代表启动子。　（引自 Wang S, et al., 2013）

（二）动物用减毒活疫苗

沙门菌减毒疫苗株是指突变或缺失了与代谢、毒力或在宿主机体内存活相关基因的菌株。理想的沙门菌减毒疫苗应当具备以下特点：① 对人和动物无毒副作用；② 有良好的免疫原性，能够提供持久的免疫保护，抵抗沙门菌对内脏器官及胃肠道的侵袭及定居；③ 产生的免疫力能够抵抗其他相近血清型沙门菌的感染；④ 基因缺失株在遗传上是稳定的，在动物体内的侵袭力及传播扩散不受动物身体状况的影响；⑤ 菌株易培养、储存和管理。

1.　禽用活疫苗　禽类接种疫苗后可提高抵抗沙门菌感染的能力：① 减少野生菌在肠道内定殖和粪便中的菌量以及对蛋壳的污染；② 阻止全身性感染，降低生殖器官中的局部带菌量。

　　家禽被其宿主特异性血清型菌株鸡伤寒沙门菌和鸡白痢沙门菌感染后，能引起强烈的免疫应答，对再次感染有较好的免疫保护。鸡伤寒沙门菌9R疫苗株是一株粗糙型菌株，使用该疫苗不会干扰自然感染的血清学检测，这有利于鉴别诊断。鸡伤寒沙门菌9R疫苗已广泛应用于临床，但对一些高度敏感的品种还存有残留毒力。为此，在鸡伤寒沙门菌9R菌株的基础上，构建出9R菌株aroA突变株，该突变株对2周龄的鸡毒力极低，是一个非常有效的疫苗，但其所产生的免疫保护水平却没有鸡伤寒沙门菌9R高。尽管如此，这一弱毒疫苗可以用于非常敏感品种鸡的免疫接种。

　　鸡伤寒沙门菌9R疫苗不仅能用于抵抗鸡伤寒沙门菌感染，还可以抵抗肠炎沙门菌感染。在田间试验中，对6周龄和16周龄的鸡皮下注射接种9R疫苗，粪便棉拭样品检测结果显示，在疫苗免疫组鸡群中，有2.5%检测出肠炎沙门菌，而对照组阳性率为11.5%，表明这一疫苗在田间能有效控制肠炎沙门菌感染。将缺失合成钴胺素的cobS基因和cbiA基因的鸡伤寒沙门菌免疫雏鸡，并在免疫后检验雏鸡对鸡伤寒沙门菌和肠炎沙门菌感染的免疫效力，发现这种弱毒疫苗诱导机体产生的免疫应答可以抵抗上述两种血清型菌株的感染。将肠炎沙门菌aroA突变株口服接种1日龄雏鸡，以强毒株攻击后，与对照组比较，在实质器官和盲肠中的攻毒菌株量分别降低了1~2log和>2log。

　　同样，给鸡口服接种鼠伤寒沙门菌cya/crp双缺失突变株，会显著降低盲肠中攻毒菌株的水平，且在脾脏中未检测到攻毒菌株，但是这种疫苗不能有效抵抗肠炎沙门菌的感染。将能在28℃生长但在37℃不能生长的温度敏感型肠炎沙门菌口服免疫鸡，能大幅度降低盲肠和实质器官中攻毒菌株的水平。

　　肠炎沙门菌phoP/fliC突变株也可以作为鸡的活疫苗。鞭毛蛋白是组成沙门菌鞭毛丝状部的一个主要成分，在细菌黏附过程中发挥重要作用，而PhoP是PhoP/PhoQ双组分调控系统的一部分，它对细菌的毒力有影响。鸡在11日龄和21日龄时口服免疫肠炎沙门菌phoP/fliC突变株，与对照组相比，免疫组肝脏和盲肠中攻毒菌株的水平较低。因此，phoP/fliC突变株免疫接种具有明显优势，即疫苗的安全性增加，还可鉴别fliC缺失疫苗株免疫和自然感染。

　　一些沙门菌减毒疫苗已获得许可并上市销售。TAD Salmonella vac® E和TAD Salmonella vac® T（罗曼动物保健公司产品）是鸡沙门菌减毒疫苗。将两种疫苗口服接种1日龄雏鸡，在6周龄和16周龄时加强免疫，攻毒保护结果显示，疫苗免疫组实质器官和鸡蛋中肠炎沙门菌阳性检出率明显降低。但是，上述研究攻毒途径是静脉注射而不是口服，这样就很难比较这种疫苗与其他疫苗的有效性。肠炎沙门菌腺嘌呤-组氨酸营养缺陷型减毒疫苗（也称Gallivac® Se，梅里亚动物保健有限公司产品）给鸡3次免疫后，使肠炎沙门菌不能在鸡的肝脏和盲肠中定殖。同样，AviPro® Megan® Vac 1（罗曼动物保健公司产品）是一种鼠伤寒沙门菌cya/crp突变株，给种鸡群免疫接种后，可显著降低盲肠中沙门菌的数量，减少母鸡生殖道中的沙门菌，降低子代沙门菌的携带率，表明该疫苗在田间应用的有效性。

在上述研究中，有些试验是在疫苗免疫不久后就进行口服攻毒，因此，在试验中观察到的沙门菌水平的降低可能是由于疫苗株引起的定殖—抑制效应造成的。这一效应也称竞争性排斥，能诱导1日龄雏鸡产生一种快速保护反应，而疫苗株免疫应答的产生需要几天时间。

2. 猪用活疫苗　20世纪60年代，房晓文等选育出猪霍乱沙门菌C500弱毒株。用C500弱毒菌株制成仔猪副伤寒活疫苗，经田间试验和区域试验证明疫苗安全有效。仔猪副伤寒活疫苗于1965年开始试用，1976年被批准列入兽医生物制品规程，已在全国许多生物制品厂生产，对控制仔猪副伤寒病起到很大作用。该疫苗适用于1月龄以上哺乳或断乳健康仔猪，免疫程序如下：① 口服法。按瓶签注明头份，临用前用冷开水稀释，每头份5～10mL，给猪灌服；或稀释后均匀拌入少量新鲜冷饲料中，让猪自行采食。② 注射法。按瓶签注明头份，用20%氢氧化铝胶生理盐水稀释，每头1mL。

在美国，猪霍乱沙门菌减毒活疫苗研究也取得显著进展。Roof和Doitchinoff对猪霍乱沙门菌减毒活疫苗株进行了评价，疫苗株是在体外经过猪的中性粒细胞反复传代，消除了50kb的毒力质粒而获得的。口服该疫苗株后，猪对此疫苗株有良好的耐受力且在免疫后的20周内都能提供显著的免疫保护。但这种疫苗株也可能会因为其他沙门菌毒力质粒在动物群内的传播而重新获得毒力质粒，导致疫苗株毒力的回复。含有或者不含有毒力质粒的猪霍乱沙门菌的cya/crp突变株对动物不会引起任何副作用，且能明显降低临床发病率。经化学诱变的营养缺陷型减毒猪霍乱疫苗株已经在德国及其他国家注册，此疫苗通过经口服或非口服途径免疫后，能有效控制小猪和一些成年猪的猪霍乱沙门菌感染。

鼠伤寒沙门菌也是感染猪的一种主要的沙门菌血清型。鼠伤寒沙门菌aroA突变株口服免疫猪后1周攻毒，就能产生良好的免疫保护，能明显减少猪粪便的排菌量。鼠伤寒沙门菌cya/crp突变株同样对猪有免疫保护效力，但在免疫接种后4d会导致较明显的发热症状。鼠伤寒沙门菌gyrA/cpxA/rpoB突变株对于口服免疫接种4周龄的猪是安全的，其能明显降低病原菌在脏器内的定殖，可用于预防猪的沙门菌感染。为了鉴别免疫猪与感染猪，人们构建出鼠伤寒沙门菌营养缺陷型ompD缺失株，该菌株具有良好的安全性，可保护小鼠和猪对DT104鼠伤寒沙门菌的感染，而且还可以区分疫苗免疫猪与自然感染猪。

3. 羊用活疫苗　羊用活疫苗主要集中在流产沙门菌和鼠伤寒沙门菌减毒活疫苗的研究中。绵羊流产沙门菌RV6菌株是从链霉素依赖性突变株中筛选出的无链霉素依赖性的回复株，已在法国开展了疫苗评价。绵羊流产沙门菌候选疫苗株（*aroA*，*cya/crp/cdt*，以及质粒回复株）皮下注射免疫接种后，用绵羊流产沙门菌野生株对怀孕母羊攻毒，表明其可防止母羊流产的发生。鼠伤寒沙门菌*aroA*突变株疫苗通过肌内注射或者口服途径免疫接种羊，然后以从羊体内分离的鼠伤寒沙门菌强毒株进行攻击，其中，对照组的羊在7d内死于急性肠炎，而免疫组获得完全保护。

4. 牛用活疫苗　在牛群中评价最广泛的沙门菌减毒活疫苗株是营养缺陷型的菌株，如*aroA*和*pur*突变菌株。但是大多数减毒活疫苗株在实验室试验中是有效的，却很少有减毒活疫苗株可以商品化。都柏林沙门菌*aroA*突变株在小牛中也进行了安全性与免疫效力评价，给小牛肌内注射免疫接种疫苗后，小牛会出现短暂的发热和轻度腹泻，通过口服途径攻击野生型都柏林沙门菌、鼠伤寒沙门菌或其他一些肠道细菌，所有的免疫组动物都能存活，表明在大型动物中，不同血清型之间可形成交叉保护。将都柏林沙门菌*aroA*减毒活疫苗口服免疫接种牛后，以口服都柏林沙门菌强毒株途径攻击，结果表明只有接种高剂量的疫苗才能提供保护作用。在德国注册审批的营养缺陷型鼠伤寒沙门菌、都柏林沙门菌和猪霍乱沙门菌减毒活疫苗口服免疫接种，可以显著降低牛和猪沙门菌病的发病率。

减毒活疫苗被认为是目前预防沙门菌病的最有效的武器，但还存在一些缺陷。① 动物免疫后会有一段时间排泄疫苗株，这使得不易区分免疫动物与自然感染动物，需要特殊的诊断方法；② 减毒活疫苗提供的免疫保护大多能抵抗同血清型沙门菌的感染，而对其他血清型沙门菌抵抗力较差；③ 减毒沙门菌活疫苗株免疫动物后，在抵抗沙门菌感染的同时，可能会造成对非沙门菌抗原的免疫抑制。

四、亚单位疫苗

亚单位疫苗是由单个抗原或多个抗原组成（主要是蛋白），这些蛋白组分在细菌的表面、具有重要的毒力特征。大多数亚单位疫苗通过肌内或皮下注射接种，除非有明确规定需要口服接种以减少蛋白抗原的降解和刺激黏膜免疫。与灭活疫苗相似，这类疫苗也与活生物体无关。但亚单位疫苗通常免疫原性差，需要与合适的佐剂混合使用。

沙门菌外膜蛋白、孔蛋白以及毒力岛效应蛋白或结构蛋白等，已经被研究是否可以预防沙门菌的感染。沙门菌毒力岛（SPI-1和SPI-2）编码的Ⅲ型分泌系统（T3SS）的结构组分，在沙门菌感染/侵袭的过程中刺激机体的免疫系统，使得它们可以作为潜在的疫苗候选株。将SPI-2 T3SS组分（SseB、SseD，SsaC、SsaG，SipD、SseI、SseL、SifA、SifB）与VSA佐剂混合，以皮下注射方式免疫鸡，结果显示，SPI-2 T3SS组分可以激发显著的体液免疫应答，且能抵抗沙门菌强毒株的攻击。提取纯化甲型副伤寒沙门菌脂多糖中特异性多聚糖抗原（OSP），可以用于制备亚单位疫苗。利用γ射线灭活来自鼠伤寒沙门菌（DT193）的肠毒素（Stn），将该灭活的毒素疫苗（ITST）免疫肉鸡，能抵抗同源的鼠伤寒沙门菌和异源鸡伤寒沙门菌的攻击。将肠炎沙门菌脂多糖的核心O多糖（COPS）与鞭毛蛋白偶联，免疫小鼠后，可产生高水平的抗LPS抗体，能完全保护野生型肠炎沙门菌的攻击。外膜蛋白与免疫系统相互作用，具有优良的免疫原性，是在新型疫苗研究的目的抗原。从肠炎沙门菌中提取纯化天然的OmpA，与弗氏佐剂混合，免疫鸡后产生了高水平的抗OmpA血清IgG抗体，但是对强毒株的攻击未能提供保护。将伤寒沙门菌多糖抗原Vi共价偶联白喉毒素突变体CRM19，获得沙门菌糖偶联疫苗Vi-CRM197，疫苗皮下注射免疫小鼠后，机体产生特异性的血清IgG抗体，且以IgG1亚型为主，脾脏和肠系膜淋巴结产生显著的细胞免疫应答。沙门菌鞭毛蛋白是组成鞭毛丝的重要表面结构。一个含部分鞭毛蛋白的多肽免疫鸡两次后，在7周龄时用肠炎沙门菌进行口服攻毒，疫苗接种组盲肠内容物里细菌水平减少了2 log。同样，沙门菌Ⅰ型菌毛在细菌黏附过程中发挥重要作用，可用于免疫原评估。用菌毛抗原免疫过的鸡，与非免疫组相比，其蛋壳和生殖器官中肠炎沙门菌的数量减少，但在盲肠、肝脏和脾脏中攻毒菌株的水平相似。

五、免疫佐剂

（一）常规免疫佐剂

免疫佐剂是指促进、维持及增强对抗原的特异性免疫应答的分子、化合物或大分子复合物。佐剂有多种功能：① 增加弱抗原的免疫原性（高度纯化或重组的蛋白）；② 提高免疫应答的速度及延长免疫应答时间；③ 提高用于新生儿、老年人及免疫缺陷病人的疫苗的有效性；④ 促进黏膜免疫应答的产生；⑤ 节约疫苗抗原剂量从而减少成本；⑥ 克服多价疫苗中的抗原竞争。然而，佐剂必须是无毒的，并能避免长时间的免疫应答。

抗原不能被高效运送或提呈给免疫系统时，那么运载系统就显得十分重要。新的疫苗运送方式不仅会导致产生更高效的疫苗，而且还会生成新的疫苗配方。一些分子既可以作为运载系统，还可以增强免疫效果，如免疫刺激复合物（ISCOMs）、病毒样颗粒（VLPs）等。

基于颗粒配方的疫苗，如脂质体、ISCOMs和纳米微粒，已经被广泛用于疫苗接种研究，其刺激产生的保护性免疫通常强于可溶性抗原。颗粒疫苗可通过有黏附分子的锚定装置（如凝集素或特异性抗体）结合到黏膜上皮，或通过对结合到特异性受体（TLR）以及重组霍乱毒素亚单位B上的免疫调节分子的内吞。因此，这些颗粒可研发成同时具有生物黏附及免疫调节性能的佐剂。在兽医学中使用佐剂的疫苗见表10-2。

表10-2　现有佐剂的动物疫苗实例

佐　剂	抗　原	动物种类
氢氧化铝	狂犬病病毒（灭活）	犬
	猫白血病病毒（重组抗原）	犬
	梭状芽孢杆菌	牛、绵羊、山羊
	细小病毒（灭活）	猪
	猪丹毒杆菌	猪
	产肠毒素大肠杆菌	猪
	流感病毒（灭活）+ 破伤风类毒素	马
氢氧化铝 + 皂荚	产肠毒素大肠杆菌	牛、绵羊
油包水乳剂	流感病毒（灭活）	猪
	猪伪狂犬病病毒（灭活）	猪
	细小病毒（灭活）	猪
	马疱疹病毒 + 流感病毒（灭活）	马
	副黏病毒（灭活）	鸽子
水包油乳剂	猪伪狂犬病病毒（减毒）	猪
ISCOMs	流感病毒（纯化抗原）	马
维生素	猪伪狂犬病病毒（减毒）	猪

1. **矿物类化合物**　铝化合物作为疫苗佐剂使用有着最长的历史和最广泛的记录。根据目前的疫苗接种方案，所有的铝盐佐剂用于人用疫苗时都是安全的。铝盐也可广泛地应用于动物疫苗，并证明是有效和安全的。在一定的控制条件下，通过混合抗原溶液到铝盐中制备疫苗，其结果是抗原被吸附在不溶解盐的分子表面。

铝盐的佐剂效应是以抗原贮存库形式的建立为基础。在注射部位铝胶颗粒缓慢地释放抗原，产生了吸引免疫细胞的一个无菌炎症集中点。铝盐通过两种不同的机制活化了核酸结合域样受体蛋白3（NLRP3），且这两种机制都涉及吞噬作用。在直接活化机制中，吞噬细胞直接吸引和吞没铝盐颗粒；另一种机制表明，铝盐细胞毒作用可招募细胞以增强免疫应答。铝盐促进了吞噬细胞的内源性损伤相关分子模式的释放，如尿酸，它能反过来活化NLRP3炎性复合体。

2. 油乳剂　油乳剂是一种液体分散在另一种液体中所形成的异源系统，其液滴的直径在纳米到微米级的范围内，且两种液体不能融合和发生化学反应。乳剂通过聚集在液滴分界面的表面活性物质的包裹而稳定存在。油包水乳剂的液滴（直径纳米到毫米）是可溶性抗原分散到亲脂性连续相中形成的。

（1）弗氏佐剂　仍是目前最有效的佐剂之一。弗氏完全佐剂是在矿物油（石蜡）中含有热灭活的分支杆菌悬浮液作为油包水乳剂，而弗氏不完全佐剂缺乏分枝杆菌。抗原缓慢释放贮存库的形式是发挥作用机制之一。弗氏完全佐剂既能诱导细胞介导的免疫应答（激活Th1细胞）又能诱导抗体的产生。弗氏完全佐剂已成功地应用到兽医抗病毒疫苗中，如狂犬病、新城疫和口蹄疫等疫苗。弗氏不完全佐剂在人的流感、脊髓灰质炎疫苗中证明是有效的。在许多国家，由于弗氏佐剂副作用的危险影响了这类佐剂疫苗的应用，甚至包括在动物上的应用。

（2）水包油乳剂MF59　作为季节性流感疫苗的佐剂使用已获得认证，MF59是由角鲨烯、聚氧乙烯山梨醇酐单油酸酯和脱水山梨糖醇混合的乳剂。它主要通过Th2途径刺激产生体液免疫应答，提高中和抗体的滴度并刺激产生CD8$^+$T细胞免疫应答。

（3）佐剂系统03（AS03）　通常用于流感疫苗，它是由生育酚（维生素E）和角鲨烯构成液滴直径为150～155nm的水包油乳剂。在这种混合佐剂中，生育酚诱导CCL2、CCL3、IL-6、CSF3和CXCL1的分泌，促进巨噬细胞吞噬抗原以及招募淋巴结中的粒细胞，这些细胞的活化增强了抗原特异性获得性免疫应答。

3. 微生物佐剂　微生物佐剂主要有脂多糖、分支杆菌等。分支杆菌广泛应用于动物疫苗，如牛分支杆菌卡介苗是早期应用成功的一种。分支杆菌经化学和物理方法处理，可获得具有佐剂活性的片段，包括胞壁酰二肽、胞壁酰三肽、蜡质D等，其中对胞壁酰二肽、胞壁酰三肽研究较多。胞壁酰二肽是从分支杆菌细胞壁上提取的一种免疫活性成分，可刺激免疫细胞（如T细胞）的增殖，调节及活化单核巨噬细胞，吸引吞噬细胞，进一步增强吞噬细胞和淋巴细胞活性，使其易捕获抗原。胞壁酰二肽单独使用也可激活机体的非特异防御机制。

脂多糖（LPS）是革兰阴性菌细胞壁上的一种脂蛋白，由多糖和脂质A组成，脂质

A是LPS的活性分子，可引起动物特异性免疫应答。大量的试验表明，LPS具有增强对细菌、病毒、真菌、寄生虫等感染的抵抗力，延长体液免疫应答的功能。脂质A去除一个磷酸基，则产生单磷酸类脂A（MPL），MPL可活化抗原提呈细胞（antigen presenting cell，APC），并促进细胞因子的分泌，选择性地诱导Th1细胞增殖，且抗体类型以IgG2亚型为主。

4. **皂苷与免疫刺激复合物**　皂苷是一种表面活性剂，可导致红细胞溶解，但在低剂量时却具有佐剂活性，在兽医上可用于病毒、细菌和寄生虫疫苗的研究，其主要成分是QS21。皂苷可用于乳剂或非乳剂型疫苗，有助于小鼠Th1型免疫应答以及IgG2a和IgG2b抗体的诱导产生。将病毒膜蛋白抗原掺入到皂苷及胆固醇中，形成ISCOM。ISCOM能显著增强T细胞的增殖分化，诱导特异性抗体IgG2a、IgG2b及IgG3亚型的产生，提高MHCⅡ类分子的表达，诱导干扰素的分泌，还能克服母源抗体的干扰，并可用于黏膜途径提呈抗原。目前，ISCOM已广泛用于动物疫苗的制备。

5. **脂质体**　脂质体是一种由磷脂组成的双层或多层、可生物降解的载体囊泡。脂质体可模拟天然脂质双层膜，这使得它们能通过内吞作用直接进入网状内皮系统。脂质体作为抗原运载系统，其优点在于能运载不溶性抗原物质，且能大幅提高蛋白抗原和合成多肽的免疫原性。目前，脂质体已用于疟疾、流感、甲型肝炎、结核病等疫苗研究。

脂质体的粒径大小，对于囊泡运输到淋巴结、抗原提呈细胞摄取及加工、处理抗原均有重要影响。大量的研究表明，与中性/阴离子脂质体相比，将阳离子脂质体与抗原共免疫会诱导产生更强的抗原特异性免疫应答。阳离子脂质体在注射部位的存留时间显著长于中性脂质体，同样，吸附到脂质体上的抗原在注射部位的存留时间也显著长于单独的抗原。直接将中性脂质二硬脂酰基甘油磷脂酰胆碱（DDA）替换阳离子脂质二甲基十八烷基铵，那么脂质体所吸附的抗原会减少，抗原提呈细胞对抗原的提呈下降，显著降低IFN–γ和IL–17的分泌，最终抗原特异性T细胞数量也会减少。目前，已研发出一些基于新型阳离子脂质的脂质体，如阳离子二硬脂酰磷脂酰胆碱、聚阳离子脂质神经酰胺氨基甲酰基精胺和聚阳离子鞘脂（CCS）/胆固醇脂质体运载系统。

（二）新型免疫佐剂

随着亚单位疫苗和多肽疫苗研究的新进展，新的免疫佐剂的研究是必不可少的。此外，免疫应答的诱导不但依赖于抗原的自然属性，而且依赖于抗原的运送方式。

1. **纳米颗粒**　聚合物纳米颗粒是胶状载体，可分为两类：纳米胶囊和纳米球。纳米胶囊是泡状系统，药物位于聚合物膜的腔中；而纳米球是聚合物基质，药物均匀地分散在其中。获得哪种类型的纳米颗粒取决于所采取的制备方法。

　　对于疫苗运载而言，纳米颗粒大小对于诱导产生更强且持续期更长的免疫应答存有争议。但一般而言，纳米小颗粒比大颗粒更高效。Jung等研究了纳米颗粒大小对吸附到颗粒上的破伤风类毒素所诱导的免疫应答的影响，结果表明，100~500nm的小颗粒经口服或鼻内接种比大颗粒（＞1 000nm）能诱导更显著的抗体滴度。同样，Chen等用BALB/c小鼠检测了纳米金（GNPs）作为大小依赖性载体的能力，分别在直径为2~50nm的纳米金中（2，5，8，12，17，37和50nm）结合口蹄疫病毒（FMDV）蛋白的合成多肽。FMDV多肽（pFMDV）的C末端增加了一个半胱氨酸以确保最大限度地结合到纳米金上，半胱氨酸对巯基有较高的亲和力，结果表明直径为8~17nm的胶体金对于诱导产生抗pFMDV多肽的抗体效果最为明显。Josh等制备了直径为17、7、1μm和300nm的PLGA纳米颗粒，并与模式抗原OVA和CpG ODN结合，PLGA颗粒释放胶囊化分子与其大小有关，树突状细胞内吞的颗粒随着颗粒大小的减小而增多。以300nm的颗粒免疫小鼠后14d和21d，会产生强烈的OVA特异性细胞毒性T淋巴细胞（cytotoxic lymphocyte，CTL），这表明300nm的颗粒能快速刺激机体产生细胞免疫应答。

　　DNA壳聚糖纳米颗粒口服接种是疫苗免疫的新策略，因为它们稳定性高且容易靶向。壳聚糖是一种良好的基因载体，因为其无毒、可生物降解，且有黏膜黏着剂特性。壳聚糖与DNA很容易形成复合物，这样就可以高效保护DNA不受降解。

　　2. 细胞因子　细胞因子（cytokines，CK）是一类存在于人和高等动物体中的、由白细胞和其他细胞合成的异源性蛋白或糖蛋白，一般以小分子分泌物形式释放，可结合在靶细胞的特异受体上。细胞因子可使细胞间的各种信使分子连成一动态网络，借以发挥其激活和调节免疫系统的多种功能，以便对外来的病原体感染或抗原性异物迅速作出免疫应答和其他生理反应。细胞因子作为免疫佐剂的研究主要集中在白细胞介素（IL）、干扰素（INF）、肿瘤坏死因子（TNF）、集落刺激因子（CSF）及转移生长因子（TPG）。最早用作佐剂的细胞因子是IL-1，可增强小鼠对牛血清白蛋白的再次抗体应答，但因其具有热源质活性而未被应用。以重组牛IL-2作为金黄色葡萄球菌疫苗佐剂，结果发现乳汁中假囊膜抗体效价明显升高。此外，其他白细胞介素同样具有佐剂效应。IFN-γ与抗原同时注射可激发体液免疫应答和迟发型变态反应，可增强IL-1的分泌以及APC上MHCⅡ类分子的表达。将细胞因子作为免疫佐剂与疫苗联用，由于细胞因子在体内半衰期太短且造价昂贵，故未能在传统疫苗中广泛应用。

　　3. Toll样或非Toll样配体　Janeway首次提出模式识别理论，将天然免疫针对的主要靶分子称为病原相关分子模式（pathogen associated molecular pattern，PAMP），相对应的识别受体称为模式识别受体（pattern recognition receptor，PRR）。PAMP主要是指广泛存在于病原体细胞表面的分子标志，它们在进化中趋于保守。Toll样受体（TLR）是一类重要的PRR，该家族与果蝇的Toll蛋白家族在结构上有高度同源性，通过识别不同病原体的PAMP，引发信号转导和炎症因子释放，在天然免疫防御中发挥重要作用，并最终激活获得性免疫系统。同样，非TLR分子也具有发现病原体侵入以及调节机体稳态的功能。近年来发现的Nod样受体（NLR）、RIG-I样受体（RLR）、髓样细胞表达的激发受体（triggering receptor expressed on myeloid cells，TREM）等非TLR分子，这些分子所识别的免疫刺激物以TLR非依赖方式来活化天然免疫和获得性免疫系统。

（1）靶向TLR分子的佐剂　目前，大多数TLR配体已作为疫苗的候选佐剂研究，特别是那些可经化学合成或通过基因工程手段改良的TLR配体，如Pam3CysSK4、单磷酸类脂A（MPL）、PolyI：C、咪唑喹啉等。这些TLR配体具有活化表达相应TLR分子细胞的能力，尤其是具有活化DC的功能。TLR配体与DC作用后，DC活化产生IFN等细胞因子以及趋化因子，并可上调DC加工、提呈抗原给初始T细胞的能力。研究表明，TLR配体与疫苗（抗原）的共同免疫，可显著提高疫苗的免疫效力。

在利用TLR配体作为疫苗佐剂研究时，需要考虑TLR在细胞上的定位。TLRs（1，2，4，5，6，10，11）表达在细胞表面，而TLRs（3，7，8，9）则是细胞胞内的组分，如存在于细胞的内质网和核内体上。细胞表面的TLR1，2，6识别脂蛋白，TLR4识别LPS，TLR5识别细菌的鞭毛蛋白；而核内体上的TLR3，7，8，9识别核酸组分。虽然目前对TLR在细胞表面和细胞内不同表达模式的生理机制研究还不太清楚，但是TLR配体可以轻易地从病原体上分离出来，如细菌表面的鞭毛蛋白、脂蛋白、LPS等，它们可以被宿主细胞表面的TLR识别。而位于病原内部的配体，如核酸，当细胞或微生物被溶酶体降解后，其可在宿主细胞的核内体中被识别。所以，在考虑疫苗抗原靶向APC的同时，还需要考虑佐剂与APC不同表达部位TLR的相互作用关系，这对于提高疫苗的免疫效力非常重要。

另外，不同类型的细胞所表达的TLR分子也不尽相同。TLR2、TLR4在大多数免疫细胞上表达，包括巨噬细胞、树突状细胞（DC）、B细胞、粒细胞、NK细胞以及T细胞等，甚至一些非免疫细胞也可表达，如纤维瘤细胞、上皮细胞等。TLR7、TLR9则在免疫细胞上大量表达，如在病毒感染过程中，产生大量Ⅰ型IFN的类浆细胞样树突状细胞，则会显著地表达TLR7和TLR9。另外，不同TLR分子表达细胞之间的相互作用可以影响佐剂诱导获得性免疫应答的效果。如APC交叉提呈病毒、DNA、RNA等抗原给CD8[+]T细胞的过程中，非APC的TLR会对这一交叉提呈产生影响。疫苗或病原体诱导产生的细胞因子及形成的环境胁迫（environmental stresses），也会导致细胞对TLR分子表达的改变。因此，如何将疫苗抗原及佐剂有效并特异地运送给APC，这对于研制高效疫苗具有重要意义。

（2）以TLR2/4和NOD1/2作为靶点的细菌细胞壁佐剂 细胞表面分子TLR2、TLR4与细胞内蛋白分子NOD1、NOD2均可识别细胞壁中的不同组分。TLR4识别LPS，TLR2识别脂蛋白和脂磷壁酸（lipoteichoic acid，LTA），NOD识别肽聚糖（peptideglycan，PGN）。细菌细胞壁的不同组分经相应的受体分子识别后，具有活化天然免疫系统的功能，进而表现出佐剂活性。研究表明，纯化的细胞壁组分可以作为潜在的疫苗佐剂。LPS虽然对机体具有毒性作用，但实验室研究发现其用于疫苗佐剂效果明显，且其佐剂效应严格地依赖TLR4和髓样分化因子88（MyD88）介导的信号转导通路。由于类脂A具有毒性作用，难以作为疫苗佐剂应用，而MPL是在去除类脂A毒性的基础上获得，其作为疫苗佐剂得到广泛研究。目前，基于MPL的新型疫苗佐剂已用于一些传染病以及季节性过敏性鼻炎等疫苗的临床试验，试验表明该类新型佐剂安全有效。虽然含有类脂A的MPL可作为TLR4分子的配体，但对于抗原特异性的抗体反应而言，MPL的佐剂效应对TLR4依赖程度却很低，这说明在MPL复合物中还存在有仍未清楚的TLR非依赖性的佐剂成分。

TLR2介导其配体脂蛋白的佐剂活性。支原体的巨噬细胞活化的脂肽2（macrophage activating lipopeptide 2，MALP-2）可被TLR2和TLR6的异二聚体识别，合成的细菌脂肽Pam3CysSK4可被TLR2和TLR1的二聚体识别。体内试验表明，MALP-2和Pam3CysSK4具有疫苗佐剂功能。用于研制莱姆病疫苗的螺旋体外膜脂蛋白（outer-surface lipoprotein，OspA），以及流感嗜血杆菌b型多糖偶联疫苗中的外膜蛋白复合物（Haemophilus influenzae type b，Hib-OMPC）均是优良的疫苗抗原组分，而且OspA和Hib-OMPC还可以作为疫苗佐剂，被TLR2主要识别。OspA疫苗接种TLR1[-/-]和TLR2[-/-]小鼠后，其免疫保护效力较低；但近来研究发现，将Pam3Cys改良后的OspA疫苗接种TLR2[-/-]小鼠，小鼠却获得有效保护。这说明OspA中可能含有其他的佐剂成分。同样，Hib-OMPC疫苗对前炎症细胞因子的诱导产生是TLR2依赖性的，但其抗原特异性的IgG抗体效价水平在TLR2缺失时却没有明显降低，说明在Hib-OMPC疫苗组分中也有其他的佐剂因子存在。

位于胞质中的NOD1和NOD2可识别细胞壁中的PGN。PGN中的胞壁酰二肽（muramyldipeptide，MDP）是NOD2的配体，而乙酰胞壁酸肽（desmuramylpeptides，DMP）则是NOD1的配体。有趣的是，含有结核分支杆菌的弗氏完全佐剂（CFA）中MDP含量很低。纯化的MDP能够诱导人类细胞（小鼠细胞不能）产生天然免疫应答，但这一过程需要有TLR配体的协同作用。由于弗氏完全佐剂中似乎还含有TLR2或TLR4配体，所以，弗氏完全佐剂中含量极低的MDP在TLR2或TLR4配体的协同作用下，有助于弗氏完全佐剂活性的产生。同样，BCG疫苗也含有TLR2和TLR4配体（以及TLR9配体），但BCG却能够在MyD88缺失的条件下诱导产生获得性免疫应答，而MyD88是介导天然免疫应答的关键接头分子，说明BCG疫苗可能含有TLR非依赖的佐剂活性成分，即NOD样配体。

（3）以TLR5和NOD样蛋白作为靶点的鞭毛蛋白佐剂　鞭毛蛋白本身作为一种免疫刺激物，可诱导机体产生天然免疫应答和获得性免疫应答。同时，鞭毛蛋白还可以作为疫苗佐剂。当用作佐剂时，鞭毛蛋白通常与抗原进行融合重组表达。在这种形式下，鞭毛蛋白可直接诱导DC成熟，触发共刺激信号上调和抗原提呈分子上调（CD80、CD83、CD86、MHC II类、TNF-α、IL-8、IL-1β、CCL2、CCL5）。以鞭毛蛋白与绿色荧光蛋白（EGFP）的融合蛋白为研究模型，几乎50%的APC可内化鞭毛蛋白-EGFP，而单独EGFP仅3%被内化；鞭毛蛋白-EGFP刺激APC也可比单独EGFP刺激产生20倍以上的TNF-α，在体内亦可诱导显著的抗原特异性CTL应答。鞭毛蛋白作为佐剂，可刺激单核细胞产生IL-10和TNF-α等细胞因子，NK细胞产生IFN-γ和α-防御素，促进T细胞增殖并分泌细胞因子和趋化因子（如IL-10、IL-8和IFN-γ）。

将沙门菌鞭毛蛋白与灭活H5N2亚型禽流感病毒颗粒混合，以肌内注射或滴鼻的方式免疫SPF鸡，以研究单体的、聚合体的沙门菌鞭毛蛋白的佐剂效果。结果显示，鞭毛蛋白与64CpG佐剂联合，可显著诱导禽流感病毒特异性血清IgA抗体滴度；此外，相比于单独的病毒颗粒免疫组，鞭毛蛋白与灭活禽流感病毒联合免疫组的鼻黏膜IgA水平显著提高。以肠炎沙门菌鞭毛蛋白与耶尔森菌保护性蛋白（F1和V）构建候选疫苗Flagellin-F1-V，能在小鼠和非人灵长类动物中产生高水平的体液免疫应答，并可抵抗感染，目前已进入临床试验阶段。以创伤弧菌鞭毛蛋白FlaB与肺炎双球菌表面蛋白A（PspA）构建融合蛋白FlaB-PspA，通过滴鼻免疫发现，融合蛋白可诱导机体产生显著的IgG、IgA抗体，并能提供良好的免疫保护性。上述研究显示出鞭毛蛋白具有良好的免疫佐剂效应。

TLR5并不是介导鞭毛蛋白佐剂效应的唯一受体，NOD-LRR蛋白家族的成员——神经细胞凋亡抑制蛋白5（neuronal apoptosis inhibitory protein 5，NAIP5），也可识别胞质内的鞭毛蛋白。在嗜肺军团菌感染时，细菌鞭毛蛋白进入巨噬细胞胞浆可被NAIP5识别，这一识别是Caspase-1依赖性的。同样，在鼠伤寒沙门菌感染时，IL-1β转换酶（interleukin-1β covert enzyme，ICE）蛋白酶活化因子（ICE protease activating factor，IPAF），这是另一种含有caspase循环结构域（caspase recruitment domains，CARD）的NOD-LRR蛋白，也可识别进入胞质的鞭毛蛋白。进入细胞胞浆的鼠伤寒沙门菌鞭毛蛋白对Caspase-1的活化是由IPAF介导的，而不是TLR5。虽然NAIP5、IPAF识别相同配体的机制仍不十分清楚，但当它们彼此物理接触时，这两种蛋白可协同识别鞭毛蛋白。

（4）以TLR3、7、8以及RIG样受体作为靶点的RNA佐剂　TLR3识别病毒基因组dsRNA或者病毒复制过程中产生的dsRNA，研究表明，这种识别在抗病毒反应中发挥了重要功能。人工合成的dsRNA物质Poly（I：C）是第一个用于治疗艾滋病和淋巴瘤的制剂，但是由于其毒性作用被限制使用。在TLR3介导下，dsRNA所诱导成熟的树突状细胞在抗原特异性的CD4$^+$和CD8$^+$ T细胞免疫应答过程中发挥重要功能，说明TLR3是一个能诱导细胞免疫应答的佐剂作用靶点。但是当通过转染方式直接进入胞质后，dsRNA仍能活化TLR3$^{-/-}$小鼠的树突状细胞，说明细胞内还有针对dsRNA的TLR3非依赖性受体存在。

目前，已鉴定出作为胞质感应器的三种同源的DExD/H box RNA解旋酶，它们可识别感染的病毒和dsRNA，如视黄酸诱导基因I（retinoic-acid-inducible gene I，RIG-I，也称作DDX58）和黑色素瘤分化相关基因5（MDA5，也称作Helicard）。RIG-I和MDA5通过识别RNA的不同结构部位，可分别感应侵入细胞的RNA病毒，从而触发经由IFN启动子刺激物-1（IFN- promoter stimulator-1，IPS-1）的TLR非依赖性信号通路，最终导致抗病毒效应的发生，如分泌Ⅰ型IFN。近来研究显示，Poly（I：C）诱导的天然免疫应答和获得性免疫应答是由MDA5介导的，而不是RIG-I。这表明，MDA5不但有助于抗dsRNA病毒的免疫反应，而且对于dsRNA疫苗佐剂效应的产生发挥重要作用。

与dsRNA不同，宿主细胞中含量丰富的ssRNA一般被认为是免疫惰性物质。但近来研究表明，甲基化的ssRNA具有很强的免疫刺激活性。HIV或流感病毒基因组寡核苷酸片段、siRNA、人工合成的咪唑喹啉，均可以被小鼠的TLR7识别，也可被人的TLR7和TLR8识别，进而诱导产生细胞免疫应答。在人，TLR7在类浆细胞样树突状细胞上大量表达，TLR7的活化导致了树突状细胞分泌Ⅰ型IFN。而TLR8在单核细胞上大量表达，TLR8的活化导致了前炎性细胞因子的分泌，特别是IL-12。这其中，TLR7和TLR8是利用MyD88作为必需的接头分子来启动其下游的信号通路。目前，有些TLR7配体已经用于临床治疗多种病毒性疾病，如咪唑莫特（5%乳剂）对外生殖器疣、基底细胞瘤以及光化性白化病有明显治疗效果。

一些来源于RNA病毒具有免疫刺激性的ssRNA或人工合成的寡核苷酸片段，以一种TLR7/8非依赖性的方式来活化免疫系统。如上所述，流感病毒的ssRNA可通过TLR7途径活化类浆细胞样的树突状细胞，但它们还以TLR7或MyD88非依赖性的方式活化髓样细胞，如单核细胞、髓样树突状细胞或者纤维瘤细胞。研究表明，这一过程是由RIG-1通过识别ssRNA的5'-三磷酸来实现的。因此，在以ssRNA作为疫苗佐剂研究时，要清楚是哪种天然免疫受体，是TLR还是RIG样受体，对于佐剂活性的发挥起关键作用，这样有助于将疫苗抗原靶向合适的细胞，从而增强疫苗的免疫保护效力。

（5）TLR9依赖的和TLR9非依赖的DNA佐剂　在微生物感染的过程中，DNA可以从微生物或从裂解的宿主细胞中释放出来，被宿主天然免疫系统识别，从而具有调节天然免疫应答的功能。目前，TLR9是唯一已知的识别免疫调节性DNA的受体，如CpG DNA。研究表明，CpG在介导针对微生物感染和肿瘤的保护性免疫应答中发挥重要作用。人工合成的含有未甲基化CpG基序的ODN，可刺激巨噬细胞、树突状细胞、B细胞启动TLR9介导、MyD88依赖的信号转导通路，从而诱导前炎症细胞因子、趋化因子和免疫球蛋白的生成和分泌。在以CpG ODN作为疫苗佐剂时，针对CpG ODN的天然免疫应答促使宿主"免疫小生境"（immune milieu）的形成，这有利于疫苗诱导产生强烈的细胞免疫应答。临床前研究资料表明，CpG ODN作为疫苗佐剂是非常有效的，可以调节疫苗所诱导的免疫应答水平。

来自细菌具有免疫调节性的CpG DNA，可活化天然免疫系统，因此，这种CpG基序可以作为DNA疫苗的嵌入式佐剂研究。由于TLR9是目前唯一识别CpG基序的受体，因此TLR9缺陷的APC，包括DC在内，不能对CpG基序产生反应。同样，以CpG作为佐剂的蛋白疫苗接种TLR9⁻/⁻小鼠，也不能增强疫苗诱导的Th1型免疫应答水平。但DNA疫苗接种TLR9⁻/⁻小鼠后，小鼠却产生高水平的抗原特异性的IgG，包括IgG1、IgG2a，以及显著的CTL效应，这与接种野生型小鼠产生的免疫应答水平相当。而且，除了来源于微生物DNA外，来自于宿主的DNA也能活化天然免疫系统，但这是CpG基序非依赖性的，是依赖于DNA的双链结构。当双链DNA进入到胞质后，这条途径可以被活化。双链DNA以B-DNA而很少以Z-DNA的形式，通过TLR9非依赖性途径活化免疫细胞和非免疫细胞产生了Ⅰ型IFN、细胞因子以及趋化因子。这说明DNA疫苗的免疫原性主要被TLR9非依赖性的方式调控，也有可能质粒DNA中的非CpG基序依赖因子充当了嵌入式佐剂。

第二节 新型基因工程疫苗

一、概述

随着分子生物学技术的发展，目前已研究出许多新型动物疫苗，包括重组亚单位疫苗、基因缺失疫苗、重组载体疫苗、合成肽疫苗以及核酸疫苗等。这些新型疫苗的生产无需大量培养病原微生物，克服了传统疫苗的诸多缺点，为研制更安全、更有效的疫苗提供了新的途径。

二、新型疫苗技术

（一）核酸疫苗

核酸疫苗（nucleic acid vaccine）的研究始于20世纪90年代，是将含有编码某种抗原蛋白的外源基因序列的质粒载体，直接导入动物细胞内，通过宿主细胞的表达系统合成抗原蛋白，诱导宿主产生对该蛋白的免疫应答，以达到预防和治疗疾病的目的。这种免疫也称为核酸免疫、基因免疫、遗传免疫或DNA介导的免疫等。核酸疫苗也称为基因疫苗（genetic vaccine），分为DNA疫苗和RNA疫苗两种，目前的研究主要以DNA疫苗为主。核酸疫苗与传统的灭活疫苗、亚单位疫苗和基因工程疫苗相比，有许多潜在的优势，从而被誉为第三次疫苗革命。

1. 核酸疫苗的免疫机理

（1）可引发全面的免疫应答　抗原与MHC I类分子结合，激活细胞毒性T淋巴细胞；从细胞中释放的蛋白质与B细胞受体结合，刺激B细胞活化；部分蛋白质被抗原提呈细胞吸收、降解，然后与MHC II类分子结合，激活Th细胞。

（2）可诱发局部免疫应答和免疫记忆　在黏膜相关淋巴组织中表达的抗原蛋白被局部APC提呈给Th细胞，进一步激活B细胞分化为浆细胞和免疫记忆性B细胞，黏膜表面的分泌型IgA在黏膜局部感染防御中发挥重要作用。

（3）细菌DNA本身是一种免疫佐剂，可有效地激活免疫效应细胞。

（4）DNA免疫时，肌细胞和抗原提呈细胞均被转染，引起$CD4^+$、$CD8^+$T细胞亚群的同时活化，产生特异性免疫应答。

2. 影响核酸疫苗免疫效果的因素

（1）目的基因　最好选择病原体的主要保护性抗原基因。

（2）质粒载体和启动子　真核表达质粒表达抗原蛋白的能力越强，诱发宿主产生免疫应答的能力越强。启动子是影响核酸疫苗表达的最重要因素。含CMV、RSV的载体表达水平较高，更适合用于核酸疫苗。

（3）注射途径与方法　①转染效率高的途径，如肌内注射接种；②转染效率不高，但常用于实验动物接种的途径，如皮下或腹腔内接种；③转染效率不高，但有高水平的局部免疫监视，如皮肤或呼吸道接种。比较发现，多种途径（静脉、腹腔和肌肉）合并注射免疫效果最好，其他依次为肌内、静脉、鼻腔、皮内、腹腔和皮下接种。目前，最有效免疫的方法是使用基因枪将DNA包被的金颗粒注入表皮，使有效的转染与抗原提呈细胞相结合。此外，用无针喷气注射器免疫的效果也优于常规注射器免疫。

（4）接种部位的预处理　免疫前预处理会增强免疫应答水平，如丁哌卡、25%高渗蔗糖或甘油处理等。另外，预先局部麻醉也可提高表达水平。

3. 沙门菌核酸疫苗的研究　目前，人们对核酸疫苗的研究日渐深入，其中，艾滋病和T细胞淋巴瘤的核酸疫苗已进入了临床前阶段，前列腺癌、肺癌、乳腺癌等核酸疫苗也正处于研究阶段。美国食品药物管理局已批准乙肝疫苗等10余种DNA疫苗进入临床试验。在沙门菌核酸疫苗方面，唯一被报道的是表达SPI-1效应蛋白SopB的DNA疫苗。相对于细菌表面蛋白而言，沙门菌SPI分泌蛋白更易于激发产生细胞免疫应答。将含有sopB基因的DNA疫苗与减毒鼠伤寒沙门菌联合腹腔注射免疫小鼠后，以沙门菌强毒株攻击，结果显示，与减毒沙门菌单独免疫组相比较，联合免疫组能显著降低沙门菌强毒株在组织脏器中的定殖。

沙门菌感染时，细菌蛋白都由其本身表达，而不是被宿主细胞表达，因此沙门菌核酸疫苗免疫后，在真核细胞内表达的细菌蛋白有可能产生非自然感染状态下的蛋白。因此，沙门菌核酸疫苗的免疫预防效果尚需进一步研究。

（二）沙门菌载体疫苗

减毒沙门菌作为载体的研究源于伤寒疫苗Ty21a的成功实践，该疫苗是用于预防人伤寒病的唯一注册的活疫苗。但Ty21a需3次口服免疫才能提供有效的保护，所以Ty21a作为载体应用不太实际。随后的伤寒疫苗株CVD908-htrA、Ty800和ZH9等，都是通过选择性缺失Ty2的功能基因而获得的，Ⅰ期和Ⅱ期临床评价表明，它们均具有良好的安全性和免疫原性。

增强沙门菌载体的免疫原性一直是研究的重点，主要有以下策略：① 以减毒鼠伤寒沙门菌为疫苗载体。这主要是考虑到其在胃肠道中存活时间较长，可以在胃肠道引起黏膜和体液免疫应答。另外，平衡致死系统的应用弥补了细菌中表达质粒不稳定的缺陷。② 增强外源抗原的免疫原性。如将外源抗原基因与大肠杆菌的溶血素（hlyA）基因融合表达，可以将非分泌性表达的蛋白分泌到细菌外，产生保护性免疫应答。但载体重复接种是否会影响对外源蛋白的免疫应答尚无定论。这可能与载体的自然特性、载体的免疫原性、再次免疫的时间及外源抗原的特性等因素有关。

1. 沙门菌原核表达系统　原核表达是指利用基因克隆技术，将外源基因导入原核表达载体并转入表达菌株，使其在特定原核生物或细胞内表达。一个完整的表达系统通常包括配套的表达载体和表达宿主菌株。除了常用的大肠杆菌外，沙门菌也可以作为宿主菌获得外源基因的表达。

（1）影响表达效果的因素　为了获得高水平的基因表达产物，需要综合考虑转录、翻译、蛋白质稳定性及向胞外分泌等诸多因素，设计出具有不同特点的表达载体，以满足表达不同性质、不同要求的目的基因的需要。通常关心的表达载体质粒上的元件，包括启动子、多克隆位点、终止密码子、融合Tag、复制子、筛选标记或报告基因等。

① 复制子：通常情况下，质粒拷贝数和表达量是非线性的正相关，当然也不是越多越好，超过细胞的承受范围反而会损害细胞的生长。当两个质粒共转化时，还要考虑复制元是否相容的问题。

② 筛选标记和报告基因：抗性基因的选择要注意是否会对研究对象产生干扰，如代谢研究中抗性基因编码的酶和代谢物的相互作用。

③ 启动子：启动子的强弱是影响表达量的决定性因素之一。从转录模式上看有组成型表达和诱导调控型表达。Lac和Tac、PL和PR、T7是常用的启动子。

④ 终止子：转录终止子控制转录的RNA长度，可提高稳定性，避免质粒上的异常表达。启动子上游的转录终止子还可以防止其他启动子的通读，降低本底。

⑤ 核糖体结合位点：即启动子下游从转录起始位点开始延伸的一段碱基序列，其中，能与rRNA 16S亚基3'–端互补的SD序列对形成翻译起始复合物是必需的，多数载体启动子下游都有SD序列。

（2）沙门菌原核表达系统类型

① 非抗性宿主–载体平衡致死系统：沙门菌天门冬氨酸–β–半醛脱氢酶（asd）基因缺失株可以作为宿主–载体平衡致死系统来表达外源基因，该缺失株的生长需要外源DAP（二氨基庚二酸）的存在。若重组质粒在表达外源蛋白的同时也表达DAP，则可以构成宿主–载体平衡致死系统，而无需额外添加DAP。该系统已报道的宿主菌包括减毒鼠伤寒沙门菌X4550、减毒猪霍乱沙门菌、减毒鸡伤寒沙门菌等。

减毒鼠伤寒沙门菌X4550（asd–/cya/crp）是常用的宿主菌，因其染色体中缺失cya和crp毒力基因，并且使用非抗性筛选宿主–载体平衡致死系统，具有可靠的安全性，这为重组减毒沙门菌疫苗的研制提供了良好的生物材料。王芳等利用这一系统构建了表达绿色荧光蛋白的重组减毒鼠伤寒沙门菌，并分析了重组菌的感染动力学及其与抗原提呈细胞的相互作用。张辉等构建了表达红色荧光蛋白（RFP）重组减毒鼠伤寒沙门菌X4550（pYA3333–DsRed），分析其口服感染后在小鼠体内定位的情况。重组菌分别感染巨噬细胞RAW264.7和骨髓源树突状细胞（bone marrow–derived dendritic cell，BMDC），并用流式细胞术检测红色荧光细胞的荧光强度。此外，以不同剂量重组菌口服免疫BALB/c小鼠，并于免疫后1、2、3、5、7d取小鼠脾、肝、肠系膜淋巴结（mesenteric lymph node，MLN）、派伊尔氏结（Peyer's patches，PP）、腹股沟淋巴结（inguinal lymph node，ILN）细胞，检测各组织器官中的红色荧光阳性细胞百分率。重组菌对RAW264.7细胞和BMDC均具有良好的侵袭力。口服小鼠后第1天，仅在肠系膜淋巴结及派伊尔氏结中检测到RFP阳性细胞，其中派伊尔氏结中阳性细胞达到1.4%；第2天，在腹股沟淋巴结中达到0.4%；第3天，各个组织器官中RFP阳性细胞均有上升趋势，此时在脾、肝中也检测到RFP阳性细胞；第5天，RFP阳性细胞均减少；第7天则未检测到任何RFP阳性细胞。

减毒鼠伤寒沙门菌具有良好的侵袭力，其黏膜移行方式以及对免疫组织器官靶向定位性，在优化黏膜疫苗以及提高疫苗免疫效力等方面都具有重要作用。张辉等分别构建了表达结核分支杆菌ESAT-6及CFP-10蛋白的重组鼠伤寒沙门菌X4550（pYA3333-esat）和X4550（pYA3333-cfp），滴鼻免疫C57BL/6小鼠后发现，两者均能诱导产生ESAT-6和CFP-10特异性的免疫应答。曾瑜虹等构建了表达鸡传染性支气管炎病毒N基因的减毒鼠伤寒沙门菌X4550（pYA3342-N），该菌在鸡体内呈现较好的安全性，并能在体内稳定存在。免疫2周后，即可明显地产生血清IgG抗体和黏膜IgA抗体，并能提供针对强毒攻击的免疫保护。赵红妮等构建了表达猪繁殖与呼吸综合征病毒（PRRSV）的GP3蛋白的重组菌X4550（pYA3341-ORF3），小鼠口服免疫重组菌后可检测到抗GP3蛋白抗体。

另外，将原核启动子Ptrc和加强型绿色荧光蛋白（EGFP）基因插入至真核表达质粒pVAX1真核启动子Pcmv的下游，构建的具有真核和原核启动子的双表达杂合质粒pVAXD-EGFP，分别转化X4550和转染COS-7细胞发现，重组菌X4550（pVAXD-EGFP）表达EGFP的量与仅以原核方式表达EGFP的X4550（pYA3334-EGFP）相当；将质粒pVAXD-EGFP转染COS-7细胞后，EGFP可在COS-7细胞内表达，显示了其在新型重组菌疫苗方面的诱人前景。

猪霍乱沙门菌C500是一株具有良好免疫原性的弱毒株，在我国仔猪副伤寒控制中发挥了重要作用，但该毒株仍有一定的残余毒力。为了研制更加安全并保持C500株良好免疫原性的弱毒株，以及将C500开发为适于黏膜免疫的疫苗载体，徐引弟等构建了猪霍乱沙门菌C500株△crp△asd双缺失株平衡致死载体系统。胡娇等构建了猪霍乱沙门菌C500△asd缺失株宿主载体平衡致死系统，该缺失株与其亲本株的表型、生长特性基本一致，而其毒力有所下降。在此基础上，构建的重组菌C500△asd（pYA3334-F）株在小鼠和鸡体内诱导产生针对新城疫病毒F蛋白的特异性抗体，初步证明该系统作为活疫苗载体的可行性，为深入研究以C500△asd缺失株作为疫苗载体奠定了基础。赵战勤等的研究表明，携带平衡表达质粒pYA3493的重组菌C500△asd（pYA3493）腹腔感染

BALB/c小鼠的LD_{50}为1.1×10^7 CFU，口服接种仔猪后，未见明显发病症状，与C500无显著差别。携带重组质粒pYA3493-F1P2（含有支气管败血波氏杆菌抗原基因fhaB的Type I区域和prn的R2区域）的重组菌株C500△asd（pYA3493-F1P2）能够稳定遗传重组质粒及其外源基因片段，并能稳定、高效、分泌性表达外源保护性抗原。满晓营等利用平衡致死系统构建表达产类志贺毒素大肠杆菌（Shiga-like toxin Escherichia coli，SLTEC）保护性抗原的减毒猪霍乱沙门菌，在体外没有选择压力的条件下重组菌能稳定地繁殖、生长和传代，为发展猪水肿病-副伤寒的口服疫苗奠定了初步基础。张明亮等构建了猪霍乱沙门菌C78-1株△crp△asd双基因缺失株，为开发以C78-1为载体的口服疫苗奠定了基础。

减毒鸡伤寒沙门菌asd缺失株具有鸡伤寒沙门菌载体疫苗的潜能。试验证明，表达新城疫病毒F蛋白的重组菌给雏鸡肌内注射，能产生针对F蛋白的IgG抗体，因此，可以用于新城疫新型疫苗的研究。耿士忠等优化了敲除asd基因的方法，并构建了鸡伤寒沙门菌asd基因缺失株，为鸡伤寒沙门菌载体疫苗的研究奠定了基础。

② 利用沙门菌鞭毛系统展呈外源抗原：将外源基因插入沙门菌鞭毛蛋白基因的可变区，可以获得展呈外源抗原的嵌合鞭毛蛋白。细菌鞭毛蛋白是常用的模式抗原，是TLR5的配体，与之结合后可诱导产生天然免疫应答，并能帮助建立针对外源抗原的获得性免疫应答，从而显示出鞭毛蛋白的免疫佐剂特性。焦新安等构建了沙门菌鞭毛蛋白基因fliC高效表达系统。在此基础上，张国强等应用转化转导法将含有沙门菌II相鞭毛蛋白基因$FljB^{enx}$的重组质粒pHI104导入无鞭毛的减毒菌株SL5928（△aroA，FliCgp：Tn10）中获得了表达。为了研究沙门菌鞭毛蛋白展呈外源抗原后所诱导的特异性免疫应答，张辉等构建了鞭毛中嵌合表达结核分支杆菌ESAT-6蛋白的重组都柏林沙门菌SL5928（fliC/esat），ESAT-6的表达不会影响鞭毛自身特性。以该重组菌滴鼻免疫C57BL/6小鼠后发现，经沙门菌鞭毛系统运送，能够诱导ESAT-6抗原特异的细胞及黏膜免疫应答。游猛等构建了展呈H5N1亚型禽流感病毒M2e表位的重组沙门菌SL5928（fliC/M2e2），将嵌合蛋白fliC/M2e2皮下注射免疫C3H/HeJ小鼠，能够诱导机体产生针对M2e表位的特异性抗体。将约氏疟原虫环子孢子蛋白中的$CD8^+$T细胞表位（CS280-288）基因插入鞭毛蛋白$fliC^d$基因的高变区，能在无鞭毛减毒都柏林沙门菌疫苗株表面展呈嵌合鞭毛蛋白，用重组菌或融合蛋白免疫小鼠后，均能激发CS280-288多肽特异性的$CD8^+$T细胞应答。

③ 利用Ⅲ型分泌系统运送外源抗原：沙门菌感染宿主细胞后，能够通过其Ⅲ型分泌系统（type Ⅲ secretion system，T3SS）分泌效应蛋白来调节细胞功能。T3SS的运送机制也可以被用于疫苗的研究，利用T3SS效应蛋白与外源蛋白的融合表达，通过MHC I类抗原提呈途径，激发产生有效的CTL应答。SopE蛋白是一种常见的T3SS效应蛋白，用融合

表达SopE-SIV-Gag蛋白的重组沙门菌免疫猕猴后，能够刺激猕猴产生猴免疫缺陷病毒（SIV）特异性黏膜免疫应答。融合表达SopE（N-端80个氨基酸）与结核分支杆菌早期分泌抗原ESAT-6和CFP-10的重组减毒沙门菌口服免疫小鼠后，能提供针对结核分支杆菌H37Rv菌株攻击的免疫保护，产生了ESAT-6特异性抗体以及ESAT-6或CFP-10特异性IFN-γ和TNF-α。T3SS效应蛋白SptP蛋白也可用于疫苗研究。融合表达沙门菌T3SS效应蛋白SptP与艾美耳球虫抗原的重组鼠伤寒沙门菌，能诱导鸡体产生特异性体液免疫应答和细胞免疫应答，可提供针对艾美耳球虫攻击的免疫保护。融合表达效应蛋白SseF与肿瘤抗原TAA的重组沙门菌，也可以用于肿瘤疫苗的研究。融合表达肠炎沙门菌T3SS 2型效应蛋白SspH2蛋白与大肠杆菌EscI的重组沙门菌感染宿主细胞后，能够增强炎性体的活化，静脉注射免疫后，能够增强强毒菌株攻击的免疫保护效力，有助于炎性体机制的进一步研究。

众多的研究已经表明，沙门菌载体原核表达系统具有较好的应用前景，但也存在不足之处，如在某些情况下，原核细胞不能修饰蛋白质（如糖基化）。

2. 沙门菌载体运送DNA疫苗

（1）沙门菌运送质粒DNA的释放 运送DNA疫苗的减毒沙门菌被吞噬细胞吞噬后局限在吞噬小泡中，质粒DNA是如何离开吞噬泡而进入胞液的，目前对这一机制尚不完全明了。早期的研究普遍认为，吞噬泡内细菌因营养缺陷而死亡裂解后释放出的质粒DNA，可能通过渗漏的方式从吞噬泡进入细胞质中。随后的研究中，人们认为也很有可能与细菌自身的特定转运机制有关，如在一些革兰阴性菌中存在的III型分泌系统，可将菌体蛋白注入细胞质中，同样的机制也可能用于使质粒DNA穿过溶酶体膜进入细胞质。在体外试验中，不具有逃离吞噬泡功能的重组沙门菌可将质粒DNA传递给腹腔原代巨噬细胞和树突状细胞；而对于离体培养的细胞系，这种传递效率则极为低下。研究者认为，在不同的细菌与细胞之间很有可能存在特定的通道，进行物质从溶酶体到细胞质的传递。

（2）诱发免疫应答的机制 Darji等最初的研究表明，口服接种重组减毒沙门菌后，能够诱导机体产生细胞毒T细胞免疫应答、辅助性T细胞免疫应答以及体液免疫应答。随后，其他的研究小组也证明，这种类型的DNA疫苗免疫接种，能够有效激发机体产生特异性T细胞免疫应答，但是特异性的体液免疫应答只在特定的情况下发生。因此，很有必要了解沙门菌运送的DNA疫苗黏膜途径接种诱导机体产生免疫应答的机制，以便更好地利用和开发这一系统。

重组沙门菌口服接种后，通过宿主肠道派伊尔结中的M细胞突破肠道屏障，然后被位于皮下穹隆区的抗原提呈细胞（巨噬细胞和树突状细胞）捕获；在这些吞噬细胞中，细菌开始繁殖并最终由于代谢减毒导致死亡，运送的外源表达质粒得以释放并在被感染细胞中表达。Urashima等在派伊尔结中发现大量抗原表达细胞，同时，被感染的吞噬细胞被激活，开始向其他部位迁移，如肠系膜淋巴结以及脾脏。由于表达的外源抗原主要停留在抗原提呈细胞的胞质，因此，这些只能作为重组沙门菌诱导机体产生MHC I 类分子依赖的免疫应答的理论依据。但MHC II 类分子依赖的T细胞免疫应答和体液免疫应答在这种类型的免疫中也能够被诱导产生，其机理有待进一步阐明。沙门菌感染巨噬细胞后能够诱导其发生凋亡，目前已经发现有两种类型的凋亡存在：一种主要是由沙门菌 I 型毒力岛中的毒力因子诱导，并依赖于宿主细胞中的溶细胞蛋白酶——Caspase I ，这种类型的凋亡（pyroptosis）为重组菌由派伊尔结向其他深层器官迁移所必需。Caspase I 基因缺失的小鼠对沙门菌的口服感染表现出很强的抵抗力，并且重组菌不能由派伊尔结向其他深层器官迁移。另一种类型的细胞凋亡需要接种后24h才能被激活，主要是由沙门菌 II 型毒力岛中的毒力因子诱导，并部分依赖于宿主细胞中的溶细胞蛋白酶——Caspase I 。沙门菌感染巨噬细胞后，可引起细胞发生凋亡，且在培养上清液中发现了胞质内成分。因此，口服沙门菌介导的DNA疫苗也许正是通过诱导宿主细胞的凋亡导致表达的外源抗原外泄，从而被旁观的树突状细胞吞噬，进而通过MHC I 类和MHC II 类分子两种途径提呈抗原。同时，也存在另外一种可能性，即旁观树突状细胞将发生凋亡的完整吞噬细胞吞噬，然后进行抗原的加工，进而通过MHC II 类分子依赖途径提呈抗原，这种现象称之为抗原的交叉提呈。

所以，沙门菌运送的DNA疫苗诱导机体产生免疫应答的机制可能是，沙门菌感染APC后由于基因减毒发生死亡，外源抗原在胞质中表达，从而通过MHC I 类途径提呈抗原；同时，由于沙门菌感染诱导宿主细胞发生凋亡，这些凋亡细胞被淋巴样树突状细胞吞噬后，外源抗原得以重新加工，从而通过MHC I 类和MHC II 类两种途径进行抗原提呈。

沙门菌运送DNA疫苗诱导机体体液免疫应答的另一种解释是，位于固有层的树突状细胞可以将其触角伸到肠腔中来捕获抗原；同样，它也可以利用这种机制来捕获携带DNA疫苗的减毒沙门菌，并将其携带的外源抗原运送到深一层淋巴器官，进而激发机体产生免疫应答。

（3）非抗性筛选DNA疫苗载体及沙门菌运送系统　目前，商品化的DNA疫苗载体中均含有抗生素抗性基因作为选择性标记，而细菌的抗生素耐药性问题日益严重，因此，DNA疫苗上的抗性基因成为阻碍DNA疫苗发展和大规模应用的一大障碍。减毒鼠伤寒沙门菌载体被证实是传递DNA疫苗的理想工具，但作为运送DNA疫苗的载体，沙门菌被细胞吞噬后不能逃离至细胞胞液。另外，外源高拷贝质粒在沙门菌中通常不稳定，特别是含氨苄青霉素抗性基因（bla）的高拷贝质粒在沙门菌中不稳定。针对上述问题，江苏省人兽共患病学重点实验室开展了非抗性筛选DNA疫苗载体及沙门菌运送系统的研究工作。

① 非抗性筛选DNA疫苗载体pPL：将沙门菌*asd*基因引入DNA疫苗载体pVAX1，同时破坏pVAX1的卡那霉素抗性基因，从而将沙门菌致死平衡系统引入DNA疫苗，构建不以抗性基因为筛选标记的DNA疫苗载体pPL。pPL质粒的特点是以二氨基庚二酸（DAP）作为营养缺陷型选择，而无需抗生素选择。以加强型绿色荧光蛋白（EGFP）基因作为报告基因，构建表达EGFP的真核表达质粒pPL–EGFP。将pPL–EGFP转染P815细胞后可观察到强荧光。以提取的pPL–EGFP质粒分别于0、3、6周肌内注射免疫BALB/c小鼠，小鼠可产生抗EGFP抗体，其水平稍高于含卡那霉素抗性基因的EGFP真核表达质粒pVAX1–EGFP所诱生的抗体。以H5亚型禽流感病毒血凝素（HA）基因作为目的基因，构建表达血凝素的真核表达质粒pPL–HA。将pPL–HA转染P815细胞后可观察到强荧光。用构建的pPL–HA以4周的间隔以肌内注射的方式两次免疫BALB/c小鼠，部分免疫小鼠可以检测到ELISA抗体效价，二免后4周用P815–HA细胞腹部皮下接种试验小鼠进行肿瘤细胞攻击，结果免疫组小鼠均未形成肿瘤，而阴性对照和空白对照组小鼠均在接种部位形成实体瘤，说明免疫小鼠可能产生了血凝素蛋白表位特异性CTL。这表明pPL–HA对小鼠有良好的免疫原性，能够同时激发细胞免疫应答和体液免疫应答。

② 鼠伤寒沙门菌SL7207 *SifA*突变株SL7207*：鼠伤寒沙门菌是一种能够感染多种哺乳动物革兰阴性兼性胞内菌，它侵入细胞后存在于独特的囊膜结构——含沙门菌囊泡（*Salmonella* containing vacuole，SCV）中；沙门菌通过毒力岛2的Ⅲ型分泌系统分泌效应分子干扰宿主细胞的杀菌机制，修饰SCV使其适合沙门菌的生存，这些效应分子在沙门菌感染的不同阶段、不同的方面起作用。SifA是SPI–2 Ⅲ型分泌系统分泌的一种效应分子，一个有趣的发现是SCV膜的稳定依赖于SifA，*SifA*基因突变的沙门菌不能维持SCV膜的完整性，沙门菌被释放至细胞胞质中。利用常规P22噬菌体转导技术，构建鼠伤寒沙门菌疫苗株SL7207的*SifA*突变株SL7207*。SL7207*和SL7207都能有效侵入MDCK上皮细胞和RAW264.7巨噬细胞，两种细菌的侵袭力无明显差异。但SL7207*和SL7207感染MDCK细胞和RAW264.7细胞后，呈现出不同的生存和增殖能力。SL7207*在MDCK上皮细胞中的增殖能力超过了SL7207，在感染后8h，SL7207*增殖倍数达到约28倍，而SL7207仅增殖6~7倍。在高倍显微镜下可看到SL7207*感染的MDCK细胞中有相当一部分胞质中充满快速游动的细菌，而SL7207感染孔仅有少数细胞有此现象。两种细菌在RAW264.7巨噬细胞中的生存能力与MDCK细胞中大不相同，SL7207在RAW264.7细胞中在24h的区间内有一个小幅度的增殖（约3倍），而SL7207*在RAW264.7细胞中生存力下降，24h有约80%的细菌死亡。

SL7207*和SL7207分别以静脉接种或腹腔接种的方式混合感染BALB/c小鼠，结果显示，SL7207*在小鼠体内的毒力降低，腹腔内免疫和静脉免疫所得结果类似。为进一步测定沙门菌的毒力变化，BALB/c小鼠分别腹腔内感染SL7207*和SL7207。与SL7207相比，SL7207*在小鼠体内的生存能力下降，与此对应的是，SL7207感染组的小鼠脾脏重量在14d内不断增加，而SL7207*感染组的小鼠脾脏重量在感染初期（前3d）增加，随后保持稳定。两组小鼠脾脏重量在14d时有显著差异。将质粒pEGFP–N1分别转化进SL7207和SL7207*，重组菌感染RAW264.7细胞，荧光显微镜观察发现在24h，SL7207*（pEGFP–N1）感染孔有少量细胞发出强烈的绿色荧光，细胞的荧光可持续至72h；SL7207（pEGFP–N1）感染孔未发现发出荧光的细胞。

③ 稳定运送DNA疫苗的重组沙门菌：通过除去真核表达质粒pcDNA3.1+中的*bla*基因的启动子序列，构建新的真核表达质粒pmcDNA3.1+。通过电转化法将pmcDNA3.1+和pcDNA3.1+转入减毒鼠伤寒沙门菌SL7207中，筛选鉴定获得重组细菌，分别命名为SL7207（pmcDNA3.1+）和SL7207（pcDNA3.1+）。在含50μg/mL氨苄青霉素LB平板上，37℃培养18h后，SL7207（pcDNA3.1+）的菌落周围形成明显的卫星菌落，而SL7207（pmcDNA3.1+）的平板上菌落界限清楚，周围没有卫星菌落。

重组沙门菌SL7207（pmcDNA3.1+）在体外具有良好的稳定性。SL7207（pcDNA3.1+）中的质粒在含50μg/mL氨苄青霉素的LB平板上很不稳定，培养16h后就有约50%的质粒丢失；提高氨苄青霉素的浓度至100μg/mL或200μg/mL能提高16h和24h的质粒稳定性，但该稳定性不能维持至36h。与此形成对照的是，SL7207（pmcDNA3.1+）在含三种不同氨苄青霉素浓度的LB平板上均稳定，培养16h和24h都未发现质粒丢失，SL7207（pmcDNA3.1+）仅在50μg/mL平板上培养36h出现约8%的质粒丢失。SL7207（pcDNA3.1+）接种含氨苄青霉素的LB液体培养基后，在细菌生长的早指数期（OD600≤0.2）能很好地保持质粒的稳定性，但随后质粒很快丢失；而在不含抗生素的LB液体培养基中，质粒迅速丢失。SL7207（pmcDNA3.1+）接种含与不含氨苄青霉素的LB液体培养基都能保持很高的质粒稳定性。重组沙门菌SL7207（pmcDNA3.1+）在体内也具有良好的稳定性。SL7207（pcDNA3.1+）在小鼠体内不稳定，在第1天约有65%的质粒丢失，第3天99%的质粒丢失，到第7天100%质粒丢失；而SL7207（pmcDNA3.1+）在体内却相当稳定，在免疫后的第7天携带质粒的重组菌仍保持95%以上。

以禽流感病毒、新城疫病毒为研究对象，构建重组沙门菌，重组菌能激发小鼠或鸡产生高水平的体液免疫应答和黏膜免疫应答，并能给鸡提供良好的免疫保护。

（4）减毒沙门菌运送动物DNA疫苗

① 应用于细菌疫苗：Darji等将运送李斯特菌溶血素DNA疫苗的重组减毒鼠伤寒沙门

菌口服免疫小鼠，诱导产生了显著的细胞免疫应答与体液免疫应答，并能保护小鼠免受到死量李斯特菌的攻击。此外，Darji等还发现沙门菌介导的DNA疫苗免疫可诱导免疫记忆，滴鼻和口服途径接种都可诱发全身免疫应答，口服免疫可在肠道而不在肺部产生黏膜抗体，滴鼻免疫在肺部而不在肠道产生黏膜抗体。Pasetti等构建了携带表达破伤风毒素C2末端（FragC）真核表达质粒的重组伤寒沙门菌，并通过滴鼻途径免疫小鼠，结果表明，免疫小鼠血清中产生了高滴度的IgG类抗体，并有效诱导了小鼠的Th1和Th2应答。

② 应用于病毒疫苗：由于病毒的保护性抗原蛋白多为糖基化蛋白，而DNA疫苗的优势之一在于对细胞内表达的蛋白可进行有效的糖基化与折叠，最大限度地保证了蛋白的抗原性，因此减毒沙门菌在运送病毒性DNA疫苗上得到极为广泛的应用。携带鸡传染性法氏囊病病毒完整多聚蛋白VP2 /4 /3 DNA疫苗的减毒沙门菌，口服免疫7日龄雏鸡后显示了良好的安全性，对传染性法氏囊病病毒攻击的保护率达到73.3%。将含新城疫病毒（NDV）F48E9株融合蛋白（F）基因的真核表达质粒pcDNA3−F的减毒鼠伤寒沙门菌ZJ111（pcDAN3−F）两次口服接种雏鸡后，能诱导雏鸡产生抗NDV抗体，而且能诱导法氏囊B淋巴细胞和胸腺T淋巴细胞的增殖反应，对强毒株攻击的保护率为66.7%。将含NDV融合蛋白基因的真核表达质粒pVAX1−F的重组减毒鼠伤寒沙门菌SL7207（pVAX1−F）口服免疫1日龄商品代伊莎褐蛋鸡，可激发机体产生体液免疫应答和黏膜免疫应答，并能抵抗F48E8强毒株的攻击，免疫保护率为77.27%。焦红梅等构建的减毒沙门菌介导的鸡传染性支气管炎病毒、小鼠肝炎病毒DNA疫苗具有良好的免疫原性，既可激发小鼠或鸡产生特异性体液免疫应答，又可激发其产生局部的黏膜免疫应答。此外，减毒沙门菌作为载体还被应用于禽流感病毒、猪传染性胃肠炎病毒及呼吸道合胞体病毒等病毒性疾病的疫苗研究。

③ 应用于寄生虫疫苗：将含有鸡柔嫩艾美耳球虫5401基因的真核表达质粒转入减毒沙门菌ZJ111中，通过口服免疫接种3日龄雏鸡，结果表明，重组沙门菌具有良好的安全性，重组质粒在细菌中较为稳定，重组沙门菌免疫鸡后可诱导产生鸡柔嫩艾美耳球虫抗体，且能显著增强淋巴细胞增殖水平，对鸡柔嫩艾美耳球虫攻毒保护力可达57.5%。将编码鼠弓形虫表面抗原蛋白的SAG1的真核表达质粒转入减毒沙门菌ZJ111中，以不同剂量口服接种小鼠，结果显示，重组沙门菌有效诱导了接种小鼠产生SAG1抗体，且抗体水平与免疫剂量相关，免疫小鼠体内检测到了高水平的IFN−γ，表明诱导了Th1型免疫应答，攻毒试验显示重组菌免疫小鼠的死亡率有效减少了20%。

3. Prime-boost免疫策略 用一种疫苗进行初始免疫，然后用另一种或多种其他形式的疫苗加强免疫，这种免疫策略称为prime−boost免疫策略。其中，用同一种形式的疫苗反复多次免疫的程序叫同源prime−boost策略，用含有相同抗原的不同形式的疫苗反复多次免疫的程序叫异源prime-boost策略。多数情况下，异源prime-boost策略的免疫原性要高于同源prime-boost。异源prime-boost策略对靶抗原的免疫应答加强作用有协同效应，这种协同作用表现在抗原特异性T细胞数目的增加、高亲和力T细胞选择性富集以及免疫保护效力的提高等。用一种形式的疫苗进行初始免疫时，抗原提呈细胞表面会同时提呈靶抗原分子和载体分子，抗原提呈细胞刺激初始T细胞成为成熟的效应T细胞，此时淋巴结内被激活的T细胞分为两种，即抗原特异性T细胞和载体特异性T细胞。接下来用另外一种含有相同抗原的不同形式疫苗免疫时，靶抗原被再次提呈，提呈靶抗原的抗原提呈细胞激活记忆性T细胞，使之增殖；而针对初免载体的特异性记忆T细胞则不能被激活，从而使抗原特异性T细胞协同增殖。

虽然减毒沙门菌运送DNA疫苗能诱导全面的免疫应答，而且能引起长期的免疫记忆。然而，重组菌诱导以细胞免疫应答为主，抗体水平较弱，保护效果不够理想。而灭活疫苗或基因工程构建的重组蛋白疫苗一般均能诱导机体产生高滴度的抗体，但其诱导的细胞免疫水平常显不足，保护效果有限。采用DNA疫苗与蛋白疫苗联合免疫可发挥两种疫苗在机体内诱导免疫应答的不同优势，从而增强疫苗诱导机体产生特异性免疫应答的效果。近年来，在布鲁菌病、疟疾、弓形虫病、结核病和艾滋病等疫苗的研究中发现，用DNA疫苗初免继而用相应蛋白疫苗加强免疫后，其免疫应答水平和保护性免疫效果均较单一DNA疫苗或单一蛋白疫苗增高。

潘志明等构建了含有H9亚型禽流感病毒血凝素（HA）基因的重组真核表达质粒pCAGGS-HA。重组质粒电转化减毒鼠伤寒沙门菌SL7207，获得重组沙门菌SL7207（pCAGGS-HA）。重组菌SL7207（pCAGGS-HA）2次口服免疫1日龄商品代伊莎褐蛋鸡后，再以油乳剂灭活疫苗加强免疫1次。联合免疫组和重组菌单独免疫组的小肠黏膜抗体效价与其他组之间存在显著差异，且两组的攻毒免疫保护水平与空载体组之间差异显著，其中联合免疫组的免疫保护率最高，达100%，而灭活苗免疫组保护率为80%，表明减毒沙门菌介导的H9亚型禽流感DNA疫苗与灭活疫苗联合应用具有良好的免疫协同作用。程宁宁等将H9N2亚型禽流感病毒的HA基因克隆入pmcDNA3.1+载体中，获得重组质粒pmcDNA3.1-HA。通过电穿孔法转入减毒鼠伤寒沙门菌SL7207，构建沙门菌介导的黏膜DNA疫苗SL7207（pmcDNA3.1-HA）。用该重组菌分别于1、14日龄免疫商品代伊莎褐蛋鸡，28日龄再免疫灭活油乳苗，并设立重组菌单独免疫组、油苗免疫组、空载体免疫组及空白对照组（各组均免疫三次）。结果表明，联合免疫组和重组菌单独免疫组能激发机体产生黏膜免疫应答，且与其他试验组之间存在显著性差异。联合免疫组和重组菌单独免疫组的免疫保护力均与空载体组、空白对照组有显著差异，且联合免疫组的免疫保护率最高，达100%。说明DNA疫苗与灭活油乳苗联合应用具有良好的免疫协同作用。

参考文献

冯忠武. 2007. 动物生物疫苗[M]. 北京：化学工业出版社.

焦凤超. 2005. 减毒沙门氏菌运送的H5亚型禽流感病毒口服DNA疫苗的免疫效力研究[D]. 扬州大学硕士学位论文.

李云云, 郭万柱. 2013. 减毒沙门氏菌载体在兽用疫苗研发中的应用[J]. 广东畜牧兽医科技, 38 (4)：9－16.

刘秉春, 崔新洁, 罗新松, 等. 2013. 核酸疫苗初免－蛋白疫苗加强的免疫策略提高日本血吸虫核酸疫苗免疫效果[J]. 生物工程学报, 29 (6)：814－822.

潘志明, 蔡雯婷, 刘萌, 等. 2007. Toll样或非Toll样配体佐剂研究进展[J]. 动物医学进展, 28 (11)：54－58.

孙树汉. 2005. 核酸疫苗[M]. 上海：第二军医大学出版社.

王玉倩. 2013. 腺病毒初免蛋白加强免疫策略联合DDA/MPL佐剂增强survivin/MUC1特异性抗肿瘤作用研究[D]. 吉林大学博士学位论文.

游猛, 潘志明, 方强, 等. 2012. 展呈H5N1亚型禽流感病毒M2e表位鞭毛蛋白的构建及其免疫原性[J]. 中国兽医科学, 42 (2)：119－125.

张明亮, 张春杰, 程相朝, 等. 2012. 猪霍乱沙门氏菌C78－1株△crp△asd缺失株平衡致死载体系统的构建及生物学特性研究[J]. 中国兽医科学, 42 (4)：373－379.

Braga CJM, Massisa LM, Sbrogio-Almeidac ME, et al. 2010. CD8[+] T cell adjuvant effects of *Salmonella FliC*[d] flagellin in live vaccine vectors or as purified protein [J]. Vaccine, 28(5): 1373－1382.

Chen LM, Briones G, Donis RO, et al. 2006. Optimization of the delivery of heterologous proteins by the *Salmonella enterica* serovar Typhimurium type III secretion system for vaccine development [J]. Infect Immun, 74(10): 5826－5833.

Davison F, Kaspers B, Schat KA. 2008. Avian Immunology [M]. London: Academic Press, 243－271.

Deguchi K, Yokoyama E, Honda T, et al. 2009. Efficacy of a novel trivalent inactivated vaccine against the shedding of *Salmonella* in a chicken challenge model [J]. Avian Dis, 53(2): 281－286.

Desin TS, Köster W, Potter AA. 2013. *Salmonella* vaccines in poultry: past, present and future [J]. Expert Rev Vaccines, 12(1): 87－96.

Dey AK, Srivastava IK. 2011. Novel adjuvants and delivery systems for enhancing immune responses induced by immunogens [J]. Expert Rev Vaccines, 10(2): 227－251.

Eddicks M, Palzer A, Hörmansdorfer S, et al. 2009. Examination of the compatibility of a *Salmonella Typhimurium*-live vaccine Salmoporc for three days old suckling piglets [J]. Deut Tierarztl Woch, 116(7): 249－254.

Evans DT, Chen LM, Gillis J, et al. 2003. Mucosal priming of simian immunodeficiency virus-specific cytotoxic T-lymphocyte responses in rhesus macaques by the *Salmonella* type III secretion antigen delivery system [J]. J Virol, 77(4): 2400–2409.

García A, De Sanctis JB. 2014. An overview of adjuvant formulations and delivery systems. APMIS, 122(4): 257–267.

Geng SZ, Jiao XA, Pan ZM, et al. 2009. An improved method to knock out the *asd* gene of *Salmonella enterica* serovar Pullorum [J]. J Biomed Biotechnol, 646380.

Gupta SK, Deb R, Dey S, et al. 2014.Toll-like receptor-based adjuvants: enhancing the immune response to vaccines against infectious diseases of chicken [J]. Expert Rev Vaccines, 13(7): 909–925.

Hermesch DR, Thomson DU, Loneragan GH, et al. 2008. Effects of a commercially available vaccine against *Salmonella enterica* serotype Newport on milk production, somatic cell count, and shedding of *Salmonella* organisms in female dairy cattle with no clinical signs of salmonellosis [J]. Am J Vet Res, 69(9): 1229–1234.

Konjufca V, Jenkins M, Wang S,et al. 2008. Immunogenicity of recombinant attenuated *Salmonella enterica* serovar Typhimurium vaccine strains carrying a gene that encodes *Eimeria tenella* antigen SO7 [J]. Infect Immun, 76(12): 5745–5753.

Konjufca V, Wanda SY, Jenkins MC, et al. 2006. A recombinant attenuated *Salmonella enterica* serovar Typhimurium vaccine encoding Eimeria acervulina antigen offers protection against *E. acervulina* challenge [J]. Infect Immun, 74(12): 6785–6796.

Methner U, Barrow PA, Berndt A, et al. 2011. *Salmonella* Enteritidis with double deletion in phoP fliC-A potential live *Salmonella* vaccine candidate with novel characteristics for use in chickens [J]. Vaccine, 29(17): 3248–3253.

Methner U, Barrow PA, Berndt A. 2010. Induction of a homologous and heterologous invasion-inhibition effect after administration of *Salmonella* strains to newly hatched chicks [J]. Vaccine, 28(43): 6958–6963.

Methner U, Haase A, Berndt A, et al. 2011. Exploitation of intestinal colonisation-inhibition between *Salmonella* organisms for live vaccines in poultry: potential and limitations. Zoonoses Public Hlth, 58(8): 540–548.

Nishikawa H, Sato E, Briones G, et al. 2006. In vivo antigen delivery by a *Salmonella typhimurium* type III secretion system for therapeutic cancer vaccines [J]. J Clin Invest, 116(7): 1946–1954.

Penha Filho RAC, de Paiva JB, da Silva MD, et al. 2010. Control of *Salmonella* Enteritidis and *Salmonella* Gallinarum in birds by using live vaccine candidate containing attenuated *Salmonella* Gallinarum mutant strain [J]. Vaccine, 28(16): 2853–2859.

Rychlik I, Karasova D, Sebkova A,et al. 2009. Virulence potential of five major pathogenicity islands (SPI–1 to SPI–5) of *Salmonella enterica* serovar Enteritidis for chickens [J]. BMC Microbiol, 9: 268–275.

Saade F, Petrovsky N. 2012. Technologies for enhanced efficacy of DNA vaccines [J]. Expert Rev Vaccines, 11(2): 189–209.

Shams H, Poblete F, Russmann H, et al. 2002. Induction of specific CD8$^+$ memory T cells and long lasting protection following immunization with *Salmonella typhimurium* expressing a lymphocytic choriomeningitis MHC class I-restricted epitope [J]. Vaccine, 20(3–4): 577–585.

Springer S, Lindner Th, Ahrens M, et al. 2011. Duration of immunity induced in chickens by an attenuated live *Salmonella* enteritidis vaccine and an inactivated *Salmonella* enteritidis/typhimurium vaccine [J]. Berl Munch Tierärztl, 124(3–4): 89–93.

Wang S, Kong Q, Curtiss R 3rd. 2013. New technologies in developing recombinant attenuated *Salmonella* vaccine vectors. Microb Pathog, 58: 17–28.

Xiong G, Husseiny MI, Song L, et al. 2010. Novel cancer vaccine based on genes of *Salmonella* pathogenicity island 2 [J]. Int J Cancer, 126(11): 2622–2634.

Zhu X, Zhou P, Cai J, et al. 2010. Tumor antigen delivered by *Salmonella* III secretion protein fused with heat shock protein 70 induces protection and eradication against murine melanoma [J]. Cancer Sci, 101(12): 2621–2628.

第十一章
预防与控制

第一节　防控策略

　　预防沙门菌病应加强饲养管理，消除发病诱因，保持饲料和饮水的清洁、卫生。采用添加抗生素的饲料添加剂，其不仅有预防作用，还可促进动物的生长发育；但应注意地区性抗药菌株的出现。如发现对某种药物产生抗药性时，应通过药敏试验选择相应的敏感药物。关于菌苗免疫，目前国内已研制出猪、牛、马的副伤寒菌苗，必要时可选择使用。对禽沙门菌病，目前国外已有使用禽副伤寒病菌苗，不过在禽类防控本病仍须严格贯彻消毒、隔离、检疫、药物预防等综合防控措施。对感染鸡群，应定期反复用凝集试验等进行检疫，将阳性鸡及可疑鸡全部淘汰，使鸡群净化。

　　若能对鸡群或火鸡群坚持采取完善的防控措施，就能培育出无鸡白痢和鸡伤寒的鸡群，并能保持之。通过采取一系列的防控措施，鸡白痢和鸡伤寒在几年内发病率就可以下降。建立无鸡白痢沙门菌和鸡伤寒沙门菌的种群，并将其后代置于不与感染鸡和感染火鸡直接或间接接触的环境中孵化和育雏，采取严格的生物安全措施，就可以保持禽群的洁净。

第二节　综合防控措施

　　目前，猪沙门菌感染的预防还不太可能。控制疾病的发生依赖于尽可能减少猪接触病菌的机会，最大限度地增强猪的抵抗力。采取全进全出的饲养管理方式，做好清洁卫生工作，及时消毒，严格控制猪及工作人员从潜在污染区进入清洁区，防止啮齿动物和昆虫进入饲养区，最大限度地降低接触传染源的机会；努力改善饲养管理及环境卫生，保持适当的饲养密度、干燥和舒适的猪栏、适宜的温度以及适宜的通风，最大限度地减少与沙门菌病暴发有关的应激因素；确诊的病猪应及时隔离治疗，结合药敏试验选择敏感的药物；耐过猪或治愈猪多数带菌，应隔离饲养，为了防止疾病传播，以淘汰为宜，决不能作种用；科学合理地选择、使用疫苗，用于预防猪沙门菌病的疫苗主要有多价副伤寒灭活苗、单价灭活苗和仔猪副伤寒弱毒冻干菌苗等；可以使用血清学方法监测猪群沙门菌感染，但还不能用来检测单个猪的感染状态。

由于沙门菌传入禽群或禽舍的来源和途径多样性，因此制定预防沙门菌感染关键措施的难度很大。在雏禽群引入禽舍之前，父母代种禽、孵化场及禽舍的感染或污染状态是最危险的因素。所以有效的防控措施必须要各个方面协调一致并同时进行。种蛋和雏禽应该保证来自确认无沙门菌的种群；种蛋应进行消毒并按严格的卫生标准进行孵化；进雏禽之前禽舍应按推荐的程序彻底清洗和消毒；禽舍的设计与管理中应考虑防止啮齿动物和昆虫的侵入，并定期检查；贯彻落实严格的强制的生物安全措施，严格限制人员和设备在禽舍和禽场之间流动；只用颗粒饲料或不含动物蛋白的饲料，把饲料污染的可能性降至最小；饮水必须确保纯净；使用药物、竞争性排斥微生物制剂或疫苗免疫，以降低家禽对沙门菌的易感性；最后应经常对禽群及环境的沙门菌污染状况进行监测。只有采取多方面的防控措施，才有可能成功地解决家禽感染沙门菌的难题。

一、管理措施

借鉴美国"国家家禽改良计划"，应从以下方面注意做好卫生消毒工作。

（一）禽群卫生

按照以下规范保持禽群的健康。

（1）雏禽应饲养于干净温暖的育雏室中，并与其他生长阶段的禽类及其他动物隔离。与后者接触的人员应特别注意鞋、手等消毒和衣服的更换，以防通过鞋、衣服和手传入病原。

（2）上一批养禽的场所不能直接作为新一批育成禽群的使用场所。如果不同日龄的家禽必须饲养在同一禽场，一旦感染任何传染病，育雏室和其他设施中的家禽必须全部清群。

（3）禽舍需要加设防鸟网，要有有效的灭鼠措施。禽舍邻近处严禁堆放粪便、垃圾和不需要的设备。禁止犬、猫、羊、牛、马和猪等其他动物进入养禽区域。参观者不得进入禽舍，授权人员需采取必要的措施以防病原引入。

（4）饲养前禽舍和设施应该彻底清洁和消毒。料槽和水槽应合理放置以免被粪便污染，并应经常清洁和消毒。设置承粪板或粪沟以避免家禽接触到粪便。

（5）后备种禽饲养密度应与禽舍的类型和位置相适应。保持垫料干燥，经常搅动垫料有助于减少垫料的湿度及表面粪便堆积。可建造板条或金属网地面来自由漏过粪便，以防止家禽与粪便接触。巢窝处应保持清洁，如需要，可及时替换干净的垫料。

（6）当禽群暴发疫病时，应取出死禽或病禽用专门的车辆送到实验室进行全面检测。所有分离到的沙门菌应进行血清学分型，实验室应全面记录一个地区每个禽群中所分离到的血清型。国家官方机构或各个地区的动物疫病控制监督机构能够获得这些分离株和血清型的记录，以便追踪感染来源。这些资料对制定有效的沙门菌控制措施是必要的。

（7）引进幼禽或成年禽时应避免引入传染病的风险。如需引进时，应对引进禽及其所在禽群的健康状态进行评估。

（8）对于育成或后备禽群，应采取合理有效的免疫程序。

（9）各种日龄的家禽应饲喂热加工过的颗粒饲料。合适的饲料颗粒化过程可以杀灭许多污染饲料原料的病原微生物。

（二）孵化用种蛋的卫生

应定期收集种蛋。为防止污染病原微生物，应遵守以下规范。

（1）用清洁消毒的容器（如蛋盘）收集种蛋。收集者在收蛋前后均需要用肥皂和清水洗手，穿干净的外套。

（2）脏污的种蛋不得用于孵化，必须用单独的容器收集。沾有少量尘土的种蛋可轻轻擦拭干净。

（3）孵化用种蛋应贮存于专门的贮蛋室，这样可将蛋的发汗程度降至最低。在每次取走蛋后，对贮蛋室的墙、顶、地面、门、加热器、加湿器进行清洁消毒。

（4）种蛋操作区域应每天清洁消毒。

（5）应采取有效的措施，防止啮齿类动物和昆虫的侵入。

（6）种蛋操作房或区域的设计、选址和建筑的选材应确保易于开展蛋的消毒程序，建筑物本身也能被简单、有效、经常性地消毒。

（7）所有种蛋运输车辆，在使用后均应清洁消毒。

（三）孵化场的卫生

有效预防和控制沙门菌和其他病原感染的程序应包括以下方面。

（1）制定并实施有效的孵化场卫生程序。

（2）孵化场的房间必须分隔成4个独立的操作区：种蛋接收、孵化和出雏、雏鸡/幼禽处理、蛋托和出雏篮的清洗。运输和气流方向应该从清洁区到污染区（如从孵化室到雏鸡/幼禽处理室），避免从污染区返回到清洁区。

（3）孵化场的房间以及房间中的桌子、架子和其他设备应经常彻底地消毒。所有孵化产生的废弃物、垃圾应焚烧或合理处理。盛放这些废弃物的容器，每次使用后必须清洁和消毒。

（4）每次孵化后均应彻底地清洁和消毒孵化托盘等孵化器配件。

（5）只有清洁种蛋才能入孵。

（6）只有新的或清洁消毒的蛋盒才能用于孵化种蛋的转运。污染的蛋盒填充物必须销毁。

（7）1日龄雏鸡、幼禽或其他刚出壳的家禽应装在清洁的盒子中，并使用新的垫纸。所有运输家禽的货箱和车辆在每次使用后均应清洁和消毒。

（四）清洁和消毒

1.　禽舍

（1）从禽舍中清理出所有活的"逃逸"家禽和死亡的家禽。掸去设备和其他暴露表面的灰尘。清空喂料系统和料盘中的剩余饲料，移到室外。拆开喂料设备，倾倒刮擦去除残留的饲料和沉积物。清洁料箱周边溢洒的饲料，清空料箱。淋洗消毒料箱内表面，晾干。

（2）将所有的垫料和粪便清除到隔离区域，让其中可能存在的任何病原微生物无法散播。有支原体感染史的禽舍清除垃圾前需关闭7d。

（3）彻底清洗禽舍内部表面和其他相关设备，如窗帘、通风管道和出口、风扇和风扇罩、百叶窗、喂料设备、饮水设备等。用高压高容量水枪（如976kg/m³或37.9L/min或更多）冲洗去除污物。用热肥皂水洗刷禽舍的墙壁和地面，水洗去除肥皂。

（4）采用合法的能够杀灭细菌、真菌、假单胞菌及结核分支杆菌的消毒剂，按使用说明喷洒消毒。

2.　孵化器和孵化室

（1）采用合法的能够杀灭细菌、真菌、假单胞菌及结核分支杆菌的清洁剂和消毒剂，按生产商推荐的稀释度使用。通过清扫、擦刮、真空抽吸、擦洗或高压水（如976kg/m³或37.9L/min或更多）冲洗去除松散的有机垃圾。移去蛋盘，所有控制系统和风机分别清洗。用热水（至少60℃）清洗孵化蛋盘和雏鸡分隔设备。以水流完全湿润天花板、墙壁、地板后用硬的鬃毛刷擦洗。应用能渗透进蛋白和脂质沉着物中的清洁剂/消毒剂，使这些化学药物在消毒表面至少作用10min，然后再冲洗。人工擦洗任何残留的有机沉着物，直到全部清除。用水冲洗直至墙上再无沉着物，尤其要注意靠近风机的出口。按从天花板到墙壁再到地面的顺序，小心地用清洁灭菌的橡胶刮板去除多余的水，避免再次污染已清洁区。

（2）更换清洁过的风扇和控制系统。更换蛋盘，最好是刚清洁过的。使孵化器恢复到正常工作温度。

（3）熏蒸消毒孵化器或在蛋转入之前进行孵化器消毒。

（4）如果孵化器既用于孵化又用于出雏，每次出雏后均需清洁。用真空吸尘器去除蛋盘上的灰尘和绒毛，然后整个孵化器需要吸尘、擦拭、熏蒸或消毒。

3. 种蛋和雏鸡/幼禽配送货车司机和工作人员在运输过程中必须遵守的生物安全措施

（1）离开主干道进入禽场汽车道前需用消毒药水彻底喷洒货车轮胎。

（2）人员从驾驶室里下来之前，穿上结实的一次性塑料靴或干净的橡胶靴。在进入禽舍之前穿上干净的工作服，带上头套。

（3）在装上鸡蛋或卸下雏鸡/幼禽后，脱去脏的工作服放在塑料垃圾袋中，放回车上时应确保干净工作服与脏的工作服分开。

（4）进入驾驶室前脱去靴子，将头套和一次性靴子留在禽场处理。

（5）用合适的消毒液消毒双手。

（6）返回孵化场或去下一个禽场需重复执行以上程序。

（五）熏蒸

熏蒸作为消毒程序的组成部分，可用于种蛋、孵化器或孵化室的消毒。

（六）建立隔离环境、保持良好的环境卫生和管理措施来控制沙门菌感染

1. 人员的生物安全措施 实施鸡白痢/鸡伤寒沙门菌净化、肠炎沙门菌监测和肠炎沙门菌净化工作的参与者必须遵守以下程序。

（1）除了在限制条件下，禁止外来人员参观，从而将沙门菌引入的风险降到最低。这种限制条件需得到官方机构的批准。

（2）种禽饲养场严格保持无市售家禽和其他家养的禽类。遵守官方机构批准的合适

隔离程序。

（3）按当地批准的方法处理所有的死亡家禽。

2.推荐程序

（1）避免引进沙门菌感染禽只。

（2）防止通过污染的设备、鞋类、衣服、车辆或其他机械方法获得的外源性间接传播。

（3）给种群提供足够的隔离条件，避免来源于感染禽群的气溶胶传播。

（4）最大限度地减少种群与野鸟的接触。

（5）建立鼠类控制措施，防止鼠害和虫害。

（6）优化免疫程序，适应于禽场和区域的需求。

（7）设备每次使用后都必须进行清洁消毒。

（8）准备干净鞋靴和完善的安全程序。

（9）在引入新一批禽只之前应清洁消毒禽舍。

（10）使用干净、干燥、无霉变的垫料。

（11）准确记录死亡损失。

（12）当发生不明死亡或出现疾病症状时寻求兽医诊断服务。

（13）采取并维持洁蛋程序。

（14）只能用清洁消毒的货箱和车辆从禽舍来回运送活禽。

（七）预防人工授精时疾病传播的推荐程序

（1）用于接送人工授精技术人员的车辆应尽量远离禽舍。

（2）人工授精技术人员须遵守个人清洁消毒程序：① 进入不同禽舍时应更换干净的外衣，使用过的外衣在洗涤前应分开摆放。操作家禽时戴的手套也应遵循同样的原则。② 进入不同禽舍时应穿着清洁消毒的鞋或鞋套。③ 准备一次性头套，进入禽舍使用后应丢弃。

（3）强力推荐使用各自输精管或类似技术。重复使用的授精设备使用前应进行清洁和消毒。不同禽舍的可移动设备不应串用。

（4）对无明显疾病的禽群进行人工授精。如果禽群授精开始后出现疾病表现，应停止操作并报告孵化场。

（5）采集精液时应小心防止粪便污染。如果确有粪便，应先除去粪便再进行采精。同样地，在给母鸡授精时也应防止粪便污染。

二、竞争排斥

鸡肠道微生物菌群随着日龄的增加会发生显著的变化。刚孵出的雏鸡肠道定植的细菌只有几种，主要来自孵化环境。出雏几个小时后，肠杆菌科的细菌、肠球菌和梭状芽孢杆菌定植于盲肠和消化道的其他部分，乳酸杆菌在采食后第3天定植。小肠内天然成熟的微生物菌群在出生后2周内形成，而盲肠微生物菌群需要4周以上时间才能增殖完全。盲肠微生物菌群最终以必要的厌氧菌为主，包括类杆菌属、梭菌属、消化链球菌属、厌氧链球菌属、丙酸杆菌属和双歧杆菌属的细菌，以及如芽殖菌属等出芽繁殖的细菌。已经从盲肠分离鉴定出40多种不同种类厌氧的革兰阴性和革兰阳性非芽孢杆菌和球菌，17种不同种类梭菌。除了梭菌外，类杆菌属和双歧杆菌属的代表性成员直到4周龄时才成为盲肠微生物菌群的主要成分。盲肠微生物菌群随日龄而增加的多样性已通过16s rRNA序列的宏基因组分析方法证实。这些方法可避免由于培养技术的缺陷而造成的偏差，如有些细菌可以分离，而另一些细菌不能分离。不管这些微生物菌群的最终组成是什么，由于它们的增殖相对比较慢，使得雏鸡对肠致病菌如沙门菌特别易感。

竞争排斥的定义是尽早建立成熟的微生物菌群以防后来的肠致病菌定植。相似的术语有定植抗性或竞争抑制，而竞争抑制这一术语似乎更为合适，因为在实际情况下沙门菌很难完全被排斥。虽然竞争排斥的机制还没有完全清楚，但微生物菌群可通过建立限制性生理环境、竞争肠道受体位点、竞争吸收营养成分、产生如细菌素和噬菌体等抗微生物组分、刺激免疫系统等方法抑制致病菌的定殖殖。

竞争排斥制剂的制备包括成分不确定或成分确定的培养物。可使用稀释的成年鸡嗉囊和胃肠道内容物来保护1日龄雏鸡感染婴儿沙门菌，而使用肠内容物厌氧肉汤传代培养物也可获得类似的保护效果。后者提供了更为方便和易处理的竞争排斥制剂，从而研制出第一个商品化的产品。因为来源于消化道其他部分的培养物对鼠伤寒沙门菌提供较差的保护，这种成分不确定的治疗制剂主要是盲肠内容物的培养物。通常使用改良Viande-Levure（VL）培养剂进行厌氧肉汤培养。这些培养物具有能连续传代许多次而不丧失效力的优点，而且病毒、原虫等非细菌性病原体在细菌性培养基上不能增殖，并随着传代培养而稀释。这些培养物也可以用培养或分子技术进行检测，以确保其中不含任何已知的细菌性病原体。为尽量减少将病原体从供体家禽转移到受体家禽的风险，可使用SPF鸡的粪便作为接种物。这种SPF鸡是通过经口接种能提供很好保护的商品鸡粪便培养物而获得肠道微生物菌群。这种方法可能避免由于SPF鸡肠道微生物菌群增殖缓慢而造成保护不足的问题。

研制成分确定治疗制剂的主要原因是避免检测人或动物病原体的要求，而且管理层终有一天会停止使用成分不确定的竞争排斥产品。新出生雏鸡喂服梭菌或粪肠球菌纯培养物，可在一定程度上防止鼠伤寒沙门菌的定植。用来源于盲肠内容物包含乳酸杆菌和其他兼性或专性厌氧菌等23株细菌培养混合物可提供保护。又有报道称，一种48株和65株细菌培养混合物可提供等同于成分不确定盲肠培养物的保护效力，而这些细菌培养混合物中以类杆菌属的细菌数量占优。与成分不确定盲肠培养物不同，这两种成分确定的细菌培养混合物都不能防止沙门菌在火鸡幼禽的肠道定植。给新生雏鸡喂服11种源于盲肠的细菌培养混合物，并在饲料中添加乳糖，可显著减少鼠伤寒沙门菌在盲肠的定植。相反，用源于肠道的295种专性厌氧菌培养混合物喂服对婴儿沙门菌的定植无减少作用。因此兼性厌氧菌可能在宿主保护中起着重要作用。从下水道和屠宰场分离到的3株大肠杆菌培养混合物可提供减少鼠伤寒沙门菌盲肠定植长达7周的保护，但对其他血清型的沙门菌无影响。

最近，通过体外抑制沙门菌试验筛选出大量的兼性厌氧菌，如用14种细菌组成的治疗制剂，包括芽孢杆菌属、柠檬酸细杆菌属、肠杆菌属、肠球菌、大肠杆菌、克雷伯菌属和葡萄球菌属的细菌，对减少雏火鸡肠炎沙门菌肠道定殖提供了0%~100%的保护。令人意外的是，最低剂量提供了最好的保护效果。从9只鸡中分离出636株细菌，在体外测试这些细菌抑制沙门菌和空肠弯曲菌生长的作用，发现其中194株细菌对空肠弯曲菌有很强的抑制作用，而41株细菌对空肠弯曲菌及5个血清型的沙门菌有抑制作用。进一步研究显示，由一株乳酸杆菌和一株葡萄球菌组成的制剂对减少鼠伤寒沙门菌的盲肠定植提供最好的效果。

成分确定的细菌制剂，不管组成如何，都有一共同特点，开始时可提供较好的保护，但用了一段时间，他们有失去效力的趋势。其中原因不太清楚，可能是使用人工培养基分离和培养时会改变微生物的生理特性和/或表面结构。以微生物混合培养取代单菌株分别培养可部分克服这个问题。

已研制出几种商品化的竞争排斥制剂，如AviFree、Aviguard、Broilact和Preempt。除Preempt是成分确定的，其他的均为成分不确定的。

通常，新生雏鸡或雏火鸡出雏后应尽早给予竞争排斥制剂。因为竞争排斥制剂是预防性的而不是治疗性的，这些家禽在使用制剂前应该是无沙门菌的。孵化场沙门菌阳性雏禽在给予竞争排斥制剂后也可降低沙门菌感染。可先用抗生素治疗消除已存在的沙门菌感染，再用竞争排斥制剂。这种两步治疗法可减少沙门菌一些特定血清型感染种群被扑杀，如肠炎沙门菌和鼠伤寒沙门菌感染种群。

田间条件下，在孵化场雏鸡饮水和喷雾方法都可用于竞争排斥制剂的定量给药。最初，竞争排斥制剂只能通过首次饮水给药。但饮水给药存在一些缺陷：① 一些雏鸡在采食前饮不到水导致鸡群的保护参差不齐。② 竞争排斥制剂中厌氧微生物的活力下降很快，特别是在含氯的水中更易失活，导致雏鸡吃不到足够的有效剂量。③ 雏鸡可能在孵化场或转运过程中感染沙门菌，或通过垂直传播而感染。对于第一种情况，育雏时饮水给药可能太迟；对于垂直传播问题，竞争排斥治疗几乎无效。竞争排斥制剂还可以使用气溶胶方式喷雾给予，既可以在孵化器中使用，又可以在转运雏鸡的包装盒中使用。喷雾可人工进行，也可使用自动化设备，能使雏鸡最早给药并确保均匀给药。这种方法对家禽的健康及出栏时的生产性能无副作用。需注意的是喷雾给药的方法应在孵化场隔离区域进行，以免污染洁净区域。由于存在雏鸡在孵化场感染沙门菌的可能性，一些研究者希望在鸡只出雏前给予竞争排斥制剂，卵内接种方法应运而生。主要是在出雏前几天将竞争排斥制剂注射到鸡胚气室或羊膜腔内。由于盲肠培养物含有蛋白水解作用强的和产气丰富的微生物，注射至气室会导致孵化率下降，而注射至羊膜腔则可避免。也可通过去除竞争排斥制剂中蛋白水解作用强的和产气丰富的微生物来避免对孵化率的副作用。卵内注射乳酸菌不会影响孵化率，而且还可以从孵出的雏鸡体内分离到接种的乳酸菌。但是，乳酸菌对鼠伤寒沙门菌的定殖几乎无影响。

竞争排斥治疗的益处在于能直接干扰沙门菌对肠上皮的黏附，降低肠道pH和提高未解离的挥发性脂肪酸水平而抑制沙门菌的生长。不同的饲料添加剂，有的能直接抑制病原的定殖，有的能支持保护性微生物菌群的生长。在鸡的饲料或饮水中添加不同的碳水化合物（包括乳糖、甘露糖、葡萄糖和多聚果糖），有时能减少沙门菌在嗉囊或盲肠内的定殖。用甲酸或丙酸作为饲料添加剂有时也能减少沙门菌的定殖。

竞争排斥培养物在控制副伤寒沙门菌感染方面有其局限性。尽管竞争排斥治疗一般能减少沙门菌在肠道的定殖，但它不能完全消除沙门菌。竞争排斥培养物的保护有时不能抵抗沙门菌的严重感染。在幼雏感染病原之前使用益生菌竞争排斥培养物效果最好，孵化过程中感染沙门菌时竞争排斥治疗的效果会大打折扣。竞争排斥培养物的应用对整个沙门菌控制是非常有意义的，采用适当的清洁和消毒、生物安全措施、减少啮齿动物及其他类似的措施，以最大限度地减少沙门菌感染机会同样重要。应用抗生素破坏肠道正常菌群及断水和断料都会影响竞争排斥培养物的活性。

三、免疫接种

（一）家禽的免疫

从长远角度看，应净化种鸡群和商品鸡群的鸡白痢，不鼓励生产和使用鸡白痢疫苗。但鸡伤寒在世界上某些地区依然是一个问题。在美国，经联邦批准经营的鸡伤寒沙门菌疫苗已不再生产；在其他国家所用的致弱活疫苗，在美国禁用。而鼠伤寒沙门菌和肠炎沙门菌具有公共卫生意义，对鸡群免疫可减少粪便排菌，对降低家禽产品的沙门菌污染是切实可行的。已研制出多种沙门菌活疫苗和灭活疫苗，并在实验室和田间试验评价其保护效率。灭活疫苗可用福尔马林、丙酮、戊二醛或热处理来制备，使用油佐剂、氢氧化铝和其他免疫刺激复合物来更好地刺激免疫系统。灭活疫苗可诱导机体产生体液免疫应答，但免疫保护效力差或不一致。有的用不同血清型沙门菌组合的热灭活超声裂解物添加至饲料中进行免疫，几周后经口攻毒，以泄殖腔排菌量作为检测指标评价其保护率，结果显示这种免疫方法提供的保护率差异较大。也有研究发现，热灭活全菌苗对免疫鸡攻毒后的粪便排菌量或新生后代雏鸡攻毒后的粪便排菌量几乎无影响，仅死亡率有所下降。因为沙门菌在巨噬细胞吞噬体的主要环境因子是铁离子缺乏，合理的细菌培养方法是模拟巨噬细胞或抗原提呈细胞中的条件来培养细菌。以铁离子限制条件下生长肠炎沙门菌研制灭活疫苗已在欧洲的几个国家注册，可用于种鸡和蛋鸡肠炎沙门菌感染的预防。类似的培养方法还用于生产商品化的肠炎沙门菌和鼠伤寒沙门菌二价灭活疫苗。新型三价灭活疫苗（鼠伤寒、肠炎和婴儿沙门菌）免疫鸡后，评价其对同源株及海德堡沙门菌的保护效力，与未免疫组相比，免疫鸡攻毒后的排菌量下降，说明免疫对与疫苗具有相同O抗原的血清型沙门菌有保护作用。

对种禽进行灭活疫苗免疫可产生很强的抗体免疫应答并传递给子代，雏鸡获得的母源抗体可持续几周，在早期可防止同源株攻毒后全身性感染，但对攻毒菌在雏鸡中肠道定殖几乎没有影响。因此，来源于免疫种鸡的1日龄雏鸡可应用活疫苗进行免疫。

虽然对一些沙门菌活疫苗进行了实验室试验和田间试验，但只有几种获得批准使用。9R鸡伤寒沙门菌活疫苗是在特定培养基上培养出的粗糙型菌株，而9S鸡伤寒沙门菌活疫苗为光滑型的疫苗株，毒力稍强，但能提供更好的保护。9R疫苗已得到广泛的应用和评估，虽然对于一些高度敏感品种鸡仍存在残留毒力，但总体来说是安全有效的。以鸡伤寒沙门菌9株还研制出一系列致弱活疫苗。消除毒力质粒的鸡伤寒沙门菌对几周龄的鸡来说是高度致弱的，给鸡注射免疫可有效防止同源株的感染。但不论是经注射还是口服免疫，免疫鸡对经口攻毒的保护效力均不如9R株。鸡伤寒9株的*aroA*缺失株是有效的疫苗株，虽然保护力不如9R疫苗株，但其毒力更弱，可用于敏感品种鸡的首次免疫，然后用9R疫苗株二次免疫。9R疫苗株既可用于预防鸡伤寒沙门菌病，也可用于预防肠炎沙门菌病。一般在6周龄饮水免疫，在15周龄皮下注射加强免疫。

鼠伤寒沙门菌*galE*缺失株在体内持续存在时间较短，免疫1日龄鸡，2周后攻毒，粪便和内脏的细菌分离率有所降低。在4周龄和6周龄免疫两次，2周后攻毒也获得同样的结果。而且肌内注射免疫效果好于口服免疫。其缺点是对宿主仍具有一定的毒力。以缺失*cobS*和*cbiA*基因的鸡伤寒沙门菌致弱活疫苗免疫青年鸡评价其免疫保护作用，结果表明该疫苗免疫鸡后可提供针对鸡伤寒沙门菌和肠炎沙门菌的攻毒保护。

　　一般来说沙门菌对鸡的毒力与粪便排菌量呈负相关。高侵袭力的疫苗株可诱导全身性和局部性的免疫应答，也比低侵袭力的疫苗株更易从肠道清除。以高侵袭力的疫苗株免疫鸡，对高侵袭力和低侵袭力的沙门菌攻毒株具有同样的清除能力。以有毒力的鼠伤寒沙门菌F98株经口服接种4日龄雏鸡，可在鸡粪中排菌数周。在排菌停止后再经口服攻毒，其排菌量减少、排菌时间变短，证明细菌已诱导产生免疫保护作用。这个模型可作为评价致弱活疫苗免疫效果的对照，可以假定它能产生最有效的免疫保护。F98鼠伤寒沙门菌*aroA*缺失株及筛选出的抵抗噬菌体的粗糙型菌株给鸡肌内注射免疫时，可有效地降低攻毒后的粪便排菌量。经口服免疫鸡，*aroA*缺失株几乎无保护，而粗糙型疫苗株仍具有很好的保护作用。肠炎沙门菌*aroA*缺失株免疫鸡后可降低攻毒后的粪便排菌数，但持续时间较短。如以接触口服感染鸡的方式攻毒，可提供更好的保护，但不能对鼠伤寒沙门菌感染提供交叉保护。

　　还有一些其他营养缺陷型突变株可作为疫苗使用。用化学诱变的嘌呤和组氨酸营养缺陷型鼠伤寒沙门菌和肠炎沙门菌活疫苗已在德国和其他一些国家注册。虽然这些疫苗突变的精确定位未知，由于它们有两个营养缺陷标记，广泛使用20多年后并没有检测到疫苗毒力返强。其他一些被批准注册的鼠伤寒沙门菌和肠炎沙门菌活疫苗主要是基于新陈代谢相关基因缺陷的突变株，这些细菌新陈代谢控制中心和必需酶的缺失导致增殖时间延长和毒力降低。免疫鸡后除了降低同源菌株攻毒后的肠内定殖和全身性感染外，还可减少肠炎沙门菌的蛋内污染。 这些疫苗可在鸡出雏后第1天通过二次饮水免疫，几周后加强免疫，既可对同源菌株的攻毒提供有效保护，又可对异源菌株的攻毒提供部分保护。缺失DNA腺嘌呤甲基化酶的沙门菌突变株也是高度致弱的，用于免疫鸡可对同源菌株提供较好的保护，对异源菌株提供中等保护。

　　疫苗免疫后需要几天至几周才能产生获得性免疫应答，这个免疫真空期可以使用弱毒活疫苗弥补。即活疫苗免疫后可在肠道定殖，起到竞争排斥的作用。因此，在筛选疫苗时应注意这些沙门菌活疫苗在肠道中的定殖能力。化学诱变或新陈代谢缺陷型突变株不会对沙门菌的肠道定殖能力产生抑制。*phoP*缺失株或*phoP*和*rpoS*双缺失株高度致弱，不损伤其肠道定殖能力，可抑制攻毒菌株的盲肠定殖。致弱的肠炎沙门菌*hilA*缺失株也可提供对同源攻毒菌株的定殖抑制作用。

　　有一些研究评价了联合使用疫苗和竞争排斥培养物的效果。灭活疫苗与竞争排斥培养物联合使用没有不良影响。但活疫苗需要在竞争排斥培养物之前或同时使用，以确保疫苗株的肠内定殖，联合使用的效果好于任一单独使用。

在家禽沙门菌疫苗使用过程中，应考虑能有效区别疫苗免疫和自然感染鸡群。如肠炎沙门菌*fliC*缺失株不影响其免疫特性，但与商品化的试剂盒组合使用可区分免疫鸡群和自然感染鸡群。

（二）牛的免疫

大多数商品化的牛沙门菌疫苗是灭活疫苗，用于几周龄和成年牛的注射免疫。灭活疫苗免疫效力不一致，大多可提供部分保护。热灭活的都柏林沙门菌疫苗皮内注射对静脉注射攻毒可提供有效保护。在德国注册的一种鼠伤寒沙门菌灭活疫苗，实验室试验和田间试验均证实其免疫后对经口服攻毒的鼠伤寒沙门菌有效。由于犊牛在出生后几天内就可感染沙门菌，死亡高峰发生在3~4周龄，免疫怀孕母牛通过初乳提供保护是可行的。在分娩前7周和2周分别用福尔马林灭活的处于对数生长期的鼠伤寒沙门菌免疫，可有效地防止犊牛感染。但通过初乳提供的被动免疫保护水平在不同研究中不一致。

牛沙门菌活疫苗通常推荐用于出生后第1周，可减少新生犊牛的死亡率和粪便排菌率。最为常见的是营养缺陷型弱毒活疫苗，如*aro*和*pur*基因缺失株。虽然许多报道证实了这些疫苗的免疫效力，但很少有商品化的疫苗。在德国，注册有鼠伤寒沙门菌和都柏林沙门菌嘌呤/组氨酸营养缺陷型活疫苗及猪霍乱沙门菌粗糙型弱毒活疫苗。都柏林沙门菌*aro*基因缺失弱毒活疫苗肌内注射免疫犊牛，可引起发热和轻度腹泻；用鼠伤寒沙门菌和都柏林沙门菌攻毒后虽有一些牛发生肠炎，但全部存活，说明这种疫苗可以产生交叉保护。而口服免疫后经口攻毒，只有高剂量才能提供免疫保护。都柏林沙门菌和鼠伤寒沙门菌的毒力质粒与肠道感染和全身性扩散无关，消除质粒后鼠伤寒沙门菌被致弱，可作为注射免疫用活疫苗。

猪霍乱沙门菌活疫苗通过滴鼻免疫犊牛，虽然不能从粪便样品中检测到猪霍乱沙门菌，但可改善都柏林沙门菌经口攻毒后的临床症状和减少粪便排菌量。沙门菌*dam*基因与DNA腺嘌呤甲基化酶有关，缺失*dam*基因可使鼠伤寒沙门菌高度致弱。用该缺失株免疫犊牛，可通过竞争抑制和获得性免疫机制防止鼠伤寒沙门菌感染。进一步研究表明，用该疫苗株免疫牛后还可改善异源菌株都柏林沙门菌和纽波特沙门菌攻毒后的临床症状，减少粪便排菌和淋巴结中细菌的定殖。

（三）猪的免疫

在猪体内进行过一些灭活疫苗试验，如用鼠伤寒沙门菌灭活疫苗免疫妊娠母猪，可通过母源抗体给仔猪提供被动免疫保护。试验证明获得母源抗体的哺乳仔猪粪便中未检测到鼠伤寒沙门菌，而未获得母源抗体的有47%哺乳仔猪的粪便排菌。目前主要测试的是一些弱毒活疫苗。在美国，研制出一种猪霍乱沙门菌弱毒活疫苗，主要通过猪中性粒细胞的体外连续传代，消除了50kb的毒力质粒，经口服免疫猪，可提供约20周的免疫保护。但这种疫苗存在从其他细菌获得毒力质粒而导致毒力返强的可能性。另一种消除毒力质粒同时缺失crp基因的猪霍乱沙门菌更加安全，能诱导细胞免疫应答和体液免疫应答，提供对异源毒株的攻毒保护。还有一种猪霍乱沙门菌cya/crp双基因缺失株能对断奶仔猪提供保护，不产生任何副作用。在德国和其他国家注册的营养缺陷型猪霍乱沙门菌（pur–/粗糙型），可通过口服和/或注射免疫，能有效控制仔猪和成年猪的猪霍乱沙门菌感染。

另一种猪常见的沙门菌血清型是鼠伤寒沙门菌。鼠伤寒沙门菌aroA基因缺失株是致弱的，免疫1周后攻毒，可显著减少粪便中的排菌量，虽然可能是由于刺激先天性免疫应答引起的，其保护期不清楚。鼠伤寒沙门菌cya/crp基因缺失株免疫猪是可以提供保护的，但在免疫4d后会引起发热。鼠伤寒沙门菌gyrA/cpxA/rpoB基因缺失株对4周龄仔猪口服免疫是安全的，能提供临床保护并减少组织脏器的细菌定殖。在德国，营养双缺陷型鼠伤寒沙门菌弱毒活疫苗免疫哺乳仔猪和几周龄仔猪，经口服或注射免疫均安全，无任何副反应，且对攻毒后鼠伤寒沙门菌在回盲肠黏膜及淋巴结的定殖具有显著的抑制作用。而该型疫苗株的ompD基因缺失株可作为区别疫苗免疫和自然感染的疫苗候选株。

（四）羊的免疫

已研制出一系列疫苗用于控制羊流产沙门菌和鼠伤寒沙门菌感染。流产沙门菌RV6疫苗株，一个从链霉素依赖株中筛选出的非链霉素依赖性回复突变株，已在法国不同地区数千只羊中进行评估。鼠伤寒沙门菌新陈代谢缺陷突变株可对流产沙门菌提供保护。三种流产沙门菌活疫苗候选株（aroA缺失株、cya/crp/cdt缺失株和消除毒力质粒缺失株）经皮下注射免疫妊娠母羊后，测定抗体反应和攻毒后免疫保护作用。与aroA缺失株和cya/crp/cdt缺失株相比，消除毒力质粒的疫苗株免疫后能大大降低妊娠失败的比率。流产沙门菌灭活疫苗皮下注射免疫母羊能诱导产生体液免疫应答，防止流产沙门菌引起的流产。

四、有机酸的添加

应用有机酸控制沙门菌是源于对胴体和饲料去污染的设想，将有机酸添加到饲料中，可以消除饲料中沙门菌的污染，防止动物摄入沙门菌，以预防沙门菌在动物体内的定殖和粪便排菌及胴体的污染。一些研究表明，将蚁酸和丙酸添加到饲料中可显著减少家禽饲料中的沙门菌，从而降低沙门菌在禽盲肠中的定殖。同样的，饮用水去污染意味着在饮用水中杀死这些细菌，而不是在动物体内。当饮用水中有机酸的浓度足够高，低pH可以杀死细菌。饮用水和饲料的去污染可以建立起防止沙门菌摄入的一道防线。由于有机酸的抗菌特性依赖于温度和水活力，有理由相信，干饲料不是有机酸去污染好的载体。当机体摄入添加有机酸的饲料后，有机酸在最靠近胃肠道的部分浓度增加，如在鸡的嗉囊中，这个现象带来了这样一个观点，可利用有机酸在动物活体内杀死沙门菌。与饲料中有机酸的活性相比，嗉囊有较高的温度和湿度，可增加饲料中有机酸的活性。起初市售的短链脂肪酸制剂是粉状的，应用粉状制剂有机酸的活性多限于上部胃肠道，如鸡的嗉囊和胃。事实上，短链脂肪酸大多被上消化道黏膜吸收，在下部分胃肠道很难检测到。也有研究报道，粉状有机酸对沙门菌在猪体内的定殖与排菌的影响，证明短链和中链脂肪酸都有保护作用。为防止有机酸在上消化道被吸收，可将有机酸用不同材料包被后运送到下消化道释放。对这些释放系统中有机酸在胃肠道释放的详细动力学研究很少。虽然市场上已有许多产品，但确保在特定位置释放有机酸的包被材料的特性尚不太清楚。有人将短链脂肪酸包裹在微珠中并应用到猪和鸡的饲料中。这些酸的特性对肠炎沙门菌在盲肠和内脏器官的定殖起着关键作用，如乙酸的使用可增加细菌的定殖，而丙酸和丁酸的使用可减少细菌的定殖。丁酸既可作为结肠上皮细胞的能量来源，又具有抗炎特性，可刺激产生黏液素和宿主抗菌多肽，因此可以用于改善动物的增重。研究显示，包被的丁酸饲料添加剂可减少沙门菌在肉鸡盲肠中的定殖和粪便排菌，而粉状的丁酸制剂对沙门菌没有作用。包被的丁酸在猪体内使用也起到相似的作用。

　　保证饲料和饮用水的卫生，可以防止沙门菌以此作为载体进入动物体内引起的感染和再污染。有机酸粉状饲料添加剂的应用可减少沙门菌在上消化道的细菌载量和数量。为了进一步在下消化道释放有机酸，可尝试使用产生丁酸盐的微生物菌群。理论上可以在饲料中添加一些肠道定殖微生物菌群能够转化为丁酸盐的物质，如菊粉和抗性淀粉。或摄入一些如乳酸菌，其产生的乳酸可被严格厌氧性梭菌属的一些特异性菌群（Ⅳ、XIVa、XIVb、XVI）利用而产生丁酸。这个概念也称作交叉饲喂，可用于解释为什么摄入乳酸菌后的效果是不同的，其效力可能依赖于丁酸产生菌在鸡和猪的盲肠或肠后段存在的数量。在肉鸡盲肠中，丁酸产生菌梭菌XIVa簇和Ⅳ簇占优势。这些菌大多数含有丁酰辅酶A/乙酸辅酶A转移酶，可作为定量鸡盲肠微生物菌群产生丁酸盐效力的一个标记，进而评估益生素组分刺激产生丁酸盐的效力。由于这些厌氧的丁酸产生菌不易培养且难以摄入，是否可以作为益生菌使用还不清楚。日粮组成可能会影响微生物菌群的组成，增加产生这些新鉴定的丁酸产生菌的种群，可作为低成本、高效益控制沙门菌的方法。

　　有机酸除具有抗菌特性，还可以改善营养物的可消化性，提高动物增重和饲料转化率。2006年欧盟禁止使用抗生素生长促进剂后，许多新的制剂进入田间使用，据称可保持正常的生产性能。基于抗生素生长促进剂的定义，这些产品应可以减少亚临床感染的发生率和严重性，减少微生物的营养吸收，改善动物的营养吸收，减少革兰阴性菌产生的生长抑制代谢产物的数量。各种各样的制剂，如益生素、微生态制剂、酸、香精油、除草复合物，均被建议作为抗生素生长促进剂的替代物。因为丁酸等有机酸具有生长促进作用和抗沙门菌的特性，可作为一种较好的抗生素生长促进剂替代物。有机酸产品目前已广泛用作猪和家禽饲料和饮用水的添加剂。

五、治疗

　　已发现多种磺胺、四环素和氨基糖苷类抗生素可有效减少因鸡白痢和鸡伤寒引起的家禽死亡，但尚未发现一种药物或几种药物的联合应用能够彻底消除患病禽群。特别要提到的是，磺胺类药物常常抑制机体生长，干扰禽类饲料和饮水的摄入，影响产蛋量。磺胺类药物包括磺胺嘧啶、磺胺甲基嘧啶、磺胺噻唑、磺胺二甲基嘧啶和磺胺喹噁啉，这些药物已用于鸡白痢或鸡伤寒的治疗。

　　许多研究表明，用药后存活的家禽中，仍有相当一部分感染禽存在。孵化前用硫酸新霉素喷雾蛋壳，对控制雏鸡鸡白痢是有益的。用0.04%和0.08%的庆大霉素浸泡污染的种蛋，有益于控制蛋中的鸡伤寒沙门菌。在鸡白痢沙门菌的分离株中，已有很多报道对金霉素和呋喃西林存在耐药问题。某些鸡伤寒沙门菌菌株对呋喃唑酮也有相似的耐药性。

　　对用抗生素预防或治疗副伤寒沙门菌感染的方法及其效果仍存在很大争议。孵化场使用可注射的抗生素如庆大霉素和壮观霉素，对控制小火鸡亚利桑那沙门菌的传播起着非常重要的作用。在几个实验室和商品场使用抗生素已成功地控制了肠炎沙门菌感染。硫酸多黏菌素B和甲氧苄胺嘧啶联合应用，可防止和清除雏鸡肠炎沙门菌的试验感染。应用黄素磷脂和盐霉素钠作为饲料添加剂，可以减少禽只粪便带菌。应用恩诺沙星治疗后再通过竞争排斥培养物恢复正常的保护性微生物菌群，可以降低肉种鸡及其环境中沙门菌的分离率，降低试验感染雏鸡的感染率、感染程度和蛋鸡的粪便带菌水平。在北爱尔兰，利用抗生素进行预防和治疗，已作为控制肉鸡和肉种鸡群肠炎沙门菌感染的有效组成部分。

　　在美国及其他一些国家，由于抗生素药物在消除沙门菌中效果不佳，而且在兽医和农业中的滥用会促进微生物产生耐药性进而影响它们在人类医学上的应用，目前控制沙门菌感染已不再依赖于抗生素。研究显示，在雏鸡饮水中添加5种不同抗菌药的任何一种，均可减少鼠伤寒沙门菌攻毒后泄殖腔拭子样本的细菌分离率。可是停药后这些禽成为沙门菌的活跃携带者。可能是由于药物的排泄干扰了粪便样品感染性微生物的分离，导致人们错误地认为治疗是有效的。同样，另一学者发现，这5种抗菌药物在预防和消灭鼠伤寒沙门菌感染方面的价值很有限。恩诺沙星和竞争性排斥制剂的联合应用可以减少沙门菌带菌率，但不能消除内脏器官的感染。也有报道称，有些抗生素的使用增加了禽对沙门菌的易感性，其原因也许是抗生素抑制了对沙门菌有抑制作用的其他微生物菌群的生长。

有时在饲料中添加低于治疗量的抗生素，可以促进家禽的生长，但是已证明应用治疗和亚治疗量的抗生素可促进沙门菌耐药菌株的出现，从而影响了药物对人和动物的治疗效果。如有人发现，从火鸡群中分离的沙门菌对萘啶酮酸的抗性增加，归咎于恩诺沙星的使用。因此，随着抗生素的广泛使用，对多种药物具有耐药性的沙门菌的分离越来越普遍。

第三节 沙门菌病的净化

一、美国国家家禽改良计划

1913年，美国通过采用试管凝集试验检测感染鸡，建立了鸡白痢的控制规划，通过检测和淘汰阳性反应鸡的方法在各州很快地消除了禽群中的鸡白痢。从早期田间检测的结果中得知，只靠一次检测淘汰阳性反应者，通常不足以完全消除群内的全部感染者。这可能是因为存在有3种影响因素：① 感染鸡的血清凝集素滴度有波动的倾向，常用的血清稀释程度（1∶25或1∶50）在短时间内不能出现明显的凝集反应；② 在感染与凝集素出现之间有一定的间隔期，至少数天；③ 在淘汰阳性反应禽后，环境的污染依然存在，可成为以后的感染源。

除试管凝集试验外，快速血清试验、全血试验、微量凝集试验均可用于带菌者的检测。在这4种试验中，只有全血试验不应用于火鸡的检疫。鸡和火鸡在16周龄，大约在其免疫系统成熟后，可以进行检测鉴定。美国要求抗原生产必须从培养在适宜琼脂上的菌体中制备。与此相反，日本研制出了一种不同的全血试验抗原。这种抗原由一种连续的流动肉汤培养系统制备，在该系统中，为保证获得预期的凝集能力，必须将各批收集物混合。ELISA也可用于监测禽群鸡白痢或鸡伤寒的感染状态。

发现血清学阳性时，应该通过一只或多只阳性反应禽进行细菌检查而加以证实。如禽群中只观察到可疑反应者，应将反应最强者送至实验室重新检测，并进行全面的细菌学检查。在日常检疫中，不能根据可疑或非典型反应而将整个禽群视为感染群，因为这种反应可由鸡白痢或鸡伤寒沙门菌以外的其他细菌感染引起。许多细菌与鸡白痢沙门菌具有共同抗原或抗原密切相关，这些细菌感染禽类后可产生凝集反应。已发现大肠杆菌、微球菌和链球菌感染构成了鸡的非鸡白痢阳性反应的大部分。其他细菌感染，如表皮葡萄球菌、产气杆菌、变形杆菌、亚利桑那沙门菌、普罗威登菌和柠檬酸菌，与许多非鸡白痢阳性反应有关。其他沙门菌，特别是D群的细菌，如肠炎沙门菌同样可产生交叉反应。用变异株抗原比用标准株抗原时更容易出现非鸡白痢阳性反应。禽群中非鸡白痢引起的阳性反应数量可从少数几只到30%~40%不等，凝集特点不一。确定禽群鸡白痢感染状态唯一可靠的方法，是对有代表性的阳性反应者进行细致的细菌学检查，这也是区别鸡白痢沙门菌和鸡伤寒沙门菌的唯一方法。

"美国国家家禽改良计划"中详细描述了建立并维持美国法定的无鸡白痢-鸡伤寒清洁禽群及孵化场的专门标准。这些标准的基础是养禽场与孵化场的管理，通过管理、监督、检查和检测等措施建立净化种群。

（一）管理

（1）美国农业部通过与州官方机构签订谅解备忘录来合作管理"国家家禽改良计划"（以下简称"计划"）。在谅解备忘录中，州官方机构必须指定一个联系代表作为农业部兽医管理局和该机构的联络员。

（2）州官方机构的管理程序和决策需提交给农业部兽医管理局审核。该机构在州内根据"计划"和谅解备忘录的相应条款进行管理。

（3）一个州官方机构可以在双方理解和同意的基础上接受位于另一个州的附属禽群参加"计划"。两个州官方机构应将参加和监督事宜书面化。

（4）州官方机构都可以采用适用于本州"计划"管理的条例，进一步定义"计划"条款或建立与"计划"相匹配的更高标准。

（5）在进行"计划"官方分类时，"计划"的授权实验室将按规定进行检测，以确定参加禽群的状态。

（二）加入条件

（1）任何生产或进行产品交易的人满足州官方机构的要求都可参加"计划"，加入者需要证明其设施、人员和管理足以执行"计划"中相应条款，需与州官方机构签订协议，遵守"计划"中的总则和具体条款及州官方机构制定的条例，其附属的家禽养殖者也可以在不与州官方机构签订协议的条件下参加。

（2）加入者必须始终遵守州官方机构颁布的"计划"条款，或直到该机构颁布新的条款。

（3）加入者必须在本州范围内进行其家禽种蛋供应和孵化业务。在种群的家禽达到24周龄前，或鸵鸟、鸸鹋、美洲鸵和鹤鸵达到20月龄前，加入者应通过相应的表格或其他合适的方法向州官方机构上报。报告应包括以下内容：① 禽群所有人的姓名和地址；② 禽群所在地和名称；③ 类型，原种群或繁殖群；④ 品种、种类、品系、或商品名；⑤ 父本的来源；⑥ 母本的来源；⑦ 禽群中家禽数量；⑧ 预期的禽群分类。

（4）为确保不扩散"计划"中的疾病，禽群在进入种禽生产设施之前必须达到预期"计划"分类的标准。

（5）州官方机构不会强迫加入者的产品必须达到其他任何分类要求而作为获得国家鸡白痢–鸡伤寒净化分类的前提条件。

（6）该"计划"的加入者有权利使用相应的计划分类标识。

（三）对所有加入者的总体规定

（1）购买和销售记录以及所加工产品的识别必须按照州官方机构认同的方式进行。

（2）产品、销售和购买产品的记录及用于产品宣传的材料必须随时受到州官方机构的监管。

（3）宣传必须遵循"计划"的规定，符合州官方机构和联邦贸易委员会的法规条例。当加入者宣传其产品属于某一官方分类时提到相关或授权孵化场，其所生产的产品必须与宣传产品具有相同分类。

（4）除了宣传外，不管什么目的，"计划"加入者不可以购买或接受未加入者提供的产品，除非他们归属于由州官方机构判定为等同的计划。"计划"加入者出于育种或试验目的可以购买或接受既不是"计划"加入者也不是同类计划加入者的产品。但必须遵守以下原则：① 获得州官方机构和农业部兽医管理局的许可；② 在引入种群之前所有家禽均隔离饲养，达到性成熟时，对所有隔离的家禽必须进行检测，确定为鸡白痢–鸡伤寒阴性。州官方机构可以自行判断是否要求进行复检。

（5）每个加入者必须由农业部兽医管理局授予一个永久批准编号。该编号为官方批准的数字号码，前几位是该州数字代码，可用于证书、发票、货运标签以及其他销售文件。当非本州加入者的货物进入时，每个州官方机构均要求认可这个批准编号。当加入者不再具有参加"计划"的资格时该批准编号将被收回。

（四）对加入者禽群的具体规定

（1）家禽设备、禽舍和邻近地区必须按照规定保持卫生条件。加入者的禽群、禽蛋和所有使用的设备必须与未加入者的禽群按照州官方机构认可的方式进行隔离。

（2）所有禽群必须是健康的，具有代表品种、品系、杂交或其他组合的正常个体特征。

（3）当禽群满足"计划"规定的国家鸡白痢–鸡伤寒净化分类要求时，才能成为"计划"加入者。

（4）每羽家禽必须获得由州官方机构批准的密封数字标牌作为身份标识，如果出现例外必须由州官方机构进行确定。

（五）对加入者孵化场的具体规定

（1）孵化场的卫生状况必须符合州官方机构的要求。最低的卫生状况要求包括：① 蛋室的墙壁、天花板、地板、空气过滤器、下水道、加湿器必须进行清洁和消毒，每周至少2次，清洁和消毒程序必须符合相应的规定。② 孵化器的壁、天花板、地板、门、风扇栅格、排气孔和管道必须在每次孵化后进行清洁和消毒。孵化房间每次孵化后必须进行清洁和消毒，不能用于储藏。通风管道每次孵化后必须进行清洁和消毒，清洁和消毒程序必须符合相应的规定。③ 每次孵化后出雏设备和出雏室必须进行完全清洁和消毒。出雏盒在重新使用前必须清洁和消毒。免疫设备在每次使用后必须清洁和消毒。清洁和消毒程序必须符合相应的规定。④ 孵化后残留物，如雏鸡绒毛、蛋壳、未受精蛋和死胚，必须按照州官方机构认可的方法迅速处理。⑤ 整个孵化场必须在每次孵化后进行清洁和消毒，以保持干净、有序的环境条件。⑥ 必须实施有效的昆虫和啮齿类动物控制程序。

（2）孵化场暂存的幼禽必须按照州官方机构认可的方法与孵化室隔离。

（3）所有用于销售的雏禽和幼禽必须具有品种、品系、杂交或其他组合的正常和典型特征。

（4）孵化用种蛋必须具备完好的蛋壳，具备典型的品种、品系、杂交特征和较均一的外形。孵化种蛋必须装盘，雏禽必须装在统一尺寸的盒中。

（5）提供给雏禽的任何营养物质不得含有"计划"分类中所列出家禽疾病的病原体。

（6）如果一个人关联着多个孵化场，那么只要其中有一个孵化场加入"计划"，则所有关联的孵化场必须都加入"计划"。孵化场的合作者、管理人员、场长、持有者、拥有10%或更多股份的股东、具备管理权力的雇员均可被认定为孵化场的关联人。

（六）对加入"计划"经销商的具体规定

所有从事种禽、孵化种蛋或幼雏禽的经销商都应遵守"计划"规定的与其生产经营相关的条款。

（七）术语和分类：总则

（1）官方分类术语包括鸡白痢–鸡伤寒净化、鸡白痢–鸡伤寒净化州、火鸡鸡白痢–鸡伤寒净化州、肠炎沙门菌净化、肠炎沙门菌监测、卫生监测等。相应的图案只能由"计划"加入者使用和用于描述满足这些分类所规定的产品。

（2）在该"计划"监督下生产的产品进行转售或将其委托给非"计划"加入者时，将失去"计划"所描述的身份。

（3）"计划"加入者的禽群、种蛋和幼雏禽都应标明品种名称或商品名。当使用某一种禽品种名称或商品名时，加入者必须保证能够通过记录追溯到该产品来源于由本"计划"直接监督管理的该品种种禽所产种蛋孵化的家禽，或来源于加入者繁殖并上报过相关州官方机构的家禽。

（八）术语和分类：孵化场和经销商

所有参加本"计划"的孵化场和经销商都应分别命名为"国家家禽改良计划孵化场"和"国家家禽改良计划经销商"。孵化场和经销商分类的增加、撤消或更改情况，由农业部兽医管理局通知所有州官方机构。

（九）术语和分类：禽群、产品和州

参加"计划"并符合相应条款规定的家禽及其产品以及各州，可采用相应的术语和图案进行描述。

（十）监督

（1）州官方机构可以指定具有相关资质的人员作为样品收集的授权代理人，也可指定具有相关资质的人员作为样品收集和血液检测的授权检测代理人。

（2）根据"计划"要求，州官方机构将雇用或授权具有相关资质的人员作为政府检查员，对参加"计划"家禽的资格进行检测，并进行必要的官方核查。

（3）如果加入者不能遵守本"计划"制定的规则或州官方机构的相关规定，将被取消本"计划"相关条款赋予的权利。但在采取这一行动之前，州官方机构将进行彻底调查，并向当事人发出书面通知，给予当事人阐述自己观点的机会。

（十一）检查

（1）对参加"计划"的所有孵化场每年应至少进行一次或多次审查，以使州官方机构确信该孵化场的运作符合"计划"的相关规定。

（2）州检查员每年都应对所有参加"计划"的禽群的相关记录进行检查。记录文件应包括"禽群选择与测定报告"、"种蛋、雏鸡、幼禽的销售报告"等表格，孵化批次和记录、购买种蛋的收据、购买种蛋或家禽的订单或发货单。所有记录应保存3年。如果州检查员认为某一家禽群体在"计划"规定的卫生防疫、血液检测或其他方面出现问题，将会对其进行现场检查。

（十二）取消参与资格

本"计划"加入者，经州官方机构或其代表调查后，将收到其关于本"计划"或官方机构规定的不符合项的书面通知，并要求在规定时间内整改到位。如果在规定时间内未能整改到位，州官方机构将在一段时期内或无限期地禁止其继续参加"计划"。根据州官方机构的相关程序，被取消资格者将收到一份说明取消其资格原因的书面通知，并提供解释原因的机会。州官方机构将仲裁取消其参加资格的决定是否继续执行。这种裁决将是最终的，除非被取消资格者在本决定生效之日起30d内，请求农业部动植物卫生检疫局的管理者判定其符合参加"计划"的条件。根据相应的规定，管理者应对该事件进行重新评估。

（十三）检测

用于官方分类目的的血清学检测采样时，家禽必须达到4月龄以上，如火鸡在12周龄以上，玩赏禽类在4月龄以上或达到性成熟，鸵鸟、鸸鹋、美洲鸵和鹤鸵需在12月龄以上。用于官方检测的样品必须由授权机构、授权的检测代理人或州检查员采集。除了用于检测鸡白痢-鸡伤寒而进行的染色抗原、快速全血检测试验可由授权的检测代理人或州检查员执行外，其他检测需由授权的实验室进行。在家禽改良计划中，除鸵鸟、鸸鹋、美洲鸵和鹤鸵另有规定外，可取代表性样本替代全群检测。最小样本量为每栋禽舍

30羽，每栏和每个单元至少取1羽。肉鸡、水禽、观赏型禽类及玩赏型禽类样本中，公母比例必须与全群的公母比例一样。如果某栋禽舍内饲养的家禽少于30羽，所有家禽都必须进行检测。

鸡白痢–鸡伤寒的官方血清学检测方法应采用标准试管凝集试验、微量凝集试验、酶联免疫吸附试验（ELISA）或快速血清检测试验（可用于所有家禽）以及染色抗原、快速全血试验（火鸡除外）。官方血清学检测需按规定或生产商提供的说明进行。只有农业部批准的多价抗原才能用于快速全血检测和试管凝集试验。抗原生产商必须每年一次向农业部提交每个系列的试管凝集抗原，获得批准后方可进行相应系列的抗原生产。所有的微量凝集抗原和ELISA试剂也需经农业部批准。

任何官方血液检测与之前的鸡白痢–鸡伤寒抗体检测至少间隔21d。

官方血液检测应对家禽群体中每只家禽的血液样品进行检测。在满足特定条件下，可进行部分检测或以抽样检测代替全群检测。

参与"计划"的禽群在定性检测过程中有血液检测阳性的家禽，应对其鸡白痢–鸡伤寒状态作如下评估。

（1）用快速血清试验或ELISA检测的血清样品或用染色抗原、快速全血试验检测的血液样品（除火鸡外）都应用标准试管凝集试验或微量凝集试验进行检测。

（2）标准试管凝集试验（稀释度大于等于1∶50）或微量凝集试验（稀释度大于等于1∶40）阳性反应样品应提交给授权实验室进行细菌学检查。如果一个禽群有4个以上阳性样品，至少向授权实验室提交4份样品；如果少于等于4个阳性样品，则应全部提交。细菌学检查需按规定执行。如果授权实验室在样品递交后10d内不能证实存在鸡白痢–鸡伤寒沙门菌感染，州官方机构应判定这个禽群未感染鸡白痢–鸡伤寒。

（3）如果养殖者不希望将阳性反应禽提交用于细菌学检查，阳性反应禽应隔离饲养并在30d内再用官方血液试验重新检测。如果重新检测仍为阳性，应对阳性反应禽和整个禽群按规定进行附加检测。在30d内，该禽群必须饲养于经州官方机构审核认为安全的环境下，防止与其他禽类直接接触，确保个人、设备和供给物的消毒卫生工作，以防其成为鸡白痢–鸡伤寒的传染来源。

授权实验室从雏鸡或出雏产生的绒毛样品中分离到鸡白痢或鸡伤寒沙门菌，感染禽群需经两次连续的官方血液试验检测，两次均为阴性结果才有资格参加本"计划"，后续的禽群必须经官方血液试验检测阴性才能加入鸡白痢–鸡伤寒计划。这包括对感染禽群及后续的禽群进行为期12个月的检测，由州检查员直接执行或直接监督下执行。如果州官方机构、养殖者和管理机构达成协定，州官方机构可自行决定由州检查员检测至少500羽家禽的样品，而不需要检测所有家禽。如果州检查员判定某一个原种群已经暴露于鸡白痢沙门菌或鸡伤寒沙门菌，州官方机构应该要求：① 由州检查员或在其监督下采集暴露禽舍所有家禽的血液样品，这些暴露禽舍接触了州检查员判定原种群发生鸡白痢或鸡伤寒沙门菌感染期间的家禽、设备、供给物或个人。② 由州检查员或在其监督下对这些禽舍中所有家禽进行标识，以便鉴定阳性家禽。③ 由授权实验室按官方血液试验检测血液样品。

参加"计划"的农场饲养的所有家禽（除水禽外）要么进行相应的检测，达到参加"计划"的家禽相同的标准，要么这些家禽及其禽蛋与参加"计划"的家禽及其禽蛋进行隔离饲养和存放。

所有参加"计划"或准备参加"计划"的家禽鸡白痢–鸡伤寒的检测结果需在检测完成后10d内上报州官方机构。在判定禽类分类时应考虑所有阳性反应。

家禽是否感染沙门菌的分类是以血清学检测或细菌学检查为基础的，在进行此类试验前3周内禁止添加或饲喂能掩盖沙门菌血清学检测反应或妨碍沙门菌分离的药物。

州官方机构或州动物疫病控制中心的证据显示由参加"计划"的孵化场生产的雏禽或刚出壳禽发生感染，而该批雏禽的父母代群获得鸡白痢–鸡伤寒净化的分类标志，可以认为感染来源于父母代种群。州官方机构对所涉及的种群可以要求进行额外的检测。如果发现父母代种群发生感染，其分类标志将被取消，直到重新获得资格。而且，州官方机构可以要求来源于该群的孵化鸡蛋在出雏前从孵化器中撤出并予以销毁。当从参加"计划"孵化场的样品中分离到沙门菌，州官方机构应找出感染来源，并将调查结果及消除感染所采取的行动上报给农业部兽医管理局。

截至2000年，美国已有43个州为鸡白痢–鸡伤寒净化合格州。但是，感染的贮存宿主还存在于小禽群中，这种感染的贮存宿主可能比公布的数字要大，因为并不是所有的州都有检疫非商品禽和观赏禽的规划。经验告诉我们，将商品和非商品禽隔离饲养，对防止鸡白痢和鸡伤寒沙门菌在禽群中传播是十分有效的。但庭院感染群对商品群会构成一定的威胁，因此必须持续对商品种群进行检疫，及时检出非商品禽群传入的偶然性感染。

近年来，随着国际上对控制家禽肠炎沙门菌的重视，已建立了许多检验、监测方法和程序，在"计划"中，为防止肠炎沙门菌感染传播给蛋鸡群，对种禽制定了严格的卫生措施和检验标准。这项"计划"的加入者要求遵守饲料选择和处理、种蛋消毒和孵化室卫生标准。对肠炎沙门菌的检测包括环境的细菌学检测和家禽的血清学检测，并抽检所选择鸡的组织进行培养确诊。在美国有肠炎沙门菌的一个建议性的检测草案，类似于宾夕法尼亚州风险减少规划，通过检测环境样品监测感染，然后对禽蛋进行细菌培养来确定对公共卫生的威胁。

二、我国有关鸡白痢-鸡伤寒净化标准

国家蛋鸡产业技术体系疾病控制研究室目前已制定了鸡白痢沙门菌净化实施初步方案，主要内容如下。

（一）鸡白痢-鸡伤寒沙门菌的检疫和净化

1. 检疫时间

（1）原种祖代鸡　母鸡100～130日龄进行第一次普检，普检不达标者30d后重检，280～310日龄进行第二次普检。连续两次检出率低于0.1%，以后每隔3个月抽检一次，每次抽检量不低于20%，抽检不达标的需再次普检。公鸡每月普检一次。淘汰所有抗体阳性鸡只。

（2）父母代鸡　母鸡100～130日龄进行第一次普检，普检不达标者30d后重检，280～310日龄进行第二次普检。连续两次检出率低于0.3%，以后每3个月抽检1次，每次抽检比例不低于10%，抽检不达标者需再次普检。公鸡每月普检一次。淘汰所有抗体阳性鸡只。

（3）商品代鸡　100～130日龄抽检，抽检比例不低于5%，以此评估父母代种鸡场鸡白痢净化的效果。

2. 检测方法　按照"鸡白痢、鸡伤寒沙门菌全血平板凝集试验操作规程"进行。

（二）鸡白痢-鸡伤寒沙门菌抗体阴性鸡群维持方案

1. 饮用水微生物指标检测　鸡群饮水监测按照"禽饮用水微生物指标检测规程"进行，对不达标的饮水通过净化处理，使饮水达标。不同企业水的净化处理方案必要时根据实际情况通过试验确定。

2. 饲料中沙门菌检测　饲料中沙门菌监测依据"饲料中沙门菌检测操作规程"进行，重点监测蛋白类饲料原料和饲料成品，对合格原料和成品不需要进行处理。不合格原料和成品不能使用。

3. 空气中细菌总数检测规程　空气中细菌总数检测依据"空气中细菌总数检测操作规程"进行，并根据鸡场实际测定结果制定出个性化的消毒程序。空气中细菌数不超过25 000CFU/m³为合格。

4. 蛋鸡场消毒　蛋鸡场消毒按照"规模化鸡场消毒技术规范"进行，并采用"空气中细菌总数检测操作规程"对养殖场进行消毒效果评价。

5. 沙门菌抗体监测　按照"鸡白痢、鸡伤寒沙门菌全血平板凝集试验操作规程"对鸡群进行沙门菌血清抗体检测。祖代、父母代阳性鸡淘汰，商品代阳性鸡可在隔离条件下饲养。

（三）鸡白痢-鸡伤寒沙门菌的净化指标

祖代鸡白痢-鸡伤寒沙门菌抗体阳性率控制在0.1%以下，父母代鸡白痢-鸡伤寒沙门菌抗体阳性率控制在0.3%以下。

参考文献

Saif YM, 主编. 2005. 禽病学[M]. 11版. 苏敬良，高福，索勋，主译. 北京：中国农业出版社：637-692.

王红宁. 2012. 蛋鸡沙门菌病净化研究. 中国家禽，34（1）：37.

Adriaensen C, De Greve H, Tian JQ, et al. 2007. A live *Salmonella enterica* serovar Enteritidis vaccine allows serological differentiation between vaccinated and infected animals. Infect Immun, 75(5): 2461-2468.

Amit-Romach E, Sklan D and Uni Z. 2004. Microflora ecology of the chicken intestine using 16S ribosomal DNA primers. Poult Sci, 83(7): 1093-1098.

Bailey JS, Rolon A, Hofacre CL, et al. 2007. Intestinal humoral immune response and resistance to Salmonella challenge of progeny from breeders vaccinated with killed antigen. Int J Poult Sci, 6(6): 417-423.

Barrow PA and Methner U. 2012. Salmonella in Domestic Animals (2nd Edtion). CAB International. Oxfordshire, UK.

Barrow PA, Lovell MA and Stocker BAD. 2001. Protection against experimental fowl typhoid by parenteral administration of live SL5928, an *aroA-serC* (aromatic dependent) mutant of a wild-type *Salmonella* Gallinarum strain made lysogenic for P22*sie*. Avian Pathol, 29: 423-431.

Bielke LR, Elwood AL, Donoghue DJ, et al. 2003. Approach for selection of individual enteric bacteria for competitive exclusion in turkey poults. Poult Sci, 82(9): 1378-1382.

Bohez L, Dewulf J, Ducatelle R, et al. 2008. The effect of oral administration of a homologous *hilA* mutant strain on the long term colonization and transmission of *Salmonella* Enteritidis in broiler chickens. Vaccine, 26: 372-378.

Boyen F, Haesebrouck F, Vanparys A, et al. 2008. Coated fatty acids alter virulence properties of *Salmonella* Typhimurium and decrease intestinal colonization of pigs. Vet Microbiol, 132(3-4): 319-327.

Cagiola M, Severi G, Forti K, et al. 2007. Abortion due to *Salmonella enterica* serovar Abortusovis in ewes is associated to a lack of production of IFN-γ and can be prevented by immunization with inactivated *S*. Abortusovis vaccine. Vet Microbiol, 121(3-4): 330-337.

Chu CY, Wang SY, Chen ZW, et al. 2007. Heterologous protection in pigs induced by a plasmid-cured and *crp* gene-deleted *Salmonella choleraesuis* live vaccine. Vaccine, 25(41): 7031−7040.

Clifton-Hadley FA, Breslin M, Venables LM, et al. 2002. A laboratory study of an inactivated bivalent iron restricted *Salmonella enterica* serovar Enteritidis and Typhimurium dual vaccine against Typhimurium challenge in chickens. Vet Microbiol, 89(2−3): 167−179.

Deguchi K, Yokoyama E, Honda T, et al. 2009. Efficacy of a novel trivalent inactivated vaccine against the shedding of *Salmonella* in a chicken challenge model. Avian Dis, 53: 281−286.

Eddicks M, Palzer A, Hörmansdorfer S, et al. 2009. Examination of the compatibility of a *Salmonella* Typhimurium-live vaccine Salmoporc for three days old suckling piglets. Dtsch Tierarztl Wochenschr, 116(7): 249−254.

Eeckhaut V, Van Immerseel F, Croubels S, et al. 2011. Butyrate production in phylogenetically diverse firmicutes isolates from the chicken caecum. Microb Biotechnol, 4(4): 503−512.

Gebru E, Lee JS, Son JC, et al. 2010. Effect of probiotic−, bacteriophage−, or organic acid-supplemented feeds or fermented soybean meal on the growth performance, acute-phase response, and bacterial shedding of grower pigs challenged with *Salmonella enterica* serotype Typhimurium. J Anim Sci, 88(12): 3880−3886.

Guilloteau P, Martin L, Eeckhaut V, et al. 2010. From the gut to the peripheral tissues: the multiple effects of butyrate. Nutr Res Rev, 23: 366−384.

Hume ME, Kubena LF, Edrington TS, et al. 2003. Poultry digestive microflora biodiversity as indicated by denaturing gradient gel electrophoresis. Poult Sci, 82(7): 1100−1107.

Huyghebaert G, Ducatelle R and Van Immerseel F. 2011. An update on alternatives to antimicrobial growth promoters for broilers. Vet J, 187: 182−188.

Lu J, Idris U, Harmon B, et al. 2003. Diversity and succession of the intestinal bacterial community of the maturing broiler chicken. Appl Environ Microbiol, 69: 6816−6824.

Martín-Peláez S, Costabile A, Hoyles L, et al. 2010. Evaluation of the inclusion of a mixture of organic acids or lactulose into the feed of pigs experimentally challenged with Salmonella. Typhimurium. Vet Microbiol, 142(3−4): 337−345.

Methner U1, Barrow PA, Berndt A, et al. 2011. *Salmonella* Enteritidis with double deletion in *phoP fliC* − a potential live *Salmonella* vaccine candidate with novel characteristics for use in chickens. Vaccine, 29(17): 3248−3253.

Mohler VL , Heithoff DM , Mahan MJ ,et al. 2006. Cross-protective immunity in calves conferred by a DNA adenine methylase deficient *Salmonella enterica* serovar Typhimurium vaccine. Vaccine, 24(9): 1339−1345.

Mohler VL, Heithoff DM, Mahan MJ, et al. 2008. Cross-protective immunity conferred by a DNA adenine methylase deficient *Salmonella enterica* serovar Typhimurium vaccine in calves challenged with *Salmonella* serovar Newport. Vaccine, 26(14): 1751−1758.

Penha Filho RA, de Paiva JB, da Silva MD, et al. 2010. Control of *Salmonella* Enteritidis and *Salmonella* Gallinarum in birds by using live vaccine candidate containing attenuated *Salmonella* Gallinarum mutant strain. Vaccine, 28(16): 2853−2859.

Roesler U, Heller P, Waldmann KH, et al. 2006. Immunization of sows in an integrated pig-breeding herd using a homologous inactivated *Salmonella* vaccine decreases the prevalence of *Salmonella typhimurium* infection in the offspring. J Vet Med B Infect Dis Vet Public Health, 53(5): 224−228.

Roesler U, Marg H, Schröder I, et al. 2004. Oral vaccination of pigs with an invasive *gyrA-cpxA-rpoB Salmonella* Typhimurium mutant. Vaccine, 23(5): 595−603.

Selke M, Meens J, Springer S, et al. 2007. Immunization of pigs to prevent disease in humans: Construction and protective efficacy of a *Salmonella enterica* serovar Typhimurium live negative-marker vaccine. Infect immun, 75(5): 2476−2483.

Taube VA, Neu ME, Hassan Y, et al. 2009. Effects of dietary additives (potassium diformate/ organic acids) as well as influences of grinding intensity (coarse/fine) of diets for weaned piglets experimentally infected with *Salmonella* Derby or *Escherichia coli*. J Anim Physiol Anim Nutr, 93(3): 350−358.

Uzzau S, Marogna G, Leori GS, et al. 2005. Virulence attenuation and live vaccine potential of *aroA*, *crp cdt cyp*, and plasmid-cured mutants of *Salmonella enterica* serovar Abortusovis in mice and sheep. Infect immun, 73(7): 4302−4308.

Van der Walt ML, Vorster JH, Steyn HC,et al. 2001. Auxotrophic, plasmid-cured *Salmonella enterica* serovar typhimurium for use as alive vaccine in calves. Vet Microbiol, 80(4): 373−381.

Van Immerseel F, Boyen F, Gantois I, et al. 2005. Supplementation of coated butyric acid in the feed reduces colonization and shedding of *Salmonella* in poultry. Poult Sci, 84(12): 1851−1856.

Van Immerseel F, De Buck J, Boyen F, et al. 2004. Medium-chain fatty acids decrease colonization and invasion shortly after infection with *Salmonella* Enteritidis in chickens through *hilA* suppression. Appl Environ Microbiol, 70(6): 3582−3587.

Van Immerseel F, Russell JB, Flythe MD, et al. 2006. The use of organic acids to combat *Salmonella* in poultry: a mechanistic explanation of the efficacy. Avian Pathol, 35(3): 182−188.

Woodward MJ, Gettinby G, Breslin MF, et al. 2002. The efficacy of Salenvac, a *Salmonella enterica* subsp. *enterica* serotype Enteritidis iron-restricted bacterine vaccine, in laying chickens. Avian Pathol, 31(4): 383−392.

Young SD, Olusanya O, Jones KH, et al. 2007. *Salmonella* incidence in broilers from breeders vaccinated with live and killed *Salmonella*. J Appl Poult Res, 16(4): 521−528.

第十二章

动物源性食品沙门菌监测与防控

第一节 基本概念

一、动物性食品卫生与食源性疾病

　　动物性食品卫生学（hygiene of food of animal origin）是兽医公共卫生学科的重要组成部分，是以兽医学、公共卫生学的理论和相关法规为基础，从预防角度研究动物性食品形成过程中可能存在的影响其卫生安全与固有品质的有害因素，提出预防控制措施，确保产品的安全与质量，以保障人畜健康的综合性应用学科。它涉及从农场到餐桌的全过程检验与监控，主要包括动物性食品生产过程的检疫检验、品质鉴定、安全卫生监督管理和评价，以及资源合理利用和环境保护措施的贯彻与推进。

　　食源性疾病（foodborne disease/illness）是指通过摄取食物而使病原体及其毒素或其他有害物质进入人体引起的感染性疾病或中毒性疾病。此类疾病常呈突发性和流行性，且具有时域性和群体性，即疾病多发生在一定的时间、特定的地区和特定的人群（如食用同一种食物的人群）。

　　食源性疾病可以分为食源性感染和食源性中毒，包括常见的食物中毒、肠道传染病、人兽共患传染病和寄生虫病以及化学性有毒有害物质所引起的疾病。但实际上二者往往难以区分。

　　（1）食源性感染（foodborne infection）　人因食用了患有人兽共患病动物的肉、乳、蛋或水产品，或食用被病原体污染的食品而发生的感染性疾病。细菌引起的食源性感染占70%～80%，且食品中细菌污染的量与食源性感染的发生和严重程度密切相关。

　　（2）食源性中毒（foodborne poisoning）　人因食用了某些被微生物及其毒素、有毒化学物质污染的食品或者有毒生物组织发生的中毒性疾病。

　　近年来，大大小小的食源性疾病在世界范围内的暴发，其发病率居各类疾病总发病率的前列，已经成为一个日益凸现的全球性公共卫生问题，尤其对于婴幼儿、老年人和免疫力低下人群的风险更高；由寄生虫引起的食源性疾病在发展中国家尤其严重。食源性疾病的全球发病率难以统计，WHO估计全球每年约有170万人死于结核病（2012），而据疾病风险的理解和卫生系统的估计，食源性疾病的实际发生率是报道的100～350倍。据估计，现在全世界每年大约有40亿例腹泻病的发生，这些疾病主要发生在发展中国家，但发达国家也有类似病例。其中150万例腹泻病例发生于5岁以下儿童。在发展中国家，一些孩子每年被感染达10～12次，结果导致超过300万儿童死亡；腹泻和营养缺乏的共同作用，导致更多病例的死亡。另外，每年感染吸虫的人约有5 620万（2005），每10万人中约有1.1～8.5人患有旋毛虫病（1986—2009），每年约有150万人死于腹泻病（2009），大部分归因于食品和饮用水污染。美国每年发生约7 600万例食源性疾病，造成32.5万人次住院和5 000人死亡。食物（包括饮用水）是食源性疾病的主要载体，并且是70%疾病的主要原因。据估计，在非工业化国家，超过10%的人每年都遭受食源性疾病，食源性疾病产生的后果超乎想象。在世界的部分地区，它们的发生率是如此频繁以至于已经成为人们日常生活的一部分。

我国在防控食源性病原菌上存在宿主范围广、传播速度快和社会影响大、控制难度大等特点，严重时对社会稳定造成极大危害；同时，食品生产模式及饮食方式的改变、食品流通的广泛性、对肉禽需求量的增加、致病菌菌株的突变等因素都是导致食源性疾病发病率升高的原因。为了更好地保障国民健康，减少食源性疾病的发生，尤其是防止一些重大食源性病原菌相关疾病的发生，应将食源性病原菌的防控上升到国家食品安全的战略地位，切实加强食源性病原菌防控研究和防控工作。

二、沙门菌与食源性疾病

沙门菌是肠杆菌科的一个菌属，是全球范围内普遍存在的引起人食源性疾病的肠道病原菌，在国内外报道的食物中毒中，沙门菌食物中毒占首位。其中，鼠伤寒沙门菌、猪霍乱沙门菌和肠炎沙门菌等会污染动物性食品，其食源性疾病暴发通常与消费被污染的动物性食品如蛋类、禽肉或者是与被粪便污染的鲜活产品有关。沙门菌病可以引起人沙门菌食物中毒，表现发热、头痛、全身酸痛和胃肠炎，导致个别病人死亡。

沙门菌食物中毒以夏、秋季节多发。以婴幼儿、老人和体弱者多见，症状也较严重。由于沙门菌广泛存在于畜禽及鸟、鼠类的肠道中，常通过污染的肉类等食物而传播。因此，引起沙门菌食物中毒的食品主要是动物性食品，以肉类食品最为常见，如病死畜禽肉、猪头肉和内脏等熟肉类制品。但近年来，美国也发生了多起因西红柿、青椒、生菜、豆苗等植物性食品引起的沙门菌食物中毒事件。

食品中沙门菌的来源包括生前感染和宰后污染。生前感染是指畜禽宰杀前患原发性和继发性沙门菌病，如猪副伤寒、鸡副伤寒、犊牛肠炎等。这类患病畜禽的血液、内脏和肌肉均可能含有大量的沙门菌。宰后污染是动物性食品在屠宰或加工及流通过程中，受携带沙门菌的污水、肠道内容物、加工工具、容器等污染。在适宜环境下，沙门菌在污染的食品中大量繁殖，人们食用前热处理不够或处理后又重复或交叉污染，食后就有可能引发食物中毒。

三、动物源性食品生产与HACCP

HACCP是危害分析与关键控制点（hazard analysis and critical control point）的英文缩写。危害的含义是指当机体、系统或（亚）人群暴露时可能产生有害作用的某一种因子或场景的固有性质。在食品安全中指可能导致一种健康不良效果的生物、化学或者物理因素或状态。食品生产过程的危害包括物理、化学和微生物污染，如病菌等（生物的）。食品工业所面临的主要危害是微生物污染，如沙门菌、大肠杆菌O157：H7、肉毒梭菌等。沙门菌是当今食品工业所面临的主要病原微生物污染之一。

国家标准GB/T 15091《食品工业基本术语》对HACCP的定义为：生产（加工）安全食品的一种控制手段；对原料、关键生产工序及影响产品安全的人为因素进行分析，确定加工过程中的关键环节，建立、完善监控程序和监控标准，采取规范的纠正措施。

国际标准CAC/RCP-1《食品卫生通则1997修订3版》对HACCP的定义为：鉴别、评价和控制对食品安全至关重要的危害的一种体系。

在食品的生产过程中，控制潜在危害的先期觉察决定了HACCP的重要性。通过对主要的食品危害，如微生物、化学和物理污染的控制，食品工业可以降低食品生产过程中的危害，更好地向消费者提供消费方面的安全保证，从而提高人民的健康水平。

HACCP并不是新标准，它是20世纪60年代由皮尔斯伯公司联合美国国家航空航天局（NASA）和美国一家军方实验室（Natick地区）共同制定的，体系建立的初衷是为太空作业的宇航员提供食品安全方面的保障。

在HACCP管理体系原则指导下，食品安全被融入设计的过程中，而不是传统意义上的最终产品检测。因而，HACCP体系提供一种能起到预防作用的体系，并且更能经济地保障食品的安全。部分国家的HACCP实践表明，实施HACCP体系能更有效地预防食品污染。例如，美国食品药品管理局的统计数据表明，在水产加工企业中，实施HACCP体系的企业比没实施的企业食品污染的概率降低了20% ~ 60%。

在HACCP中，有七条原则作为体系的实施基础：① 进行危害分析和提出预防措施（conduct hazard analysis and preventive measures）；② 确定关键控制点（identify critical control points）；③ 建立关键界限（establish critical limits）；④ 关键控制点的监控（CCP monitoring）；⑤ 纠正措施（corrective actions）；⑥ 记录保持程序（record-keeping procedures）；⑦ 验证程序（verification procedures）。

　　HACCP不是一个单独运作的系统。在美国的食品安全体系中，HACCP是建立在GMP和SSOP基础之上的，并与之构成一个完备的食品安全体系。HACCP更重视食品企业经营活动的各个环节的分析和控制，使之与食品安全相关联。例如，从经营活动之初的原料采购、运输到原料产品的储藏，到生产加工与返工和再加工、包装、仓库储放，到最后成品的交货和运输，整个经营过程中的每个环节都要经过物理、化学和生物三个方面的危害分析（hazard analysis），并制定关键控制点（critical control points）。危害分析与关键点控制，涉及企业生产活动的各个方面，如采购与销售、仓储运输、生产、质量检验等，目的是针对生产经营活动可能的各个环节以保障食品的安全。另外，HACCP还要求企业有一套召回机制，由企业的管理层组成一个小组，必须要有相关人员担任总协调员（HACCP coordinator）对可能的问题产品实施紧急召回，最大限度地保护消费者的利益。

四、动物性食品安全风险评估

（一）风险评估的概念

　　Kaplan在1981年基于事件的下列3个问题提出了风险的定义：发生什么（what can happen）、如何发生（how likely is it）和结果如何（what is the result）。"发生什么"是指描述一个发生的事件，对于食源性疾病的风险分析来讲，起因事件往往是指摄入对人体有害的物质。它代表一个对特定人群能带来危害和不良后果的事件或过程。"如何发生"是指摄入某有害物质的事件，是发生条件的可能性。"结果如何"是指摄入某危害因素后产生不良后果的可能性。在描述一个事件时，应对该事件产生有害作用的可能性和不确定性进行预测。事件、可能性和结果3个要素并没有对风险评估的方法进行限制。

　　2009年版的《食品安全法》对有关食品安全风险监测、评估和预警做了具体规定，主要有：① 国家建立食品安全风险监测制度，对食源性疾病、食品污染以及食品中的有害因素进行监测；② 国家建立食品安全风险评估制度，对食品、食品添加剂中生物性、化学性和物理性危害进行风险评估；③ 国务院卫生行政部门通过食品安全风险监测或者接到举报发现食品可能存在安全隐患的，应当立即组织进行检验和食品安全风险评估；④ 食品安全风险评估结果，作为制定、修订食品安全标准和对食品安全实施监督管理的科学依据；⑤ 国务院卫生行政部门应当会同国务院有关部门，根据食品安全风险评估结果和食品安全监督管理信息，对食品安全状况进行综合分析。对经综合分析表明可能具有较高程度安全风险的食品，国务院卫生行政部门应当及时提出食品安全风险警示，并予以公布。

《食品安全法》2013年再次启动修订，如何重典治乱成焦点。2013年10月10日，国家食品药品监管总局向国务院报送了《中华人民共和国食品安全法（修订草案送审稿）》（以下简称送审稿），国务院法制办公室同时将送审稿及其修订说明、送审稿与现行法律条文对照表全文公布，征求社会各界意见。2014年12月，十二届全国人大常委会第三十六次委员长会议审议通过了《中华人民共和国食品安全法（修订草案）》。修订草案从落实监管体制改革和政府职能转变成果、强化企业主体责任落实、强化地方政府责任落实、创新监管机制方式、完善食品安全社会共治、严惩重处违法违规行为六个方面对现行法律作了修改、补充，增加了食品网络交易监管制度、食品安全责任强制保险制度、禁止婴幼儿配方食品委托贴牌生产等规定和食品安全责任约谈、突击性检查等监管方式。在行政许可设置方面，增加了食品安全管理人员职业资格和保健食品产品注册两项许可制度。

当前，与食品安全有关的风险分析术语包括危害、风险、可接受的危险度、风险分析等。

（1）危害（hazard）　指当机体、系统或（亚）人群暴露时可能产生有害作用的某一种因子或场景的固有性质。在食品安全中指可能导致一种健康不良效果的生物、化学或者物理因素或状态。

（2）风险（risk）　也称危险度或风险性，指在具体的暴露条件下，某一种因素对机体、系统或（亚）人群产生有害作用的概率。在食品安全中，风险是指食品中的危害因素所引起的一种健康不良效果的可能性以及这种效果严重程度的函数。

（3）可接受的危险度（acceptable risk）　指公众和社会在精神、心理等各方面均能承受的危险度。人类的各种活动都会伴随着一定的危险度存在。如化学物质在一定条件下可以成为毒物，只要接触就存在中毒的可能性，只有接触剂量低于特定物质的阈剂量才没有危险。但实际上，在多数情况下，某些化学毒物的阈值难以精确测定；或是虽然能确定，但因为经济原因无法限制到绝对无危险的程度。尤其是诱变剂和致癌物可能没有阈值，除了剂量为零外，其他剂量均有引起损害的可能性，对于这样的化学毒物要求绝对安全是不可能的，由此提出了可接受的危险度这个概念。如美国把10^{-6}的肿瘤发生率和10^{-3}的畸胎发生率分别作为致癌物和致畸物作用的可接受的危险度。

（4）风险分析（risk analysis）　指对可能存在的危害的预测，并在此基础上采取的规避或降低危害影响的措施。它包含了风险评估（risk assessment）、风险管理（risk management）和风险交流（risk communication）3个部分。风险评估为风险分析提供科学依据，风险管理为风险分析提供政策基础，风险交流是通过风险分析过程进行广泛的信息沟通和意见交流。三者之间相互联系、互为前提。

（二）动物性食品安全风险分析的内容和方法

1995年在日内瓦召开的联合专家咨询会议将风险分析分为风险评估、风险管理和风险交流。它旨在通过风险评估选择适合的风险管理以降低风险，同时通过风险交流达到社会各界的认同或使得风险管理更加完善。具体来说，就是通过使用毒理数据、污染物残留数据分析、统计手段、摄入量及相关参数的评估等系统科学的步骤，以决定某种食品危害物的风险，并建议其安全限量以提供风险管理者综合社会、经济、政治及法规等各方面因素，在科学基础上决策以制订管理法规。

1. 风险评估的技术体系　　风险评估是对人们由于接触食源性危险物而对健康具有已知或可能的严重不良作用的科学评估，为风险分析提供科学依据。风险评估是一种系统地组织科学技术信息及其不确定性的方法，用以回答有关健康风险的特定问题。它要求对相关信息进行评价，并且选择模型，根据信息做出推论。风险评估是整个风险分析体系的核心和基础。整个评估过程由四部分组成：危害识别、危害描述、暴露评估、风险描述。

（1）危害识别（hazard identification）　　指确定某种物质的毒性（即产生的不良效果），在可能时对这种物质导致不良效果的固有性质进行鉴定。通常进行危害识别的方法是证据加权法。需要对相关数据库、专业文献以及其他可能的来源中得到的科学信息进行充分的评议。对不同资料的重视程度通常按照以下的顺序：流行病学研究、动物毒理学研究、体外试验和定量的结构−活性关系。

（2）危害描述（hazard description）　　一般是由毒理学试验获得的数据外推到人，计算人体的每日容许摄入量（ADI值）。严格来说，对于食品添加剂、农药和兽药残留，制定ADI值；对于污染物，针对蓄积性污染物如铅、镉、汞，制定暂定每周耐受摄入量（PTWI值）；针对非蓄积性污染物如砷等，制定暂定每日耐受摄入量（PTDI值）；对于营养素，制定每日推荐摄入量（RDI值）。

（3）暴露评估（exposure assessment）　　主要根据膳食调查和各种食品中化学物质暴露水平调查的数据进行。通过计算，可以得到人体对于该种化学物质的暴露量。进行暴露评估需要有有关食品的消费量和这些食品中相关化学物质浓度两方面的资料，一般可以采用总膳食研究、个别食品的选择性研究和双份饭研究进行。因此，进行膳食调查和国家食品污染监测计划是准确进行暴露评估的基础。

（4）风险描述（risk description）　　是就暴露对人群产生健康不良效果的可能性进行

估计，是危害识别、危害描述和暴露评估的综合结果。对于有阈值的化学物质，就是比较暴露和ADI值（或者其他测量值），暴露小于ADI值时，健康不良效果的可能性理论上为零；对于无阈值物质，人群的风险是暴露和效力的综合结果。同时，风险描述需要说明风险评估过程中每一步所涉及的不确定性。

2. 风险评估的方法　通常动物性食品对人体的危害主要有三种，即生物性危害、化学性危害和物理性危害。物理性危害可通过GMP等一般性措施进行控制。对于化学性危害，有关国际组织也已做了大量的研究，形成了一些相对成熟的控制方法。如FAO/WHO的食品添加剂专家委员会就已经评估了大量的化学物质（1 300～1 400种），包括食品添加剂、兽药等。风险评估面临的主要难点是对生物性危害的作用和结果的评估，主要是因为生物性危害的复杂性和多变性。对生物性危害的评估方法分为定性风险评估和定量风险评估两类。定量风险评估是根据危害的毒理学特征和其他有用的资料，确定污染物的摄入量和对人体产生不利作用概率之间的关系，它是风险评估最理想的方式，因为它的结果大大方便了风险管理的确定。定性风险评估是根据风险的大小，人为地将风险分为低风险、中风险、高风险等类别，以衡量危害对人群影响的大小，当风险定量化不可能或没有必要时，定性风险分析被经常使用。

3. 风险管理　食品风险管理的首要目标是通过选择和实施适当的措施，尽可能有效地控制食品风险，从而保障公众健康。措施包括制定最高限量，制定食品标签标准，实施公众教育计划，通过使用其他物质或者改善农业或生产规范以减少某些化学物质的使用等。风险管理可以分为风险评价、管理选择评估、执行管理决定以及监控和审查。但在某些情况下，并不是所有这些方面都必须包括在风险管理活动中。

食品风险评价的基本内容包括：确认食品安全问题，描述风险概况，就风险评估和风险管理的优先性对危害进行排序，为进行风险评估制定风险评估政策，决定进行风险评估以及风险评估结果的审议。管理选择评估的程序包括确定现有的管理选项、选择最佳的管理选项（包括考虑一个合适的安全标准）以及作出最终的管理决定。监控和审查指的是对实施措施的有效性进行评估，以及在必要时对风险管理和/或评估进行审查。

为了做出风险管理决定，风险评价过程的结果应当与现有风险管理选项的评价相结合。保护人体健康应当是首先考虑的因素，同时，可适当考虑其他因素（如经济费用、效益、技术可行性、对风险的认知程度等），可以进行成本–效益分析。执行管理决定之后，应当对控制措施的有效性以及对暴露消费者人群的风险影响进行监控，以确保食品安全目标的实现。

4. 风险交流　风险交流是指在风险评估人员、风险管理人员、消费者和其他有关的团体之间就与风险有关的信息和意见进行相互交流。为了确保风险管理政策能够将食源性风险降到最低限度，风险交流应贯穿风险分析的各个阶段。风险交流所提供的一种综合考虑所有相关信息和数据的方法，为风险评估过程中应用某项决定及相应的政策措施提供指导，在风险管理者和风险评估者之间，以及他们与其他有关各方之间保持公开的交流，以改善决策的透明度，提高对各种产生结果的可能的接受能力。进行有效的风险交流的要素包括风险的性质、利益的性质、风险评估的不确定性和风险管理的选择。

风险交流应当包括下列组织和人员：国际组织（包括FAO和WHO，WTO，OIE和CAC）、政府机构、企业、消费者和消费者组织、学术界和研究机构以及大众传播媒介（媒体）。风险交流的原则包括：了解听众和观众、科学家的参与、建立交流的专门技能、信息的可靠来源、分担责任、区分科学与价值判断、保证透明度以及全面认识风险等。

由此可见，风险分析是一个由风险评估、风险管理、风险交流组成的连续的过程，有一个完整的框架结构，如图12-1所示。

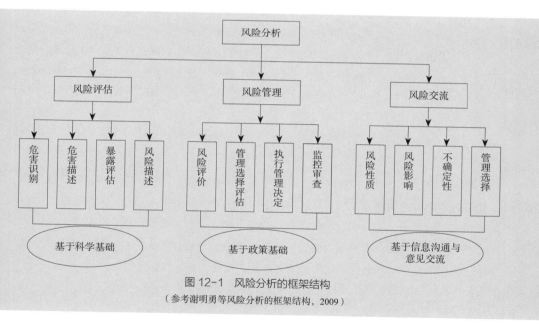

图 12-1 风险分析的框架结构

（参考谢明勇等风险分析的框架结构，2009）

5. 风险分析在动物性食品安全中的应用 动物性食品风险分析是制定动物性食品安全标准和解决国际食品贸易争端的依据，将成为制定动物性食品安全政策、解决食品安全事件的总模式。因此，引入动物性食品风险分析理念有利于更好地对动物性食品安全进行科学化管理。目前，风险分析在动物性食品安全中的应用主要有：SPS风险评估、FAO/WHO以及CAC的风险分析、欧盟关于预防性原则的措施、HACCP和GMP等安全卫生质量保证措施等。

第二节 动物源性食品沙门菌流行病学调查

沙门菌是一种常见的重要人兽共患病原菌，它不仅能导致鸡副伤寒、仔猪副伤寒、流产等动物疾病，还能使人发生伤寒、副伤寒、败血症、胃肠炎和食物中毒，在世界各地的食物中毒中，沙门菌引起的中毒病例占首位或第二位。因而，沙门菌病始终是医疗卫生、食品安全和出入境等部门的重点检验和防控对象之一。沙门菌感染和暴发大多数与食品有关，最常见的来源是肉类、鸡蛋等动物性食品和水果蔬菜。世界上最大的一起沙门菌食物中毒事件发生在1953年，瑞典人由于食用了被鼠伤寒沙门菌污染的猪肉引起中毒，7 717人中毒，90人死亡。我国从1953年建立卫生防疫站以来，相继建立了传染病报告和食物中毒报告制度，历年来我国法定报告的传染病发病率以肠道传染病为首。南宁市于1959年由猪霍乱沙门菌引起的食物中毒危害最大，1 061人中毒；其次是1972年青海市同仁县因圣保罗沙门菌污染牛肉引起的中毒事件，1 041人中毒。

一、动物源性食品沙门菌定性流行病学调查

我国居民饮食习惯、饮食结构、经营模式下特有的食源性致病微生物及其活性代谢产物导致的食源性疾病在我国一直居高不下，这些微生物的出现给食品中病原微生物检验提出了新的要求，需要针对这些微生物的特点建立相应的检验、鉴定、分型和控制方法。目前，我国在这些方面相对滞后，从而使细菌性食源性疾病的发病率、死亡率、就诊率、漏报率、发病趋势、疾病负担等方面缺乏及时、有效的基线信息。

（一）市场食品沙门菌定性流行病学调查

2004—2006年，北京市西城区疾病预防控制中心对市场销售的生肉类、生食蔬菜、熟肉类、水产品、冰淇淋等食品样品进行沙门菌监测，三年来所有食品样品的沙门菌总检出率分别为5.83%、4.67%和11.88%，在监测的样品中生猪肉和生鸡肉的检出率较高，分别达到40.00%和46.67%；2006年北京市大兴区在25件生羊肉中检出沙门菌3株，检出率达12%。

2005—2007年河北省疾病预防控制中心利用食源性致病菌监测网对当地食品超市、部分农贸批发点的生肉、熟肉制品、水产品、生食蔬菜、面米食品、非发酵豆制品、

乳制品等的沙门菌进行监测，发现沙门菌在河北省细菌性食物中毒中排第一位，达7.00%；生肉、水产品、熟肉制品中沙门菌阳性率分别为14.60%、7.14%和4.46%；144株分离株血清学试验鉴定分属7个群、32个血清型，其中分离出4株以上的11种血清型占分离株的72.92%，排前五位的血清型是山夫登堡、鸭、德尔卑、阿贡纳和猪霍乱沙门菌。

武汉市疾病预防控制中心随机从武汉超市和集贸市场采取生畜肉、生禽肉、熟肉制品、水产品、生食蔬菜、蔬菜沙拉样品，检测结果显示，武汉市食品沙门菌污染严重，平均检出率达18.02%，其中以生畜肉最高（37.14%），熟肉制品次之（21.21%），鲜冻水产品（20%）和生禽肉（15%）亦有较高水平。从分离株中鉴定出10种血清型的沙门菌，其中以C群的德尔卑沙门菌为主，占45%。

2010—2011年河南省济源市疾病预防控制中心对腹泻病人及市售食品中沙门菌的检测结果显示，动物粪便标本、生肉类、腹泻病人沙门菌检出率分别为7.00%、9.00%和3.20%。

2010—2011年广西壮族自治区疾病预防控制中心对8个地级市的餐饮企业、集贸市场、卖场超市和街头摊贩采集各类食品样品3 000余份进行沙门菌的检测，总检出率2.57%。各类食品的沙门菌检出率由高到低分别为：生禽肉29.63%、生畜肉15.56%、水产品2.89%、中式凉拌菜1.27%、生食/半生食蔬菜1.25%、熟肉制品0.29%。各类采样场所食品中沙门菌检出率从高到低分别为集贸市场5.47%、卖场超市1.01%和餐饮企业0.86%；散装食品检出沙门菌率为3.38%，定型包装食品未检出沙门菌。80株食品沙门菌分离株血清型鉴定分属7个血清群或亚群、23个血清型。在已分型的菌株中，以B群的德尔卑沙门菌占主要优势，占10%；其次是C3群的肯塔基沙门菌和E1群的鸭沙门菌，分别占6.25%和5%。这三种优势血清型主要来自生畜肉和生禽肉。

2005—2008年黑龙江省疾病预防控制中心选取6个具有代表性城市建立监测哨点，对六大类食品进行沙门菌分离鉴定显示，1 070份食品样品检出沙门菌94株，检出率为8.79%，生畜禽肉检出率为18.70%，水产品检出率为7.48%，非定型包装熟肉制品和生食蔬菜检出率分别为3.61%和2.84%，生奶和冰淇淋均未检出沙门菌。生畜禽肉食品中以猪肉污染最为严重（26.60%），其次为牛肉（17.33%）、羊肉（16.00%），禽肉为最低（7.50%）。连续4年的监测中，沙门菌年检出阳性率分别为4.27%、7.32%、9.24%和11.14%。从6类食品沙门菌污染年检出情况看，除冰淇淋、生牛奶未检出沙门菌外，其余样品均检出沙门菌，且均有逐年上升趋势。生畜禽肉在4年的连续监测中均检出，阳性率分别为12.86%、18.82%、18.18%和22.50%；熟肉制品和生食蔬菜2005年、2006年两年未分离出，到2007年、2008年检出阳性率分别为4.00%、8.00%和3.03%、5.00%；水产品2006年、2007年、2008年检出阳性率分别为5.71%、9.52%和10.00%。分离出94株沙门菌，经血清学试验共分12个血清型，其中肠炎、阿贡纳、德尔卑、鼠伤寒和猪霍乱沙门菌血清型排在前5位。

2002—2009年吉林省疾病预防控制中心对生畜肉、生禽肉、熟肉制品、动物性水产品、生食蔬菜、乳及乳制品、速冻面米食品、非发酵豆制品、沙拉9类样品共3 398件的沙门菌污染状况调查显示，生禽肉中沙门菌阳性检出率最高，为28.33%；其次为生畜肉，为17.25%；动物性水产品5.40%，熟肉制品4.36%，沙拉等4.14%，非发酵豆制品1.61%，速冻面米食品0.72%，乳及乳制品0.24%。以2006年检出率最高，平均为15.52%；2002年最低，平均为1.89%。

2002—2007年陕西省疾病预防控制中心开展了8个监测点的14类2 960份食品中沙门菌污染状况调查，结果显示，平均沙门菌污染检出率7.77%。其中生猪肉、生牛肉、生禽肉、生羊肉的沙门菌检出率分别为19.10%、21.93%、11.63%和16.59%，熟肉和水产类检出率分别为5.76%和3.83%；检出率较低的为蔬菜、非发酵豆制品，分别为1.30%和1.57%；奶类、速冻米面等食品中未检出。以2005年检出率最高，2007年最低。在空间上，陕北高于关中高于陕南。病原学鉴定分属11个血清群或亚群、28个血清型，其中以E4群的山夫登堡沙门菌为主要优势菌，占25.48%；其次是B群的德尔卑沙门菌和阿哥纳沙门菌，分别占17.31%和12.98%；未定型占15.38%。发现了陕西省未曾报道的Q群和其他血清型沙门菌。

（二）养殖和屠宰食品沙门菌定性流行病学调查

2009—2010年间，江苏省人兽共患病学重点实验室共采集江苏徐州、盐城、南通、淮安、扬州等地区不同源样品2 566份，包括人和健康动物样品2 366份及患病动物和病人样品200份。共检测出沙门菌阳性样品137份，阳性率为5.3%。经分离鉴定，获得135株沙门菌，分离阳性率为5.2%。其中，529份鹅肛拭样品有55份PCR检测为阳性，分离获得沙门菌54株；643份猪肛拭样品有30份PCR检测为阳性，分离得到29株沙门菌；其余样品沙门菌阳性率和分离率均一致。不同来源样品沙门菌的阳性率有所不同。其中，临床病鸡肝脏样品及腹泻猪肛拭样品阳性率显著高于健康鸡肛拭样品和健康猪肛拭样品（$p < 0.05$）。而健康人肛拭样品和腹泻儿童肛拭样品相比，沙门菌阳性率并没有显著差异（$p > 0.05$）。135株沙门菌中共检出10种血清型。其中，山夫登堡沙门菌、肠炎沙门菌、鸡白痢沙门菌及鼠伤寒沙门菌最常见，所占比例分别为28.9%、23.0%、21.5%和11.9%；而纽波特沙门菌、圣保罗沙门菌、德尔卑沙门菌、茨昂威沙门菌、韦太夫雷登沙门菌和鸭沙门菌的比例较低，分别为8.1%、2.1%、1.5%、1.5%、0.7%和0.7%。在鸡源、鹅源和猪源样品中，鸡白痢沙门菌、山夫登堡沙门菌和肠炎沙门菌分离率较高，分别为90.6%

（29/32）、66.7%（36/54）和82.8%（24/29）。

同时，2010年江苏省疾病预防控制中心对肉鸡养殖和屠宰过程中沙门菌的污染状况开展专项流行病学调查，共采集活体肉鸡肛拭样本210份，胴体样本204份，肛拭样本沙门菌检出率10.95%，胴体样本沙门菌检出率34.80%，胴体高于活体检出率。两类样本的血清学分型构成比不同，肛拭样本检出的23株沙门菌中有22株为印第安纳沙门菌，胴体样本中检出的71株沙门菌中有35株为印第安纳沙门菌、22株为奥尔巴尼沙门菌，活体和胴体的沙门菌来源不同，胴体可能存在交叉污染。

中国农业大学和国家蛋品工程技术研究中心选择规模化蛋鸡场对鸡蛋生产过程中沙门菌污染环节进行研究，对可能造成鸡蛋沙门菌污染的水、饲料、蛋网、传输带等环节的样本进行采集，并取清洁前后的鸡蛋各60个，分为两组，每组中30个蛋用于当天检测，另外30个蛋在室温环境下放置10d后检测。结果显示，水、饲料和清洁后的鸡蛋表面未检出沙门菌，蛋网、传输带、未清洁的鸡蛋表面检出沙门菌。进一步检测表明，检出的沙门菌均不是肠炎沙门菌和鸡伤寒沙门菌。鸡蛋放置10d后检测，未清洁组的蛋白高度和哈氏单位显著低于清洁组的蛋白高度和哈氏单位，二者均显著低于当天检测的结果，而各组的蛋壳强度差异均不显著。研究表明，鸡蛋清洁涂膜处理可以有效减少蛋壳表面沙门菌污染，并延长鸡蛋的保存时间。

2001—2003年河南省商丘市卫生防疫站选取3个县（市区）采集猪、鸡、鸭、犬粪便及苍蝇标本，开展沙门菌检测，沙门菌总检出率为11.11%，各年无显著性差异，猪、鸡、鸭、犬4种动物带菌率有显著性差异，其中以鸡带菌率最高（14.38%），其他依次为鸭（11.28%）、犬（8.74%）和猪（8.65%）。苍蝇作为昆虫媒介具有较高的带菌率（11.48%）。沙门菌分离株血清型排前5位的依次是肠炎沙门菌（25.85%）、阿贡纳沙门菌（20.98%）、鼠伤寒沙门菌（16.59%）、德尔卑沙门菌（13.17%）和鸭沙门菌（11.22%）。

河南省开封市疾病预防控制中心和河南省疾病预防控制中心开展肉猪养殖屠宰加工过程中沙门菌污染状况的调查显示，猪混合粪便沙门菌检出率为4.5%，肛拭子沙门菌的检出率为16.4%，胴体涂抹物沙门菌检出率为34.5%，肠系膜淋巴结沙门菌检出率为27.3%。不同季节的检出率差异有统计学意义。阳性分离株分布于沙门菌的5个群，共14个血清型，以阿贡纳沙门菌和德尔卑沙门菌为主。

河南省开封市疾病预防控制中心和河南省疾病预防控制中心开展肉鸡孵化养殖和屠宰销售环节中沙门菌污染调查显示，四个场所中屠宰场、大型超市所采样本污染严重，阳性率分别为45.1%和47.6%，18个屠宰环节中预冷池水、刀具案板、褪毛后整鸡及超市销售中的肉鸡制品污染严重，阳性率分别为100%、58.3%、83.3%和61.1%。鸡肉中沙门菌在屠宰环节带菌较严重，存在鸡胴体间相互碰撞，脱毛机、脱毛池水消毒不达标，刀具案板不能及时冲洗，造成宰杀后鸡肉制品交叉污染严重。检出的阳性菌株分布于沙门菌5个血清型，以印第安纳沙门菌和肠炎沙门菌为主。

2010年河南省许昌市疾病预防控制中心和鹤壁市疾病预防控制中心对2个大型肉鸡养殖和屠宰场进行了沙门菌污染状况调查，结果显示，368只成年待宰鸡肛拭子沙门菌平均检出率8.7%，186份屠宰生产线预冷后分割前鸡胴体沙门菌检出率24.2%。肉鸡活体中沙门菌最高检出率出现在7月份，胴体中沙门菌检出率最高出现在6月份。而人沙门菌病的高发季节是夏季，提示沙门菌在养殖加工环节的污染率高低可能与季节有一定的关联。活鸡肛拭子共检出沙门菌的3个血清型，分别为印第安纳沙门菌、肠炎沙门菌和哈达尔沙门菌，鸡胴体共检出沙门菌的5个血清型，分别为肠炎沙门菌、印第安纳沙门菌、哈达尔沙门菌、雷摩沙门菌和舒卜拉沙门菌。

济南市疾病预防控制中心对肉鸡孵化、养殖、屠宰加工和配送分销各环节的沙门菌污染状况的调查显示，17种1 204份样品中，13种样品检出沙门菌202株，总检出率为16.78%。四个环节中，以屠宰加工环节沙门菌检出率最高（23.14%）；四个季度中，以第二季度沙门菌检出率最高（21.74%）；17种样品中，以屠宰环节褪毛后整禽样本沙门菌检出率最高（42.19%）。

二、动物源性食品沙门菌定量流行病学调查

2011—2012年江苏省人兽共患病学重点实验室开展了鸡肉中沙门菌污染水平定量分析，共采集240份整鸡。检测结果分析显示，81只阳性鸡中，53（65.43%）只阳性鸡沙门菌带菌量小于0.1MPN/g，8（9.88%）只阳性鸡沙门菌带菌量在0.1~0.2MPN/g，8（9.88%）只阳性鸡沙门菌带菌量在0.2 ~0.5MPN/g，3（3.7%）只阳性鸡沙门菌带菌量在0.5~1MPN/g，2（2.47%）只阳性鸡沙门菌带菌量在1~2MPN/g，4（4.94%）只阳性鸡沙门菌带菌量在2~5MPN/g，3（3.7%）只阳性鸡沙门菌带菌量大于11MPN/g。2002年中国居民营养与健康状况调查显示，我国居民每次平均消费鸡肉50g，而文献报道人体一次性食入105MPN沙门菌时可能致病，即沙门菌带菌量达到2MPN/g时可能致病。本研究中有7（8.64%）只阳性鸡沙门菌带菌量达到了致病量。依据此次监测数据分析显示，阳性冷冻鸡沙门菌带菌量平均值为0.282MPN/g，标准误为0.154；阳性冷藏鸡沙门菌带菌量平均值为0.213MPN/g，标准误为0.104；阳性现宰杀活鸡沙门菌带菌量平均值为0.099MPN/g，标准误为0.038。不同储存方式阳性整鸡中沙门菌带菌量无显著差异，$p>0.05$。阳性包装整鸡中沙门菌带菌量平均值为0.252MPN/g，标准误为0.107；阳性未包装整鸡中沙门菌带菌量平均值为0.165MPN/g，标准误为0.066。不同包装形式阳性整鸡

中沙门菌带菌量无显著差异，$p>0.05$。超市阳性整鸡沙门菌带菌量平均值为0.250MPN/g，标准误为0.107；农贸市场阳性整鸡沙门菌带菌量平均值为0.099MPN/g，标准误为0.038。不同销售地点阳性整鸡中沙门菌带菌量无显著差异，$p>0.05$。−18℃储存的阳性整鸡中沙门菌带菌量平均值为0.282MPN/g，标准误为0.154；4℃储存的阳性整鸡中沙门菌带菌量平均值为0.213MPN/g，标准误为0.104；室温储存的阳性整鸡中沙门菌带菌量平均值为0.099MPN/g，标准误为0.038。不同储存温度阳性整鸡中沙门菌带菌量无显著差异，$p>0.05$。

第三节　动物源性食品沙门菌监测

　　2000年以来，全球由沙门菌引起的食源性疾病呈不断上升趋势，对于沙门菌造成的人体危害、经济损失，世界卫生组织和美国、丹麦等大多数发达国家极为重视，相继建立了全球沙门菌监测网和食源性疾病监测系统。我国亦在努力建设相应的监测系统。

一、世界卫生组织全球沙门菌监测网

　　世界卫生组织（WHO）估计，每年有超过200万人死于腹泻病，其中很多是由于食用了污染的食物引起的。为了促进以实验室为基础的综合性监测，鼓励在人类健康、兽医和食品相关部门间的协作，从而提高国家发现、应对和预防食源性及其他感染性肠道疾病的能力，WHO和其他合作伙伴于2000年1月共同组建了WHO全球沙门菌监测网（WHO GSS）。

　　WHO GSS国家数据库是以网络为基础的数据库，由国家级单位向该数据库报告从人及其他来源分离的沙门菌血清分型的信息，为食源性病原、疾病监测、暴发发现和应对领域内的专家提供沙门菌血清型的全球分布和流行趋势的重要信息。目前，WHO GSS国家数据库已经有来自152个国家的1 032名成员，数据库包括669份国家级数据（来自63个国家）和133份机构数据（来自35个国家），有超过130万个人类菌株和大约20万个动物

和食品菌株的血清分型数据。国家数据库是一个开放的数据库，全世界食品安全和公共卫生的专家都可以使用。数据库中的所有数据都是公开的，WHO GSS网络成员可以对数据（根据不同的成员级别）和个人及机构的联络信息进行更新。

　　丹麦技术大学国家食品研究所向WHO GSS的成员提供免费的参比实验室服务，可对沙门菌疑难菌株进行如下检测：① 沙门菌的血清分型和噬菌体分型；② 沙门菌（及其他食源性细菌，如空肠弯曲菌和大肠弯曲菌）药敏试验；③ 沙门菌（及其他食源性病原菌）的PFGE；④ 食源性病原菌耐药基因分析；⑤ 依据特定协议的其他分析。

　　所有的分析都在WHO GSS的工作领域内，即："有利于从事沙门菌分型或监测的机构和实验室之间的数据分享和交流"。优先权将给予发展中国家的WHO GSS成员。

二、其他国家和国际组织沙门菌监测网

　　1962年，美国CDC建立了沙门菌血清分型实验室监测系统，要求从分离人体沙门菌的临床实验室将菌株送往州立公共卫生实验室进行血清分型，这使得许多貌似无关但血清型相同的病例被纳入同一调查中，而在时间、空间上与某一暴发相近、但因血清型不同而有可能与暴发无关的感染被排除。为了更全面准确地收集有关食源性疾病的发病资料，近年来人们采用主动监测的方法收集有关食源性疾病的发病信息。1995年美国建立了食源性疾病主动监测网（FoodNet）。欧美15国于1981年组建了沙门菌实验室监测报告网（Salm-net），后来又增加了产志贺样毒素大肠杆菌O157的监测报告，主要进行沙门菌和产志贺样毒素大肠杆菌O157及其耐药性的国际监测。目前，欧美一些发达国家都建立了各自的食源性疾病监测体系，如欧洲的荷兰、芬兰、法国、瑞典、丹麦等国（表12-1）。食源性病原菌疾病监测网络的建立，为确定包括沙门菌在内的病原菌引起食源性疾病暴发的追踪溯源提供了有力的科学依据。

表 12-1　部分国家和地区的食源性疾病监测网络

国家	监测网络	建立时间	监测对象	耐药监测
美国	PHILS	1963 年	沙门菌	
	FoodNet	1995 年	沙门菌、弯曲菌、弧菌、小肠结肠炎耶尔森菌、李斯特菌、大肠杆菌 O157：H7、志贺菌、圆孢子虫、溶血性尿毒综合征（HUS）	

（续）

国家	监测网络	建立时间	监测对象	耐药监测
美国	NARMS	1996 年	细菌耐药性	√
	PulseNet	1996 年	病原菌分子分型	
澳大利亚、新西兰	OzFoodNet	2000 年	弯曲菌、沙门菌、志贺菌、产志贺毒素的大肠杆菌、李斯特菌、小肠结肠炎耶尔森菌、溶血性尿毒综合征（HUS）	
丹麦	DanMap	1996 年	沙门菌、弯曲菌、小肠结肠炎耶尔森菌、李斯特菌、产志贺毒素大肠杆菌、传染性海绵状脑病、隐孢子虫、结核分枝杆菌、牛分枝杆菌、布鲁菌、钩端螺旋体、旋毛虫、绦虫、弓形体、鹦鹉热、狂犬病	√
欧盟	EnterNet	1994 年	沙门菌、产志贺毒素的大肠杆菌	√
泰国		20 世纪 60 年代	沙门菌、志贺菌、李斯特菌、小肠结肠炎耶尔森菌、弯曲菌、产志贺毒素的大肠杆菌、副溶血弧菌	√
南美 14 国	PAHO/INPAXX	1996 年	沙门菌、志贺菌、霍乱弧菌	√
日本	LASR	1976 年	EHEC/VTEC、*E. coli*（致泻性大肠杆菌）、志贺菌、沙门菌、副溶血弧菌、弯曲菌、产气荚膜梭菌、蜡样芽孢杆菌、A 群链球菌、肠道病毒、感冒病毒	
中国	食源性疾病监测网	2000 年	沙门菌、弯曲菌、李斯特菌、大肠杆菌 O157：H7、副溶血弧菌	√
	肠道传染病监测网	2005 年	志贺菌、伤寒/副伤寒沙门菌、霍乱弧菌、小肠结肠炎耶尔森菌、大肠杆菌 O157：H7	√
WHO	GSS	2000 年	沙门菌、弯曲菌	√

三、我国动物源性食品沙门菌监测

（一）全国食源性疾病监测网络

我国对食源性病原菌的系统监测起步较晚，我国食源性感染疾病报告与监测系统尚不完善，对食源性病原菌引起的疾病缺乏快速诊断及溯源技术等。自2001年起，在我国13个省逐渐建立起全国食源性疾病监测网络，沙门菌等食源性病原菌列入其中（表12-1）。2008年该网络扩大到21个省（自治区、直辖市）覆盖人口超过10.5亿，约占全国总人口的80.8%。2013年，国家卫生计生委为加强食品安全风险监测，将食源性疾病监测哨点医院的数量由950家扩大到1 600家以上。2014年全国卫生计生系统食品安全工作会议决定，在各省（区、市）80%以上的县级行政区域设立食源性疾病监测的哨点医院，并继续扩大食品有害因素及污染物的监测网点。

国家食品安全风险评估中心负责全国食源性疾病监测网络的运行，要定期汇总分析并向国家卫生计生委报告哨点医院工作情况。该监测网的建立和启用，通过连续、动态的主动监测，初步建立了我国食源性疾病监测网络系统框架。

我国食源性病原菌感染的监测网络缺乏兽医相关部门的参与，尚缺少全国性的动物源性食品沙门菌监测网。食品、卫生、兽医等部门各自建立自己的基本监测网络，相互之间缺乏信息交流。这一方面造成了重复建设和资源浪费；另一方面，食品从农场到餐桌的各个环节都可能会涉及食源性病原菌的污染，要有效地对其进行监测和预警，必须多部门密切配合、信息共享，建立一个多部门合作的科学化、系统化、信息化的食源性病原菌监测网络和预警体系。

（二）国家动物疫病监测与流行病学调查计划

2010年，为依法推进动物流行病学调查工作，掌握重大主要动物疫病发生规律，判断动物疫病发生风险和流行趋势，科学评估动物疫病流行状况和防控效果，提升重大动物疫病预测预警、风险防范、应急处置能力和防控水平，农业部决定启动"国家动物疫病监测计划"。当年的指导思想主要是全面掌握高致病性禽流感、口蹄疫等主要动物疫病发生规律，科学判断动物疫病发生风险和流行趋势，系统评估动物疫病流行状况和防控效果，不断提升重大动物疫病预测预警、风险防范、应急处置能力和防控水平。中国动物卫生与流行病学中心和省级动物疫病预防控制机构在重点地区（以国家动物疫情测报站、边境疫情监测站所在地为主体）设置流行病学调查点，持续监视动物养殖、免疫、流通、屠宰环节的风险因素变化情况，结合特定动物疫病的血清学和病原学监测结果，预测疫情发展趋势，评估疫病防控效果，提高防控工作的针对性。但动物源性食品沙门菌等食源性病原菌并未列入其中。

"2011年、2012年国家动物疫病监测计划"重点监测高致病性禽流感、口蹄疫、高致病性猪蓝耳病、猪瘟、新城疫等主要动物疫病。

"2013年国家动物疫病监测与流行病学调查计划"重点开展口蹄疫、高致病性禽流感、布鲁菌病、马传染性贫血和马鼻疽的监测和流行病学调查工作，以及非洲猪瘟、疯牛病等重点防范外来动物疫病的监测和巡查工作。

"2014年国家动物疫病监测与流行病学调查计划"除继续重点开展口蹄疫、高致病性禽流感、布鲁菌病和马鼻疽、马传染性贫血等优先防治动物疫病的监测与流行病学调查工作，以及非洲猪瘟、疯牛病等重点防范外来动物疫病的监测和巡查工作外，还同时启动了血吸虫病、包虫病等人兽共患病和长三角、珠三角地区肉鸡卫生状况及市场链调查的监测工作，首次将动物源性食品沙门菌监测列入其中。

（三）全国农产品质量安全检验检测体系建设规划

2006年国家启动实施了《全国农产品质量安全检验检测体系建设规划》，新建和改扩建农产品部级质检中心49个、省级综合性质检中心30个、县级农产品质检站936个，全国农产品质量安全检验检测能力大幅提升。深入开展了农产品质量安全普查、例行监测、监督抽查和农兽药残留、水产品药物残留、饲料及饲料添加剂等监控计划。针对大中城市消费安全的例行监测范围已经涵盖全国138个城市、101种农产品和86项安全性检测参数，形成了覆盖全国主要城市、主要产区、主要品种的农产品质量安全监测网络。

1. **农产品质量安全普查**　根据《农产品质量安全监测管理办法》，农业部从2001年开始建立农产品质量安全例行监测制度，同时对于一些潜在危害因素实施了农产品质量安全普查工作，组织开展农产品质量安全监督抽查工作。

每年的普查产品和普查内容会根据上年的农产品质量安全状况做相应调整，普查产品种类主要包括：① 优势农产品包括稻米、专用玉米、专用小麦、高油大豆、棉花、"双低"油菜、柑橘、苹果、出口水产品等；② 主要农产品包括茶叶、马铃薯、蜂产品、出口蔬菜、出口畜产品、出口花生、热作农产品等；③ 农业投入品包括水产种苗、拖拉机、秸秆还田机械、粮食加工机械、植保机械、设施农业机械设备、绳索网具、微生物肥料、禽流感相关器械产品等。普查内容主要包括：各类产品的生产（含生产过程管理）及贸易情况，各类产品的质量安全状况，各类产品的标准和标准的实施情况，各类产品的适用性及发展趋势，各类产品质量安全方面存在的主要问题，各类产品质量安全水平与国外主要贸易国的对比分析，制约各类产品和产业发展的主要因素，提高该类农产品质量安全水平和市场竞争力的对策措施与建议，等等。

这些工作对于了解和掌握农产品质量安全总体状况，加强农产品质量安全监管执法起了至关重要的作用。但农产品质量安全监测工作尚无完整的制度来规范，尤其是监督抽查工作还存在执法依据不足等问题。

2. **农产品质量安全例行监测**　我国《农产品质量安全法》规定，国家建立农产品质量安全监测制度，对生产中或者市场上销售的农产品进行监督抽查。为了全面、及时、准确地掌握和了解农产品质量安全状况，及时掌控风险隐患，有针对性地进行生产指导和过程控制，农业部门从2001年开始建立并启动实施农产品质量安全例行监测工作，该例行监测计划主要针对农产品农药残留检测，不涉及沙门菌等生物性危害指标。

例行监测抽样的地点既有农产品生产基地、也有农产品批发市场和超市，每次例行监测都依据国家标准制定了统一的监测方案。承担例行监测抽样和检测工作的质检机构，都是获得国家计量认证和资质审查认可的法定技术机构。每年农业部还要对承担例行监测的检测机构实施能力验证工作，确保监测结果的一致性和可比性。

目前国家层面的农产品质量安全例行监测工作已经扩大到全国31个省（自治区、直辖市）的138个大中城市，已对蔬菜、水果、食用菌、茶叶、畜禽产品和水产品六大类农产品质量安全实施例行监测。农产品质量安全例行监测，每年实施4次。通过138个大中城市的6大类农产品的例行监测，基本上可以辐射到70%以上的农产品生产基地。我国农产品质量安全例行监测制度设计科学、合理，例行监测的结果客观、有效，整个例行监测情况能充分反映我国农产品质量安全总体水平。

3. 农产品质量安全风险评估　为全面掌握农产品生产过程和产地收贮运等环节质量安全风险隐患，采取有针对性的管控措施，确保农产品生产规范、产品安全，国家农产品质量安全风险评估专家委员会按照《农产品质量安全法》《食品安全法实施条例》的规定，自2011年起在全国范围内开展农产品质量安全风险评估。重点评估危害因子主要包括农药残留、重金属、增塑剂等污染物等。

每年会根据前两年部分农产品质量安全风险隐患和当年评估的重点项目实施产品质量安全风险评估。2014年国家农产品质量安全风险评估重点围绕"菜篮子""米袋子"等农产品，针对隐患大、问题多的品种和环节进行评估，产品类别包括蔬菜、果品、柑橘、茶叶、食用菌、粮油作物产品、畜禽产品、生鲜奶、水产品、特色农产品、农产品收贮运环节和农产品质量安全环境因子等12大类。

评估统一按照专项评估、应急评估、验证评估和跟踪评估4种方式进行。其中，专项评估主要针对风险隐患大的农产品，从生产的全过程找准主要的危害因子和关键控制点，提出全程管控的技术规范或管控指南；应急评估主要针对突发性问题，通过评估找准风险隐患及症结所在，及时指导生产和引导公众消费，科学回应社会关切，确保不发生重大农产品质量安全事件；验证评估主要针对有关农产品质量安全的各种猜疑、说法和所谓的"潜规则"，通过评估还原事物本质，澄清事实真相，严防恶意炒作，避免对产业发展和公众消费产生不必要的影响；跟踪评估主要针对久治不绝的一些重大危害因子，通过评估及时掌握重大危害因子的发展变化趋势，为执法监管和专项整治提供技术依据。

风险评估工作由农业部指定的所属各风险评估实验室牵头，会同相关风险评估实验室、实验站及地方农业行政主管部门所属农产品质量安全监管机构共同实施。经国家农产品质量安全风险评估机构（农业部农产品质量标准研究中心）审核后报部农产品质量安全监管局备案认可。国家农产品质量安全风险评估机构（农业部农产品质量标准研究中心）组织风险评估专家委员会委员及相关专家对各阶段风险评估结果和报告进行综合评定，形成综合性的风险评估结果报告，报部农产品质量安全监管局。

第四节　动物源性食品沙门菌风险评估

一、微生物风险评估

1995年，FAO和WHO联合制定了食源性危害风险分析的模式化框架，在此基础上，国际微生物标准咨询委员会出版了《食源性危害导致疾病的风险评估的一般原则》。1999年，国际食品法典委员会（Codex Alimentarius Commission, CAC）第32次会议上首次明确提出食品中微生物风险评估的必要性。与食品中化学性物质的风险评估相比，生物性风险的风险评估还是一个新的科学领域。

2000年以来，FAO和WHO已经联合着手开展食品中主要的微生物风险评估，作为国际食品贸易风险管理者的CAC，已经确认了一系列最重要的食源性致病微生物。其中，有3种食源性病原菌群被选定首先开展风险评估工作：① 鸡蛋壳及蛋产物中的肠炎沙门菌；② 禽类的沙门菌；③ 即食食品中的单核细胞增生性李斯特菌。

上述评估工作都已经完成，相关结果可以从网上直接下载（pdf格式），大量其他相关的出版物已经发行，而且许多都可以从WHO网址上以pdf格式下载。在2001年，又启动两个新的病原菌的评估，即禽类中大肠弯曲菌或／和空肠弯曲菌，海产品中弧菌属细菌，并建议每年召开两次会议以进一步评估病原菌的影响。近年来，WHO每年开展2～4个病原菌的风险评估项目。迄今为止，由于缺乏可利用的数据，微生物定量风险评估主要针对的是细菌，而对病毒、产毒真菌和寄生虫的风险评估仍为空白。

总体而言，食品中微生物领域使用的风险分析方法还处于起步阶段，大多微生物的分析模式仍有待开发，但随着食品安全防控技术的发展，微生物风险评估必将发挥越来越重要的作用。

二、动物源性食品沙门菌风险评估

动物源性食品沙门菌风险评估是食源性沙门菌病预警预报系统的重要组成部分，是食品安全管理的重要手段。欧美国家在对食品中沙门菌危害的风险评估方面进行了卓有成效的工作。我国在食品中沙门菌危害的风险评估方面也做了一些工作，但还存在很大差距。

（一）国内动物源性食品沙门菌风险评估

1. 带壳鸡蛋中沙门菌定量风险评估　为控制由食用鸡蛋而导致的沙门菌食物中毒，刘秀梅等利用中国的资料与信息建立了带壳鲜鸡蛋沙门菌定量风险评估模型，并对中国带壳鲜鸡蛋的沙门菌污染情况进行定量评估。

（1）评估依据与工具　根据CAC制定的食品中微生物性危害进行风险评估的概念与步骤进行。运用我国的现有资料，在Excel工作表中建立模型，采用Monte Carlo模拟技术，以国际上广泛使用的风险性分析软件—@RISK4.5运行与分析。

（2）危害的识别　沙门菌作为食源性致病菌在20世纪前就为人们所认识。沙门菌引起的沙门菌病，无论在发达国家还是在发展中国家都是最频繁报道的食源性疾病之一。

（3）暴露评估　模拟鸡蛋产出时沙门菌的污染频率与污染水平，以及鸡蛋从产出到准备消费期间菌量的变化。

（4）危害识别与暴露评估的结果分析　模型的参数与结果都是以概率与频率分布描述的，这些分布反映了根据可获得的信息对某一特定变量的认知程度。模型的一次模拟进行10 000次重复计算，每一次计算时从每一个变量的分布中随机抽取一个值，然后用这些随机选择的数值完成所有的计算。

① 污染蛋产量：根据生产阶段参数推算每年全国鸡蛋产量3.43×10^{11}个，其中带壳鲜蛋消费量约为总产量的60%，为2.05×10^{11}个/年，平均有2.5×10^{8}个带壳鲜鸡蛋被沙门菌污染。由生产阶段模型模拟10 000次得到全国鸡蛋的污染率与污染数量。

② 起始菌量：消费前每个污染鸡蛋中的沙门菌菌量平均70CFU，90%以上的污染鸡蛋中的菌量<140CFU。

③ 累积YMT%：YMT%表示烹调前鸡蛋蛋黄膜破裂时间累积百分数。影响蛋内沙门菌菌量的主要因素是鸡蛋在食物链中各阶段（生产、分配、贮存等环节）所经历的温度与时间。

（5）危害特征的描述　本模型采用了β–Poisson模型进行描述。模型的参数与结果都是以概率与频率分布描述的。模型的一次模拟进行10 000次重复计算。每一次计算时从每一个变量的分布中随机抽取一个值，然后用这些随机选择的数值完成所有的计算。

结果显示，每年因食用被沙门菌污染的带壳鲜蛋而引起沙门菌病的人数平均为 5.3×10^7 人（ $5\% \sim 95\%$： $4.0 \times 10^5 \sim 2.2 \times 10^8$ ），相当于每年每消费100万个带壳鲜蛋平均引起258人产生疾病（ $5\% \sim 95\%$ 位点值：$2 \sim 1\ 073$ 个病例）。因食用被沙门菌污染的带壳鲜蛋引起疾病的病例数中易感人群占24%，即每年产生 1.3×10^7 个病例，与全国疾病监测点依据监测数据预测的沙门菌病例数相吻合。

2. 我国居民鸡肉中沙门菌的定量风险评估　2002年WHO/FAO联合评估专家组对鸡蛋和鸡肉中沙门菌的风险评估结果显示，如将鸡肉中沙门菌的污染率由20%降到0.05%，则人群沙门菌病发病率可减少99.75%以上。因此，控制禽肉中沙门菌的污染水平是降低食源性沙门菌病的关键，许多国家为此制定了禽肉中沙门菌的限量标准。如欧盟规定25g家禽胴体样品（n=50，c=7）中不得检出沙门菌。目前，我国规定禽肉中沙门菌的限量也是不得检出，但该限量标准的提出并非基于风险评估的结果，因此有必要对鸡肉中沙门菌的污染水平进行调查，并以此为基础进行鸡肉中沙门菌对中国居民健康影响的风险评估。

国家食品安全风险评估专家委员会于2011年开展了《我国零售鸡肉中沙门菌污染对人群健康影响初步定量风险评估》优先项目。该项目从鸡肉零售阶段开始，通过对零售阶段鸡肉中沙门菌污染频率及污染水平、鸡肉购置后烹饪前的储存时间和温度等关键技术参数，以及零售阶段鸡肉沙门菌污染水平与人群发病率间关系的研究，评价鸡肉中沙门菌对消费者健康的风险，创建零售阶段鸡肉中沙门菌污染风险评估模型，为我国鸡肉中沙门菌限量标准的修订提供依据。

2013年该项目评估技术报告经全体委员会审议原则通过，但相关数据尚未对外公布。

（二）国外动物源性食品沙门菌风险评估

1. 鸡蛋和蛋制品中的肠炎沙门菌风险评估　1998年，美国农业部食品安全检验局（FSIS）完成了为期2年的带壳鸡蛋中肠炎沙门菌综合风险评估，并已公布在网上。随后，肠炎沙门菌的风险评估（SERA）模型也已公布在网上，并可下载，这些模型应用Excel™（微软公司）和@RISK（Palisade公司）软件来运行。SERA模型在很多方面采用的是常见食源性病原微生物风险评估的基本模型，其他种或血清型沙门菌的风险评估均可以借鉴和应用。Wachsmuth在网上同时发布了SERA模型的使用指南和学习教程。SERA（1998）风险模型已成为美国消除肠炎沙门菌病计划指南，并在现实操作中得到应用。以下是该模型的简单归纳和总结。

该风险评估的目标：① 确认和评估可能降低鸡蛋和蛋制品中的肠炎沙门菌风险的措施；② 确认需要的数据；③ 确定未来数据收集工作的方法和步骤。

该风险评估模型的5个主要模块，如图12-2所示：

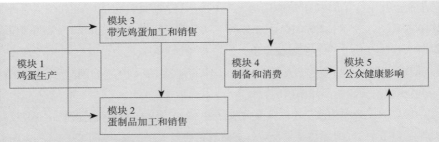

图 12-2　带壳鸡蛋和蛋制品从"农田到餐桌"的风险评估模型（FSIS，1998）

（1）鸡蛋生产模块　该模型根据现在数据，大致估算了现实生产各环节中可能感染（或内部感染）肠炎沙门菌的鸡蛋数量。

（2）带壳鸡蛋加工和销售模块　此模块包括带壳鸡蛋从农场生产、收集、加工、运输到储藏的全过程，并充分考虑可能影响肠炎沙门菌污染水平的主要因素，以及各种不同的加工、运输、储藏阶段的次数和频率。评估模块给出了影响模型的2个主要因素，分别是蛋黄膜（阻止肠炎沙门菌污染的屏障）失去完整性所用的时间和随后鸡蛋中肠炎沙门菌的生长率。并同时给出了估计蛋黄膜崩溃之前的延迟时间方程和随后沙门菌的生长率计算公式，分别为：

① 蛋黄膜崩溃之前的延迟时间计算方程：

$$\log_{10}YM=\{(2.08-0.042\,57\times T)\pm(2.042\times0.152\,45)[(1/32)+((T-21.6)^2/(32\times43.2))]^{0.5}\}$$

② 沙门菌生长率由以下公式估计：

$$生长率（\log_{10}CFU/h）=-0.143\,4+0.026\times鸡蛋内部温度（℃）$$

（3）蛋制品加工和销售模块　此模块根据蛋制品加工、销售过程中的影响因素，追溯了鸡蛋从农场采集、巴氏杀菌加工过程和加工过程中肠炎沙门菌数量的变化。并得出经过巴氏杀菌后，整个鸡蛋和蛋黄中的肠炎沙门菌的死亡率，确定了试验得到的D值。评估结果显示，蛋制品中肠炎沙门菌污染的来源主要是两个方面：鸡蛋内容物和破开鸡蛋时的交叉污染。

（4）消费模块　评估了蛋或蛋制品在消费过程中的储藏、运输、加工和准备等环节肠炎沙门菌在数量上的增加或减少。

（5）发病率评估模块　根据前期的3个模块、居民消费量等因素，评估了由于食用肠炎沙门菌阳性鸡蛋产生的人群发病率，并给出了4种临床结果的概率（自愈、诊治后痊愈、住院治疗及死亡）和反应性关节炎的概率。

"鸡蛋和蛋制品中的肠炎沙门菌风险评估"基准模型预测的主要结果为：① 每年平均生产带壳鸡蛋总量为468亿个；② 肠炎沙门菌污染的带壳鸡蛋总量为230万个；③ 由

此导致每年661 663人次生病，其中：94%不需要住院治疗可自愈，5%接受医生咨询和治疗，0.5%住院治疗，0.05%死亡；④ 婴儿、老年人、器官移植病人、孕妇和某些特定疾病的人具有更高风险，约占人群的20%。

根据此模型，利用加利福尼亚州的鸡蛋孵育数据，预测美国每年有230万个肠炎沙门菌污染的鸡蛋，同期的流行病数据证明了该模型的结果是有效的。美国CDC的公众健康监测数据也证明了该模型的有效性。根据志愿者试食沙门菌试验（1930—1973），应用β–Poisson模型估算了摄取104个沙门菌细胞发生感染的概率是0.2。由于感染剂量只是导致疾病的因素之一，因此感染的可能性要高于发病的可能性。而且这些数据是采用肠炎沙门菌以外的血清型试验得到的，因此不是完全适用。

蛋制品基准评估模型预测结果表明，食用感染肠炎沙门菌蛋制品的可能性较低，而且大多是巴氏杀菌过程不够彻底所致。然而，FSIS已就巴氏杀菌时间和温度等方面向生产蛋制品的企业提供充足的指导（表12–2）。因此，开展基于初级产品中微生物数量、加工方式和终产品用途的时间和温度标准进行评估，将为蛋制品消费者提供更好的保护。

表12–2　美国农业部发布的 3 种蛋制品消毒要求的最短时间和最低温度

液体蛋制品	最低温度要求		最短持续时间（min）
	°F	℃	
蛋白	134	56.7	3.5
	132	55.5	6.2
全蛋	140	60	3.5
蛋黄	142	61.1	3.5
	140	60	6.2

根据评估结果，通过生产过程参数改变，评估模型给出了降低人群发病率的两种假设和措施：将新鲜采集的鸡蛋迅速冷却至内部温度7.2℃（45°F），并一直保持此温度，人群的发病率预计可降低12%；而采用整个带壳鸡蛋加工和销售过程中的7.2℃冷链模式，使鸡蛋保持此温度的环境中（如空气），人群的发病率可降低8%。

2. **肉仔鸡和鸡蛋中沙门菌的危害识别和危害特性**　由FAO/WHO食品微生物危害风险评估专家咨询组（Joint of FAO/WHO Expert Consultation on Microbiological Risk Assessment in Food，JEMRA）发布的"肉仔鸡和鸡蛋中沙门菌的危害识别和危害特性"包括了宽泛的信息，此报告可以从网上下载。报告的第一部分是病原菌特征描述、宿主特征描述以及公众健康结果和影响沙门菌在人体肠道内生存与食品相关的因素的介绍。第二部分总结了沙门菌的3种剂量—应答模型，并将模型结果与33组疾病暴发的数据进行了对比。针对易感人群和普通人群，在可能的情况下描述了剂量—应答的差别。

同时，Fazil等科学家依据各国发布的评估模型中3种剂量—应答模型数据的来源：

（1）FSIS发布的鸡蛋中肠炎沙门菌模型是β–泊松分布模型，它是借助痢疾杆菌试食研究得到的，试食试验中以发病作为生物学终点。

（2）加拿大卫生部韦布函数模型，它来自几种不同病原菌的人体试食试验和2次沙门菌病暴发的数据。

（3）β–Poisson分布模型是由囚犯试食研究数据得来。

而McCullough和Eisele的试食试验数据则采用了鸭沙门菌（*S.* Anatum）、巴罗利沙门菌（*S.*Bareilly）、德尔卑沙门菌（*S.* Derby）、火鸡沙门菌（*S.*Me–leagridis）和纽伯特沙门菌（*S.* Newport）5株沙门菌。并针对志愿者接受多重剂量、以可能获得免疫力为目标。Fazil等对此数据进行了修正、应用，并得到了适合的β–Poisson分布模型，同时，他们还对FSIS（1998）和加拿大卫生部（Health Canada）（未发表）流行病学模型进行了适用人群的分析，分为普通人群和易感人群，并与β–Poisson分布模型进行了对照。

Fazil等对33例沙门菌病暴发数据和资料进行研究，并应用不同的剂量–应答模型开展比较研究。结果显示，肠炎沙门菌是造成沙门菌食品污染的主要血清型，并可能引起沙门菌病暴发。人群沙门菌病的数据，与前面描述的3个模型相符，但是没有一个模型可适用于整个剂量范围的疾病暴发数据，尤其是β–Poisson分布模型低估了疾病的发生率。评估结果还显示，5岁以下儿童在摄入同样剂量的情况下发病概率约是成年人的1.8～2.3倍；在同样摄入剂量的情况下，肠炎沙门菌与其他血清型沙门菌感染性相当，因此，常用的剂量–应答模型可以应用于所有沙门菌。

3. 肉仔鸡中沙门菌的暴露评估 Kelly等发表了较为完整的肉仔鸡中沙门菌的暴露评估，包括新鲜、冷冻和深加工的产品，主要评估模块包括生产阶段、运输和加工、零售和储藏、厨房制作、消费方式等模块。

（1）生产模块 此模块的评估主要估算了肉仔鸡在离开农场时沙门菌的流行率。分析中所涉及的数据包括采样方法、感染源、沙门菌流行率以及阳性鸡体内沙门菌的携带量。核心数据是阳性鸡体内沙门菌的携带量，而且这部分的定量研究数据相对较少。

（2）运输和加工模块 此模块的最终目的是评估离开农场后，经屠宰、加工后沙门菌的流行率和阳性胴体的带菌量，评估过程包括运输过程、屠宰加工过程中每一个环节，以及操作过程的交叉污染。

（3）零售和储藏模块 此模块评估了鸡肉在零售过程和消费者购买、准备过程中沙门菌的流行率和带菌量的变化。评估过程需要考虑沙门菌在此过程中的生长和持续时间，需要确定适当的温度和沙门菌的微生物学生长模型。

（4）厨房制作模块　此模块评估了消费者在食物制作过程中沙门菌的交叉污染率以及带菌量的变化。模块应用改进的预测数学模型评估此过程，主要考虑受污染的冷冻动物胴体的融化过程（热作用方面）和烹饪过程中的菌体死亡率（D值）。评估的最终目标是获得对受污染产品中沙门菌的阳性率和摄入沙门菌数量。

（5）消费方式模块　此模块主要评估不同人群的消费方式对沙门菌流行的影响。评估过程中需要的消费者信息主要包括年龄、性别、免疫接种、消费方式、烹饪方式及其他相关信息等。大多数有效信息都是以"每天的平均消费量"为基础的，通过剂量—应答分析危害特性，暴露量评估可以确定人群因食用肉仔鸡所引发的感染率和发病率。

4. 熟制鸡肉中的沙门菌评估　Buchanan和Whiting（1996）运用预测微生物学对熟制鸡肉中的沙门菌进行了风险评估。熟制鸡肉产品工艺是：原料肉在10℃存放48h，然后进行60℃、3min的烹制；在食用之前再在10℃存放72h。

（1）烹制之前原料鸡肉中沙门菌的数量　鸡肉原料中沙门菌数量不同，预期的污染水平也不同，从75%的样品中未检测到沙门菌到1%样品中检测到每克鸡肉含有100个沙门菌。假定肉的pH为7.0、NaCl浓度为0.5%、烹制之前的储藏为10℃、储藏时间为48h，此过程中沙门菌的生长数量可由相关生长模型推算得出。

（2）烹饪过程对鸡肉中沙门菌数量的影响　烹饪工艺过程主要是60℃、3min，60℃沙门菌的热力致死时间（D值）是0.4min，此过程热处理对沙门菌数量的影响通过以下方程计算：

$$\log(N) = \log(N_o) - (t/D)$$

式中：N——热处理后沙门菌残留量（CFU/g）；

　　　N_o——初始沙门菌数量（CFU/g）；

　　　D——沙门菌的热力致死时间（log（CFU/g）/ min）；

　　　t——热处理时间（min）。

此方程适用于7倍热力致死时间以内的计算。

（3）食用之前鸡肉中沙门菌的数量　假定烹饪完成后的鸡肉经过10℃储藏72h后食用，此过程中沙门菌的数量变化计算方法同前，也可通过预测沙门菌生长曲线估算储藏后食用前熟制鸡肉中微生物的数量。

经过这三个阶段，通过确定初始人群摄入受沙门菌污染鸡肉的水平和后续生长情况，可以评估特定消费人群可能摄入沙门菌的数量。评估结果显示，1%的阳性鸡肉样品中每克含有100个沙门菌，则感染的概率（Pi）为4.1×10^{-8}/g食用的食物，这就意味着每

10kg食品中存活的细菌少于1个，此储藏条件下，熟制鸡肉的沙门菌风险是最小的。同时，通过评估模型可确定改变烹饪方式和储藏条件带来的影响。例如，升高初始温度至15℃，降低烹饪时间至2min，就会使Pi上升至不可接受的程度；降低初始温度至5℃，提高烹饪时间至5min，就会使Pi降低，人群感染的概率更低。

5. 零星发生的沙门菌病评估方法　Hald等（2001）将贝叶斯推论与蒙特卡罗拟合法结合，建立了贝叶斯–蒙特卡罗定量风险评估方法，并应用于定量分析动物对家庭内和零星引发的人群沙门菌病的影响。丹麦通过对动物、食物和人体中的沙门菌进行调查分析后认为，得到的数据证明这种方法是"农田–餐桌"可选择的评估方法。

零星发生的沙门菌病（可由不同血清型菌引起）的数量一般是由医院或相关部门已登记的病例数提供。将这些病例分离株与不同动物源分离株的血清型和流行率进行比较，并根据特定的食品来源和相关消费方式，最终与相关沙门菌血清型进行分析和衡量。借助类Poisson函数，依据确定的食品中沙门菌的阳性率和摄入量数据信息，可实现对实际人群感染情况的观察。相关方程如下：

$$\lambda_{ij}=M_j \times P_{ij} \times q_i \times a_j \times （non-se）$$

式中：　　λ_{ij} ——每年由j源食品中i沙门菌血清型引发感染的预期数量；

M_j ——每年j源食品的消费量；

P_{ij} ——j源食品中i沙门菌血清型的流行率；

q_i ——i沙门菌血清型细菌依赖性相关因素；

a_j ——j源食品的食源依赖性相关因素；

non-se ——污染鸡蛋的沙门菌血清型不是肠炎沙门菌。

贝叶斯–蒙特卡罗定量风险评估方法随后被用于确定由食物引起的沙门菌感染的分布，由其评估得到的重要食物来源有：鸡蛋（54%）、猪肉（9%）和家禽（8%）。

第五节　动物源性食品沙门菌防控

在许多国家，沙门菌仍是引发食源性肠道疾病的主要原因。沙门菌通常存在于家畜、家禽中，也可在啮齿类、爬行类和鸟类等野生动物中发现。当农场的动物群感染沙门菌后，通常会有一部分动物的消化道中携带沙门菌，但并无症状。随后，沙门菌可能会通过粪便污染感染动物屠体。加工过程中，可能会因交叉污染而造成沙门菌的进一步传播。食品安全方面，在食物链的每一个环节都可实施相应的控制措施，同时，为了确保产品能够安全食用，必须严格控制最终产品的沙门菌污染，这是业界、监管者以及消费者的一个重要目标。

根据欧盟、美国等动物源沙门菌的防控经验，对圈养动物，沿着食品加工链控制沙门菌是最有效的方法，减少初级产品中沙门菌的污染量能降低后续加工的污染率，就能在最终产品做到低或无沙门菌。因此，严格采用"从农场到餐桌"的监管模式，把监控重点放在对动物及产品加工过程等整个食物链的控制，并且采取预防为主的原则，在加工过程中实施良好卫生规范（GHP）和HACCP等预防措施，可明显减少动物源性沙门菌对人的感染。

一、农场阶段

1. 生物安全和饲养管理　理论上，农场实施高水平的生物安全措施一定能有效抑制沙门菌的传播，但实际生产中并不能完全达到畜禽群无沙门菌。加强农场主在疾病预防、卫生措施等方面的教育能降低沙门菌的流行。

在实际生产中，提高卫生产生的效果通常难以定量，应用数学模型描述沙门菌在动物源性食品主要生产阶段的动力学，以提高生物安全作为干预策略，认为是一种潜在的有效措施。然而，目前该方法仍处于理论研究阶段，在实际生产中还缺少验证方法，还没有研究人员能提出特定的措施使沙门菌减少到预期效果。有研究揭示，老鼠和苍蝇在沙门菌传播中有重要作用，控制老鼠和苍蝇能延迟和减少畜禽群中沙门菌的感染。

总体而言，目前控制初级产品沙门菌的有效方法主要还是提高生物安全防治水平，在实际应用中应制定一套严格、完整、针对沙门菌的防控措施，同时兼顾投入与收益的平衡。其他技术和治疗性措施在短期内对降低初级产品中的细菌量不太可能。相关建议包括全进全出、彻底清洁与消毒、运输器具的清洁与消毒、苍蝇和老鼠等有害物种净化、宰前禁食等措施。

2. 饲料　饲料是将沙门菌带入食品供应链的主要风险因素，因为饲料由多种可能受污染的配料制成。在干饲料中，沙门菌可以存活1年以上，而且即使数目很少，其影响也十分显著。有研究表明，受污染的饲料导致了饲养禽类的感染，进而出现生鲜肉污染以及沙门菌病在消费人群中的暴发。

饲料配料中的动物源性蛋白质以及某些植物蛋白，如豆粕和葵花粕粉，都属于高风险配料，需要进行热处理。而稻米属于风险较低的一类，不需要进行热处理。在生产过程中，热处理能消灭包括沙门菌在内的非孢子生殖类细菌，但在制粒后以及饲料的储存运输过程中，仍存在很高的再污染风险。使用良好生产管理规范以及食品危害分析与关键控制点（HACCP）原则对生产过程进行控制，可防止饲料在热处理之后再次受到沙门菌污染。在瑞典，这种方法的优越性已经得到证实。

3. **种畜禽**　沙门菌很容易通过种畜禽向生产链的其他部分传播，因此，保证种畜禽群不受感染非常重要。以种鸡以例，包括处在生产链顶端的原代种鸡、祖代种鸡以及父母代种鸡，保护这些种鸡免受沙门菌感染的措施最为严格。各国都采用了专门的预防措施来保护首次繁殖种鸡以及祖代种鸡，包括饲料经过更严格的热处理、加入有机酸对抗残留的沙门菌污染、进行供水检测、频繁全面监测种鸡及其所处的环境等。

4. **孵化场**　孵化场良好的卫生条件是沙门菌控制计划的重要部分。有效卫生控制的关键因素包括孵化场的设计、通风、隔离、清洁与消毒、废物处理、微生物监测以及管理者和员工之间的良好沟通。生物安全措施应该包括一个有害生物综合治理系统，对员工及来访者的卫生管理及卫生标准操作程序的培训与指导，定期清洁与消毒设备和工具，种蛋的消毒处理等。

5. **疫苗和制剂**　尽管活疫苗会提供更好的保护，但出于安全性以及持久性的考虑，开发出效果相对较差、但安全性好的减毒疫苗或灭活疫苗是一个策略。口服活疫苗的优点是由于竞争性抑制作用，沙门菌可能在一开始就被排除，而活菌与死菌的混合使用会更加有益。疫苗并不广泛用于肉鸡。

竞争排斥法是可用于控制动物沙门菌的另外一种防护措施。当前可用的竞争排斥产品包含正常成熟个体微生物群和益生菌制剂。成体微生物群许多成分不确定，并非所有国家都接受这些产品用作商业用途。益生菌制剂通常包含一定类型的一种或多种菌株，如乳酸杆菌和肠球菌。其目的在于改善机体肠道微生物菌落的平衡，使肠道环境不利于沙门菌定植。

使用裂解性噬菌体减少雏鸡肠道内肠炎沙门菌和鼠伤寒沙门菌数量，也是控制动物沙门菌的防护措施。但是对噬菌体的复制动力学以及接种体的大小、施用时间和对噬菌体产生抗性等影响因素，有必要进行更深入的了解。到目前为止，噬菌体在田间条件下控制沙门菌的效果尚未完全确定。

二、屠体加工阶段

通过对屠宰程序轻微改进而预防和减少交叉污染在技术上是可行的，最大的限制是单位时间内的屠宰量以及不同屠宰个体间设备的清洁和消毒。在屠宰场防止污染可行的两种方法是：预防交叉污染和通过物理或化学方法净化肉品。

1. 预防交叉污染　在加工过程中，主要是在屠体的浸烫、去毛、取出内脏和冷却阶段出现沙门菌污染。屠体在进入浸烫工序时羽毛和表皮上带有大量微生物，加上动物死亡期间排出的粪便，都大大增加了浸烫水中的微生物数量。有报告称，目前采用的浸烫水温（高达58～63℃）对屠体沙门菌污染并没有显著减少。加快水池中水的流速、添加酸性消毒剂有望减少最初的沙门菌存活量。去毛过程会导致屠体残留的排泄物外溢，大量粪便散落在机器周围，污染用于去毛的橡胶"手指"，造成交叉污染。而去毛设备尤其难以清理和消毒，是沙门菌交叉污染的主要原因。定期更换破损的梳状剔除器、超氯消毒水等措施，有利于减少沙门菌在此环节的交叉污染机会。盲肠、胃等动物内脏过度破损会造成沙门菌感染率显著增加，控制内脏以及排泄物所造成的屠体污染十分重要。

2. 净化肉品　净化措施通常有：① 污染屠体可使用混合杀菌剂和喷水方法进行处理。② 肉品辐照，但这种方法的成本相对较高。③ 肉体表面消毒（如2.5%乳酸），经冷却后胴体表面菌落数可减少1～2log。④ 利用冷空气使胴体表面结冰，屠体冷却到4℃或者更低能够确保存活的沙门菌无法繁殖。常用的方法包括冷水浸泡（加冰或不加冰）和暴露在较冷的空气中，包括让屠体经过喷气系统，或者将其存放在冷却室中，空气冷却还包括用水喷洒、进行蒸发冷却。⑤ 热处理法。

3. "预定程序"对沙门菌的控制　"预定程序"的前提是确定阳性、阴性鸡群的有效方法，理论上这是可行的，但在实际生产中区分沙门菌感染和非感染群体非常困难，尤其是在屠体加工生产线上。

饲养畜禽出栏时应明确各个群沙门菌感染状态，对阳性、阴性群体应分别送往不同屠宰加工场所，对同一屠宰加工场所首先应屠宰阴性群、然后是阳性群。如果阴性群被误作为阳性群，问题不是很大，主要会增加经济投入；但如果将阳性群误当作阴性群则会引起阴性群的交叉污染，会被当作无沙门菌群来处理。

常规细菌培养技术可以用来鉴别沙门菌，但检测时间较长，且在从农场到实验室过程中菌体容易死亡。目前检测过程一般采用畜禽出栏前现场和屠宰场的快速检测，以及日常检测、监测等方法进行。"预定程序"的评价可以采用数学方法，其中阴性结果的可信度是关键指标，主要依赖于检测和屠宰间的时间长短，而检测的敏感性与特异性则是次要的。

三、可追溯体系与源头防控

为了有效防控动物源性食品沙门菌感染，需要从源头寻找传染源，并从根本上切断传播途径。食品可追溯体系的建设将推动农业、食品、卫生等部门从被动管理模式向主动管理模式转变，促进各级管理部门积极工作，及时分析、查找疫病防控中的漏洞和薄弱环节，提前采取有效措施，有效防止包括沙门菌在内的食源性病原菌的感染和传播。

对动物源性食品实施可追溯性管理，建立从动物养殖、屠宰、加工到产品分销的动物性食品全程可追溯管理系统，包括动物疫病、屠宰加工、检疫及流通等信息的管理和发布，实现生产记录可存储、产品流向可追溯、储运信息可查询，建成统一的动物源性食品追溯体系管理平台。要建立动物养殖到屠宰前的追溯信息管理系统和动物屠宰到产品的追溯信息管理系统，两个系统通过二维码转换进行信息对接。对试点单位的经验进行总结、完善，对溯源体系进行评估，进而在省级直至全国进行推广并进行数据联网，建立动物源性食品的可追溯性管理体系。

欧盟、美国等发达国家或地区要求对出口到当地的食品必须能够进行跟踪和追溯。加入WTO后，随着我国食品对外贸易的发展，我们也必须遵循这些国际准则。此外，要有效防控沙门菌感染，也需要从源头上寻找传染源，并从根本上切断传播途径。这也需要我国在食品领域实施可追溯手段和措施，全程监控食品流通过程，从而保障食品安全和公共卫生。

我国目前的食品追溯体系还需大力加强并完善：① 要建立并完善可追溯体系相关的标准，为可追溯体系的建设和实施提供技术基础；② 要推动农产品等食品生产基地建设，优化食品供应链，并充分发挥现代流通方式在实施可追溯中的作用；③ 需加强可追溯技术的研究，为可追溯体系的建设提供更为便利、成本更低的技术。在此基础上建设食品安全可追溯示范项目，进而带动可追溯体系在全国食品安全系统中的推广应用。

四、监测网络和预警体系

建立和完善包括沙门菌在内的食源性病原菌监测网络，是有效预防和保障动物源性食品安全的重要基础，也是制定国家食品安全政策、法规、标准的重要依据。通过对"从农场到餐桌"全程的沙门菌的常规监测，全面分析动物养殖、食品生产、加工、运输、销售、食用等各个环节中沙门菌的污染水平和趋势，可以确定危害因素的分布和可能来源，及时发现安全隐患，并进行风险预警。

目前，世界上许多国家都在致力于建设自己的食品安全监测网络和预警体系，例如，欧洲的英国、荷兰、芬兰、德国、爱尔兰、挪威、瑞典、丹麦等，亚洲的日本、泰国等，都建立了食源性疾病监测网。此外，一些国际组织，如WHO、欧盟等也建立了食源性疾病监测网络。

美国是食源性疾病监测系统最完善的国家。美国为了控制食源性疾病，建立了三套监测网络系统，对全美食源性疾病的发生及变化趋势进行动态监测，包括食源性疾病主动监测网（FoodNet）、食源性病原菌分子分型网（PulseNet）和食源性病原菌耐药性监测网（NARMS）。主要对10种食源性疾病和7种重要食源性病原菌（沙门菌、空肠弯曲菌、志贺菌、大肠杆菌O157：H7、耶尔森菌、李斯特菌和副溶血性弧菌等）进行系统监测。

我国对食源性病原菌的系统监测起步较晚，从2001年起，在我国13个省逐渐建立起全国食源性疾病监测网络，2008年扩大到21个省、自治区、直辖市，覆盖人口超10.5亿，约占全国总人口的80.8%。该监测网的建立和启用，通过连续、动态的主动监测，初步建立了我国食源性疾病监测网络系统框架。

应该认识到，我国虽然建立了食源性疾病监测网络和食源性疾病报告制度，但由于我国食源性感染疾病报告与监测系统尚不完善，对食源性病原菌引起的疾病缺乏快速诊断及溯源技术等各种原因，执行起来尚有一定困难，尤其是在动物养殖、疫病防治、食品生产等相关领域，沙门菌等报告制度很难得到切实执行。此外，我国尚未建立动物养殖、屠宰加工等阶段的食源性疾病常规监测体系，在常规监测基础上的主动监测及前瞻性流行病学调查更是空白。因此，我国食源性疾病实际发病人数统计数据不很准确，引起食源性疾病的病原体谱系及其消长趋势不清楚，因而不能准确地为国家食品安全风险评估、预防策略制定以及干预措施的实施等提供足够的数据支持，也不能对已采取的防控措施效果进行准确评价。

因此，应在我国现有食源性疾病监测系统的基础上，完善监测网络，进一步扩大监测范围，针对食品"从农场到餐桌"各个环节建立食源性病原菌监测体系；建立针对包括沙门菌在内的重要食源性病原菌的全程分子检测体系，关键性指标应实现在线监测；充分分析监测数据，建立动态的监测数据库，对沙门菌的暴发与流行进行监测、分析和评估。在全国建立一个对动物源性沙门菌感染暴发的预警系统，并采取针对性的防控措施，减小或消除由于沙门菌所造成的危害，从而更好地保障人民群众的健康安全。

五、防控基础研究

动物源性食品沙门菌的防控是一个非常复杂的系统工程，涉及多部门、多环节、多学科的系统合作。其中，最重要的一个环节就是开展对病原菌的基础研究，如病原生态学、致病与耐药机制、免疫预防等研究。只有加深对病原菌相关基础知识的认识和了解，才能有效地预防和控制这类病原菌的感染。

1. 加强沙门菌种群和特性研究　系统分析涉及食品"从农场到餐桌"各环节及食品所处环境中沙门菌的种群动态变化特征，研究我国沙门菌的病原生态学特征及生物学特性。

由于动物养殖及食品的生产、加工、运输、销售等环节是一个开放的系统，在各个环节都可能被污染，而且各个环节被污染的沙门菌可能各不相同。在微生物层面，随着空间及时间的变化，或受竞争与共生关系的影响，食品和环境中沙门菌的多样性和复杂性可能会随之变化。不同生态环境因素可能会决定特定条件下沙门菌的消长，而这种消长变化反过来又影响其所处的生态环境。

开展沙门菌病原生态学与分子流行病学研究，对食品及相关环境中的病原菌种群特征进行长期的流行病学和生态学研究，分析不同食品及环境中沙门菌的种群动态变化特征，揭示流行与传播规律、致病优势血清型和致病性的动态变化、病原菌毒力和抗原多样性的遗传基础等，为深入了解沙门菌与宿主、宿主与环境的相互作用关系奠定理论基础。

2. 开展防控沙门菌的基础研究　系统开展沙门菌致病与耐药机制等基础研究，为沙门菌感染的防控提供靶标。

要对沙门菌感染进行有效防控，有赖于对其生物学特性的深入研究。研究沙门菌的致病机理，对于建立新的防控策略至关重要，同时可为对沙门菌的预防、控制和建模等提供理论支持。在分子水平上对沙门菌进行深入研究，分析毒力和耐药遗传元件的结构和功能，研究这些遗传元件跨种传播过程中的关键作用以及跨种传播的分子机制，深入全面阐明毒力和耐药遗传元件在不同细菌之间跨种传播的生态基础和分子机制，进一步丰富人们对于沙门菌进化的认识，为沙门菌感染的防控提供靶标，并为沙门菌病发生和流行的风险预测与评估提供理论依据。

开展沙门菌毒力因子及病原菌与宿主相互作用机制的研究，在基因、蛋白质、细胞和系统水平上，综合应用分子生物学、分子遗传学、细胞生物学、生物化学、结构免疫学以及系统生物学等多学科交叉手段，系统研究沙门菌与宿主的相互作用关系，并在分子水平上研究病原与宿主之间蛋白质的相互作用。此外，研究沙门菌蛋白质相互作用网络与基因调控网络是理解其基因和蛋白质网络结构及功能的基础和关键，继而阐明沙门菌的生长、代谢、毒力调控、致病机制、耐药机制等重要科学问题，为预防动物源性食品沙门菌感染提供新的防控策略。

六、企业的责任与义务

目前，由于我国畜牧业养殖和食品加工业存在进入门槛低、企业规模小、经营分散、无序竞争等问题，造成收益回报率偏低、劳动强度大、养殖条件差、社会保障缺乏等现象，进而造成养殖企业普遍性的社会责任缺失，最终导致动物源性食品沙门菌的防控困难重重。因此，政府应该在提高养殖企业承担社会责任中起主导作用，出台引导机制和相应扶持政策，建立集约化科学养殖体系和规模化企业，进一步建立和完善畜牧业和食品加工行业协会，充分发挥行业协会在宣传国家法律法规和实行行业自律等方面的作用。

同时，要明确养殖企业在食品安全与保障中的责任与义务，限制抗生素在动物养殖中的使用，依法严格处理病死畜禽、防止其流入市场，引导养殖业从人口稠密的发达地区向人口稀少地区转移。逐渐建立"动物福利"观念，保障养殖业的科学、健康、持续发展。

七、科普宣传

动物源性食品生产消费的周期长、过程复杂，单纯依靠政府和企业难以在短期内大幅提升包括沙门菌在内的食源性疾病防控水平，因此，必须加强食源性疾病知识的宣传教育，提升广大消费者的安全意识。利用一切媒体宣传食品安全的科普知识。加强从食品从业人员到消费者的食源性疾病教育培训，提高生产经营者的管理水平与责任意识，树立诚信意识，自觉守法，创造良好的食品安全环境。还要进一步健全群众监督网，建立有效的举报激励机制，强化舆论监督，通过提高群众的认识和积极性，鼓励大众参与食品安全管理。尽量帮助消费者获取、利用食品安全信息，合理引导他们的消费行为。

八、国际交流与合作

我国在动物源性食品沙门菌的研究与防控方面还存在很大的缺陷，经济贸易全球化对食品安全的要求更加严格，因此，加强国际交流与合作格外重要。以全球性的视野，贯彻落实科技部提出的"专利战略""标准战略""人才战略"的原则，积极开展多边国际合作和双边合作，尤其要加强与WHO、FAO和OIE的合作，选派优秀专业人员参加国际食品安全标准的制定，维护国家利益，举办各类国际会议，开展合作研究，吸引国外专家和学者来华交流，共同促进我国沙门菌病等食品安全的研究工作，为全球动物源性食品沙门菌安全防控做出贡献。

参考文献

巢国祥，焦新安，钱晓勤，等．2006．扬州市食品中7种食源性致病菌污染状况及耐药性研究[J]．中国食品卫生杂志，18 (1)：23－25.

陈建辉，欧剑鸣，谢一俊，等．2009．2006—2008年福建省沙门菌监测菌株血清型及药敏分析[J]．中国卫生检验杂志，19 (10)：2376－2379.

陈玉贞，邵坤，关冰，等．2012．2003—2010年山东省食源性沙门菌血清分型及药敏分析[J]．中国食品卫生杂志，24 (1)：9－12.

葛少锋，倪丰安．2008．北京昌平区2003—2006年食源性致病菌监测结果分析[J]．中国预防医学杂志，9 (6)：533－535.

郭玉梅，秦丽云，徐保红，等．2014．石家庄2013年鸡肉沙门菌污染状况分析[J]．中国卫生检验杂志，24 (19)：2867－2869.

韩文格．2014．种禽场沙门菌的传播与控制[J]．中国家禽，36 (1)：55－56.

侯凤伶，申志新，申玉学，等．2008．河北省食源性致病菌监测网的建立及主动监测结果分析[J]．中国卫生检验杂志，18 (2)：225－228.

侯水平，胡玉山，周勇，等．2012．广州市市售食品沙门菌污染状况及耐药性分析[J]．热带医学，12(3)：332－335.

焦新安，涂长春，黄金林，等．2009．我国食源性人兽共患细菌病流行现状及其防控对策[J]．中国家禽，31 (19)：4－11.

孔繁才．2011．陕西省食品中沙门氏菌监测研究[J]．中华疾病控制杂志，15 (8)：671－673.

雷高鹏，杨小蓉，李莉，等．2013．2010年四川省部分地区肉鸡中沙门菌污染监测[J]．预防医学情报杂志，29 (9)：737－741.

李郁，焦新安，魏建忠，等．2008．屠宰生猪沙门氏菌分离株的血清型和药物感受性分析[J]．中国人兽共患病学报，24 (1)：67－70.

刘琴，李惠琼，李妮，等．2007．农贸市场沙门氏菌污染监测及其耐药性研究[J]．云南畜牧兽医，2：41－42.

刘弘，陆屹，高围微，等．2011．2008年上海市食源性疾病监测[J]．中国食品卫生杂志，23 (2)：126－131.

刘虎生，白丽娜．2011．沈阳市食品中沙门菌污染调查[J]．环境与健康杂志，28 (9)：768.

刘杰，银恭举，张春艳，等．2013．肉鸡饲养加工过程中沙门菌污染环节的探讨与分析[J]．中国食品卫生杂志，25 (3)：271－274.

刘仲义．2012．不同来源沙门菌多位点序列分型及药物敏感性分析[D]．扬州：扬州大学硕士论文.

卢行安，段莹，刘颜泓，等．2007．冰鲜不同方法检测鸡胴体中沙门菌结果的比较研究[J]．中国微生态学杂志，19 (3)：259－261.

彭海滨，吴德峰，孔繁德，等．2006．我国沙门菌污染分布概况[J]．中国国境卫生检疫杂志，29 (2)：

125-128.

乔昕，王燕梅，沈赟，等. 2012. 江苏省食品中沙门菌的监测及其脉冲场凝胶电泳分型研究[J]. 中国卫生检验杂志，22（3）：514-516.

冉陆，张静. 2005. 全球食源性疾病监测及监测网络[J]. 中国食品卫生杂志，17（4）：285-383.

孙吉昌，游兴勇，曾艳兵，等. 2012. 2009年至2011年江西省食品中沙门菌污染状况调查[J]. 实验与检验医学，30（2）：126-129.

孙延斌，孙婷，李士凯，等. 2013. 济南市肉鸡生产链沙门菌污染监测及分析[J]. 中国食品卫生杂志，25（5）：452-455.

王冬梅，董开忠，雒晓芳，等. 2009. 冻猪肉中沙门氏菌的检测与分析[J]. 西北民族大学学报，30（74）：63-66.

王华洪，吴日明. 2010. 冰鲜肉鸡制品中食源性致病菌污染的调查[J]. 实用预防医学，17（7）：1314-1315.

王欢，金洪年，王志耕，等. 2013. 合肥市售冰鲜鸡肉中沙门菌及微生物污染状况调查[J]. 中国卫生检验杂志，23（3）：720-721.

王敬辉，宋超，郭勇峰，等. 2011. 2008—2010年北京市西城区食品食源性致病菌检测结果[J]. 职业与健康，27（17）：1967-1969.

王世杰，杨杰，谌志强，等. 2006. 1994—2003年我国766起细菌性食物中毒分析[J]. 中国预防医学杂志，7（3）：180-184.

王燕梅，乔昕，符晓梅，等. 2012. 2010年江苏省肉鸡沙门菌污染专项监测分析[J]. 中国食品卫生杂志，24（2）：170-172.

徐桂云，张伟. 2010. 鸡蛋沙门菌控制及其公共卫生意义[J]. 中国家禽，32（22）：1-3.

徐进. 2009. 2008—2009年美国食源性鼠伤寒沙门菌病暴发情况简介[J]. 中国食品卫生杂志，21（2）：144-146.

许学斌，顾宝柯，金汇明，等. 2009. 上海市沙门菌血清型流行特征[J]. 中国人兽共患病学报，25（2）：156-158.

严纪文，朱海明，王海燕，等. 2006. 2000—2005年广东省食品中食源性致病菌的监测与分析[J]. 中国食品卫生杂志，18（6）：528-531.

杨德胜，张险朋，黄炳炽，等. 2010. 动物产品沙门氏菌污染情况调查[J]. 中国畜牧兽医，37（10）：202-203.

杨修军，刘桂华，孔祥云，等. 2008. 2002—2007年吉林省食品中食源性致病菌监测结果分析[J]. 中国卫生检验杂志，18（7）：1400-1402.

姚雪婷，唐振柱，刘展华，等. 2012. 2010—2011年广西食品中沙门菌监测与分析[J]. 实用预防医学，19（12）：1817-1820.

尹明远，张晓燕，艾乃吐拉，等. 2014. 2010—2012年新疆乌鲁木齐地区零售生肉中沙门菌污染情况调查[J]. 中国食品卫生杂志，26（2）：172-175.

俞苏蒙，从相兴，苏义，等. 2010. 食用沙门菌污染凉拌菜引起的食物中毒调查与分析[J]. 中国卫生检验杂志，26 (8)：879－881.

张磊. 2009. 鸡沙门氏菌病流行特点及防控策略[J]. 山东畜牧兽医，30 (9)：20－21.

张秀丽，廖兴广，郝宗宇，等. 2009. 2006—2007年河南省生肉食品中沙门菌的主动监测及其DNA指纹图谱库的建立[J]. 中国卫生检验杂志，19 (7)：1545－1548.

赵飞. 2013. 鸡肉中沙门菌的定量检测及分离株CRISPRS分子亚分型分析[D]. 扬州：扬州大学硕士论文.

周佳，刘书亮，侯小刚，等. 四川省动物性食品源沙门氏菌的耐药性监测与分析[J]. 2011. 中国畜牧兽医，38 (3)：188－192.

周晓红，孙明华，徐佩华，等. 2010. 生肉制品中沙门菌污染状况及耐药性分析[J]. 中国卫生检验杂志，20 (12)：3425－3427.

周新亚，朱伟光，乔昕，等. 2013. 2010—2011年宿迁市肉鸡沙门菌污染状况[J]. 职业与健康，29 (1)：75－76.

朱冬冬，黄金林，陶善华，等. 2006. 生猪屠宰加工流通环节沙门氏菌的监测研究[J]. 南方养猪·猪场兽医，20 (191)：44－45.

朱恒文，孙裴，魏建忠，等. 2010. 商品肉鸡生产加工过程中沙门菌的污染与防控[J]. 动物医学进展，31 (z1)：225－227.

朱玲，许喜林，周彦良，等. 2009. 加工肉鸡中沙门氏菌风险评估[J]. 现代食品科技，25 (7)：825－829.

MeadG，LammerdingAM，CoxN，et al. 2011. 全球禽肉生产和贸易中的沙门菌风险评估与控制[J]. 中国家禽，33 (5)：34－43.

StephenJ，Forsythe著. 2007. 食品中微生物风险评估 [M]. 石阶平，史贤明，岳田利译. 中国农业大学出版社.

附　　　录

附录一　沙门菌抗原结构式Kauffmann-White分类表

（按字母顺序列表）

血清型		菌体 O 抗原	鞭毛 H 抗原		
英文	中文		I 相	II 相	其他
A					
Aachen	亚琛	17	z35	1,6	
Aarhus	奥胡斯	18	z4,z23	z64	
Aba	阿巴	6,8	i	e,n,z15	
Abadina	阿巴迪纳	28	g,m	[e,n,z15]	
Abaetetuba	阿巴埃特图巴	11	k	1,5	
Aberdeen	阿伯丁	11	i	1,2	
Abidjan	阿比让	39	b	l,w	
Ablogame	阿伯洛格	16	l,z13,z28	z6	
Abobo	阿波波	16	i	z6	
Abony	阿邦尼	1,4,[5],12,[27]	b	e,n,x	
Abortusequi	马流产	4 ,12	—	e,n,x	
Abortusovis	羊流产	4 ,12	c	1,6	
Abuja	阿布亚	11	g,m	1,5	
Accra	阿克拉	1,3,19	b	z6	
Ackwepe	艾克维普	9,46	l,w	—	
Adabraka	阿达布拉卡	3,10	z4,z23	[1,7]	
Adamstown	亚当斯敦	28	k	1,6	
Adamstua	亚当斯图亚	11	e,h	1,6	
Adana	阿达纳	43	z10	1,5	
Adelaide	阿德莱德	35	f,g	—	[z27]
Adeoyo	阿德约	16	g,m,[t]	—	
Aderike	亚德里克	28	z38	e,n,z15	
Adime	阿迪姆	6,7	b	1,6	
Adjame	阿德亚姆	13,23	r	1,6	
Aequatoria	赤道	6,7	z4,z23	e,n,z15	
Aesch	埃施	6,8	z60	1,2	
Aflao	阿夫劳	1,6,14,25	l,z28	e,n,x	
Africana	非洲	4,12	r,i	l,w	
Afula	阿富拉	6,7	f,g,t	e,n,x	

（续）

血清型		菌体 O 抗原	鞭毛 H 抗原		
英文	中文		I 相	II 相	其他
Agama	阿加马	4,12	i	1,6	
Agbara	阿格巴拉	16	i	1,6	
Agbeni	阿格伯尼	1,13,23	g,m,[s],[t]	—	
Agege	阿格格	3,10	c	e,n,z15	
Ago	安哥	30	z38	—	
Agodi	阿格迪	35	g,t	—	
Agona	阿贡纳	1,4,[5],12	f,g,s	[1,2]	[z27],[z45]
Agoueve	阿高夫	13,22	z29		
Ahanou	阿哈诺	17	i	1,7	
Ahepe	阿亥普	43	z35	1,6	
Ahmadi	艾哈麦迪	1,3,19	d	1,5	
Ahoutoue	阿豪尤唐	41	z35	1,6	
Ahuza	阿赫莎	43	k	1,5	
Ajiobo	阿伊乌卜	13,23	z4,z23	—	
Akanji	安卡杰	6,8	r	1,7	
Akuafo	阿夸福	16	y	1,6	
Alabama	阿拉巴马	9,12	c	e,n,z15	
Alachua	阿拉夏	35	z4,z23	—	[z37],[z45]
Alagbon	阿拉格蓬	8,20	y	1,7	
Alamo	阿拉莫	6,7	g,z51	1,5	
Albany	阿尔巴尼	8,20	z4,z24	—	[z45]
Albert	艾伯特	4,12	z10	e,n,x	
Albertbanjul	阿尔伯特班珠尔	44	r	1,5	
Albertslund	阿尔伯特斯隆	3,10	z38	1,6	
Albuquerque	阿尔布凯克	1,6,14,24	d	z6	
Alexanderplatz	亚历山大普拉兹	47	z38	—	
Alexanderpolder	亚历山大波尔特	8	c	l,w	
Alfort	奥尔福特	3,10	f,g	e,n,x	
Alger	阿尔及尔	38	l,v	1,2	
Alkmaar	阿尔克马尔	1,3,19	a	l,w	
Allandale	阿兰代尔	1,40	k	1,6	
Allerton	阿勒顿	3,10	b	1,6	
Alma	阿尔玛	39	i	e,n,z15	
Alminko	阿尔明科	8,20	g,s,t	—	
Alpenquai	艾本奎	6,14	l,v	e,n,z15	

（续）

血清型		菌体 O 抗原	鞭毛 H 抗原		
英文	中文		I 相	II 相	其他
Altendorf	阿尔滕道夫	4,12,[27]	c	1,7	
Altona	阿尔托那	8,20	r,[i]	z6	
Amager	阿迈厄	3,{10}{15}	y	1,2	[z45]
Amba	安巴	11	k	l,z13,z28	
Amberg	安贝格	6,14,24	l,v	1,7	
Amersfoort	阿麦斯福特	6,7,14	d	e,n,x	
Amherstiana	阿默斯特	8	l,v	1,6	
Amina	阿米那	16	i	1,5	
Aminatu	阿米纳图	3,10	a	1,2	
Amounderness	阿蒙达奈斯	3,10	i	1,5	
Amoutive	阿蒙提夫	28	d	1,5	
Amsterdam	阿姆斯特丹	3,{10}{15}{15,34}	g,m,s	—	
Amunigun	阿莫尼哥	16	a	1,6	
Anatum	鸭	3,{10}{15}{15,34}	e,h	1,6	[z64]
Anderlecht	安德莱赫特	3,10	c	l,w	
Anecho	阿内乔	35	g,s,t	—	
Anfo	安福	39	y	1,2	
Angers	昂热	8,20	z35	z6	
Angoda	安哥达	30	k	e,n,x	
Angouleme	安格雷姆	16	z10	z6	
Ank	安卡	28	k	e,n,z15	
Anna	安纳	13,23	z35	e,n,z15	
Annedal	安尼达尔	16	r,i	e,n,x	
Antarctica	南极洲	9,12	g,z63	—	
Antonio	安东尼奥	57	a	z6	
Antsalova	安沙洛瓦	51	z	1,5	
Antwerpen	安特卫普	1,42	c	e,n,z15	
Apapa	阿帕帕	45	m,t	—	
Apeyeme	阿皮耶姆	8,20	z38	—	
Aprad	普拉达	45	z10	—	
Aqua	阿卡	30	k	1,6	
Aragua	阿拉瓜	30	z29	—	
Arechavaleta	阿雷查瓦莱塔	4,[5],12	a	1,7	

（续）

血清型		菌体 O 抗原	鞭毛 H 抗原		
英文	中文		I 相	II 相	其他
Argenteuil	阿让特伊	1,9,46	c	1,7	
Arusha	阿鲁沙	43	z	e,n,z15	
Aschersleben	阿舍斯勒本	30	b	1,5	
Ashanti	阿莎提	28	b	1,6	
Assen	阿森	21	a	[1,5]	
Assinie	阿西尼	3,10	l,w	z6	[z45]
Astridplein	阿斯特里德	16	e,h	1,6	
Asylanta	亚西兰大	3,10	c	1,2	
Atakpame	阿泰班姆	8,20	e,h	1,7	
Atento	阿腾托	11	b	1,2	
Athens	雅典	1,40	g,m,s	e,n,x	
Athinai	阿提奈	6,7	i	e,n,z15	
Ati	阿提	11	d	1,2	
Augustenborg	奥古斯坦堡	6,7,14	i	1,2	
Aurelianis	奥良尼斯	9,12	z	e,n,z15	
Austin	奥斯汀	6,7	a	1,7	
Australia	澳大利亚	48	l,v	1,5	
Avignon	阿维尼翁	16	y	e,n,z15	
Avonmouth	阿冯茅斯	1,3,19	i	e,n,z15	
Axim	阿克西姆	16	z4,z23	z6	
Ayinde	阿伊坦	1,4,12,27	d	z6	
Ayton	阿伊通	1,4,12,27	l,w	z6	
Azteca	阿兹特克	4,[5],12,[27]	l,v	1,5	
B					
Babelsberg	巴贝斯堡	28	z4,z23	[e,n,z15]	
Babili	巴比利	28	z35	1,7	
Badagry	巴达格瑞	16	z10	1,5	
Baguida	巴圭达	21	z4,z23	—	
Baguirmi	巴吉尔米	30	y	e,n,x	
Bahati	巴哈蒂	13,22	b	e,n,z15	
Bahrenfeld	巴赫兰弗尔德	6,14,[24]	e,h	1,5	
Baiboukoum	巴博科姆	6,7	k	1,7	
Baildon	巴尔通	9,46	a	e,n,x	
Bakau	巴考	28	a	1,7	
Balcones	巴尔科内斯	45	z36	—	

（续）

血清型		菌体 O 抗原	鞭毛 H 抗原		
英文	中文		I 相	II 相	其他
Ball	巴尔	1,4,[5],12,[27]	y	e,n,x	
Bama	巴马	17	m,t	—	
Bamboye	巴姆博耶	9,46	b	l,w	
Bambylor	班巴	9,46	z	e,n,z15	
Banalia	巴纳利亚	6,8	b	z6	
Banana	布那那	1,4,[5],12	m,t	[1,5]	
Banco	班古	28	r,i	1,7	
Bandia	班迪亚	35	i	l,w	
Bandim	班迪姆	17	k	1,6	
Bangkok	曼谷	38	z4,z24	—	
Bangui	班归	9,12	d	e,n,z15	
Banjul	班朱尔	1,6,14,25	a	e,n,z15	
Bardo	巴尔多	8	e,h	1,2	
Bareilly	巴雷利	6,7,14	y	1,5	
Bargny	巴尔尼	8,20	i	1,5	
Barmbek	巴贝克	16	d	z6	
Barranquilla	巴兰基利亚	16	d	e,n,x	
Barry	巴里	54	z10	e,n,z15	
Basingstoke	贝辛斯托克	9,46	z35	e,n,z15	
Bassa	巴萨	6,8	m,t	—	
Bassadji	巴萨第	28	r	1,6	
Bata	巴塔	9,12	b	1,7	
Batonrouge	巴顿鲁日	57	b	e,n,z15	
Battle	巴特尔	16	l,z13,z28	1,6	
Bazenheid	巴泽海特	8,20	z10	1,2	
Be	贝	8,20	a	[z6]	
Beaudesert	波德索特	[1],6,14,[25]	e,h	1,7	
Bedford	贝德福特	1,3,19	l,z13,z28	e,n,z15	
Belem	贝伦	6,8	c	e,n,x	
Belfast	贝尔法斯特	6,8	c	1,7	
Bellevue	贝尔维尤	8	z4,z23	1,7	
Benfica	本菲卡	3,10	b	e,n,x	
Benguella	本格拉	40	b	z6	
Benin	贝宁	9,46	y	1,7	
Benue	贝努埃	6,8	y	l,w	
Bere	贝雷	47	z4,z23	z6	[z45],[z58]

（续）

血清型		菌体 O 抗原	鞭毛 H 抗原		
英文	中文		I 相	II 相	其他
Bergedorf	贝尔格多夫	9,46	e,h	1,2	
Bergen	卑尔根	47	i	e,n,z15	
Bergues	贝尔格	51	z10	1,5	
Berkeley	伯克利	43	a	1,5	
Berlin	柏林	17	d	1,5	
Berta	贝尔塔	1,9,12	[f],g,[t]	—	
Bessi	贝西	3,10	i	e,n,x	
Bethune	比顿	1,3,19	k	1,7	
Biafra	比夫拉	3,10	z10	z6	
Bida	比达	1,3,19	c	1,6	
Bietri	比特里	30	y	1,5	
Bignona	比尼奥纳	17	b	e,n,z15	
Bijlmer	比基默	1,40	g,m		
Bilu	比卢	1,3,10,19	f,g,t	1,（2）,7	
Binche	宾什	47	z4,z23	l,w	
Bingerville	班热维尔	47	z35	e,n,z15	
Binningen	比宁根	45	g,s,t	—	
Birkenhead	伯肯黑德	6,7	c	1,6	
Birmingham	伯明翰	3,{10}{15}	d	l,w	
Bispebjerg	俾斯培堡	1,4,[5],12	a	e,n,x	
Bissau	比绍	4,12	c	e,n,x	
Blancmesnil	布朗梅尼尔	4,12	l,w	e,n,z15	
Blegdam	布雷丹	9,12	g,m,q	—	
Blijdorp	布立道普	1,6,14,25	c	1,5	
Blitta	布利塔	47	y	e,n,x	
Blockley	布洛克利	6,8	k	1,5	[z58]
Bloomsbury	布鲁姆斯伯里	3,10	g,t	1,5	
Blukwa	布勒克	6,14,18	z4,z24	—	
Bobo	博波	44	d	1,5	
Bochum	波鸿	1,4,[5],12	r	l,w	
Bodjonegoro	波佐纳戈罗	30	z4,z24	—	
Boecker	鲍克	[1],6,14,[25]	l,v	1,7	
Bofflens	博夫朗	41	z4,z23	1,7	
Bokanjac	波卡约克	28	b	1,7	
Bolama	博拉马	44	z	e,n,x	
Bolombo	波洛姆博	3,10	z38	[z6]	

（续）

血清型		菌体 O 抗原	鞭毛 H 抗原		
英文	中文		I 相	II 相	其他
Bolton	博尔顿	3,10	y	e,n,z15	
Bonames	波那梅斯	17	a	1,2	
Bonariensis	波那雷恩斯	6,8	i	e,n,x	
Bonn	波恩	6,7	l,v	e,n,x	
Bootle	布特尔	47	k	1,5	
Borbeck	波贝克	13,22	l,v	1,6	
Bordeaux	波尔多	52	k	1,5	
Borreze	博雷兹	54	f,g,s	—	
Borromea	波热米亚	42	i	1,6	
Bouake	布瓦凯	16	z	z6	
Bounemounth	波勒毛斯	9,12	e,h	1,2	
Bousso	布索	1,6,14,25	z4,z23	[e,n,z15]	
Bovismorbificans	病牛	6,8,20	r,[i]	1,5	[R1...]
Brackenridge	布拉肯里奇	44	z	1,5	
Bracknell	布拉克内尔	13,23	b	1,6	
Bradford	布拉德福德	4,12,[27]	r	1,5	
Braenderup	布伦登卢普	6,7,14	e,h	e,n,z15	
Brancaster	布兰克斯特	1,4,12,27	z29	—	
Brandenburg	勃兰登堡	4,[5],12	l,v	e,n,z15	
Brazil	巴西	16	a	1,5	
Brazos	布拉索斯	6,14,18	a	e,n,z15	
Brazzaville	布拉柴维尔	6,7	b	1,2	
Breda	布雷达	6,8	z4,z23	e,n,x	
Bredeney	布雷登尼	1,4,12,27	l,v	1,7	[z40]
Brefet	布雷菲特	44	r	e,n,z15	
Breukelen	布罗伊克伦	6,8	l,z13,[z28]	e,n,z15	
Brevik	布里维克	16	z	e,n,[x],z15	
Brezany	布雷扎尼	1,4,12,27	d	1,6	
Brijbhumi	布里布乎米	11	i	1,5	
Brikama	布里卡玛	8,20	r,[i]	l,w	
Brindisi	布林迪西	11	c	1,6	
Brisbane	布里斯班	28	z	e,n,z15	
Bristol	布里斯托尔	13,22	z	1,7	
Brive	布里夫	1,42	r	l,w	
Broc	布罗克	42	z4,z23	e,n,z15	

（续）

血清型		菌体 O 抗原	鞭毛 H 抗原		
英文	中文		I 相	II 相	其他
Bron	布龙	13,22	g,m	[e,n,z15]	
Bronx	布朗克斯	6,8	c	1,6	
Brooklyn	布鲁克林	16	l,w	e ,n,x	
Broughton	布劳顿	1,3,19	b	l,w	
Bruck	布鲁克	6,7	z	l,w	
Bruebach	布鲁埃巴克	39	e,h	1,2	
Brunei	文莱	8,20	y	1,5	
Brunflo	布伦弗卢	16	r	1,7	
Bsilla	布塞拉	6,8	r	1,2	[z58]
Buckeye	巴克艾	48	d	—	
Budapest	布达佩斯	1,4,12,[27]	g,t	—	
Bukavu	布卡武	1,40	l,z28	1,5	
Bukuru	布科鲁	6,8	b	l,w	
Bulgaria	保加利亚	6,8	y	1,6	
Bullbay	布尔巴	11	l,v	e,n,z15	
Bulovka	布洛卡	6,7	z44	—	
Burgas	布尔加斯	16	l,v	e,n,z15	
Burundi	布隆迪	41	a	—	
Bury	伯里	4,12,27	c	z6	
Businga	布辛加	6,7	z	e,n,z15	
Butantan	布坦坦	3,{10}{15}{15,34}	b	1,5	
Butare	布塔雷	52	e,h	1,6	
Buzu	布佐	[1],6,14,[25]	i	1,7	
C					
Caen	卡昂	16	d	l,w	[z82]
Cairina	凯锐纳	3,10	z35	z6	
Cairns	凯恩斯	45	k	e,n,z15	
Calabar	卡拉巴尔	1,3,19	e,h	l,w	
California	加利福尼亚	4,12	g,m,t	[z67]	
Camberene	卡贝莱尼	35	z10	1,5	
Camberwell	坎伯威尔	9,12	r	1,7	
Campinense	坎派恩斯	9,12	r	e,n,z15	
Canada	加拿大	4,12,[27]	b	1,6	
Canary	卡纳里	40	l,v	1,6	

（续）

血清型		菌体 O 抗原	鞭毛 H 抗原		
英文	中文		I 相	II 相	其他
Cannobio	坎诺比奥	28	z4,z23	1,5	
Cannonhill	坎农希尔	1,3,{10},{15},19	y	e,n,x	
Cannstatt	坎恩斯塔特	1,3,19	m,t	—	
Canton	坎顿	54	z10	e,n,x	
Caracas	加拉加斯	[1],6,14,[25]	g,m,s	—	
Cardoner	卡多那	16	g,s,t	—	
Carmel	卡梅尔	17	l,v	e,n,x	
Carnac	卡纳克	18	z10	z6	
Carno	卡尔诺	1,3,19	z	l,w	
Carpentras	卡庞特拉	38	z35	e,n,z15	
Carrau	卡劳	6,14,[24]	y	1,7	
Carswell	卡斯威尔	44	g,z51	—	
Casablanca	卡萨布兰卡	45	k	1,7	
Casamance	卡萨门斯	40	z	e,n,x	
Catalunia	加泰罗尼亚	28	l,z13,z28	1,5	
Catanzaro	卡坦查若	6,14	g,s,t	—	
Catumagos	卡图麦古斯	1,3,19	z35	1,5	
Cayar	卡亚	6,7	z	e,n,x	
Cerro	塞罗	6,14,18	z4,z23	[1,5]	[z45],[z82]
Ceyco	塞科	9,46	k	z35	
Chagoua	昌科亚	1,13,23	a	1,5	
Chailey	查理	6,8	z4,z23	[e,n,z15]	
Champaign	香槟	39	k	1,5	[z48]
Chandans	昌丹斯	11	d	[e,n,x]	[r]
Charity	恰里代	[1],6,14,[25]	d	e,n,x	
Charlottenborg	夏洛滕堡	6,8	k	e,n,z15	
Chartres	沙特尔	1,4,12	e,h	l,w	
Cheltenham	切尔滕纳姆	9,46	b	1,5	
Chennai	钦奈	4,12	d	z35	
Chester	切斯特	1,4,[5],12	e,h	e,n,x	
Chicago	芝加哥	28	r,[i]	1,5	
Chichester	奇切斯特	1,3,19	i	1,6	
Chichiri	契契利	6,14,24	z4,z24	—	
Chile	智利	6,7	z	1,2	
Chincol	钦科	6,8	g,m,[s]	[e,n,x]	

（续）

血清型		菌体 O 抗原	鞭毛 H 抗原		
英文	中文		I 相	II 相	其他
Chingola	钦戈拉	11	e,h	1,2	
Chiredzi	契里齐	11	c	1,5	
Chittagong	吉大港	1,3,10,19	b	z35	
Choleraesuis	猪霍乱	6,7	c	1,5	
Chomedey	霍米德	8,20	z10	e,n,z15	
Christiansborg	克里斯蒂安斯堡	44	z4,z24	—	
Clackamas	克拉卡马斯	4,12	l,v	1,6	
Claibornei	克雷本奈	1,9,12	k	1,5	
Clanvillain	克兰威廉	11	r	e,n,z15	
Clerkenwell	克列根威尔	13,10	z	l,w	
Cleveland	克利夫兰	6,8	z10	1,7	
Clontarf	克朗塔夫	9,46	k	1,6	
Cochin	柯钦	9,46	k	1,5	
Cochise	科奇斯	18	b	1,7	
Cocody	科科迪	8,20	r,i	e,n,z15	
Coeln	科林	1,4,[5],12	y	1,2	
Coleypark	克里帕克	6,7,14	a	l,w	
Colindale	科林达尔	6,7	r	1,7	
Colobane	哥洛巴尼	11	k	1,7	
Colombo	科伦坡	38	y	1,6	
Colorado	科罗拉多	6,7	l,w	1,5	
Concord	康科德	6,7	l,v	1,2	
Connecticut	康涅狄格	11	l,z13,z28	1,5	
Coogee	库吉	42	l,v	e,n,z15	
Coquilhatville	科基拉维尔	3,10	z10	1,7	
Coromandel	科罗曼德尔	6,7	l,v	z35	
Corvallis	科瓦利斯	8,20	z4,z23	[z6]	
Cotham	科瑟姆	28	i	1,5	
Cotia	科蒂亚	18	—	1,6	
Cotonou	科托努	6,7	c	z6	
Cremieu	克雷米	6,8	e,h	1,6	[R1...]
Crewe	克鲁	11	z	1,5	
Croft	克罗夫特	28	g,m,s	[e,n,z15]	
Crossness	克罗斯奈斯	67	r	1,2	
Cubana	古巴	1,13,23	z29	—	[z37],[z43]

（续）

血清型		菌体 O 抗原	鞭毛 H 抗原		
英文	中文		I 相	II 相	其他
Cuckmere	卡可米尔	3,10	i	1,2	
Cullingworth	科林华斯	28	d	l,w	
Cumberland	坎伯兰	39	i	e,n,x	
Curacao	库拉索	6,8	a	1,6	
Cyprus	塞浦路斯	6,8	i	l,w	
Czernyring	捷内瑞林	54	r	1,5	
D					
Daarle	达勒	6,8	y	e,n,x	
Dabou	达布	8,20	z4,z23	l,w	
Dadzie	达德季	51	l,v	e,n,x	
Dahlem	达勒姆	48	k	e,n,z15	
Dahomey	达荷美	47	k	1,6	[z58]
Dahra	达拉	17	b	1,5	
Dakar	达喀尔	28	a	1,6	
Dakota	达科他	16	z35	e,n,z15	
Dallgow	达尔古	1,3,19	z10	e,n,z15	
Damman	达曼	6,7,14	a	z6	
Dan	达恩	51	k	e,n,z15	
Dapango	达庞戈	47	r	1,2	
Daula	达乌拉	8,20	z	z6	
Daytona	傣顿	6,7	k	1,6	
Deckstein	戴克斯坦	9,46	r	1,7	
Delan	德朗	39	y	e,n,z15	
Delmenhorst	代尔门霍斯特	18	z71	—	
Dembe	登贝	35	d	l,w	[z58]
Demerara	德梅拉拉	13,23	z10	l,w	
Denver	丹佛	6,7	a	e,n,z15	
Derby	德尔卑	1,4,[5],12	f,g	[1,2]	
Derkle	德科尔	52	e,h	1,7	
Dessau	德绍	1,3,15,19	g,s,t	—	
Detmold	代特莫尔德	9,46	a	1,2	
Deversoir	德维斯瓦	45	c	e,n,x	
Dibra	迪波拉	28	a	z6	
Dietrichsdorf	德尔特里奇多夫	39	m,t	—	
Dieuppeul	迪尼泼尔	28	i	1,7	

（续）

血清型		菌体 O 抗原	鞭毛 H 抗原		
英文	中文		I 相	II 相	其他
Diguel	迪吉尔	1,13,22	d	e,n,z15	
Dingiri	底格瑞	17	z	1,6	
Diogoye	狄奥戈耶	8,20	z41	z6	
Diourbel	狄乌贝尔	21	i	1,2	
Djakarta	雅加达	48	z4,z24	—	
Djama	德加马	1,42	z29	[1,5]	
Djelfa	杰勒法	8	b	1,2	
Djermaia	杰尔马	28	z29	—	
Djibouti	吉布提	17	z10	e,n,x	
Djinten	汀坦	51	m,t	—	
Djugu	丘吉	6,7	z10	e,n,x	
Doba	多巴	9,46	a	e,n,z15	
Doel	德尔	28	z	1,6	
Doncaster	唐卡斯特	6,8	a	1,5	
Donna	唐那	30	l,v	1,5	
Doorn	多尔恩	28	i	1,2	
Dortmund	多特蒙德	3,10	z41	1,[2],5	
Douala	杜阿拉	28	i	l,w	
Dougi	道坎	50	y	1,6	
Douilassame	道拉萨姆	30	a	e,n,z15	
Drac	德拉克	47	l,v	e,n,x	
Dresden	德累斯顿	28	c	e,n,x	
Driffield	特里弗尔德	1,40	d	1,5	
Drogana	德罗加那	1,4,12,27	r,[i]	e,n,z15	
Dublin	都柏林	1,9,12[Vi]	g ,p	—	
Duesseldorf	杜塞尔多夫	6,8	z4,z24	—	
Dugbe	杜格贝	45	d	1,6	
Duisburg	杜伊斯堡	1,4,12,[27]	d	e,n,z15	[e,h]
Dumfries	敦夫里斯	3,10	r,i	1,6	
Dunkwa	敦夸	6,8	d	1,7	
Durban	德班	1,9,12	a	e,n,z15	
Durham	达拉谟	13,23	b	e,n,z15	
Duval	杜瓦尔	1,40	b	e,n,z15	
E					
Ealing	伊灵	35	g,m,s	—	

（续）

血清型		菌体 O 抗原	鞭毛 H 抗原		
英文	中文		I 相	II 相	其他
Eastbourne	伊斯特本	$\underline{1}$,9,12	e,h	1,5	
Eastglam	依斯特葛兰	1,3,19	c	1,5	
Eaubonne	奥博讷	18	g,s,t	—	
Eberswalde	埃伯斯瓦尔德	28	c	1,6	
Eboco	埃布科	6,8	b	1,7	
Ebrie	埃布里耶	35	g,m,t	—	
Echa	埃恰	38	k	1,2	
Ede	埃德	43	b	e,n,z15	
Edinburg	爱丁堡	6,7,14	b	1,5	
Edmonton	埃德蒙顿	6,8	l,v	e,n,z15	
Egusi	埃古西	41	d	1,5	
Egusitoo	埃古西托	$\underline{1}$,42	b	z6	
Eingedi	艾因格迪	6,7	f,g,t	1,2,7	
Eko	埃科	4,12	e,h	1,6	
Ekotedo	艾科特达	9,46	z4,z23	—	
Ekpoui	埃克普	47	z29	—	
Elbeuf	埃尔伯夫	44	b	e,n,x	
Elisabethville	伊丽莎白维尔	3,{10}{15}	r	1,7	
Elokate	厄洛卡特	9,12	c	1,7	
Elomrane	伊洛拉	$\underline{1}$,9,12	z38	—	
Emek	埃梅克	$\underline{8}$,20	g,m,s	—	
Emmastad	埃玛斯特	38	r	1,6	
Encino	恩西诺	1,6,14,25	d	l,z13,z28	
Enschede	恩斯赫德	35	z10	l,w	
Entebbe	恩德培	$\underline{1}$,4,12,27	z	z6	
Enteritidis	肠炎	$\underline{1}$,9,12	g,m	—	
Enugu	埃努古	16	l,[z13],z28	[1,5]	
Epalinges	埃帕林格斯	43	l,w	[z44]	
Epicrates	埃比克拉蒂斯	3,10	b	l,w	
Epinay	厄比纳	11	a	l,z13,z28	
Eppendorf	埃班道夫	$\underline{1}$,4,12,[27]	d	1,5	
Erfurt	埃尔福特	11	b	z6	
Escanaba	埃斯卡纳巴	6,7	k	e,n,z15	
Eschberg	埃斯贝格	9,12	d	1,7	
Eschweiler	埃施魏勒	6,7	z10	1,6	

（续）

血清型		菌体 O 抗原	鞭毛 H 抗原		
英文	中文		I 相	II 相	其他
Essen	埃森	4,12	g,m	—	
Essingen	埃辛根	16	l,w	z6	
Etterbeek	埃特尔贝克	11	z4,z23	e,n,z15	
Euston	尤斯顿	11	r,i	e,n,x,z15	
Everleigh	埃弗雷	3,10	z29	e,n,x	
Evry	埃夫里	35	i	z6	
Ezra	埃斯拉	28	z	1,7	
F					
Fairfield	费尔菲尔德	28	r	l,w	
Fajara	法贾拉	28	l,z28	e,n,x	
Faji	斐济	1,42	a	e,n,z15	
Falkensee	法尔肯塞	3,{10}{15}	i	e,n,z15	
Fallowfield	法洛弗尔德	3,10	l,z13,z28	e ,n,z15	
Fann	法恩	11	l,v	e,n,x	
Fanti	凡蒂	13,23	z38	—	
Farakan	弗拉卡	28	z10	1,5	
Farcha	法香	43	y	1,2	
Fareham	费勒姆	1,3,19	r,i	l,w	
Farmingdale	法明代尔	43	z4,z23	[1,2]	
Farmsen	法姆逊	13,23	z	1,6	
Farsta	法斯塔	4,12	i	e,n,x	
Fass	法斯	50	l,v	1,2	
Fayed	法耶德	6,8	l,w	1,2	
Fehrbellin	费尔贝林	47	z4,z23	1,6	
Ferlo	菲尔诺	41	k	1,6	
Ferruch	弗鲁奇	8	e,h	1,5	
Fillmore	菲尔莫尔	6,8	e,h	e,n,x	
Finaghy	贝尔法斯特	4,12	y	1,6	
Findorff	芬道夫	11	d	z6	
Finkenwerder	芬肯维尔德尔	[1],6,14,[25]	d	1,5	
Fischerhuette	弗切呼特	16	a	e,n,z15	
Fischerkietz	弗切基茨	1,6,14,25	y	e,n,x	
Fischerstrasse	弗切斯特拉斯	44	d	e,n,z15	
Fitzroy	菲茨罗伊	48	e,h	1,5	
Florian	弗罗里安	3,{10}{15}	z4,z24	—	

（续）

血清型		菌体 O 抗原	鞭毛 H 抗原		
英文	中文		I 相	II 相	其他
Florida	佛罗里达	[1],6,14,[25]	d	1,7	
Flottbek	佛罗特贝克	52	b	e,n,x	
Fluntorn	弗罗顿	6,14,18	b	1,5	
Fomeco	富麦克	45	b	e,n,z15	
Fortlamy	拉密堡	16	z	1,6	
Fortune	福琼	1,4,12,[27]	z10	z6	
Franken	弗兰肯	9,12	z6	z67	
Frankfurt	法兰克福	16	i	e,n,z15	
Frederiksberg	腓特烈斯贝	1,42	b	l,w	
Freefalls	弗里福斯	28	b	l,w	
Freetown	弗里敦	38	y	1,5	
Freiburg	弗赖堡	3,10	l,z13	1,2	
Fresno	弗雷斯诺	9,46	z38	—	
Friedenau	弗里德瑙	13,22	d	1,6	
Friedrichsfelde	腓特烈斯弗尔德	28	f,g	—	
Frintrop	弗林特洛	1,9,12	b	1,5	
Fufu	佛佛	3,10	z	1,5	
Fulda	富尔达	1,3,19	l,w	1,5	
Fulica	弗利卡	4,[5],12	a	—	
Fyris	菲里斯	4,[5],12	l,v	1,2	
G					
Gabon	加蓬	6,7	l,w	1,2	
Gafsa	加夫萨	16	c	1,6	
Gaillac	盖拉克	8,20	c	1,5	
Galiema	加里马	6,7,14	k	1,2	
Galir	加里尔	3,10	a	e,n,z15	
Gallen	加伦	11	a	1,2	
Gallinarum	鸡伤寒	1,9,12	—	—	
Gamaba	珈玛巴	1,44	g,m,[s]	[1,6]	
Gambaga	冈巴加	21	z35	e,n,z15	
Gambia	冈比亚	35	i	e,n,z15	
Gaminara	加米那拉	16	d	1,7	
Garba	加巴	1,6,14,25	a	1,5	
Garoli	革罗里	6,7	i	1,6	
Gassi	加西	35	e,h	z6	

（续）

血清型		菌体 O 抗原	鞭毛 H 抗原		
英文	中文		I 相	II 相	其他
Gateshead	格次黑德	9,46	g,s,t	—	
Gatineau	加蒂诺	1,3,19	y	1,5	
Gatow	加图	6,7	y	1,7	
Gatuni	加图尼	6,8	b	e,n,x	
Gbadago	格巴达戈	3,{10}{15}	c	1,5	
Gdansk	格但斯克	6,7,14	l,v	z6	
Gege	坎坎	30	r	1,5	
Georgia	格鲁吉亚	6,7	b	e,n,z15	
Gera	格拉	1,42	z4,z23	1,6	
Geraldton	杰拉尔顿	9,46	l,v	1,6	
Gerland	格兰	16	z	1,5	
Ghana	加纳	21	b	1,6	
Giessen	吉森	30	g,m,s	—	
Give	吉夫	3,{10}{15} {15,34}	l,v	1,7	[d]
Giza	吉萨	8,20	y	1,2	
Glasgow	格拉斯哥	16	b	1,6	
Glidji	格里地	11	l,w	1,5	
Glostrup	格罗斯特鲁普	6,8	z10	e,n,z15	
Gloucester	格洛斯特	1,4,12,27	i	l,w	
Gnesta	格奈斯塔	1,3,19	b	1,5	[z37]
Godesberg	戈德斯堡	30	g,m,[t]	—	
Goelzau	戈尔萨	3,{10}{15}	a	1,5	
Goeteborg	哥德堡	9,12	c	1,5	
Goettingen	哥廷根	9,12	l,v	e,n,z15	
Gokul	戈克尔	1,51	d	1,5	
Goldcoast	金海岸	6,8	r	l,w	
Goma	戈马	6,7	z4,z23	z 6	
Gombe	贡贝	6,7,14	d	e,n,z15	
Good	戈德	21	f,g	e,n,x	
Gori	哥里	17	z	1,2	
Goulfey	高尔菲	1,40	k	1,5	
Gouloumbo	哥仑布	35	c	1,5	
Goverdhan	哥维特翰	9,12	k	1,6	
Gozo	戈佐	28	e,h	e,n,z15	

（续）

血清型		菌体 O 抗原	鞭毛 H 抗原		
英文	中文		I 相	II 相	其他
Grampian	格兰扁	6,7	r	l,w	
Grancanaria	加那利亚	16	z39	[1,6]	
Grandhaven	格兰德哈蕴	30	r	1,2	
Granlo	格兰罗	17	l,z28	e,n,x	
Graz	格拉茨	43	a	1,2	
Greiz	格雷兹	40	a	z6	
Groenekan	格鲁尼卡	18	d	1,5	
Grumpensis	格隆伯	1,13,23	d	1,7	
Guarapiranga	瓜拉皮兰加	30	a	e,n,x	
Guerin	盖林	9,46	e,h	z6	
Gueuletapee	圭若塔皮	9,12	g,m,s	—	
Guildford	吉尔福特	28	k	1,2	
Guinea	几内亚	1,44	z10	1,7	
Gustavia	古斯塔维亚	11	d	1,5	
Gwale	瓜尔	1,42	k	z6	
Gwoza	格沃查	1,3,19	a	e,n,z15	
H					
Haardt	哈尔特	8	k	1,5	
Hadar	哈达尔	6,8	z10	e,n,x	
Hadejia	哈代贾	17	y	e,n,z15	
Haduna	哈杜纳	4,12	l,z13,[z28]	1,6	
Haelsingborg	赫尔辛堡	6,7	m,p,t,[u]	—	
Haferbreite	哈夫博雷特	42	k	1,6	
Haga	哈加	35	z38	—	
Haifa	海法	1,4,[5],12	z10	1,2	
Halle	哈雷	28	c	1,7	
Hallfold	哈里福	1,4,12,27	c	l,w	
Handen	汉登	1,13,23	d	1,2	
Hann	汉恩	40	k	e,n,x	
Hannover	汉诺威	16	a	1,2	
Haouaria	哈里亚	13,22	c	e,n,x,z15	
Harburg	哈尔堡	[1],6,14,[25]	k	1,5	
Harcourt	哈科特	51	l,v	1,2	
Harleystreet	哈雷街	3,10	z	1,6	
Harrisonburg	哈里森堡	3 ,{ 10 } { 15 } {15,34}	z 10	1,6	

（续）

血清型		菌体 O 抗原	鞭毛 H 抗原		
英文	中文		I 相	II 相	其他
Hartford	哈特福德	6,7	y	e,n,x	[z67]
Harvestehude	哈威斯坦呼特	1,42	y	z6	
Hartfield	哈特菲尔德	28	d	1,6	
Hato	哈托	1,4,[5],12	g,m,s	[1 ,2]	
Havana	哈瓦那	1,13,23	f,g,[s]	—	[z79]
Hayindogo	海因多格	1,3,19	e,h	1 ,6	
Heerlen	海尔伦	11	i	1,6	
Hegau	黑高	39	z10	—	
Heidelberg	海德堡	1,4,[5],12	r	1,2	
Heistopdenberg	海斯特奥普登堡	8,20	b	l,w	
Hemingford	海明福特	50	d	1,5	[z82]
Hennekamp	海勒坎普	42	z35	e,n,z15	
Hermannswerder	赫曼斯维尔德	28	c	1,5	
Heron	赫伦	16	a	z6	
Herston	赫斯通	6,8	d	e,n,z15	
Herzliya	赫兹利亚	11	y	e,n,x	
Hessarek	赫萨里克	4,12,[27]	a	1,5	
Hidalgo	伊达尔戈	6,8	r,[i]	e,n,z15	
Hiduddify	海达迪夫	6,8	l,z13,z28	1,5	
Hillegersberg	希勒格斯堡	9,46	z35	1,5	
Hillingdon	希灵登	9,46	g,m	—	
Hillsborough	希尔斯伯勒	6,7	z41	l,w	
Hilversum	希尔弗瑟姆	30	k	1,2	
Hindmarsh	辛德马什	8,20	r	1,5	
Hisingen	希辛根	48	a	1,5,7	
Hissar	希萨尔	6,7,14	c	1,2	
Hithergreen	希特格里	16	c	e,n,z15	
Hoboken	霍博肯	3,10	i	l,w	
Hofit	霍夫特	39	i	1,5	
Hoghton	霍顿	3,10	l,z13,z28	z6	
Hohentwiel	霍特维尔	30	z	e,n,x,z15	
Holcomb	霍尔科姆	6,8	l,v	e,n,x	
Homosassa	霍莫萨萨	1,6,14,25	z	1,5	
Honelis	霍纳里斯	28	a	e,n,z15	

（续）

血清型		菌体 O 抗原	鞭毛 H 抗原		
英文	中文		I 相	II 相	其他
Hongkong	香港	1,3,19	z	z6	
Horsham	霍舍姆	1 ,6,14,[25]	l,v	e,n,x	
Houston	休斯顿	9,12	l,v	1,5	d
Huddinge	胡丁格	3,10	z	1,7	
Huettwilen	胡特维伦	1,4,12	a	l,w	
Hull	赫尔	16	b	1,2	
Huvudsta	胡佛茨塔	3,{10}{15,34}	b	1,7	
Hvittingfoss	菲丁伏斯	16	b	e,n,x	
Hydra	伊德拉	21	c	1,6	
I					
Ibadan	伊巴丹	13,22	b	1,5	
Ibaragi	茨城	21	y	1,2	
Idikan	伊迪卡	1,13,23	i	1,5	
Ikayi	伊考依	3,{10}{15}	c	1,6	
Ikeja	伊凯贾	28	k	1,7	
Ilala	伊拉拉	28	k	1,5	
Ilugun	伊鲁根	1,3,10,19	z4,z23	z 6	
Imo	伊莫	45	l,v	[e,n,z15]	
Inchpark	因切帕克	6,8	y	1,7	
India	印度	9,46	l,v	1,5	
Indiana	印第安那	1,4,12	z	1,7	
Infantis	婴儿	6,7,14	r	1,5	[R1...],[z37],[z45],[z49]
Inganda	因冈达	6,7	z10	1,5	
Inglis	因格里斯	9,46	z10	e,n,x	
Inpraw	因普劳	41	z10	e,n,x	
Inverness	因弗内斯	38	k	1,6	
Ipeko	伊彭科	9,12	c	1,6	
Ipswich	伊普斯威奇	41	z4,z24	1,5	
Irchel	耶和	9,46	y	e,n,x	
Irenea	伊兰尼亚	17	k	1,5	
Irigny	伊里格尼	43	z38	—	
Irumu	伊鲁姆	6,7	l,v	1,5	
Isangi	伊桑吉	6,7,14	d	1,5	
Isaszeg	伊沙塞克	48	z10	e,n,x	

（续）

| 血清型 | | 菌体 O 抗原 | 鞭毛 H 抗原 | | |
英文	中文		I 相	II 相	其他
Israel	以色列	9,12	e,h	e,n,z15	
Istanbul	伊斯坦布尔	8	z10	e,n,x	
Istoria	伊斯托利亚	1,6,14,25	r,i	1,5	
Isuge	伊苏坎	13,23	d	z6	
Itami	伊丹	9,12	l,z13	1,5	
Ituri	伊图里	1,4,12	z10	1,5	
Itutaba	伊吐塔巴	9,46	c	z6	
Ivory	艾沃里	16	r	1,6	
Ivorycoast	科特迪瓦	50	z29	—	
Ivrysurseine	伊甫里萨希	1,13,23	z	z6	
J					
Jaffna	贾夫纳	1,9,12	d	z35	
Jalisco	哈利斯科	11	y	1,7	
Jamaica	牙买加	9,12	r	1,5	
Jambur	赞布尔	21	l,z28	e,n,z15	
Jangwani	扬格瓦尼	17	a	1,5	
Javiana	爪哇	1,9,12	l,z28	1,5	[R1...]
Jedburgh	杰德堡	3,{10}{15}	z29	—	
Jericho	杰里柯	1,4,12,27	c	e,n,z15	
Jerusalem	耶路撒冷	6,7,14	z10	l,w	
Joal	乔尔	3,10	l,z28	1,7	
Jodhpur	焦特布尔	45	z29	—	[z45]
Johannesburg	约翰内斯堡	1,40	b	e,n,x	
Jos	乔斯	1,4,12,27	y	e,n,z15	
Juba	朱巴	1,3,19	a	1,7	
Jubilee	贾尔比	17	e,h	1,2	
Jukestown	乔肯斯顿	13,23	i	e,n,z15	
K					
Kaapstad	卡普斯塔德	4,12	e,h	1,7	
Kabete	卡倍特	51	i	1,5	
Kaduna	卡杜纳	6,7,14	c	e,n,z15	
Kaevlinge	凯夫林格	16	z4,z24	—	
Kahla	卡拉	1,42	z35	1,6	
Kainji	卡因吉	1,3,19	z	1,6	
Kaitaan	凯坦	1,6,14,25	m,t		

（续）

血清型		菌体 O 抗原	鞭毛 H 抗原		
英文	中文		I 相	II 相	其他
Kalamu	卡拉姆	1,4,[5],12	z4,z24	[1,5]	
Kalina	卡琳娜	3,10	b	1,2	
Kallo	卡罗	6,8	k	1,2	
Kalumburu	卡伦布鲁	6,8	z	e,n,z15	
Kambole	坎博莱	6,7	d	1,[2],7	
Kamoru	卡摩鲁	1,4,12,27	y	z6	
Kampala	坎帕拉	1,42	c	z6	
Kande	坎德	1,3,19	b	e,n,z15	
Kandla	坎德拉	17	z29	—	
Kaneshie	坎纳西	1,42	i	l,w	
Kanifing	卡尼芬	1,6,14,25	z	1,6	
Kano	卡诺	1,4,12,27	l,z13,z28	e,n,x	
Kaolack	考拉克	47	z	1,6	
Kapemba	卡潘巴	9,12	l,v	1,7	[z40]
Karachi	卡拉奇	45	d	e,n,x	
Karamoja	卡拉摩亚	1,40	z41	1,2	
Karaya	卡拉耶	51	b	1,5	
Karlshamn	卡尔斯汉姆	17	d	e,n,z15	
Kasenyi	卡赛尼	38	e,h	1,5	
Kassberg	卡斯贝克	1,6,14,25	c	1,6	
Kassel	卡塞尔	16	z	e,n,x	
Kastrup	卡斯特鲁普	6,7	e,n,z15	1,6	
Kedougou	凯道古	1,13,23	i	l,w	
Kentucky	肯塔基	8,20	i	z6	
Kenya	肯尼亚	6,7	l,z13	e,n,x	
Kermel	克麦勒	44	d	e,n,x	
Kethiabarny	克瑟巴尼	28	z4,z24	—	
Keurmassar	科迈瑟	35	c	1,2	
Keve	凯韦	21	l,w	—	
Kiambu	基安布	1,4,12	z	1,5	
Kibi	凯比	16	z4,z23	[1,6]	
Kibusi	杰布西	28	r	e,n,x	
Kidderminster	基德明斯特	38	c	1,6	[z58]
Kiel	基尔	1,2,12	g,p	—	
Kikoma	基柯马	16	y	e,n,x	

（续）

血清型		菌体 O 抗原	鞭毛 H 抗原		
英文	中文		I 相	II 相	其他
Kimberley	金伯利	38	l,v	1,5	
Kimpese	金皮斯	9,12	z	1,6	
Kimuenza	杰曼查	1,4,12,27	l,v	e,n,x	
Kindia	金地亚	1,3,19	l,z28	e,n,x	
Kingabwa	金加瓦	43	y	1,5	
Kingston	金斯敦	1,4,[5],12,[27]	g,s,t	[1,2]	[z43]
Kinondoni	基农多尼	17	a	e,n,x	
Kinson	金森	1,3,19	y	e,n,x	
Kintambo	金塔波	1,13,23	m,t	—	
Kirkee	基尔基	17	b	1,2	
Kisangani	基桑加尼	1,4,[5],12	a	1,2	
Kisarawe	基萨沙拉	11	k	e,n,x,[z15]	
Kisii	吉西	6,7	d	1,2	
Kitenge	基滕格	28	y	e,n,x	
Kivu	基伍	6,7	d	1,6	
Klouto	克劳托	38	z38	—	
Koblenz	科布伦兹	16	l,z13,z28	e,n,x	
Kodjovi	科德焦维	47	c	1,6	[z78]
Koenigstuhl	科尼斯图	1,4,[5],12	z	e,n,z15	
Koessen	克森	2,12	l,v	1,5	
Kofandoka	科凡多克	45	r	e,n,z15	
Koketime	科科提姆	44	z38	—	
Kokoli	科科利	30	z35	1,6	
Kokomlemle	科科姆勒姆尔	39	l,v	e,n,x	
Kolar	戈拉尔	9,46	b	z35	
Kolda	科尔达	8,20	z35	1,2	
Konolfingen	科诺尔芬根	28	z35	1,6	
Konongo	科农戈	41	r	1,7	
Konstanz	康斯坦茨	8	b	e,n,x	
Korbol	科波尔	8,20	b	1,2	
Korkeasaari	科凯亚萨里	28	e,h	1,5	
Korlebu	科兰布	1,3,19	z	1,5	
Korovi	柯罗维	38	g,m,[s]	—	
Kortrijk	科尔特里克	6,7	l,v	1,7	

（续）

血清型		菌体 O 抗原	鞭毛 H 抗原		
英文	中文		I 相	II 相	其他
Kottbus	科特布斯	6,8	e,h	1,5	
Kotte	科特	6,7	b	z35	
Kotu	克图	9,12	l,z28	1,6	
Kouka	考卡	1,3,19	g,m,[t]	—	
Koumra	库姆拉	6,7	b	1,7	
Kpeme	佩梅	28	e,h	1,7	
Kralingen	克拉林根	8,20	y	z6	
Krefeld	克雷菲尔德	1,3,19	y	l,w	
Kristianstad	克里斯蒂安斯塔	3,10	z10	e,n,z15	
Kua	库阿	44	z4,z23	—	
Kubacha	库巴查	1,4,12,27	l,z13,z28	1 ,7	
Kuessel	柯塞尔	28	i	e,n,z15	
Kumasi	库马西	30	z10	e,n,z15	
Kunduchi	柯杜奇	1,4,[5],12,[27]	l,[z13],[z28]	1,2	
Kuntair	昆泰尔	1,6,14,25	b	1,5	
Kuru	库鲁	6,8	z	l,w	
L					
Labadi	拉巴迪	8,20	d	z6	
Lagos	拉各斯	1,4,[5],12	i	1,5	
Lamberhurst	兰伯赫斯特	3,10	e,h	e,n,z15	
Lamin	拉明	3,10	l,z28	e,n,x	
Lamphun	南奔	6,8	y	1,2	
Lancaster	兰开斯特	17	l,v	1,7	
Landala	兰达拉	41	z10	1,6	
Landau	兰道	30	i	1,2	
Landwasser	兰德瓦瑟	3,10	z	z6	
Langenhorn	兰坎霍	18	m,t	—	
Langensalza	朗根萨尔察	3,10	y	l,w	
Langeveld	兰格威尔德	6,7	l,w	e,n,z15	
Langford	朗福德	28	b	e,n,z15	
Lansing	兰辛	38	i	1,5	
Laredo	拉雷多	1,6,14,25	z10	1,6	
Larochelle	拉罗舍耳	6,7	e,h	1,2	
Larose	拉罗斯	6,7	g,z51	e,n,z15	

（续）

| 血清型 | | 菌体 O 抗原 | 鞭毛 H 抗原 | | |
英文	中文		I 相	II 相	其他
Lattenkamp	拉特卡姆	45	z35	1,5	
Lawndale	郎代尔	1,9,12	z	1,5	
Lawra	劳雷	44	k	e,n,z15	
Leatherhead	利兹海德	41	m,t	1,6	
Lechler	莱希勒	51	z	e,n,z15	
Leda	莱达	53	—	1,6	
Leer	莱尔	18	z10	1,5	
Leeuwarden	吕伐登	11	b	1,5	
Legon	勒贡	1,4,12,[27]	c	1,5	
Lehrte	莱尔特	16	r	z6	
Leiden	莱顿	13,22	z38	—	
Leipzig	莱比锡	41	z10	1,5	
Leith	利斯	6,8	a	e,n,z15	
Lekke	累凯	3,10	d	1,6	
Lene	莱恩	11	z38	—	
Leoben	莱奥本	28	l,v	1,5	
Leopoldville	利奥波德维尔	6,7,14	b	z6	
Lerum	莱鲁姆	1,3,19	z	1,7	
Lexington	列克星敦	3,{10}{15}{15,34}	z10	1,5	[z49]
Lezennes	莱蔡纳斯	6,8	z4,z23	1,7	
Libreville	利伯维尔	28	z10	1,6	
Ligeo	利坎渥	30	l,v	1,2	
Ligna	里格那	35	z10	z6	
Lika	利卡	6,7	i	1,7	
Lille	里尔	6,7,14	z38	—	[z82]
Limete	雷米特	1,4,12,[27]	b	1,5	
Lindenburg	林登堡	6,8	i	1,2	
Lindern	林登	6,14,[24]	d	e,n,x	
Lindi	林迪	38	r	1,5	
Linguere	林盖尔	9,46	b	z6	
Lingwala	林瓦拉	16	z	1,7	
Linton	林顿	13,23	r	e,n,z15	
Lisboa	里斯本	16	z10	1,6	
Lishabi	里香别	9,46	z10	1,7	

（续）

血清型		菌体 O 抗原	鞭毛 H 抗原		
英文	中文		I 相	II 相	其他
Litchfield	利奇菲尔德	6,8	l,v	1,2	
Liverpool	利物浦	1,3,19	d	e,n,z15	
Livingstone	利文斯通	6,7,<u>14</u>	d	l,w	
Livulu	利夫罗	30	e,h	1,2	
Ljubljana	卢布尔雅那	4,12,27	k	e,n,x	
Llandoff	兰多夫	1,3,19	z29	[z6]	[z37]
Llobregat	略夫雷加特	<u>1</u>,44	z10	e,n,x	
Loanda	罗安达	6,8	l,v	1,5	
Lockleaze	洛克莱塞	6,7,<u>14</u>	b	e,n,x	
Lode	洛德	17	r	1,2	
Lodz	罗兹	41	z29	—	
Loenga	隆格	<u>1</u>,42	z10	z6	
Logone	洛贡	39	d	1,5	
Lokomo	罗克玛	17	y	l,w	
Lokstedt	洛克斯坦特	1,3,19	l,z13,z28	1,2	
Lomalinda	罗玛林达	<u>1</u>,9,12	a	e,n,x	
Lome	洛美	9,12	r	z6	
Lomita	罗米他	6,7	e,h	1,5	
Lomnava	罗姆纳瓦	16	l,w	e ,n,z15	
London	伦敦	3,{10}{<u>15</u>}	l,v	1,6	
Lonestar	伦斯塔尔	41	c	—	
Losangeles	洛杉矶	16	l,v	z6	
Loubomo	卢博莫	4,12	z	1,6	
Louga	卢加	30	b	1,2	
Louisiana	路易斯安那	9,46	z10	z6	
Lovelace	拉芙莱斯	13,22	l,v	1,5	
Lowestoft	洛斯托夫特	17	g,s,t	—	
Lubumbashi	卢本巴希	41	r	1,5	
Luciana	卢恰纳	11	a	e,n,z15	
Luckenwalde	卢肯瓦尔德	28	z10	e,n,z15	
Luedinghausen	吕丁豪森	17	c	1,5	
Luke	卢克	<u>1</u>,47	g,m	—	
Lund	隆德	6,8	l,v	z6	
Lutetia	卢泰西亚	51	r,i	l,z13,z28	
Lyon	里昂	47	k	e,n,z15	

（续）

血清型		菌体 O 抗原	鞭毛 H 抗原		
英文	中文		I 相	II 相	其他

M

英文	中文	菌体 O 抗原	I 相	II 相	其他
Maastricht	马斯特里赫特	11	z41	1,2	
Macallen	麦卡伦	3,10	z36	—	
Macclesfield	麦克尔斯菲尔德	9,46	g,m,s	1,2,7	
Machaga	马夏格	1,3,19	i	e,n,x	
Madelia	马德里亚	1,6,14,2 5	y	1,7	
Madiago	马迪亚哥	1,3,19	c	1,7	
Madigan	马迪根	44	c	1,5	
Madison	麦迪逊	21	d	z6	
Madjorio	马特乔里奥	3,10	d	e,n,z15	
Madras	马德拉斯	4,[5],12	m,t	e,n,z15	
Magherafelt	马拉费尔特	8,20	i	l,w	
Magumeri	马古梅里	1,6,14,25	e,h	1,6	
Magwa	马瓜	21	d	e,n,x	
Mahina	马希纳	9,46	z10	e,n,z15	
Maiduguri	迈杜古里	1,3,19	f,g,t	e,n,z15	
Makiling	玛其林	43	z29	—	
Makiso	马凯索	6,7	l,z13,z28	z6	
Malakal	马拉卡尔	16	e,h	1,2	
Malaysia	马来西亚	28	z10	1,7	
Malika	马利卡	44	l,z28	1,5	
Malmoe	马尔莫	6,8	i	1,7	
Malstatt	马尔斯塔特	16	b	z6	
Mampeza	马姆珀查	1,6,14,25	i	1,5	
Mampong	马姆彭	13,22	z35	1,6	
Mana	马纳	9,12	b	e,n,z15	
Manchester	曼彻斯特	6,8	l,v	1,7	
Mandera	曼德拉	16	l,z13	e,n,z15	
Mango	曼戈	38	k	1,5	
Manhattan	曼哈顿	6,8	d	1,5	[z58]
Mannheim	曼海姆	11	k	l,w	
Mapo	马波	6,8	z10	1,5	
Mara	马拉	39	e,h	1,5	
Maracaibo	马拉开波	11	l,v	1,5	
Marburg	马尔堡	13,23	k	—	

（续）

| 血清型 | | 菌体 O 抗原 | 鞭毛 H 抗原 | | 其他 |
英文	中文		I 相	II 相	
Maricopa	马里科帕	1,42	g,z51	1,5	
Marienthal	马林查尔	3,10	k	e,n,z15	
Maritzburg	马里茨堡	1,44	i	e,n,z15	
Marmande	马尔曼德	6,8	z	1,7	
Maron	马龙	3,10	d	z35	
Maroua	马鲁阿	11	z	1,7	
Marsabit	马萨比特	52	l,w	1,5	
Marseille	马赛	11	a	1,5	
Marshall	马歇尔	13,22	a	l,z13,z28	
Martonos	马托斯	6,14,24	d	1,5	
Maryland	马里兰	57	b	1,7	
Marylebone	马里波恩	9,46	k	1,2	
Masembe	马森贝	3,10	a	e,n,x	
Maska	马斯卡	1,4,12,27	z41	e,n,z15	
Massakory	马萨科里	35	r	l,w	
Massenya	马塞尼亚	1,4,12,27	k	1,5	
Massilia	马西里亚	11	a	1,6	
Matadi	马塔迪	17	k	e,n,x	
Mathura	马图拉	9,46	i	e,n,z15	
Matopeni	马妥潘尼	30	y	1,2	
Mattenhof	迈登霍夫	17	b	e,n,x	
Maumee	莫米	16	k	1,6	
Mayday	梅代	9,46	y	z6	
Mbandaka	姆班达卡	6,7,14	z10	e,n,z15	[z37],[z45]
Mbao	姆巴奥	43	i	1,2	
Meekatharra	米卡萨拉	45	a	e,n,z15	
Melaka	马六甲	16	b	1,2,5	
Melbourne	墨尔本	42	z	e,n,z15	
Meleagridis	火鸡	3,{10}{15}{15,34}	e,h	l,w	
Memphis	孟斐斯	18	k	1,5	
Menden	门登	6,7	z10	1,2	
Mendoza	门多萨	9,12	l,v	1,2	
Menston	门斯顿	6,7	g,s,[t]	[1,6]	
Mesbit	梅斯比特	47	m,t	e,n,z15	

（续）

血清型		菌体 O 抗原	鞭毛 H 抗原		
英文	中文		I 相	II 相	其他
Meskin	梅斯金	51	e,h	1,2	
Messina	墨西拿	30	d	1,5	
Mgulani	墨拉尼	38	i	1,2	
Miami	迈阿密	1,9,12	a	1,5	
Michigan	密西根	17	l,v	1,5	
Middlesbrough	米德尔斯堡	1,4 2	i	z6	
Midway	中途岛	6,14,24	d	1,7	
Mikawasima	三河岛	6,7,14	y	e,n,z15	[z47],[z50]
Millesi	密勒西	1,40	l,v	1,2	
Milwaukee	密尔沃基	43	f,g,[t]	—	
Mim	米姆	13,22	a	1,6	
Minna	米纳	1,6,14,25	c	l,w	
Minnesota	明尼苏达	21	b	e,n,x	[z33],[z49]
Mishmarhaemek	密西玛亥米克	1,13,23	d	1,5	
Mississippi	密西西比	1,13,23	b	1,5	
Missouri	密苏里	11	g,s,t	—	
Miyazaki	宫崎	9,12	l,z13	1,7	
Mjordan	马乔丹	30	i	e,n,z15	
Mkamba	姆卡巴	6,7	l,v	1,6	
Moabit	莫阿比特	16	e,h	l,w	
Mocamedes	木萨米迪	28	d	e,n,x	
Moero	摩罗	28	b	1,5	
Moers	莫尔斯	11	m,t	—	
Mokola	莫科拉	3,10	y	1,7	
Molade	莫拉德	8,20	z10	z6	
Molesey	莫莱塞伊	52	b	1,5	
Mono	莫诺	4,12	l,w	1,5	
Mons	蒙斯	1,4,12,27	d	l,w	
Monschaui	蒙绍	35	m,t	—	
Montaigu	蒙泰古	9,46	b	1,2	
Montevideo	蒙得维的亚	6,7,14,[54]	g,m,[p],s	[1,2,7]	
Montreal	蒙特利尔	43	c	1,5	
Morbihan	莫尔比昂	16	m,t	e,n,z15	
Morehead	莫尔黑德	30	i	1,5	
Morillons	莫里隆	28	m,t	1,6	

（续）

血清型		菌体 O 抗原	鞭毛 H 抗原		
英文	中文		I 相	II 相	其他
Morningside	莫宁塞特	30	c	e,n,z15	
Mornington	莫宁顿	1,6,14,25	y	e,n,z15	
Morocco	摩洛哥	30	l,z13,z28	e,n,z15	
Morotai	莫罗泰	17	l,v	1,2	
Moroto	莫罗托	28	z10	l,w	
Moscow	莫斯科	1,9,12	g,q	—	
Moualine	莫林	47	y	1,6	
Moundou	蒙杜	51	l,z28	1,5	
Mountmagnet	芒特马格尼特	21	r	—	
Mountpleasant	芒特普莱曾特	47	z	1,5	
Moussoro	穆万罗	1,6,14,25	i	e,n,z15	
Mowanjum	摩万琼	6,8	z	1,5	
Mpouto	姆普托	16	m,t	—	
Muenchen	慕尼黑	6,8	d	1,2	[z67]
Muenster	明斯特	3,{10}{15}{15,34}	e,h	1,5	[z48]
Muguga	慕戈格	44	m,t	—	
Mulhouse	牟罗兹	1,9,12	z	1,2	
Mundonobo	孟多诺波	28	d	1,7	
Mundubbera	蒙达伯拉	54	z29	—	
Mura	木拉	1,4,12	z10	l,w	
Mygdal	梅德尔	4,12	z91	—	
Myrria	马里亚	13,23	i	1,7	
N					
Naestved	内斯特伍德	1,9,12	g,p,s	—	
Nagoya	名古屋	6,8	b	1,5	
Nakuru	纳库鲁	1,4,12,27	a	z6	
Namibia	纳米比亚	6,7	c	e,n,x	
Namoda	纳摩达	47	z10	e,n,z15	
Namur	那慕尔	39	z4,z23	—	
Nanergou	南纳戈	6,8	g,s,t	—	
Nanga	南加	1,13,23	l,v	e,n,z15	
Nantes	南特	9,46	y	l,w	
Napoli	那波利	1,9,12	l,z13	e,n,x	
Narashino	习志野	6,8	a	e,n,x	

（续）

血清型		菌体 O 抗原	鞭毛 H 抗原		
英文	中文		I 相	II 相	其他
Nashua	纳舒厄	28	l,v	e,n,z15	
Natal	纳塔尔	9,12	z4,z24	—	
Naware	纳瓦尔	16	z38	—	
Nchanga	恩昌加	3,{10}{15}	l,v	1,2	
Ndjamena	恩贾梅纳	1,6,14,25	b	1,2	
Ndolo	恩多洛	1,9,12	d	1,5	
Neftenbach	内夫滕布赫	4,12	z	e,n,x	
Nessa	尼沙	1,6,14,25	z10	1,2	
Nessziona	勒斯兹俄纳	6,7	l,z13	1,5	
Neudorf	纽道夫	30	b	e,n,z15	
Neukoelln	纽克尔恩	6,7	l,z13,[z28]	e,n,z15	
Neumuenster	诺伊明斯特尔	1,4,12,27	k	1,6	
Neunkirchen	诺因基兴	38	z10	[1,5]	
Newholland	纽荷兰	4,12,54	m,t	—	
Newjersey	新泽西	39	k	e,n,x	
Newlands	纽兰	3,{10}{15,34}	e,h	e,n,x	
Newmexico	新墨西哥	9,12	g,z51	1,5	
Newport	纽波特	6,8,20	e,h	1,2	[z67],[z78]
Newrochelle	新罗歇尔	3,10	k	l,w	
Newyork	纽约	13,22	g,s,t	—	
Ngaparou	恩加帕鲁	9,46	z4,z24	—	
Ngili	恩吉利	6,7	z10	1,7	
Ngor	恩戈尔	1,3,19	l,v	1,5	
Niakhar	尼亚卡尔	44	a	1,5	
Niamey	尼亚美	17	d	l,w	
Niarembe	聂伦	44	a	l,w	
Niederoderwitz	奥德尔维茨	43	b	—	
Nieukerk	尼乌堪克	6,7,14	d	z6	
Nigeria	尼日利亚	6,7	r	1,6	
Nijmegen	内伊梅根	30	y	e,n,z15	
Nikolaifleet	尼柯雷弗里特	16	g,m,s	—	
Niloese	尼罗耶	1,3,19	d	z6	
Nima	尼玛	28	y	1,5	
Nimes	尼姆	13,22	z35	e,n,z15	

（续）

血清型		菌体 O 抗原	鞭毛 H 抗原		
英文	中文		I 相	II 相	其他
Nitra	尼特拉	2,12	g,m	—	
Niumi	尼米	1,3,19	a	1,5	
Njala	尼亚拉	38	k	e,n,x	
Nola	诺拉	6,7	e,h	1,7	
Nordrhein	诺德尔海因	9,46	l,z13,z28	e,n,z15	
Nordufer	诺杜福	6,8	a	1,7	
Norton	诺顿	6,7	i	l,w	
Norwich	诺威奇	6,7	e,h	1,6	
Nottingham	诺丁汉	16	d	e,n,z15	
Nowawes	诺瓦韦斯	40	z	z6	
Noya	诺亚	8	r	1,7	
Nuatja	奴耶	16	k	e,n,x	
Nyanza	尼安萨	11	z	z6	[z83]
Nyborg	尼堡	3,{10}{15}	e,h	1,7	
Nyeko	尼科	16	a	1,7	
O					
Oakey	奥基	6,7	m,t	z64	
Oakland	奥克兰	6,7	z	1,6,[7]	
Obogu	奥布戈	6,7	z4,z23	1,5	
Ochiogu	奥乔古	1,3,19	z38	[e,n,z15]	
Ochsenwerder	奥森维尔特	6,7,54	k	1,5	
Ockenheim	奥肯海姆	30	l,z13,z28	1,6	
Odienne	奥迭内	40	y	1,5	
Odozi	奥道齐	30	k	e,n,[x],z15	
Oerlikon	厄里康	39	l,v	e,n,z15	
Oesterbro	奥斯特波罗	1,3,19	k	1,5	
Offa	奥法	41	z38	—	
Ogbete	奥伯特	43	z	1,5	
Ohio	俄亥俄	6,7,14	b	l,w	[z59]
Ohlstedt	奥尔斯坦特	3,{10}{15}	y	e,n,x	
Okatie	奥加蒂	13,23	g,[s],t	—	
Okefoko	奥坎福科	3,10	c	z6	
Okerara	奥坎拉拉	3,10	z10	1,2	
Oldenburg	奥尔登堡	16	d	1,2	
Olten	奥尔滕	9,46	d	e,n,z15	

（续）

血清型		菌体 O 抗原	鞭毛 H 抗原		
英文	中文		I 相	II 相	其他
Omifisan	奥密弗	1,40	z29	—	
Omuna	奥姆那	6,7	z10	z35	
Ona	奥纳	28	g,s,t	—	
Onarimon	俄那里蒙	1,9,12	b	1,2	
Onderstepoort	翁德斯泰浦尔特	1,6,14,[25]	e,h	1,5	
Onireke	奥尼兰坎	3,10	d	1,7	
Ontario	安大略	9,46	d	1,5	
Oran	奥兰	38	a	e,n,z15	
Oranienburg	奥拉宁堡	6,7,14	m,t	[z57]	
Orbe	奥尔布	42	b	1,6	
Ord	沃德	52	a	e,n,z15	
Ordonez	奥道奈兹	1,13,23	y	l,w	
Orientalis	东方	16	k	e,n,z15	
Orion	奥里恩	3,{10}{15}{15,34}	y	1,5	
Oritamerin	奥里塔曼林	6,7	i	1,5	
orlando	奥兰多	18	l,v	e,n,z15	
Orleans	奥尔良	43	d	1,5	
Os	欧斯	9,12	a	1,6	
Oskarshamn	奥斯卡港	28	y	1,2	
Oslo	奥斯陆	6,7,14	a	e,n,x	
Osnabrueck	奥斯纳布吕克	11	l,z13,z28	e ,n,x	
Othmarschen	奥兹马斯奇	6,7,14	g,m,[t]	—	
Ottawa	渥太华	1,9,12	z41	1,5	
Ouagadougou	瓦加杜古	1,3,19	i	1,5	
Ouakam	奥卡姆	9,46	z29	—	[z45]
Oudwijk	俄德威杰克	13,22	b	1,6	
Overchurch	欧佛彻奇	1,40	l,w	[1,2]	
Overschie	奥维斯奇	51	l,v	1,5	
Overvecht	奥威维赫特	30	a	1,2	
Oxford	牛津	3,{10}{15}{15,34}	a	1,7	
Oyonnax	奥莱纳克斯	6,7	y	1,6	
P					
Pakistan	巴基斯坦	8	l,v	1,2	

（续）

血清型		菌体 O 抗原	鞭毛 H 抗原		
英文	中文		I 相	II 相	其他
Palamaner	帕拉马南	1,44	d	z35	
Palime	帕利梅	6,7	z35	e,n,z15	
Panama	巴拿马	1,9,12	l,v	1,5	[R1...]
Papuana	巴布亚纳	6,7	r	e,n,z15	
Parakou	帕拉库	1,42	l,w	z35	
Paratyphi A	甲型副伤寒	1,2,12	a	[1,5]	
Paratyphi B	乙型副伤寒	1,4,[5],12	b	1,2	[z5],[z33]
Paratyphi C	丙型副伤寒	6,7,[Vi]	c	1,5	
Paris	巴黎	8,20	z10	1,5	
Parkroyal	帕克罗耶耳	1,3,19	l,v	1,7	
Pasing	帕辛	4,12	z35	1,5	
Patience	帕蒂恩斯	28	d	e,n,z15	
Penarth	彭纳兹	9,12	z35	z6	
Penilla	培尼亚	28	l,z13,z28	e,n,z15	
Pensacola	彭萨科拉	1,9,12	m,t	[1,2]	
Perth	珀斯	38	y	e,n,x	
Petahtikve	佩塔提克瓦	1,3,19	f,g,t	1,7	
Phaliron	法里伦	8	z	e,n,z15	
Pharr	法尔	11	b	e,n,z15	
Picpus	皮克毕	13,23	z35	1,6	
Pietersburg	彼得斯堡	3,{10}{15,34}	z69	1,7	
Pisa	比萨	16	i	l,w	
Planckendael	普兰肯戴尔	6,7	z4,z23	1,6	
Ploufragan	普卢弗拉冈	1,44	z4,z23	e,n,z15	
Plumaugat	普吕莫加	6,7	g,s,q	—	
Plymouth	普利茅斯	9,46	d	z6	
Poano	波亚诺	[1],6,14,[25]	z	l,z13,z28	
Podiensis	裴迪赛斯	3,10	z10	e,n,x	
Poeseldorf	杜塞尔多夫	8,20,54	i	z6	
Poitiers	波瓦第尔	6,7	z	1,5	
Pomona	波摩那	28	y	1,7	[z80],[z90]
Pontypridd	庞蒂普里德	18	g,m	—	
Poona	浦那	1,13,22	z	1,6	[z44],[z59]
Portanigra	尼格拉	8,20	d	1,7	
Portland	波特兰	9,12	z10	1,5	

（续）

血清型		菌体 O 抗原	鞭毛 H 抗原		
英文	中文		I 相	II 相	其他
Potengi	波腾基	18	z	—	
Potosi	波托西	6,14	z36	1,5	
Potsdam	波茨坦	6,7,14	l,v	e,n,z15	
Potto	普托	9,46	i	z6	
Powell	鲍威尔	9,12	y	1,7	
Praha	布拉哈	6,8	y	e,n,z15	
Pramiso	普拉米索	3,10	c	1,7	
Presov	普雷肖夫	6,8	b	e,n,z15	
Preston	普雷斯顿	1,4,12	z	l,w	
Pretoria	比勒陀利亚	11	k	1,2	
Putten	普顿	13,23	d	l,w	
Q					
Quebec	魁北克	44	c	e,n,z15	
Quentin	昆廷	9,46	d	1,6	
Quincy	昆西	30	r	1,6	
Quinhon	圭仁	47	z44	—	
Quiniela	奎宁拉	6,8	c	e,n,z15	
R					
Ramatgan	拉马特干	30	k	1,5	
Ramsey	拉姆西	28	l,w	1,6	
Ratchaburi	拉察波里	3,10	z35	1,6	
Raus	劳斯	13,22	f,g	e,n,x	
Rawash	拉瓦西	6,14,18	c	e,n,x	
Reading	雷丁	1,4,[5],12	e,h	1,5	[R1...]
Rechovot	里霍沃特	8,20	e,h	z6	
Redba	雷特巴	6,7	z10	z6	
Redhill	雷德希尔	11	e,h	l,z13,z28	
Redlands	雷德兰兹	16	z10	e,n,z15	
Regent	雷根特	3,10	f,g,[s]	[1,6]	
Reinickendorf	赖尼肯多夫	4,12	l,z28	e,n,x	
Remete	雷梅特	11	z4,z23	1 ,6	
Remiremont	勒米尔蒙	8,20	z10	l,w	
Remo	雷莫	1,4,12,27	r	1,7	
Reubeuss	卢布斯	8,20	g,m,t	—	
Rhone	罗纳	21	c	e,n,x	

（续）

血清型		菌体 O 抗原	鞭毛 H 抗原		
英文	中文		I 相	II 相	其他
Rhydyfelin	里迪菲林	16	e,h	e ,n,x	
Richmond	里士满	6,7	y	1,2	
Rideau	里多	1,3,19	f,g	—	
Ridge	里格	9,12	c	z6	
Ried	莱德	1,13,22	z4,z23	[e,n,z15]	
Riggil	列吉尔	6,7	g,（t）	—	
Riogrande	里奥格兰德	40	b	1,5	
Rissen	里森	6,7,14	f,g	—	
Rittersbach	里特斯巴赫	38	b	e,n,z15	
Riverside	里弗赛德	45	b	1,5	
Roan	罗昂	38	l,v	e,n,x	
Rochdale	罗奇代尔	50	b	e,n,x	
Rogy	罗杰	28	z10	1,2	
Romanby	罗曼比	1,13,23	z4,z24	—	
Roodepoort	落德普特	1,13,22	z10	1,5	
Rosenberg	罗森伯格	9,12	g,z85	—	
Rossleben	罗斯兰本	3,54	e,h	1,6	
Rostock	罗斯托克	1,9,12	g,p,u	—	
Rothenburgsort	罗滕堡索特	38	m,t	—	
Rottnest	罗特奈斯特	1,13,22	b	1,7	
Rovaniemi	罗瓦涅米	16	r,i	1,5	
Royan	鲁瓦扬	1,6,14,25	z	e,n,z15	
Ruanda	卢旺达	9,12	z10	e,n,z15	
Rubislaw	卢俾斯劳	11	r	e,n,x	
Ruiru	罗伊罗	21	y	e,n,x	
Rumford	拉姆福德	6,7	z38	1,2	[z82]
Runby	伦拜	1,6,14,25	c	e,n,x	
Ruzizi	鲁齐齐	3,10	l,v	e,n,z15	
S					
Saarbruecken	萨尔布吕肯	1,9,12	a	1,7	
Saboya	萨鲍亚	16	e,h	1,5	
Sada	萨达	30	z10	1,2	
Saintemarie	圣玛丽	52	g,t	—	
Saintpaul	圣保罗	1,4,[5],12	e,h	1,2	
Salford	索尔福特	16	l,v	e,n,x	

（续）

血清型		菌体 O 抗原	鞭毛 H 抗原		
英文	中文		I 相	II 相	其他
Salinatis	萨利纳斯	40	a	1,7	
Sally	萨利	41	z	1,6	
Saloniki	萨罗尼基	16	z29	—	
Samaru	萨马鲁	41	i	1,5	
Sambre	桑布尔	1,3,19	z4,z24	—	
Sandaga	桑德加	3,10	z38	1,2	
Sandiego	圣地亚哥	1,4,[5],12	e,h	e,n,z15	
Sandow	桑道	6,8	f,g	e,n,z15	
Sanga	桑加	8	b	1,7	
Sangalkam	桑加尔卡	9,46	m,t	—	
Sangera	圣格拉	16	b	e,n,z15	
Sanjuan	圣胡安	6,7	a	1,5	
Sanktgeorg	圣乔治	28	r,[i]	e,n,z15	
Sanktjohann	圣约翰	13,23	b	l,w	
Sanktmarx	圣特马克斯	1,3,19	e,h	1,7	
Santander	桑坦德	28	z35	e,n,z15	
Santhiaba	圣齐亚巴	40	l,z28	1,6	
Santiago	圣地亚哥	8,20	c	e,n,x	
Sao	萨奥	1,3,19	e,h	e,n,z15	
Sapele	萨佩莱	13,23	z10	e,n,z15	
Saphra	萨夫拉	16	y	1,5	
Sara	萨拉	1,6,14,25	z38	[e,n,x]	
Sarajane	萨拉贾恩	1,4,[5],12,[27]	d	e,n,x	
Saugus	索格斯	40	b	1,7	
Scarborough	斯卡布罗	30	k	l,z13,z28	
Schalkwijk	肖尔奎克	6,14,[24]	i	e,n,z15	
Schleissheim	施莱谢姆	4,12,27	b	—	
Schoeneberg	训奈堡	1,3,19	z	e,n,z15	
Schwabach	施瓦巴赫	6,7	c	1,7	
Schwarzengrund	施瓦曾格隆德	1,4 ,12,27	d	1,7	
Schwerin	什未林	6,8	k	e,n,x	
Sculcoates	科茨	16	d	1,5	
Seattle	西雅图	28	a	e,n,x	
Sedgwick	塞奇威克	44	b	e,n,z15	
Seegefeld	西坎弗尔德	3,10	r,i	1,2	

（续）

血清型		菌体 O 抗原	鞭毛 H 抗原		
英文	中文		I 相	II 相	其他
Sekondi	塞康迪	3,10	e,h	z6	
Selby	塞尔比	28	y	z6	
Sendai	仙台	1,9,12	a	1,5	
Senegal	塞内加尔	11	r	1,5	
Senftenberg	山夫顿堡	1,3,19	g,[s],t	—	[z27],[z34],[z37], [z43],[z45],[z46], [z82]
Senneville	塞纳威尔	30	z10	1,5	
Seremban	塞伦班	9,12	i	1,5	
Serrekunda	萨拉昆达	3,10	k	1,7	
Shahalam	沙哈兰	44	b	1,6	
Shamba	夏姆巴	16	c	e,n,x	
Shangani	桑格尼	3,{10}{15}	d	1,5	
Shanghai	上海	16	l,v	1,6	[z45]
Shannon	香农	3,10	z35	l,w	
Sharon	夏隆	11	k	1,6	
Sheffield	谢菲尔德	38	c	1,5	
Sherbrooke	舍布鲁克	16	d	1,6	
Shikmonah	锡克蒙赫	40	a	1,5	
Shipley	希普利	8,20	b	e,n,z15	
Shomolu	肖摩罗	28	y	l,w	
Shoreditch	肖尔迪奇	9,46	r	e,n,z15	
Shubra	舒卜拉	4,[5],12	z	1,2	
Sica	西卡	41	b	e,n,z15	
Simi	西密	3,10	r	e,n,z15	
Sinchew	辛川	3,10	l,v	z35	
Sindelfingen	辛德尔芬根	8,20	y	l,w	
Singapore	新加坡	6,7	k	e,n,x	
Sinstorf	新斯托夫	3,10	l,v	1,5	
Sinthia	新齐亚	18	z38	—	
Sipane	西帕尼	1,42	r	e,n,z15	
Skansen	斯堪森	6,8	b	1,2	
Slade	斯莱德	1,3,19	y	e,n,z15	
Sljeme	斯尔基姆	1,47	f,g	—	
Sloterdijk	斯洛特迪克	1,4,12,27	z35	z6	

（续）

血清型		菌体 O 抗原	鞭毛 H 抗原		
英文	中文		I 相	II 相	其他
Soahanina	索赫尼那	6,14,24	z	e,n,x	
Soerenga	索伊兰格	30	i	l,w	
Sokode	索科德	9,46	r	z6	
Solna	索尔纳	28	a	1,5	
Solt	绍尔特	11	y	1,5	
Somone	索蒙	6,7	z4,z24	—	
Sontheim	松泰姆	9,46	d	z35	
Soumbedioune	苏姆比底昂	28	b	e,n,x	
Southampton	南安普敦	4,12,27	r	z6	
Southbank	南班克	3,{10}{15} {15,34}	m,t	[1,6]	
Souza	索萨	3,{10}{15}	d	e,n,x	
Spalentor	巴伦	1,42	y	e,n,z15	
Spartel	斯帕坦尔	21	d	1,5	
Splott	斯普罗特	44	g,s,t	[1,7]	
Stachus	施塔胡斯	38	z	—	
Stanley	斯坦利	1,4,[5],12,[27]	d	1,2	
Stanleyville	斯坦利维尔	1,4,[5],12,[27]	z4,z23	[1,2]	
Staoueli	斯太奥里	47	k	1,2	
Steinplatz	斯特因普拉兹	30	y	1,6	
Steinwerder	斯坦因威尔德	3,15,54	y	1,5	
Stellingen	施特林根	47	d	e,n,x	[z58]
Stendal	施滕达尔	11	l,v	1,2	
Sternschanze	斯滕斯坎兹	30	g,s,t	—	[z59]
Sterrenbos	斯坦伦	6,8	d	e,n,x	
Stockholm	斯德哥尔摩	3,{10}{15}	y	z6	
Stoneferry	斯通弗利	30	z4,z23	—	
Stormont	斯特蒙特	3,10	d	1,2	
Stourbridge	斯托布里奇	6,8	b	1,6	
Straengnaes	斯特雷格奈斯	11	z10	1,5	
Strasbourg	斯特拉斯堡	9,46	d	1,7	
Stratford	斯特拉福特	1,3,19	i	1,2	
Strathcona	斯特拉斯科纳	6,7	l,z13,z28	1,7	
Stuivenberg	斯蒂凡贝克	1,3,19	l,[z13],z28	1,5	
Stuttgart	斯图加特	6,7,14	i	z6	

（续）

血清型		菌体 O 抗原	鞭毛 H 抗原		
英文	中文		I 相	II 相	其他
Suberu	苏贝鲁	3,10	g,m	—	
Sudan	苏丹	43	l,z13	—	
Suelldorf	苏尔道夫	45	f,g	—	
Sundsvall	桑次伐尔	[1],6,14,[25]	z	e,n,x	
Sunnycove	桑尼科维	8	y	e,n,x	
Surat	苏拉特	[1],6,14,[25]	r ,[i]	e,n,z15	
Surrey	萨里	21	k	1,（2）,5	
Svedvi	塞德维	1,3,19	l,v	e,n,z15	
Sya	希亚	47	b	z6	
Sylvania	西尔瓦尼亚	[1],6,14,[25]	g ,p	—	
Szentes	森特什	16	k	1,2	
T					
Tabligbo	塔利格博	47	z4,z23	e,n,z15	
Tado	塔多	8,20	c	z6	
Tafo	塔福	1,4,12,27	z35	1,7	
Taiping	太平	13,22	l,z13	e,n,z15	
Takoradi	塔科拉迪	6,8	i	1,5	
Taksony	塔克松尼	1,3,19	i	z6	
Tallahassee	塔拉哈西	6,8	z4,z32	—	
Tamale	塔马利	8,20	z29	[e,n,z15]	
Tambacounda	坦巴昆达	1,3,19	b	e,n,x	
Tamberma	塔贝马	47	z4,z24	—	
Tamilnadu	塔密尔	6,7	z41	z35	
Tampico	坦皮科	6,7	z36	e,n,z15	
Tananarive	塔那那利佛	6,8	y	1,5	
Tanger	坦格	1,13,22	y	1,6	
Tanzania	坦桑尼亚	1,13,22	z	e,n,z15	
Tarshyne	塔西尼	9,12	d	1,6	
Taset	塔塞特	1,42	z41	—	
Taunton	汤顿	28	k	e,n,x	
Taylor	泰勒	38	l,v	e,n,z15	
Tchad	乍得	35	b	—	
Tchamba	查姆巴	17	z	e,n,z15	
Techimani	特切曼尼	28	c	z6	
Teddington	特丁顿	1,4,12,27	y	1,7	

（续）

血清型		菌体 O 抗原	鞭毛 H 抗原		
英文	中文		I 相	II 相	其他
Tees	提兹	16	f,g	—	[z37]
Tejas	蒂耶斯	4,12	z36	—	
Teko	坦科	[1],6,14,[25]	d	e,n,z15	
Telaviv	特拉维夫	28	y	e,n,z15	
Telelkebir	特勒凯比尔	13,23	d	e,n,z15	
Telhashomer	特哈索米尔	11	z10	e,n,x	
Teltow	特尔托	28	z4,z23	1,6	
Tema	特马	1,42	z35	z6	
Tempe	坦佩	30	b	1,7	[z33]
Tendeba	坦德巴	17	y	e,n,x	
Tennenlohe	泰尼洛	18	r	1,5	
Tennessee	田纳西	6,7,14	z29	[1,2,7]	
Tennyson	坦尼松	4,[5],12	g,z51	e ,n,z15	
Teshie	特西	1,47	l,z13,z28	e,n,z15	
Texas	得克萨斯	4,[5],12	k	e,n,z15	
Thayngen	塔英根	1,4,12,27	z41	1,（2）,5	
Thetford	塞特福德	43	k	1,2	
Thiaroye	齐哈罗伊	38	e,h	1,2	
Thies	捷斯	1,3,19	y	1,7	
Thompson	汤普森	6,7,14	k	1,5	[R1...]
Tibati	蒂巴蒂	3,10	i	1,6	
Tienba	迪恩巴	6,7	z35	1,6	
Tiergarten	迪厄格登	44	a	e,n,x	
Tiko	蒂科	1,40	l,z13,z28	1,2	
Tilburg	蒂尔堡	1,3,19	d	l,w	[z49]
Tilene	蒂兰	1,40	e,h	1,2	
Tinda	丁达	1,4,12,27	a	e,n,z15	
Tione	蒂翁	51	a	e,n,x	
Togba	托格巴	16	a	e,n,x	
Togo	多哥	4,12	l,w	1,6	
Tokoin	多科恩	4,12	z10	e,n,z15	
Tomegbe	托梅格贝	1,42	b	e,n,z15	
Tomelilla	托梅利拉	1,3,19	l,z28	1,7	
Tonev	多奈夫	21,54	b	e,n,x	
Toowong	图旺	11	a	1,7	

（续）

血清型		菌体 O 抗原	鞭毛 H 抗原		
英文	中文		I 相	II 相	其他
Torhout	托尔豪特	30	e,h	1,5	
Toricada	托里卡达	1,42	z4,z24	—	
Tornow	多诺	45	g,m,[s],[t]	—	
Toronto	多伦多	9,46	l,v	e,n,x	
Toucra	托克拉	48	z	1,5	[z58]
Toulon	土伦	18	l,w	e,n,z15	
Tounouma	吐奴麻	8,20	b	z6	
Tours	图尔	11	l,z13	1,2	
Trachau	特拉丘	4,12,27	y	1,5	
Transvaal	德兰士瓦	45	z4,z24	—	
Travis	特拉维斯	4,[5],12	g,z51	1 ,7	
Treforest	特里福斯特	1,51	z	1,6	
Treguier	特雷耶	9,12	z10	z6	
Trier	特里尔	16	z35	1,6	
Trimdon	达林顿	9,46	z35	z6	
Tripoli	的黎波里	1,4,12,27	b	z6	
Trotha	特洛查	40	z10	z6	
Troy	特洛伊	18	y	1,7	
Truro	特鲁罗	3,10	i	1,7	
Tschangu	参古	1,13,23	e,h	1,5	
Tsevie	策维埃	1,4,12	i	e,n,z15	
Tshiongwe	特西翁阔	6,8	e,h	e,n,z15	
Tucson	塔克森	[1],6,14,[25]	b	1,7	
Tudu	图杜	4,12	z10	1,6	
Tumodi	图莫迪	1,4,12	i	z6	
Tunis	突尼斯	1,13,23	y	z6	
Typhi	伤寒	9,12[Vi]	d	—	[j],[z66]
Typhimurium	鼠伤寒	1,4,[5],12	i	1,2	
Typhisuis	猪伤寒	6,7	c	1,5	
Tyresoe	蒂雷索	1,4,12,[27]	l,[z13],z28	1,5	
U					
Uccle	乌克勒	3,54	g,s,t	—	
Uganda	乌干达	3,{10}{15}	l,z13	1,5	
Ughelli	乌格利	3,10	r	1,5	
Uhlenhorst	乌赫兰霍斯特	44	z	l,w	

（续）

血清型		菌体 O 抗原	鞭毛 H 抗原		
英文	中文		I 相	II 相	其他
Uithof	沃托夫	52	a	1,5	
Ullevi	乌兰维	1,13,23	b	e,n,x	
Umbadah	安巴达	1,3,19	d	1,2	
Umbilo	乌皮劳	28	z10	e,n,x	
Umhlali	乌姆雷里	6,7	a	1,6	
Umhlatazana	乌姆赫拉塔查纳	35	a	e,n,z15	
Uno	乌诺	6,8	z29	[e,n,z15]	
Uppsala	乌普萨拉	1,4,12,27	b	1,7	
Urbana	厄班那	30	b	e,n,x	
Ursenbach	乌尔逊巴	1,42	z	1,6	
Usumbura	乌松布拉	6,14,18	d	1,7	
Utah	犹他	6,8	c	1,5	
Utrecht	乌特勒支	52	d	1,5	
Uzaramo	乌查拉莫	1,6,14,25	z4,z24	—	
V					
Vaertan	沃顿	13,22	b	e,n,x	
Valdosta	瓦尔多斯塔	6,8	a	1,2	
Vancouver	温哥华	16	c	1,5	
Vanier	凡尼尔	28	z	1,5	
Vaugirard	沃吉哈赫	41	b	1,6	
Vegesack	维格萨克	16	b	l,w	
Vejle	瓦伊勒	3,{10}{15}	e,h	1,2	[z27]
Vellore	维洛尔	1,4,12,27	z10	z35	
Veneziana	威尼斯	11	i	e,n,x	
Verona	维罗纳	41	i	1,6	
Verviers	韦尔维耶	45	k	1,5	
Victoria	维多利亚	1,9,12	l,w	1,5	
Victoriaborg	维多利亚堡	17	c	1,6	
Vietnam	越南	41	b	z6	
Vilvoorde	维尔伏尔德	1,3,19	e,h	1,5	
Vinohrady	维诺赫雷迪	28	m,t	[e,n,z15]	
Virchow	维尔肖	6,7,14	r	1,2	
Virginia	弗吉尼亚	8	d	1,2	
Visby	维斯比	1,3,19	b	1,6	
Vitkin	维特金	28	l,v	e,n,x	

（续）

血清型		菌体 O 抗原	鞭毛 H 抗原		
英文	中文		I 相	II 相	其他
Vleuten	夫鲁敦	44	f,g	—	
Vogan	沃盖	1,42	z38	z6	
Volkmarsdorf	沃尔克玛斯道夫	28	i	1,6	
Volta	沃尔特	11	r	l,z13,z28	
Vom	沃姆	1,4,12,27	l,z13,z28	e ,n,z15	
Voulte	拉武尔特	43	i	e,n,x	
Vridi	弗里迪	1,13,23	e,h	l,w	
Vuadens	维阿当	4,12,27	z4,z23	z6	
W					
Wa	瓦邦	16	b	1,5	
Waedenswil	韦登斯威尔	9,46	e,h	1,5	
Wagadugu	瓦加杜古	3,10	z4,z23	z6	
Wagenia	瓦杰尼亚	1,4,12,27	b	e,n,z15	
Wanatah	沃纳塔	1,3,19	d	1,7	
Wandsworth	旺兹沃思	39	b	1,2	
Wangata	万加塔	1,9,12	z4,z23	[1,7]	
Waral	瓦雷尔	1,42	m,t	—	
Warengo	华伦戈	17	z	1,5	
Warmsen	瓦姆森	45	d	e,n,z15	
Warnemuende	瓦尔内明德	28	i	e,n,x	
Warnow	瓦诺	6,8	i	1,6	
Warragul	瓦拉古尔	[1] ,6,14,[25]	g ,m	—	
Warri	瓦里	17	k	1,7	
Washington	华盛顿	13,22	m,t	—	
Waycross	韦克罗斯	41	z4,z23	[e,n,z15]	
Wayne	韦恩	30	g,z51	—	
Wedding	威定	28	c	e,n,z15	
Welikade	威里加德	16	l,v	1,7	
Weltevreden	韦尔秦夫利登	3,{10} {15}	r	z6	
Wenatchee	韦纳奇	47	b	1,2	
Wentworth	文特沃兹	11	z10	1,2	
Wernigerode	韦尔尼格罗德	9,46	f,g	—	
Weslaco	维斯拉科	42	z36	—	
Westafrica	西非	9,12	e,h	1,7	
Westeinde	韦斯亭德	16	l,w	1 ,6	

（续）

血清型		菌体 O 抗原	鞭毛 H 抗原		
英文	中文		I 相	II 相	其他
Westerstede	维斯特斯坦特	1,3,19	l,z13	1,2	
Westhampton	西安普顿	3,{10}{15}{15,34}	g,s,t	—	[z37]
Westminster	韦斯特明斯特	3,{10}{15}	b	z35	
Weston	瓦斯顿	16	e,h	z6	
Westphalia	威斯特伐利亚	35	z4,z24	—	
Weybridge	韦布里奇	3,10	d	z6	
Wichita	堪萨斯威奇托	1,13,23	d	1,6	[z37]
Widemarsh	维契塔	35	z29	—	
Wien	维也纳	1,4,12,[27]	b	l,w	
Wil	维耳	6,7	d	l,z13,z28	
Wilhelmsburg	威廉斯堡	1,4,[5],12,[27]	z38	[e,n,z15]	
Willamette	威拉米特	38	d	1,5	
Willemstad	威廉斯塔特	1,13,22	e,h	1,6	
Wilmington	威明顿	3,10	b	z6	
Wimborne	维姆鲍	3,10	k	1,2	
Windermere	温德米尔	39	y	1,5	
Windsheim	威德斯穆	51	a	1,2	
Wingrove	威格洛	6,8	c	1,2	
Winneba	温尼巴	4,12	r	1,6	
Winnipeg	温尼伯	54	e,h	1,5	
Winslow	温斯洛	13,22	z	1,5	
Winston	温斯顿	6,7	m,t	1,6	
Winterthur	温特图尔	1,3,19	l,z13	1,6	
Wippra	维普拉	6,8	z10	z6	
Wisbech	威斯贝奇	16	i	1,7	
Wohlen	沃伦	11	b	1,6	
Woodhull	伍德哈尔	1,6,14,25	d	1,6	
Woodinville	伍丁维尔	11	c	e,n,x	
Worb	沃尔勃	9,46	b	e,n,x	
Worthington	沃信顿	1,13,23	z	l,w	[z43]
Woumbou	温布	11	y	e,n,x,z15	
Wuiti	威蒂	30	z35	e,n,z15	
Wuppertal	伍珀塔尔	9,46	z41	—	
Wyldegreen	维尔特格林	1,13,23	a	l,w	
Y					
Yaba	雅巴	3,{10}{15}	b	e,n,z15	

（续）

血清型		菌体 O 抗原	鞭毛 H 抗原		
英文	中文		I 相	II 相	其他
Yalding	耶尔定	1,3,19	r	e,n,z15	
Yaounde	雅恩德	1,4,12,27	z35	e,n,z15	
Yardley	巴雷利	28	g,m	1,6	
Yarm	雅姆	6,8	z35	1,2	
Yarrabah	雅拉巴	13,23	y	1,7	
Yeerongpilly	伊罗戈比里	3,10	i	z6	
Yehuda	耶胡达	11	z4,z24	—	
Yekepa	耶凯帕	1,40	z35	e,n,z15	
Yellowknife	耶洛奈夫	9,12	r	e,n,x	
Yenne	耶纳	1,3,19	z10	1,5	
Yerba	耶尔达	54	z4,z23	—	
Yoff	姚夫	38	z4,z23	1,2	
Yokoe	横江	8,20	m,t	—	
Yolo	姚洛	35	c	[e,n,z15]	
Yombesali	尤莫比萨里	47	z35	z6	
Yopougon	约普贡	45	z	e,n,z15	
York	约克	9,12	l,z28	e,n,z15	
Yoruba	约鲁巴	16	c	l,w	
Yovokome	约沃克梅	8,20	d	1,5	
Yundum	云杜姆	3,10	k	e,n,x	
Z					
Zadar	扎达尔	9,46	b	1,6	
Zaiman	在门	9,12	l,v	e,n,x	
Zaire	扎伊尔	30	c	1,7	
Zanzibar	桑给巴尔	3,{10}{15}	k	1,5	
Zaria	扎里亚	17	k	e,n,z15	
Zega	蔡加	9,12	d	z6	
Zehlendorf	策伦多夫	30	a	1,5	
Zerifin	什里芬	6,8	z10	1,2	
Zigong	自贡	16	l,w	1,5	
Zinder	津德尔	44	z29	—	
Zongo	桑戈	3,10	z35	1,7	
Zuilen	唑伦	1,3,19	i	l,w	
Zwickau	茨维考	16	r,i	e,n,z15	

Grimont, Patrick. "Antigenic formulae of the *Salmonella serovars*, 9th edition". WHO Collaborating Centre for Reference and Research on *Salmonella*. Retrieved 2 July 2013.

附录二 专业词汇英中文对照表

英文	中文
A	
acceptable risk	可接受的危险度
accessory genome	附属基因组
accuracy of measurement	测量准确度
acid tolerance response gene （*atr*）	酸耐受应答基因
acid tolerance response （ATR）	酸耐受应答
Actinomyces naeslundii	内氏放线菌
active surveillance	主动监测
agreement rate	符合率
allelic number	等位基因序号
allelic profile	等位基因谱
amplified fragment length polymorphism （AFLP）	扩增片段长度多态性
annual prevalence	年流行率
antibiotic stewardship	抗生素管理
antigen presenting cell （APC）	抗原提呈细胞
apparent prevalence （test prevalence）	检测流行率
approach	接近
apramycin	阿布拉霉素
artificial adapter	人工接头
attachment	黏附
B	
Bacillus gallinarum	鸡伤寒杆菌
Bacillus sanguinarium	血液杆菌
bacteriophage （phage）	噬菌体
base element	碱基单元

（续）

英文	中文
biofilm	生物被膜
biotin	生物素
bone marrow-derived dendritic cell （BMDC）	骨髓源树突细胞
borax	硼砂
brush border	刷状缘
bulk of biofilm	生物被膜主体层
C	
C type lectin receptor （CLR）	C 型凝集素受体
calibration	校准
case definition	病例界定
case fatality rate （CF）	病死率
case-control study	病例 - 对照研究
caspase recruitment domains （CARD）	caspase 循环结构域
CCP monitoring	关键控制点的监控
ceftaroline	头孢他诺林
ceftobiprole	头孢比普
census	普查
certified reference material	标准参考菌株
closed population	封闭群体
clustered regularly interspaced short palindromic repeats & multi-virulence locus sequence typing （CRISPR-MVLST）	短回文序列 - 多位点序列分析
coefficient of internal consistency	内部一致性系数
cohort study	队列研究
colanic acid	荚膜异多糖酸
colony-forming units （CFU）	菌落形成单位
competitive exclusion principle	竞争排斥原理
composite transposon	复合式转座子

（续）

英文	中文
conditioning film	调节层
conduct hazard analysis and preventive measures	进行危害分析和提出预防措施
confidence intervals	置信区间
conserved segment （CS）	保守序列
contiguous population	邻接群体
core genome	核心基因组
corrective actions	纠正措施
critical control points（CCP）	关键控制点
cross-sectional study	现况研究
crude measures	粗率
crystal violet	结晶紫
cumulative incidence （CI）	累计发病率
cytokine （CK）	细胞因子
cytolethal distending toxin （CDT）	细胞膨胀毒素
cytotoxic lymphocyte （CTL）	细胞毒性 T 淋巴细胞
D	
dairy herd improvement （DHI）	奶牛生产性能测定
dalbavancin	类达巴万星
data	资料
delayed type hypersensitivity （DTH）	迟发型超敏反应
dendritic cell （DC）	树突细胞
desmuramylpeptides （DMP）	乙酰胞壁酸肽
differential fluorescene induction （DFI）	差异荧光诱导技术
digoxigenin	地高辛
disease surveillance	疾病监测
distribution	疾病分布
DNA chip	基因芯片技术

（续）

英文	中文
dynamic measures	动态指标
dynein	动力蛋白
E	
E.coli DNA polymerase I	大肠杆菌 DNA 聚合酶 I
endemic occurrence	地方流行
endocytic trafficking	运输途径
engulfment	吞噬
enteric infection	肠道感染
environmental stresses	环境胁迫
epidemic occurrence	流行
Epizootiology	动物流行病学
establish critical limits	建立关键界限
estimation of risk	危险性估计
European Centre for Disease Prevention and Control （ECDC）	欧洲疾病预防和控制中心
European Food Safety Authority （EFSA）	欧盟食品安全局
evidence-based care （EBC）	依赖资料的保健
evidence-based veterinary medicine （EBVM）	依赖资料的兽医保健
examination	检验
exopolysaccharide （EPS）	胞外多糖
expected proportion of agreement by chance （EP）	期望随机一致性的比例
expected proportion of negative agreement by chance （EP_）	期望阴性值随机一致性的比例
expected proportion of positive agreement by chance （EP_+）	期望阳性值随机一致性的比例
exposure assessment	暴露评估
extrafollicular	滤泡外
F	
F-actin meshwork	F- 肌动蛋白
false positive rate （Fp）	假阳性率

（续）

英文	中文
fibronectin	纤维黏连蛋白
filamin	宿主细丝蛋白
foodborne disease/illness	食源性疾病
foodborne infection	食源性感染
foodborne poisoning	食源性中毒
FoodNet	食源性疾病主动监测网
G	
Gause's principle	高斯原理
gene cassette	基因盒
gene probe	基因探针
genetic vaccine	基因疫苗
Global Salmonella Surveillance （GSS）	全球沙门菌监测网络
gold standard	金标准
guanidine	胍
coordinator	协调员
H	
Haemophilus influenzae type b	流感嗜血杆菌 b 型
hazard	危害
hazard analysis	危害分析
hazard analysis and critical control point （HACCP）	危害分析和关键控制点
hazard description	危害描述
hazard identification	危害识别
Health Canada	加拿大卫生部
helicases	螺旋酶
Helicobacter pylori	幽门螺杆菌
homology	同源性

（续）

英文	中文
horizontal gene transfer	水平基因转移
hygiene of food of animal origin	动物性食品卫生学
I	
ICE protease activating factor （IPAF）	蛋白酶活化因子
identify critical control points	确定关键控制点
IFN- promoter stimulator-1 （IPS-1）	IFN 启动子刺激物 -1
immune milieu	免疫小生境
in vivo expression technology （IVET）	体内表达技术
incidence rate （I）	发病率
inducible nitric oxide synthetase （iNOS）	诱导型一氧化氮合成酶
infection rate	感染率
inflammasome	炎性小体
inflammatory bowel disease （IBD）	炎症性肠病
in-frequent restriction site PCR （IRS-PCR）	低频限制性切割位点 PCR
inguinal lymph node （ILN）	腹股沟淋巴结
integron	整合子
interleukin-1 β covert enzyme （ICE）	IL-1β 转换酶
interstitial DC	间质 DC
intestinal mucus layer	小肠黏膜层
invasion	侵袭
J	
Joint of FAO/WHO Expert Consultation on Microbiological Risk Assessment in Food （JEMRA）	FAO/WHO 食品微生物危害风险评估专家咨询组
K	
Kauffmann — White scheme	考夫曼—怀特抗原表
killer immunoglobulin-like receptor （KIR）	杀伤细胞免疫球蛋白样受体
killer lectin-like receptor （KLR）	杀伤细胞凝集素样受体

（续）

英文	中文
kinesin	驱动蛋白
Kluyvera ascorbata	克吕沃尔菌
L	
laboratory capability	实验室能力
laboratory director	实验室负责人
laboratory management	实验室管理层
lamina propria （LP）	固有层
laminin	黏连蛋白
langerhan's cells （LC）	朗格汉斯细胞
lateral gene transfer	侧向基因转移
lifetime prevalence	终生流行率
limit of detection	检测限度
limit of determination	测定限度
linking film	连接层
lipoteichoic acid （LTA）	脂磷壁酸
M	
macrophage activating lipopeptide 2 （MALP-2）	巨噬细胞活化的脂肽 2
macrophage （Mφ）	巨噬细胞
maximum possible agreement beyond chance	可能最大的非随机一致性
membrane ruffles	膜皱褶
mesenteric lymph node （MLN）	肠系膜淋巴结
Metagenomics	宏基因组学
method of agreement	求同法
method of analogy	类推法
method of concomitant variation	伴随变异法
method of difference	求异法

（续）

英文	中文
methylene blue	美蓝
migratory DC	迁移 DC
minimal bactericidal concentration （MBC）	最低杀菌浓度
minimal inhibition concentration （MIC）	最低抑菌浓度
mobilome	可移动基因组
mononuclear phagocytes	单核吞噬细胞
mortality rate，death rate	死亡率
multidrug resistance （MDR）	多重耐药
multilocus enzyme electrophoresis （MLEE）	多位点酶电泳
multilocus sequence typing（MLST）	多位点序列分型
multilocus variable numbers tandem repeat analysis （MLVA）	多位点可变重复序列分析
muramyldipeptide （MDP）	胞壁酰二肽
myeloid DC	髓源 DC
myeloperoxidase （MPO）	髓过氧化物酶
N	
nafcillin	氯唑西林
National Poultry Improvement Plan （NPIP）	全国家禽改良计划（美国）
natural cytotoxicity receptors （NCR）	自然细胞毒性受体
natural killer cell，NK cell	自然杀伤细胞
negative deviation	阴性偏差
negative prediction value （NPV）	阴性预测值
neuronal apoptosis inhibitory protein 5 （NAIP5）	神经细胞凋亡抑制蛋白 5
neutrophils	中性粒细胞
new molecular entity systemic antibiotics	新分子实体全身性抗生素
nick translation	切口平移法
nitric oxide （NO）	一氧化氮
nitrocellulose filter membrane （NC）	硝酸纤维素膜

（续）

英文	中文
Nod like receptor（NLR）	Nod 样受体
non-probability sampling	非概率抽样
nucleic acid vaccine	核酸疫苗
nylon membrane	尼龙膜
O	
observed agreement beyond chance（OA）	非随机的观察一致性
observed proportion agreement（OP）	观察符合率
open population	开放群体
outbreak	暴发流行
outbreak investigation	暴发调查
outer-membrance protein（OMP）	外膜蛋白
outer-surface lipoprotein（OspA）	螺旋体外膜脂蛋白
P	
P. aeruginosa	铜绿假单胞菌
pandemic occurrence	大流行
parallel test	平行试验
paratyphoid	副伤寒
paratyphoid of pigs	猪副伤寒
paratyphus suum	猪副伤寒
passive surveillance	被动监测
pathogen associated molecular pattern（PAMP）	病原相关分子模式
pathogenicity island	致病岛
pattern recognition receptor（PRR）	模式识别受体
patterns	形式
PCR profile analysis	PCR 指纹图谱分析
peptidoglycan（PGN）	肽聚糖

（续）

英文	中文
period prevalence	期间流行率
pertussis-like toxins	百日咳类毒素
Peyer's patches （PP）	派伊尔氏结
phage type （PT）	噬菌体型
phage typing	噬菌体分型
phagocytes	吞噬细胞
photobiotin	光敏生物素
plasimid-encoded fimbriae （PEF）	质粒编码菌毛
plasmacytoid DC	浆细胞样 DC
plasmid profile analysis （PPA）	质粒指纹图谱分析
platensimycin	普拉特霉素
point prevalence	点流行率
population at risk	暴露动物数，暴露群体
positive deviation	阳性偏差
positive predictive value （PPV）	阳性预测值
precision	精确度
predictive value	预测值
prevalence （P）	流行率
primary sample	原始样品
probability sampling	概率抽样
profilin	肌动蛋白结合蛋白
proportion	比例
protein arrays	蛋白阵列
pulsed field gel electrophoresis （PFGE）	脉冲场凝胶电泳
pyroptosis	焦亡
quinolone-resistant determining region （QRDR）	喹诺酮耐药决定区

（续）

英文	中文
quorum sensing	群体感应
R	
random-amplified polymorphic DNA，RAPD	随机扩增多态性 DNA
rate	率
ratio	可用比
reactive nitrogen intermediates （RNI）	反应性氮中间物
reactive oxygen intermediates （ROI）	反应性氧中间物
real prevalence （true prevalence）	真流行率
receiver operator characteristic curve （ROC）	受试者工作曲线
record-keeping procedures	记录保持程序
re-emerging disease	再发传染病
reference cultures	参考培养物
reference method	参考方法
reference stocks	参考原株
reference strains	参考菌株
referral laboratory	委托实验室
relative trueness	相对真实度
reliability	可靠性
repeatability	重复性
reproducibility	再现性
resistant	抵抗型
resistome	耐药基因组
restriction fragment length polymorphism （RFLP）	限制性酶切片段长度多态性
retinoic-acid-inducible gene I （RIG-I）	视黄酸诱导基因 I
retron	反转子
ribotyping	核糖体分型

（续）

英文	中文
RIG-I like receptor （RLR）	RIG-I 样受体
risk	风险
risk analysis	风险分析
risk assessment	风险评估
risk communication	风险交流
risk description	风险描述
risk management	风险管理
rosanilline hydrochloride	盐酸玫瑰色素
S	
S.Aberdeen	阿伯丁沙门菌
S.Abortusovis	羊流产沙门菌
S.Agona	阿贡纳沙门菌
S.Anatum	鸭沙门菌
S.Bareilly	巴罗利沙门菌
S.*bonger*i	邦戈尔沙门菌
S.Braenderup	布伦登卢普沙门菌
S.Cerro	塞罗沙门菌
S.Choleraesuis	猪霍乱沙门菌
S.Derby	德尔卑沙门菌
S.Dublin	都柏林沙门菌
S.*enterica*	肠道沙门菌
S.Enteritidis	肠炎沙门菌
S.Gallinarum	鸡伤寒沙门菌
S.Heidelberg	海德堡沙门菌
S.Hirschfeldii	希氏沙门菌
S.Infantis	婴儿沙门菌

（续）

英文	中文
S.Javiana	爪哇沙门菌
S.Kentucky	肯塔基沙门菌
S.Mbandaka	姆班达卡沙门菌
S.Meleagridis	火鸡沙门菌
S.Mississippi	密西西比沙门菌
S.Montevideo	蒙得维的亚沙门菌
S.Muenchen	慕尼黑沙门菌
S.Muenster	明斯特沙门菌
S.Newport	纽波特沙门菌
S.Oranienburg	奥拉宁堡沙门菌
S.Paratyphi A、B、C	甲、乙、丙型副伤寒沙门菌
S.Pullorum	鸡白痢沙门菌
S.Saintpaul	圣保罗沙门菌
S.Schottmulleri	肖氏沙门菌
S.Sendai	仙台沙门菌
S.Senftenberg	山夫顿堡沙门菌
S.Thompson	汤普森沙门菌
S.Typhi	伤寒沙门菌
S.Typhimurium	鼠伤寒沙门菌
safranine	番红 O
Salmonella	沙门菌属
Salmonella Abortusequi	马流产沙门菌
Salmonella Abortusovis	羊流产沙门菌
Salmonella bongeri	邦戈尔沙门菌
Salmonella Choleraesuis	猪霍乱沙门菌

（续）

英文	中文
Salmonella containing vacuole （SCV）	含沙门菌囊泡
Salmonella Dublin	都柏林沙门菌
Salmonella enterica	肠道沙门菌
Salmonella Enteritidis	肠炎沙门菌
Salmonella Gallinarum	禽伤寒沙门菌
Salmonella genomic island 1 （SGI1）	沙门菌基因组岛 1
Salmonella Heidelberg	海德堡沙门菌
Salmonella pathogenicity island （SPI）	沙门菌致病岛
Salmonella Pullorum	鸡白痢沙门菌
Salmonella Testing Laboratory	沙门菌检测实验室
Salmonella Typhi	伤寒沙门菌
Salmonella Typhimurium	鼠伤寒沙门菌
Salmonella Typhisuis	猪伤寒沙门菌
Salmonella-induced filament （SIF）	沙门菌诱导细丝
Salmonellosis	沙门菌病
scanning surveillance	扫描监测
selective capture of transcribed sequences （SCOTS）	选择性捕获转录技术
selfish gene	自私基因
sensitivity （Se）	敏感性
sentinel animal	哨兵动物
sentinel surveillance	哨兵监测
sentinel unit	哨兵单位
separated population	分离群体
serial test	系列试验
serological epidemiology	血清流行病学

（续）

英文	中文
serological surveillance，serosurveillance	血清学监测
single nucleotide polymorphisms（SNP）	单核苷酸多态性
solitary intestinal lymphoid tissues（SILTs）	孤立小肠淋巴组织
specific measures	专率
specificity（Sp）	特异性
sporadic occurrence	散发流行
static measures	静态指标
subepithelial dome（SED）	上皮下穹窿
subsp. *arizonae*	亚利桑那亚种
subsp. *diarizonae*	双相亚利桑那亚种
subsp. *enterica*	肠道亚种
subsp. *houtenae*	浩敦亚种
subsp. *indica*	因迪卡亚种
subsp. *salamae*	萨拉姆亚种
substratum	基质层
surveillance	监测
survival（S）	存活率
susceptible	易感型
synieny	共线性
T	
target surveillance	靶向监测
telavancin	特拉万星
temporal patterns	时间形式
Toll like receptor（TLR）	Toll 样受体
traceability	溯源性
transduction	转导

（续）

英文	中文
transformation	转化
Transposon（Tn）	转座子
Treg	调节性 T 细胞
triggering receptor expressed on myeloid cells（TREM）	髓样细胞表达的激发受体
type I fimbriae	I 型菌毛
type III secretion systems（T3SS）	III 型分泌系统
V	
vacuole-associated actin polymerization（VAP）	肌动蛋白多聚化
validity（accuracy）	真实性
variable number tandem repeats（VNTR）	可变串联重复序列
verification procedures	验证程序
veterinary epidemiology	兽医流行病学
Vibrio cholerae	霍乱弧菌
Vibrionaceae	弧菌科
viriable region	可变区
virulence plasmid	毒力质粒
W	
working culture	工作菌株
World Health Organization（WHO）	世界卫生组织